本書で学習する内容

本書でAccessの実用的な機能を学んで、データベースを活用しましょう。

効率よく、正確に入力をスムーズにする フィールドプロパティを設定しよう

第2章 テーブルの活用

入力を効率化するフィールドプロパティを設定しよう

T会員マスター

会員コード	名前	フリガナ
1025	伊藤 めぐみ	イトウ メグミ
1026	村瀬 稔彦	ムラセ トシヒコ
1027	草野 萌子	クサノ モエコ
1028	渡辺 百合	ワタベ ユリ
1029	小川 正一	オガワ ショウイチ
1030	近藤 真央	コンドウ マオ
1031	坂井 早苗	サカイ サナエ
1032	香取 茜	カトリ アカネ
1033	江藤 和義	エトウ カズヨシ
1034	北原 聡子	キタハラ サトコ
1035	能勢 みどり	ノセ ミドリ
1036	鈴木 保一	スズキ ヤスイチ
1037	森 晴子	モリ ハルコ
1038	広田 志津子	ヒロタ シズコ
1039	神田 美波	カンダ ミナミ
1040	飛鳥 宏英	アスカ ヒロヒデ
1041	若王子 康治	ワカオウジ コウジ
1042	中川 守彦	ナカガワ モリヒコ
1043	栗田 いずみ	クリタ イズミ
1044	伊藤 琢磨	イトウ タクマ
1045	吉岡 京香	ヨシオカ キョウカ
1046	原 洋次郎	ハラ ヨウジロウ
1047	松岡 直美	マツオカ ナオミ
1048	高橋 孝子	タカハシ タカコ
1049	松井 雪江	マツイ ユキエ
1050	中田 愛子	ナカタ アイコ
1051	竹下 香	タケシタ カオリ

レコード: 51 / 51 フィルターなし 検索

名前を入力すると、ふりがなを自動的に入力

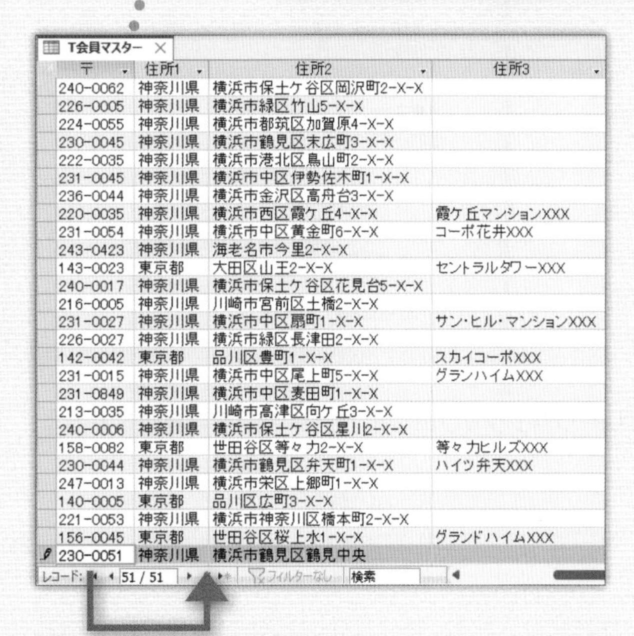

T会員マスター

〒	住所1	住所2	住所3
240-0062	神奈川県	横浜市保土ケ谷区岡沢町2-X-X	
226-0005	神奈川県	横浜市緑区竹山5-X-X	
224-0055	神奈川県	横浜市都筑区加賀原4-X-X	
230-0045	神奈川県	横浜市鶴見区末広町3-X-X	
222-0035	神奈川県	横浜市港北区鳥山町2-X-X	
231-0045	神奈川県	横浜市中区伊勢佐木町1-X-X	
236-0044	神奈川県	横浜市金沢区高舟台3-X-X	
220-0035	神奈川県	横浜市西区霞ケ丘4-X-X	霞ケ丘マンションXXX
231-0054	神奈川県	横浜市中区黄金町6-X-X	コーポ花井XXX
243-0423	神奈川県	海老名市今里2-X-X	
143-0023	東京都	大田区山王2-X-X	セントラルタワーXXX
240-0017	神奈川県	横浜市保土ケ谷区花見台5-X-X	
216-0005	神奈川県	川崎市宮前区土橋2-X-X	
231-0027	神奈川県	横浜市中区扇町1-X-X	サン・ヒル・マンションXXX
226-0027	神奈川県	横浜市緑区長津田2-X-X	
142-0042	東京都	品川区豊町1-X-X	スカイコーポXXX
231-0015	神奈川県	横浜市中区尾上町5-X-X	グランハイムXXX
231-0849	神奈川県	横浜市中区麦田町1-X-X	
213-0035	神奈川県	川崎市高津区向ケ丘3-X-X	
240-0006	神奈川県	横浜市保土ケ谷区星川2-X-X	
158-0082	東京都	世田谷区等々力2-X-X	等々力ヒルズXXX
230-0044	神奈川県	横浜市鶴見区弁天町1-X-X	ハイツ弁天XXX
247-0013	神奈川県	横浜市栄区上郷町1-X-X	
140-0005	東京都	品川区広町3-X-X	
221-0053	神奈川県	横浜市神奈川区橋本町2-X-X	
156-0045	東京都	世田谷区桜上水1-X-X	グランドハイムXXX
230-0051	神奈川県	横浜市鶴見区鶴見中央	

レコード: 51 / 51 フィルターなし 検索

郵便番号を入力すると、対応する住所を自動的に入力

日付を見やすくするフィールドプロパティを設定しよう

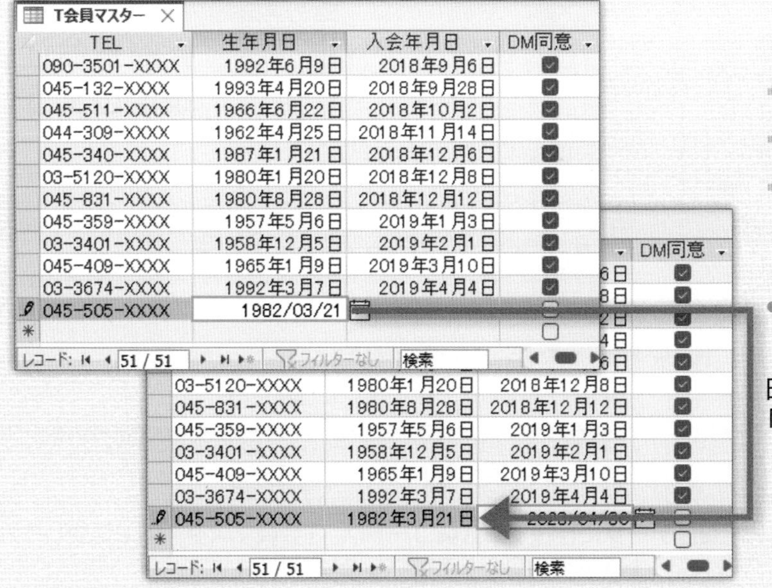

T会員マスター

TEL	生年月日	入会年月日	DM同意
090-3501-XXXX	1992年6月9日	2018年9月6日	☑
045-132-XXXX	1993年4月20日	2018年9月28日	☑
045-511-XXXX	1966年6月22日	2018年10月2日	☑
044-309-XXXX	1962年4月25日	2018年11月14日	☑
045-340-XXXX	1987年1月21日	2018年12月6日	☑
03-5120-XXXX	1980年1月20日	2018年12月8日	☑
045-831-XXXX	1980年8月28日	2018年12月12日	☑
045-359-XXXX	1957年5月6日	2019年1月3日	☑
03-3401-XXXX	1958年12月5日	2019年2月1日	☑
045-409-XXXX	1965年1月9日	2019年3月10日	☑
03-3674-XXXX	1992年3月7日	2019年4月4日	☑
045-505-XXXX	1982/03/21		☐
			☐

レコード: 51 / 51 フィルターなし 検索

TEL	生年月日	入会年月日	DM同意
03-5120-XXXX	1980年1月20日	2018年12月8日	☑
045-831-XXXX	1980年8月28日	2018年12月12日	☑
045-359-XXXX	1957年5月6日	2019年1月3日	☑
03-3401-XXXX	1958年12月5日	2019年2月1日	☑
045-409-XXXX	1965年1月9日	2019年3月10日	☑
03-3674-XXXX	1992年3月7日	2019年4月4日	☑
045-505-XXXX	1982年3月21日	[illegible]	☐
			☐

レコード: 51 / 51 フィルターなし 検索

日付を「1982/03/21」と入力すると、「1982年3月21日」と表示

リレーションシップを設定して矛盾のないデータ管理をめざそう

第3章 リレーションシップと参照整合性

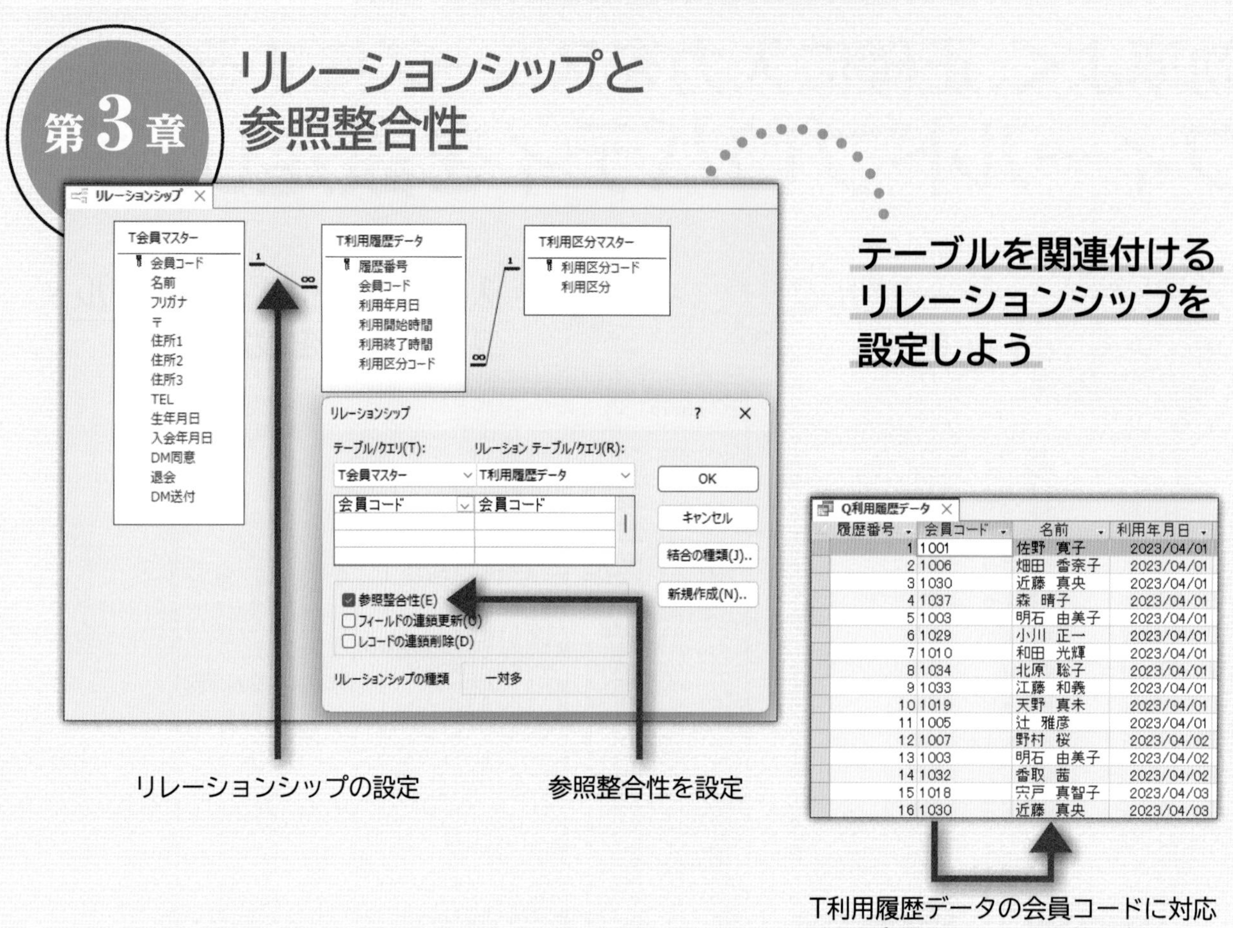

リレーションシップの設定

参照整合性を設定

テーブルを関連付けるリレーションシップを設定しよう

履歴番号	会員コード	名前	利用年月日
1	1001	佐野 寛子	2023/04/01
2	1006	畑田 香奈子	2023/04/01
3	1030	近藤 真央	2023/04/01
4	1037	森 晴子	2023/04/01
5	1003	明石 由美子	2023/04/01
6	1029	小川 正一	2023/04/01
7	1010	和田 光輝	2023/04/01
8	1034	北原 聡子	2023/04/01
9	1033	江藤 和義	2023/04/01
10	1019	天野 真未	2023/04/01
11	1005	辻 雅彦	2023/04/01
12	1007	野村 桜	2023/04/02
13	1003	明石 由美子	2023/04/02
14	1032	香取 茜	2023/04/02
15	1018	宍戸 真智子	2023/04/03
16	1030	近藤 真央	2023/04/03

T利用履歴データの会員コードに対応するT会員マスターの名前を表示

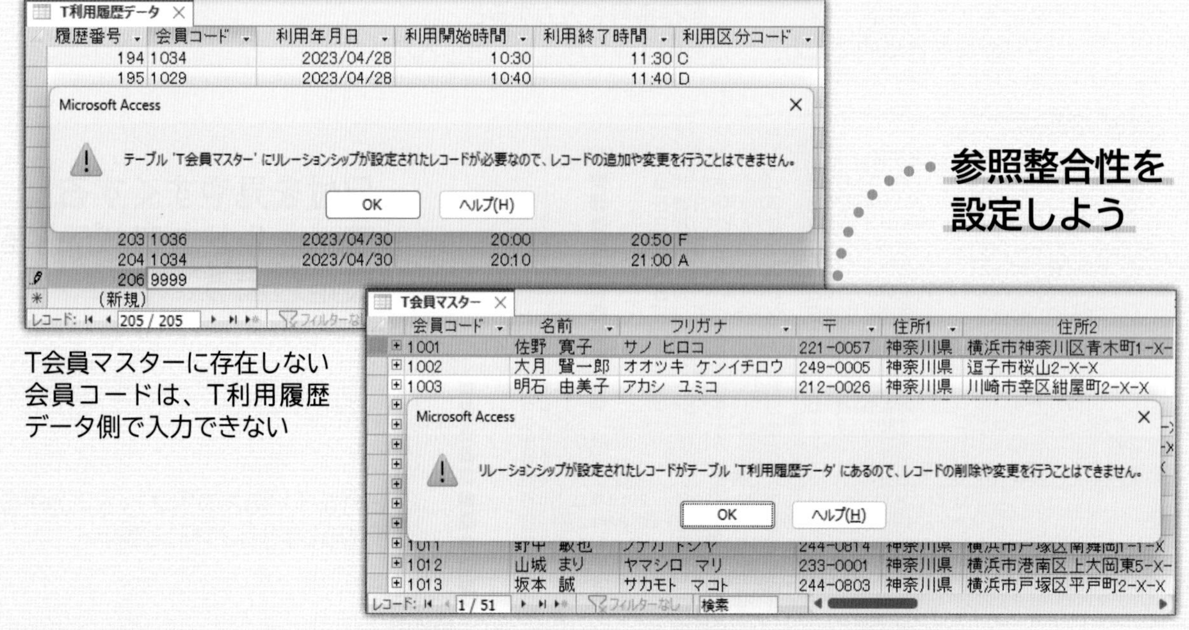

参照整合性を設定しよう

T会員マスターに存在しない会員コードは、T利用履歴データ側で入力できない

T利用履歴データに存在する会員コードは、T会員マスター側で更新したり、その会員コードを含むレコードを削除したりできない

演算フィールドと関数を活用しよう

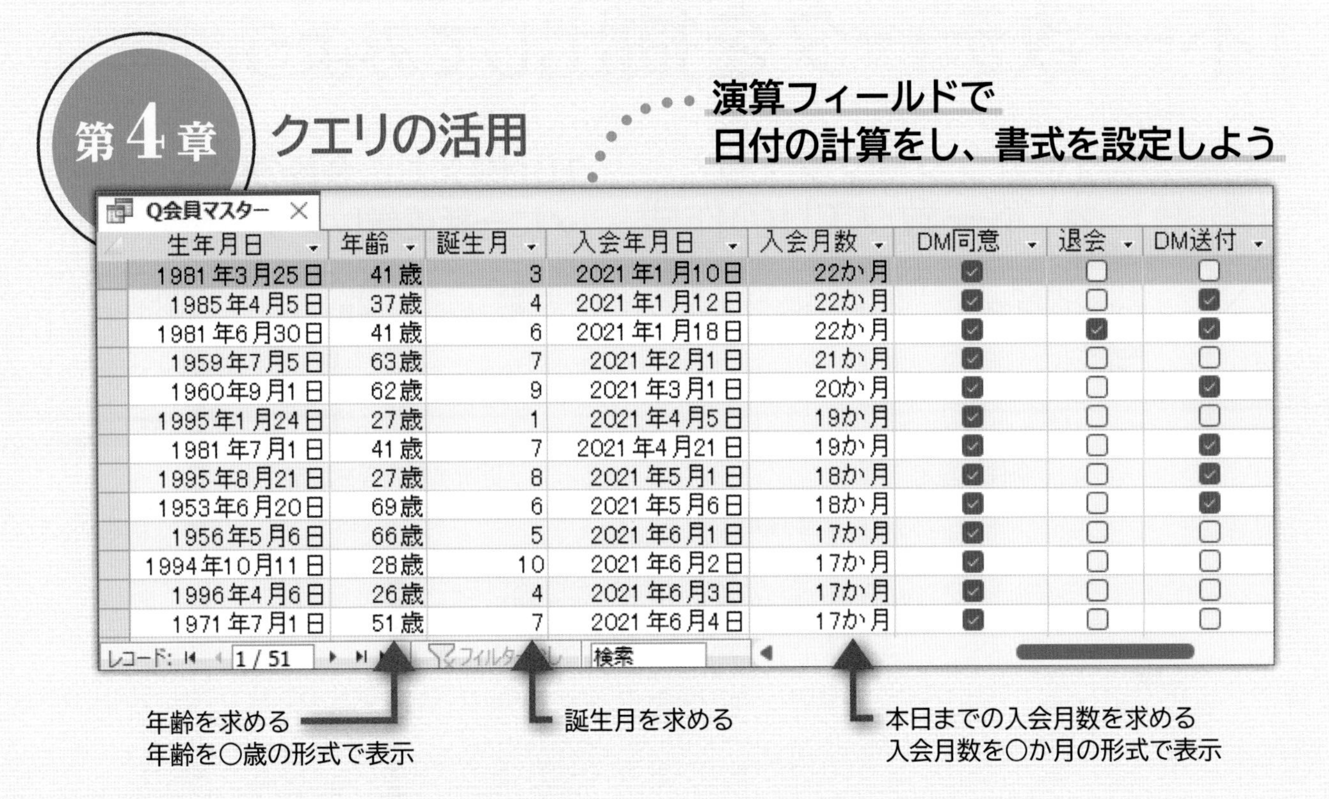

生年月日	年齢	誕生月	入会年月日	入会月数	DM同意	退会	DM送付
1981年3月25日	41歳	3	2021年1月10日	22か月	☑	☐	☐
1985年4月5日	37歳	4	2021年1月12日	22か月	☑	☐	☑
1981年6月30日	41歳	6	2021年1月18日	22か月	☑	☑	☑
1959年7月5日	63歳	7	2021年2月1日	21か月	☑	☐	☐
1960年9月1日	62歳	9	2021年3月1日	20か月	☑	☐	☑
1995年1月24日	27歳	1	2021年4月5日	19か月	☑	☐	☐
1981年7月1日	41歳	7	2021年4月21日	19か月	☑	☐	☑
1995年8月21日	27歳	8	2021年5月1日	18か月	☑	☐	☑
1953年6月20日	69歳	6	2021年5月6日	18か月	☑	☐	☑
1956年5月6日	66歳	5	2021年6月1日	17か月	☑	☐	☐
1994年10月11日	28歳	10	2021年6月2日	17か月	☑	☐	☐
1996年4月6日	26歳	4	2021年6月3日	17か月	☑	☐	☐
1971年7月1日	51歳	7	2021年6月4日	17か月	☑	☐	☐

いろいろな関数を利用しよう

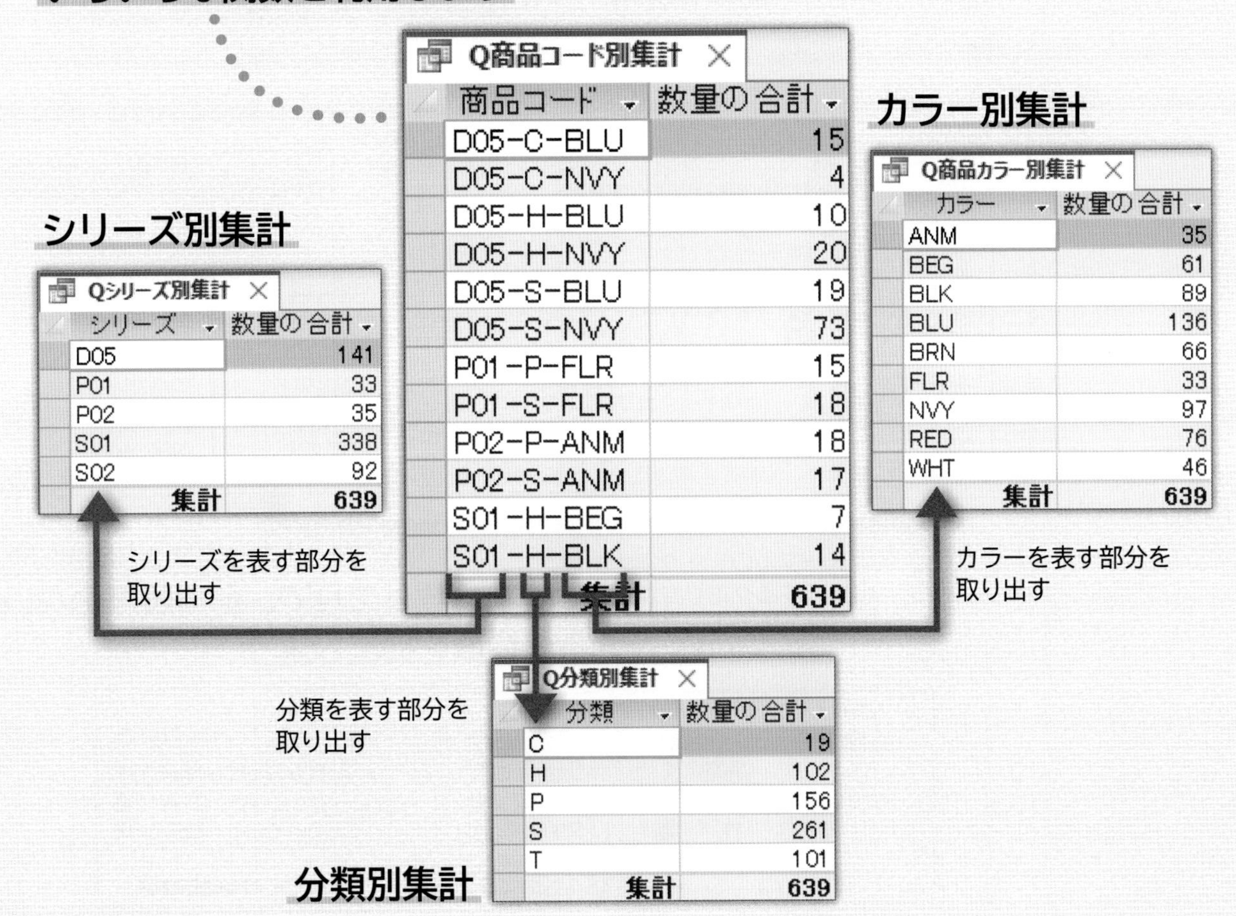

Q商品コード別集計

商品コード	数量の合計
D05-C-BLU	15
D05-C-NVY	4
D05-H-BLU	10
D05-H-NVY	20
D05-S-BLU	19
D05-S-NVY	73
P01-P-FLR	15
P01-S-FLR	18
P02-P-ANM	18
P02-S-ANM	17
S01-H-BEG	7
S01-H-BLK	14
集計	639

Qシリーズ別集計

シリーズ	数量の合計
D05	141
P01	33
P02	35
S01	338
S02	92
集計	639

Q商品カラー別集計

カラー	数量の合計
ANM	35
BEG	61
BLK	89
BLU	136
BRN	66
FLR	33
NVY	97
RED	76
WHT	46
集計	639

Q分類別集計

分類	数量の合計
C	19
H	102
P	156
S	261
T	101
集計	639

アクションクエリで一括処理してみよう 不一致データを抽出してみよう

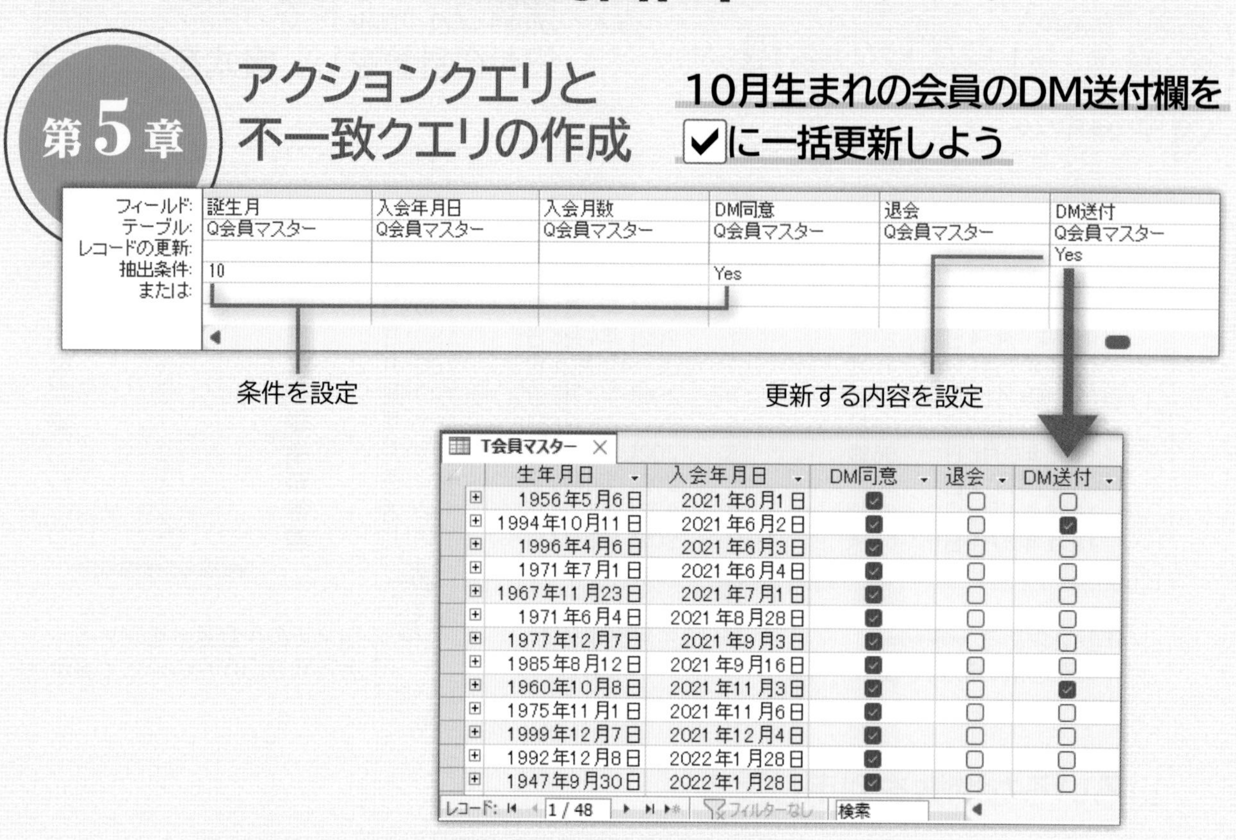

生年月日	入会年月日	DM同意	退会	DM送付
1956年5月6日	2021年6月1日	☑	☐	☐
1994年10月11日	2021年6月2日	☑	☐	☑
1996年4月6日	2021年6月3日	☑	☐	☐
1971年7月1日	2021年6月4日	☑	☐	☐
1967年11月23日	2021年7月1日	☑	☐	☐
1971年6月4日	2021年8月28日	☑	☐	☐
1977年12月7日	2021年9月3日	☑	☐	☐
1985年8月12日	2021年9月16日	☑	☐	☐
1960年10月8日	2021年11月3日	☑	☐	☑
1975年11月1日	2021年11月6日	☑	☐	☐
1999年12月7日	2021年12月4日	☑	☐	☐
1992年12月8日	2022年1月28日	☑	☐	☐
1947年9月30日	2022年1月28日	☑	☐	☐

レコード: 1 / 48 フィルターなし 検索

T会員マスター

会員コード	名前	フリガナ
1002	大月 賢一郎	オオツキ ケンイチロウ
1004	山本 喜一	ヤマモト キイチ
1005	辻 雅彦	ツジ マサヒコ
1006	畑田 香奈子	ハタダ カナコ
1007	野村 桜	ノムラ サクラ
1008	横山 花梨	ヨコヤマ カリン
1009	加納 基成	カノウ モトナリ
1010	和田 光輝	ワダ コウキ
1011	野中 敏也	ノナカ トシヤ
1012	山城 まり	ヤマシロ マリ
1013	坂本 誠	サカモト マコト
1014	橋本 耕太	ハシモト コウタ
1015	布施 友香	フセ トモカ

レコード: 1 / 48 フィルターなし 検索

T利用履歴データ

履歴番号	会員コード	利用年月日	利用開始時
2	1006	2023/04/01	
3	1030	2023/04/01	
4	1037	2023/04/01	
6	1029	2023/04/01	
7	1010	2023/04/01	
8	1034	2023/04/01	
9	1033	2023/04/01	
10	1019	2023/04/01	
11	1005	2023/04/01	
12	1007	2023/04/02	
14	1032	2023/04/02	
15	1018	2023/04/03	
16	1030	2023/04/03	

レコード: 1 / 181 フィルターなし 検索

テーブルのデータを
比較するクエリを作成

不一致クエリで、利用履歴のない会員を抽出しよう

Q会員マスター_利用なし

会員コード	名前	フリガナ	〒	住所1
1015	布施 友香	フセ トモカ	243-0033	神奈川県
1028	渡辺 百合	ワタベ ユリ	230-0045	神奈川県
1051	竹下 香	タケシタ カオリ	230-0051	神奈川県

レコード: 1 / 3 フィルターなし 検索

見やすい・入力しやすいフォームを活用しよう

第7章 フォームの活用

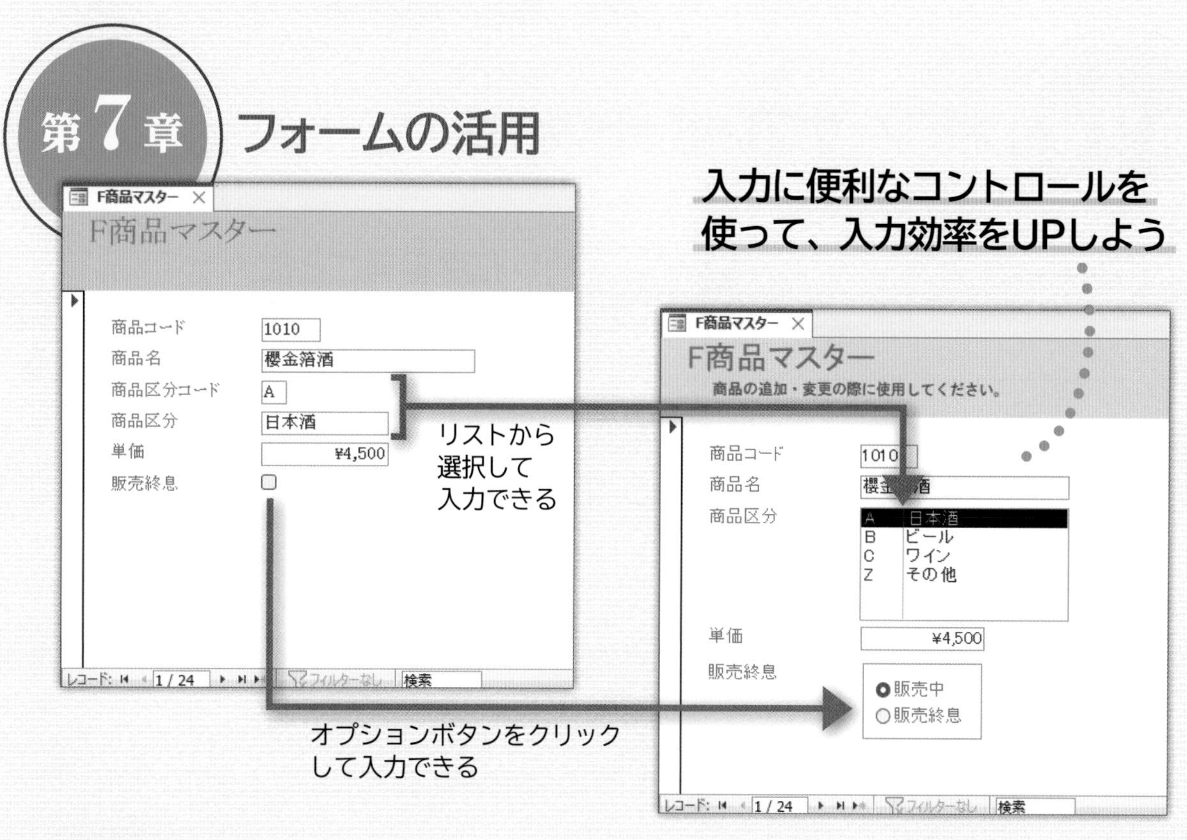

第8章 メイン・サブフォームの作成

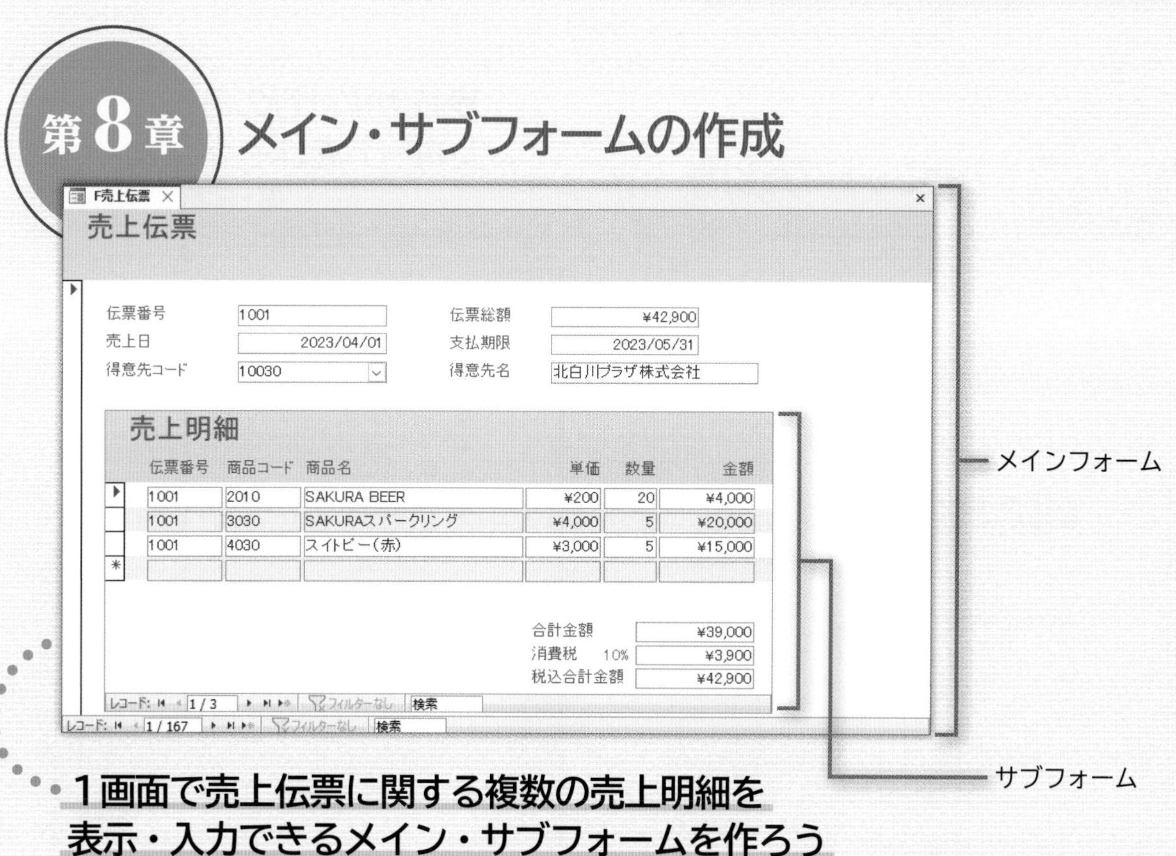

ビジネスでの用途が広がる レポートを活用しよう

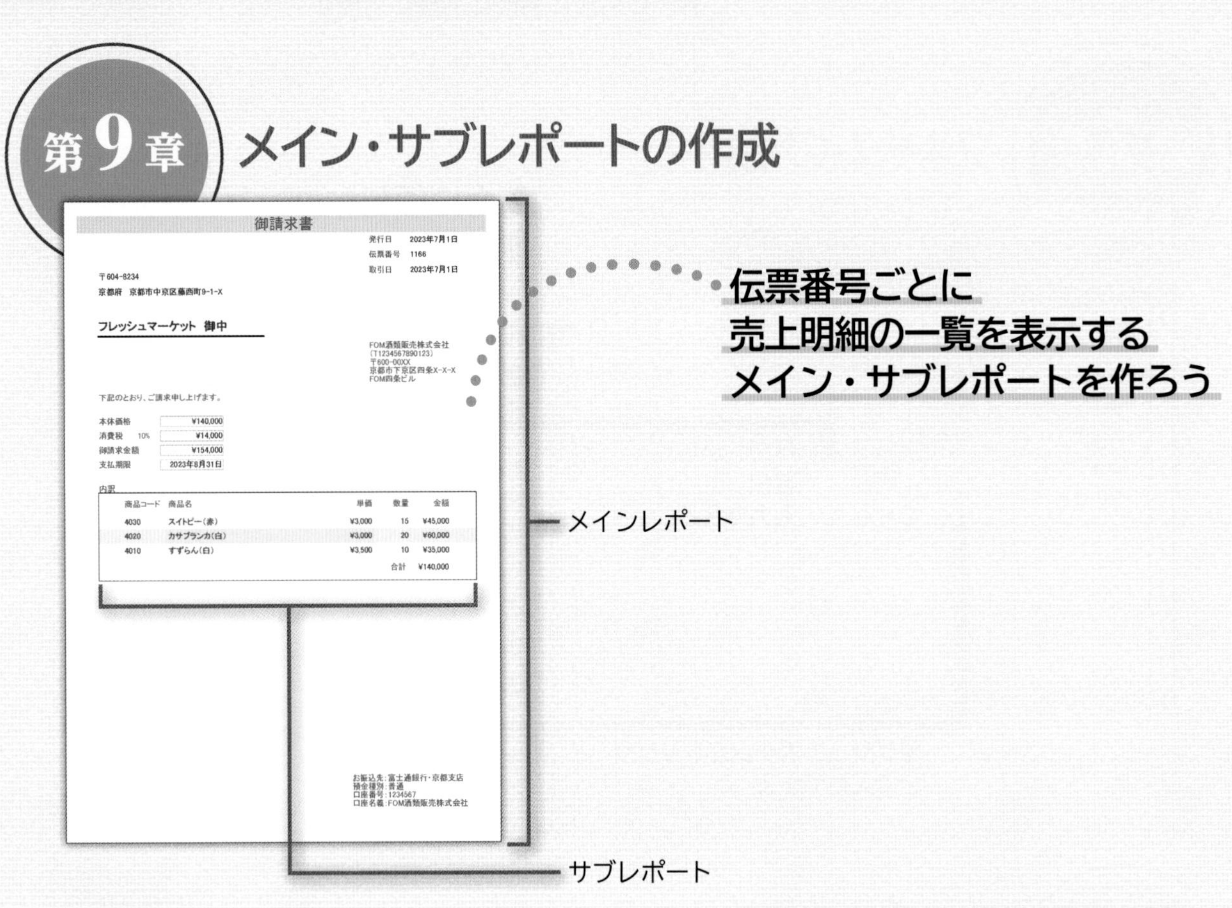

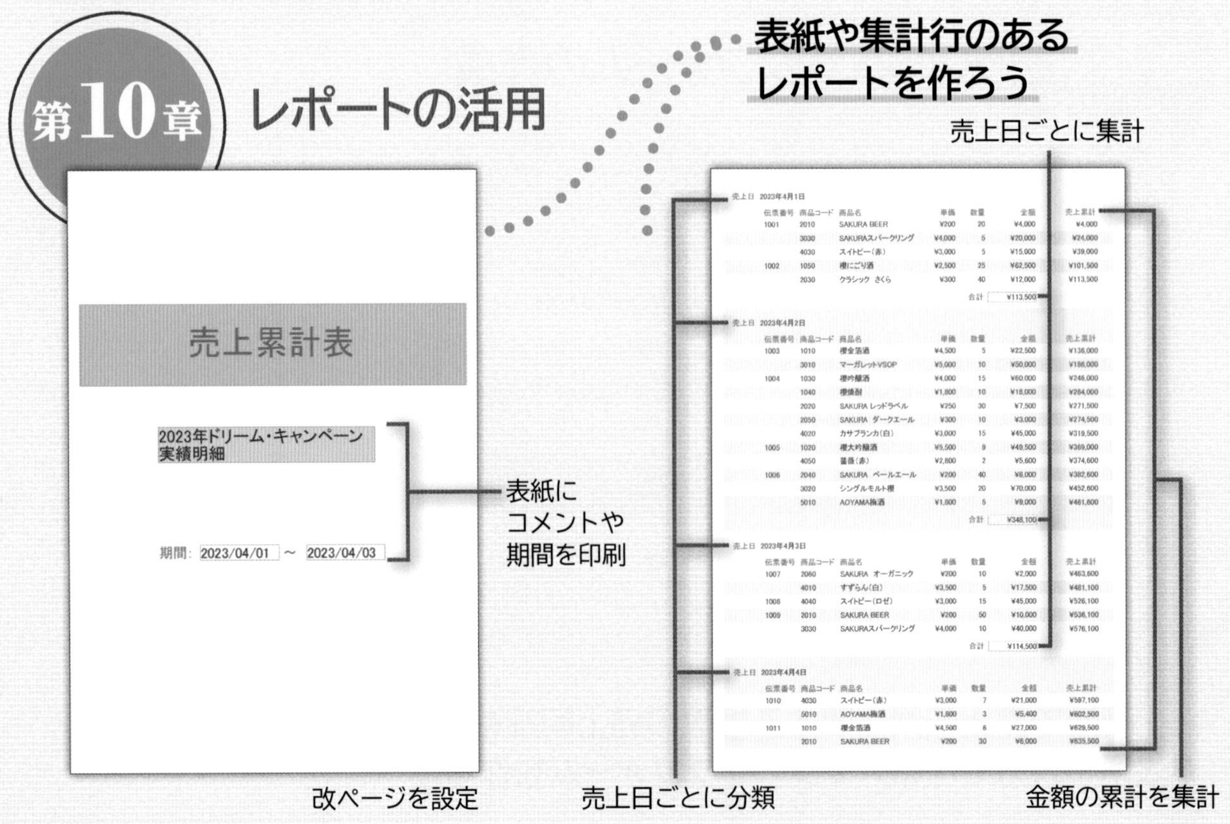

頼もしい機能が充実
便利な機能を使ってみよう

第11章 便利な機能

条件付き書式を設定しよう

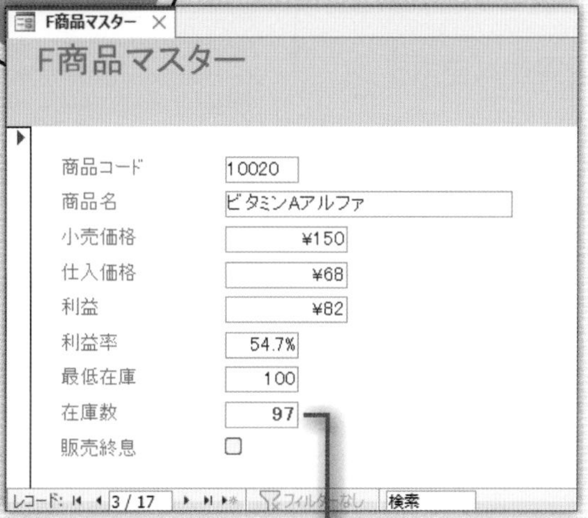

F商品マスター

商品コード	10020
商品名	ビタミンAアルファ
小売価格	¥150
仕入価格	¥68
利益	¥82
利益率	54.7%
最低在庫	100
在庫数	97
販売終息	☐

レコード: 3 / 17 フィルターなし 検索

最低在庫を下回る場合は赤色で表示

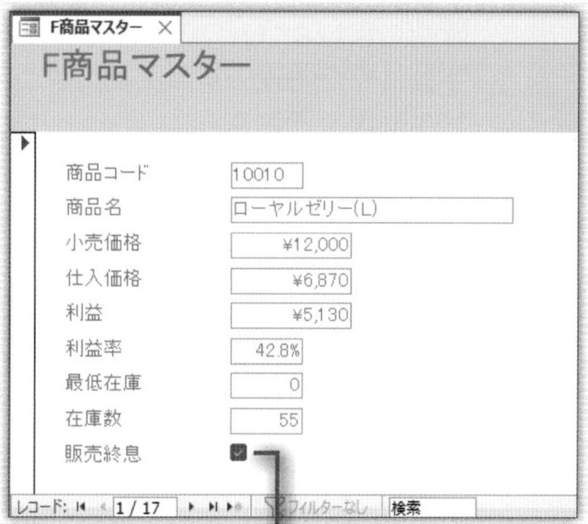

F商品マスター

商品コード	10010
商品名	ローヤルゼリー(L)
小売価格	¥12,000
仕入価格	¥6,870
利益	¥5,130
利益率	42.8%
最低在庫	0
在庫数	55
販売終息	☑

レコード: 1 / 17 フィルターなし 検索

販売終息が☑の商品は灰色で表示

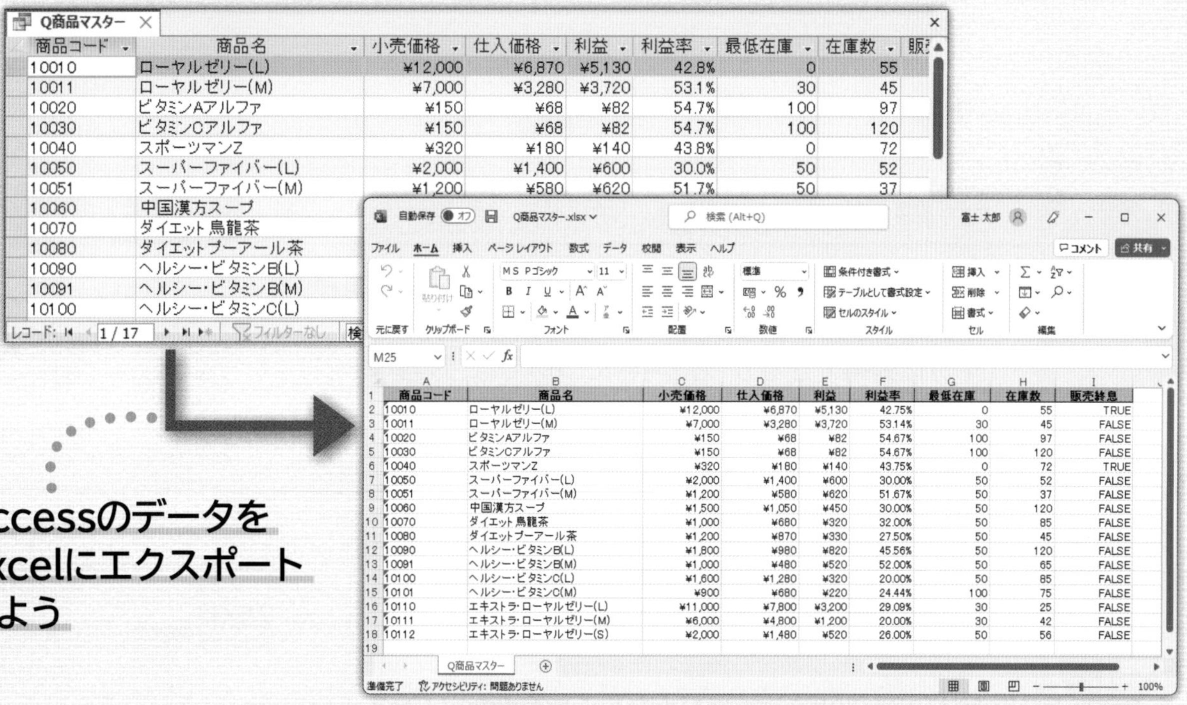

AccessのデータをExcelにエクスポートしよう

Q商品マスター

商品コード	商品名	小売価格	仕入価格	利益	利益率	最低在庫	在庫数
10010	ローヤルゼリー(L)	¥12,000	¥6,870	¥5,130	42.8%	0	55
10011	ローヤルゼリー(M)	¥7,000	¥3,280	¥3,720	53.1%	30	45
10020	ビタミンAアルファ	¥150	¥68	¥82	54.7%	100	97
10030	ビタミンCアルファ	¥150	¥68	¥82	54.7%	100	120
10040	スポーツマンZ	¥320	¥180	¥140	43.8%	0	72
10050	スーパーファイバー(L)	¥2,000	¥1,400	¥600	30.0%	50	52
10051	スーパーファイバー(M)	¥1,200	¥580	¥620	51.7%	50	37
10060	中国漢方スープ						
10070	ダイエット烏龍茶						
10080	ダイエットプーアール茶						
10090	ヘルシー・ビタミンB(L)						
10091	ヘルシー・ビタミンB(M)						
10100	ヘルシー・ビタミンC(L)						

レコード: 1 / 17 フィルターなし

Q商品マスター.xlsx

商品コード	商品名	小売価格	仕入価格	利益	利益率	最低在庫	在庫数	販売終息
10010	ローヤルゼリー(L)	¥12,000	¥6,870	¥5,130	42.75%	0	55	TRUE
10011	ローヤルゼリー(M)	¥7,000	¥3,280	¥3,720	53.14%	30	45	FALSE
10020	ビタミンAアルファ	¥150	¥68	¥82	54.67%	100	97	FALSE
10030	ビタミンCアルファ	¥150	¥68	¥82	54.67%	100	120	FALSE
10040	スポーツマンZ	¥320	¥180	¥140	43.75%	0	72	TRUE
10050	スーパーファイバー(L)	¥2,000	¥1,400	¥600	30.00%	50	52	FALSE
10051	スーパーファイバー(M)	¥1,200	¥580	¥620	51.67%	50	37	FALSE
10060	中国漢方スープ	¥1,500	¥1,050	¥450	30.00%	50	120	FALSE
10070	ダイエット烏龍茶	¥1,000	¥680	¥320	32.00%	50	85	FALSE
10080	ダイエットプーアール茶	¥1,200	¥870	¥330	27.50%	50	45	FALSE
10090	ヘルシー・ビタミンB(L)	¥1,800	¥980	¥820	45.56%	50	120	FALSE
10091	ヘルシー・ビタミンB(M)	¥1,000	¥480	¥520	52.00%	50	65	FALSE
10100	ヘルシー・ビタミンC(L)	¥1,600	¥1,280	¥320	20.00%	50	85	FALSE
10101	ヘルシー・ビタミンC(M)	¥900	¥680	¥220	24.44%	100	75	FALSE
10110	エキストラ・ローヤルゼリー(L)	¥11,000	¥7,800	¥3,200	29.09%	30	25	FALSE
10111	エキストラ・ローヤルゼリー(M)	¥6,000	¥4,800	¥1,200	20.00%	30	42	FALSE
10112	エキストラ・ローヤルゼリー(S)	¥2,000	¥1,480	¥520	26.00%	50	56	FALSE

不正なアクセスを防止しよう

データベース パスワードの入力

パスワードを入力してください：

****

OK　キャンセル

データベースを開くと、パスワードを要求

本書を使った学習の進め方

本書の各章は、次のような流れで学習を進めると、効果的な構成になっています。

学習目標を確認

学習を始める前に、**「この章で学ぶこと」**で学習目標を確認しましょう。
学習目標を明確にすることによって、習得すべきポイントが整理できます。

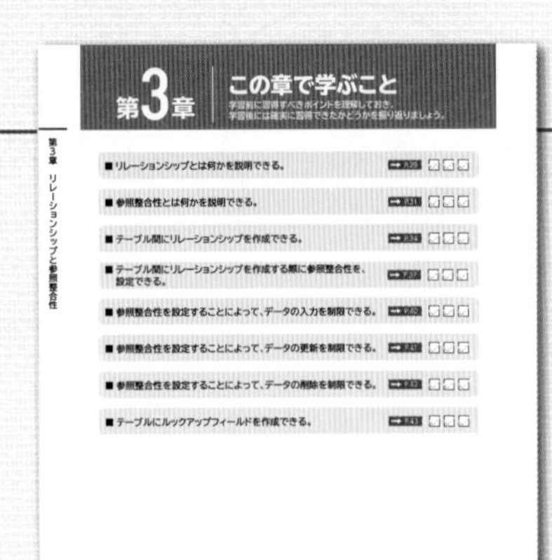

第3章 この章で学ぶこと
学習前に習得すべきポイントを理解しておき、
学習後には確実に習得できたかどうかを振り返りましょう。

第3章　リレーションシップと参照整合性

■リレーションシップとは何かを説明できる。
■参照整合性とは何かを説明できる。
■テーブル間にリレーションシップを作成できる。
■テーブル間にリレーションシップを作成する際に参照整合性を、設定できる。
■参照整合性を設定することによって、データの入力を制限できる。
■参照整合性を設定することによって、データの更新を制限できる。
■参照整合性を設定することによって、データの削除を制限できる。
■テーブルにルックアップフィールドを作成できる。

章の学習

学習目標を意識しながら、機能や操作を学習しましょう。

STEP 2 リレーションシップを作成する

1 自動結合による作成

第3章　リレーションシップと参照整合性

学習成果をチェック

章のはじめの**「この章で学ぶこと」**に戻って、学習目標を達成できたかどうかをチェックしましょう。
十分に習得できなかった内容については、該当ページを参照して復習しましょう。

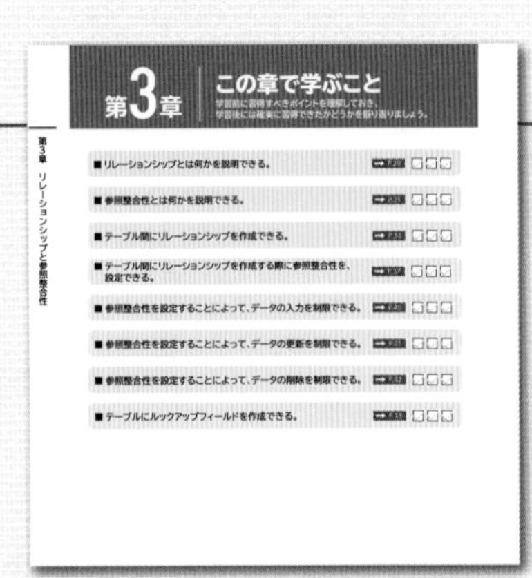

第3章 この章で学ぶこと
学習前に習得すべきポイントを理解しておき、
学習後には確実に習得できたかどうかを振り返りましょう。

第3章　リレーションシップと参照整合性

■リレーションシップとは何かを説明できる。
■参照整合性とは何かを説明できる。
■テーブル間にリレーションシップを作成できる。
■テーブル間にリレーションシップを作成する際に参照整合性を、設定できる。
■参照整合性を設定することによって、データの入力を制限できる。
■参照整合性を設定することによって、データの更新を制限できる。
■参照整合性を設定することによって、データの削除を制限できる。
■テーブルにルックアップフィールドを作成できる。

ステップ
4

総合問題で力試し

すべての章の学習が終わったら、**「総合問題」**にチャレンジしましょう。
本書の内容がどれくらい理解できているかを把握できます。

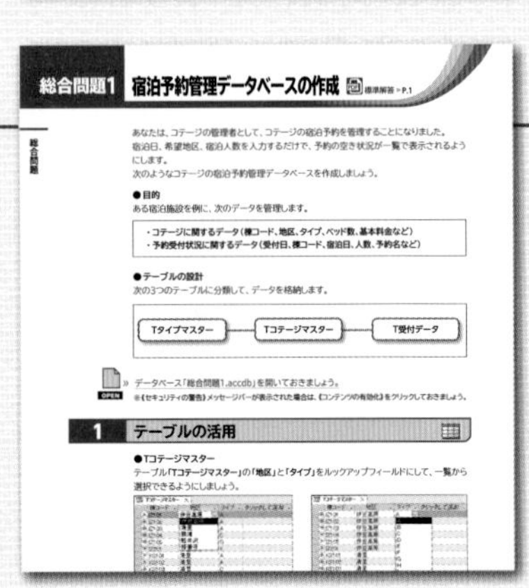

総合問題1 宿泊予約管理データベースの作成

総合問題

●目的

●テーブルの設計

Tタイプマスター　Tコテージマスター　T受付データ

1 テーブルの活用

●Tコテージマスター

はじめに

多くの書籍の中から、**「Access 2021応用 Office 2021／Microsoft 365対応」**を手に取っていただき、ありがとうございます。
Microsoft Access 2021は、大量のデータをデータベースとして蓄積し、必要に応じてデータを抽出したり、集計したりできるリレーショナル・データベースソフトウェアです。

本書は、Accessを使いこなしたい方を対象に、データを効率よく入力する方法、データを一括で更新するアクションクエリの作成方法、明細行を組み込んだメイン・サブフォームやメイン・サブレポートの作成方法など、応用的かつ実用的な機能をわかりやすく解説しています。**「よくわかる Microsoft Access 2021基礎 Office 2021／Microsoft 365対応」**（FPT2217）の続編であり、Access 2021の豊富な機能を学習できる内容になっています。
学習内容をしっかり復習できる総合問題をお使いいただくことで、Accessの操作を確実にマスターできます。

また、巻末には、作業の効率化に役立つ**「ショートカットキー一覧」**を収録しています。

本書は、根強い人気の**「よくわかる」**シリーズの開発チームが、積み重ねてきたノウハウをもとに作成しており、講習会や授業の教材としてご利用いただくほか、自己学習の教材としても最適です。

本書を学習することで、Accessの知識を深め、実務にいかしていただければ幸いです。

本書を購入される前に必ずご一読ください
本書は、2022年12月時点のWindows 11（バージョン22H2　ビルド22621.900）およびAccess 2021（バージョン2210　ビルド16.0.15726.20188）に基づいて解説しています。本書発行後のWindowsやOfficeのアップデートによって機能が更新された場合には、本書の記載のとおりに操作できなくなる可能性があります。あらかじめご了承のうえ、ご購入・ご利用ください。

2023年2月22日
FOM出版

目次

■第9章　メイン・サブレポートの作成 169

■第10章　レポートの活用 203

総合問題の標準解答は、FOM出版のホームページで提供しています。P.4「5 学習ファイルと標準解答のご提供について」を参照してください。

本書をご利用いただく前に

本書で学習を進める前に、ご一読ください。

1 本書の記述について

操作の説明のために使用している記号には、次のような意味があります。

記述	意味	例
[ ]	キーボード上のキーを示します。	[Ctrl] [Enter]
[ ]+[ ]	複数のキーを押す操作を示します。	[Ctrl]+[O] （[Ctrl]を押しながら[O]を押す）
《 》	ダイアログボックス名やタブ名、項目名など画面の表示を示します。	《名前を付けて保存》ダイアログボックスが表示されます。 《ホーム》タブを選択します。
「 」	重要な語句や機能名、画面の表示、入力する文字などを示します。	「サブフォーム」といいます。 「合計金額」と入力します。

学習の前に開くファイルやオブジェクト

学習した内容の確認問題

POINT 知っておくべき重要な内容

確認問題の答え

STEP UP 知っていると便利な内容

問題を解くためのヒント

※ 補足的な内容や注意すべき内容

2 製品名の記載について

本書では、次の名称を使用しています。

正式名称	本書で使用している名称
Windows 11	Windows 11 または Windows
Microsoft Access 2021	Access 2021 または Access
Microsoft Excel 2021	Excel 2021 または Excel
Microsoft Word 2021	Word 2021 または Word

3 学習環境について

本書を学習するには、次のソフトが必要です。
また、インターネットに接続できる環境で学習することを前提にしています。

Access 2021　または　Microsoft 365のAccess
Excel 2021　または　Microsoft 365のExcel
Word 2021　または　Microsoft 365のWord

◆本書の開発環境

本書を開発した環境は、次のとおりです。

OS	Windows 11 Pro（バージョン22H2　ビルド22621.900）
アプリ	Microsoft Office Professional 2021 Access 2021（バージョン2210　ビルド16.0.15726.20188） Excel 2021（バージョン2210　ビルド16.0.15726.20188） Word 2021（バージョン2210　ビルド16.0.15726.20188）
ディスプレイの解像度	1280×768ピクセル
その他	・WindowsにMicrosoftアカウントでサインインし、インターネットに接続した状態 ・OneDriveと同期していない状態

※本書は、2022年12月時点のAccess 2021またはMicrosoft 365のAccessに基づいて解説しています。
今後のアップデートによって機能が更新された場合には、本書の記載のとおりに操作できなくなる可能性があります。

POINT OneDriveの設定

WindowsにMicrosoftアカウントでサインインすると、同期が開始され、パソコンに保存したファイルがOneDriveに自動的に保存されます。初期の設定では、デスクトップ、ドキュメント、ピクチャの3つのフォルダーがOneDriveと同期するように設定されています。
本書はOneDriveと同期していない状態で操作しています。
OneDriveと同期している場合は、一時的に同期を停止すると、本書の記載と同じ手順で学習できます。
OneDriveとの同期を一時停止および再開する方法は、次のとおりです。

一時停止

◆通知領域の（OneDrive）→（ヘルプと設定）→《同期の一時停止》→停止する時間を選択
※時間が経過すると自動的に同期が開始されます。

再開

◆通知領域の（OneDrive）→（ヘルプと設定）→《同期の再開》

4 学習時の注意事項について

お使いの環境によっては、次のような内容について本書の記載と異なる場合があります。ご確認のうえ、学習を進めてください。

◆ボタンの形状

本書に掲載しているボタンは、ディスプレイの解像度を**「1280×768ピクセル」**、ウィンドウを最大化した環境を基準にしています。
ディスプレイの解像度やウィンドウのサイズなど、お使いの環境によっては、ボタンの形状やサイズ、位置が異なる場合があります。
ボタンの操作は、ポップヒントに表示されるボタン名を参考に操作してください。

例

ボタン名	ディスプレイの解像度が低い場合／ウィンドウのサイズが小さい場合	ディスプレイの解像度が高い場合／ウィンドウのサイズが大きい場合
切り取り		切り取り

POINT ディスプレイの解像度の設定

ディスプレイの解像度を本書と同様に設定する方法は、次のとおりです。
◆デスクトップの空き領域を右クリック→《ディスプレイ設定》→《ディスプレイの解像度》の→《1280×768》
※メッセージが表示される場合は、《変更の維持》をクリックします。

◆Officeの種類に伴う注意事項

Microsoftが提供するOfficeには**「ボリュームライセンス（LTSC）版」「プレインストール版」「POSAカード版」「ダウンロード版」「Microsoft 365」**などがあり、画面やコマンドが異なることがあります。

本書はダウンロード版をもとに開発しています。ほかの種類のOfficeで操作する場合は、ポップヒントに表示されるボタン名を参考に操作してください。

●Office 2021のLTSC版で《ホーム》タブを選択した状態（2022年12月時点）

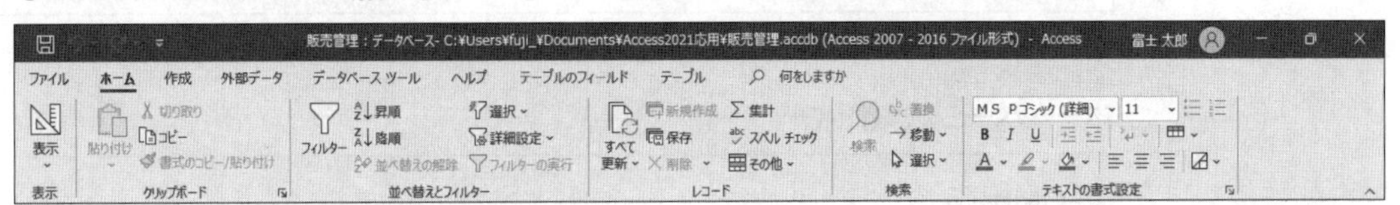

◆アップデートに伴う注意事項

WindowsやOfficeは、アップデートによって不具合が修正され、機能が向上する仕様となっています。そのため、アップデート後に、コマンドやスタイル、色などの名称が変更される場合があります。

本書に記載されているコマンドやスタイルなどの名称が表示されない場合は、掲載画面の色がついている位置を参考に操作してください。

※本書の最新情報については、P.8に記載されているFOM出版のホームページにアクセスして確認してください。

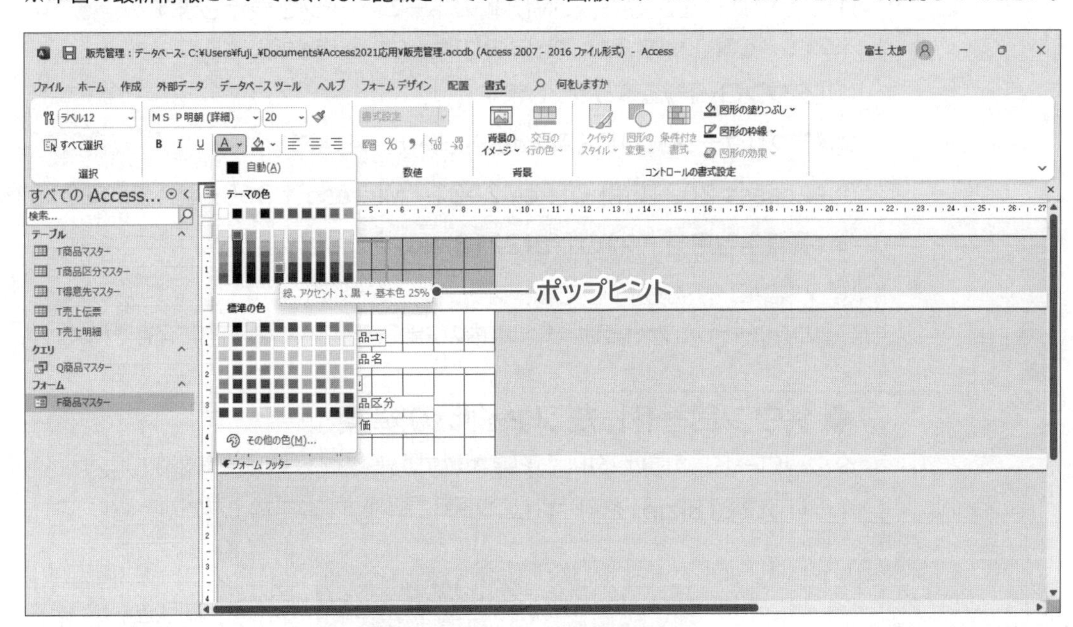

POINT　お使いの環境のバージョン・ビルド番号を確認する

WindowsやOfficeはアップデートにより、バージョンやビルド番号が変わります。
お使いの環境のバージョン・ビルド番号を確認する方法は、次のとおりです。

Windows 11

◆ （スタート）→《設定》→《システム》→《バージョン情報》

Office 2021

◆《ファイル》タブ→《アカウント》→《（アプリ名）のバージョン情報》

※お使いの環境によっては、《アカウント》が表示されていない場合があります。その場合は、《その他》→《アカウント》をクリックします。

5 学習ファイルと標準解答のご提供について

本書で使用する学習ファイルと標準解答のPDFファイルは、FOM出版のホームページで提供しています。

ホームページアドレス

https://www.fom.fujitsu.com/goods/

※アドレスを入力するとき、間違いがないか確認してください。

ホームページ検索用キーワード

FOM出版

1 学習ファイル

学習ファイルはダウンロードしてご利用ください。

◆ダウンロード

学習ファイルをダウンロードする方法は、次のとおりです。

①ブラウザーを起動し、FOM出版のホームページを表示します。
※アドレスを直接入力するか、キーワードでホームページを検索します。

②**《ダウンロード》**をクリックします。

③**《アプリケーション》**の**《Access》**をクリックします。

④**《Access 2021応用 Office 2021／Microsoft 365対応　FPT2218》**をクリックします。

⑤**《書籍学習用データ》**の**「fpt2218.zip」**をクリックします。

⑥ダウンロードが完了したら、ブラウザーを終了します。
※ダウンロードしたファイルは、パソコン内のフォルダー「ダウンロード」に保存されます。

◆ダウンロードしたファイルの解凍

ダウンロードしたファイルは圧縮されているので、解凍（展開）します。ダウンロードしたファイル**「fpt2218.zip」**を**《ドキュメント》**に解凍する方法は、次のとおりです。

①デスクトップ画面を表示します。

②タスクバーの（エクスプローラー）をクリックします。

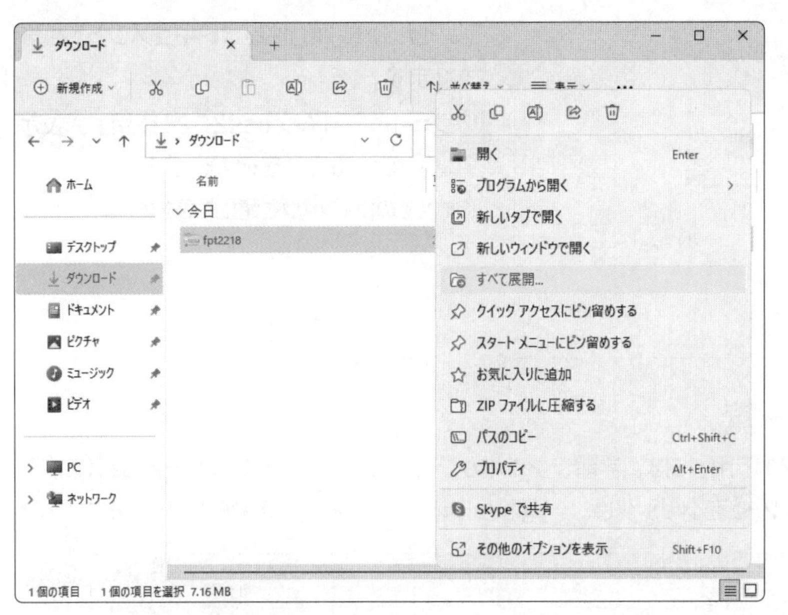

③《**ダウンロード**》をクリックします。
④ファイル「**fpt2218**」を右クリックします。
⑤《**すべて展開**》をクリックします。

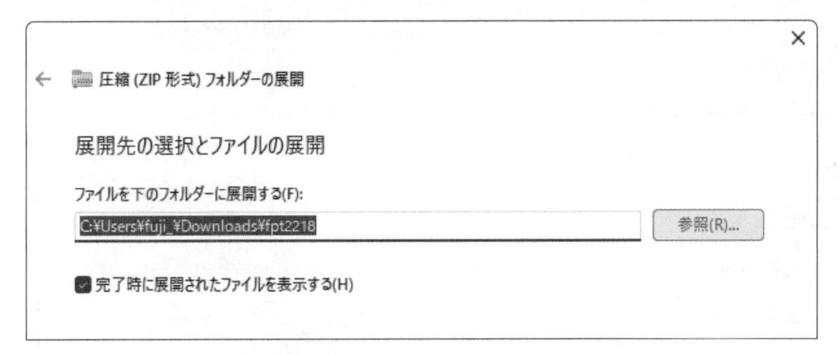

⑥《**参照**》をクリックします。

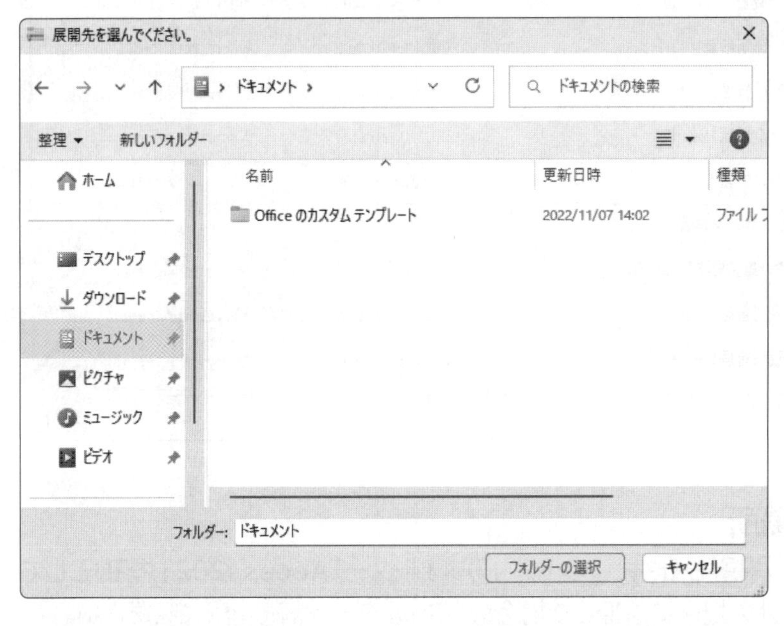

⑦《**ドキュメント**》をクリックします。
⑧《**フォルダーの選択**》をクリックします。

⑨《**ファイルを下のフォルダーに展開する**》が「**C:¥Users¥(ユーザー名)¥Documents**」に変更されます。
⑩《**完了時に展開されたファイルを表示する**》を☑にします。
⑪《**展開**》をクリックします。

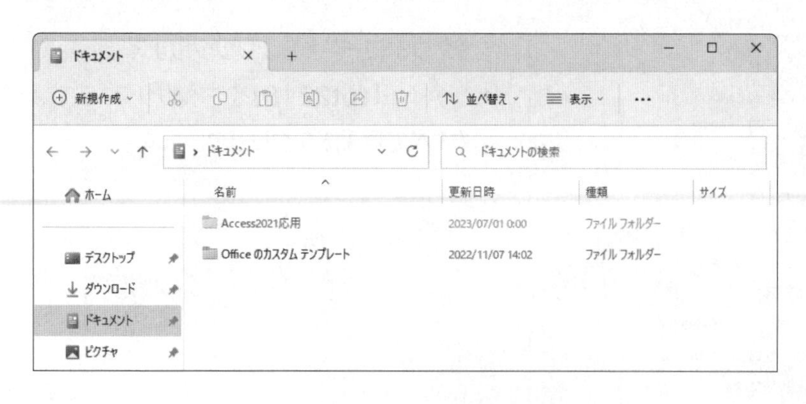

ファイルが解凍され、**《ドキュメント》**が開かれます。

⑫フォルダー**「Access2021応用」**が表示されていることを確認します。

※すべてのウィンドウを閉じておきましょう。

◆学習ファイルの一覧

フォルダー**「Access2021応用」**には、学習ファイルが入っています。タスクバーの（エクスプローラー）→**《ドキュメント》**をクリックし、一覧からフォルダーを開いて確認してください。

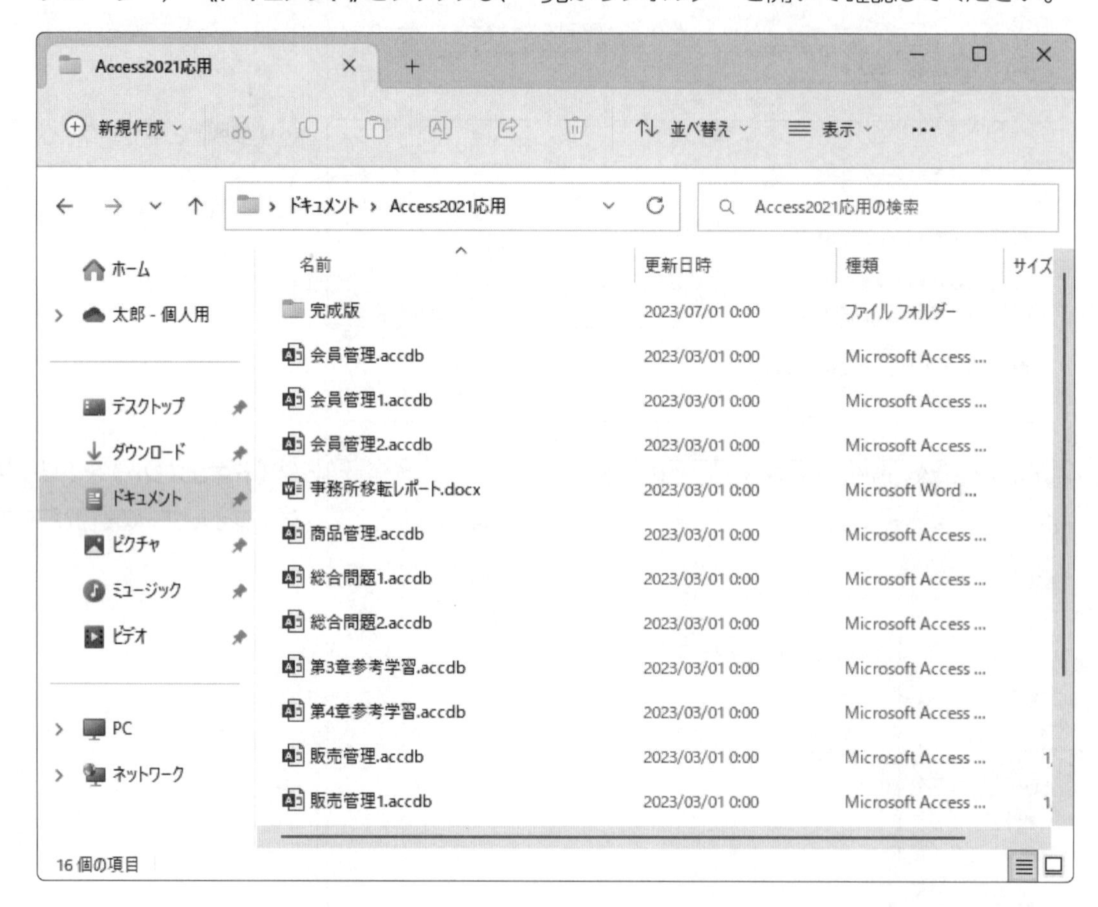

◆学習ファイルの場所

本書では、学習ファイルの場所を**《ドキュメント》**内のフォルダー**「Access2021応用」**としています。**《ドキュメント》**以外の場所に解凍した場合は、フォルダーを読み替えてください。

◆学習ファイル利用時の注意事項

学習ファイルを利用するときの注意事項は、次のとおりです。

●《セキュリティリスク》メッセージバーが表示される

ダウンロードした学習ファイルを開く際、ファイルがブロックされ、次のようなメッセージバーが表示される場合があります。

学習ファイルは安全なので、《**ドキュメント**》内のフォルダー「**Access2021応用**」を信頼できる場所に設定して、ブロックを解除してください。

◆**Accessを起動し、スタート画面を表示→《オプション》→《トラストセンター》→《トラストセンターの設定》→《信頼できる場所》→《新しい場所の追加》→《参照》→《ドキュメント》のフォルダー「Access2021応用」を選択→《OK》→《☑この場所のサブフォルダーも信頼する》→《OK》→《OK》→《OK》**

※お使いの環境によっては、《オプション》が表示されていない場合があります。その場合は、《その他》→《オプション》をクリックします。

Microsoft Office の信頼できる場所
警告: この場所は、ファイルを開くのに安全な場所であると見なされます。場所を変更または追加する場合は、その場所が安全であることを確認してください。
パス(P):
C:¥Users¥fuji_¥Documents¥Access2021応用
参照(B)...
この場所のサブフォルダーも信頼する(S)
説明(D):
作成日時: 2023/07/01 0:00
OK キャンセル

STEP UP ファイルのプロパティの設定

お使いの環境によって、フォルダーの設定を変更できない場合は、個々のファイルのプロパティを設定して、ブロックを解除してください。

◆対象のデータベースファイルを右クリック→《プロパティ》→《全般》タブ→《セキュリティ》の《☑許可する》

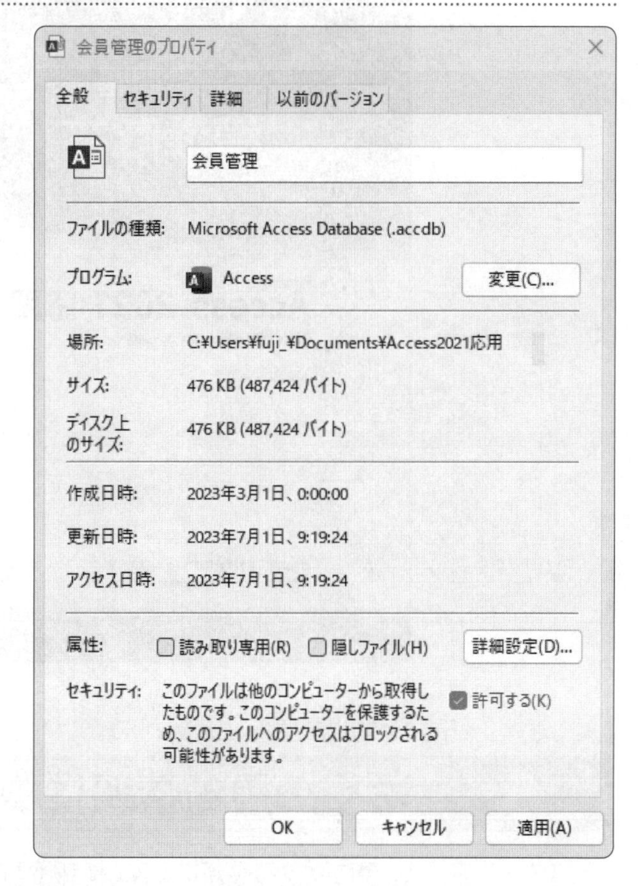

●《保護ビュー》メッセージバーが表示される

ダウンロードした学習ファイルを開く際、そのファイルが安全かどうかを確認するメッセージが表示される場合があります。学習ファイルは安全なので、《**編集を有効にする**》をクリックして、編集可能な状態にしてください。

保護ビュー 注意—インターネットから入手したファイルは、ウイルスに感染している可能性があります。編集する必要がなければ、保護ビューのままにしておくことをお勧めします。 編集を有効にする(E)

2 総合問題の標準解答

総合問題の標準的な解答を記載したPDFファイルを提供しています。PDFファイルを表示してご利用ください。

◆PDFファイルの表示

総合問題の標準解答を表示する方法は、次のとおりです。

①ブラウザーを起動し、FOM出版のホームページを表示します。
※アドレスを直接入力するか、キーワードでホームページを検索します。

②**《ダウンロード》**をクリックします。

③**《アプリケーション》**の**《Access》**をクリックします。

④**《Access 2021応用 Office 2021／Microsoft 365対応　FPT2218》**をクリックします。

⑤**《総合問題 標準解答》**の**「fpt2218_kaitou.pdf」**をクリックします。

⑥PDFファイルが表示されます。
※必要に応じて、印刷または保存してご利用ください。

総合問題
標準解答

Microsoft®
Access® 2021 応用
Office 2021／Microsoft® 365 対応

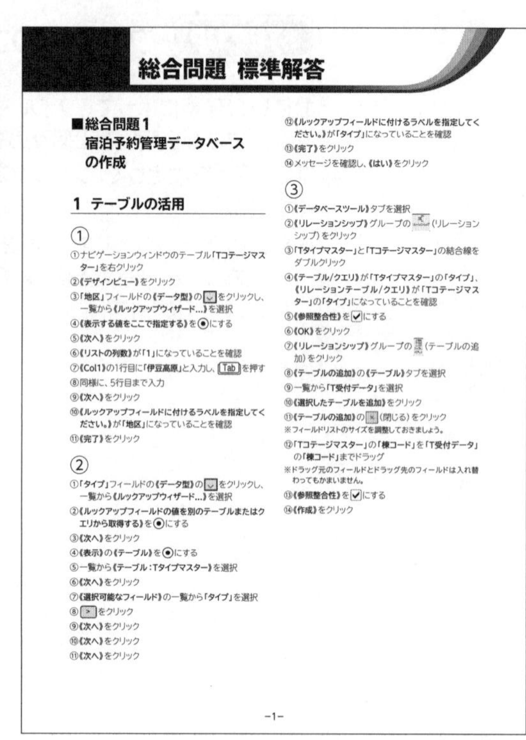
総合問題 標準解答

■総合問題1
宿泊予約管理データベースの作成

1 テーブルの活用

①

①ナビゲーションウィンドウのテーブル「Tコテージマスター」を右クリック
②《デザインビュー》をクリック
③「地区」フィールドの《データ型》の[v]をクリックし、一覧から《ルックアップウィザード...》を選択
④《表示する値をここで指定する》を◉にする
⑤《次へ》をクリック
⑥《リストの列数》が「1」になっていることを確認
⑦《Col1》の1行目に「伊豆高原」と入力し、[Tab]を押す
⑧同様に、5行目まで入力
⑨《次へ》をクリック
⑩《ルックアップフィールドに付けるラベルを指定してください。》が「地区」になっていることを確認
⑪《完了》をクリック

②

①「タイプ」フィールドの《データ型》の[v]をクリックし、一覧から《ルックアップウィザード...》を選択
②《ルックアップフィールドの値を別のテーブルまたはクエリから取得する》を◉にする
③《次へ》をクリック
④《表示》の《テーブル》を◉にする
⑤一覧から《テーブル：Tタイプマスター》を選択
⑥《次へ》をクリック
⑦《選択可能なフィールド》の一覧から「タイプ」を選択
⑧[>]をクリック
⑨《次へ》をクリック
⑩《次へ》をクリック
⑪《次へ》をクリック
⑫《ルックアップフィールドに付けるラベルを指定してください。》が「タイプ」になっていることを確認
⑬《完了》をクリック
⑭メッセージを確認し、《はい》をクリック

③

①《データベースツール》タブを選択
②《リレーションシップ》グループの（リレーションシップ）をクリック
③「Tタイプマスター」と「Tコテージマスター」の結合線をダブルクリック
④《テーブル/クエリ》が「Tタイプマスター」の「タイプ」、《リレーションテーブル/クエリ》が「Tコテージマスター」の「タイプ」になっていることを確認
⑤《参照整合性》を☑にする
⑥《OK》をクリック
⑦《リレーションシップ》グループの（テーブルの追加）をクリック
⑧《テーブルの追加》の《テーブル》タブを選択
⑨一覧から「T受付データ」を選択
⑩《選択したテーブルを追加》をクリック
⑪《テーブルの追加》の（閉じる）をクリック
※フィールドリストのサイズを調整しておきましょう。
⑫「Tコテージマスター」の「棟コード」を「T受付データ」の「棟コード」までドラッグ
※ドラッグ元のフィールドとドラッグ先のフィールドは入れ替わってもかまいません。
⑬《参照整合性》を☑にする
⑭《作成》をクリック

-1-

6 本書の最新情報について

本書に関する最新のQ＆A情報や訂正情報、重要なお知らせなどについては、FOM出版のホームページでご確認ください。

ホームページアドレス

https://www.fom.fujitsu.com/goods/

※アドレスを入力するとき、間違いがないか確認してください。

ホームページ検索用キーワード

FOM出版

第1章

会員管理データベースの概要

STEP 1 会員管理データベースの概要

1 データベースの概要

第2章～第5章では、データベース**「会員管理.accdb」**を使って、テーブルやクエリの効果的な作成方法を学習します。
「会員管理.accdb」の目的やテーブルの設計は、次のとおりです。

●目的

あるスポーツクラブを例に、入会している会員の次のデータを管理します。

- **会員の個人情報（名前、住所、電話番号、生年月日、入会年月日など）**
- **会員のスポーツクラブの利用状況（いつどんなスポーツメニューを利用しているか）**

●テーブルの設計

次の3つのテーブルに分類して、データを格納します。

2 データベースの確認

フォルダー**「Access2021応用」**に保存されているデータベース**「会員管理.accdb」**を開き、それぞれのテーブルを確認しましょう。
※Accessを起動しておきましょう。

1 データベースを開く

データベース**「会員管理.accdb」**を開きましょう。

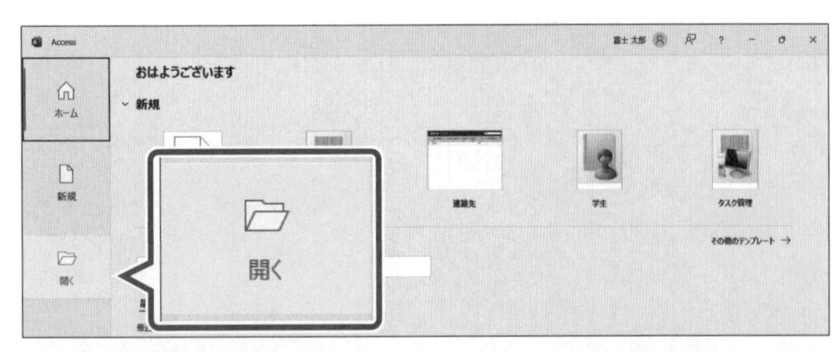

①Accessのスタート画面が表示されていることを確認します。
②**《開く》**をクリックします。

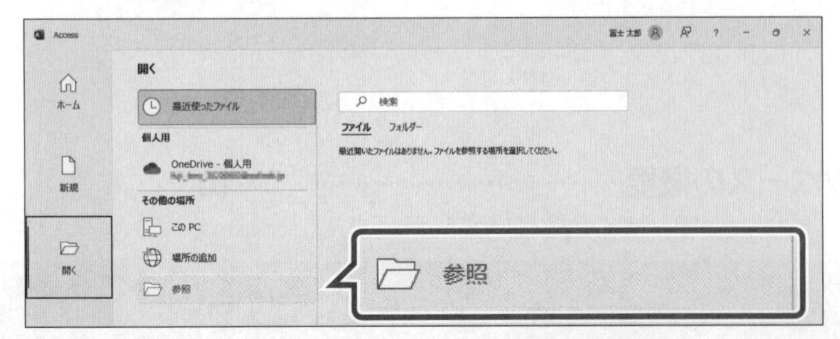

データベースが保存されている場所を選択します。
③**《参照》**をクリックします。

《ファイルを開く》ダイアログボックスが表示されます。

④**《ドキュメント》**を選択します。

⑤一覧から**「Access2021応用」**を選択します。

⑥**《開く》**をクリックします。

⑦一覧から**「会員管理.accdb」**を選択します。

⑧**《開く》**をクリックします。

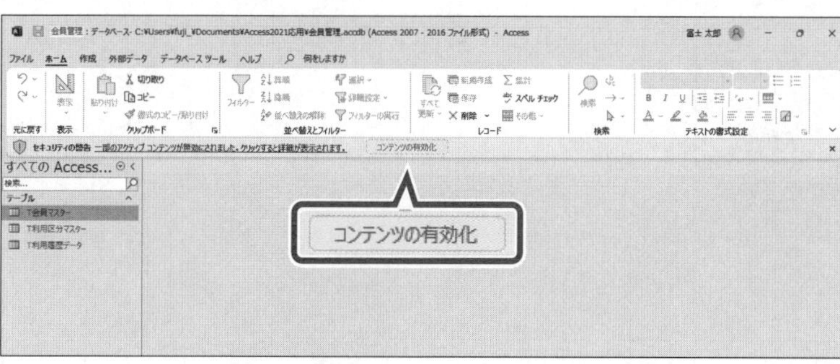

データベースが開かれ、ナビゲーションウィンドウにテーブルが表示されます。

⑨**《セキュリティの警告》**メッセージバーが表示された場合は、**《コンテンツの有効化》**をクリックします。

STEP UP その他の方法（データベースを開く）

◆《ファイル》タブ→《開く》

◆ Ctrl + O

STEP UP セキュリティの警告

ウイルスを含むデータベースを開くと、パソコンがウイルスに感染し、システムが正常に動作しなくなったり、データベースが破壊されたりすることがあります。

Accessではデータベースを開くと、メッセージバーに次のようなセキュリティに関する警告が表示される場合があります。

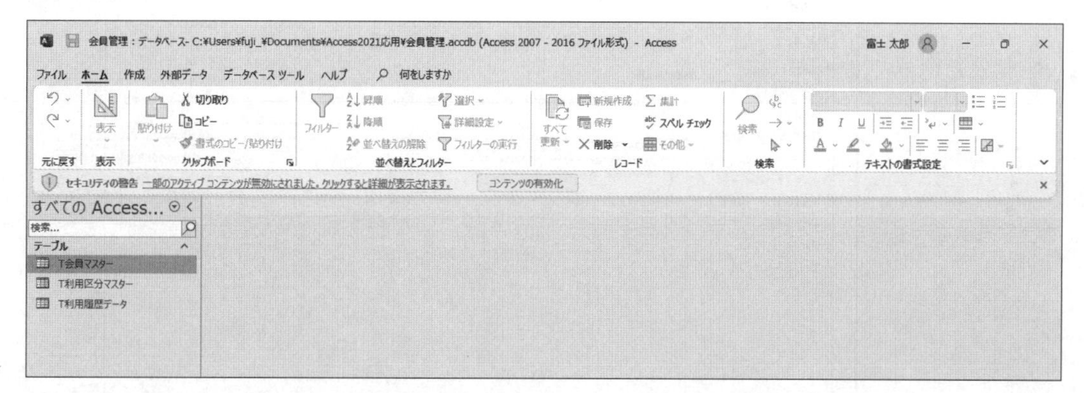

データベースの発行元が信頼できるなど、安全であることがわかっている場合は、《セキュリティの警告》メッセージバーの《コンテンツの有効化》をクリックします。インターネットからダウンロードしたデータベースなど、作成者の不明なデータベースは安全性を保障できないため、《コンテンツの有効化》をクリックしない方がよいでしょう。《コンテンツの有効化》をクリックしない場合は、データ接続やVBAマクロなどのアクティブコンテンツが無効化されます。

POINT セキュリティリスク

インターネットからダウンロードした学習ファイルを開く際、ファイルがブロックされ、次のようなメッセージバーが表示される場合があります。

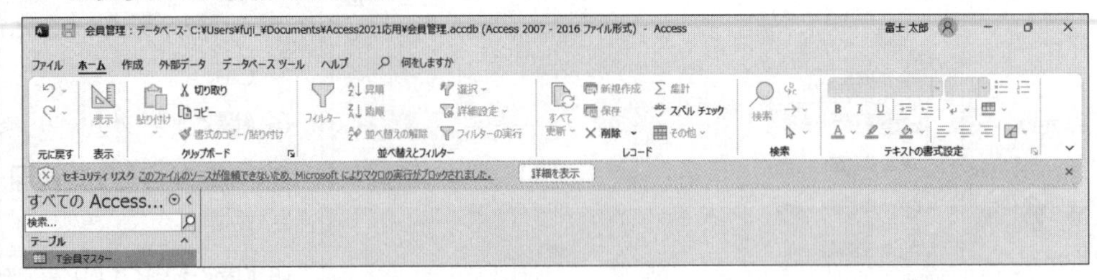

安全であることがわかっている場合、ブロックを解除してデータベースを使用できる状態にします。

●ファイルのプロパティを設定してブロックを解除

ファイル単位でブロックを解除する方法は、次のとおりです。

◆対象のデータベースファイルを右クリック→《プロパティ》→《全般》タブ→《セキュリティ》の《☑許可する》

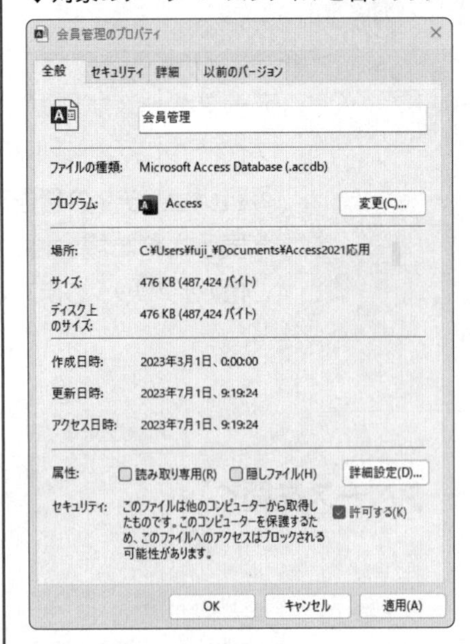

●信頼できる場所を設定してファイルを移動

データベースを保存したフォルダーを信頼できる場所に設定しておくと、セキュリティリスクやセキュリティの警告を表示せずにデータベースを開くことができます。

◆《ファイル》タブ→《オプション》→《トラストセンター》→《トラストセンターの設定》→《信頼できる場所》→《新しい場所の追加》

※お使いの環境によっては、《オプション》が表示されていない場合があります。その場合は、《その他》→《オプション》をクリックします。

STEP UP ファイルの拡張子の表示

Access 2021でデータベースを作成・保存すると、自動的に拡張子「.accdb」が付きます。
Windowsの設定によっては、拡張子が表示されない場合があります。
拡張子を表示する方法は、次のとおりです。

◆タスクバーの（エクスプローラー）→ 表示（レイアウトとビューのオプション）→《表示》→《ファイル名拡張子》をオン

※本書では、拡張子を表示しています。

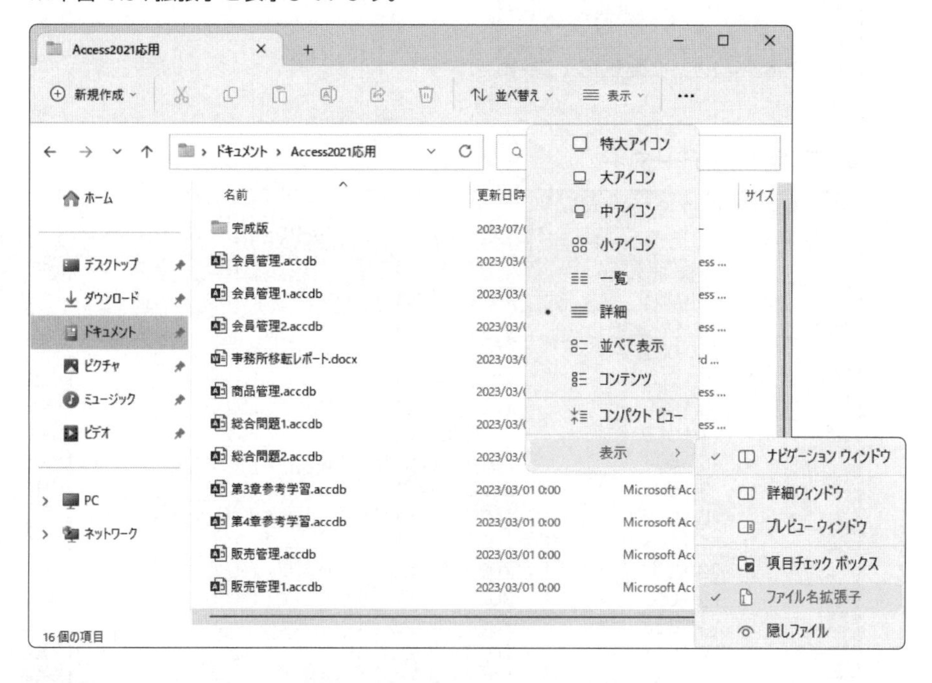

2 テーブルの確認

あらかじめ作成されている各テーブルの内容を確認しましょう。

●T会員マスター

会員コード	名前	フリガナ	〒	住所1	住所2	住所3	TEL	生年月日	入会年月日	DM同意	退会	DM送付
1001	佐野 寛子	サノ ヒロコ	221-0057	神奈川県	横浜市神奈川区青木町1-X-X	サンマンションXXX	045-506-XXXX	1981/03/25	2021/01/10	☑	☐	☐
1002	大月 賢一郎	オオツキ ケンイチロウ	249-0005	神奈川県	逗子市桜山2-X-X		046-821-XXXX	1985/04/05	2021/01/12	☑	☐	☑
1003	明石 由美子	アカシ ユミコ	212-0026	神奈川県	川崎市幸区紺屋町2-X-X	メゾン・ド・紺屋町XXX	044-806-XXXX	1981/06/30	2021/01/18	☑	☑	☑
1004	山本 喜一	ヤマモト キイチ	236-0007	神奈川県	横浜市金沢区白帆4-X-X		045-725-XXXX	1959/07/05	2021/02/01	☑	☐	☐
1005	辻 雅彦	ツジ マサヒコ	216-0023	神奈川県	川崎市宮前区けやき平3-X-X	グラン葵XXX	044-258-XXXX	1960/09/01	2021/03/01	☑	☐	☑
1006	畑田 香奈子	ハタダ カナコ	227-0046	神奈川県	横浜市青葉区たちばな台1-X-X		080-5451-XXXX	1995/01/24	2021/04/05	☑	☐	☐
1007	野村 桜	ノムラ サクラ	230-0033	神奈川県	横浜市鶴見区朝日町2-X-X		045-506-XXXX	1981/07/01	2021/04/21	☑	☐	☑
1008	横山 花梨	ヨコヤマ カリン	241-0813	神奈川県	横浜市旭区今宿町1-X-X	みなとタワーXXX	045-771-XXXX	1995/08/21	2021/05/01	☑	☐	☑
1009	加納 基成	カノウ モトナリ	231-0002	神奈川県	横浜市中区海岸通5-X-X	グレースコート海岸XXX	045-502-XXXX	1953/06/20	2021/05/06	☑	☐	☑
1010	和田 光輝	ワダ コウキ	248-0013	神奈川県	鎌倉市材木座3-X-X		0467-21-XXXX	1956/05/06	2021/06/01	☑	☐	☐
1011	野中 敏也	ノナカ トシヤ	244-0814	神奈川県	横浜市戸塚区南舞岡1-1-X		045-245-XXXX	1994/10/11	2021/06/02	☑	☐	☐
1012	山城 まり	ヤマシロ マリ	233-0001	神奈川県	横浜市港南区上大岡東5-X-X		045-301-XXXX	1996/04/06	2021/06/03	☑	☐	☐
1013	坂本 誠	サカモト マコト	244-0803	神奈川県	横浜市戸塚区平戸町2-X-X		045-651-XXXX	1971/07/01	2021/06/04	☑	☐	☐
1014	橋本 耕太	ハシモト コウタ	243-0012	神奈川県	厚木市幸町5-X-X	平成ハイツXXX	046-541-XXXX	1967/11/23	2021/07/01	☑	☐	☐
1015	布施 友香	フセ トモカ	243-0033	神奈川県	厚木市温水2-X-X		046-556-XXXX	1971/06/04	2021/08/28	☑	☐	☐
1016	井戸 剛	イド ツヨシ	221-0865	神奈川県	横浜市神奈川区片倉1-X-X		045-412-XXXX	1977/12/07	2021/09/03	☑	☐	☑
1017	星 龍太郎	ホシ リュウタロウ	235-0022	神奈川県	横浜市磯子区汐見台5-X-X		045-975-XXXX	1985/08/12	2021/09/16	☑	☐	☐
1018	宍戸 真智子	シシド マチコ	235-0033	神奈川県	横浜市磯子区杉田2-X-X	横浜壱番館XXX	045-751-XXXX	1960/10/08	2021/11/03	☑	☐	☐
1019	天野 真未	アマノ マミ	236-0057	神奈川県	横浜市金沢区能見台1-X-X		045-654-XXXX	1975/11/01	2021/11/06	☑	☐	☑
1020	白川 紀子	シラカワ ノリコ	233-0002	神奈川県	横浜市港南区上大岡西3-X-X	上大岡ガーデンXXX	080-5505-XXXX	1999/12/07	2021/12/04	☑	☐	☑
1021	大木 花実	オオキ ハナミ	235-0035	神奈川県	横浜市磯子区田中3-X-X		045-421-XXXX	1992/12/08	2022/01/28	☑	☐	☑
1022	牧田 博	マキタ ヒロシ	214-0005	神奈川県	川崎市多摩区寺尾台2-X-X		044-505-XXXX	1947/09/30	2022/01/28	☑	☐	☑
1023	住吉 純子	スミヨシ ジュンコ	242-0029	神奈川県	大和市上草柳3-X-X		046-261-XXXX	1950/12/13	2022/02/02	☑	☐	☑
1024	香川 泰男	カガワ ヤスオ	247-0075	神奈川県	鎌倉市関谷3-X-X	パレス鎌倉XXX	0467-58-XXXX	1974/06/15	2022/02/03	☑	☐	☑
1025	伊藤 めぐみ	イトウ メグミ	240-0062	神奈川県	横浜市保土ケ谷区岡沢町2-X-X		045-764-XXXX	1967/09/29	2022/02/03	☑	☑	☐
1026	村瀬 稔彦	ムラセ トシヒコ	226-0005	神奈川県	横浜市緑区竹山5-X-X		045-320-XXXX	1985/05/18	2022/02/21	☑	☐	☐
1027	草野 萌子	クサノ モエコ	224-0055	神奈川県	横浜市都筑区加賀原4-X-X		045-511-XXXX	1990/07/27	2022/02/21	☑	☐	☑
1028	渡辺 百合	ワタベ ユリ	230-0045	神奈川県	横浜市鶴見区末広町3-X-X		045-611-XXXX	1995/10/22	2022/03/05	☑	☐	☐
1029	小川 正一	オガワ ショウイチ	222-0035	神奈川県	横浜市港北区鳥山町2-X-X		045-517-XXXX	1982/11/05	2022/03/08	☑	☐	☐
1030	近藤 真央	コンドウ マオ	231-0045	神奈川県	横浜市中区伊勢佐木町1-X-X		045-623-XXXX	1993/07/04	2022/03/09	☑	☐	☐
1031	坂井 早苗	サカイ サナエ	236-0044	神奈川県	横浜市金沢区高舟台3-X-X		045-705-XXXX	1955/09/11	2022/03/13	☑	☐	☑
1032	香取 茜	カトリ アカネ	220-0035	神奈川県	横浜市西区霞ケ丘4-X-X	霞ケ丘マンションXXX	045-142-XXXX	1967/12/06	2022/04/03	☑	☐	☑
1033	江藤 和義	エトウ カズヨシ	231-0054	神奈川県	横浜市中区黄金町6-X-X	コーポ花井XXX	045-745-XXXX	1972/07/11	2022/04/06	☑	☐	☑
1034	北原 聡子	キタハラ サトコ	243-0423	神奈川県	海老名市今里2-X-X		046-228-XXXX	1983/02/04	2022/04/17	☑	☐	☐
1035	能勢 みどり	ノセ ミドリ	143-0023	東京都	大田区山王2-X-X	セントラルタワーXXX	03-3129-XXXX	1983/01/25	2022/05/08	☑	☐	☐
1036	鈴木 保一	スズキ ヤスイチ	240-0017	神奈川県	横浜市保土ケ谷区花見台5-X-X		045-612-XXXX	1964/05/31	2022/05/16	☑	☐	☐
1037	森 晴子	モリ ハルコ	216-0005	神奈川県	川崎市宮前区土橋2-X-X		044-344-XXXX	1948/04/02	2022/06/01	☑	☐	☑
1038	広田 志津子	ヒロタ シズコ	231-0027	神奈川県	横浜市中区扇町1-X-X	サン・ヒル・マンションXXX	045-571-XXXX	1978/03/18	2022/06/02	☑	☐	☑
1039	神田 美波	カンダ ミナミ	226-0027	神奈川県	横浜市緑区長津田2-X-X		045-501-XXXX	1965/08/17	2022/08/01	☑	☐	☑
1040	飛鳥 宏英	アスカ ヒロヒデ	142-0042	東京都	品川区豊町1-X-X	スカイコーポXXX	090-3501-XXXX	1995/06/09	2022/09/06	☑	☐	☑
1041	若王子 康治	ワカオウジ コウジ	231-0015	神奈川県	横浜市中区尾上町5-X-X	グランハイムXXX	045-132-XXXX	1996/04/20	2022/09/28	☑	☐	☑
1042	中川 守彦	ナカガワ モリヒコ	231-0849	神奈川県	横浜市中区麦田町1-X-X		045-511-XXXX	1969/06/22	2022/10/02	☑	☐	☐
1043	栗田 いずみ	クリタ イズミ	213-0035	神奈川県	川崎市高津区向ケ丘3-X-X		044-309-XXXX	1965/04/25	2022/11/14	☑	☐	☐
1044	伊藤 琢磨	イトウ タクマ	240-0006	神奈川県	横浜市保土ケ谷区星川2-X-X		045-340-XXXX	1990/01/21	2022/12/06	☑	☐	☑
1045	吉岡 京香	ヨシオカ キョウカ	158-0082	東京都	世田谷区等々力2-X-X	等々力ヒルズXXX	03-5120-XXXX	1983/01/20	2022/12/08	☑	☐	☑
1046	原 洋次郎	ハラ ヨウジロウ	230-0044	神奈川県	横浜市鶴見区弁天町1-X-X	ハイツ弁天XXX	045-831-XXXX	1983/08/28	2022/12/12	☑	☐	☑
1047	松岡 直美	マツオカ ナオミ	247-0013	神奈川県	横浜市栄区上郷町1-X-X		045-359-XXXX	1960/05/06	2023/01/05	☑	☐	☑
1048	高橋 孝子	タカハシ タカコ	140-0005	東京都	品川区広町3-X-X		03-3401-XXXX	1961/12/05	2023/02/01	☑	☐	☑
1049	松井 雪江	マツイ ユキエ	221-0053	神奈川県	横浜市神奈川区橋本町2-X-X		045-409-XXXX	1968/01/09	2023/03/10	☑	☐	☑
1050	中田 愛子	ナカタ アイコ	156-0045	東京都	世田谷区桜上水1-X-X	グランドハイムXXX	03-3674-XXXX	1995/03/07	2023/04/04	☑	☐	☑
*										☐	☐	☐

レコード: 1 / 50 フィルターなし 検索

●T利用区分マスター

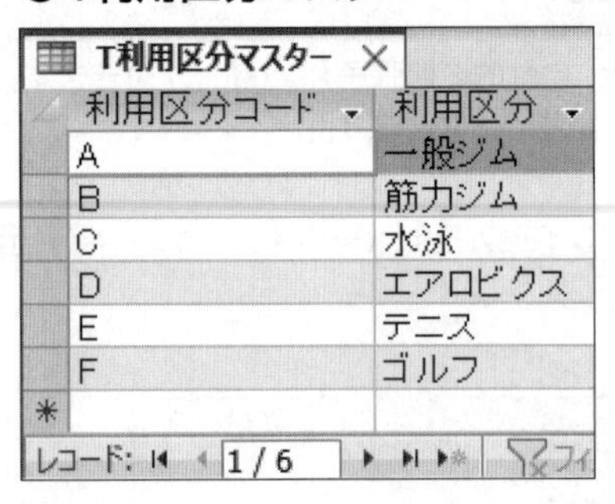

T利用区分マスター

利用区分コード	利用区分
A	一般ジム
B	筋力ジム
C	水泳
D	エアロビクス
E	テニス
F	ゴルフ
*	

レコード: 1 / 6

●T利用履歴データ

T利用履歴データ

履歴番号	会員コード	利用年月日	利用開始時間	利用終了時間	利用区分コード
1	1001	2023/04/01	10:30	11:30	A
2	1006	2023/04/01	10:30	11:30	B
3	1030	2023/04/01	10:30	11:30	A
4	1037	2023/04/01	10:50	11:50	A
5	1003	2023/04/01	13:30	14:20	A
6	1029	2023/04/01	15:00	16:10	B
7	1010	2023/04/01	15:30	15:40	E
8	1034	2023/04/01	18:30	19:00	C
9	1033	2023/04/01	19:30	20:40	A
10	1019	2023/04/01	20:00	21:00	C
11	1005	2023/04/01	20:20	21:00	F
12	1007	2023/04/02	19:30	20:30	A
13	1003	2023/04/02	19:50	20:30	C
14	1032	2023/04/02	19:50	21:00	E
15	1018	2023/04/03	10:20	12:00	C
16	1030	2023/04/03	10:50	11:50	A
17	1014	2023/04/03	11:00	12:30	A
18	1006	2023/04/03	11:50	12:50	B
19	1016	2023/04/03	14:30	16:30	A
20	1003	2023/04/03	15:00	16:00	B
21	1040	2023/04/03	15:30	15:40	E
22	1024	2023/04/03	18:00	19:30	D
23	1009	2023/04/03	20:00	21:00	A
24	1036	2023/04/04	10:30	11:30	E
25	1013	2023/04/04	10:40	11:40	D
26	1029	2023/04/04	11:00	12:00	A
27	1050	2023/04/04	11:30	12:20	A
28	1010	2023/04/04	14:50	18:20	A
29	1003	2023/04/04	15:00	16:00	C

レコード: 1 / 204　フィルターなし　検索

※実際の運用では、利用履歴のデータはフォームで入力します。
学習を進めやすくするため、あらかじめデータを用意しています。

第2章

テーブルの活用

第2章　この章で学ぶこと

学習前に習得すべきポイントを理解しておき、
学習後には確実に習得できたかどうかを振り返りましょう。

■ フィールドプロパティとは何かを説明できる。 → P.18 ☑☑☑

■《ふりがな》プロパティを設定して、入力した文字のふりがなを自動的に表示できる。 → P.18 ☑☑☑

■《住所入力支援》プロパティを設定して、入力した郵便番号に対応する住所を表示できる。 → P.20 ☑☑☑

■《定型入力》プロパティを設定して、データを入力する際の形式を指定できる。 → P.22 ☑☑☑

■《書式》プロパティを設定して、データを表示する書式を指定できる。 → P.24 ☑☑☑

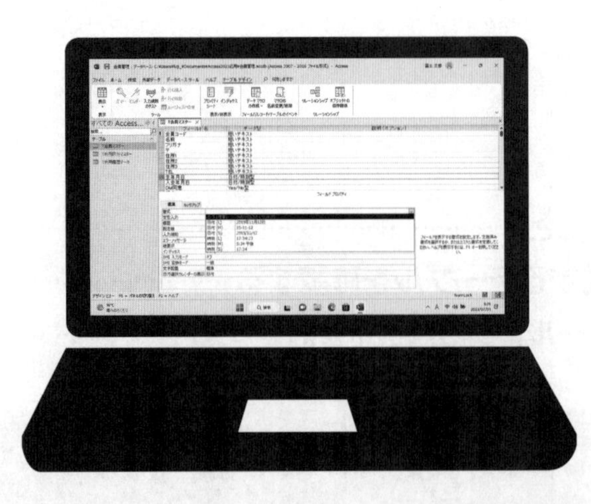

Step 1 作成するテーブルを確認する

1 作成するテーブルの確認

次のようなテーブル**「T会員マスター」**を作成しましょう。

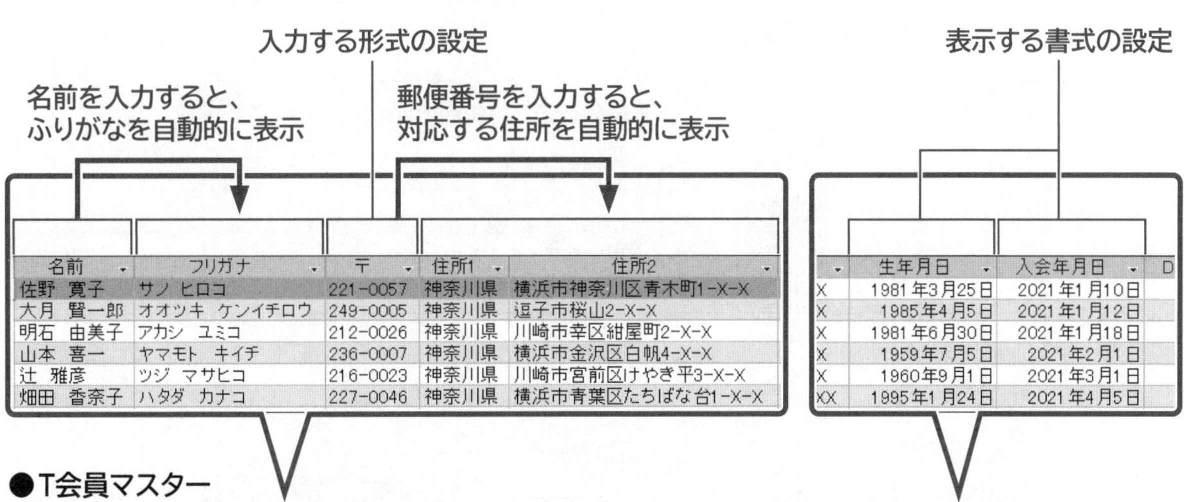

●T会員マスター

会員コード	名前	フリガナ	〒	住所1	住所2	住所3	TEL	生年月日	入会年月日	DM同意	退会	DM送付
1001	佐野 寛子	サノ ヒロコ	221-0057	神奈川県	横浜市神奈川区青木町1-X-X	サンマンションXXX	045-506-XXXX	1981年3月25日	2021年1月10日	☑	☐	☐
1002	大月 賢一郎	オオツキ ケンイチロウ	249-0005	神奈川県	逗子市桜山2-X-X		046-821-XXXX	1985年4月5日	2021年1月12日	☑	☐	☑
1003	明石 由美子	アカシ ユミコ	212-0026	神奈川県	川崎市幸区紺屋町2-X-X	メゾン・ド・紺屋町XXX	044-806-XXXX	1981年6月30日	2021年1月18日	☑	☑	☑
1004	山本 喜一	ヤマモト キイチ	236-0007	神奈川県	横浜市金沢区白帆4-X-X		045-725-XXXX	1959年7月5日	2021年2月1日	☑	☐	☐
1005	辻 雅彦	ツジ マサヒコ	216-0023	神奈川県	川崎市宮前区けやき平3-X-X	グラン葵XXX	044-258-XXXX	1960年9月1日	2021年3月1日	☑	☐	☑
1006	畑田 香奈子	ハタダ カナコ	227-0046	神奈川県	横浜市青葉区たちばな台1-X-X		080-5451-XXXX	1995年1月24日	2021年4月5日	☑	☐	☐
1007	野村 桜	ノムラ サクラ	230-0033	神奈川県	横浜市鶴見区朝日町2-X-X		045-506-XXXX	1981年7月1日	2021年4月21日	☑	☐	☑
1008	横山 花梨	ヨコヤマ カリン	241-0813	神奈川県	横浜市旭区今宿町1-X-X	みなとタワーXXX	045-771-XXXX	1995年8月21日	2021年5月1日	☑	☐	☑
1009	加納 基成	カノウ モトナリ	231-0002	神奈川県	横浜市中区海岸通5-X-X	グレースコート海岸XXX	045-502-XXXX	1953年6月20日	2021年5月6日	☑	☐	☑
1010	和田 光輝	ワダ コウキ	248-0013	神奈川県	鎌倉市材木座3-X-X		0467-21-XXXX	1956年5月6日	2021年6月1日	☑	☐	☐
1011	野中 敏也	ノナカ トシヤ	244-0814	神奈川県	横浜市戸塚区南舞岡1-1-X		045-245-XXXX	1994年10月11日	2021年6月2日	☑	☐	☐
1012	山城 まり	ヤマシロ マリ	233-0001	神奈川県	横浜市港南区上大岡東5-X-X		045-301-XXXX	1996年4月6日	2021年6月3日	☑	☐	☐
1013	坂本 誠	サカモト マコト	244-0803	神奈川県	横浜市戸塚区平戸町2-X-X		045-651-XXXX	1971年7月1日	2021年6月4日	☑	☐	☐
1014	橋本 耕太	ハシモト コウタ	243-0012	神奈川県	厚木市幸町5-X-X	平成ハイツXXX	046-541-XXXX	1967年11月23日	2021年7月1日	☑	☐	☐
1015	布施 友香	フセ トモカ	243-0033	神奈川県	厚木市温水2-X-X		046-556-XXXX	1971年6月4日	2021年8月28日	☑	☐	☐
1016	井戸 剛	イド ツヨシ	221-0865	神奈川県	横浜市神奈川区片倉1-X-X		045-412-XXXX	1977年12月7日	2021年9月3日	☑	☐	☑
1017	星 龍太郎	ホシ リュウタロウ	235-0022	神奈川県	横浜市磯子区汐見台5-X-X		045-975-XXXX	1985年8月12日	2021年9月16日	☑	☐	☐
1018	宍戸 真智子	シシド マチコ	235-0033	神奈川県	横浜市磯子区杉田2-X-X	横浜壱番館XXX	045-751-XXXX	1960年10月8日	2021年11月3日	☑	☐	☐
1019	天野 真未	アマノ マミ	236-0057	神奈川県	横浜市金沢区能見台1-X-X		045-654-XXXX	1975年11月1日	2021年11月6日	☑	☐	☑
1020	白川 紀子	シラカワ ノリコ	233-0002	神奈川県	横浜市港南区上大岡西3-X-X	上大岡ガーデンXXX	080-5505-XXXX	1999年12月7日	2021年12月4日	☑	☐	☑
1021	大木 花実	オオキ ハナミ	235-0035	神奈川県	横浜市磯子区田中3-X-X		045-421-XXXX	1992年12月8日	2022年1月28日	☑	☐	☑
1022	牧田 博	マキタ ヒロシ	214-0005	神奈川県	川崎市多摩区寺尾台2-X-X		044-505-XXXX	1947年9月30日	2022年1月28日	☑	☐	☑
1023	住吉 純子	スミヨシ ジュンコ	242-0029	神奈川県	大和市上草柳3-X-X		046-261-XXXX	1950年12月13日	2022年2月2日	☑	☐	☑
1024	香川 泰男	カガワ ヤスオ	247-0075	神奈川県	鎌倉市関谷3-X-X	パレス鎌倉XXX	0467-58-XXXX	1974年6月15日	2022年2月3日	☑	☐	☑
1025	伊藤 めぐみ	イトウ メグミ	240-0062	神奈川県	横浜市保土ケ谷区岡沢町2-X-X		045-764-XXXX	1967年9月29日	2022年2月3日	☑	☑	☐
1026	村瀬 稔彦	ムラセ トシヒコ	226-0005	神奈川県	横浜市緑区竹山5-X-X		045-320-XXXX	1985年5月18日	2022年2月21日	☑	☐	☐
1027	草野 萌子	クサノ モエコ	224-0055	神奈川県	横浜市都筑区加賀原4-X-X		045-511-XXXX	1990年7月27日	2022年2月21日	☑	☐	☑
1028	渡辺 百合	ワタベ ユリ	230-0045	神奈川県	横浜市鶴見区末広町3-X-X		045-611-XXXX	1995年10月22日	2022年3月5日	☑	☐	☐
1029	小川 正一	オガワ ショウイチ	222-0035	神奈川県	横浜市港北区鳥山町2-X-X		045-517-XXXX	1982年11月5日	2022年3月8日	☑	☐	☐
1030	近藤 真央	コンドウ マオ	231-0045	神奈川県	横浜市中区伊勢佐木町1-X-X		045-623-XXXX	1993年7月4日	2022年3月9日	☑	☐	☐
1031	坂井 早苗	サカイ サナエ	236-0044	神奈川県	横浜市金沢区高舟台3-X-X		045-705-XXXX	1955年9月11日	2022年3月13日	☑	☐	☑
1032	香取 茜	カトリ アカネ	220-0035	神奈川県	横浜市西区霞ケ丘4-X-X	霞ケ丘マンションXXX	045-142-XXXX	1967年12月6日	2022年4月3日	☑	☐	☑
1033	江藤 和義	エトウ カズヨシ	231-0054	神奈川県	横浜市中区黄金町6-X-X	コーポ花井XXX	045-745-XXXX	1972年7月11日	2022年4月6日	☑	☐	☑
1034	北原 聡子	キタハラ サトコ	243-0423	神奈川県	海老名市今里2-X-X		046-228-XXXX	1983年2月4日	2022年4月17日	☑	☐	☐
1035	能勢 みどり	ノセ ミドリ	143-0023	東京都	大田区山王2-X-X	セントラルタワーXXX	03-3129-XXXX	1983年1月25日	2022年5月8日	☑	☐	☐
1036	鈴木 保一	スズキ ヤスイチ	240-0017	神奈川県	横浜市保土ケ谷区花見台5-X-X		045-612-XXXX	1964年5月31日	2022年5月16日	☑	☐	☐
1037	森 晴子	モリ ハルコ	216-0005	神奈川県	川崎市宮前区土橋2-X-X		044-344-XXXX	1948年4月2日	2022年6月1日	☑	☐	☑
1038	広田 志津子	ヒロタ シズコ	231-0027	神奈川県	横浜市中区扇町1-X-X	サン・ヒル・マンションXXX	045-571-XXXX	1978年3月18日	2022年6月2日	☑	☐	☑
1039	神田 美波	カンダ ミナミ	226-0027	神奈川県	横浜市緑区長津田2-X-X		045-501-XXXX	1965年8月17日	2022年8月1日	☑	☐	☑
1040	飛鳥 宏英	アスカ ヒロヒデ	142-0042	東京都	品川区豊町1-X-X	スカイコーポXXX	090-3501-XXXX	1995年6月9日	2022年9月6日	☑	☐	☑
1041	若王子 康治	ワカオウジ コウジ	231-0015	神奈川県	横浜市中区尾上町5-X-X	グランハイムXXX	045-132-XXXX	1996年4月20日	2022年9月28日	☑	☐	☑
1042	中川 守彦	ナカガワ モリヒコ	231-0849	神奈川県	横浜市中区麦田町1-X-X		045-511-XXXX	1969年6月22日	2022年10月2日	☑	☐	☐
1043	栗田 いずみ	クリタ イズミ	213-0035	神奈川県	川崎市高津区向ケ丘3-X-X		044-309-XXXX	1965年4月25日	2022年11月14日	☑	☐	☐
1044	伊藤 琢磨	イトウ タクマ	240-0006	神奈川県	横浜市保土ケ谷区星川2-X-X		045-340-XXXX	1990年1月21日	2022年12月6日	☑	☐	☑
1045	吉岡 京香	ヨシオカ キョウカ	158-0082	東京都	世田谷区等々力2-X-X	等々力ヒルズXXX	03-5120-XXXX	1983年1月20日	2022年12月8日	☑	☐	☑
1046	原 洋次郎	ハラ ヨウジロウ	230-0044	神奈川県	横浜市鶴見区弁天町1-X-X	ハイツ弁天XXX	045-831-XXXX	1983年8月28日	2022年12月12日	☑	☐	☑
1047	松岡 直美	マツオカ ナオミ	247-0013	神奈川県	横浜市栄区上郷町1-X-X		045-359-XXXX	1960年5月6日	2023年1月5日	☑	☐	☑
1048	高橋 孝子	タカハシ タカコ	140-0005	東京都	品川区広町3-X-X		03-3401-XXXX	1961年12月5日	2023年2月1日	☑	☐	☑
1049	松井 雪江	マツイ ユキエ	221-0053	神奈川県	横浜市神奈川区橋本町2-X-X		045-409-XXXX	1968年1月9日	2023年3月10日	☑	☐	☑
1050	中田 愛子	ナカタ アイコ	156-0045	東京都	世田谷区桜上水1-X-X	グランドハイムXXX	03-3674-XXXX	1995年3月7日	2023年4月4日	☑	☐	☑
1051	竹下 香	タケシタ カオリ	230-0051	神奈川県	横浜市鶴見区鶴見中央1-X-X		045-505-XXXX	1982年3月21日	2023年4月30日	☑	☐	☑
*										☐	☐	☐

レコード: 1 / 51　フィルターなし　検索

STEP 2 フィールドプロパティを設定する

1 フィールドプロパティ

「フィールドプロパティ」とは、フィールドの外観や動作を決める属性のことです。フィールドプロパティを設定すると、フィールドの外観や動作を細かく指定できるので、データを効率よく入力できるようになります。

2 《ふりがな》プロパティの設定

《ふりがな》プロパティを設定すると、入力した文字のふりがなを自動的に表示できます。

「名前」フィールドに名前を入力すると、**「フリガナ」**フィールドにふりがなが全角カタカナで表示されるように設定しましょう。

» テーブル「T会員マスター」をデザインビューで開いておきましょう。

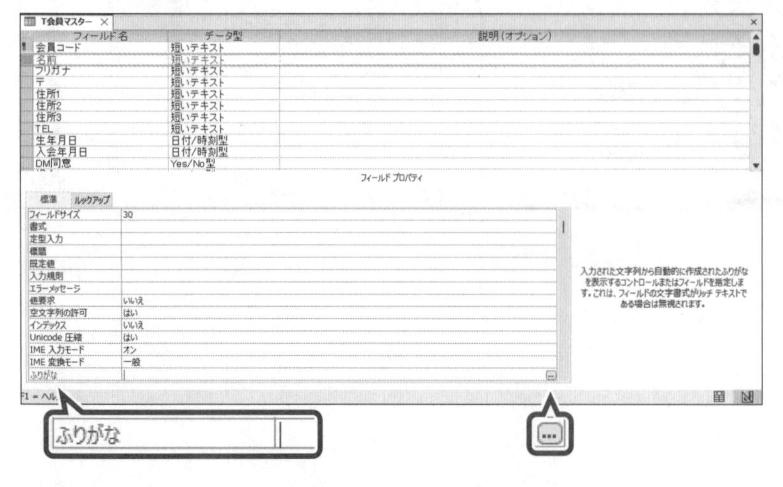

①**「名前」**フィールドの行セレクターをクリックします。

「名前」フィールドのフィールドプロパティが表示されます。

②**《標準》**タブを選択します。

③**《ふりがな》**プロパティをクリックします。

※一覧に表示されていない場合は、スクロールして調整します。

カーソルと［…］が表示されます。

④［…］をクリックします。

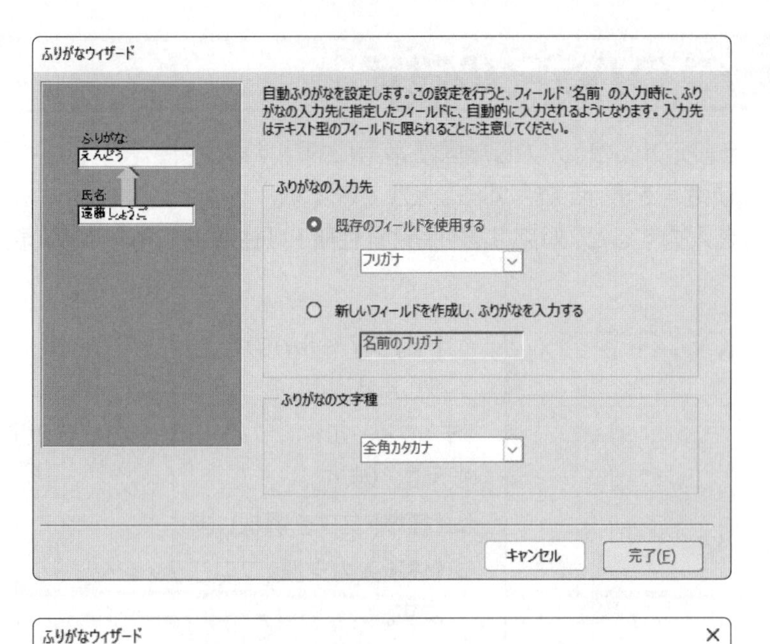

《ふりがなウィザード》が表示されます。

ふりがなを入力するフィールドを設定します。

⑤**《ふりがなの入力先》**の**《既存のフィールドを使用する》**を◉にします。

⑥ ⌄ をクリックし、一覧から**「フリガナ」**を選択します。

ふりがなの文字種を設定します。

⑦**《ふりがなの文字種》**の ⌄ をクリックし、一覧から**《全角カタカナ》**を選択します。

⑧**《完了》**をクリックします。

ふりがなウィザード

このテーブル内のフィールドのプロパティを変更します。この変更を元に戻すことはできません。変更してよろしいですか?

OK　キャンセル

図のような確認のメッセージが表示されます。

⑨**《OK》**をクリックします。

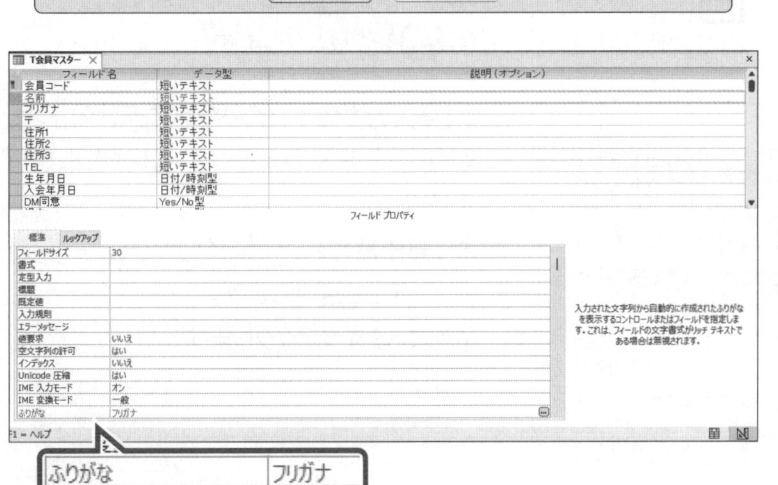

フィールドプロパティの設定を確認します。

⑩**「名前」**フィールドの行セレクターをクリックします。

「名前」フィールドのフィールドプロパティが表示されます。

⑪**《標準》**タブを選択します。

⑫**《ふりがな》**プロパティが**「フリガナ」**になっていることを確認します。

※一覧に表示されていない場合は、スクロールして調整します。

※「名前」フィールドに名前を入力すると、「フリガナ」フィールドにふりがなが自動的に表示されるという意味です。

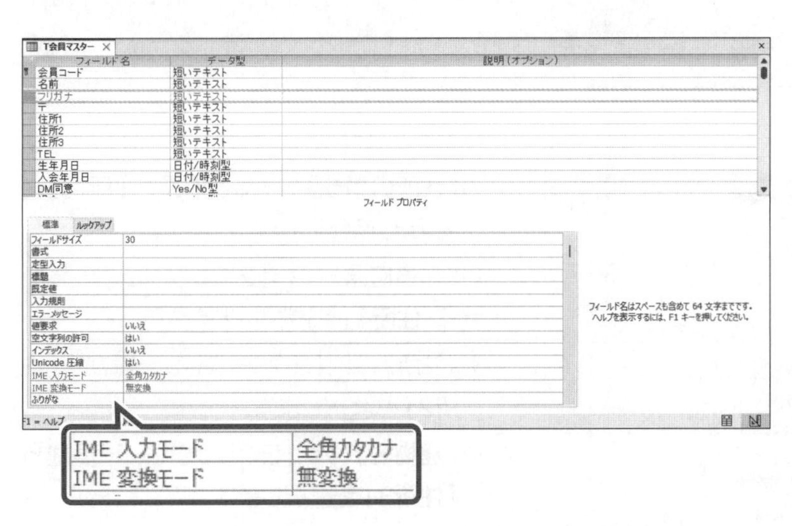

⑬**「フリガナ」**フィールドの行セレクターをクリックします。

「フリガナ」フィールドのフィールドプロパティが表示されます。

⑭**《標準》**タブを選択します。

⑮**《IME入力モード》**プロパティが**「全角カタカナ」**、**《IME変換モード》**プロパティが**「無変換」**になっていることを確認します。

※一覧に表示されていない場合は、スクロールして調整します。

※「フリガナ」フィールドに全角カタカナ、無変換の状態で文字が入力されるという意味です。

3 《住所入力支援》プロパティの設定

《住所入力支援》プロパティを設定すると、入力した郵便番号に対応する住所を表示したり、入力した住所に対応する郵便番号を表示したりすることができます。
「〒」フィールドに郵便番号を入力すると、対応する住所が**「住所1」「住所2」**フィールドに表示されるように設定しましょう。

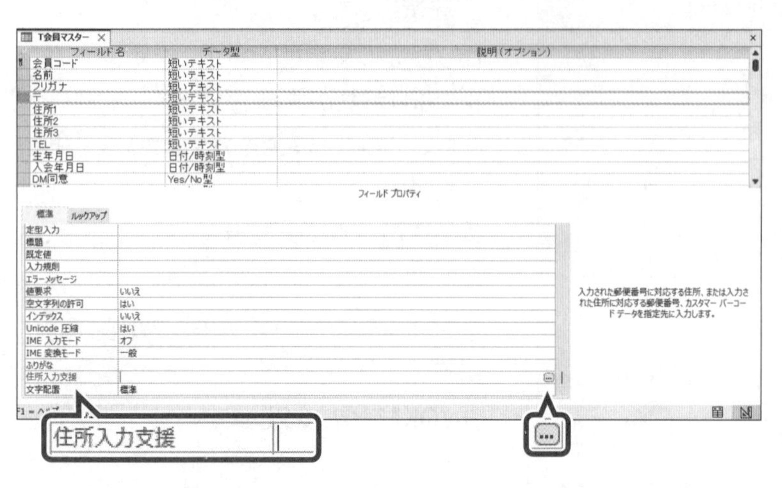

①**「〒」**フィールドの行セレクターをクリックします。

「〒」フィールドのフィールドプロパティが表示されます。

②**《標準》**タブを選択します。

③**《住所入力支援》**プロパティをクリックします。

※一覧に表示されていない場合は、スクロールして調整します。

カーソルと[…]が表示されます。

④[…]をクリックします。

《住所入力支援ウィザード》が表示されます。

郵便番号を入力するフィールドを指定します。

⑤**《郵便番号》**の[∨]をクリックし、一覧から**「〒」**を選択します。

⑥**《次へ》**をクリックします。

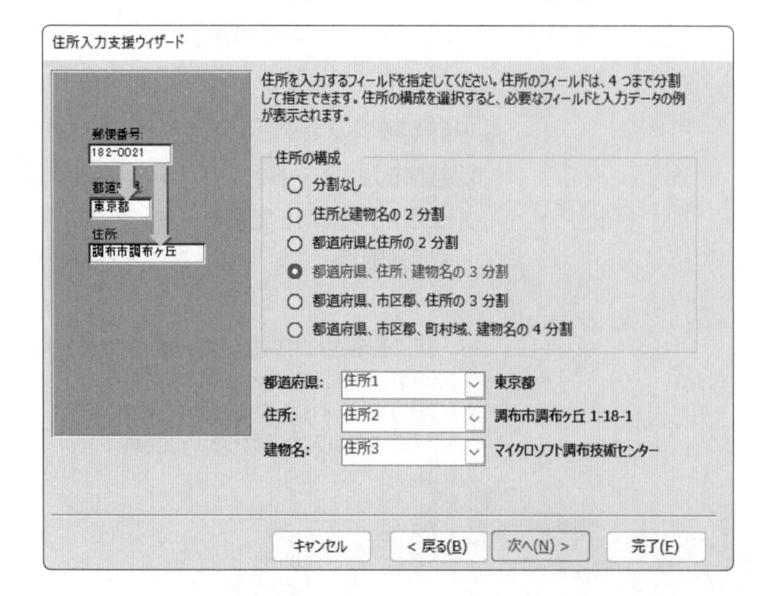

住所を入力するフィールドを指定します。

⑦**《住所の構成》**の**《都道府県、住所、建物名の3分割》**を◉にします。

⑧**《都道府県》**の[∨]をクリックし、一覧から**「住所1」**を選択します。

⑨**《住所》**の[∨]をクリックし、一覧から**「住所2」**を選択します。

⑩**《建物名》**の[∨]をクリックし、一覧から**「住所3」**を選択します。

⑪**《次へ》**をクリックします。

入力動作を確認します。

⑫「**〒**」に任意の郵便番号を入力します。

「**住所1**」と「**住所2**」に対応する住所が表示されます。

※入力したデータは確認のために表示されるだけで、テーブルには反映されません。

⑬《**完了**》をクリックします。

図のような確認のメッセージが表示されます。

⑭《**OK**》をクリックします。

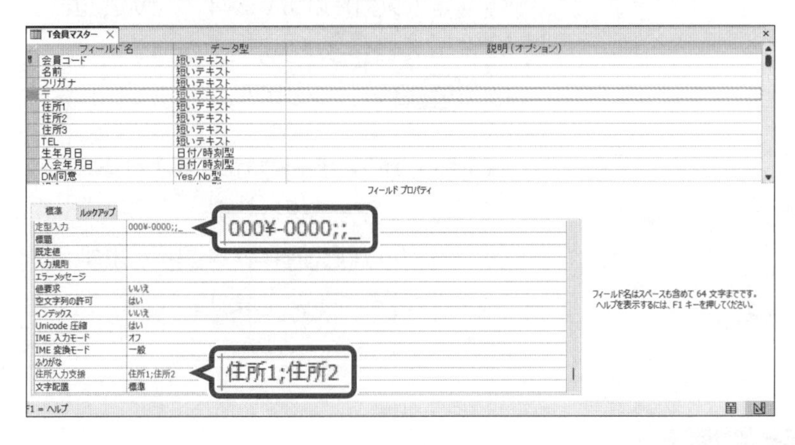

フィールドプロパティの設定を確認します。

⑮「**〒**」フィールドの行セレクターをクリックします。

「**〒**」フィールドのフィールドプロパティが表示されます。

⑯《**標準**》タブを選択します。

⑰《**住所入力支援**》プロパティが「**住所1;住所2**」になっていることを確認します。

※一覧に表示されていない場合は、スクロールして調整します。

※「〒」フィールドに郵便番号を入力すると、「住所1」「住所2」フィールドに対応する住所が自動的に表示されるという意味です。

⑱《**定型入力**》プロパティが「**000¥-0000;;_**」になっていることを確認します。

※住所入力支援ウィザードを使って、《住所入力支援》プロパティを設定すると、《定型入力》プロパティが自動的に設定されます。

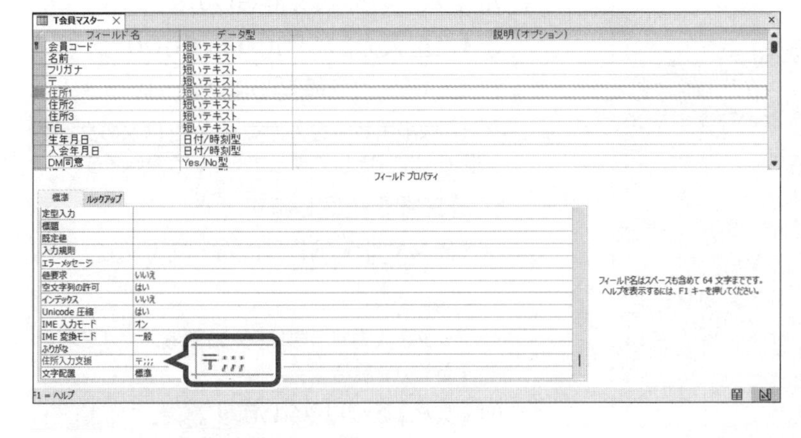

⑲「**住所1**」フィールドの行セレクターをクリックします。

「**住所1**」フィールドのフィールドプロパティが表示されます。

⑳《**標準**》タブを選択します。

㉑《**住所入力支援**》プロパティが「**〒;;;**」になっていることを確認します。

※一覧に表示されていない場合は、スクロールして調整します。

※同様に、「住所2」フィールドの《住所入力支援》プロパティを確認しておきましょう。

※「住所1」「住所2」フィールドに住所を入力すると、「〒」フィールドに対応する郵便番号が自動的に表示されるという意味です。

4 《定型入力》プロパティの設定

《定型入力》プロパティを設定すると、データを入力する際の形式を指定できます。文字の種類や桁数を指定し入力形式を統一することで、正確にデータを入力できます。

「〒」フィールドにデータを入力する際、「___-____」の形式が表示され、郵便番号の区切り文字**「-(ハイフン)」**をテーブルに保存するように設定しましょう。

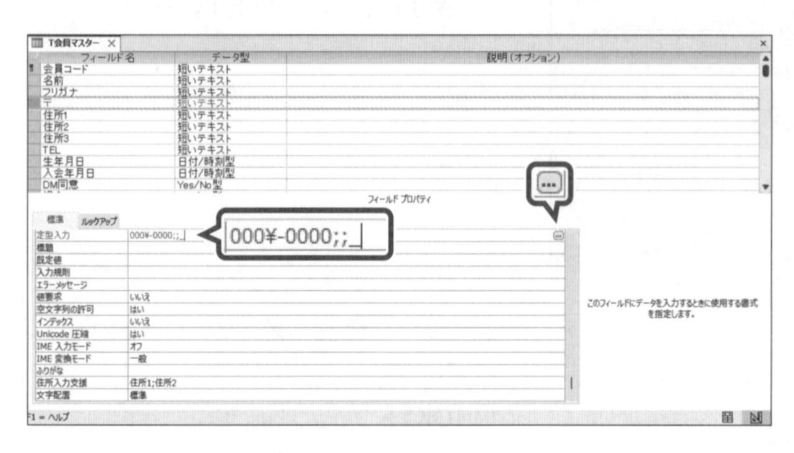

①**「〒」**フィールドの行セレクターをクリックします。

「〒」フィールドのフィールドプロパティが表示されます。

②**《標準》**タブを選択します。

③**《定型入力》**プロパティが**「000¥-0000;;_」**になっていることを確認します。

※住所入力支援ウィザードで自動的に設定されています。

④**《定型入力》**プロパティをクリックします。

カーソルと[...]が表示されます。

⑤[...]をクリックします。

定型入力ウィザード

データに合った定型入力を選択してください。

[テスト] ボックスで、定型入力を使った実際の入力を試すことができます。

定型入力の一覧を変更する場合は、[一覧の編集] をクリックしてください。

定型入力名:	入力データの例:
電話番号	(1234)-5678-9012
口座番号	1234567
郵便番号	123-4567
免許証番号	123456789012
金融機関口座番号	0001-123-0-12345678
JAN8バーコード	12345670
JAN13バーコード	1234567890128

テスト:

一覧の編集(L)　キャンセル　< 戻る(B)　次へ(N) >　完了(F)

《定型入力ウィザード》が表示されます。

定型入力名を選択します。

⑥一覧から**《郵便番号》**を選択します。

⑦**《次へ》**をクリックします。

定型入力ウィザード

定型入力の形式は変更することができます。必要に応じて変更してください。

定型入力名： 郵便番号

定型入力： 000¥-0000

フィールドに表示する代替文字を指定してください。

フィールドにデータを入力すると、代替文字が入力した文字に置き換えられます。

代替文字: _

テスト:

キャンセル　< 戻る(B)　次へ(N) >　完了(F)

定型入力の形式を指定します。

⑧**《定型入力》**が**「000¥-0000」**になっていることを確認します。

※「0」は半角数字を入力する、「¥」は次の文字を区切り文字として表示するという意味です。

代替文字を指定します。

⑨**《代替文字》**が**「_」**になっていることを確認します。

※データを入力する際に、入力領域に「_」を表示するという意味です。

⑩**《次へ》**をクリックします。

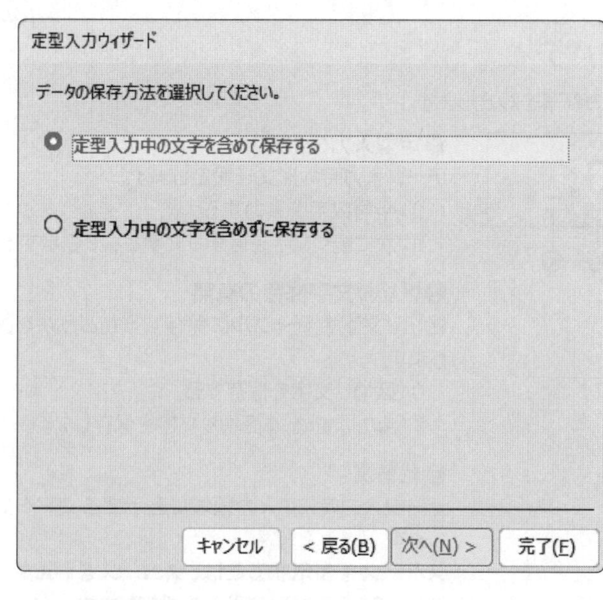

データの保存方法を選択します。

⑪**《定型入力中の文字を含めて保存する》**を◉にします。

⑫**《次へ》**をクリックします。

⑬**《完了》**をクリックします。

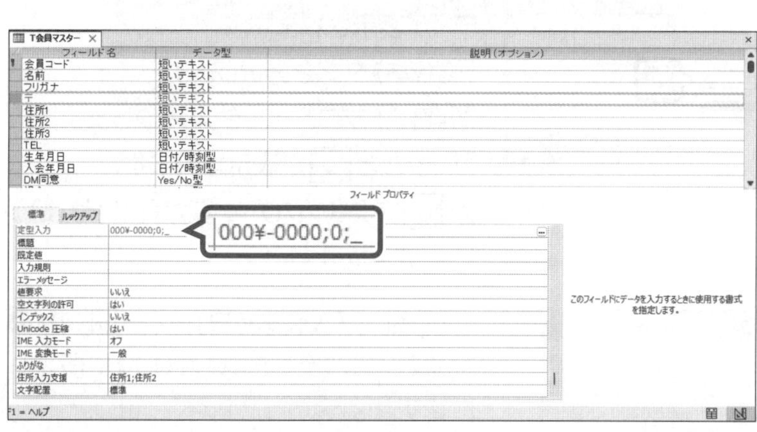

フィールドプロパティの設定を確認します。

⑭**「〒」**フィールドの行セレクターをクリックします。

⑮**《標準》**タブを選択します。

⑯**《定型入力》**プロパティが**「000¥-0000;0;_」**になっていることを確認します。

※データを入力する際、「___-____」の形式が表示され、「-（ハイフン）」をテーブルに保存するという意味です。

1
2
3
4
5
6
7
8
9
10
11
総合問題
索引

POINT 《定型入力》プロパティ

《定型入力》プロパティには、次の3つの要素を設定します。

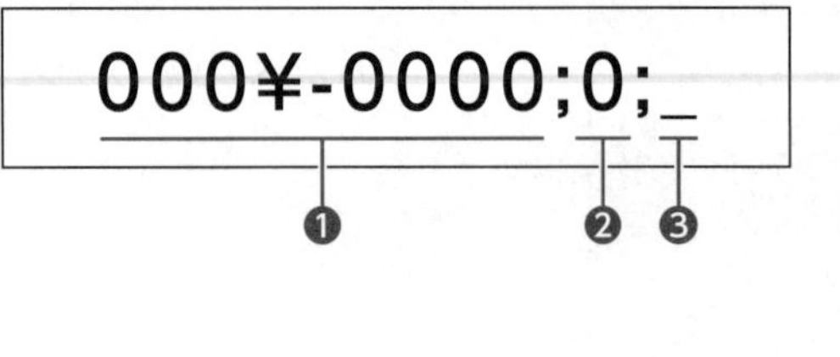

❶定型入力の形式
データ入力時の形式を設定します。
0：半角数字を入力する
¥：次に続く文字を区切り文字として表示する

❷区切り文字保存の有無
区切り文字をテーブルに保存するかどうかを設定します。
0：区切り文字を保存する
1（または省略）：区切り文字を保存しない

❸代替文字
データ入力時に、入力領域に表示する文字を設定します。
スペースを表示するには、スペースを「"（ダブルクォーテーション）」で囲んで設定します。

5 《書式》プロパティの設定

《書式》プロパティを設定すると、データを表示する書式を指定できます。
「生年月日」フィールドと**「入会年月日」**フィールドに日付を入力すると、**「○○○○年○月○日」**の形式で表示されるように設定しましょう。よく使う書式はあらかじめ用意されているので、一覧から選択して設定できます。

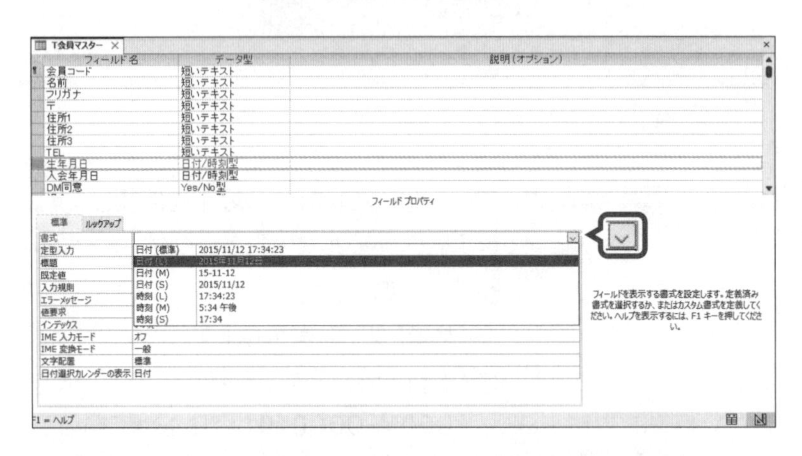

①**「生年月日」**フィールドの行セレクターをクリックします。
「生年月日」フィールドのフィールドプロパティが表示されます。
②**《標準》**タブを選択します。
③**《書式》**プロパティをクリックします。
カーソルと[∨]が表示されます。
④[∨]をクリックし、一覧から**《日付（L）》**を選択します。

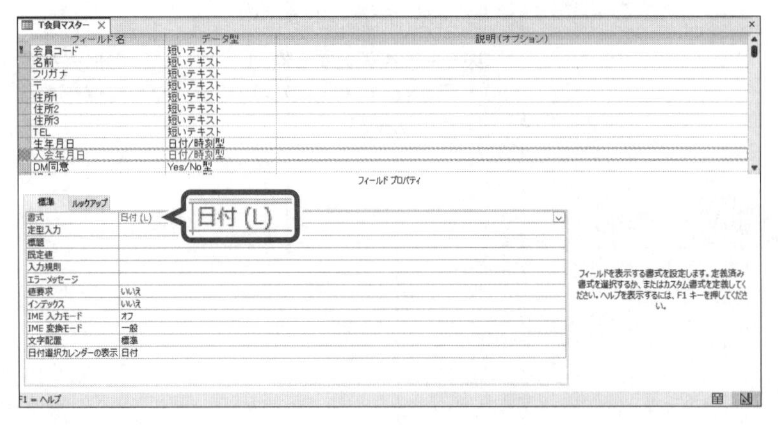

⑤同様に、**「入会年月日」**フィールドの**《書式》**プロパティを**《日付（L）》**に設定します。
※テーブルを上書き保存しておきましょう。

STEP UP 《書式》プロパティの一覧

《書式》プロパティの[∨]をクリックして表示される一覧は、フィールドのデータ型によって異なります。

STEP UP （プロパティの更新オプション）

《書式》プロパティを設定すると、フィールドプロパティに（プロパティの更新オプション）が表示されます。
（プロパティの更新オプション）を使うと、そのフィールドが使用されているクエリやフォーム、レポートのすべての箇所で書式が更新されます。

入会年月日 が使用されているすべての箇所で 書式 を更新します。
フィールド プロパティの更新に関するヘルプ

6 データの入力

データシートビューに切り替えて、次のデータを入力しましょう。
データを入力しながら、フィールドプロパティの設定を確認します。

会員コード	名前	フリガナ	〒	住所1	住所2	TEL	生年月日	入会年月日	DM同意	退会	DM
1051	竹下　香	タケシタ カオリ	230-0051	神奈川県	横浜市鶴見区鶴見中央1-X-X	045-505-XXXX	1982/03/21	2023/04/30	☑	☐	☑

T会員マスター

会員コード	名前	フリガナ	〒	住所1	住所2	住所
1024	香川　泰男	カガワ　ヤスオ	247-0075	神奈川県	鎌倉市関谷3-X-X	パレス鎌倉X
1025	伊藤　めぐみ	イトウ　メグミ	240-0062	神奈川県	横浜市保土ケ谷区岡沢町2-X-X	
1026	村瀬　稔彦	ムラセ トシヒコ	226-0005	神奈川県	横浜市緑区竹山5-X-X	
1027	草野　萌子	クサノ　モエコ	224-0055	神奈川県	横浜市都筑区加賀原4-X-X	
1028	渡辺　百合	ワタベ　ユリ	230-0045	神奈川県	横浜市鶴見区末広町3-X-X	
1029	小川　正一	オガワ　ショウイチ	222-0035	神奈川県	横浜市港北区鳥山町2-X-X	
1030	近藤　真央	コンドウ　マオ	231-0045	神奈川県	横浜市中区伊勢佐木町1-X-X	
1031	坂井　早苗	サカイ　サナエ	236-0044	神奈川県	横浜市金沢区高舟台3-X-X	
1032	香取　茜	カトリ　アカネ	220-0035	神奈川県	横浜市西区霞ケ丘4-X-X	霞ケ丘マンシ
1033	江藤　和義	エトウ　カズヨシ	231-0054	神奈川県	横浜市中区黄金町6-X-X	コーポ花井X
1034	北原　聡子	キタハラ　サトコ	243-0423	神奈川県	海老名市今里2-X-X	
1035	能勢　みどり	ノセ　ミドリ	143-0023	東京都	大田区山王2-X-X	セントラルタ
1036	鈴木　保一	スズキ　ヤスイチ	240-0017	神奈川県	横浜市保土ケ谷区花見台5-X-X	
1037	森　晴子	モリ　ハルコ	216-0005	神奈川県	川崎市宮前区土橋2-X-X	
1038	広田　志津子	ヒロタ　シズコ	231-0027	神奈川県	横浜市中区扇町1-X-X	サン・ヒル・マ
1039	神田　美波	カンダ　ミナミ	226-0027	神奈川県	横浜市緑区長津田2-X-X	
1040	飛鳥　宏英	アスカ ヒロヒデ	142-0042	東京都	品川区豊町1-X-X	スカイコーポ
1041	若王子　康治	ワカオウジ　コウジ	231-0015	神奈川県	横浜市中区尾上町5-X-X	グランハイム
1042	中川　守彦	ナカガワ　モリヒコ	231-0849	神奈川県	横浜市中区麦田町1-X-X	
1043	栗田　いずみ	クリタ イズミ	213-0035	神奈川県	川崎市高津区向ケ丘3-X-X	
1044	伊藤　琢磨	イトウ　タクマ	240-0006	神奈川県	横浜市保土ケ谷区星川2-X-X	
1045	吉岡　京香	ヨシオカ　キョウカ	158-0082	東京都	世田谷区等々力2-X-X	等々力ヒルズ
1046	原　洋次郎	ハラ ヨウジロウ	230-0044	神奈川県	横浜市鶴見区弁天町1-X-X	ハイツ弁天X
1047	松岡　直美	マツオカ　ナオミ	247-0013	神奈川県	横浜市栄区上郷町1-X-X	
1048	高橋　孝子	タカハシ　タカコ	140-0005	東京都	品川区広町3-X-X	
1049	松井　雪江	マツイ　ユキエ	221-0053	神奈川県	横浜市神奈川区橋本町2-X-X	
1050	中田　愛子	ナカタ アイコ	156-0045	東京都	世田谷区桜上水1-X-X	グランドハイ
1051	竹下　香	タケシタ カオリ				

レコード: 51 / 51　フィルターなし　検索

データシートビューに切り替えます。

①《テーブルデザイン》タブを選択します。

※《ホーム》タブでもかまいません。

②《表示》グループの（表示）をクリックします。

③（新しい（空の）レコード）をクリックします。

新規レコードの「**会員コード**」のセルにカーソルが表示されます。

④「**1051**」と入力し、Tab または Enter を押します。

⑤「**名前**」に「**竹下　香**」と入力し、Tab または Enter を押します。

「**フリガナ**」にふりがなが全角カタカナで自動的に表示されます。

⑥ふりがなが表示されていることを確認し、Tab または Enter を押します。

※正しいふりがなが表示されていない場合は、修正します。

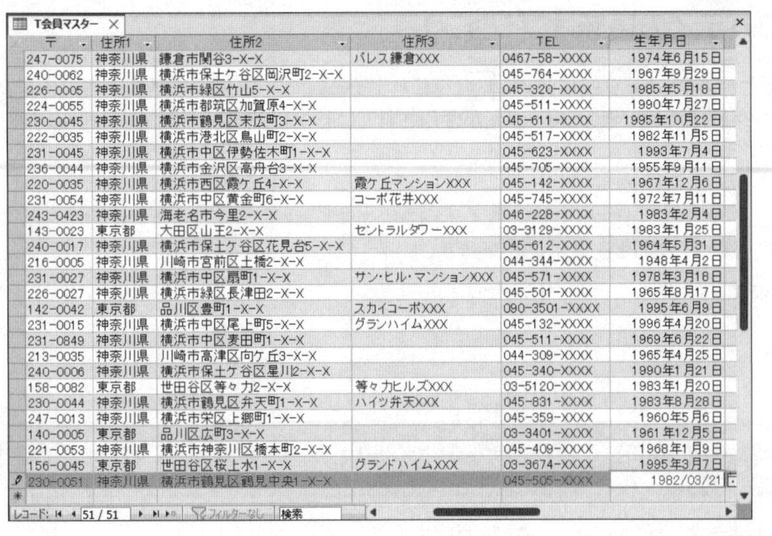

⑦**「〒」**に**「2300051」**と入力します。

※最初の数字「2」を入力すると「___-____」の形式が表示されます。

「住所1」と**「住所2」**に対応する住所が自動的に表示されます。

⑧住所を確認し、Tab または Enter を2回押します。

⑨**「住所2」**の続きに**「1-X-X」**と入力し、Tab または Enter を2回押します。

⑩**「TEL」**に**「045-505-XXXX」**と入力し、Tab または Enter を押します。

⑪**「生年月日」**に**「1982/03/21」**と入力し、Tab または Enter を押します。

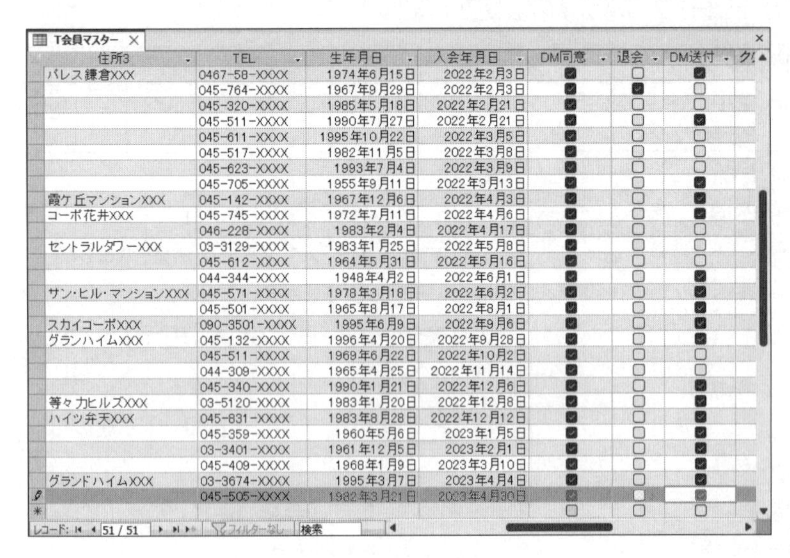

日付が**「○○○○年○月○日」**の書式で表示されます。

⑫**「入会年月日」**に**「2023/04/30」**と入力し、Tab または Enter を押します。

⑬**「DM同意」**を☑にし、Tab または Enter を押します。

※カーソルを移動し、[Space]を押して☑と☐を切り替えることもできます。

⑭**「退会」**が☐になっていることを確認し、Tab または Enter を押します。

⑮**「DM送付」**を☑にし、Tab または Enter を押します。

※「生年月日」と「入会年月日」フィールドの列幅を調整しておきましょう。

※テーブルを上書き保存し、閉じておきましょう。

STEP UP フィールドプロパティ

よく使われるフィールドプロパティには、次のようなものがあります。

フィールドプロパティ	説明
《フィールドサイズ》プロパティ	データ型が「短いテキスト」または「数値型」の場合に、入力するデータに合わせて設定します。
《小数点以下表示桁数》プロパティ	小数点以下の表示桁数を設定します。
《標題》プロパティ	フィールドのラベルを設定します。 ラベルを設定すると、フォームやレポートに反映されます。
《既定値》プロパティ	新しいレコードを入力するときに、自動的に入力される値を設定します。
《入力規則》プロパティ	入力できる値を制限する式を設定します。
《エラーメッセージ》プロパティ	入力規則に反するデータが入力されたときに表示するメッセージを設定します。
《値要求》プロパティ	データ入力が必須かどうかを設定します。 フィールドに必ずデータを入力しなければならない場合、《はい》にします。
《インデックス》プロパティ	フィールドにインデックスを設定するかどうかを設定します。 インデックスを設定すると、並べ替えや検索が高速に処理できます。
《IME入力モード》プロパティ	データ入力時のIMEの入力モードを設定します。
《IME変換モード》プロパティ	データ入力時のIMEの変換モードを設定します。

※データ型によっては、設定できないフィールドプロパティがあります。

第3章

リレーションシップと参照整合性

第3章 この章で学ぶこと

学習前に習得すべきポイントを理解しておき、
学習後には確実に習得できたかどうかを振り返りましょう。

- ■ リレーションシップとは何かを説明できる。 → P.29 ☑☑☑
- ■ 参照整合性とは何かを説明できる。 → P.31 ☑☑☑
- ■ テーブル間にリレーションシップを作成できる。 → P.34 ☑☑☑
- ■ テーブル間にリレーションシップを作成する際に参照整合性を、設定できる。 → P.37 ☑☑☑
- ■ 参照整合性を設定することによって、データの入力を制限できる。 → P.40 ☑☑☑
- ■ 参照整合性を設定することによって、データの更新を制限できる。 → P.41 ☑☑☑
- ■ 参照整合性を設定することによって、データの削除を制限できる。 → P.42 ☑☑☑
- ■ テーブルにルックアップフィールドを作成できる。 → P.43 ☑☑☑

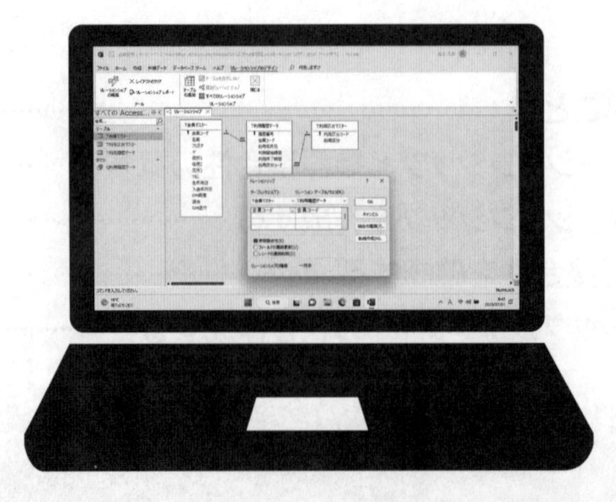

Step 1 リレーションシップと参照整合性の概要

1 リレーションシップ

リレーショナル・データベースは、テーブルを細分化し、それらを相互に関連付けている構造を持っているので、同じデータが重複せず、効率よくデータを入力したり更新したりできます。
Accessでは、複数に分けたテーブル間の共通するフィールドを関連付けることができ、この関連付けを**「リレーションシップ」**といいます。テーブル間にリレーションシップを作成すると、次のような利点があります。

1 データの自動参照

クエリやフォームで**「会員コード」**や**「利用区分コード」**を入力すると、マスターとなるテーブルを参照し、対応するデータを表示します。

●Q利用履歴データ

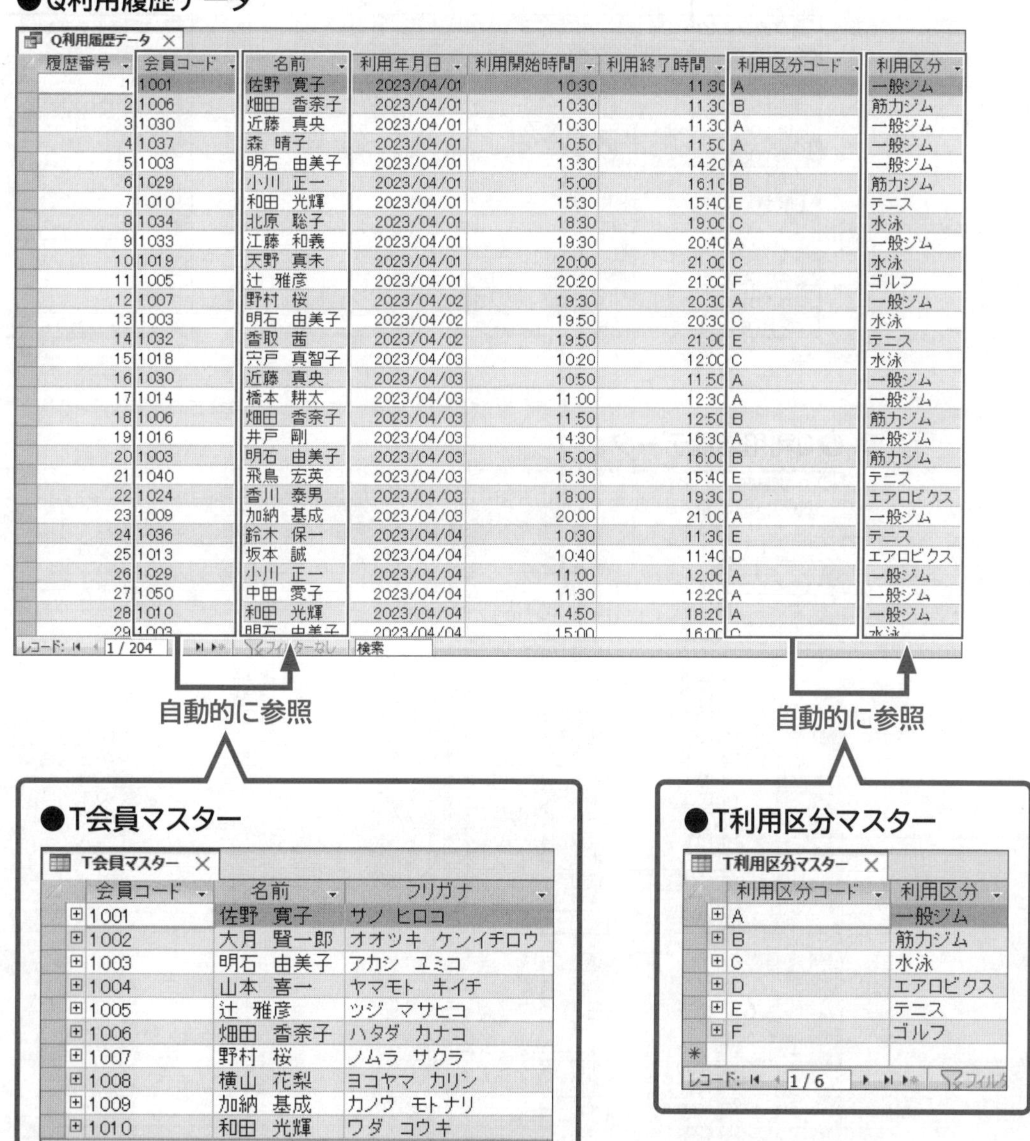

Q利用履歴データ

履歴番号	会員コード	名前	利用年月日	利用開始時間	利用終了時間	利用区分コード	利用区分
1	1001	佐野　寛子	2023/04/01	10:30	11:30	A	一般ジム
2	1006	畑田　香奈子	2023/04/01	10:30	11:30	B	筋力ジム
3	1030	近藤　真央	2023/04/01	10:30	11:30	A	一般ジム
4	1037	森　晴子	2023/04/01	10:50	11:50	A	一般ジム
5	1003	明石　由美子	2023/04/01	13:30	14:20	A	一般ジム
6	1029	小川　正一	2023/04/01	15:00	16:10	B	筋力ジム
7	1010	和田　光輝	2023/04/01	15:30	15:40	E	テニス
8	1034	北原　聡子	2023/04/01	18:30	19:00	C	水泳
9	1033	江藤　和義	2023/04/01	19:30	20:40	A	一般ジム
10	1019	天野　真未	2023/04/01	20:00	21:00	C	水泳
11	1005	辻　雅彦	2023/04/01	20:20	21:00	F	ゴルフ
12	1007	野村　桜	2023/04/02	19:30	20:30	A	一般ジム
13	1003	明石　由美子	2023/04/02	19:50	20:30	C	水泳
14	1032	香取　茜	2023/04/02	19:50	21:00	E	テニス
15	1018	宍戸　真智子	2023/04/03	10:20	12:00	C	水泳
16	1030	近藤　真央	2023/04/03	10:50	11:50	A	一般ジム
17	1014	橋本　耕太	2023/04/03	11:00	12:30	A	一般ジム
18	1006	畑田　香奈子	2023/04/03	11:50	12:50	B	筋力ジム
19	1016	井戸　剛	2023/04/03	14:30	16:30	A	一般ジム
20	1003	明石　由美子	2023/04/03	15:00	16:00	B	筋力ジム
21	1040	飛鳥　宏英	2023/04/03	15:30	15:40	E	テニス
22	1024	香川　泰男	2023/04/03	18:00	19:30	D	エアロビクス
23	1009	加納　基成	2023/04/03	20:00	21:00	A	一般ジム
24	1036	鈴木　保一	2023/04/04	10:30	11:30	E	テニス
25	1013	坂本　誠	2023/04/04	10:40	11:40	D	エアロビクス
26	1029	小川　正一	2023/04/04	11:00	12:00	A	一般ジム
27	1050	中田　愛子	2023/04/04	11:30	12:20	A	一般ジム
28	1010	和田　光輝	2023/04/04	14:50	18:20	A	一般ジム
29	1003	明石　由美子	2023/04/04	15:00	16:00	C	水泳

レコード: 1 / 204　フィルターなし　検索

●T会員マスター

T会員マスター

会員コード	名前	フリガナ
1001	佐野　寛子	サノ　ヒロコ
1002	大月　賢一郎	オオツキ　ケンイチロウ
1003	明石　由美子	アカシ　ユミコ
1004	山本　喜一	ヤマモト　キイチ
1005	辻　雅彦	ツジ　マサヒコ
1006	畑田　香奈子	ハタダ　カナコ
1007	野村　桜	ノムラ　サクラ
1008	横山　花梨	ヨコヤマ　カリン
1009	加納　基成	カノウ　モトナリ
1010	和田　光輝	ワダ　コウキ

レコード: 1 / 51　フィルターなし　検索

●T利用区分マスター

T利用区分マスター

利用区分コード	利用区分
A	一般ジム
B	筋力ジム
C	水泳
D	エアロビクス
E	テニス
F	ゴルフ

レコード: 1 / 6

2 データ変更の反映

マスターとなるテーブルのデータを変更すると、そのテーブルをもとにして作成したクエリ、フォーム、レポートにその変更が自動的に反映されます。

●T会員マスター

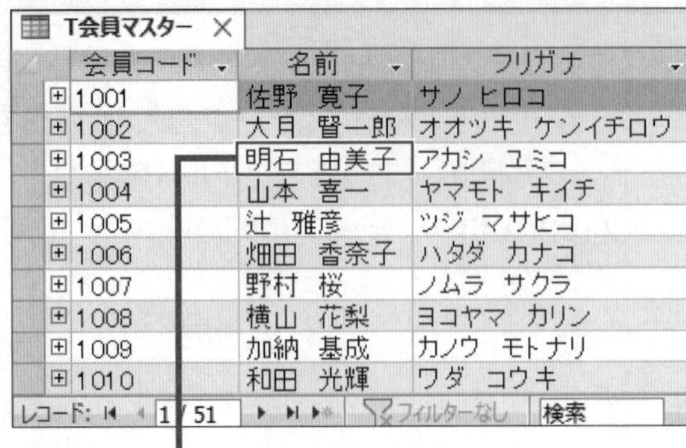

T会員マスター

会員コード	名前	フリガナ
1001	佐野　寛子	サノ　ヒロコ
1002	大月　智一郎	オオツキ　ケンイチロウ
1003	明石　由美子	アカシ　ユミコ
1004	山本　喜一	ヤマモト　キイチ
1005	辻　雅彦	ツジ　マサヒコ
1006	畑田　香奈子	ハタダ　カナコ
1007	野村　桜	ノムラ　サクラ
1008	横山　花梨	ヨコヤマ　カリン
1009	加納　基成	カノウ　モトナリ
1010	和田　光輝	ワダ　コウキ

レコード: 1 / 51　フィルターなし　検索

●T利用区分マスター

利用区分コード	利用区分
A	一般ジム
B	筋力ジム
C	水泳
D	エアロビクス
E	テニス
F	ゴルフ

レコード: 1 / 6

会員コード「1003」の名前「明石　由美子」を「藤田　由美子」に変更する

利用区分コード「A」の利用区分「一般ジム」を「一般トレーニング」に変更する

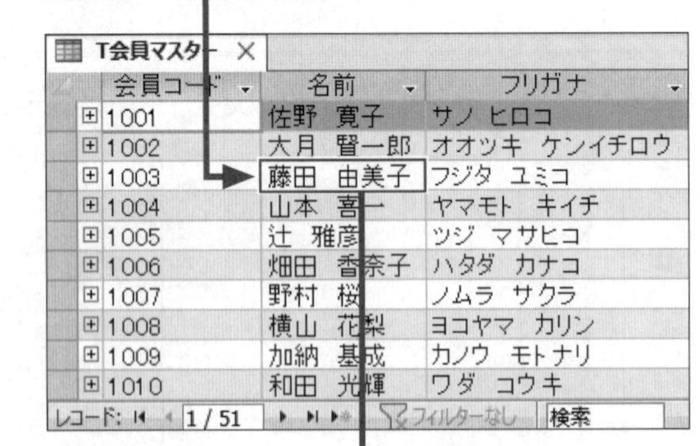

T会員マスター

会員コード	名前	フリガナ
1001	佐野　寛子	サノ　ヒロコ
1002	大月　智一郎	オオツキ　ケンイチロウ
1003	藤田　由美子	フジタ　ユミコ
1004	山本　喜一	ヤマモト　キイチ
1005	辻　雅彦	ツジ　マサヒコ
1006	畑田　香奈子	ハタダ　カナコ
1007	野村　桜	ノムラ　サクラ
1008	横山　花梨	ヨコヤマ　カリン
1009	加納　基成	カノウ　モトナリ
1010	和田　光輝	ワダ　コウキ

レコード: 1 / 51　フィルターなし　検索

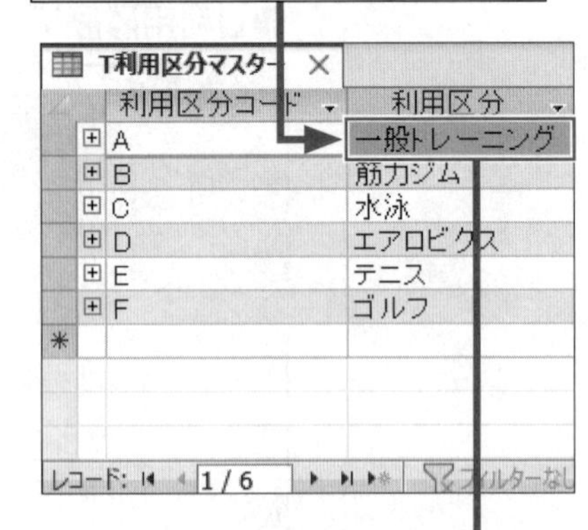

T利用区分マスター

利用区分コード	利用区分
A	一般トレーニング
B	筋力ジム
C	水泳
D	エアロビクス
E	テニス
F	ゴルフ

レコード: 1 / 6　フィルターなし

変更の反映

変更の反映

●Q利用履歴データ

Q利用履歴データ

履歴番号	会員コード	名前	利用年月日	利用開始時間	利用終了時間	利用区分コード	利用区分
1	1001	佐野　寛子	2023/04/01	10:30	11:30	A	一般トレーニング
2	1006	畑田　香奈子	2023/04/01	10:30	11:30	B	筋力ジム
3	1030	近藤　真央	2023/04/01	10:30	11:30	A	一般トレーニング
4	1037	森　晴子	2023/04/01	10:50	11:50	A	一般トレーニング
5	1003	藤田　由美子	2023/04/01	13:30	14:20	A	一般トレーニング
6	1029	小川　正一	2023/04/01	15:00	16:10	B	筋力ジム
7	1010	和田　光輝	2023/04/01	15:30	15:40	E	テニス
8	1034	北原　聡子	2023/04/01	18:30	19:00	C	水泳
9	1033	江藤　和義	2023/04/01	19:30	20:40	A	一般トレーニング
10	1019	天野　真未	2023/04/01	20:00	21:00	C	水泳
11	1005	辻　雅彦	2023/04/01	20:20	21:00	F	ゴルフ
12	1007	野村　桜	2023/04/02	19:30	20:30	A	一般トレーニング
13	1003	藤田　由美子	2023/04/02	19:50	20:30	C	水泳
14	1032	香取　茜	2023/04/02	19:50	21:00	E	テニス
15	1018	宍戸　真智子	2023/04/03	10:20	12:00	C	水泳
16	1030	近藤　真央	2023/04/03	10:50	11:50	A	一般トレーニング
17	1014	橋本　耕太	2023/04/03	11:00	12:30	A	一般トレーニング
18	1006	畑田　香奈子	2023/04/03	11:50	12:50	B	筋力ジム
19	1016	井戸　剛	2023/04/03	14:30	16:30	A	一般トレーニング
20	1003	藤田　由美子	2023/04/03	15:00	16:00	B	筋力ジム
21	1040	飛鳥　宏英	2023/04/03	15:30	15:40	E	テニス
22	1024	香川　泰男	2023/04/03	18:00	19:30	D	エアロビクス
23	1009	加納　基成	2023/04/03	20:00	21:00	A	一般トレーニング
24	1036	鈴木　保一	2023/04/04	10:30	11:30	E	テニス
25	1013	坂本　誠	2023/04/04	10:40	11:40	D	エアロビクス
26	1029	小川　正一	2023/04/04	11:00	12:00	A	一般トレーニング
27	1050	中田　愛子	2023/04/04	11:30	12:20	A	一般トレーニング
28	1010	和田　光輝	2023/04/04	14:50	18:20	A	一般トレーニング
29	1003	藤田　由美子	2023/04/04	15:00	16:00	C	水泳
30	1023	住吉　純子	2023/04/04	16:00	17:00	B	筋力ジム
31	1021	大木　花実	2023/04/04	19:30	21:00	B	筋力ジム
32	1034	北原　聡子	2023/04/04	19:50	21:00	A	一般トレーニング
33	1020	白川　紀子	2023/04/05	10:20	11:20	E	テニス

レコード: 1 / 204　フィルターなし　検索

POINT 主テーブルと関連テーブル

2つのテーブル間にリレーションシップを作成するには、2つのテーブルに共通のフィールドが必要となります。リレーションシップを作成するテーブルには、「主テーブル」と「関連テーブル」があります。

●主テーブル
共通のフィールドのうち「主キー」を含むテーブル

●関連テーブル
共通のフィールドのうち「外部キー」を含むテーブル
※共通のフィールドのうち、「主キー」側のフィールドに対して、もう一方のフィールドを「外部キー」といいます。

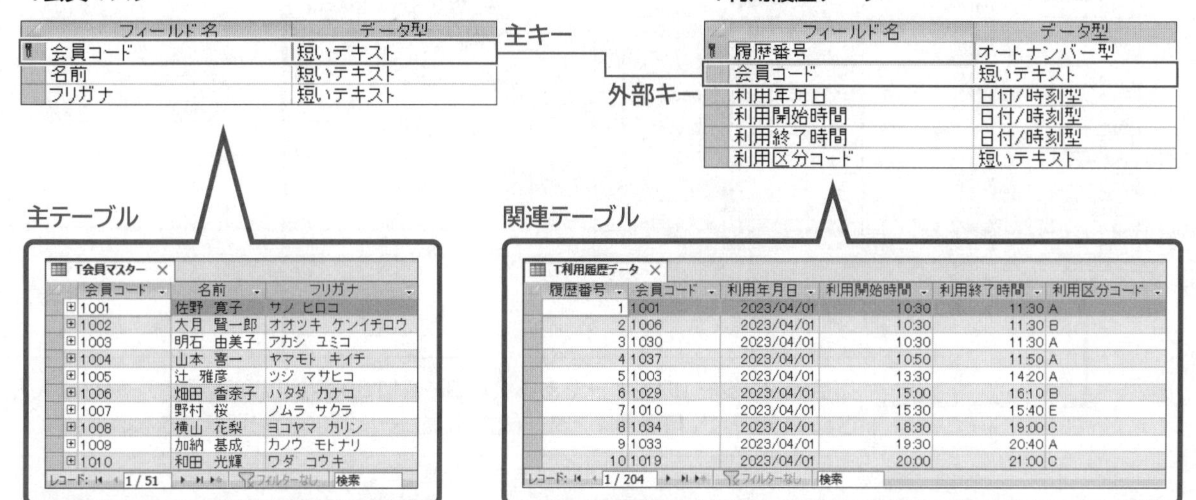

T会員マスター

フィールド名	データ型
会員コード	短いテキスト
名前	短いテキスト
フリガナ	短いテキスト

T利用履歴データ

フィールド名	データ型
履歴番号	オートナンバー型
会員コード	短いテキスト
利用年月日	日付/時刻型
利用開始時間	日付/時刻型
利用終了時間	日付/時刻型
利用区分コード	短いテキスト

T会員マスター

会員コード	名前	フリガナ
1001	佐野 寛子	サノ ヒロコ
1002	大月 賢一郎	オオツキ ケンイチロウ
1003	明石 由美子	アカシ ユミコ
1004	山本 喜一	ヤマモト キイチ
1005	辻 雅彦	ツジ マサヒコ
1006	畑田 香奈子	ハタダ カナコ
1007	野村 桜	ノムラ サクラ
1008	横山 花梨	ヨコヤマ カリン
1009	加納 基成	カノウ モトナリ
1010	和田 光輝	ワダ コウキ

レコード: 1 / 51

T利用履歴データ

履歴番号	会員コード	利用年月日	利用開始時間	利用終了時間	利用区分コード
1	1001	2023/04/01	10:30	11:30	A
2	1006	2023/04/01	10:30	11:30	B
3	1030	2023/04/01	10:30	11:30	A
4	1037	2023/04/01	10:50	11:50	A
5	1003	2023/04/01	13:30	14:20	A
6	1029	2023/04/01	15:00	16:10	B
7	1010	2023/04/01	15:30	15:40	E
8	1034	2023/04/01	18:30	19:00	C
9	1033	2023/04/01	19:30	20:40	A
10	1019	2023/04/01	20:00	21:00	C

レコード: 1 / 204

2 参照整合性

テーブル間にリレーションシップを作成する際に、**「参照整合性」**を設定することによって、テーブル間のデータの整合性を保ち、矛盾のないデータ管理を行うことができるようになります。
「参照整合性」を設定すると、データの入力や更新が次のように制限されます。

1 入力の制限

主テーブルの**「主キー」**に存在しない値は、関連テーブル側で入力できません。

T利用履歴データ

履歴番号	会員コード	利用年月日	利用開始時間	利用終了時間	利用区分コード
1	1001	2023/04/01	10:30	11:30	A
2	1006	2023/04/01	10:30	11:30	B
3	1030	2023/04/01	10:30	11:30	A
4	1037	2023/04/01	10:50	11:50	A
5	1003	2023/04/01	13:30	14:20	A
6	1029	2023/04/01	15:00	16:10	B
7	1010	2023/04/01	15:30	15:40	E
8	1034	2023/04/01	18:30	19:00	C
9	1033	2023/04/01	19:30	20:40	A
10	1019	2023/04/01	20:00	21:00	C
11	1005	2023/04/01	20:20	21:00	F
12	1007	2023/04/02	19:30	20:30	A
13	1003	2023/04/02	19:50	20:30	C
14	1032	2023/04/02	19:50	21:00	E
15	1018	2023/04/03	10:20	12:00	C
16	1030	2023/04/03	10:50	11:50	A
17	1014	2023/04/03	11:00	12:30	A
18	1006	2023/04/03	11:50	12:50	B
19	1016	2023/04/03	14:30	16:30	A
20	1003	2023/04/03	15:00	16:00	B

レコード: 1 / 204

T会員マスター

会員コード	名前	フリガナ
1001	佐野 寛子	サノ ヒロコ
1002	大月 賢一郎	オオツキ ケンイチロウ
1003	明石 由美子	アカシ ユミコ
1004	山本 喜一	ヤマモト キイチ
1005	辻 雅彦	ツジ マサヒコ
1006	畑田 香奈子	ハタダ カナコ
1007	野村 桜	ノムラ サクラ
1008	横山 花梨	ヨコヤマ カリン
1009	加納 基成	カノウ モトナリ
1010	和田 光輝	ワダ コウキ

レコード: 1 / 51

2 更新の制限

関連テーブルに主テーブルの**「主キー」**が入力されている場合、主テーブル側でその**「主キー」**の値を更新できません。

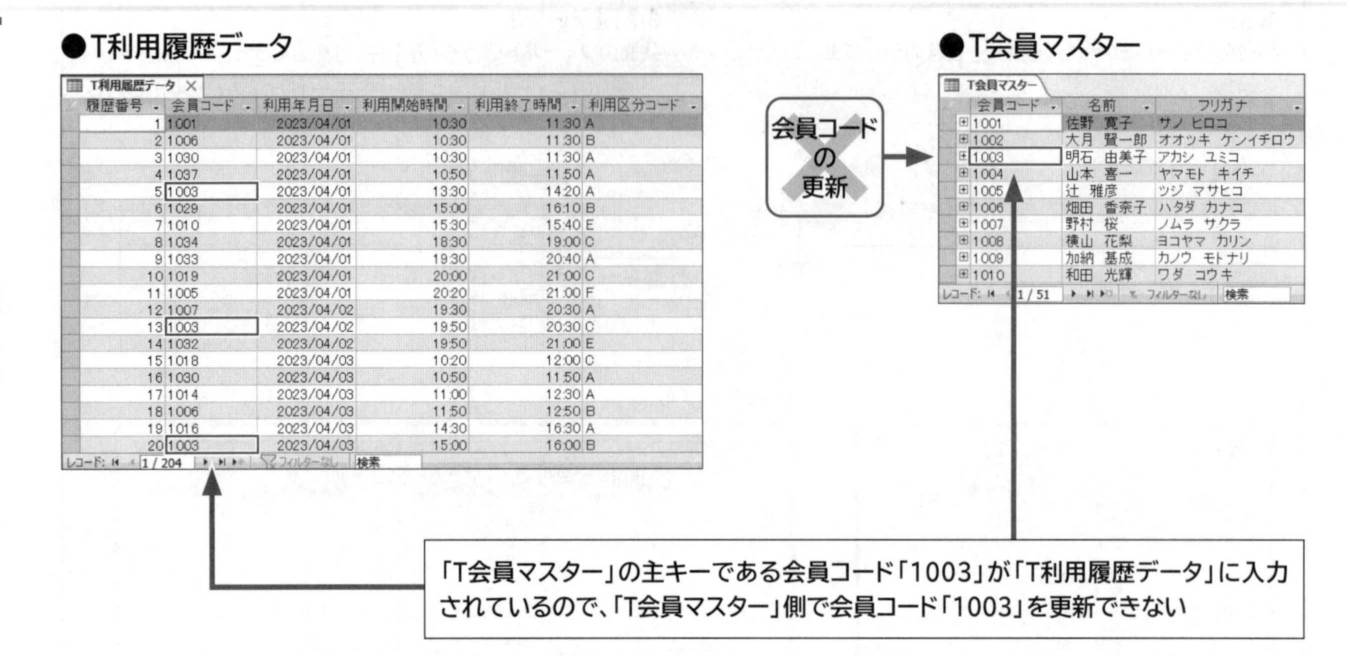

T利用履歴データ

履歴番号	会員コード	利用年月日	利用開始時間	利用終了時間	利用区分コード
1	1001	2023/04/01	10:30	11:30	A
2	1006	2023/04/01	10:30	11:30	B
3	1030	2023/04/01	10:30	11:30	A
4	1037	2023/04/01	10:50	11:50	A
5	1003	2023/04/01	13:30	14:20	A
6	1029	2023/04/01	15:00	16:10	B
7	1010	2023/04/01	15:30	15:40	E
8	1034	2023/04/01	18:30	19:00	C
9	1033	2023/04/01	19:30	20:40	A
10	1019	2023/04/01	20:00	21:00	C
11	1005	2023/04/01	20:20	21:00	F
12	1007	2023/04/02	19:30	20:30	A
13	1003	2023/04/02	19:50	20:30	C
14	1032	2023/04/02	19:50	21:00	E
15	1018	2023/04/03	10:20	12:00	C
16	1030	2023/04/03	10:50	11:50	A
17	1014	2023/04/03	11:00	12:30	A
18	1006	2023/04/03	11:50	12:50	B
19	1016	2023/04/03	14:30	16:30	A
20	1003	2023/04/03	15:00	16:00	B

レコード: 1 / 204　フィルターなし　検索

T会員マスター

会員コード	名前	フリガナ
1001	佐野 寛子	サノ ヒロコ
1002	大月 賢一郎	オオツキ ケンイチロウ
1003	明石 由美子	アカシ ユミコ
1004	山本 喜一	ヤマモト キイチ
1005	辻 雅彦	ツジ マサヒコ
1006	畑田 香奈子	ハタダ カナコ
1007	野村 桜	ノムラ サクラ
1008	横山 花梨	ヨコヤマ カリン
1009	加納 基成	カノウ モトナリ
1010	和田 光輝	ワダ コウキ

レコード: 1 / 51　フィルターなし　検索

3 削除の制限

関連テーブルに主テーブルの**「主キー」**が入力されている場合、主テーブル側でその**「主キー」**のレコードを削除できません。

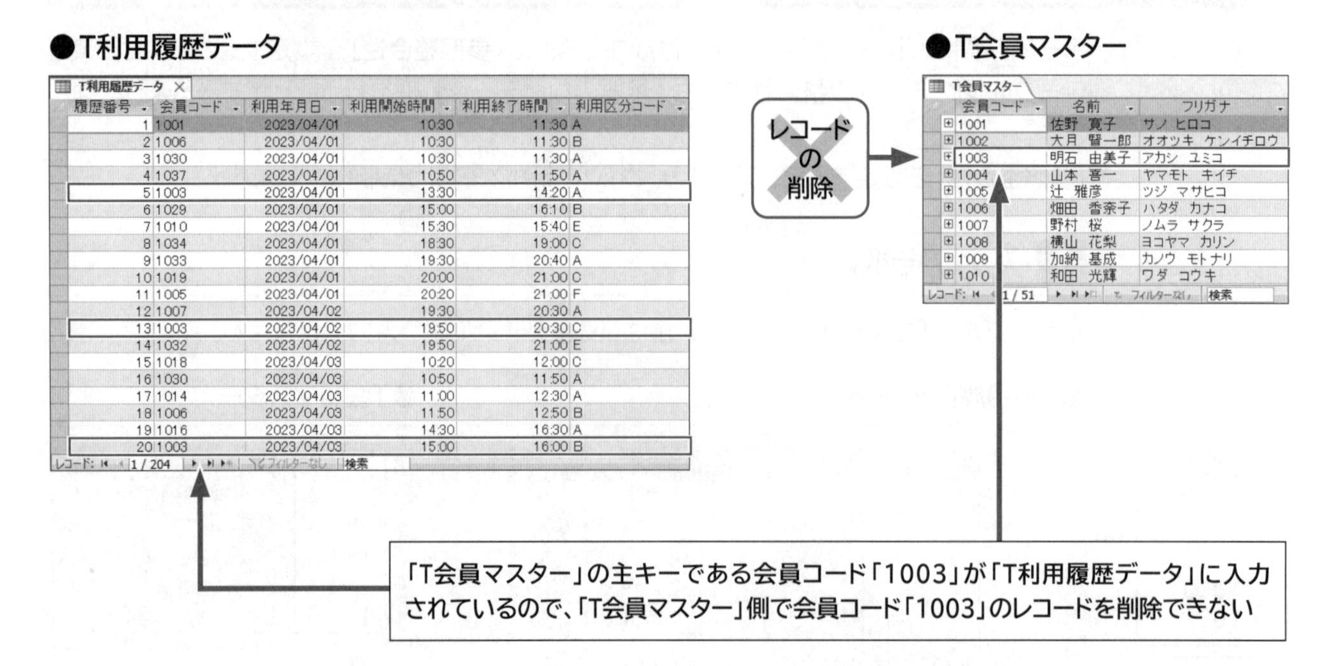

T利用履歴データ

履歴番号	会員コード	利用年月日	利用開始時間	利用終了時間	利用区分コード
1	1001	2023/04/01	10:30	11:30	A
2	1006	2023/04/01	10:30	11:30	B
3	1030	2023/04/01	10:30	11:30	A
4	1037	2023/04/01	10:50	11:50	A
5	1003	2023/04/01	13:30	14:20	A
6	1029	2023/04/01	15:00	16:10	B
7	1010	2023/04/01	15:30	15:40	E
8	1034	2023/04/01	18:30	19:00	C
9	1033	2023/04/01	19:30	20:40	A
10	1019	2023/04/01	20:00	21:00	C
11	1005	2023/04/01	20:20	21:00	F
12	1007	2023/04/02	19:30	20:30	A
13	1003	2023/04/02	19:50	20:30	C
14	1032	2023/04/02	19:50	21:00	E
15	1018	2023/04/03	10:20	12:00	C
16	1030	2023/04/03	10:50	11:50	A
17	1014	2023/04/03	11:00	12:30	A
18	1006	2023/04/03	11:50	12:50	B
19	1016	2023/04/03	14:30	16:30	A
20	1003	2023/04/03	15:00	16:00	B

レコード: 1 / 204　フィルターなし　検索

T会員マスター

会員コード	名前	フリガナ
1001	佐野 寛子	サノ ヒロコ
1002	大月 賢一郎	オオツキ ケンイチロウ
1003	明石 由美子	アカシ ユミコ
1004	山本 喜一	ヤマモト キイチ
1005	辻 雅彦	ツジ マサヒコ
1006	畑田 香奈子	ハタダ カナコ
1007	野村 桜	ノムラ サクラ
1008	横山 花梨	ヨコヤマ カリン
1009	加納 基成	カノウ モトナリ
1010	和田 光輝	ワダ コウキ

レコード: 1 / 51　フィルターなし　検索

3 手動結合と自動結合

リレーションシップの作成方法には、**「手動結合」**と**「自動結合」**があります。

●手動結合

- リレーションシップウィンドウで作成する
- 次の条件を満たすフィールドを結合する

同じデータ型

- 参照整合性が設定できる

※クエリのデザインビューでも手動でリレーションシップを作成できますが、参照整合性の設定はできません。

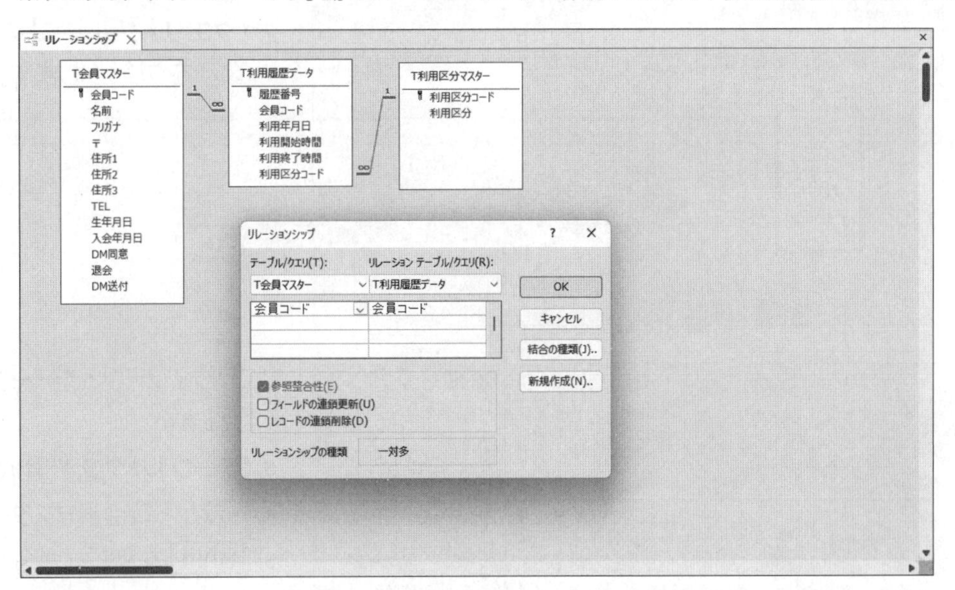

●自動結合

- クエリのデザインビューで作成する
- 次の条件を満たすフィールドを結合する

同じフィールド名 **同じデータ型** **一方が主キー**

- 参照整合性が設定できない

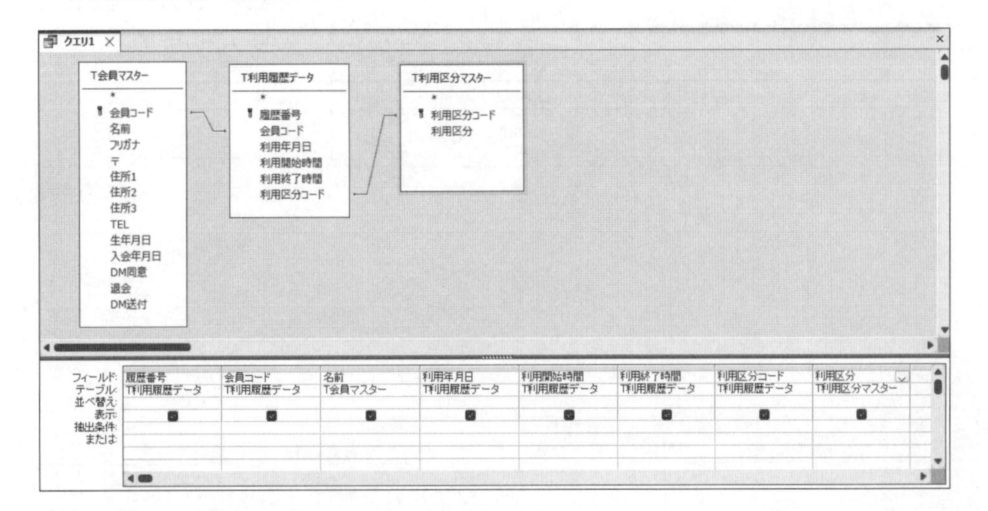

Step 2 リレーションシップを作成する

1 自動結合による作成

「T会員マスター」「T利用履歴データ」「T利用区分マスター」の3つのテーブル間に自動結合でリレーションシップを作成しましょう。自動結合はクエリのデザインビューで作成します。
※テーブル間の共通のフィールドは、自動結合の条件を満たすようにあらかじめ設定されています。

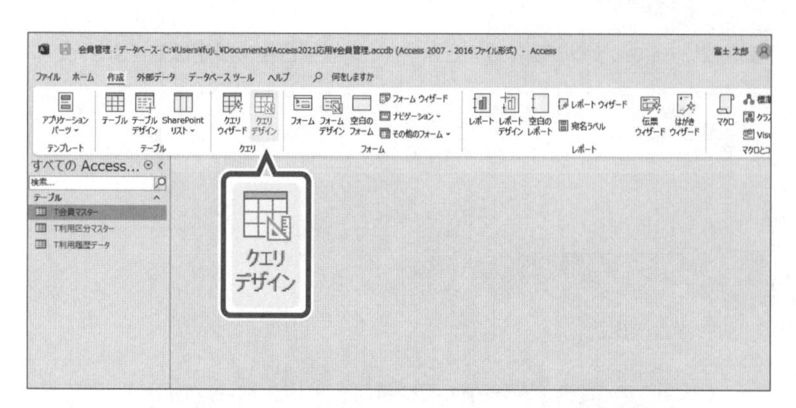

①**《作成》**タブを選択します。
②**《クエリ》**グループの（クエリデザイン）をクリックします。

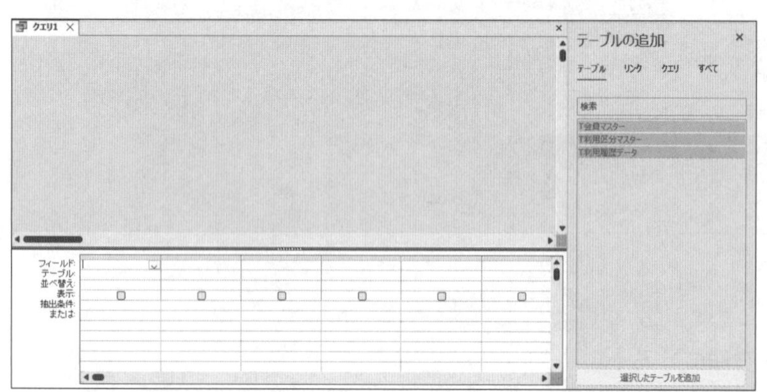

クエリウィンドウと**《テーブルの追加》**が表示されます。
③**《テーブル》**タブを選択します。
④一覧から**「T会員マスター」**を選択します。
⑤ Shift を押しながら、**「T利用履歴データ」**を選択します。
⑥**《選択したテーブルを追加》**をクリックします。

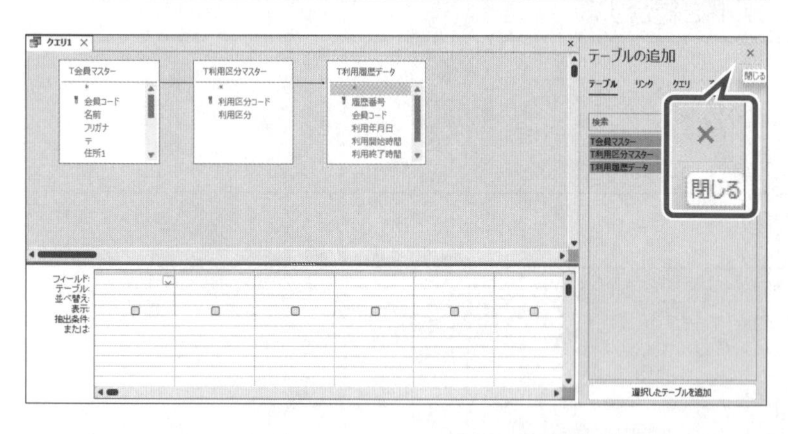

クエリウィンドウに3つのテーブルのフィールドリストが表示されます。
※主キーには が表示されます。

《テーブルの追加》を閉じます。
⑦**《テーブルの追加》**の ×（閉じる）をクリックします。

⑧リレーションシップが自動的に作成され、テーブル間の共通のフィールドに結合線が表示されていることを確認します。

フィールドリストのフィールド名がすべて表示されるように調整します。

⑨テーブル**「T会員マスター」**のフィールドリストのタイトルバーで右クリックします。

⑩**《サイズの自動調整》**をクリックします。

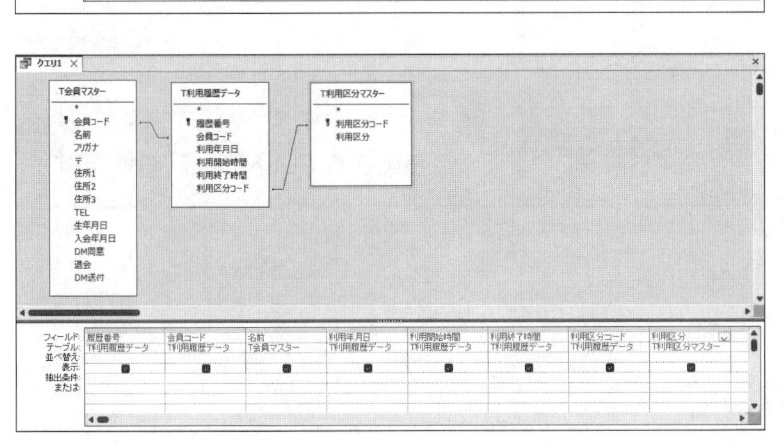

※図のように、フィールドリストのサイズと配置、デザイングリッドの高さを調整しておきましょう。フィールドリストの移動は、タイトルバーをドラッグして調整します。デザイングリッドの高さは、デザイングリッドの境界線をポイントし、マウスポインターが✛の状態でドラッグして調整します。

⑪次の順番でフィールドをデザイングリッドに登録します。

テーブル	フィールド
T利用履歴データ	履歴番号
〃	会員コード
T会員マスター	名前
T利用履歴データ	利用年月日
〃	利用開始時間
〃	利用終了時間
〃	利用区分コード
T利用区分マスター	利用区分

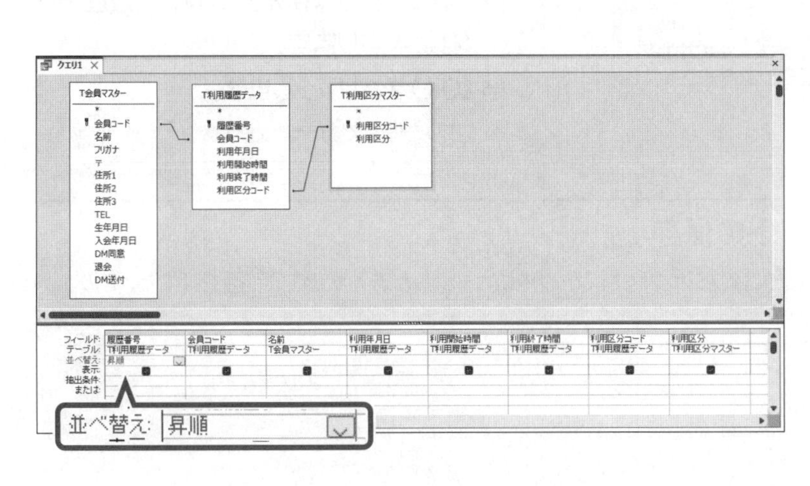

⑫**「履歴番号」**フィールドの**《並べ替え》**セルを**《昇順》**に設定します。

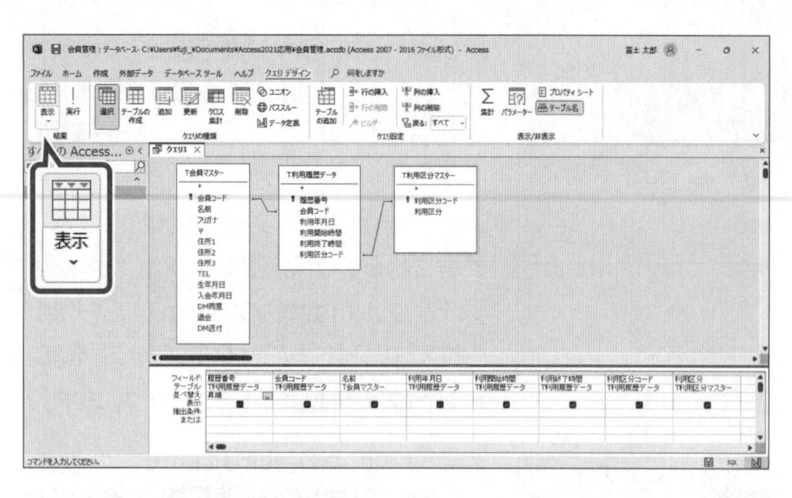

クエリを実行して、結果を確認します。

⑬**《クエリデザイン》**タブを選択します。

⑭**《結果》**グループの（表示）をクリックします。

履歴番号	会員コード	名前	利用年月日	利用開始時間	利用終了時間	利用区分コード	利用区分
1	1001	佐野　寛子	2023/04/01	10:30	11:30	A	一般ジム
2	1006	畑田　香奈子	2023/04/01	10:30	11:30	B	筋力ジム
3	1030	近藤　真央	2023/04/01	10:30	11:30	A	一般ジム
4	1037	森　晴子	2023/04/01	10:50	11:50	A	一般ジム
5	1003	明石　由美子	2023/04/01	13:30	14:20	A	一般ジム
6	1029	小川　正一	2023/04/01	15:00	16:10	B	筋力ジム
7	1010	和田　光輝	2023/04/01	15:30	15:40	E	テニス
8	1034	北原　聡子	2023/04/01	18:30	19:00	C	水泳
9	1033	江藤　和義	2023/04/01	19:30	20:40	A	一般ジム
10	1019	天野　真未	2023/04/01	20:00	21:00	C	水泳
11	1005	辻　雅彦	2023/04/01	20:20	21:00	F	ゴルフ
12	1007	野村　桜	2023/04/02	19:30	20:30	A	一般ジム
13	1003	明石　由美子	2023/04/02	19:50	20:30	C	水泳
14	1032	香取　茜	2023/04/02	19:50	21:00	E	テニス
15	1018	宍戸　真智子	2023/04/03	10:20	12:00	C	水泳
16	1030	近藤　真央	2023/04/03	10:50	11:50	A	一般ジム
17	1014	橋本　耕太	2023/04/03	11:00	12:30	A	一般ジム
18	1006	畑田　香奈子	2023/04/03	11:50	12:50	B	筋力ジム
19	1016	井戸　剛	2023/04/03	14:30	16:30	A	一般ジム
20	1003	明石　由美子	2023/04/03	15:00	16:00	B	筋力ジム
21	1040	飛鳥　宏英	2023/04/03	15:30	15:40	E	テニス
22	1024	香川　泰男	2023/04/03	18:00	19:30	D	エアロビクス
23	1009	加納　基成	2023/04/03	20:00	21:00	A	一般ジム
24	1036	鈴木　保一	2023/04/04	10:30	11:30	E	テニス
25	1013	坂本　誠	2023/04/04	10:40	11:40	D	エアロビクス
26	1029	小川　正一	2023/04/04	11:00	12:00	A	一般ジム
27	1050	中田　愛子	2023/04/04	11:30	12:20	A	一般ジム

⑮テーブルが結合され、データが自動的に参照されていることを確認します。

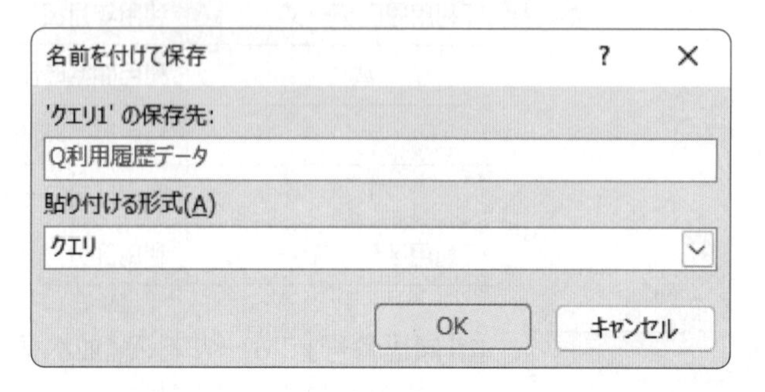

作成したクエリを保存します。

⑯ [F12] を押します。

《名前を付けて保存》ダイアログボックスが表示されます。

⑰**《'クエリ1'の保存先》**に**「Q利用履歴データ」**と入力します。

⑱**《OK》**をクリックします。

※クエリを閉じておきましょう。

POINT オブジェクトの保存

オブジェクトを開いているとき、オブジェクトウィンドウ内にカーソルがある状態で [F12] を押すと、そのオブジェクトが保存の対象になります。

2 手動結合による作成

自動結合でリレーションシップを作成すると、参照整合性を設定できません。手動結合でリレーションシップを作成し、テーブル間に参照整合性を設定しましょう。

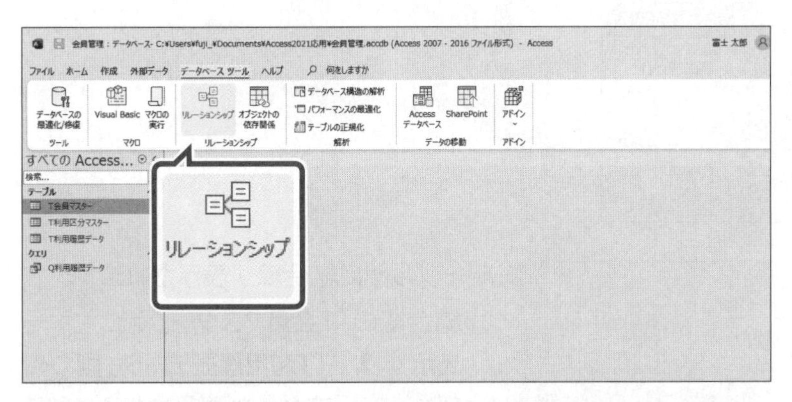

①**《データベースツール》**タブを選択します。

②**《リレーションシップ》**グループの（リレーションシップ）をクリックします。

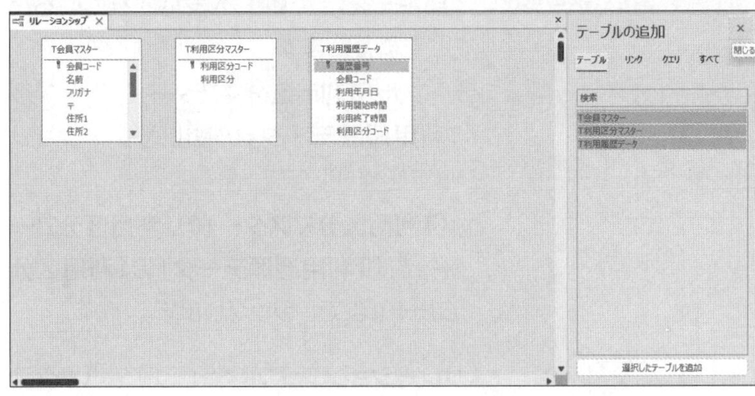

リレーションシップウィンドウと**《テーブルの追加》**が表示されます。

③**《テーブル》**タブを選択します。

④一覧から**「T会員マスター」**を選択します。

⑤ Shift を押しながら、**「T利用履歴データ」**を選択します。

⑥**《選択したテーブルを追加》**をクリックします。

リレーションシップウィンドウに3つのテーブルのフィールドリストが表示されます。

※主キーには が表示されます。

《テーブルの追加》を閉じます。

⑦**《テーブルの追加》**の ×（閉じる）をクリックします。

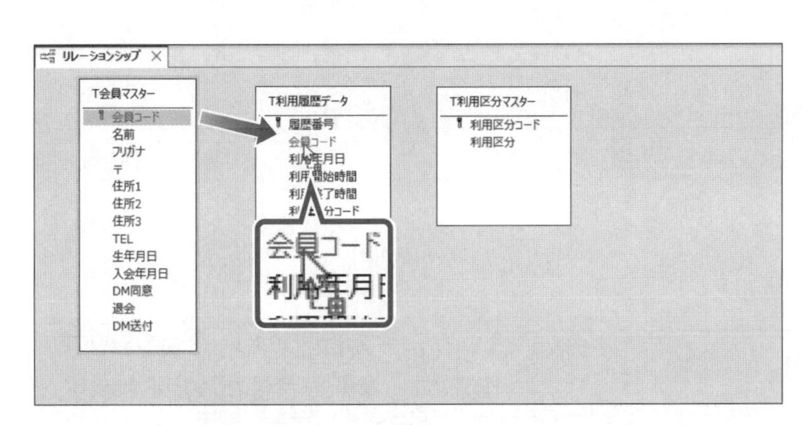

※図のように、フィールドリストのサイズと配置を調整しておきましょう。

テーブル**「T会員マスター」**とテーブル**「T利用履歴データ」**の間にリレーションシップを作成します。

⑧**「T会員マスター」**の**「会員コード」**を**「T利用履歴データ」**の**「会員コード」**までドラッグします。

ドラッグ中、フィールドリスト内でマウスポインターの形が に変わります。

※ドラッグ元のフィールドとドラッグ先のフィールドは入れ替わってもかまいません。

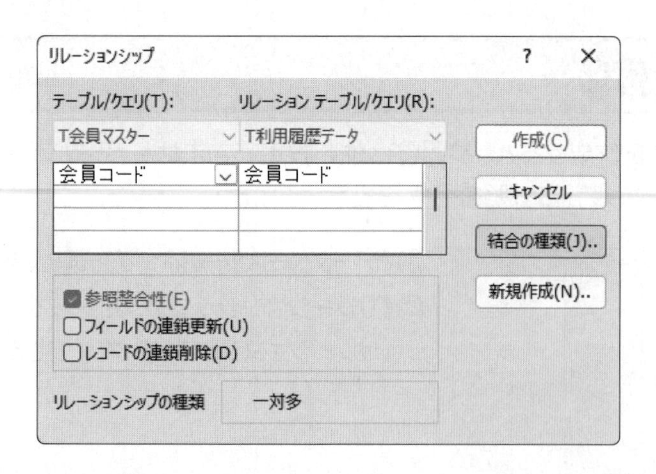

《リレーションシップ》ダイアログボックスが表示されます。

⑨**《参照整合性》**を☑にします。

⑩**《作成》**をクリックします。

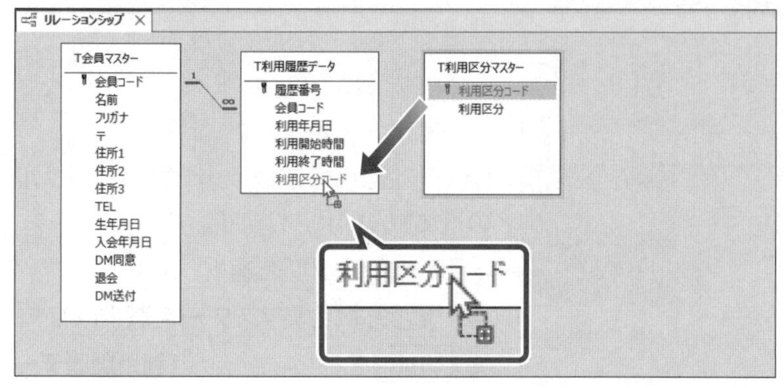

テーブル間に結合線が表示されます。

⑪結合線の**「T会員マスター」**側に主キーを示す **1** 、**「T利用履歴データ」**側に外部キーを示す ∞ が表示されていることを確認します。

テーブル**「T利用区分マスター」**とテーブル**「T利用履歴データ」**の間にリレーションシップを作成します。

⑫**「T利用区分マスター」**の**「利用区分コード」**を**「T利用履歴データ」**の**「利用区分コード」**までドラッグします。

リレーションシップ
テーブル/クエリ(T):　リレーション テーブル/クエリ(R):
T利用区分マスター　T利用履歴データ
利用区分コード　利用区分コード
作成(C)　キャンセル　結合の種類(J)..　新規作成(N)..
参照整合性(E)
フィールドの連鎖更新(U)
レコードの連鎖削除(D)
リレーションシップの種類　一対多

《リレーションシップ》ダイアログボックスが表示されます。

⑬**《参照整合性》**を☑にします。

⑭**《作成》**をクリックします。

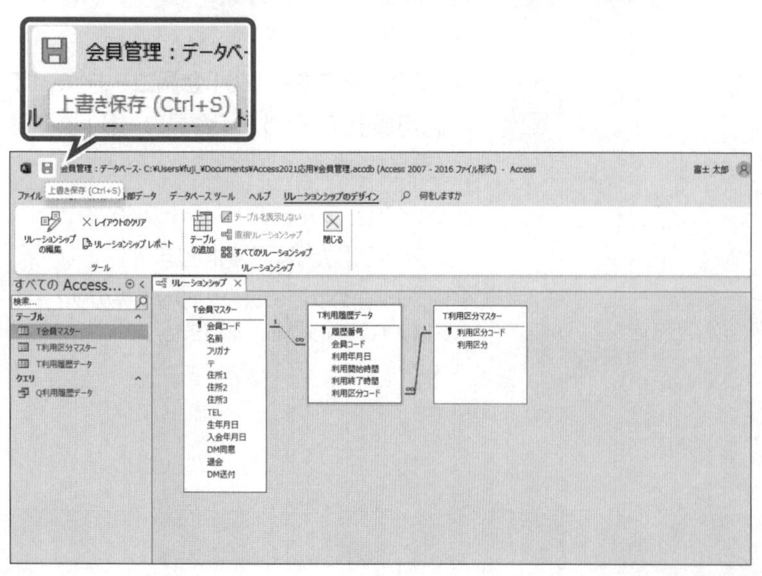

3つのテーブル間にリレーションシップが作成され、参照整合性が設定されます。

リレーションシップウィンドウのレイアウトを保存します。

⑮クイックアクセスツールバーの🖫(上書き保存)をクリックします。

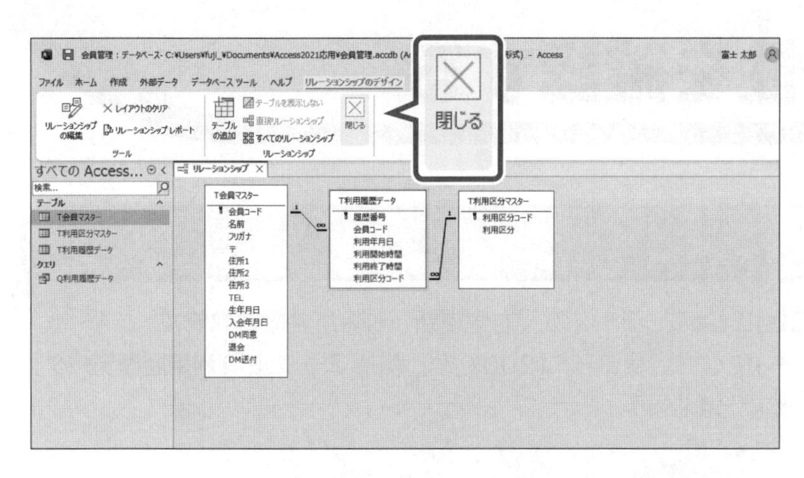

リレーションシップウィンドウを閉じます。

⑯《リレーションシップのデザイン》タブを選択します。

⑰《リレーションシップ》グループの（閉じる）をクリックします。

STEP UP 既存のクエリへの反映

リレーションシップウィンドウで設定した参照整合性は、既存のクエリに自動的に反映されます。

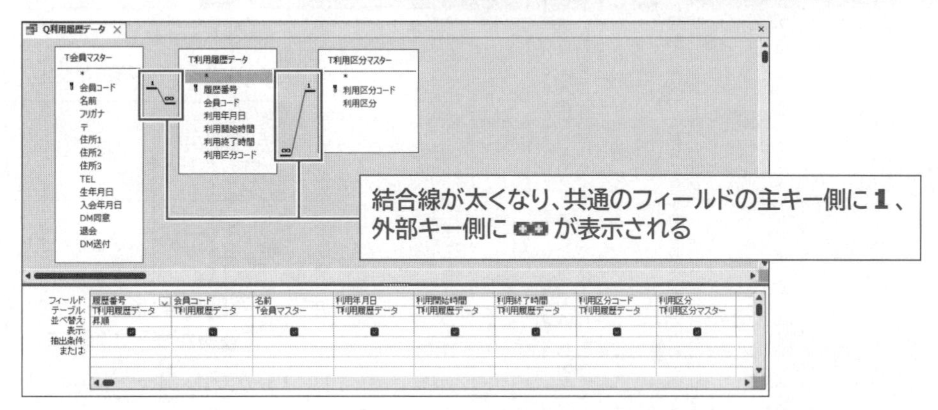

STEP UP リレーションシップの印刷

リレーションシップの作成状態をレポートにして印刷する方法は、次のとおりです。

◆《データベースツール》タブ→《リレーションシップ》グループの（リレーションシップ）→《リレーションシップのデザイン》タブ→《ツール》グループの（リレーションシップレポート）→《印刷プレビュー》タブ→《印刷》グループの（印刷）

※印刷後にもとの状態に戻すには、《プレビューを閉じる》グループの（印刷プレビューを閉じる）をクリックします。レポートがデザインビューで表示されるので、必要な場合は保存しておくとよいでしょう。

1
2
3
4
5
6
7
8
9
10
11
総合問題
索引

STEP 3 参照整合性を確認する

1 入力の制限

参照整合性を設定することによって、データの入力や更新、削除が制限されます。
主テーブル**「T会員マスター」**にない会員コード**「2001」**は、関連テーブル**「T利用履歴データ」**側で入力できないことを確認しましょう。

» テーブル「T利用履歴データ」をデータシートビューで開いておきましょう。

T利用履歴データ

履歴番号	会員コード	利用年月日	利用開始時間	利用終了時間	利用区分コード	クリックして追加
180	1001	2023/04/26	10:30	11:20	A	
181	1020	2023/04/26	10:30	11:30	A	
182	1027	2023/04/26	11:50	12:50	B	
183	1039	2023/04/26	15:00	16:00	C	
184	1033	2023/04/26	16:30	17:30	A	
185	1048	2023/04/26	20:20	21:00	F	
186	1016	2023/04/27	14:20	15:00	A	
187	1044	2023/04/27	15:20	16:50	B	
188	1011	2023/04/27	18:30	19:00	A	
189	1032	2023/04/27	10:30	11:30	E	
190	1042	2023/04/27	19:30	21:00	B	
191	1019	2023/04/27	19:40	20:30	A	
192	1027	2023/04/28	10:20	11:50	A	
193	1018	2023/04/28	10:30	12:00	A	
194	1034	2023/04/28	10:30	11:30	C	
195	1029	2023/04/28	10:40	11:40	D	
196	1046	2023/04/28	10:50	11:50	B	
197	1010	2023/04/28	13:20	15:00	A	
198	1003	2023/04/28	15:00	17:00	C	
199	1035	2023/04/29	15:00	16:10	A	
200	1006	2023/04/29	15:40	16:40	B	
201	1004	2023/04/29	19:50	21:00	E	
202	1037	2023/04/29	19:50	21:00	B	
203	1036	2023/04/30	20:00	20:50	F	
204	1034	2023/04/30	20:10	21:00	A	
205	2001	2023/04/30	20:20	21:10	B	
(新規)						

レコード: 205 / 205 フィルターなし 検索

①（新しい（空の）レコード）をクリックします。

②次のデータを入力します。

履歴番号	会員コード	利用年月日	利用開始時間	利用終了時間	利用区分コード
オートナンバー	2001	2023/04/30	20:20	21:10	B

※「履歴番号」はオートナンバー型なので、自動的に連番が表示されます。

③次のレコードにカーソルを移動します。

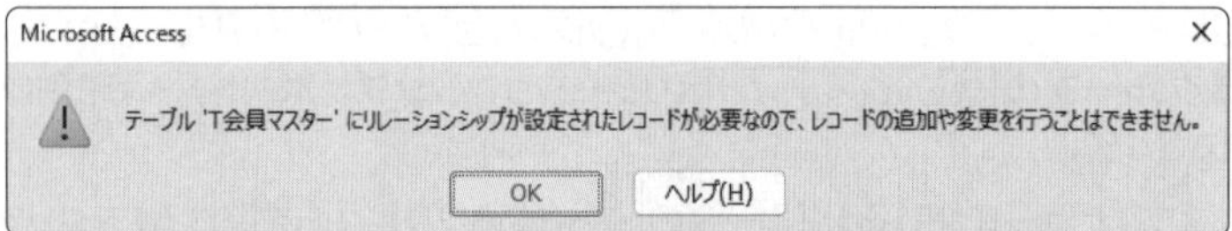

図のような入力不可のメッセージが表示されます。

④《OK》をクリックします。

T利用履歴データ

履歴番号	会員コード	利用年月日	利用開始時間	利用終了時間	利用区分コード	クリックして追加
180	1001	2023/04/26	10:30	11:20	A	
181	1020	2023/04/26	10:30	11:30	A	
182	1027	2023/04/26	11:50	12:50	B	
183	1039	2023/04/26	15:00	16:00	C	
184	1033	2023/04/26	16:30	17:30	A	
185	1048	2023/04/26	20:20	21:00	F	
186	1016	2023/04/27	14:20	15:00	A	
187	1044	2023/04/27	15:20	16:50	B	
188	1011	2023/04/27	18:30	19:00	A	
189	1032	2023/04/27	10:30	11:30	E	
190	1042	2023/04/27	19:30	21:00	B	
191	1019	2023/04/27	19:40	20:30	A	
192	1027	2023/04/28	10:20	11:50	A	
193	1018	2023/04/28	10:30	12:00	A	
194	1034	2023/04/28	10:30	11:30	C	
195	1029	2023/04/28	10:40	11:40	D	
196	1046	2023/04/28	10:50	11:50	B	
197	1010	2023/04/28	13:20	15:00	A	
198	1003	2023/04/28	15:00	17:00	C	
199	1035	2023/04/29	15:00	16:10	A	
200	1006	2023/04/29	15:40	16:40	B	
201	1004	2023/04/29	19:50	21:00	E	
202	1037	2023/04/29	19:50	21:00	B	
203	1036	2023/04/30	20:00	20:50	F	
204	1034	2023/04/30	20:10	21:00	A	
(新規)						

レコード: 205 / 205 フィルターなし 検索

⑤ Esc を押して、入力を中止します。

※テーブルを閉じておきましょう。

2 更新の制限

関連テーブル**「T利用履歴データ」**に会員コード**「1003」**が存在する場合、主テーブル**「T会員マスター」**側で主キーの**「1003」**を更新できないことを確認しましょう。

» テーブル「T会員マスター」をデータシートビューで開いておきましょう。

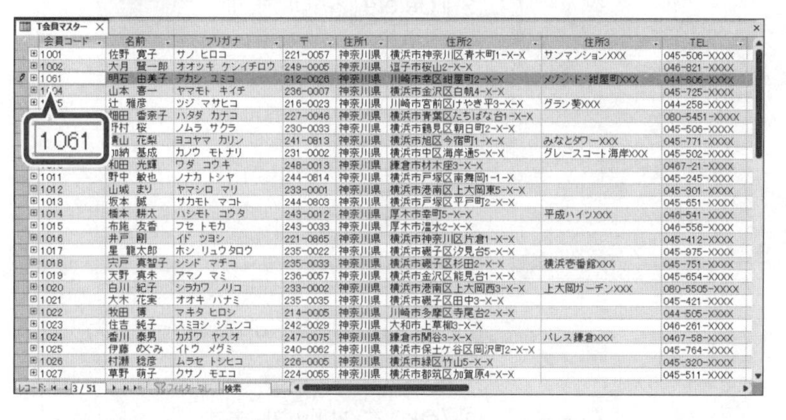

①「1003」を「1061」に更新します。
②次のレコードにカーソルを移動します。

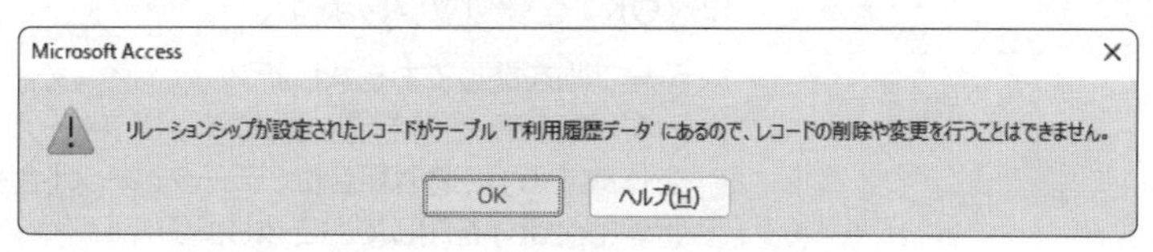

図のような更新不可のメッセージが表示されます。
③《OK》をクリックします。
④ Esc を押して、更新を中止します。

POINT フィールドの連鎖更新

《フィールドの連鎖更新》を☑にすると、主テーブルの主キーのデータの更新にともなって、関連テーブルのデータも更新されます。

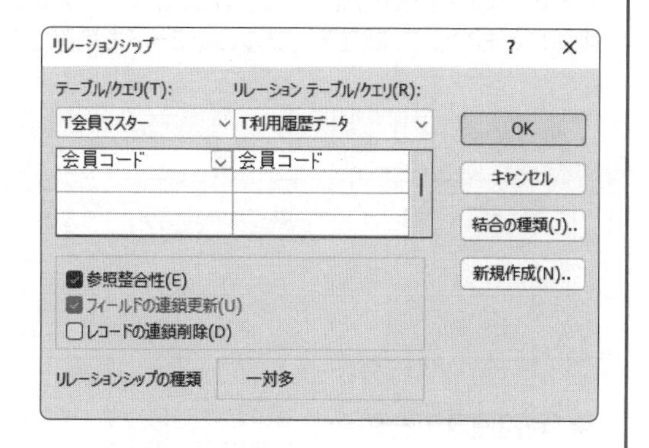

●T利用履歴データ

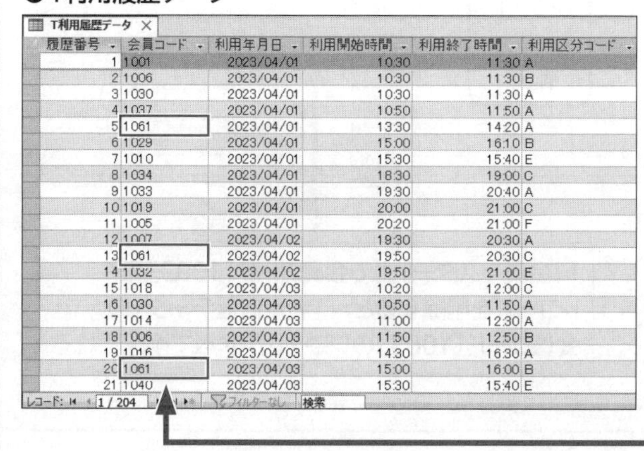

●T会員マスター

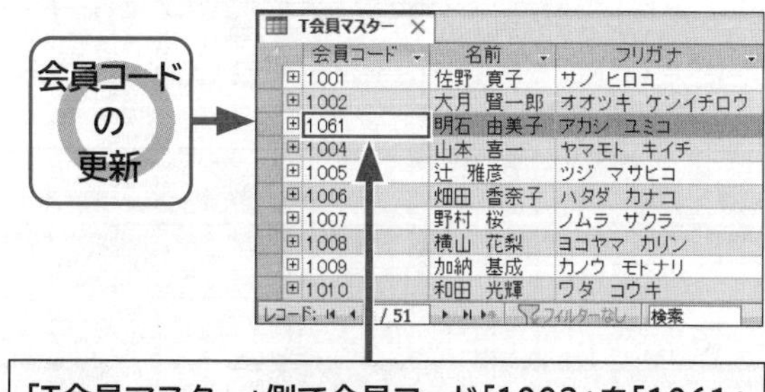

「T会員マスター」側で会員コード「1003」を「1061」に更新すると、「T利用履歴データ」の会員コード「1003」がすべて「1061」に更新される

3 削除の制限

関連テーブル**「T利用履歴データ」**に会員コード**「1003」**が存在する場合、主テーブル**「T会員マスター」**側で**「1003」**のレコードを削除できないことを確認しましょう。

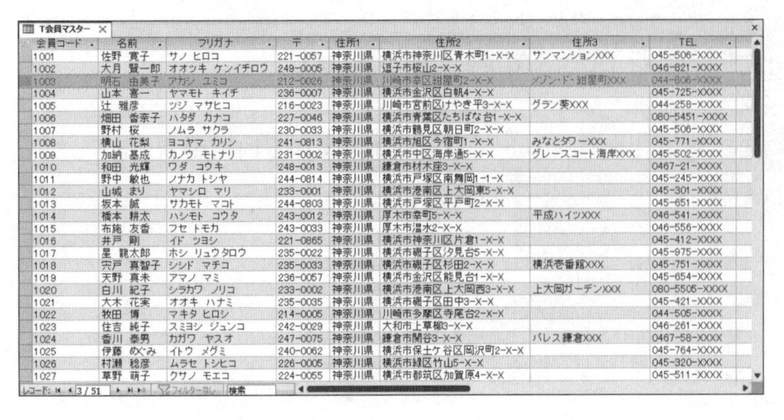

①会員コード**「1003」**のレコードセレクターをクリックします。

②【Delete】を押します。

図のような削除不可のメッセージが表示されます。

③《OK》をクリックします。

※テーブルを閉じておきましょう。

※P.43「第3章 参考学習 ルックアップフィールドを作成する」に進む場合は、データベース「会員管理.accdb」を閉じておきましょう。

POINT レコードの連鎖削除

《レコードの連鎖削除》を☑にすると、主テーブルのレコードの削除にともなって、関連テーブルのレコードも削除されます。

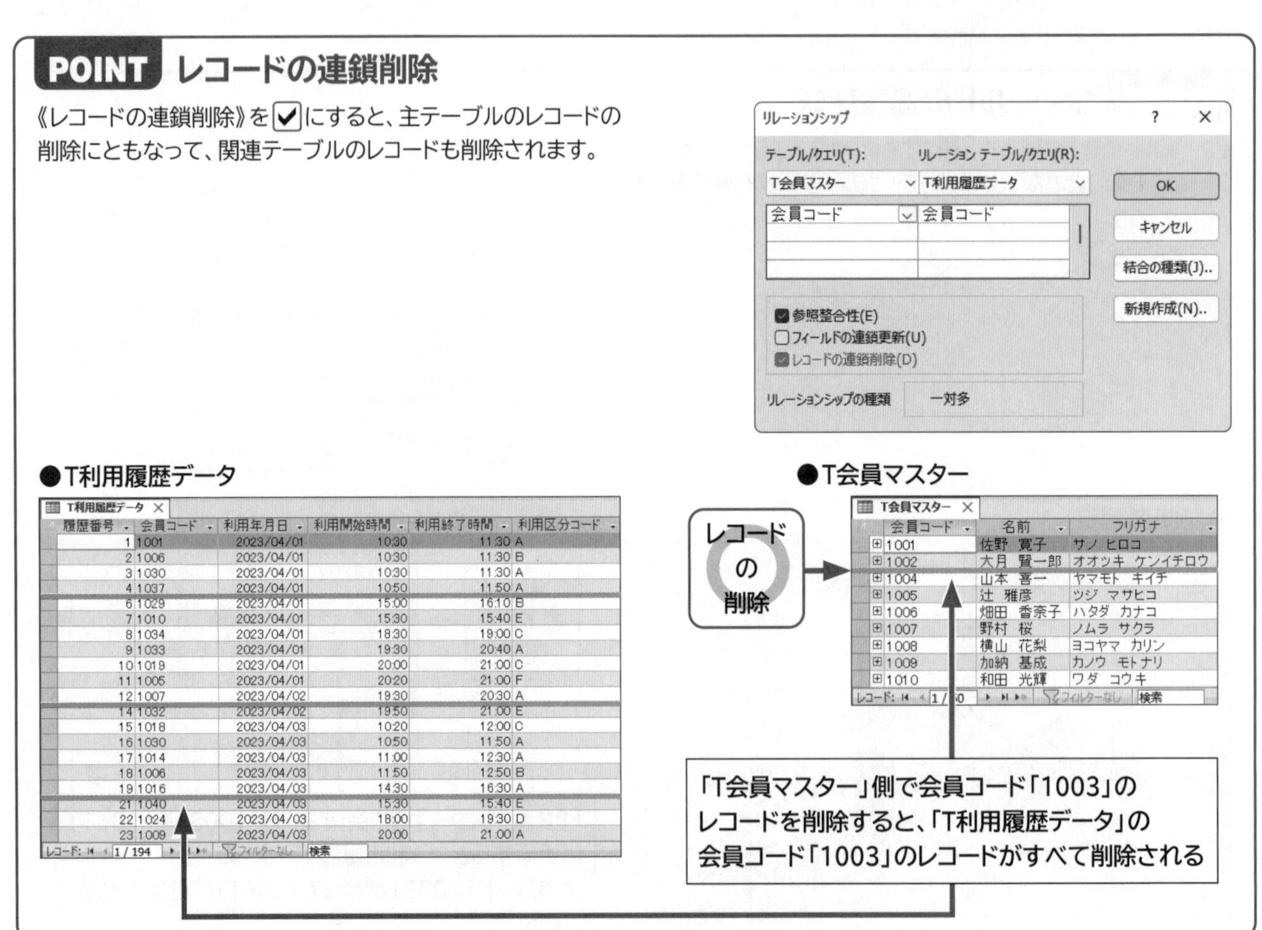

参考学習 ルックアップフィールドを作成する

1 ルックアップフィールド

「ルックアップフィールド」とは、指定したデータをドロップダウンリストで表示し、そのリストからデータを選択してテーブルに格納するフィールドのことです。
次のようなルックアップフィールドを作成しましょう。

ルックアップフィールド

T利用履歴データ

履歴番号	会員コード	利用年月日	利用開始時間	利用終了時間	利用区分コード	クリックして追加
1	1001	2023/04/01	10:30	11:30	A	
2	1006	2023/04/01	10:30	11:30		
3	1030	2023/04/01	10:30	11:30		
4	1037	2023/04/01	10:50	11:50		
5	1003	2023/04/01	13:30	14:20		
6	1029	2023/04/01	15:00	16:10		
7	1010	2023/04/01	15:30	15:40		
8	1034	2023/04/01	18:30	19:00	C	
9	1033	2023/04/01	19:30	20:40	A	
10	1019	2023/04/01	20:00	21:00	C	
11	1005	2023/04/01	20:20	21:00	F	
12	1007	2023/04/02	19:30	20:30	A	
13	1003	2023/04/02	19:50	20:30	C	
14	1032	2023/04/02	19:50	21:00	E	
15	1018	2023/04/03	10:20	12:00	C	
16	1030	2023/04/03	10:50	11:50	A	
17	1014	2023/04/03	11:00	12:30	A	
18	1006	2023/04/03	11:50	12:50	B	
19	1016	2023/04/03	14:30	16:30	A	
20	1003	2023/04/03	15:00	16:00	B	
21	1040	2023/04/03	15:30	15:40	E	
22	1024	2023/04/03	18:00	19:30	D	
23	1009	2023/04/03	20:00	21:00	A	
24	1036	2023/04/04	10:30	11:30	E	
25	1013	2023/04/04	10:40	11:40	D	
26	1029	2023/04/04	11:00	12:00	A	
27	1050	2023/04/04	11:30	12:20	A	

A	一般ジム
B	筋力ジム
C	水泳
D	エアロビクス
E	テニス
F	ゴルフ

レコード: 1 / 204 フィルターなし 検索

2 ルックアップフィールドの作成

データベース**「第3章参考学習.accdb」**を使って、テーブル**「T利用履歴データ」**の**「利用区分コード」**フィールドをルックアップフィールドにしましょう。**「ルックアップウィザード」**を使うと、対話形式で簡単にルックアップフィールドを作成できます。
ほかのテーブルの値を参照するルックアップフィールドを作成する場合、テーブル間のリレーションシップを解除しておく必要があります。ルックアップフィールドを作成する前にリレーションシップを確認しておきましょう。

» データベース「第3章参考学習.accdb」を開いておきましょう。

※《セキュリティの警告》メッセージバーが表示された場合は、《コンテンツの有効化》をクリックしておきましょう。

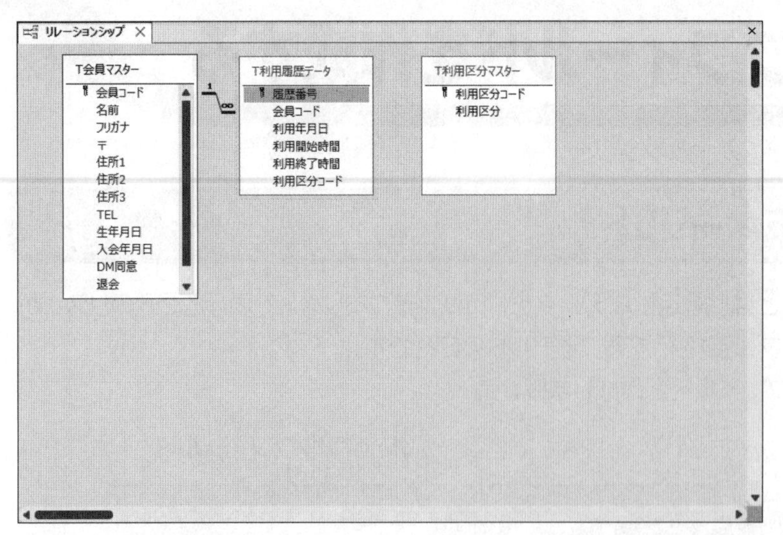

リレーションシップを確認します。

①《データベースツール》タブを選択します。

②《リレーションシップ》グループの（リレーションシップ）をクリックします。

リレーションシップウィンドウが表示されます。

③テーブル**「T利用履歴データ」**とテーブル**「T利用区分マスター」**との間にリレーションシップが作成されていないことを確認します。

※リレーションシップウィンドウを閉じておきましょう。

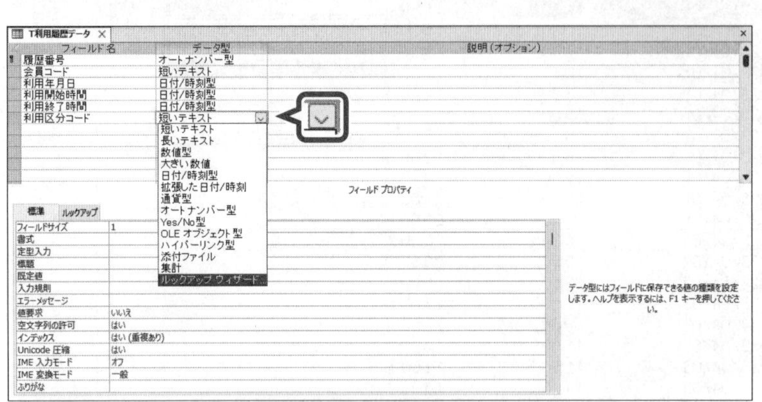

④テーブル**「T利用履歴データ」**をデザインビューで開きます。

⑤**「利用区分コード」**フィールドの**《データ型》**のをクリックし、一覧から**《ルックアップウィザード...》**を選択します。

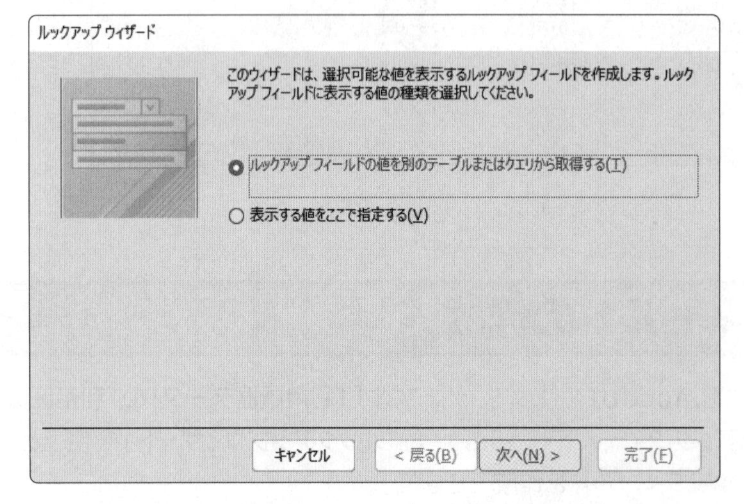

《ルックアップウィザード》が表示されます。

データ入力時に参照する値の種類を選択します。

⑥**《ルックアップフィールドの値を別のテーブルまたはクエリから取得する》**を◉にします。

⑦**《次へ》**をクリックします。

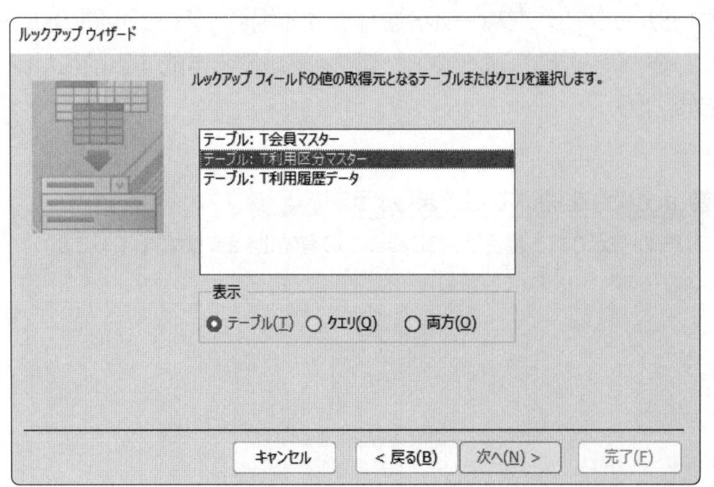

データ入力時に参照するテーブルまたはクエリを選択します。

⑧**《表示》**の**《テーブル》**を◉にします。

⑨一覧から**「テーブル：T利用区分マスター」**を選択します。

⑩**《次へ》**をクリックします。

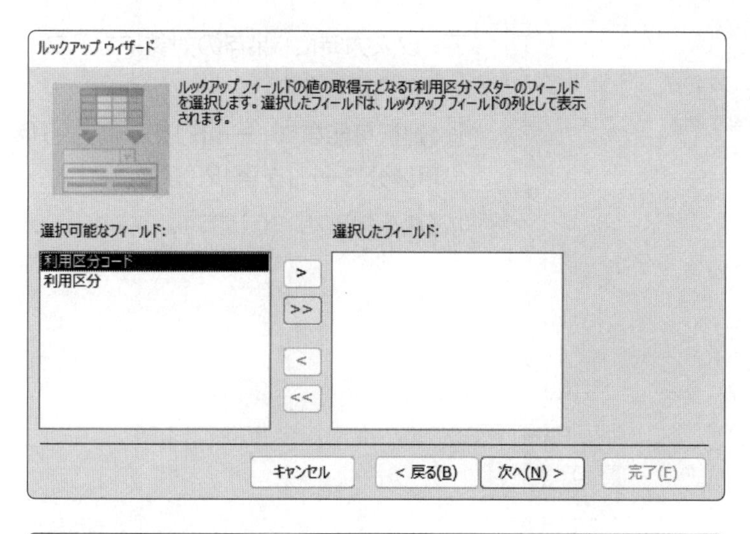

データ入力時に表示するフィールドを選択します。
すべてのフィールドを選択します。
⑪ >> をクリックします。

ルックアップ ウィザード
ルックアップ フィールドの値の取得元となるT利用区分マスターのフィールドを選択します。選択したフィールドは、ルックアップ フィールドの列として表示されます。
選択可能なフィールド:
選択したフィールド:
利用区分コード
利用区分
キャンセル　< 戻る(B)　次へ(N) >　完了(F)

《選択したフィールド》にすべてのフィールドが移動します。
⑫**《次へ》**をクリックします。

ルックアップ ウィザード
リスト ボックスの項目の並べ替え順を指定してください。
並べ替えを行うフィールドを 4 つまで選択できます。それぞれのフィールドごとに昇順または降順を指定できます。
1　昇順
2　昇順
3　昇順
4　昇順
キャンセル　< 戻る(B)　次へ(N) >　完了(F)

表示する値を並べ替える方法を指定する画面が表示されます。
※今回、並べ替えは指定しません。
⑬**《次へ》**をクリックします。

ルックアップ ウィザード
ルックアップ フィールドに表示する列の幅を指定してください。
列幅を調整するには、列の右端をドラッグします。また、右端をダブルクリックすると、入力した値の長さに合わせて列幅が自動的に調整されます。
□キー列を表示しない (推奨)(H)

利用区分コード	利用区分
A	一般ジム
B	筋力ジム
C	水泳
D	エアロビクス
E	テニス
F	ゴルフ

キャンセル　< 戻る(B)　次へ(N) >　完了(F)

データ入力時にキー列を表示するかどうかを指定します。
※「キー列」とは、主キーを設定したフィールドです。
⑭**《キー列を表示しない（推奨）》**を□にします。
「利用区分コード」フィールドが表示されます。
⑮**《次へ》**をクリックします。

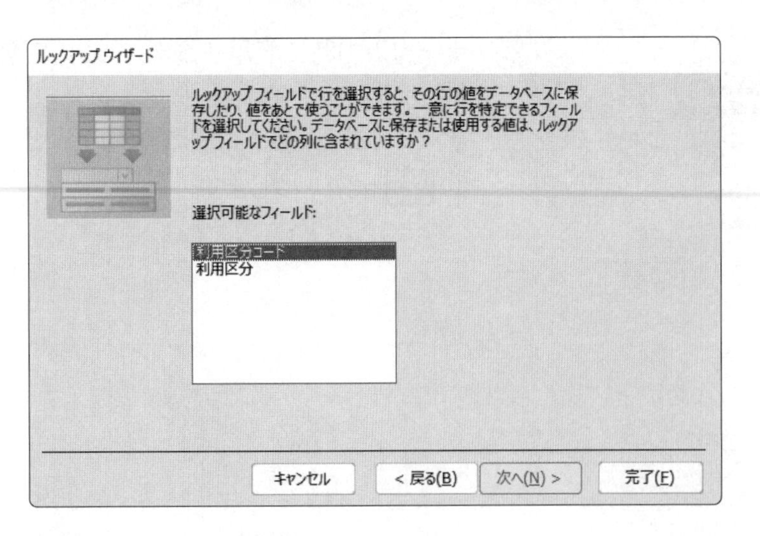

データ入力時に、保存の対象になるフィールドを指定します。

⑯**《選択可能なフィールド》**の一覧から**「利用区分コード」**を選択します。

⑰**《次へ》**をクリックします。

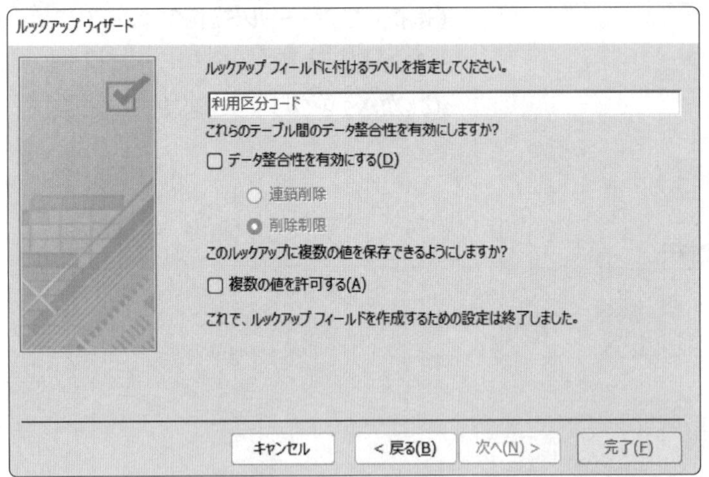

ルックアップフィールド名を指定します。

⑱**「利用区分コード」**になっていることを確認します。

※《複数の値を許可する》を☑にすると、ルックアップフィールドで複数の値を選択できるようになります。

⑲**《完了》**をクリックします。

図のような確認のメッセージが表示されます。

⑳**《はい》**をクリックします。

㉑**「利用区分コード」**に、**「T利用区分マスター」**の**「利用区分コード」**と同じ**《短いテキスト》**が設定されていることを確認します。

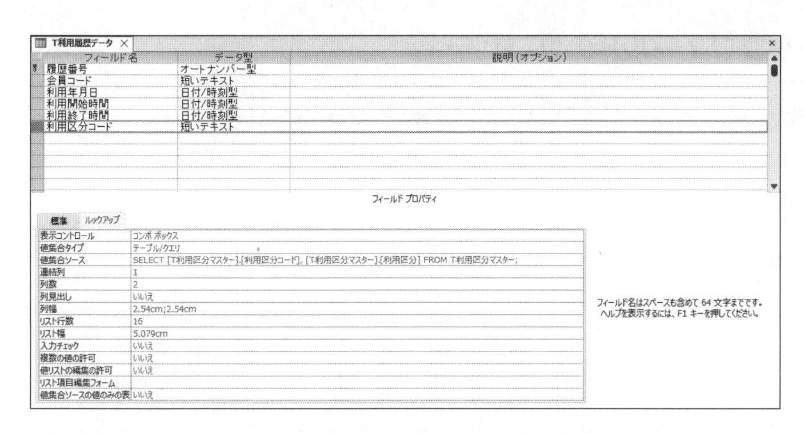

ルックアップフィールドが設定されていることを確認します。

㉒**《ルックアップ》**タブを選択します。

※ルックアップフィールドの詳細は、P.48「STEP UP ルックアップフィールドのプロパティ」を参照してください。

T利用履歴データ

履歴番号	会員コード	利用年月日	利用開始時間	利用終了時間	利用区分コード	クリックして追加
1	1001	2023/04/01	10:30	11:30	A	
2	1006	2023/04/01	10:30	11:30		
3	1030	2023/04/01	10:30	11:30		
4	1037	2023/04/01	10:50	11:50		
5	1003	2023/04/01	13:30	14:20		
6	1029	2023/04/01	15:00	16:10		
7	1010	2023/04/01	15:30	15:40		
8	1034	2023/04/01	18:30	19:00	C	
9	1033	2023/04/01	19:30	20:40	A	
10	1019	2023/04/01	20:00	21:00	C	
11	1005	2023/04/01	20:20	21:00	F	
12	1007	2023/04/02	19:30	20:30	A	
13	1003	2023/04/02	19:50	20:30	C	
14	1032	2023/04/02	19:50	21:00	E	
15	1018	2023/04/03	10:20	12:00	C	
16	1030	2023/04/03	10:50	11:50	A	
17	1014	2023/04/03	11:00	12:30	A	
18	1006	2023/04/03	11:50	12:50	B	
19	1016	2023/04/03	14:30	16:30	A	
20	1003	2023/04/03	15:00	16:00	B	
21	1040	2023/04/03	15:30	15:40	E	
22	1024	2023/04/03	18:00	19:30	D	
23	1009	2023/04/03	20:00	21:00	A	
24	1036	2023/04/04	10:30	11:30	E	
25	1013	2023/04/04	10:40	11:40	D	
26	1029	2023/04/04	11:00	12:00	A	
27	1050	2023/04/04	11:30	12:20	A	

A	一般ジム
B	筋力ジム
C	水泳
D	エアロビクス
E	テニス
F	ゴルフ

レコード: 1 / 204　フィルターなし　検索

データシートビューに切り替えます。

㉓**《テーブルデザイン》**タブを選択します。

※《ホーム》タブでもかまいません。

㉔**《表示》**グループの（表示）をクリックします。

㉕1件目のレコードの**「利用区分コード」**のセルをクリックします。

㉖をクリックします。

ドロップダウンリストが表示されます。

㉗一覧から**「C　水泳」**を選択します。

※テーブルを閉じ、データベース「第3章参考学習.accdb」を閉じておきましょう。また、データベース「会員管理.accdb」を開いておきましょう。

POINT ルックアップフィールドの作成によるリレーションシップの作成

ほかのテーブルの値を参照するルックアップフィールドを作成すると、テーブル間にリレーションシップが自動的に作成されます。

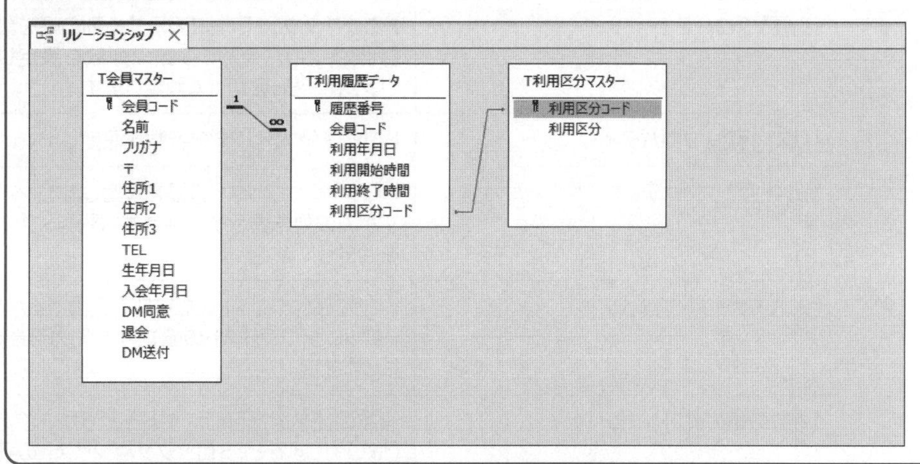

STEP UP その他の方法（ルックアップフィールドの作成）

データシートビューでルックアップフィールドを作成する方法は、次のとおりです。

◆フィールドを選択→《テーブルのフィールド》タブ→《追加と削除》グループの その他のフィールド（その他のフィールド）→《ルックアップ/リレーションシップ》

1
2
3
4
5
6
7
8
9
10
11
総合問題
索引

STEP UP ルックアップフィールドのプロパティ

ルックアップフィールドの詳細は、フィールドプロパティの《ルックアップ》タブに設定されます。

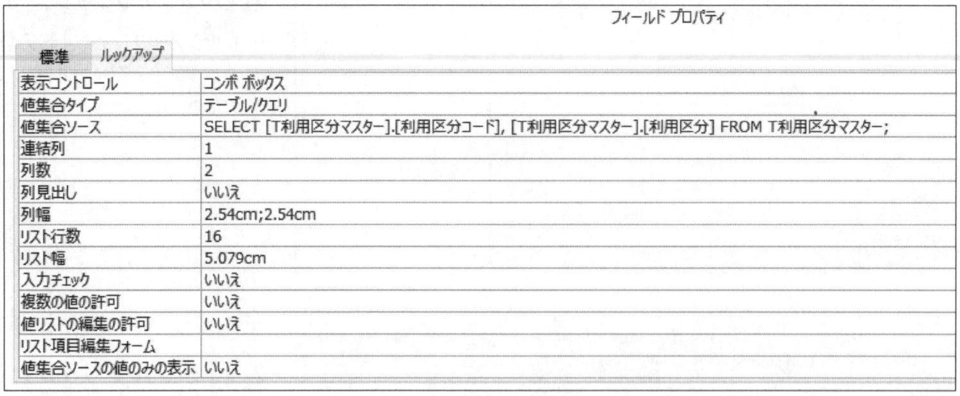

フィールド プロパティ

標準 ルックアップ

表示コントロール	コンボ ボックス
値集合タイプ	テーブル/クエリ
値集合ソース	SELECT [T利用区分マスター].[利用区分コード], [T利用区分マスター].[利用区分] FROM T利用区分マスター;
連結列	1
列数	2
列見出し	いいえ
列幅	2.54cm;2.54cm
リスト行数	16
リスト幅	5.079cm
入力チェック	いいえ
複数の値の許可	いいえ
値リストの編集の許可	いいえ
リスト項目編集フォーム	
値集合ソースの値のみの表示	いいえ

フィールドプロパティ	説明
《表示コントロール》プロパティ	コントロールの種類を設定します。
《値集合タイプ》プロパティ	表示する値の種類を設定します。 《テーブル/クエリ》、《値リスト》、《フィールドリスト》のいずれかを選択します。
《値集合ソース》プロパティ	《値集合タイプ》プロパティと組み合わせて、参照するテーブルやクエリ、または値リスト、またはフィールドリストを設定します。
《連結列》プロパティ	データとして保存される列を設定します。 《列数》プロパティで設定した列を左から「1」「2」と数えて設定します。
《列数》プロパティ	ドロップダウンリストに表示する列数を設定します。
《列見出し》プロパティ	ドロップダウンリストに表示する値の上にフィールド名を表示するかどうかを設定します。 フィールド名を表示する場合、《はい》にします。
《列幅》プロパティ	ドロップダウンリストに表示する列の幅を設定します。 《列数》プロパティで複数の列数を設定した場合、「；（セミコロン）」で値を区切って設定します。
《リスト行数》プロパティ	ドロップダウンリストの行数を設定します。
《リスト幅》プロパティ	ドロップダウンリストの幅を設定します。 すべての列を表示する場合は、《列幅》プロパティで設定した値を合計して設定します。
《入力チェック》プロパティ	ドロップダウンリストにない値を入力するかどうかを設定します。 ドロップダウンリストの値だけを入力可能にする場合、《はい》にします。
《複数の値の許可》プロパティ	複数の値を選択可能にするかどうかを設定します。 《はい》にすると、ドロップダウンリストの各値にチェックボックスが表示されます。
《値リストの編集の許可》プロパティ	《値集合タイプ》プロパティが《値リスト》の場合、ルックアップフィールドの項目を編集可能にするかどうかを設定します。
《リスト項目編集フォーム》プロパティ	ルックアップフィールドを編集するときに使用するフォームを設定します。
《値集合ソースの値のみの表示》プロパティ	《複数の値の許可》プロパティが《はい》の場合、《値集合ソース》プロパティで設定した項目だけを表示するかどうかを設定します。

第4章

クエリの活用

第4章 この章で学ぶこと

学習前に習得すべきポイントを理解しておき、
学習後には確実に習得できたかどうかを振り返りましょう。

■ 演算フィールドとは何かを説明できる。 → P.53

■ 日付を計算する関数を利用できる。 → P.53

■ クエリのフィールドに《書式》プロパティを設定して、データを表示する書式を設定できる。 → P.58

■ 書式を設定する関数を利用できる。 → P.62

■ 文字列を取り出す関数を利用できる。 → P.64

■ 数値の端数を処理する関数を利用できる。 → P.69

■ 条件を指定する関数を利用できる。 → P.71

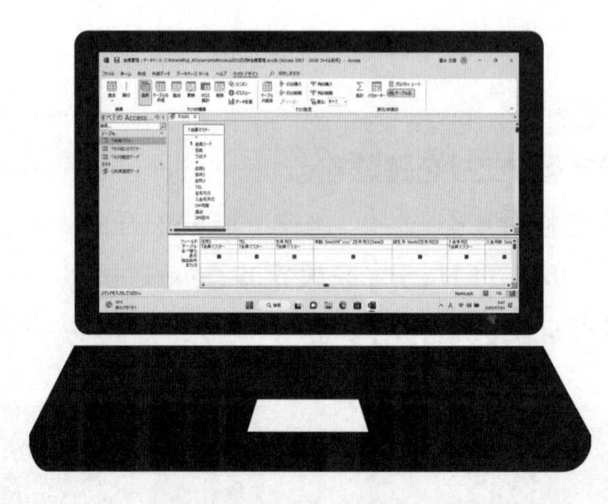

STEP 1 作成するクエリを確認する

1 作成するクエリの確認

次のようなクエリ**「Q会員マスター」**を作成しましょう。

「年齢」フィールドの作成
表示する書式の設定

「誕生月」
フィールドの作成

「入会月数」
フィールドの作成
表示する書式の設定

生年月日	年齢	誕生月	入会年月日	入会月数	DM同意
1981年3月25日	42歳	3	2021年1月10日	30か月	☑
1985年4月5日	38歳	4	2021年1月12日	30か月	☑
1981年6月30日	42歳	6	2021年1月18日	30か月	☑

●Q会員マスター

会員コード	名前	フリガナ	〒	住所1	住所2	住所3	TEL	生年月日	年齢	誕生月	入会年月日	入会月数	DM同意	退会	DM送付
1001	佐野 寛子	サノ ヒロコ	221-0057	神奈川県	横浜市神奈川区青木町1-X-X	サンマンションXXX	045-506-XXXX	1981年3月25日	42歳	3	2021年1月10日	30か月	☑	☐	☐
1002	大月 賢一郎	オオツキ ケンイチロウ	249-0005	神奈川県	逗子市桜山2-X-X		046-821-XXXX	1985年4月5日	38歳	4	2021年1月12日	30か月	☑	☐	☑
1003	明石 由美子	アカシ ユミコ	212-0026	神奈川県	川崎市幸区紺屋町2-X-X	メゾン・ド・紺屋町XXX	044-806-XXXX	1981年6月30日	42歳	6	2021年1月18日	30か月	☑	☑	☑
1004	山本 喜一	ヤマモト キイチ	236-0007	神奈川県	横浜市金沢区白帆4-X-X		045-725-XXXX	1959年7月5日	64歳	7	2021年2月1日	29か月	☑	☐	☐
1005	辻 雅彦	ツジ マサヒコ	216-0023	神奈川県	川崎市宮前区けやき平3-X-X	グラン葵XXX	044-258-XXXX	1960年9月1日	63歳	9	2021年3月1日	28か月	☑	☐	☑
1006	畑田 香奈子	ハタダ カナコ	227-0046	神奈川県	横浜市青葉区たちばな台1-X-X		080-5451-XXXX	1995年1月24日	28歳	1	2021年4月5日	27か月	☑	☐	☐
1007	野村 桜	ノムラ サクラ	230-0033	神奈川県	横浜市鶴見区朝日町2-X-X		045-506-XXXX	1981年7月1日	42歳	7	2021年4月21日	27か月	☑	☐	☑
1008	横山 花梨	ヨコヤマ カリン	241-0813	神奈川県	横浜市旭区今宿町1-X-X	みなとタワーXXX	045-771-XXXX	1995年8月21日	28歳	8	2021年5月1日	26か月	☑	☐	☑
1009	加納 基成	カノウ モトナリ	231-0002	神奈川県	横浜市中区海岸通5-X-X	グレースコート海岸XXX	045-502-XXXX	1953年6月20日	70歳	6	2021年5月6日	26か月	☑	☐	☑
1010	和田 光輝	ワダ コウキ	248-0013	神奈川県	鎌倉市材木座3-X-X		0467-21-XXXX	1956年5月6日	67歳	5	2021年6月1日	25か月	☑	☐	☐
1011	野中 敏也	ノナカ トシヤ	244-0814	神奈川県	横浜市戸塚区南舞岡1-1-X		045-245-XXXX	1994年10月11日	29歳	10	2021年6月2日	25か月	☑	☐	☐
1012	山城 まり	ヤマシロ マリ	233-0001	神奈川県	横浜市港南区上大岡東5-X-X		045-301-XXXX	1996年4月6日	27歳	4	2021年6月3日	25か月	☑	☐	☐
1013	坂本 誠	サカモト マコト	244-0803	神奈川県	横浜市戸塚区平戸町2-X-X		045-651-XXXX	1971年7月1日	52歳	7	2021年6月4日	25か月	☑	☐	☐
1014	橋本 耕太	ハシモト コウタ	243-0012	神奈川県	厚木市幸町5-X-X	平成ハイツXXX	046-541-XXXX	1967年11月23日	56歳	11	2021年7月1日	24か月	☑	☐	☐
1015	布施 友香	フセ トモカ	243-0033	神奈川県	厚木市温水2-X-X		046-556-XXXX	1971年6月4日	52歳	6	2021年8月28日	23か月	☑	☐	☐
1016	井戸 剛	イド ツヨシ	221-0865	神奈川県	横浜市神奈川区片倉1-X-X		045-412-XXXX	1977年12月7日	46歳	12	2021年9月3日	22か月	☑	☐	☑
1017	星 龍太郎	ホシ リュウタロウ	235-0022	神奈川県	横浜市磯子区汐見台5-X-X		045-975-XXXX	1985年8月12日	38歳	8	2021年9月16日	22か月	☑	☐	☐
1018	宍戸 真智子	シシド マチコ	235-0033	神奈川県	横浜市磯子区杉田2-X-X	横浜壱番館XXX	045-751-XXXX	1960年10月8日	63歳	10	2021年11月3日	20か月	☑	☐	☐
1019	天野 真未	アマノ マミ	236-0057	神奈川県	横浜市金沢区能見台1-X-X		045-654-XXXX	1975年11月1日	48歳	11	2021年11月6日	20か月	☑	☐	☑
1020	白川 紀子	シラカワ ノリコ	233-0002	神奈川県	横浜市港南区上大岡西3-X-X	上大岡ガーデンXXX	080-5505-XXXX	1999年12月7日	24歳	12	2021年12月4日	19か月	☑	☐	☑
1021	大木 花実	オオキ ハナミ	235-0035	神奈川県	横浜市磯子区田中3-X-X		045-421-XXXX	1992年12月8日	31歳	12	2022年1月28日	18か月	☑	☐	☑
1022	牧田 博	マキタ ヒロシ	214-0005	神奈川県	川崎市多摩区寺尾台2-X-X		044-505-XXXX	1947年9月30日	76歳	9	2022年1月28日	18か月	☑	☐	☑
1023	住吉 純子	スミヨシ ジュンコ	242-0029	神奈川県	大和市上草柳3-X-X		046-261-XXXX	1950年12月13日	73歳	12	2022年2月2日	17か月	☑	☐	☑
1024	香川 泰男	カガワ ヤスオ	247-0075	神奈川県	鎌倉市関谷3-X-X	パレス鎌倉XXX	0467-58-XXXX	1974年6月15日	49歳	6	2022年2月3日	17か月	☑	☐	☑
1025	伊藤 めぐみ	イトウ メグミ	240-0062	神奈川県	横浜市保土ケ谷区岡沢町2-X-X		045-764-XXXX	1967年9月29日	56歳	9	2022年2月3日	17か月	☑	☑	☐
1026	村瀬 稔彦	ムラセ トシヒコ	226-0005	神奈川県	横浜市緑区竹山5-X-X		045-320-XXXX	1985年5月18日	38歳	5	2022年2月21日	17か月	☑	☐	☐
1027	草野 萌子	クサノ モエコ	224-0055	神奈川県	横浜市都筑区加賀原4-X-X		045-511-XXXX	1990年7月27日	33歳	7	2022年2月21日	17か月	☑	☐	☑
1028	渡辺 百合	ワタベ ユリ	230-0045	神奈川県	横浜市鶴見区末広町3-X-X		045-611-XXXX	1995年10月22日	28歳	10	2022年3月5日	16か月	☑	☐	☐
1029	小川 正一	オガワ ショウイチ	222-0035	神奈川県	横浜市港北区鳥山町2-X-X		045-517-XXXX	1982年11月5日	41歳	11	2022年3月8日	16か月	☑	☐	☐
1030	近藤 真央	コンドウ マオ	231-0045	神奈川県	横浜市中区伊勢佐木町1-X-X		045-623-XXXX	1993年7月4日	30歳	7	2022年3月9日	16か月	☑	☐	☐
1031	坂井 早苗	サカイ サナエ	236-0044	神奈川県	横浜市金沢区高舟台3-X-X		045-705-XXXX	1955年9月11日	68歳	9	2022年3月13日	16か月	☑	☐	☑
1032	香取 茜	カトリ アカネ	220-0035	神奈川県	横浜市西区霞ケ丘4-X-X	霞ケ丘マンションXXX	045-142-XXXX	1967年12月6日	56歳	12	2022年4月3日	15か月	☑	☐	☑
1033	江藤 和義	エトウ カズヨシ	231-0054	神奈川県	横浜市中区黄金町6-X-X	コーポ花井XXX	045-745-XXXX	1972年7月11日	51歳	7	2022年4月6日	15か月	☑	☐	☑
1034	北原 聡子	キタハラ サトコ	243-0423	神奈川県	海老名市今里2-X-X		046-228-XXXX	1983年2月4日	40歳	2	2022年4月17日	15か月	☑	☐	☐
1035	能勢 みどり	ノセ ミドリ	143-0023	東京都	大田区山王2-X-X	セントラルタワーXXX	03-3129-XXXX	1983年1月25日	40歳	1	2022年5月8日	14か月	☑	☐	☐
1036	鈴木 保一	スズキ ヤスイチ	240-0017	神奈川県	横浜市保土ケ谷区花見台5-X-X		045-612-XXXX	1964年5月31日	59歳	5	2022年5月16日	14か月	☑	☐	☐
1037	森 晴子	モリ ハルコ	216-0005	神奈川県	川崎市宮前区土橋2-X-X		044-344-XXXX	1948年4月2日	75歳	4	2022年6月1日	13か月	☑	☐	☑
1038	広田 志津子	ヒロタ シズコ	231-0027	神奈川県	横浜市中区扇町1-X-X	サン・ヒル・マンションXXX	045-571-XXXX	1978年3月18日	45歳	3	2022年6月2日	13か月	☑	☐	☑
1039	神田 美波	カンダ ミナミ	226-0027	神奈川県	横浜市緑区長津田2-X-X		045-501-XXXX	1965年8月17日	58歳	8	2022年8月1日	11か月	☑	☐	☑
1040	飛鳥 宏英	アスカ ヒロヒデ	142-0042	東京都	品川区豊町1-X-X	スカイコーポXXX	090-3501-XXXX	1995年6月9日	28歳	6	2022年9月6日	10か月	☑	☐	☑
1041	若王子 康治	ワカオウジ コウジ	231-0015	神奈川県	横浜市中区尾上町5-X-X	グランハイムXXX	045-132-XXXX	1996年4月20日	27歳	4	2022年9月28日	10か月	☑	☐	☑
1042	中川 守彦	ナカガワ モリヒコ	231-0849	神奈川県	横浜市中区麦田町1-X-X		045-511-XXXX	1969年6月22日	54歳	6	2022年10月2日	9か月	☑	☐	☐
1043	栗田 いずみ	クリタ イズミ	213-0035	神奈川県	川崎市高津区向ケ丘3-X-X		044-309-XXXX	1965年4月25日	58歳	4	2022年11月14日	8か月	☑	☐	☐
1044	伊藤 琢磨	イトウ タクマ	240-0006	神奈川県	横浜市保土ケ谷区星川2-X-X		045-340-XXXX	1990年1月21日	33歳	1	2022年12月6日	7か月	☑	☐	☑
1045	吉岡 京香	ヨシオカ キョウカ	158-0082	東京都	世田谷区等々力2-X-X	等々力ヒルズXXX	03-5120-XXXX	1983年1月20日	40歳	1	2022年12月8日	7か月	☑	☐	☑
1046	原 洋次郎	ハラ ヨウジロウ	230-0044	神奈川県	横浜市鶴見区弁天町1-X-X	ハイツ弁天XXX	045-831-XXXX	1983年8月28日	40歳	8	2022年12月12日	7か月	☑	☐	☑
1047	松岡 直美	マツオカ ナオミ	247-0013	神奈川県	横浜市栄区上郷町1-X-X		045-359-XXXX	1960年5月6日	63歳	5	2023年1月5日	6か月	☑	☐	☑
1048	高橋 孝子	タカハシ タカコ	140-0005	東京都	品川区広町3-X-X		03-3401-XXXX	1961年12月5日	62歳	12	2023年2月1日	5か月	☑	☐	☑
1049	松井 雪江	マツイ ユキエ	221-0053	神奈川県	横浜市神奈川区橋本町2-X-X		045-409-XXXX	1968年1月9日	55歳	1	2023年3月10日	4か月	☑	☐	☑
1050	中田 愛子	ナカタ アイコ	156-0045	東京都	世田谷区桜上水1-X-X	グランドハイムXXX	03-3674-XXXX	1995年3月7日	28歳	3	2023年4月4日	3か月	☑	☐	☑
1051	竹下 香	タケシタ カオリ	230-0051	神奈川県	横浜市鶴見区鶴見中央1-X-X		045-505-XXXX	1982年3月21日	41歳	3	2023年4月30日	3か月	☑	☐	☑

レコード: 1 / 51

2 クエリの作成

テーブル**「T会員マスター」**をもとに、クエリ**「Q会員マスター」**を作成しましょう。

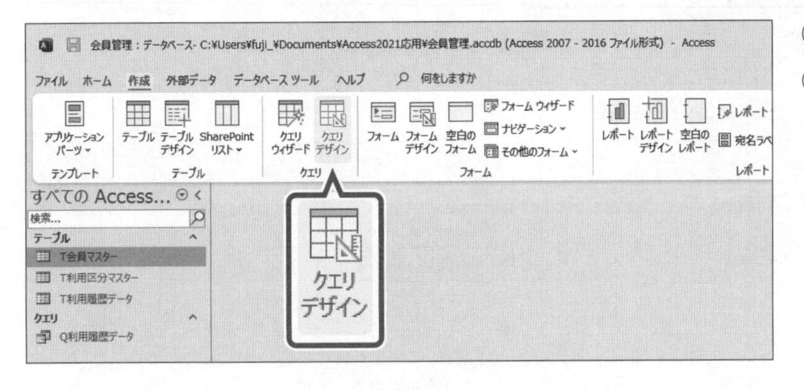

①**《作成》**タブを選択します。

②**《クエリ》**グループの (クエリデザイン) をクリックします。

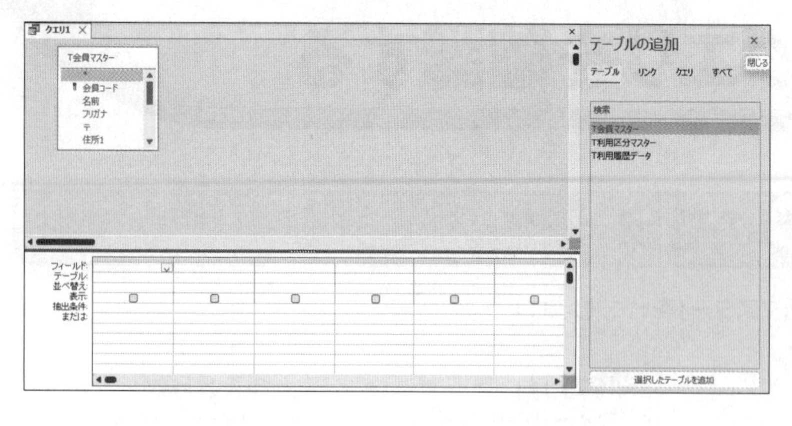

クエリウィンドウと**《テーブルの追加》**が表示されます。

③**《テーブル》**タブを選択します。

④一覧から**「T会員マスター」**を選択します。

⑤**《選択したテーブルを追加》**をクリックします。

クエリウィンドウにテーブル**「T会員マスター」**のフィールドリストが表示されます。

《テーブルの追加》を閉じます。

⑥**《テーブルの追加》**の ×（閉じる）をクリックします。

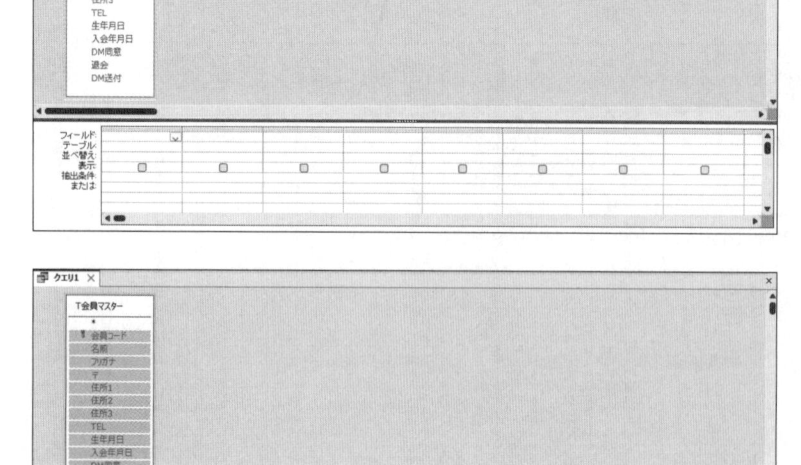

※図のように、フィールドリストのサイズとデザイングリッドの高さを調整しておきましょう。

すべてのフィールドをデザイングリッドに登録します。

⑦フィールドリストのタイトルバーをダブルクリックします。

すべてのフィールドが選択されます。

⑧選択したフィールドを図のようにデザイングリッドまでドラッグします。

ドラッグ中、デザイングリッド内でマウスポインターの形が に変わります。

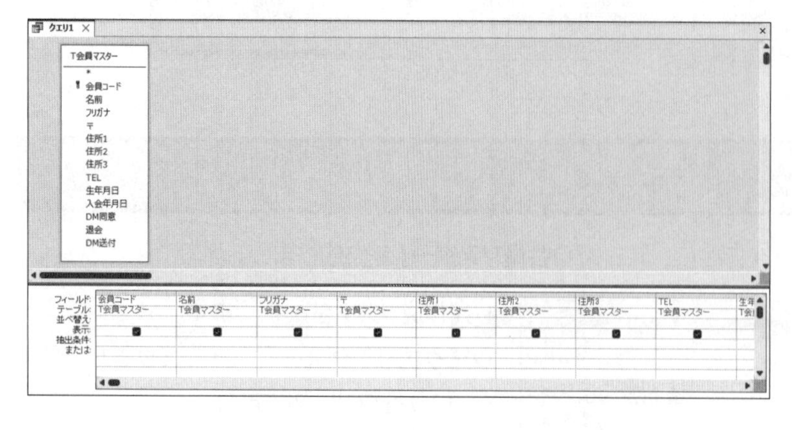

デザイングリッドにすべてのフィールドが登録されます。

※データシートビューに切り替えて、結果を確認しましょう。

※デザインビューに切り替えておきましょう。

STEP 2 関数を利用する

1 演算フィールド

「演算フィールド」とは、既存のフィールドをもとに計算式を入力し、その計算結果を表示するフィールドのことです。
計算結果はデータベースに蓄積されないので、ディスク容量を節約できます。参照しているフィールドの値が変化すれば、計算結果も自動的に再計算されます。
クエリのデザイングリッドに演算フィールドを作成するには、**《フィールド》**セルに、次のように入力します。

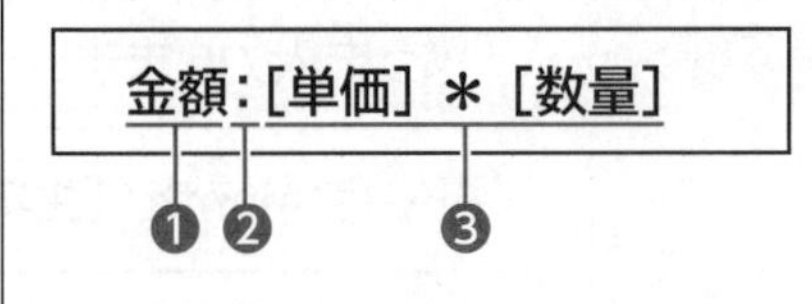

❶作成するフィールド名
❷:(コロン)
❸計算式
※フィールド名の[ ]は省略できます。
※「:」や算術演算子は半角で入力します。

2 関数の利用

演算フィールドに入力する計算式には、**「+」**や**「-」**などの算術演算子を使った計算式のほかに、**「関数」**を使うことができます。関数は、Accessに組み込まれている計算式で、数値や日付を計算したり、数値を文字列に変換したりできます。

1 Month関数

「生年月日」フィールドをもとに、**「誕生月」**フィールドを作成しましょう。
「誕生月」は、Month関数を使って求めます。

●Month関数

指定した日付の月を整数で返します。

Month(日付)

例:2023年7月1日の月を求める場合
Month("2023/7/1") → 7

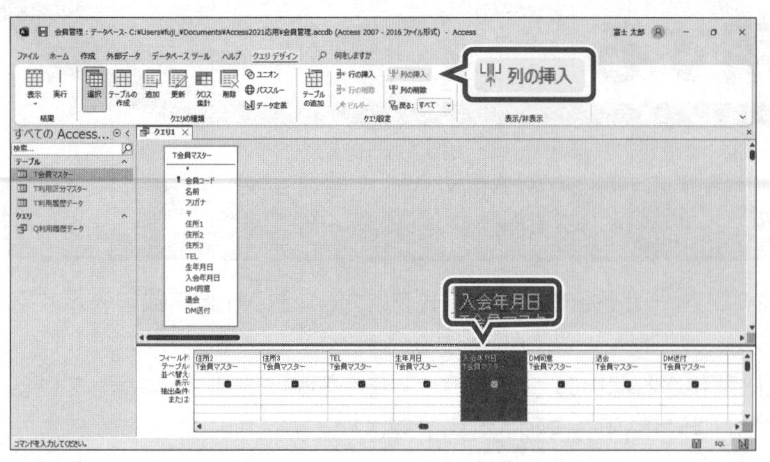

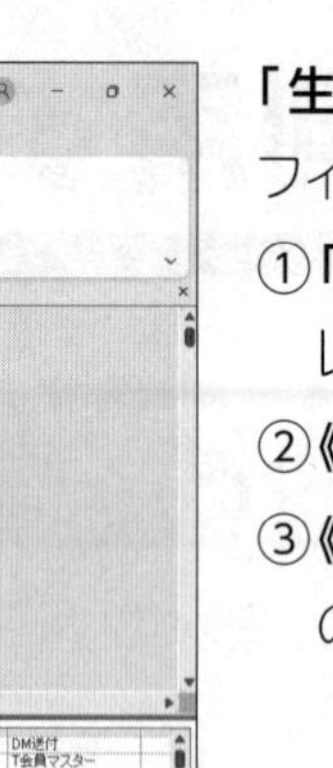

「生年月日」フィールドと**「入会年月日」**フィールドの間に1列挿入します。

①**「入会年月日」**フィールドのフィールドセレクターをクリックします。

②**《クエリデザイン》**タブを選択します。

③**《クエリ設定》**グループの［列の挿入］（列の挿入）をクリックします。

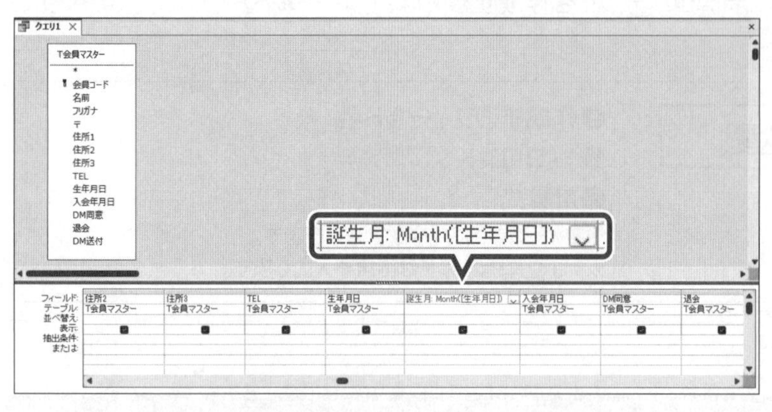

「誕生月」フィールドを作成します。

④挿入した列の**《フィールド》**セルに次のように入力します。

誕生月：Month（[生年月日]）

※英字と記号は半角で入力します。入力の際、[ ]は省略できます。

※列幅を調整して、フィールドを確認しましょう。

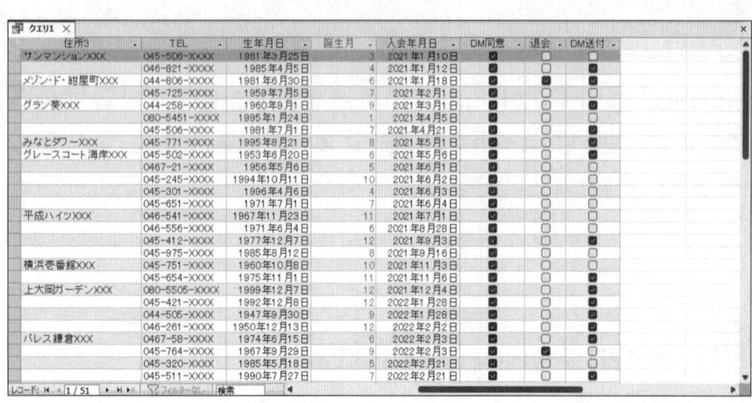

データシートビューに切り替えて、結果を確認します。

⑤**《結果》**グループの［表示］（表示）をクリックします。

⑥**「誕生月」**フィールドが作成され、誕生月が表示されていることを確認します。

※デザインビューに切り替えておきましょう。

POINT ズーム表示

セルに入力するデータが長い場合、セルをズーム表示できます。

デザイングリッドのセルをズーム表示する方法は、次のとおりです。

◆セルを選択→［Shift］＋［F2］

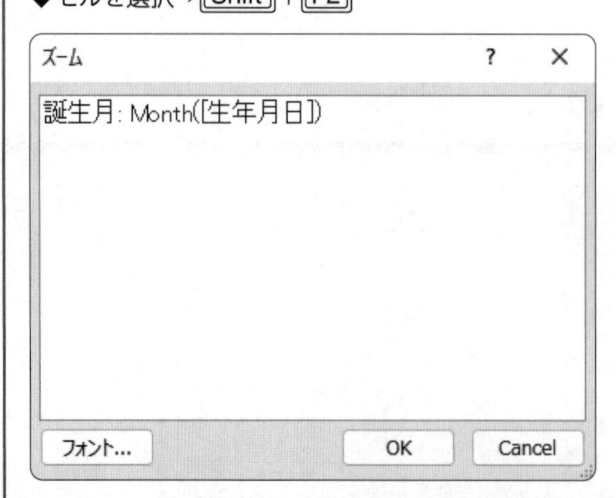

※フォントサイズを変更する場合は、《ズーム》ダイアログボックスの《フォント》をクリックして調整します。

STEP UP 日付に関する関数

Year関数を使うと年、Day関数を使うと日にち、Date関数を使うと本日の日付を求めることができます。

●Year関数

指定した日付の年を整数で返します。

Year(日付)

例：2023年7月1日の年を求める場合
Year("2023/7/1") → 2023

●Day関数

指定した日付の日にちを整数で返します。

Day(日付)

例：2023年7月1日の日にちを求める場合
Day("2023/7/1") → 1

●Date関数

本日の日付を返します。

Date()

※引数はありません。ただし、「()」は省略できません。

例：本日の日付が2023年7月1日の場合
Date()→ 2023/07/01

2 DateDiff関数(入会月数)

「入会年月日」フィールドをもとに**「入会月数」**フィールドを作成しましょう。
「入会月数」はDateDiff関数とDate関数を使って求めます。

●DateDiff関数

指定した古い日付から新しい日付までの差を、指定した日付の単位で返します。

DateDiff(日付の単位,古い日付,新しい日付)

日付の単位を指定する方法は、次のとおりです。

単位	意味
"yyyy"	年
"m"	月
"ww"	週
"d"	日

単位	意味
"h"	時
"n"	分
"s"	秒

例：DateDiff("yyyy","2023/5/1","2024/6/1") → 1
DateDiff("m","2023/5/1","2024/5/1") → 12
DateDiff("ww","2023/5/1","2023/6/1") → 4
DateDiff("d","2023/5/1","2024/5/1") → 366
DateDiff("h","10:58:00","13:12:15") → 3
DateDiff("n","10:58:00","13:12:15") → 134
DateDiff("s","10:58:00","13:12:15") → 8055

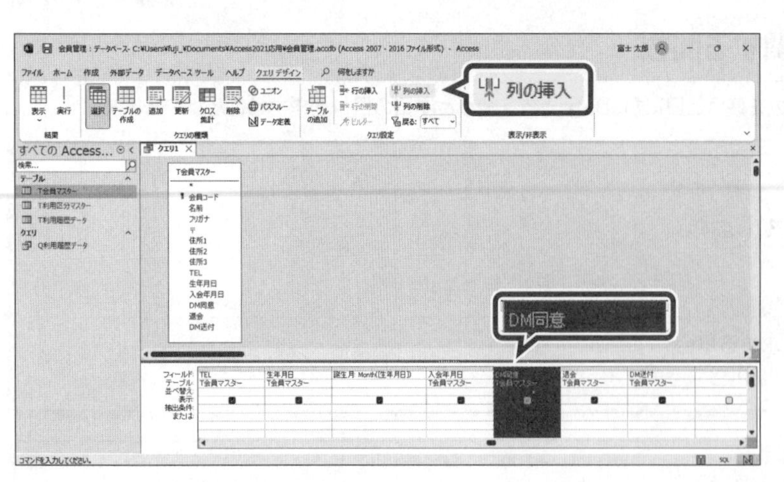

「**入会年月日**」フィールドと「**DM同意**」フィールドの間に1列挿入します。

①「**DM同意**」フィールドのフィールドセレクターをクリックします。

②《**クエリデザイン**》タブを選択します。

③《**クエリ設定**》グループの 列の挿入 (列の挿入)をクリックします。

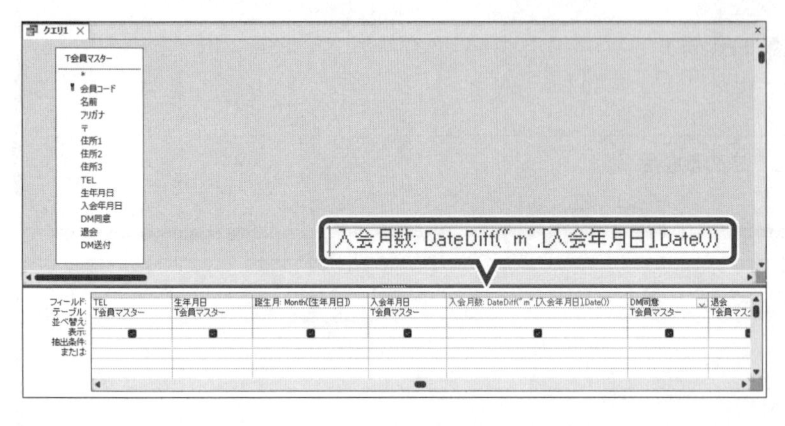

「**入会月数**」フィールドを作成します。

④挿入した列の《**フィールド**》セルに次のように入力します。

入会月数:DateDiff("m",[入会年月日],Date())

※入会年月日と本日の差を月数で返すという意味です。

※英字と記号は半角で入力します。入力の際、[ ]は省略できます。

※列幅を調整して、フィールドを確認しましょう。

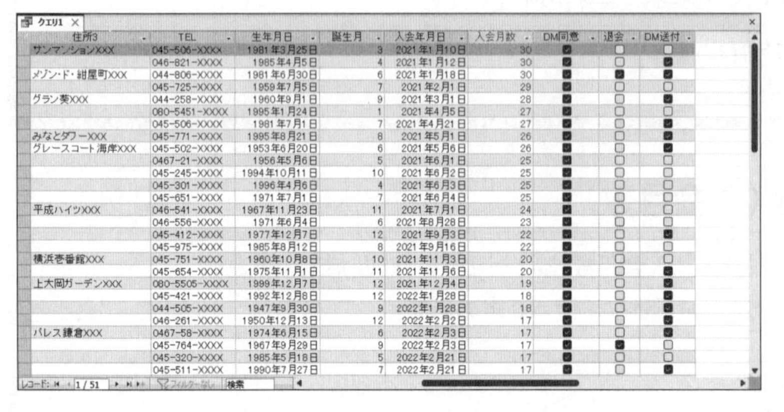

データシートビューに切り替えて、結果を確認します。

⑤《**結果**》グループの (表示)をクリックします。

⑥「**入会月数**」フィールドが作成され、入会月数が表示されていることを確認します。

※本書では、本日の日付を「2023年7月1日」としています。

※デザインビューに切り替えておきましょう。

3 DateDiff関数(年齢)

「**生年月日**」フィールドをもとに「**年齢**」フィールドを作成し、今年何歳になるかを表示しましょう。今年何歳になるかを求めるには、DateDiff関数とDate関数を使います。

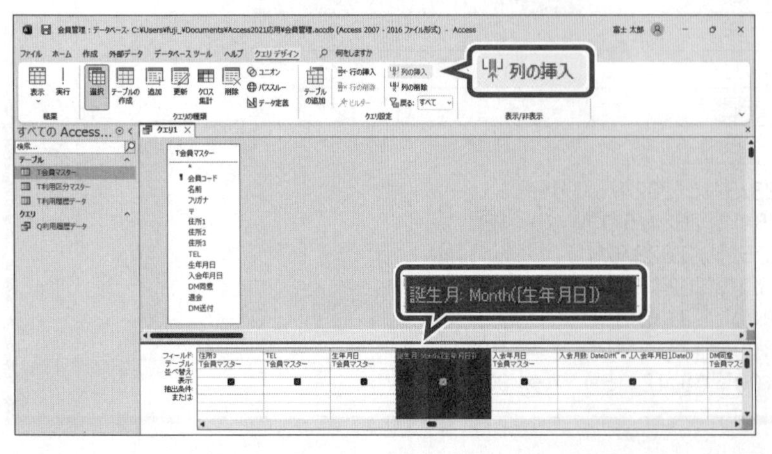

「**生年月日**」フィールドと「**誕生月**」フィールドの間に1列挿入します。

①「**誕生月**」フィールドのフィールドセレクターをクリックします。

②《**クエリデザイン**》タブを選択します。

③《**クエリ設定**》グループの 列の挿入 (列の挿入)をクリックします。

「年齢」フィールドを作成します。

④挿入した列の《フィールド》セルに、次のように入力します。

```
年齢:DateDiff("yyyy",[生年月日],Date())
```

※生年月日と本日の差を年数で返すという意味です。

※英字と記号は半角で入力します。入力の際、[ ]は省略できます。

※列幅を調整して、フィールドを確認しましょう。

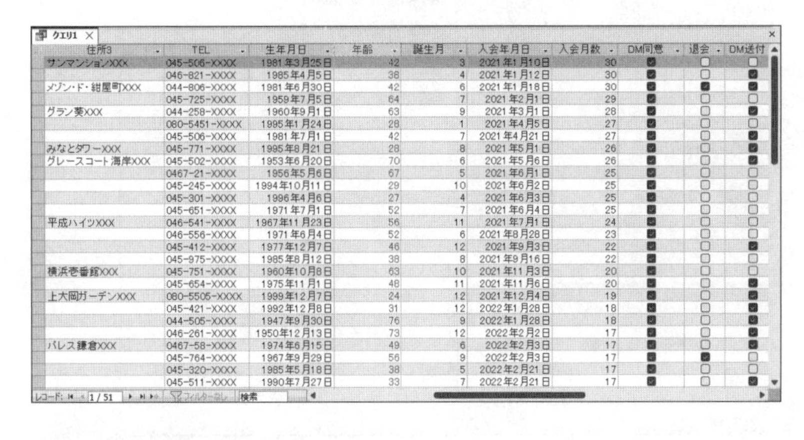

住所3	TEL	生年月日	年齢	誕生月	入会年月日	入会月数	DM同意	退会	DM送付
サンマンションXXX	045-506-XXXX	1981年3月25日	42	3	2021年1月10日	30	☑	☐	☐
	046-821-XXXX	1985年4月5日	38	4	2021年1月12日	30	☑	☐	☑
メゾン・ド・紺屋町XXX	044-806-XXXX	1981年6月30日	42	6	2021年1月18日	30	☑	☑	☑
	045-725-XXXX	1959年7月5日	64	7	2021年2月1日	29	☑	☐	☐
グラン葵XXX	044-258-XXXX	1960年9月1日	63	9	2021年3月1日	28	☑	☐	☑
	080-5451-XXXX	1995年1月24日	28	1	2021年4月5日	27	☑	☐	☐
	045-506-XXXX	1981年7月1日	42	7	2021年4月21日	27	☑	☐	☑
みなとタワーXXX	045-771-XXXX	1995年8月21日	28	8	2021年5月1日	26	☑	☐	☑
グレースコート海岸XXX	045-502-XXXX	1953年6月20日	70	6	2021年5月6日	26	☑	☐	☑
	0467-21-XXXX	1956年5月6日	67	5	2021年6月1日	25	☑	☐	☐
	045-245-XXXX	1994年10月11日	29	10	2021年6月2日	25	☑	☐	☐
	045-301-XXXX	1996年4月6日	27	4	2021年6月3日	25	☑	☐	☐
	045-651-XXXX	1971年7月1日	52	7	2021年6月4日	25	☑	☐	☐
平成ハイツXXX	046-541-XXXX	1967年11月23日	56	11	2021年7月1日	24	☑	☐	☐
	046-556-XXXX	1971年6月4日	52	6	2021年8月28日	23	☑	☐	☐
	045-412-XXXX	1977年12月7日	46	12	2021年9月3日	22	☑	☐	☑
	045-975-XXXX	1985年8月12日	38	8	2021年9月16日	22	☑	☐	☐
横浜壱番館XXX	045-751-XXXX	1960年10月8日	63	10	2021年11月3日	20	☑	☐	☐
	045-654-XXXX	1975年11月1日	48	11	2021年11月6日	20	☑	☐	☑
上大岡ガーデンXXX	080-5505-XXXX	1999年12月7日	24	12	2021年12月4日	19	☑	☐	☑
	045-421-XXXX	1992年12月8日	31	12	2022年1月28日	18	☑	☐	☑
	044-505-XXXX	1947年9月30日	76	9	2022年1月28日	18	☑	☐	☑
	046-261-XXXX	1950年12月13日	73	12	2022年2月2日	17	☑	☐	☑
パレス鎌倉XXX	0467-58-XXXX	1974年6月15日	49	6	2022年2月3日	17	☑	☐	☑
	045-764-XXXX	1967年9月29日	56	9	2022年2月3日	17	☑	☑	☐
	045-320-XXXX	1985年5月18日	38	5	2022年2月21日	17	☑	☐	☐
	045-511-XXXX	1990年7月27日	33	7	2022年2月21日	17	☑	☐	☑

レコード: 1 / 51

データシートビューに切り替えて、結果を確認します。

⑤《結果》グループの（表示）をクリックします。

⑥「年齢」フィールドが作成され、年齢が表示されていることを確認します。

※本書では、本日の付を「2023年7月1日」としています。

STEP UP 満年齢の算出

本日現在、何歳であるかを求めるには、次のような計算式で算出できます。

❶今年の誕生日

❷❶と本日の日付を比較

❸❶が本日の日付より大きければ（今年の誕生日がまだであれば）、生年月日から本日日付までの年数-1を、そうでなければ生年月日から本日の日付までの年数を返す

※IIf関数は、条件によって指定した値を表示します。詳細は、P.71「第4章 参考学習 様々な関数を利用する」の「4 条件を指定する関数（IIf関数）」を参照してください。

※DateSerial関数は、指定した年、月、日に対応する日付を返します。詳細は、P.162「第8章 STEP3 演算テキストボックスを作成する」の「3 DateSerial関数」を参照してください。

STEP 3 フィールドプロパティを設定する

1 フィールドプロパティ

クエリのフィールドに対するプロパティ(属性)は、デザインビューの**「プロパティシート」**で設定します。

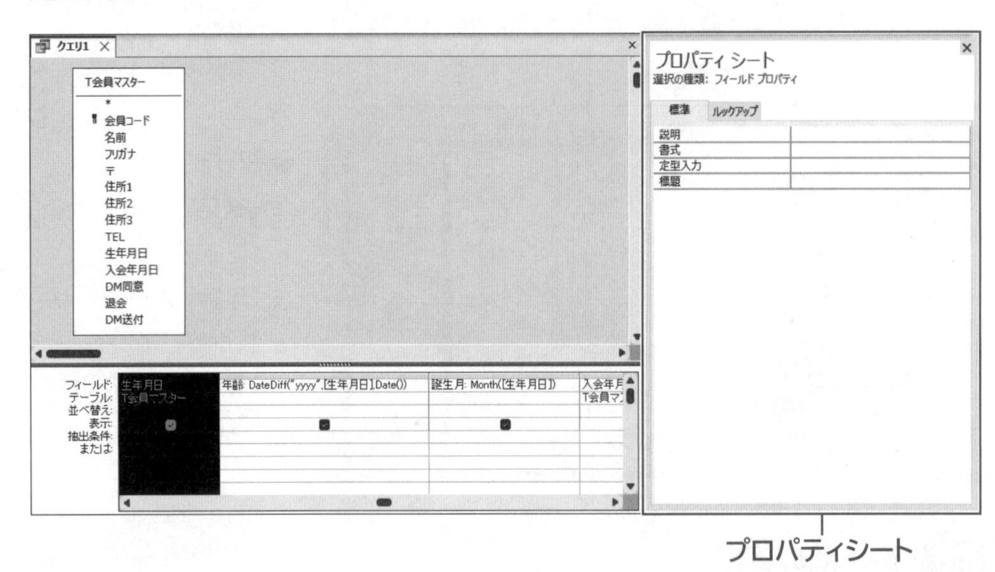

2 《書式》プロパティの設定

《書式》プロパティを設定すると、データを表示する書式を指定できます。
用意されている書式以外に、独自の書式(カスタム書式)を設定することもできます。

1 カスタム書式(年齢)

「年齢」フィールドの数値データが**「○歳」**の形式で表示されるように設定しましょう。

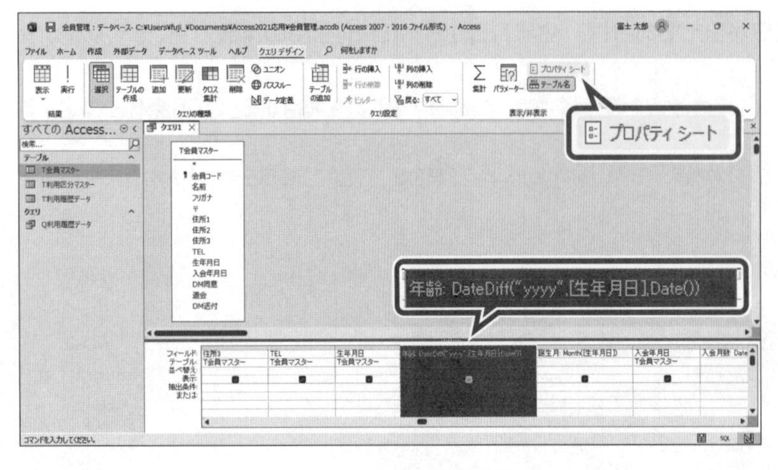

デザインビューに切り替えます。

①**《ホーム》**タブを選択します。

②**《表示》**グループの (表示)をクリックします。

③**「年齢」**フィールドのフィールドセレクターをクリックします。

④**《クエリデザイン》**タブを選択します。

⑤**《表示/非表示》**グループの プロパティシート (プロパティシート)をクリックします。

プロパティ シート
選択の種類: フィールド プロパティ
閉じる
標準　ルックアップ
説明
書式　0¥歳
定型入力
標題

《プロパティシート》が表示されます。

⑥《標準》タブを選択します。

⑦《書式》プロパティに**「0¥歳」**と入力します。

※数字と記号は半角で入力します。入力の際、「¥」は省略できます。

《プロパティシート》を閉じます。

⑧《プロパティシート》の ✕ (閉じる) をクリックします。

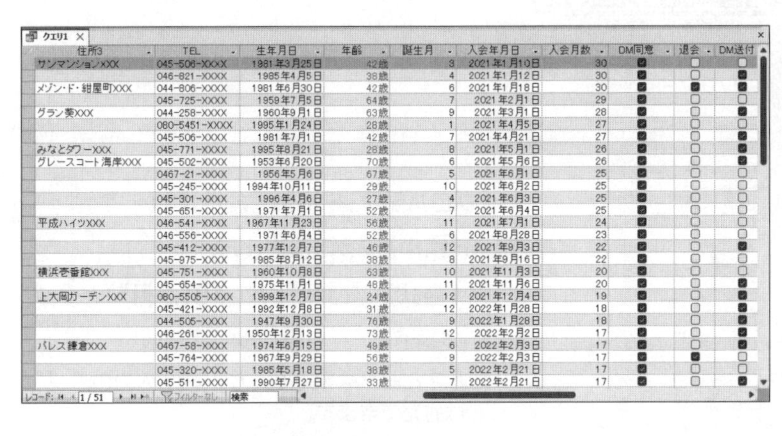

データシートビューに切り替えて、結果を確認します。

⑨《結果》グループの ▦ (表示) をクリックします。

⑩**「年齢」**フィールドのデータが設定した書式で表示されていることを確認します。

※デザインビューに切り替えておきましょう。

STEP UP その他の方法(プロパティシートの表示)

◆デザインビューで表示→フィールドを右クリック→《プロパティ》

◆デザインビューで表示→フィールドを選択→F4

POINT 数値や文字列のカスタム書式の使用例

数値や文字列のカスタム書式の使用例には、次のようなものがあります。

《書式》プロパティ	入力データ	表示結果
0¥歳	28 0	28歳 0歳
#¥歳	28 0	28歳 歳 ※0は表示されません。
"私は"0"歳です。"	28	私は28歳です。
000	28	028
#,##0	3456 -3456	3,456 -3,456
#,##0;▲#,##0	3456 -3456	3,456 ▲3,456
@¥様	山田太郎	山田太郎様
@" 様"	山田太郎	山田太郎 様

※「@¥様」は、「&¥様」と指定してもかまいません。

※「@" 様"」は、「&" 様"」と指定してもかまいません。

2 カスタム書式（入会月数）

「入会月数」フィールドの数値データが**「〇か月」**の形式で表示されるように設定しましょう。

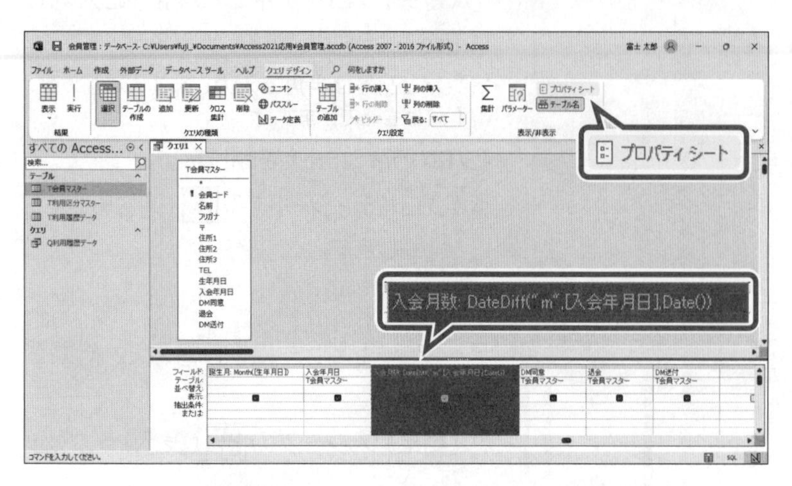

①**「入会月数」**フィールドのフィールドセレクターをクリックします。

②**《クエリデザイン》**タブを選択します。

③**《表示/非表示》**グループの［プロパティ シート］（プロパティシート）をクリックします。

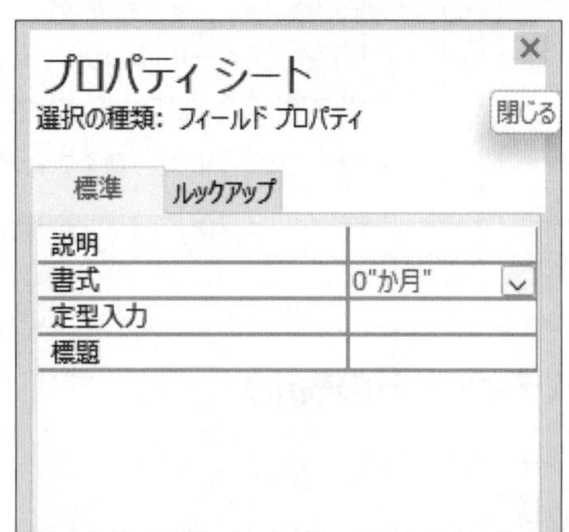

《プロパティシート》が表示されます。

④**《標準》**タブを選択します。

⑤**《書式》**プロパティに**「0"か月"」**と入力します。

※数字と記号は半角で入力します。入力の際、「"」は省略できます。

《プロパティシート》を閉じます。

⑥**《プロパティシート》**の［×］（閉じる）をクリックします。

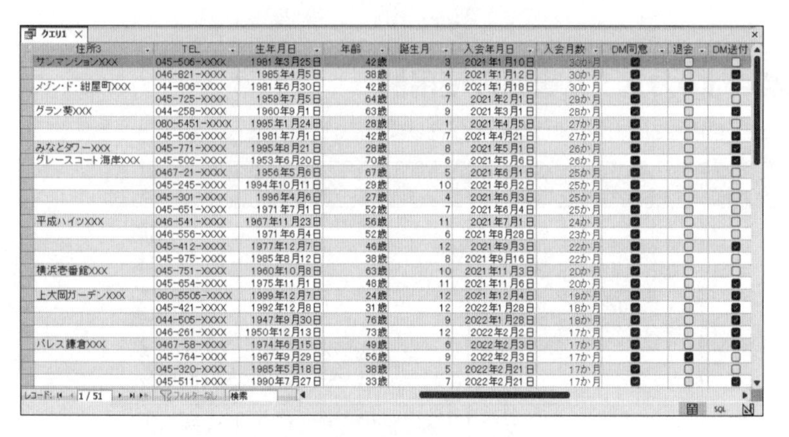

住所3	TEL	生年月日	年齢	誕生月	入会年月日	入会月数	DM同意	退会	DM送付
サンマンションXXX	045-506-XXXX	1981年3月25日	42歳	3	2021年1月10日	30か月	☑	☐	☐
	046-821-XXXX	1985年4月5日	38歳	4	2021年1月12日	30か月	☑	☐	☑
メゾン・ド・紺屋町XXX	044-806-XXXX	1981年6月30日	42歳	6	2021年1月18日	30か月	☑	☑	☑
	045-725-XXXX	1959年7月5日	64歳	7	2021年2月1日	29か月	☑	☐	☐
グラン葵XXX	044-258-XXXX	1960年9月1日	63歳	9	2021年3月1日	28か月	☑	☐	☑
	080-5451-XXXX	1995年1月24日	28歳	1	2021年4月5日	27か月	☑	☐	☐
	045-506-XXXX	1981年7月1日	42歳	7	2021年4月21日	27か月	☑	☐	☑
みなとタワーXXX	045-771-XXXX	1995年8月21日	28歳	8	2021年5月1日	26か月	☑	☐	☑
グレースコート海岸XXX	045-502-XXXX	1953年6月20日	70歳	6	2021年5月6日	26か月	☑	☐	☑
	0467-21-XXXX	1956年5月6日	67歳	5	2021年6月1日	25か月	☑	☐	☐
	045-245-XXXX	1994年10月11日	29歳	10	2021年6月2日	25か月	☑	☐	☐
	045-301-XXXX	1996年4月6日	27歳	4	2021年6月3日	25か月	☑	☐	☐
	045-651-XXXX	1971年7月1日	52歳	7	2021年6月4日	25か月	☑	☐	☐
平成ハイツXXX	046-541-XXXX	1967年11月23日	56歳	11	2021年7月1日	24か月	☑	☐	☐
	046-556-XXXX	1971年6月4日	52歳	6	2021年8月28日	23か月	☑	☐	☐
	045-412-XXXX	1977年12月7日	46歳	12	2021年9月3日	22か月	☑	☐	☑
	045-975-XXXX	1985年8月12日	38歳	8	2021年9月16日	22か月	☑	☐	☐
横浜壱番館XXX	045-751-XXXX	1960年10月8日	63歳	10	2021年11月3日	20か月	☑	☐	☐
	045-654-XXXX	1975年11月1日	48歳	11	2021年11月6日	20か月	☑	☐	☑
上大岡ガーデンXXX	080-5505-XXXX	1999年12月7日	24歳	12	2021年12月4日	19か月	☑	☐	☑
	045-421-XXXX	1992年12月8日	31歳	12	2022年1月28日	18か月	☑	☐	☑
	044-505-XXXX	1947年9月30日	76歳	9	2022年1月28日	18か月	☑	☐	☑
	046-261-XXXX	1950年12月13日	73歳	12	2022年2月2日	17か月	☑	☐	☑
パレス鎌倉XXX	0467-58-XXXX	1974年6月15日	49歳	6	2022年2月3日	17か月	☑	☐	☑
	045-764-XXXX	1967年9月29日	56歳	9	2022年2月3日	17か月	☑	☑	☐
	045-320-XXXX	1985年5月18日	38歳	5	2022年2月21日	17か月	☑	☐	☐
	045-511-XXXX	1990年7月27日	33歳	7	2022年2月21日	17か月	☑	☐	☑

データシートビューに切り替えて、結果を確認します。

⑦**《結果》**グループの［表示］（表示）をクリックします。

⑧**「入会月数」**フィールドのデータが設定した書式で表示されていることを確認します。

POINT 日付のカスタム書式の使用例

日付のカスタム書式の使用例には、次のようなものがあります。

《書式》プロパティ	入力データ	表示結果
yyyy¥年m¥月d¥日	2023/4/1	2023年4月1日
yyyy¥年mm¥月dd¥日	2023/4/1	2023年04月01日
ggge¥年m¥月d¥日	2023/5/1 R5/5/1	令和5年5月1日
gge¥年m¥月d¥日	2023/5/1 R5/5/1	令5年5月1日
ge¥年m¥月d¥日	2023/5/1 R5/5/1	R5年5月1日
yyyy¥年m¥月d¥日aaaa	2023/4/1	2023年4月1日土曜日
yyyy¥年m¥月d¥日aaa	2023/4/1	2023年4月1日土
yyyy¥年m¥月d¥日(aaa)	2023/4/1	2023年4月1日(土)

3 クエリの保存

作成したクエリを保存しましょう。

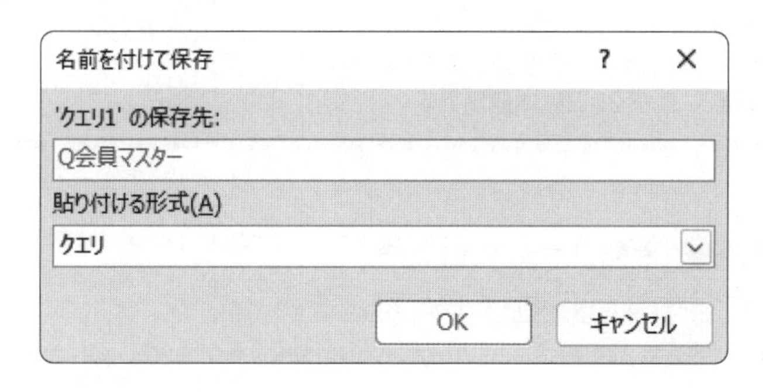

① F12 を押します。

《名前を付けて保存》ダイアログボックスが表示されます。

②**《'クエリ1'の保存先》**に**「Q会員マスター」**と入力します。

③**《OK》**をクリックします。

※クエリを閉じておきましょう。

※P.62「第4章 参考学習 様々な関数を利用する」に進む場合は、データベース「会員管理.accdb」を閉じておきましょう。

参考学習　様々な関数を利用する

1　書式を設定する関数（Format関数）

Format関数を使うと、数値や日付などの値を、書式を設定した文字列データに変換して表示できます。

「売上日」フィールドをもとに**「曜日」**フィールドを作成し、曜日ごとに売上金額を集計しましょう。

●Format関数

書式を設定した文字列データを返します。

Format（値，書式）

書式には、次のようなものがあります。

書式	意味
"yyyy"	年
"m"	月
"d"	日
"aaa"	曜日
"0"	数値の桁数を表す。数値が「0」のとき「0」を表示する。
"#"	数値の桁数を表す。数値が「0」のとき何も表示しない。

例：Format（"2023/8/1"，"m/d aaa"） → 8/1 火
　　Format（"2023/8/1"，"yyyy/mm/dd（aaa）"） → 2023/08/01（火）
　　Format（21，"00""日は休館日です"""） → 21日は休館日です

» データベース「第4章参考学習.accdb」を開いておきましょう。
クエリ「Q曜日別売上金額」をデザインビューで開いておきましょう。

※《セキュリティの警告》メッセージバーが表示された場合は、《コンテンツの有効化》をクリックしておきましょう。

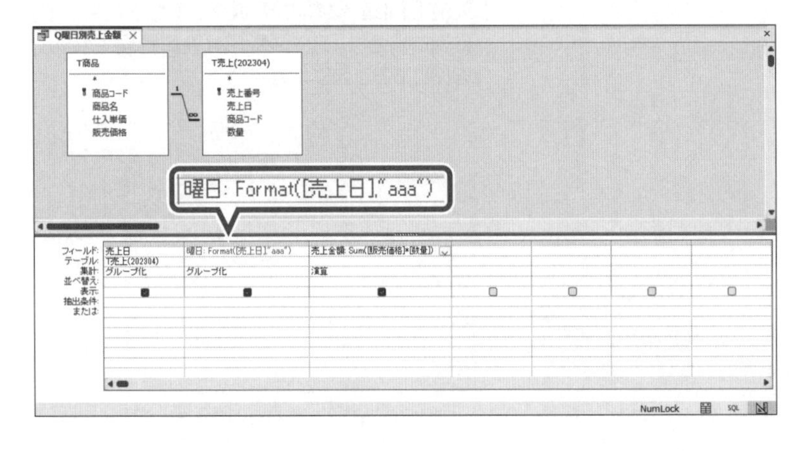

「売上日」フィールドと**「売上金額」**フィールドの間に1列挿入します。

①**「売上金額」**フィールドのフィールドセレクターをクリックします。

②**《クエリデザイン》**タブを選択します。

③**《クエリ設定》**グループの［列の挿入］（列の挿入）をクリックします。

「曜日」フィールドを作成します。

④挿入した列の**《フィールド》**セルに次のように入力します。

曜日：Format（[売上日]，"aaa"）

※英字と記号は半角で入力します。入力の際、[ ]は省略できます。

※列幅を調整して、フィールドを確認しましょう。

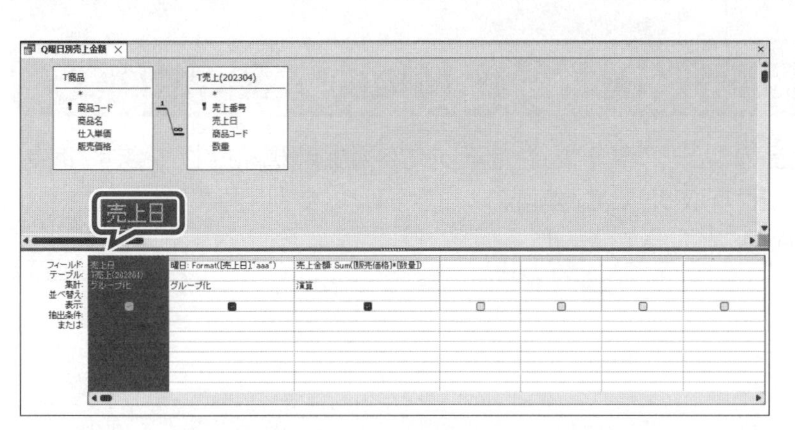

「曜日」フィールドごとに集計するために、**「売上日」**フィールドを削除します。

⑤**「売上日」**フィールドのフィールドセレクターをクリックします。

⑥ Delete を押します。

曜日	売上金額
火	¥2,499,850
金	¥1,014,250
月	¥2,640,700
水	¥1,262,050
土	¥2,285,650
日	¥4,395,350
木	¥2,296,900

Q曜日別売上金額　レコード: 1 / 7　フィルターなし　検索

データシートビューに切り替えて、結果を確認します。

⑦**《結果》**グループの（表示）をクリックします。

⑧**「曜日」**フィールドが作成され、集計結果が表示されていることを確認します。

※クエリを上書き保存し、閉じておきましょう。

STEP UP 曜日順の並べ替え

曜日順に並べ替えるには、Weekday関数を使って曜日を数値で表すフィールドを作成し、並べ替えます。

●Weekday関数

日付から曜日を表す数値を返します。

Weekday（日付，週の最初の曜日を表す数値）

曜日を表す数値は次のとおりです。

数値	曜日
1	日曜日
2	月曜日
3	火曜日
4	水曜日

数値	曜日
5	木曜日
6	金曜日
7	土曜日

例：Weekday（2023/7/1，1）→ 7

※2023/7/1は土曜日です。週の最初の曜日を「1（日曜日）」として、「7」を返します。

STEP UP Str関数

Str関数を使うと、数値を文字列に変換して表示できます。

●Str関数

数値を文字列データに変換して返します。

Str（数値）

例：Str（123）→ 123

Str（-123）→ -123

Str（2*3）→ 6

※数値が正の数の場合、先頭に半角空白を含む文字列データとして返します。

2 文字列を取り出す関数(Left関数、Mid関数、Right関数)

商品コードの一部に、商品のシリーズや分類、色を表す文字列が組み込まれています。商品コードから必要な文字列だけを取り出して、集計のキーワードとして利用します。
商品コードは、次のような構成になっています。

例:
D05-H-BLU
❶ ❷ ❸

❶シリーズ

商品のシリーズを表しています。
シリーズには、次のようなものがあります。

シリーズ	シリーズ名
D05	デニムカジュアル
P01	プリティフラワー
P02	プリティアニマル
S01	スタイリシュレザー
S02	スタイリシュレザークール

❷分類

商品の分類を表しています。
分類には、次のようなものがあります。

分類	分類名
C	キャリーカートバッグ
T	トラベルボストンバッグ
S	ショルダーバッグ
H	ハンドバッグ
P	パース

❸カラー

商品の色を表しています。
カラーには、次のようなものがあります。

カラー	カラー名
WHT	ホワイト
BEG	ベージュ
BRN	ブラウン
BLK	ブラック
RED	レッド
NVY	ネイビー
BLU	ブルー
ANM	アニマル
FLR	フラワー

1 Left関数

Left関数を使うと、左端から指定した長さの文字列を表示できます。
Left関数を使って**「商品コード」**の左端の3文字を取り出し、シリーズごとに数量を集計するクエリ**「Qシリーズ別集計」**を作成しましょう。

●Left関数

文字列の左端から指定した長さの文字列を返します。

Left(文字列,長さ)

例:「あいうえお」の左端から3文字分を表示する場合
Left("あいうえお",3) → あいう

» クエリ「Q商品コード別集計」をデザインビューで開いておきましょう。

「商品コード」フィールドと「数量の合計」フィールドの間に1列挿入します。

①「数量の合計」フィールドのフィールドセレクターをクリックします。

②《クエリデザイン》タブを選択します。

③《クエリ設定》グループの［列の挿入］（列の挿入）をクリックします。

④挿入した列の《フィールド》セルに、次のように入力します。

シリーズ:Left([商品コード],3)

※英字と記号は半角で入力します。入力の際、[ ]は省略できます。

※列幅を調整して、フィールドを確認しましょう。

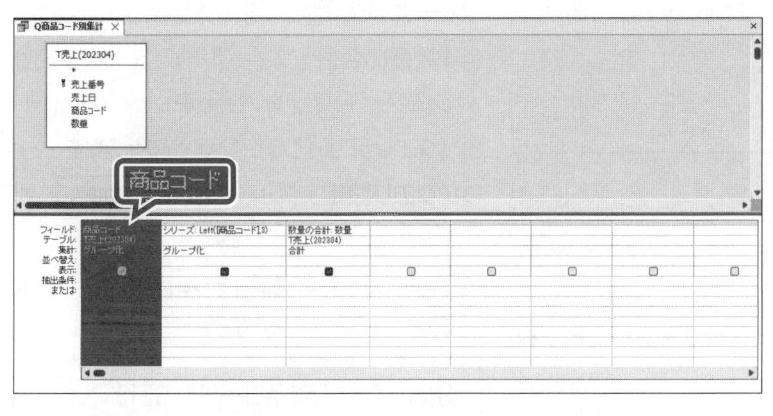

「シリーズ」フィールドごとに集計するために、「商品コード」フィールドを削除します。

⑤「商品コード」フィールドのフィールドセレクターをクリックします。

⑥［Delete］を押します。

シリーズ	数量の合計
D05	141
P01	33
P02	35
S01	338
S02	92
集計	639

データシートビューに切り替えて、結果を確認します。

⑦《結果》グループの［表示］（表示）をクリックします。

⑧「シリーズ」フィールドが作成され、集計結果が表示されていることを確認します。

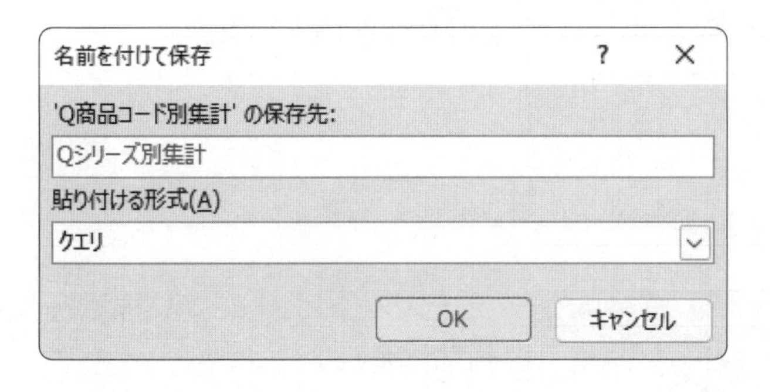

編集したクエリを保存します。

⑨［F12］を押します。

《名前を付けて保存》ダイアログボックスが表示されます。

⑩《'Q商品コード別集計'の保存先》に「Qシリーズ別集計」と入力します。

⑪《OK》をクリックします。

※クエリを閉じておきましょう。

2 Mid関数

Mid関数を使うと、指定した位置から、指定した長さの文字列を表示できます。
Mid関数を使って**「商品コード」**の5文字目を取り出し、分類ごとに数量を集計するクエリ**「Q分類別集計」**を作成しましょう。

●Mid関数

文字列の指定した位置から、指定した長さの文字列を返します。

Mid（文字列, 位置, 長さ）

例：「あいうえお」の2文字目から3文字分を表示する場合
Mid（"あいうえお", 2, 3）→ いうえ

» クエリ「Q商品コード別集計」をデザインビューで開いておきましょう。

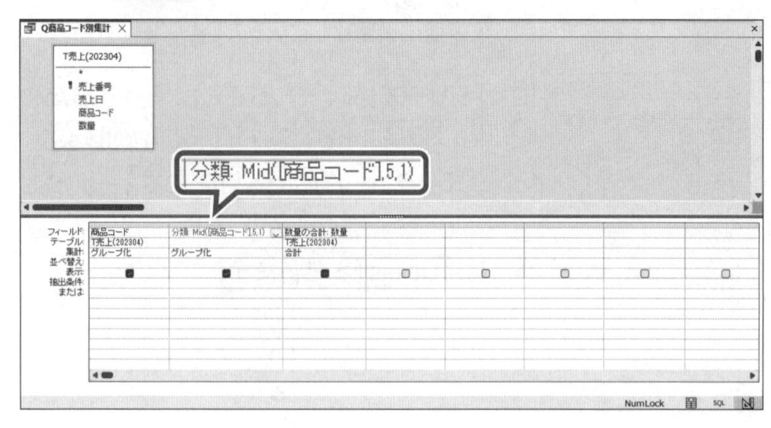

「商品コード」フィールドと**「数量の合計」**フィールドの間に1列挿入します。

①**「数量の合計」**フィールドのフィールドセレクターをクリックします。

②**《クエリデザイン》**タブを選択します。

③**《クエリ設定》**グループの[列の挿入]（列の挿入）をクリックします。

④挿入した列の**《フィールド》**セルに、次のように入力します。

分類：Mid（[商品コード], 5, 1）

※英字と記号は半角で入力します。入力の際、[ ]は省略できます。
※列幅を調整して、フィールドを確認しましょう。

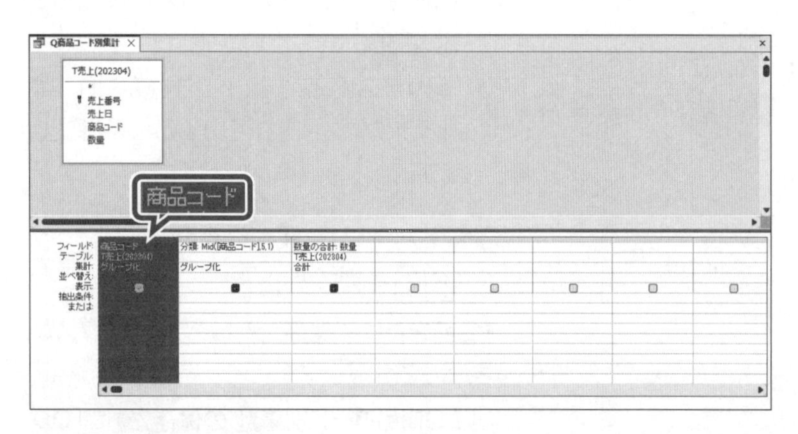

「分類」フィールドごとに集計するために、**「商品コード」**フィールドを削除します。

⑤**「商品コード」**フィールドのフィールドセレクターをクリックします。

⑥[Delete]を押します。

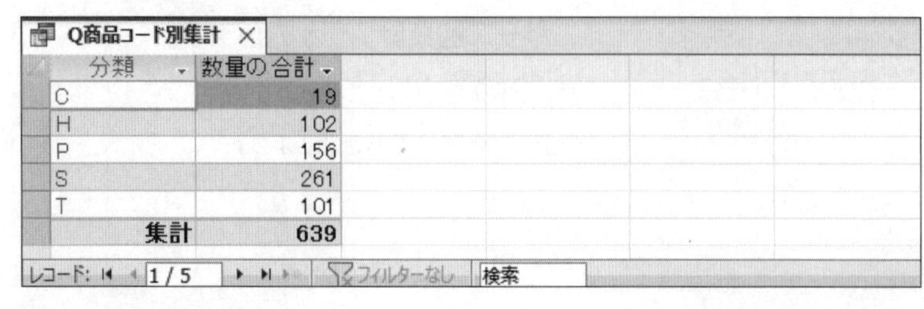

分類	数量の合計
C	19
H	102
P	156
S	261
T	101
集計	639

データシートビューに切り替えて、結果を確認します。

⑦**《結果》**グループの[表示]（表示）をクリックします。

⑧**「分類」**フィールドが作成され、集計結果が表示されていることを確認します。

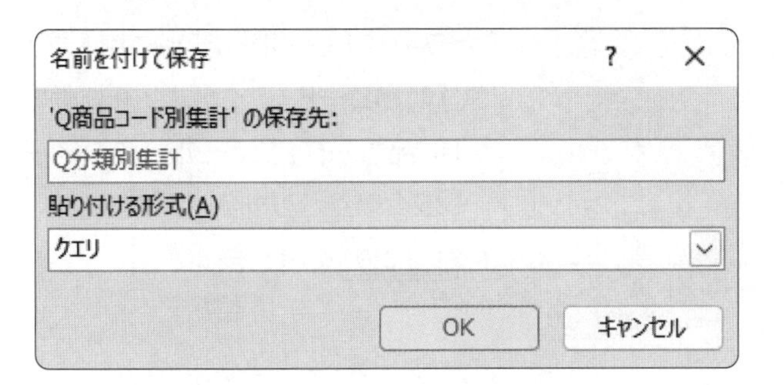

編集したクエリを保存します。

⑨ F12 を押します。

《名前を付けて保存》ダイアログボックスが表示されます。

⑩**《'Q商品コード別集計'の保存先》**に**「Q分類別集計」**と入力します。

⑪**《OK》**をクリックします。

※クエリを閉じておきましょう。

3 Right関数

Right関数を使うと、右端から指定した長さの文字列を表示できます。

Right関数を使って**「商品コード」**の右端の3文字を取り出し、カラーごとに数量を集計するクエリ**「Qカラー別集計」**を作成しましょう。

●Right関数

文字列の右端から指定した長さの文字列を返します。

Right(文字列,長さ)

例:「あいうえお」の右端から3文字分を表示する場合
Right("あいうえお",3) → うえお

» クエリ「Q商品コード別集計」をデザインビューで開いておきましょう。

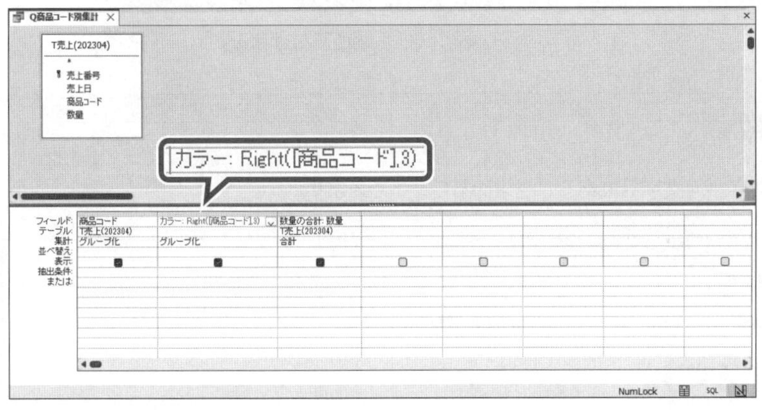

「商品コード」フィールドと**「数量の合計」**フィールドの間に1列挿入します。

①**「数量の合計」**フィールドのフィールドセレクターをクリックします。

②**《クエリデザイン》**タブを選択します。

③**《クエリ設定》**グループの 列の挿入 (列の挿入)をクリックします。

④挿入した列の**《フィールド》**セルに次のように入力します。

カラー:Right([商品コード],3)

※英字と記号は半角で入力します。入力の際、[ ]は省略できます。

※列幅を調整して、フィールドを確認しましょう。

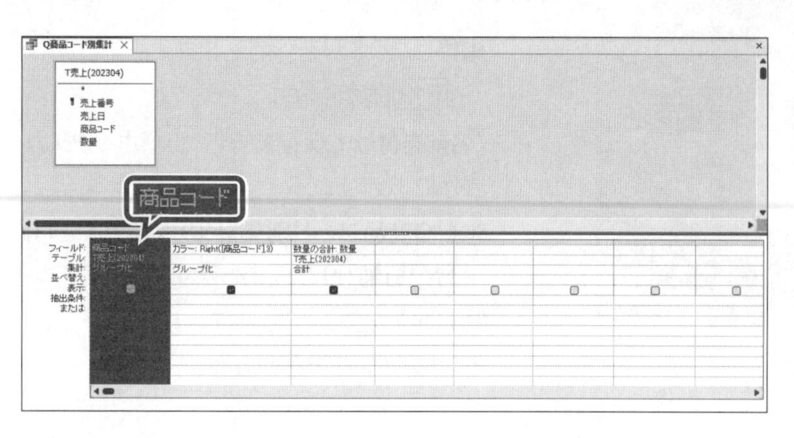

「**カラー**」フィールドごとに集計するために、「**商品コード**」フィールドを削除します。

⑤「**商品コード**」フィールドのフィールドセレクターをクリックします。

⑥ Delete を押します。

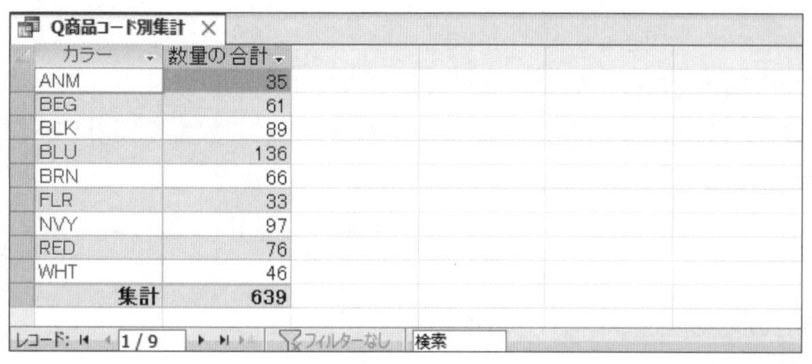

Q商品コード別集計

カラー	数量の合計
ANM	35
BEG	61
BLK	89
BLU	136
BRN	66
FLR	33
NVY	97
RED	76
WHT	46
集計	**639**

データシートビューに切り替えて、結果を確認します。

⑦《**結果**》グループの（表示）をクリックします。

⑧「**カラー**」フィールドが作成され、集計結果が表示されていることを確認します。

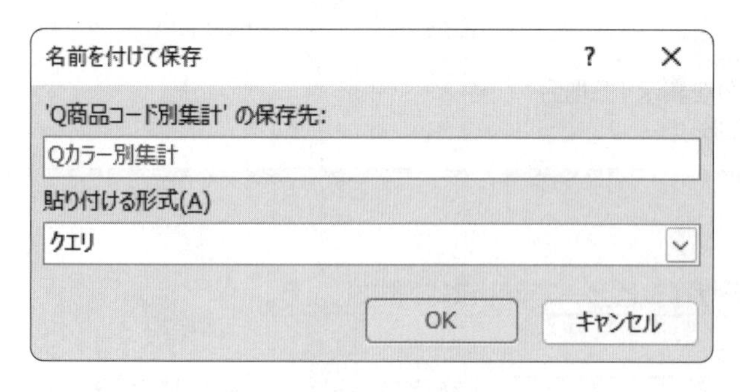

編集したクエリを保存します。

⑨ F12 を押します。

《**名前を付けて保存**》ダイアログボックスが表示されます。

⑩《**'Q商品コード別集計'の保存先**》に「**Qカラー別集計**」と入力します。

⑪《**OK**》をクリックします。

※クエリを閉じておきましょう。

STEP UP InStr関数

InStr関数を使うと、検索する文字が何文字目にあるかを求めることができます。

●InStr関数

文字列から検索する文字を検索し、最初に見つかった文字位置を返します。

InStr（文字列, 検索する文字）

例：「あいうえお」の「え」が何文字目にあるかを求める場合
　InStr（"あいうえお", "え"） → 4

3 小数点以下を切り捨てる関数（Int関数）

Int関数を使うと、数値の小数点以下の端数を切り捨てることができます。
「キャンペーン価格」フィールドの値の小数点以下を切り捨てて表示するクエリに編集しましょう。

●Int関数

数値の小数点以下を切り捨てた整数を返します。対象となる数値が負の数の場合、対象となる値より小さい整数を返します。

Int（数値）

例：Int（123.45）→　123
　　Int（78.9）　→　78
　　Int（-2.1）　→ -3

» クエリ「Qキャンペーン価格」をデザインビューで開いておきましょう。

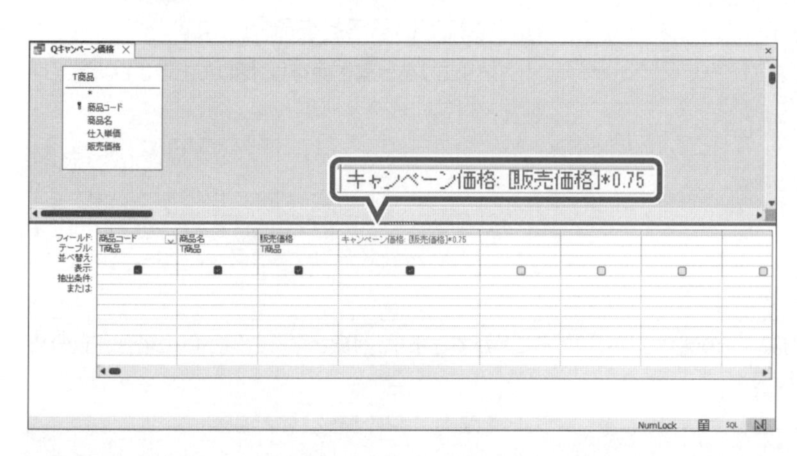

①**「キャンペーン価格」**フィールドに、**「販売価格」**の値に0.75をかける式が設定されていることを確認します。

※列幅を調整して、フィールドを確認しましょう。

データシートビューに切り替えて、結果を確認します。

②**《クエリデザイン》**タブを選択します。

③**《結果》**グループの（表示）をクリックします。

Qキャンペーン価格

商品コード	商品名	販売価格	キャンペーン価格
D05-C-BLU	デニムカジュアル・キャリーカートバッグ・ブルー	¥38,550	28912.5
D05-C-NVY	デニムカジュアル・キャリーカートバッグ・ネイビー	¥38,550	28912.5
D05-H-BLU	デニムカジュアル・ハンドバッグ・ブルー	¥17,350	13012.5
D05-H-NVY	デニムカジュアル・ハンドバッグ・ネイビー	¥17,350	13012.5
D05-S-BLU	デニムカジュアル・ショルダーバッグ・ブルー	¥25,550	19162.5
D05-S-NVY	デニムカジュアル・ショルダーバッグ・ネイビー	¥25,550	19162.5
P01-P-FLR	プリティフラワー・パース・フラワー	¥28,550	21412.5
P01-S-FLR	プリティフラワー・ショルダーバッグ・フラワー	¥18,050	13537.5
P02-P-ANM	プリティアニマル・パース・アニマル	¥14,050	10537.5
P02-S-ANM	プリティアニマル・ショルダーバッグ・アニマル	¥18,050	13537.5
S01-H-BEG	スタイリシュレザー・ハンドバッグ・ベージュ	¥17,350	13012.5
S01-H-BLK	スタイリシュレザー・ハンドバッグ・ブラック	¥17,350	13012.5
S01-H-BRN	スタイリシュレザー・ハンドバッグ・ブラウン	¥17,350	13012.5
S01-H-RED	スタイリシュレザー・ハンドバッグ・レッド	¥17,350	13012.5
S01-H-WHT	スタイリシュレザー・ハンドバッグ・ホワイト	¥17,350	13012.5
S01-P-BEG	スタイリシュレザー・パース・ベージュ	¥14,050	10537.5
S01-P-BLK	スタイリシュレザー・パース・ブラック	¥14,050	10537.5
S01-P-BRN	スタイリシュレザー・パース・ブラウン	¥14,050	10537.5
S01-P-RED	スタイリシュレザー・パース・レッド	¥14,050	10537.5
S01-P-WHT	スタイリシュレザー・パース・ホワイト	¥14,050	10537.5
S01-S-BEG	スタイリシュレザー・ショルダーバッグ・ベージュ	¥30,950	23212.5
S01-S-BLK	スタイリシュレザー・ショルダーバッグ・ブラック	¥30,950	23212.5
S01-S-BRN	スタイリシュレザー・ショルダーバッグ・ブラウン	¥30,950	23212.5
S01-S-RED	スタイリシュレザー・ショルダーバッグ・レッド	¥30,950	23212.5
S01-S-WHT	スタイリシュレザー・ショルダーバッグ・ホワイト	¥30,950	23212.5
S01-T-BEG	スタイリシュレザー・トラベルボストンバッグ・ベージュ	¥43,750	32812.5
S01-T-BLK	スタイリシュレザー・トラベルボストンバッグ・ブラック	¥43,750	32812.5

レコード: 1 / 33　フィルターなし　検索

④**「キャンペーン価格」**フィールドの値に小数点以下の数値が表示されていることを確認します。

デザインビューに切り替えます。

⑤**《ホーム》**タブを選択します。

⑥**《表示》**グループの（表示）をクリックします。

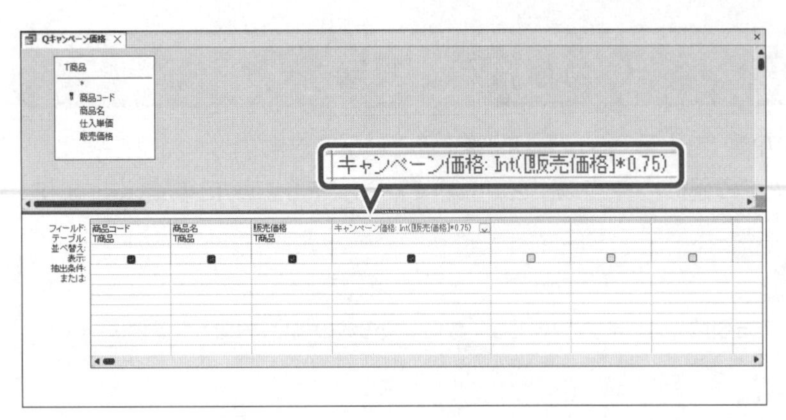

⑦**「キャンペーン価格」**フィールドの**《フィールド》**セルを次のように編集します。

キャンペーン価格:Int([販売価格]*0.75)

※英字と記号は半角で入力します。入力の際、[ ]は省略できます。
※列幅を調整して、フィールドを確認しましょう。

Qキャンペーン価格

商品コード	商品名	販売価格	キャンペーン価格
D05-C-BLU	デニムカジュアル・キャリーカートバッグ・ブルー	¥38,550	28912
D05-C-NVY	デニムカジュアル・キャリーカートバッグ・ネイビー	¥38,550	28912
D05-H-BLU	デニムカジュアル・ハンドバッグ・ブルー	¥17,350	13012
D05-H-NVY	デニムカジュアル・ハンドバッグ・ネイビー	¥17,350	13012
D05-S-BLU	デニムカジュアル・ショルダーバッグ・ブルー	¥25,550	19162
D05-S-NVY	デニムカジュアル・ショルダーバッグ・ネイビー	¥25,550	19162
P01-P-FLR	プリティフラワー・パース・フラワー	¥28,550	21412
P01-S-FLR	プリティフラワー・ショルダーバッグ・フラワー	¥18,050	13537
P02-P-ANM	プリティアニマル・パース・アニマル	¥14,050	10537
P02-S-ANM	プリティアニマル・ショルダーバッグ・アニマル	¥18,050	13537
S01-H-BEG	スタイリシュレザー・ハンドバッグ・ベージュ	¥17,350	13012
S01-H-BLK	スタイリシュレザー・ハンドバッグ・ブラック	¥17,350	13012
S01-H-BRN	スタイリシュレザー・ハンドバッグ・ブラウン	¥17,350	13012
S01-H-RED	スタイリシュレザー・ハンドバッグ・レッド	¥17,350	13012
S01-H-WHT	スタイリシュレザー・ハンドバッグ・ホワイト	¥17,350	13012
S01-P-BEG	スタイリシュレザー・パース・ベージュ	¥14,050	10537
S01-P-BLK	スタイリシュレザー・パース・ブラック	¥14,050	10537
S01-P-BRN	スタイリシュレザー・パース・ブラウン	¥14,050	10537
S01-P-RED	スタイリシュレザー・パース・レッド	¥14,050	10537
S01-P-WHT	スタイリシュレザー・パース・ホワイト	¥14,050	10537
S01-S-BEG	スタイリシュレザー・ショルダーバッグ・ベージュ	¥30,950	23212
S01-S-BLK	スタイリシュレザー・ショルダーバッグ・ブラック	¥30,950	23212
S01-S-BRN	スタイリシュレザー・ショルダーバッグ・ブラウン	¥30,950	23212
S01-S-RED	スタイリシュレザー・ショルダーバッグ・レッド	¥30,950	23212
S01-S-WHT	スタイリシュレザー・ショルダーバッグ・ホワイト	¥30,950	23212
S01-T-BEG	スタイリシュレザー・トラベルボストンバッグ・ベージュ	¥43,750	32812
S01-T-BLK	スタイリシュレザー・トラベルボストンバッグ・ブラック	¥43,750	32812

レコード: 1 / 33　フィルターなし　検索

データシートビューに切り替えて、結果を確認します。

⑧**《クエリデザイン》**タブを選択します。

⑨**《結果》**グループの（表示）をクリックします。

⑩**「キャンペーン価格」**フィールドの値の小数点以下が切り捨てられて表示されていることを確認します。

※クエリを上書き保存し、閉じておきましょう。

STEP UP Fix関数

Fix関数を使って、数値の小数点以下の端数を切り捨てることができます。対象となる数値が負の場合、Fix関数とInt関数では返す値が異なります。

●Fix関数

数値の小数点以下を切り捨てた整数を返します。対象となる数値が負の数の場合、その数値の絶対値の小数点以下を切り捨てた整数を返します。

Fix(数値)

例：Fix(123.45) → 123
　　Fix(-2.1) → -2

4 条件を指定する関数（IIf関数）

条件によって指定した値を表示するには、IIf関数を使います。
クエリ**「Q人気商品」**に**「人気商品」**フィールドを作成し、**「数量の合計」**フィールドの値が30以上の場合は**「○」**、30未満の場合は何も表示されないようにしましょう。

●IIf関数

条件に合致するかどうかによって、指定された値を返します。

IIf（条件,真の場合に返す値,偽の場合に返す値）

例：「得点」フィールドの値が80以上であれば「合格」、80未満であれば「不合格」と表示する場合
IIf（[得点]>=80,"合格","不合格"）

» クエリ「Q人気商品」をデザインビューで開いておきましょう。

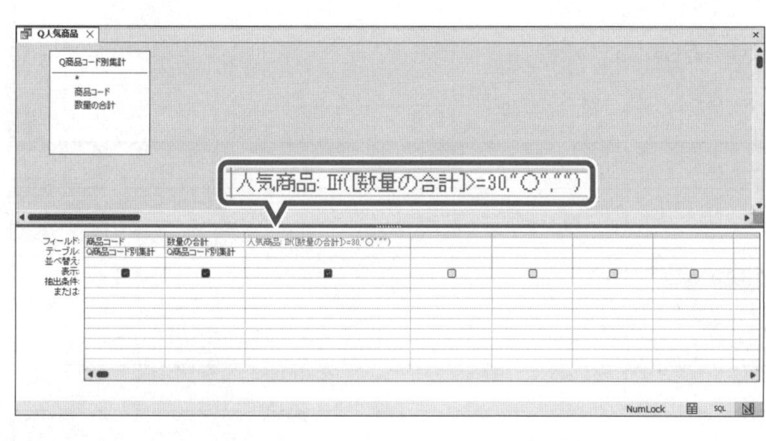

①**「数量の合計」**フィールドの右の**《フィールド》**セルに、次のように入力します。

人気商品：IIf（[数量の合計]>=30,"○",""）

※英数字と記号は半角で入力します。入力の際、[ ]は省略できます。
※列幅を調整して、フィールドを確認しましょう。

Q人気商品

商品コード	数量の合計	人気商品
D05-C-BLU	15	
D05-C-NVY	4	
D05-H-BLU	10	
D05-H-NVY	20	
D05-S-BLU	19	
D05-S-NVY	73	○
P01-P-FLR	15	
P01-S-FLR	18	
P02-P-ANM	18	
P02-S-ANM	17	
S01-H-BEG	7	
S01-H-BLK	14	
S01-H-BRN	20	
S01-H-RED	2	
S01-H-WHT	9	
S01-P-BEG	31	○
S01-P-BLK	18	
S01-P-BRN	9	
S01-P-RED	24	
S01-P-WHT	27	
S01-S-BEG	13	
S01-S-BLK	25	
S01-S-BRN	27	
S01-S-RED	40	○
S01-S-WHT	10	
S01-T-BEG	10	
S01-T-BLK	32	○

レコード: 1 / 33　フィルターなし　検索

データシートビューに切り替えて、結果を確認します。

②**《クエリデザイン》**タブを選択します。

③**《結果》**グループの（表示）をクリックします。

④**「人気商品」**フィールドが作成され、30以上の売上がある商品には**「○」**が表示されていることを確認します。

※クエリを上書き保存し、閉じておきましょう。
※データベース「第4章参考学習.accdb」を閉じておきましょう。また、データベース「会員管理.accdb」を開いておきましょう。

STEP UP 算術関数

算術関数を使うと、指定したフィールドの値の合計値、平均値、最大値、最小値、件数を求めることができます。例えば、クエリで抽出したレコードをレポートに出力するときに、Sum関数で値の合計を求めたり、Count関数で件数を求めたりすることができます。

●Sum関数

指定したフィールドの値の合計値を返します。

Sum([フィールド])

●Avg関数

指定したフィールドの値の平均値を返します。
指定したフィールドにNull値が含まれる場合、その値を除いた平均値を返します。

Avg([フィールド])

●Max関数

指定したフィールドの値の最大値を返します。

Max([フィールド])

●Min関数

指定したフィールドの値の最小値を返します。

Min([フィールド])

●Count関数

指定したフィールドの件数を返します。

Count([フィールド])

第5章

アクションクエリと不一致クエリの作成

第5章 この章で学ぶこと

学習前に習得すべきポイントを理解しておき、
学習後には確実に習得できたかどうかを振り返りましょう。

■ アクションクエリとは何かを説明できる。

■ 既存のレコードをコピーして新規のテーブルを作成するテーブル作成クエリを作成できる。

■ 既存のレコードを削除する削除クエリを作成できる。

■ 既存のレコードを別のテーブルにコピーする追加クエリを作成できる。

■ 既存のレコードを更新する更新クエリを作成できる。

■ 2つのテーブルの共通のフィールドを比較して、一方のテーブルにしか存在しないデータを抽出する不一致クエリを作成できる。 → P.103

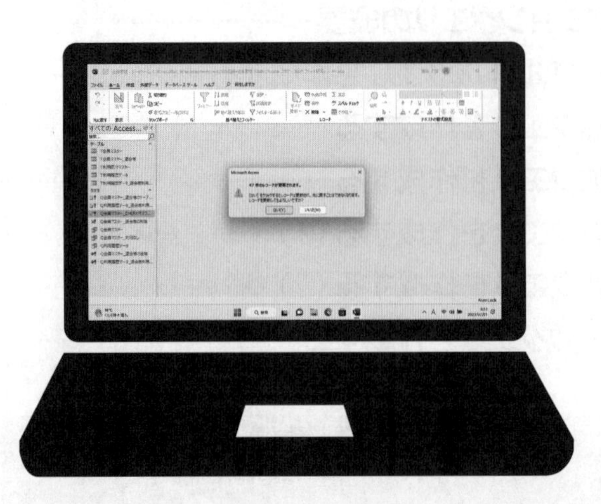

STEP 1 アクションクエリの概要

1 アクションクエリ

「アクションクエリ」とは、テーブルを作成したり、レコードを削除・追加・更新したりするクエリのことです。
アクションクエリには、次の4種類があります。

●テーブル作成クエリ

既存のレコードをコピーして新規のテーブルを作成するクエリです。

コード	商品名	価格	売約済
DI	ダイヤモンド	100,000	☑
RU	ルビー	50,000	☐
EM	エメラルド	60,000	☑
SA	サファイア	70,000	☐
PE	パール	120,000	☐
TO	トパーズ	50,000	☐

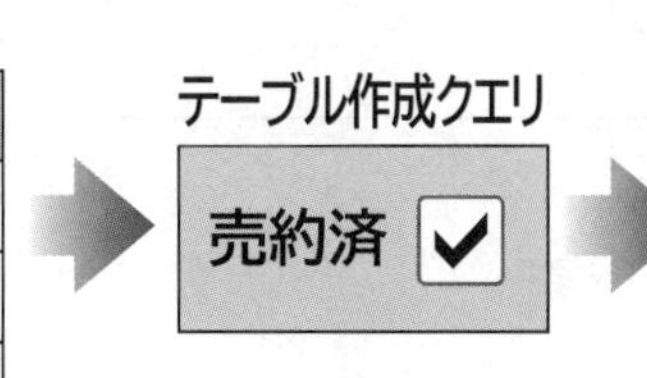

新しいテーブル

コード	商品名	価格	売約済
DI	ダイヤモンド	100,000	☑
EM	エメラルド	60,000	☑

●削除クエリ

既存のレコードを削除するクエリです。
テーブルからレコードが削除されます。

コード	商品名	価格	売約済
DI	ダイヤモンド	100,000	☑
RU	ルビー	50,000	☐
EM	エメラルド	60,000	☑
SA	サファイア	70,000	☐
PE	パール	120,000	☐
TO	トパーズ	50,000	☐

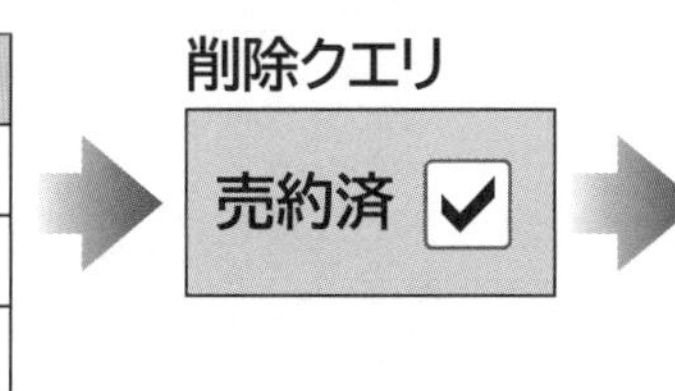

コード	商品名	価格	売約済
RU	ルビー	50,000	☐
SA	サファイア	70,000	☐
PE	パール	120,000	☐
TO	トパーズ	50,000	☐

●追加クエリ

既存のレコードを別のテーブルにコピーするクエリです。

コード	商品名	価格	売約済
RU	ルビー	50,000	☑
SA	サファイア	70,000	☐
PE	パール	120,000	☐
TO	トパーズ	50,000	☐

追加クエリ

売約済 ☑

別のテーブル

コード	商品名	価格	売約済
DI	ダイヤモンド	100,000	☑
EM	エメラルド	60,000	☑
RU	ルビー	50,000	☑

●更新クエリ

既存のレコードを更新するクエリです。
テーブルのレコードが書き換えられます。

コード	商品名	価格	売約済
DI	ダイヤモンド	100,000	☑
RU	ルビー	50,000	☑
EM	エメラルド	60,000	☑
SA	サファイア	70,000	☐
PE	パール	120,000	☐
TO	トパーズ	50,000	☐

更新クエリ

条件
売約済 ☐

更新内容
価格=価格×0.9

コード	商品名	価格	売約済
DI	ダイヤモンド	100,000	☑
RU	ルビー	50,000	☑
EM	エメラルド	60,000	☑
SA	サファイア	63,000	☐
PE	パール	108,000	☐
TO	トパーズ	45,000	☐

STEP 2 テーブル作成クエリを作成する

1 作成するクエリの確認

次のようなテーブル作成クエリ**「Q会員マスター_退会者のテーブル作成」**を作成しましょう。
テーブル**「T会員マスター」**の退会者のレコードをコピーして、新しいテーブル**「T会員マスター_退会者」**を作成します。

T会員マスター

会員コード	名前	…	退会	…
1001	佐野　寛子		☐	
1002	大月　賢一郎		☐	
1003	明石　由美子		☑	
1004	山本　喜一		☐	
⋮	⋮		⋮	
1024	香川　泰男		☐	
1025	伊藤　めぐみ		☑	
1026	村瀬　稔彦		☐	
⋮	⋮		⋮	

→ テーブル作成クエリ　退会 ☑ →

T会員マスター_退会者

会員コード	名前	…	退会	…
1003	明石　由美子		☑	
1025	伊藤　めぐみ		☑	

2 テーブル作成クエリの作成

「退会」が☑のレコードをコピーして、新しいテーブルを作成するためのテーブル作成クエリを作成しましょう。テーブル**「T会員マスター」**をもとに作成します。

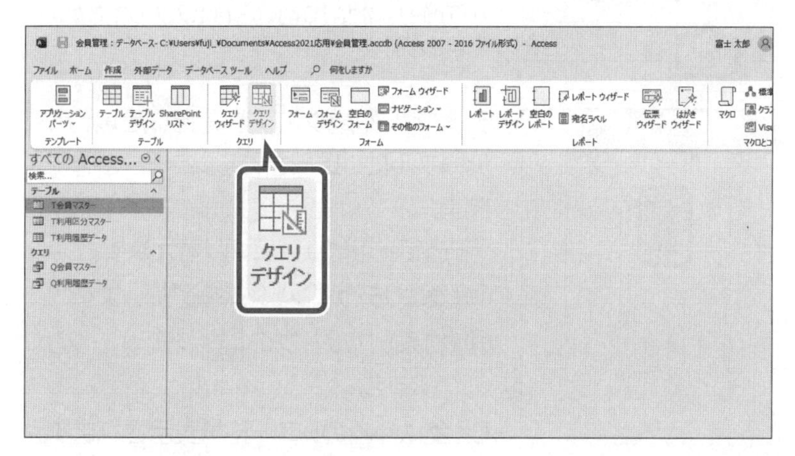

①**《作成》**タブを選択します。
②**《クエリ》**グループの (クエリデザイン)をクリックします。

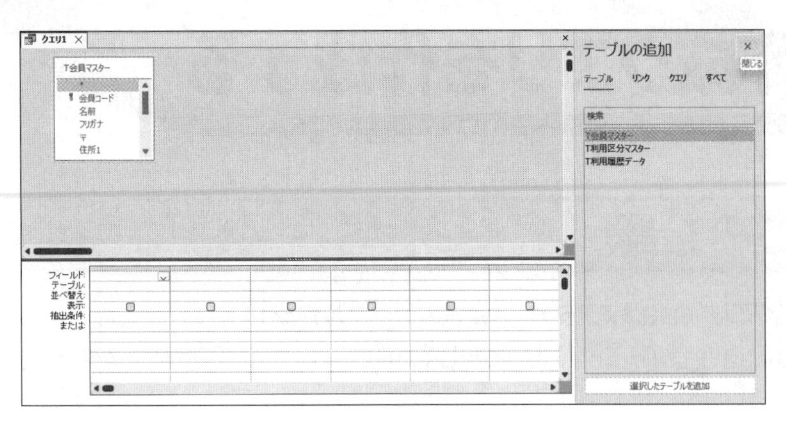

クエリウィンドウと**《テーブルの追加》**が表示されます。

③**《テーブル》**タブを選択します。

④一覧から**「T会員マスター」**を選択します。

⑤**《選択したテーブルを追加》**をクリックします。

クエリウィンドウにテーブル**「T会員マスター」**のフィールドリストが表示されます。

《テーブルの追加》を閉じます。

⑥**《テーブルの追加》**の × (閉じる)をクリックします。

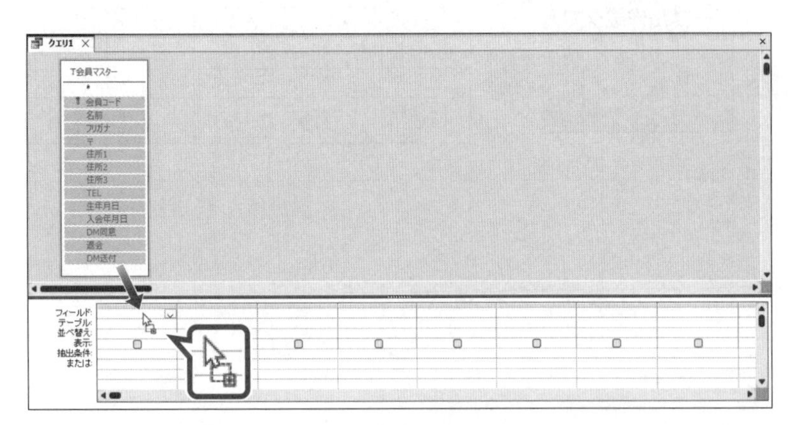

※図のように、フィールドリストのサイズとデザイングリッドの高さを調整しておきましょう。

すべてのフィールドをデザイングリッドに登録します。

⑦フィールドリストのタイトルバーをダブルクリックします。

⑧選択したフィールドを図のようにデザイングリッドまでドラッグします。

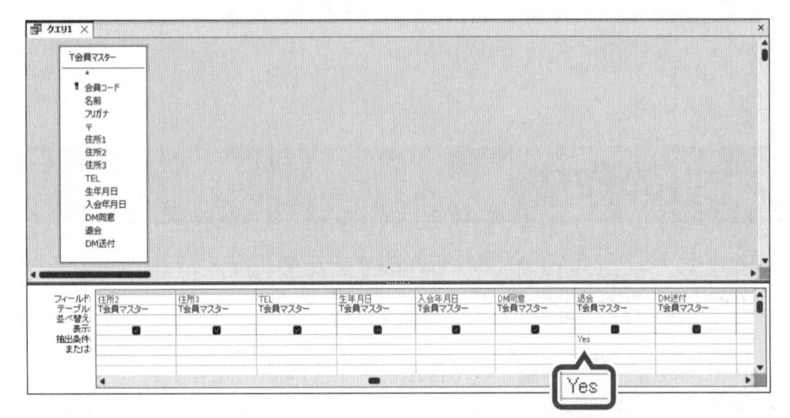

デザイングリッドにすべてのフィールドが登録されます。

抽出条件を設定します。

⑨**「退会」**フィールドの**《抽出条件》**セルに**「Yes」**と入力します。

※テーブル「T会員マスター」の「退会」(Yes/No型)が☑(Yes)のレコードを抽出するために、「Yes」と入力します。

※「True」または「On」、「-1」と入力してもかまいません。

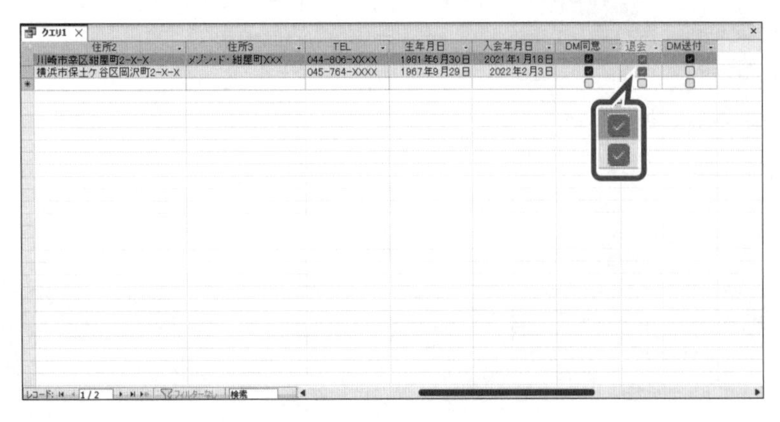

テーブル作成クエリを実行した場合に、テーブルにコピーされるレコードを確認します。

データシートビューに切り替えます。

⑩**《クエリデザイン》**タブを選択します。

⑪**《結果》**グループの (表示)をクリックします。

「退会」が☑のレコードが表示されます。

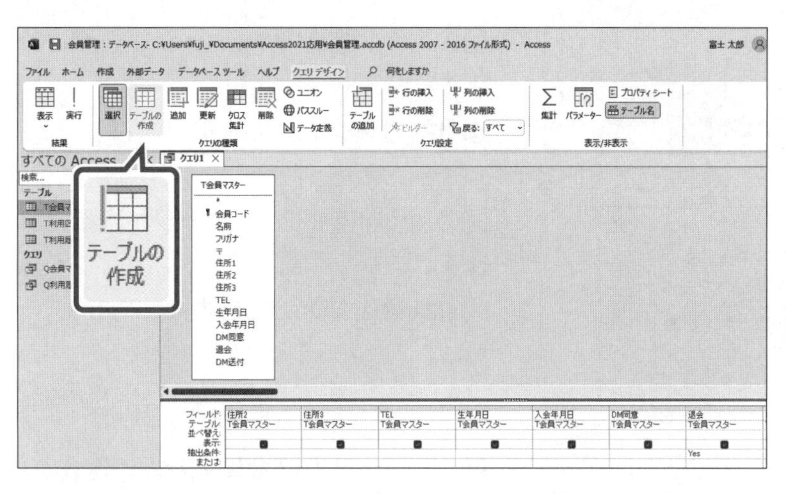

デザインビューに切り替えます。

⑫《ホーム》タブを選択します。

⑬《表示》グループの（表示）をクリックします。

アクションクエリの種類を指定します。

⑭《クエリデザイン》タブを選択します。

⑮《クエリの種類》グループの（クエリの種類：テーブル作成）をクリックします。

テーブルの作成

新しいテーブルの作成

テーブル名(N): T会員マスター_退会者

カレント データベース(C)

他のデータベース(A):

ファイル名(F):

参照(B)...

OK

キャンセル

《テーブルの作成》ダイアログボックスが表示されます。

⑯《テーブル名》に「**T会員マスター_退会者**」と入力します。

⑰《OK》をクリックします。

※《クエリの種類》グループの（クエリの種類：テーブル作成）がオン（濃い灰色の状態）になっていることを確認しましょう。

名前を付けて保存

'クエリ1' の保存先:

Q会員マスター_退会者のテーブル作成

貼り付ける形式(A)

クエリ

OK

キャンセル

作成したテーブル作成クエリを保存します。

⑱ F12 を押します。

《名前を付けて保存》ダイアログボックスが表示されます。

⑲《'クエリ1'の保存先》に「**Q会員マスター_退会者のテーブル作成**」と入力します。

⑳《OK》をクリックします。

※クエリを閉じておきましょう。

3 テーブル作成クエリの実行

テーブル作成クエリを実行し、新しいテーブル「**T会員マスター_退会者**」を作成しましょう。

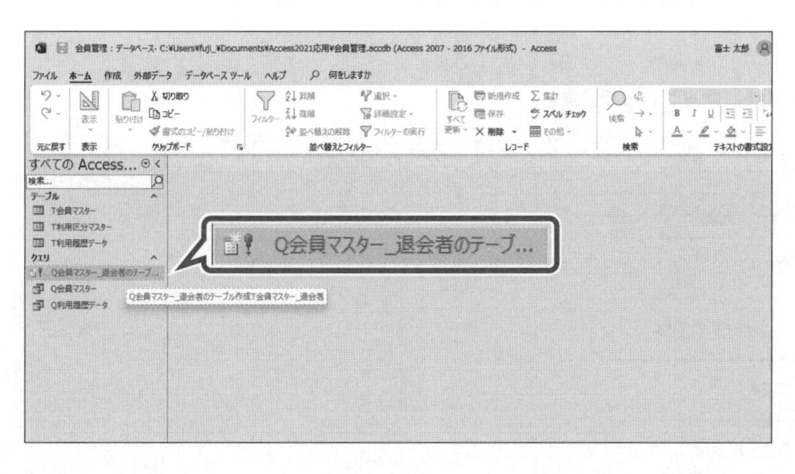

テーブル作成クエリを実行します。

①ナビゲーションウィンドウのクエリ「**Q会員マスター_退会者のテーブル作成**」をダブルクリックします。

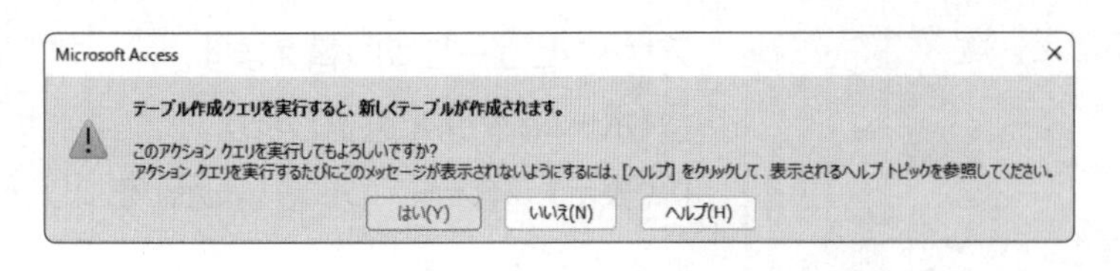

図のような確認のメッセージが表示されます。

②《**はい**》をクリックします。

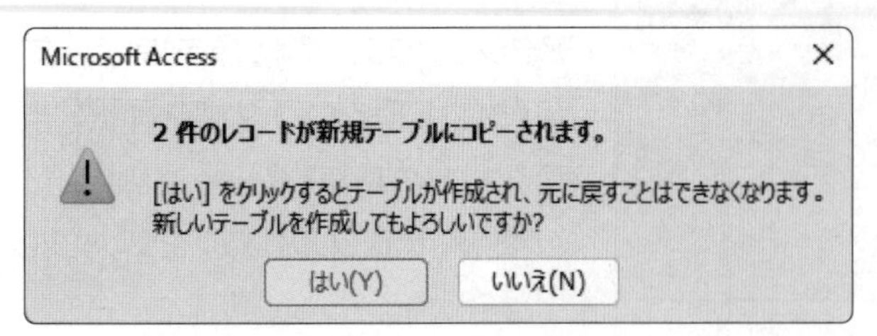

図のような確認のメッセージが表示されます。

③《**はい**》をクリックします。

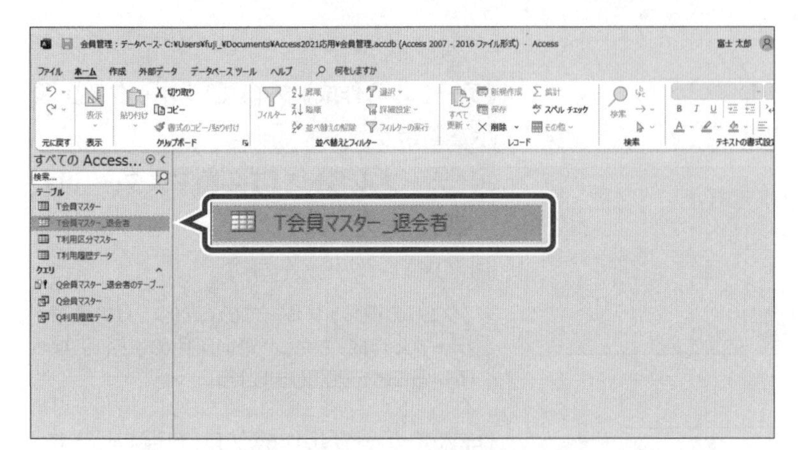

新しいテーブル**「T会員マスター_退会者」**が作成されます。

作成されたテーブルを確認します。

④ナビゲーションウィンドウのテーブル**「T会員マスター_退会者」**をダブルクリックします。

⑤退会者のレコードがコピーされていることを確認します。

※「退会」フィールドが☑のレコードが表示されます。

※各フィールドの列幅を調整しておきましょう。

※テーブルを上書き保存し、閉じておきましょう。

STEP UP その他の方法（テーブル作成クエリの実行）

◆テーブル作成クエリをデザインビューで表示→《クエリデザイン》タブ→《結果》グループの（実行）

STEP UP オブジェクトアイコンの違い

ナビゲーションウィンドウに表示される通常のクエリ（選択クエリ）とアクションクエリのアイコンは、次のとおりです。

アイコン	クエリの種類
	選択クエリ
	テーブル作成クエリ
	削除クエリ
	追加クエリ
	更新クエリ

Let's Try ためしてみよう

テーブル「T利用履歴データ」の退会者の利用履歴のレコードをコピーして、新しいテーブル「T利用履歴データ_退会者利用履歴」を作成しましょう。

※省略する場合は、次の手順に従って操作しましょう。

> **①データベース「会員管理.accdb」を閉じます。**
> **②データベース「会員管理1.accdb」を開きます。**

①テーブル「T利用履歴データ」の「退会」が☑の会員のレコードをテーブル「T利用履歴データ_退会者利用履歴」にコピーするテーブル作成クエリを作成しましょう。

HINT クエリ「Q利用履歴データ」に「退会」が☑の条件を追加します。

②作成したテーブル作成クエリに「Q利用履歴データ_退会者利用履歴テーブル作成」と名前を付けて保存しましょう。

③テーブル作成クエリ「Q利用履歴データ_退会者利用履歴テーブル作成」を実行しましょう。

①

①ナビゲーションウィンドウのクエリ「Q利用履歴データ」をデザインビューで開く
②「T会員マスター」のフィールドリストの「退会」フィールドをデザイングリッドまでドラッグ
③「退会」フィールドの《抽出条件》セルに「Yes」と入力
※「True」または「On」、「- 1」と入力してもかまいません。
※データシートビューで表示し、テーブル作成クエリを実行した場合に、テーブルにコピーされるレコードを確認しておきましょう。
④《クエリデザイン》タブ→《クエリの種類》グループの（クエリの種類：テーブル作成）をクリック
⑤《テーブル名》に「T利用履歴データ_退会者利用履歴」と入力
⑥《OK》をクリック

②

①F12を押す
②《'Q利用履歴データ'の保存先》に「Q利用履歴データ_退会者利用履歴テーブル作成」と入力
③《OK》をクリック
※クエリ「Q利用履歴データ_退会者利用履歴テーブル作成」を閉じておきましょう。

③

①ナビゲーションウィンドウのクエリ「Q利用履歴データ_退会者利用履歴テーブル作成」をダブルクリック
②メッセージを確認し、《はい》をクリック
③メッセージを確認し、《はい》をクリック
※15件のレコードがコピーされます。
※テーブル「T利用履歴データ_退会者利用履歴」が作成され、退会者の利用履歴のレコードがコピーされていることを確認しておきましょう。

STEP 3 削除クエリを作成する

1 作成するクエリの確認

次のような削除クエリ「**Q会員マスター_退会者の削除**」を作成しましょう。
テーブル「**T会員マスター**」の退会者のレコードを削除します。

T会員マスター

会員コード	名前	…	退会	…
1001	佐野　寛子		□	
1002	大月　賢一郎		□	
1003	明石　由美子		☑	
1004	山本　喜一		□	
⋮	⋮		⋮	
1024	香川　泰男		□	
1025	伊藤　めぐみ		☑	
1026	村瀬　稔彦		□	
⋮	⋮		⋮	

削除クエリ

退会	☑

T会員マスター

会員コード	名前	…	退会	…
1001	佐野　寛子		□	
1002	大月　賢一郎		□	
1004	山本　喜一		□	
⋮	⋮		⋮	
1024	香川　泰男		□	
1026	村瀬　稔彦		□	
⋮	⋮		⋮	

2 削除クエリの作成

参照整合性のレコードの連鎖削除を設定し、削除クエリを作成しましょう。

1 レコードの連鎖削除の設定

テーブル「**T会員マスター**」とテーブル「**T利用履歴データ**」の間のリレーションシップには参照整合性が設定されているので、テーブル「**T会員マスター**」側のレコードの削除が制限されています。
テーブル「**T会員マスター**」のレコードを削除できるように、レコードの連鎖削除を設定しましょう。

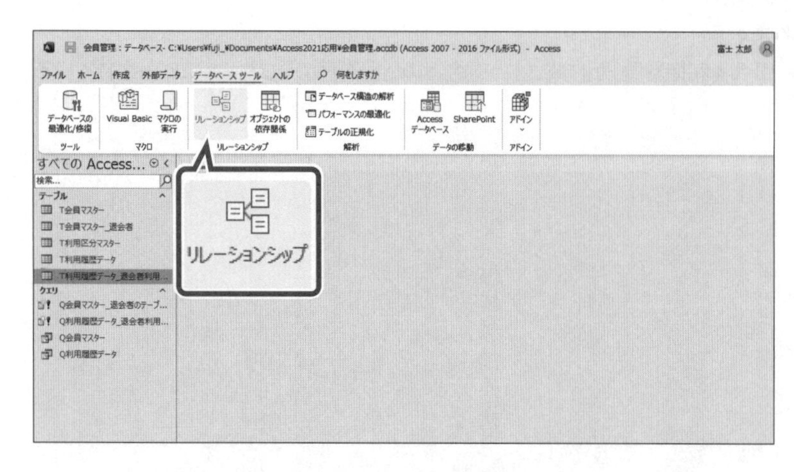

①《**データベースツール**》タブを選択します。
②《**リレーションシップ**》グループの（リレーションシップ）をクリックします。

リレーションシップウィンドウが表示されます。
参照整合性を編集します。

③テーブル**「T会員マスター」**とテーブル**「T利用履歴データ」**の間の結合線をダブルクリックします。

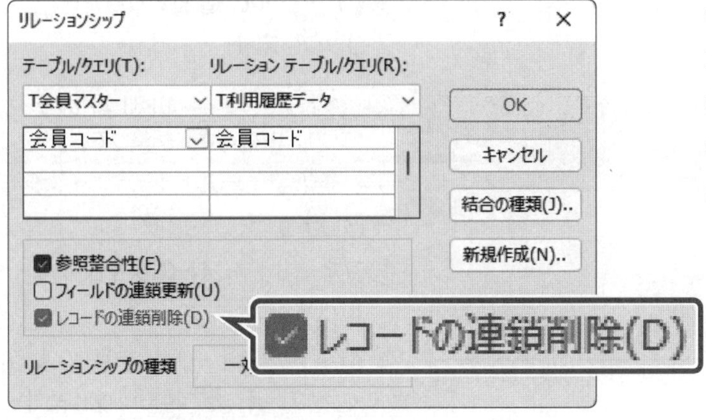

《リレーションシップ》ダイアログボックスが表示されます。

④**《レコードの連鎖削除》**を☑にします。

⑤**《OK》**をクリックします。

※リレーションシップウィンドウを閉じておきましょう。

STEP UP　その他の方法（リレーションシップの編集）

◆結合線を右クリック→《リレーションシップの編集》

2 削除クエリの作成

「退会」が☑になっているレコードを削除するための削除クエリを作成しましょう。
テーブル**「T会員マスター」**をもとに作成します。

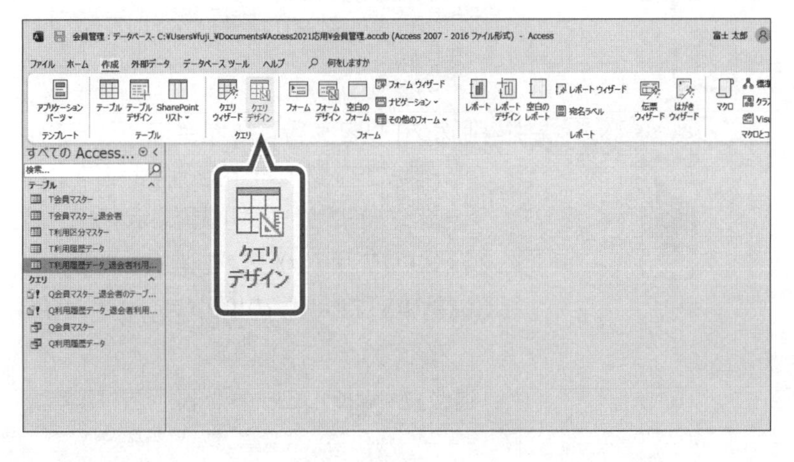

①**《作成》**タブを選択します。

②**《クエリ》**グループの（クエリデザイン）をクリックします。

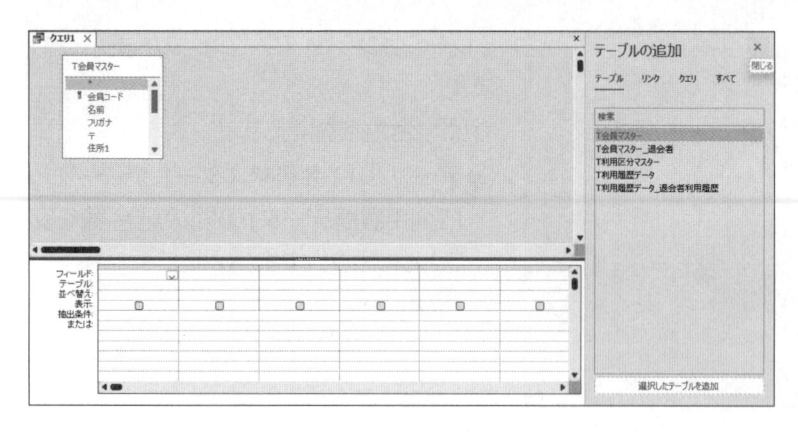

クエリウィンドウと**《テーブルの追加》**が表示されます。

③**《テーブル》**タブを選択します。

④一覧から**「T会員マスター」**を選択します。

⑤**《選択したテーブルを追加》**をクリックします。

クエリウィンドウにテーブル**「T会員マスター」**のフィールドリストが表示されます。

《テーブルの追加》を閉じます。

⑥**《テーブルの追加》**の × (閉じる)をクリックします。

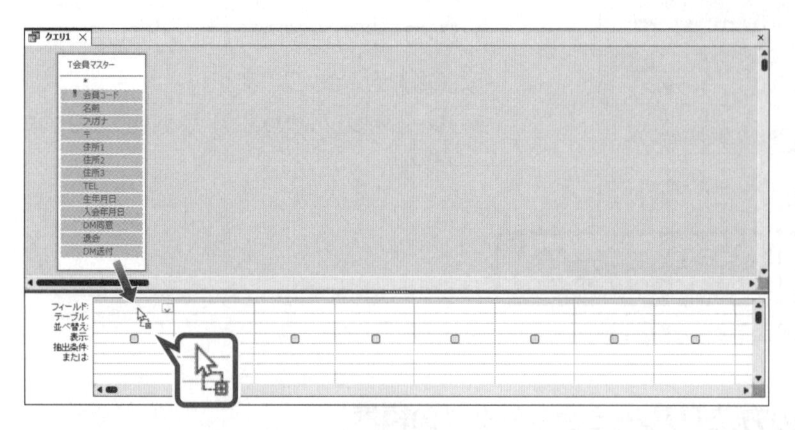

※図のように、フィールドリストのサイズとデザイングリッドの高さを調整しておきましょう。

すべてのフィールドをデザイングリッドに登録します。

⑦フィールドリストのタイトルバーをダブルクリックします。

⑧選択したフィールドを図のようにデザイングリッドまでドラッグします。

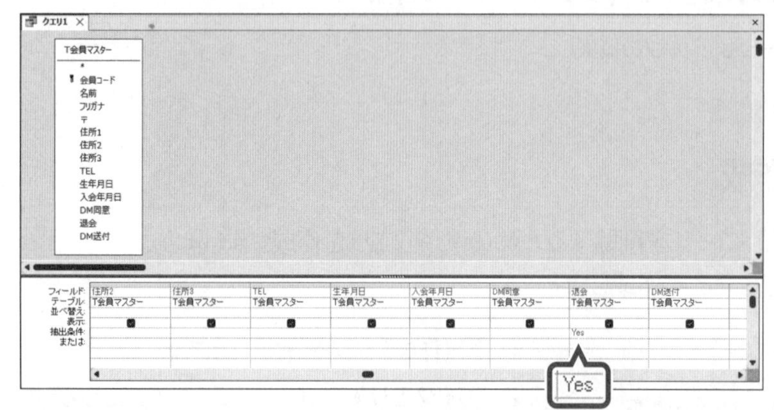

デザイングリッドにすべてのフィールドが登録されます。

抽出条件を設定します。

⑨**「退会」**フィールドの**《抽出条件》**セルに**「Yes」**と入力します。

※テーブル「T会員マスター」の「退会」(Yes/No型)が☑(Yes)のレコードを抽出するために、「Yes」と入力します。

※「True」または「On」、「-1」と入力してもかまいません。

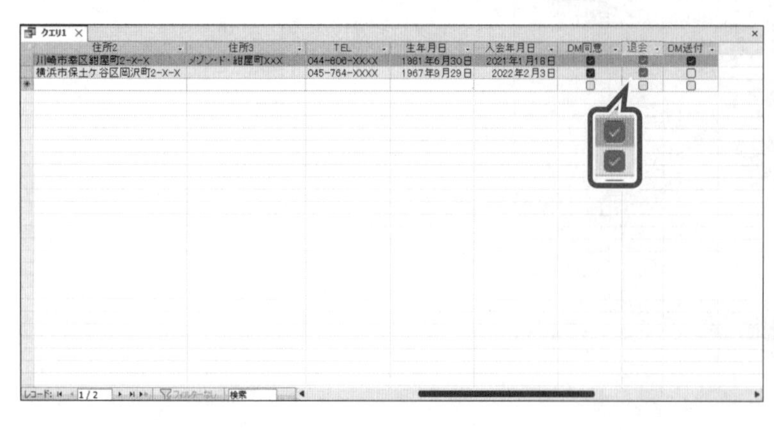

削除クエリを実行した場合に、テーブルから削除されるレコードを確認します。

データシートビューに切り替えます。

⑩**《クエリデザイン》**タブを選択します。

⑪**《結果》**グループの(表示)をクリックします。

「退会」が☑のレコードが表示されます。

デザインビューに切り替えます。

⑫《**ホーム**》タブを選択します。

⑬《**表示**》グループの（表示）をクリックします。

アクションクエリの種類を指定します。

⑭《**クエリデザイン**》タブを選択します。

⑮《**クエリの種類**》グループの（クエリの種類：削除）をクリックします。

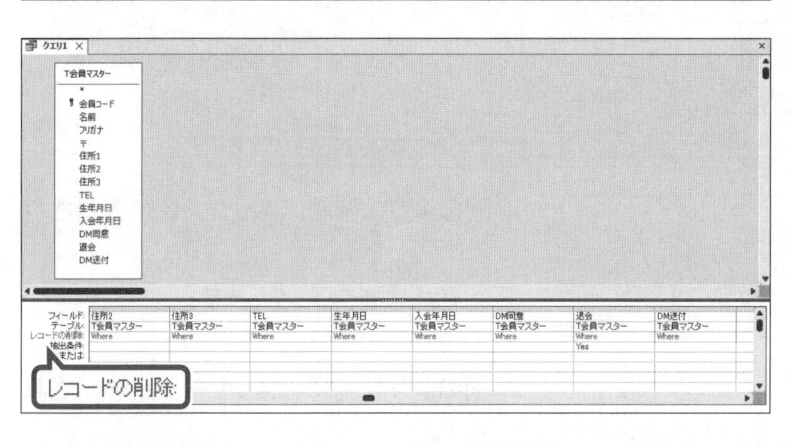

⑯デザイングリッドに《**レコードの削除**》の行が表示されていることを確認します。

※《クエリの種類》グループの（クエリの種類：削除）がオン（濃い灰色の状態）になっていることを確認しましょう。

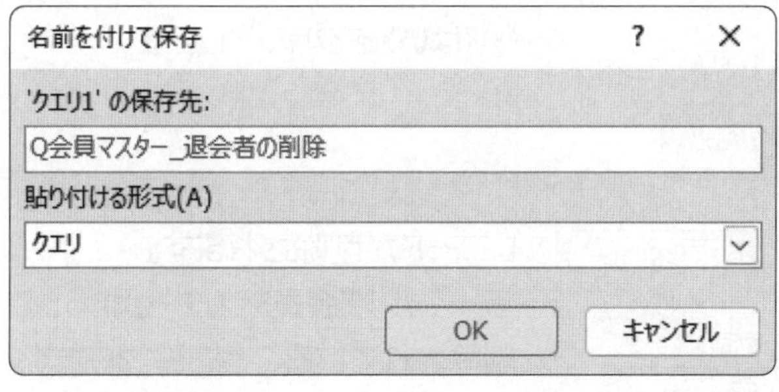

作成した削除クエリを保存します。

⑰ F12 を押します。

《**名前を付けて保存**》ダイアログボックスが表示されます。

⑱《**'クエリ1'の保存先**》に「**Q会員マスター_退会者の削除**」と入力します。

⑲《**OK**》をクリックします。

※クエリを閉じておきましょう。

STEP UP アクションクエリをデザインビューで開く

同じような条件のクエリを複数作成するときは、先に作成したクエリをデザインビューで変更して、名前を付けて保存すると効率的です。ただし、アクションクエリの場合、ダブルクリックで開くと、アクションクエリで指定しているテーブルの作成やレコードの削除・追加・更新が実行されてしまいます。

アクションクエリを実行せずにデザインビューで開く方法は、次のとおりです。

◆ナビゲーションウィンドウのクエリを右クリック→《デザインビュー》

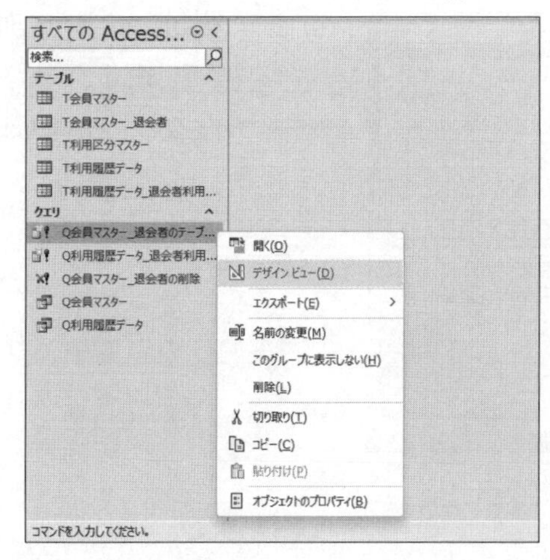

3　削除クエリの実行

削除クエリを実行し、テーブル「**T会員マスター**」から退会者のレコードを削除しましょう。

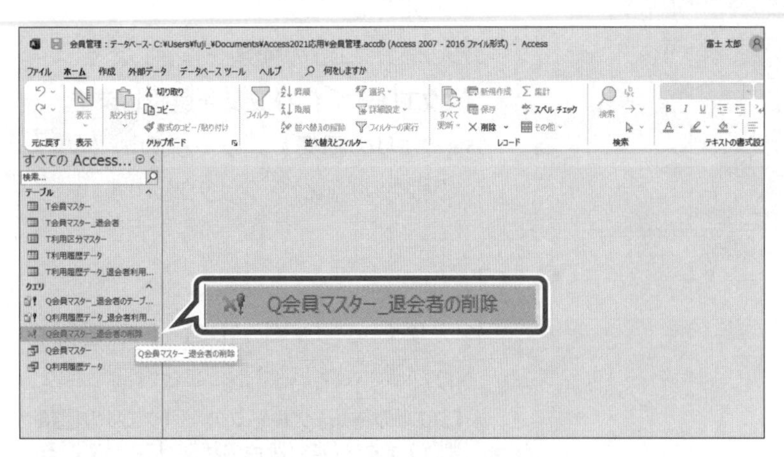

削除クエリを実行します。

①ナビゲーションウィンドウのクエリ「**Q会員マスター_退会者の削除**」をダブルクリックします。

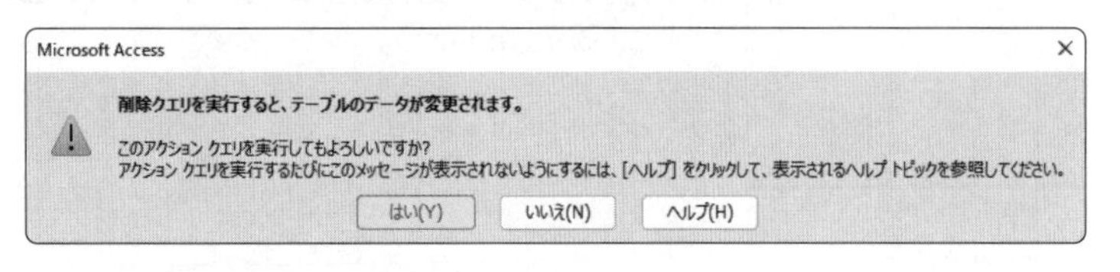

図のような確認のメッセージが表示されます。

②《**はい**》をクリックします。

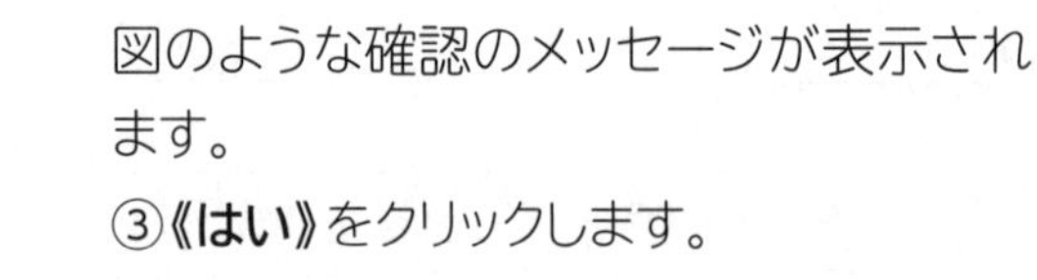

図のような確認のメッセージが表示されます。

③《**はい**》をクリックします。

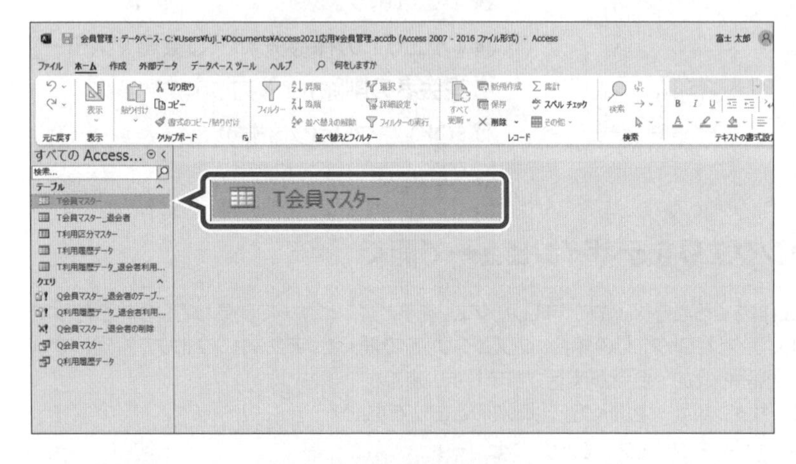

レコードが削除されます。

テーブル「**T会員マスター**」からレコードが削除されていることを確認します。

④ナビゲーションウィンドウのテーブル「**T会員マスター**」をダブルクリックします。

T会員マスター

会員コード	名前	フリガナ	〒	住所1	住所2	住所3	TEL
1001	佐野 寛子	サノ ヒロコ	221-0057	神奈川県	横浜市神奈川区青木町1-X-X	サンマンションXXX	045-506-XXXX
1002	大月 賢一郎	オオツキ ケンイチロウ	249-0005	神奈川県	逗子市桜山2-X-X		046-821-XXXX
1004	山本 喜一	ヤマモト キイチ	236-0007	神奈川県	横浜市金沢区白帆4-X-X		045-725-XXXX
1005	辻 雅彦	ツジ マサヒコ	216-0023	神奈川県	川崎市宮前区けやき平3-X-X	グラン葵XXX	044-258-XXXX
1006	畑田 香奈子	ハタダ カナコ	227-0046	神奈川県	横浜市青葉区たちばな台1-X-X		080-5451-XXXX
1007	野村 桜	ノムラ サクラ	230-0033	神奈川県	横浜市鶴見区朝日町2-X-X		045-506-XXXX
1008	横山 花梨	ヨコヤマ カリン	241-0813	神奈川県	横浜市旭区今宿町1-X-X	みなとタワーXXX	045-771-XXXX
1009	加納 基成	カノウ モトナリ	231-0002	神奈川県	横浜市中区海岸通5-X-X	グレースコート海岸XXX	045-502-XXXX
1010	和田 光輝	ワダ コウキ	248-0013	神奈川県	鎌倉市材木座3-X-X		0467-21-XXXX
1011	野中 敏也	ノナカ トシヤ	244-0814	神奈川県	横浜市戸塚区南舞岡1-1-X		045-245-XXXX
1012	山城 まり	ヤマシロ マリ	233-0001	神奈川県	横浜市港南区上大岡東5-X-X		045-301-XXXX
1013	坂本 誠	サカモト マコト	244-0803	神奈川県	横浜市戸塚区平戸町2-X-X		045-651-XXXX
1014	橋本 耕太	ハシモト コウタ	243-0012	神奈川県	厚木市幸町5-X-X	平成ハイツXXX	046-541-XXXX
1015	布施 友香	フセ トモカ	243-0033	神奈川県	厚木市温水2-X-X		046-556-XXXX
1016	井戸 剛	イド ツヨシ	221-0865	神奈川県	横浜市神奈川区片倉1-X-X		045-412-XXXX
1017	星 龍太郎	ホシ リュウタロウ	235-0022	神奈川県	横浜市磯子区汐見台5-X-X		045-975-XXXX
1018	宍戸 真智子	シシド マチコ	235-0033	神奈川県	横浜市磯子区杉田2-X-X	横浜壱番館XXX	045-751-XXXX
1019	天野 真未	アマノ マミ	236-0057	神奈川県	横浜市金沢区能見台1-X-X		045-654-XXXX
1020	白川 紀子	シラカワ ノリコ	233-0002	神奈川県	横浜市港南区上大岡西3-X-X	上大岡ガーデンXXX	080-5505-XXXX
1021	大木 花実	オオキ ハナミ	235-0035	神奈川県	横浜市磯子区田中3-X-X		045-421-XXXX
1022	牧田 博	マキタ ヒロシ	214-0005	神奈川県	川崎市多摩区寺尾台2-X-X		044-505-XXXX
1023	住吉 純子	スミヨシ ジュンコ	242-0029	神奈川県	大和市上草柳3-X-X		046-261-XXXX
1024	香川 泰男	カガワ ヤスオ	247-0075	神奈川県	鎌倉市関谷3-X-X	パレス鎌倉XXX	0467-58-XXXX
1026	村瀬 稔彦	ムラセ トシヒコ	226-0005	神奈川県	横浜市緑区竹山5-X-X		045-320-XXXX
1027	草野 萌子	クサノ モエコ	224-0055	神奈川県	横浜市都筑区加賀原4-X-X		045-511-XXXX
1028	渡辺 百合	ワタベ ユリ	230-0045	神奈川県	横浜市鶴見区末広町3-X-X		045-611-XXXX
1029	小川 正一	オガワ ショウイチ	222-0035	神奈川県	横浜市港北区鳥山町2-X-X		045-517-XXXX

レコード: 1 / 49

⑤退会者のレコードが削除されていることを確認します。

※テーブルを閉じておきましょう。

STEP UP その他の方法(削除クエリの実行)

◆削除クエリをデザインビューで表示→《クエリデザイン》タブ→《結果》グループの (実行)

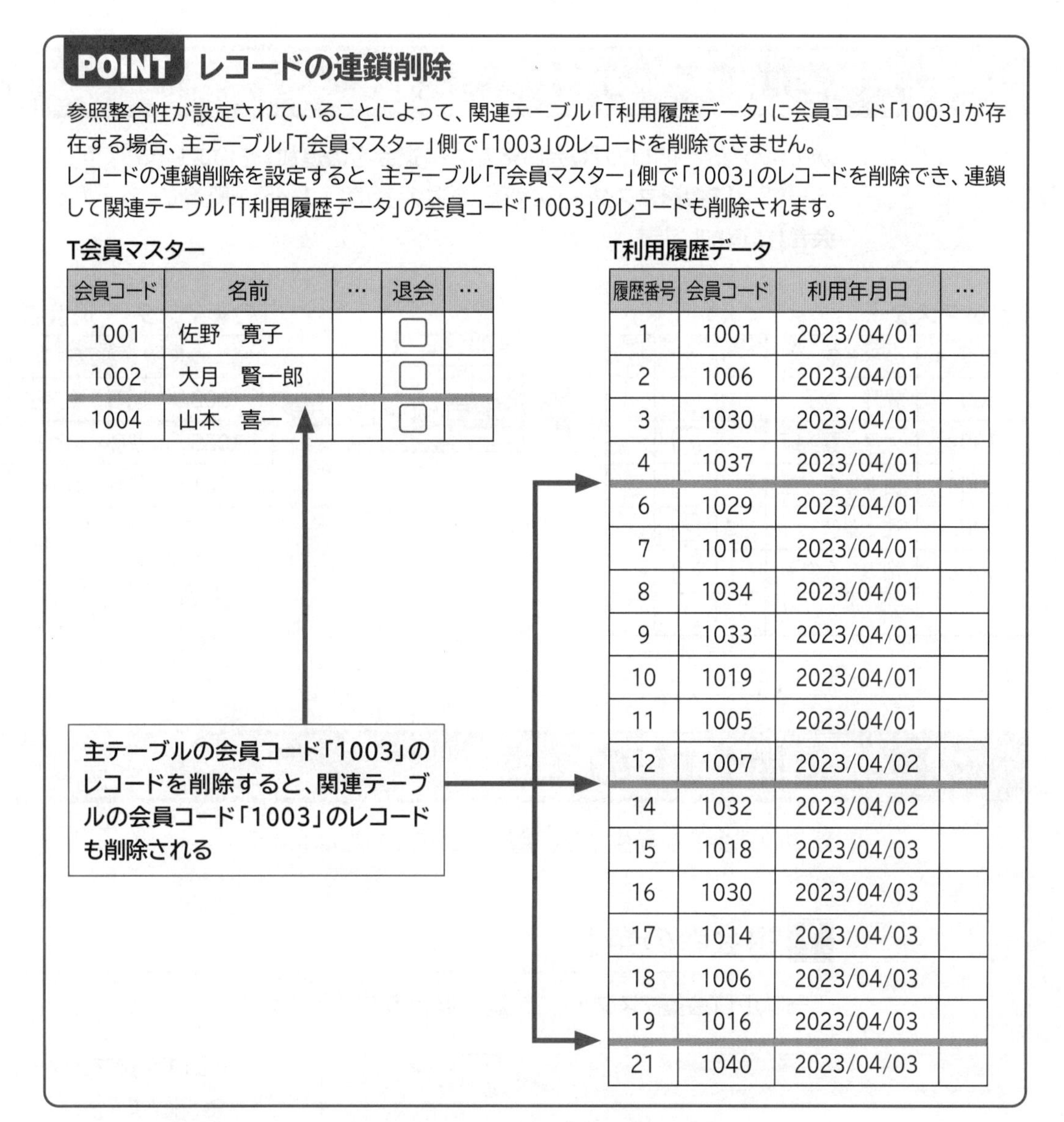

POINT レコードの連鎖削除

参照整合性が設定されていることによって、関連テーブル「T利用履歴データ」に会員コード「1003」が存在する場合、主テーブル「T会員マスター」側で「1003」のレコードを削除できません。
レコードの連鎖削除を設定すると、主テーブル「T会員マスター」側で「1003」のレコードを削除でき、連鎖して関連テーブル「T利用履歴データ」の会員コード「1003」のレコードも削除されます。

T会員マスター

会員コード	名前	…	退会	…
1001	佐野　寛子		□	
1002	大月　賢一郎		□	
1004	山本　喜一		□	

T利用履歴データ

履歴番号	会員コード	利用年月日	…
1	1001	2023/04/01	
2	1006	2023/04/01	
3	1030	2023/04/01	
4	1037	2023/04/01	
6	1029	2023/04/01	
7	1010	2023/04/01	
8	1034	2023/04/01	
9	1033	2023/04/01	
10	1019	2023/04/01	
11	1005	2023/04/01	
12	1007	2023/04/02	
14	1032	2023/04/02	
15	1018	2023/04/03	
16	1030	2023/04/03	
17	1014	2023/04/03	
18	1006	2023/04/03	
19	1016	2023/04/03	
21	1040	2023/04/03	

STEP 4 追加クエリを作成する

1 作成するクエリの確認

次のような追加クエリ**「Q会員マスター_退会者の追加」**を作成しましょう。
テーブル**「T会員マスター」**の新規の退会者のレコードを既存のテーブル**「T会員マスター_退会者」**に追加します。

T会員マスター

会員コード	名前	…	退会	…
1001	佐野　寛子		☑	
1002	大月　賢一郎		☐	
1004	山本　喜一		☐	
1005	辻　雅彦		☐	
1006	畑田　香奈子		☐	
⋮	⋮		⋮	

T会員マスター_退会者

会員コード	名前	…	退会	…
1003	明石　由美子		☑	
1025	伊藤　めぐみ		☑	
1001	佐野　寛子		☑	

2 追加クエリの作成

新規の退会者を発生させ、追加クエリを作成しましょう。

1 退会者の発生

テーブル**「T会員マスター」**に新規の退会者を発生させましょう。

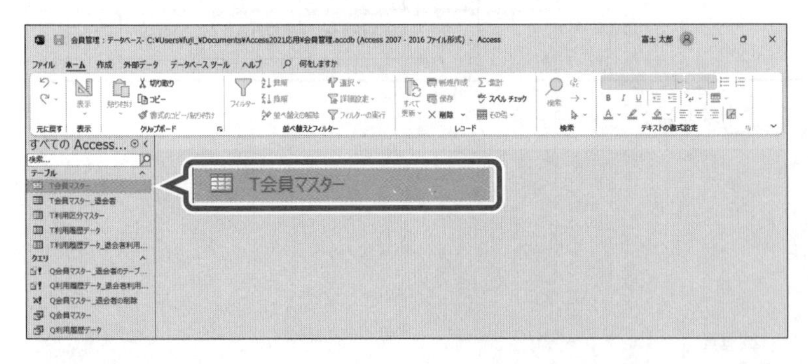

テーブル**「T会員マスター」**をデータシートビューで開きます。

①ナビゲーションウィンドウのテーブル**「T会員マスター」**をダブルクリックします。

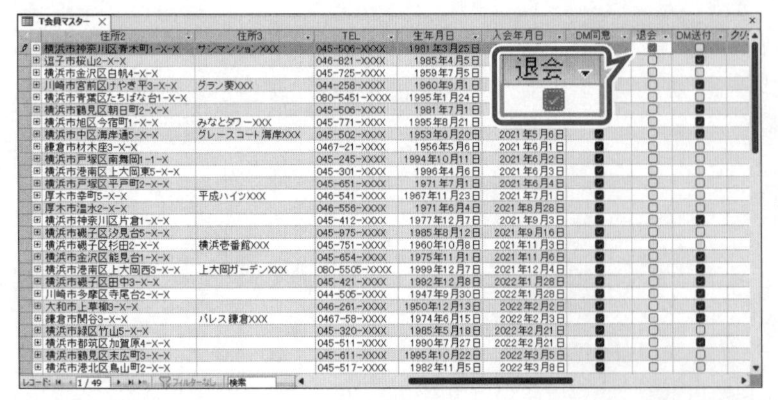

②会員コード**「1001」**の**「退会」**を☑にします。

※テーブルを閉じておきましょう。

2 追加クエリの作成

「退会」が☑になっているレコードをテーブル**「T会員マスター_退会者」**に追加するための追加クエリを作成しましょう。
テーブル**「T会員マスター」**をもとに作成します。

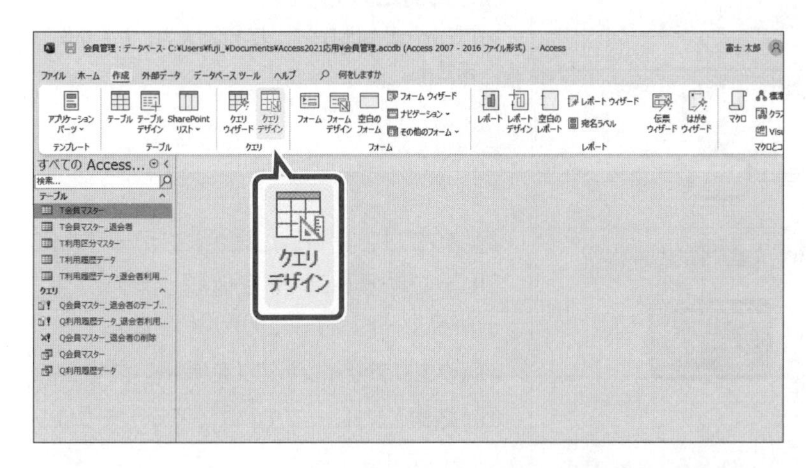

①**《作成》**タブを選択します。
②**《クエリ》**グループの（クエリデザイン）をクリックします。

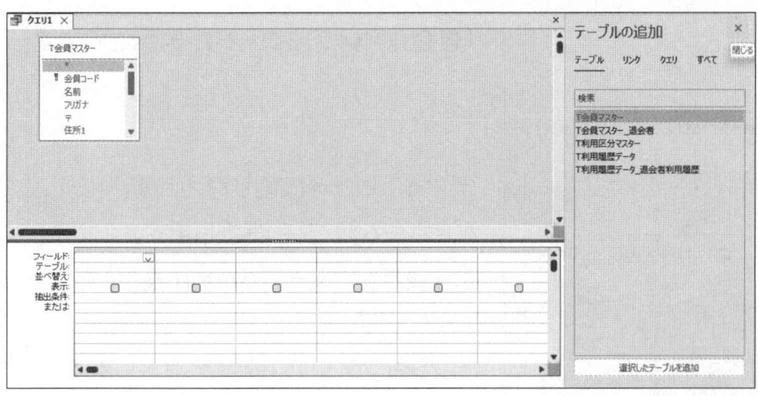

クエリウィンドウと**《テーブルの追加》**が表示されます。
③**《テーブル》**タブを選択します。
④一覧から**「T会員マスター」**を選択します。
⑤**《選択したテーブルを追加》**をクリックします。
クエリウィンドウにテーブル**「T会員マスター」**のフィールドリストが表示されます。
《テーブルの追加》を閉じます。
⑥**《テーブルの追加》**の ×（閉じる）をクリックします。

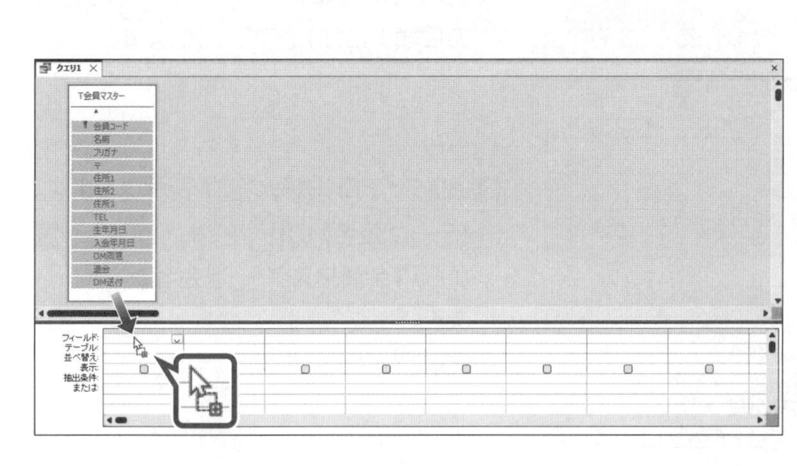

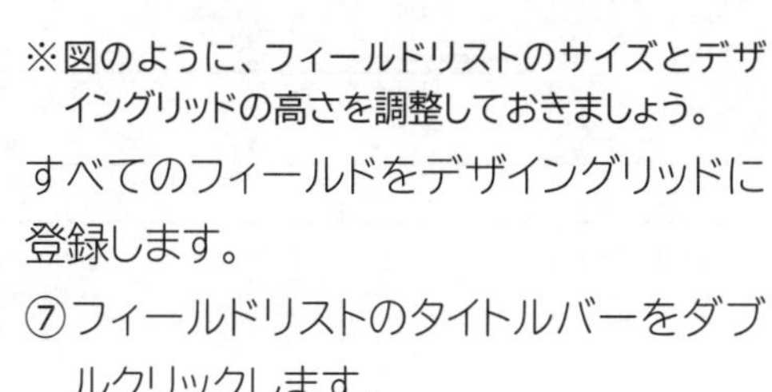

※図のように、フィールドリストのサイズとデザイングリッドの高さを調整しておきましょう。
すべてのフィールドをデザイングリッドに登録します。
⑦フィールドリストのタイトルバーをダブルクリックします。
⑧選択したフィールドを図のようにデザイングリッドまでドラッグします。

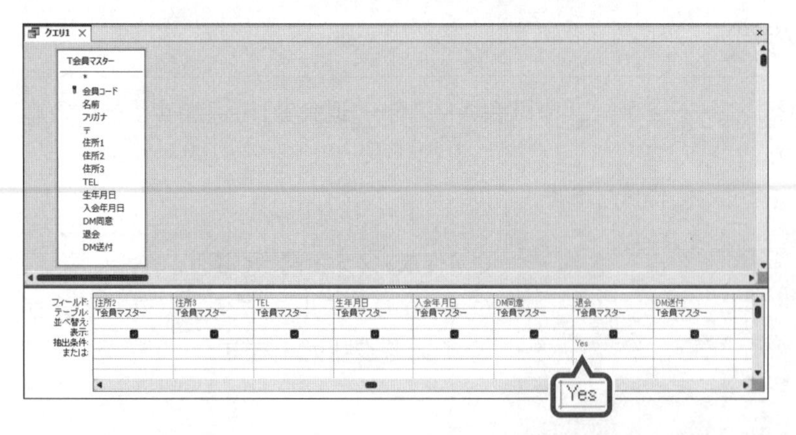

デザイングリッドにすべてのフィールドが登録されます。

抽出条件を設定します。

⑨**「退会」**フィールドの**《抽出条件》**セルに**「Yes」**と入力します。

※「True」または「On」、「-1」と入力してもかまいません。

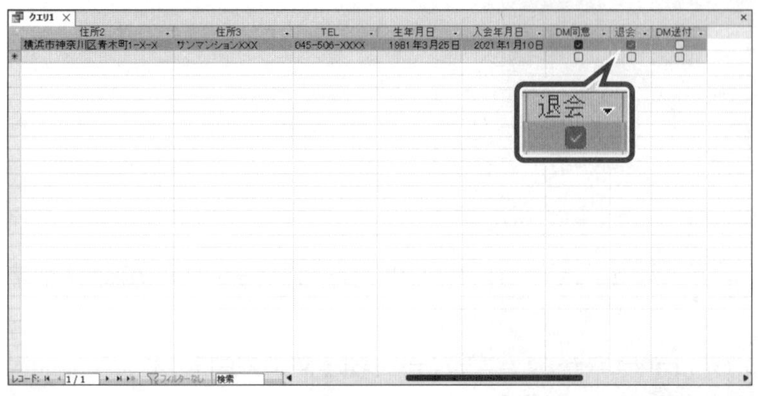

追加クエリを実行した場合に、テーブルにコピーされるレコードを確認します。

データシートビューに切り替えます。

⑩**《クエリデザイン》**タブを選択します。

⑪**《結果》**グループの（表示）をクリックします。

「退会」が☑のレコードが表示されます。

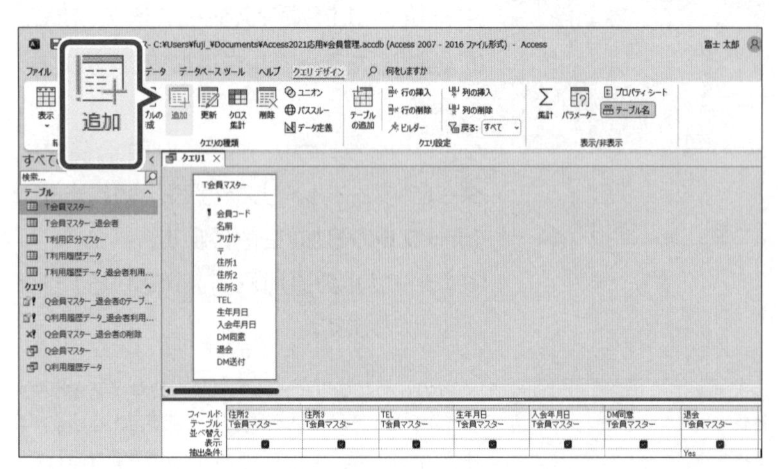

デザインビューに切り替えます。

⑫**《ホーム》**タブを選択します。

⑬**《表示》**グループの（表示）をクリックします。

アクションクエリの種類を指定します。

⑭**《クエリデザイン》**タブを選択します。

⑮**《クエリの種類》**グループの（クエリの種類：追加）をクリックします。

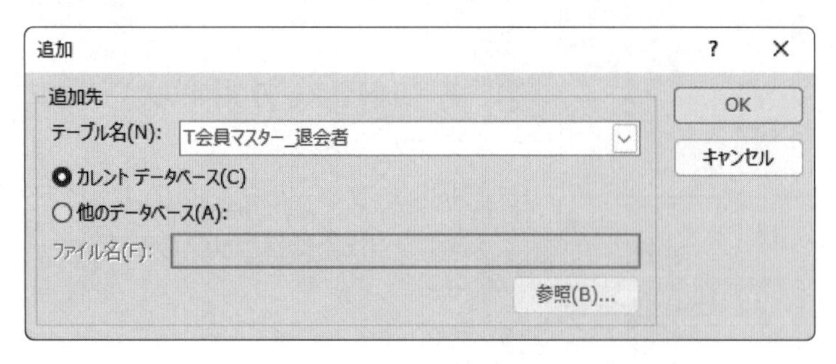

《追加》ダイアログボックスが表示されます。

⑯**《テーブル名》**のをクリックし、一覧から**「T会員マスター_退会者」**を選択します。

⑰**《OK》**をクリックします。

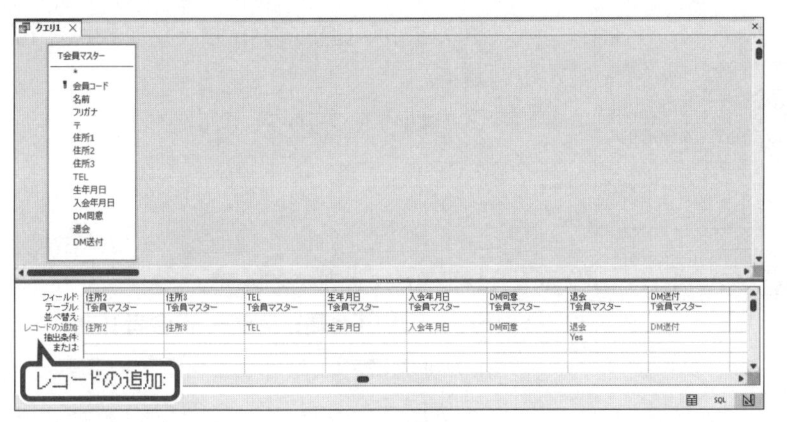

⑱デザイングリッドに《**レコードの追加**》の行が表示されていることを確認します。

※《クエリの種類》グループの（クエリの種類：追加）がオン（濃い灰色の状態）になっていることを確認しましょう。

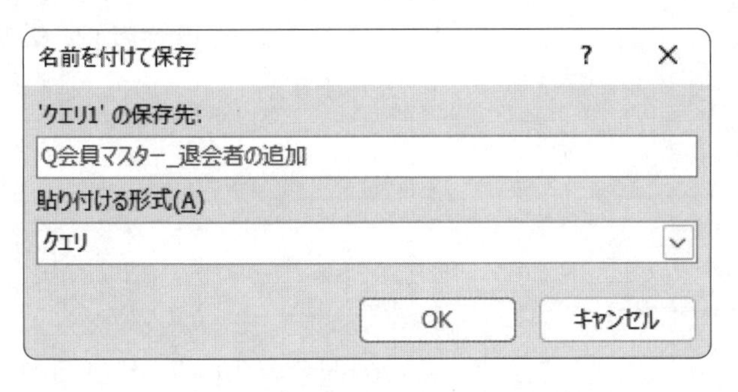

作成した追加クエリを保存します。

⑲ F12 を押します。

《**名前を付けて保存**》ダイアログボックスが表示されます。

⑳《**'クエリ1'の保存先**》に「**Q会員マスター_退会者の追加**」と入力します。

㉑《**OK**》をクリックします。

※クエリを閉じておきましょう。

3 追加クエリの実行

追加クエリを実行し、テーブル「**T会員マスター_退会者**」に退会者のレコードを追加しましょう。

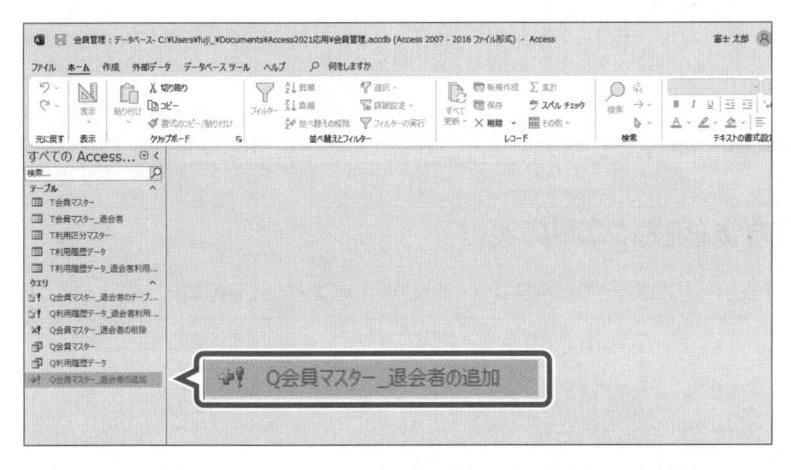

追加クエリを実行します。

①ナビゲーションウィンドウのクエリ「**Q会員マスター_退会者の追加**」をダブルクリックします。

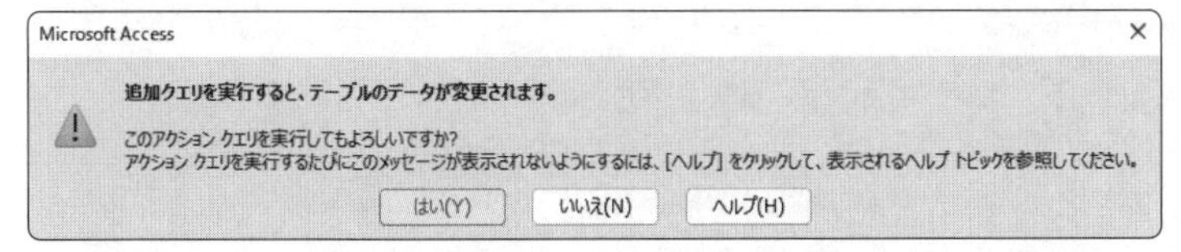

図のような確認のメッセージが表示されます。

②《**はい**》をクリックします。

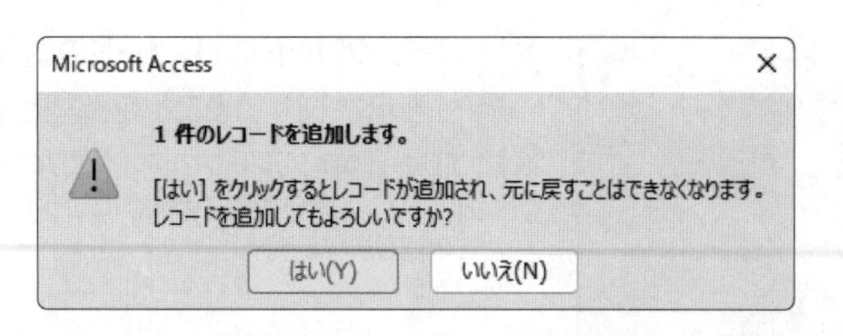

図のような確認のメッセージが表示されます。

③《はい》をクリックします。

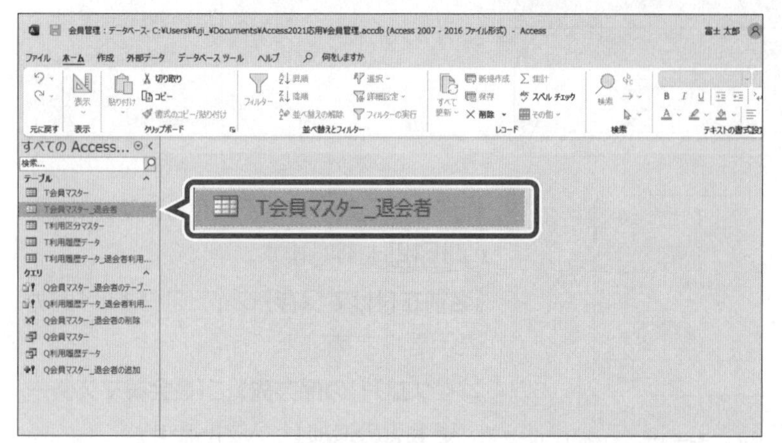

レコードが追加されます。

テーブル**「T会員マスター_退会者」**にレコードが追加されていることを確認します。

④ナビゲーションウィンドウのテーブル**「T会員マスター_退会者」**をダブルクリックします。

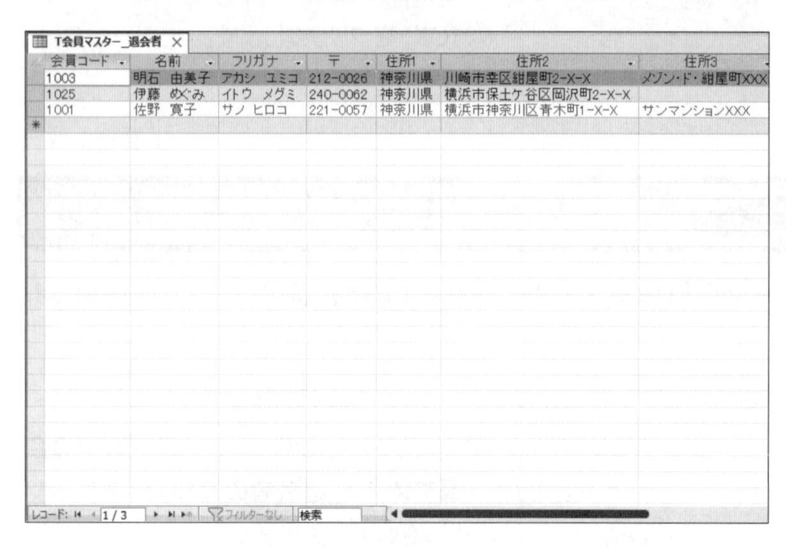

会員コード	名前	フリガナ	〒	住所1	住所2	住所3
1003	明石 由美子	アカシ ユミコ	212-0026	神奈川県	川崎市幸区紺屋町2-X-X	メゾン・ド・紺屋町XXX
1025	伊藤 めぐみ	イトウ メグミ	240-0062	神奈川県	横浜市保土ケ谷区岡沢町2-X-X	
1001	佐野 寛子	サノ ヒロコ	221-0057	神奈川県	横浜市神奈川区青木町1-X-X	サンマンションXXX

⑤新規の退会者のレコードが追加されていることを確認します。

※テーブルを閉じておきましょう。

STEP UP その他の方法(追加クエリの実行)

◆追加クエリをデザインビューで表示→《クエリデザイン》タブ→《結果》グループの(実行)

Let's Try ためしてみよう

追加クエリを作成して、退会者の利用履歴のレコードを、テーブル「T利用履歴データ_退会者利用履歴」に追加しましょう。その後、退会者のレコードをテーブル「T会員マスター」から削除しましょう。

※省略する場合は、次の手順に従って操作しましょう。

> **①データベース「会員管理.accdb」または「会員管理1.accdb」を閉じます。**
> **②データベース「会員管理2.accdb」を開きます。**

●追加クエリの作成と実行

①テーブル「T利用履歴データ」の「退会」が☑の会員の履歴のレコードをコピーする追加クエリを作成しましょう。

アクションクエリをデザインビューで開くには、ショートカットメニューから《デザインビュー》を選択します。

②作成した追加クエリに「Q利用履歴データ_退会者利用履歴の追加」と名前を付けて保存しましょう。

③追加クエリ「Q利用履歴データ_退会者利用履歴の追加」を実行しましょう。

●退会者の削除

④削除クエリ「Q会員マスター_退会者の削除」を実行しましょう。

①

①クエリ「Q利用履歴データ_退会者利用履歴テーブル作成」をデザインビューで開く

※「退会」の《抽出条件》セルが「Yes」(または「True」「On」「-1」)になっていることを確認しましょう。

②《クエリデザイン》タブ→《クエリの種類》グループの (クエリの種類：追加)をクリック

③《テーブル名》に「T利用履歴データ_退会者利用履歴」が表示されていることを確認

④《OK》をクリック

②

①F12を押す

②《'Q利用履歴データ_退会者利...'の保存先》に「Q利用履歴データ_退会者利用履歴の追加」と入力

③《OK》をクリック

※クエリを閉じておきましょう。

③

①ナビゲーションウィンドウのクエリ「Q利用履歴データ_退会者利用履歴の追加」をダブルクリックします。

②メッセージを確認し、《はい》をクリック

③メッセージを確認し、《はい》をクリック

※8件のレコードが追加されます。

※テーブル「T利用履歴データ_退会者利用履歴」をデータシートビューで開き、会員コード「1001」の利用履歴のレコードが追加されていることを確認しましょう。確認後、テーブルを閉じておきましょう。

④

①ナビゲーションウィンドウのクエリ「Q会員マスター_退会者の削除」をダブルクリック

②メッセージを確認し、《はい》をクリック

③メッセージを確認し、《はい》をクリック

※1件のレコードが削除されます。

※テーブル「T会員マスター」をデータシートビューで開き、会員コード「1001」のレコードが削除されていることを確認しましょう。確認後、テーブルを閉じておきましょう。

※テーブル「T利用履歴データ」をデータシートビューで開き、会員コード「1001」の利用履歴のレコードが削除されていることを確認しましょう。確認後、テーブルを閉じておきましょう。

STEP 5 更新クエリを作成する（1）

1 作成するクエリの確認

次のような更新クエリ**「Q会員マスター_DM送付をオフに更新」**を作成しましょう。
テーブル**「T会員マスター」**のすべての会員の**「DM送付」**を☐に書き換えます。

T会員マスター

会員コード	名前	…	DM送付
1002	大月　賢一郎		☑
1004	山本　喜一		☐
1005	辻　雅彦		☑
1006	畑田　香奈子		☐
1007	野村　桜		☑
⋮	⋮		⋮

→ 更新クエリ：DM送付 ☐ →

T会員マスター

会員コード	名前	…	DM送付
1002	大月　賢一郎		☐
1004	山本　喜一		☐
1005	辻　雅彦		☐
1006	畑田　香奈子		☐
1007	野村　桜		☐
⋮	⋮		⋮

2 更新クエリの作成

すべての会員の**「DM送付」**を☐にするための更新クエリを作成しましょう。
テーブル**「T会員マスター」**をもとに作成します。

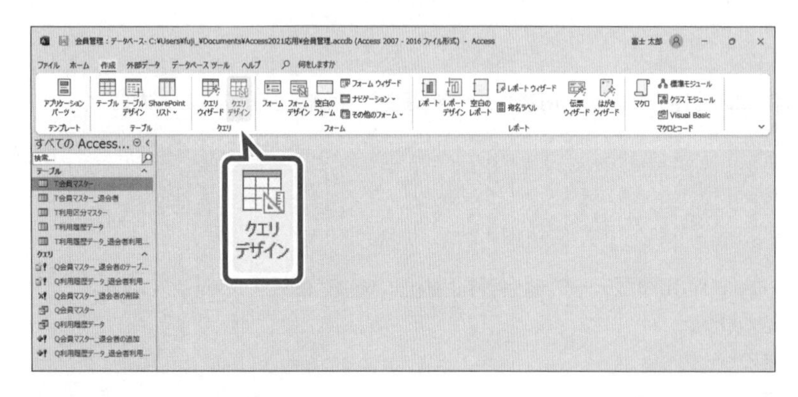

①**《作成》**タブを選択します。
②**《クエリ》**グループの（クエリデザイン）をクリックします。

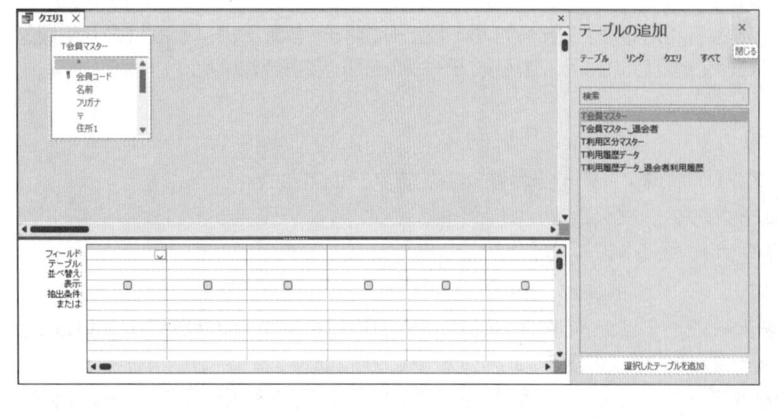

クエリウィンドウと**《テーブルの追加》**が表示されます。
③**《テーブル》**タブを選択します。
④一覧から**「T会員マスター」**を選択します。
⑤**《選択したテーブルを追加》**をクリックします。
クエリウィンドウにテーブル**「T会員マスター」**のフィールドリストが表示されます。
《テーブルの追加》を閉じます。
⑥**《テーブルの追加》**の ×（閉じる）をクリックします。

※図のように、フィールドリストのサイズとデザイングリッドの高さを調整しておきましょう。

すべてのフィールドをデザイングリッドに登録します。

⑦フィールドリストのタイトルバーをダブルクリックします。

⑧選択したフィールドを図のようにデザイングリッドまでドラッグします。

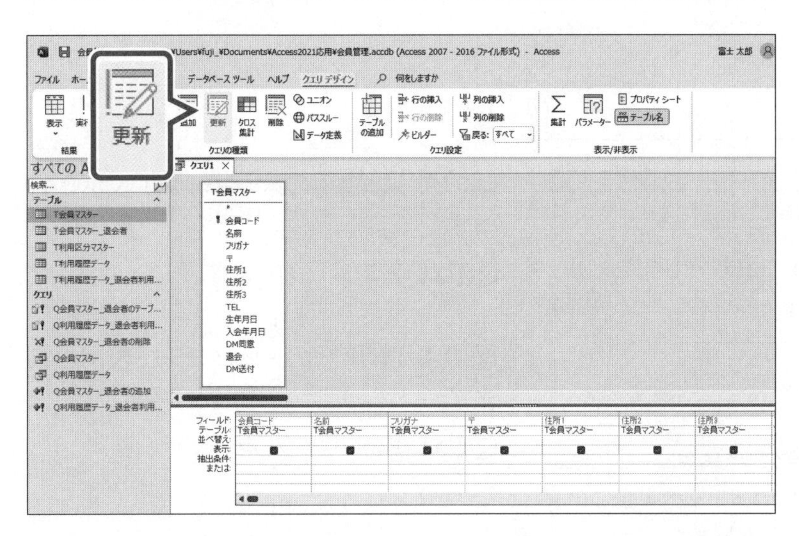

デザイングリッドにすべてのフィールドが登録されます。

すべてのレコードを書き換えるので、抽出条件は設定しません。

アクションクエリの種類を指定します。

⑨**《クエリデザイン》**タブを選択します。

⑩**《クエリの種類》**グループの（クエリの種類：更新）をクリックします。

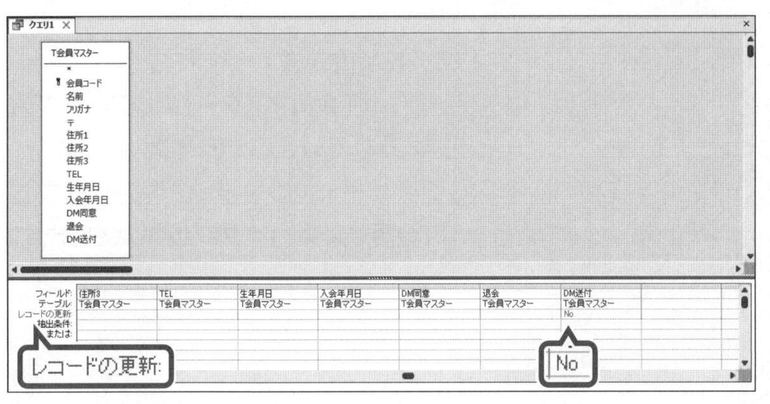

⑪デザイングリッドに**《レコードの更新》**の行が表示されていることを確認します。

※《クエリの種類》グループの（クエリの種類：更新）がオン（濃い灰色の状態）になっていることを確認しましょう。

レコードをどのように書き換えるかを設定します。

⑫**「DM送付」**フィールドの**《レコードの更新》**セルに**「No」**と入力します。

※「False」または「Off」、「0」と入力してもかまいません。

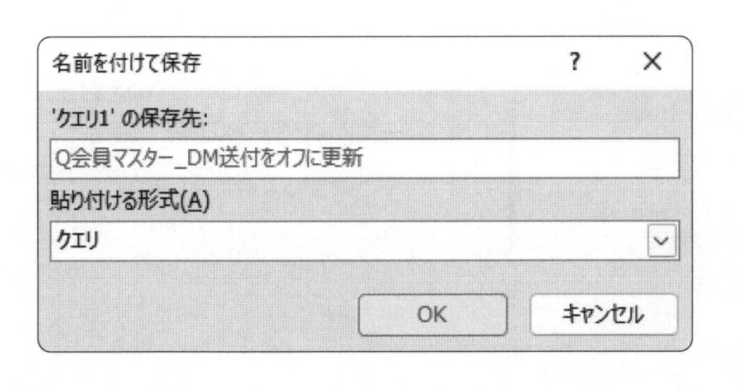

作成した更新クエリを保存します。

⑬ F12 を押します。

《名前を付けて保存》ダイアログボックスが表示されます。

⑭**《'クエリ1'の保存先》**に**「Q会員マスター_DM送付をオフに更新」**と入力します。

⑮**《OK》**をクリックします。

※クエリを閉じておきましょう。

3 更新クエリの実行

更新クエリを実行し、すべての会員の「**DM送付**」を☐に書き換えましょう。

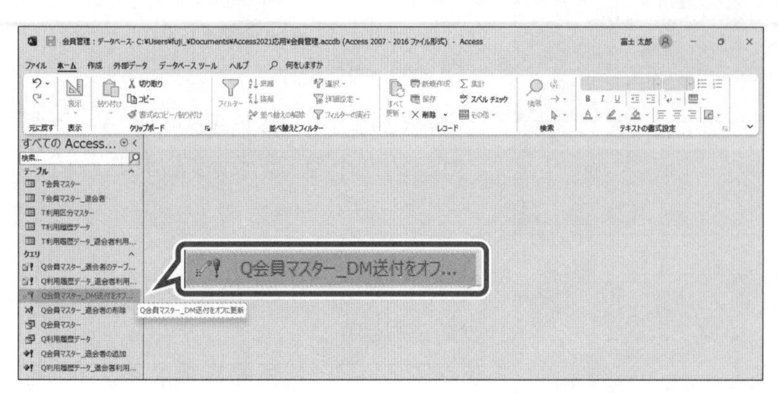

更新クエリを実行します。

①ナビゲーションウィンドウのクエリ「**Q会員マスター_DM送付をオフに更新**」をダブルクリックします。

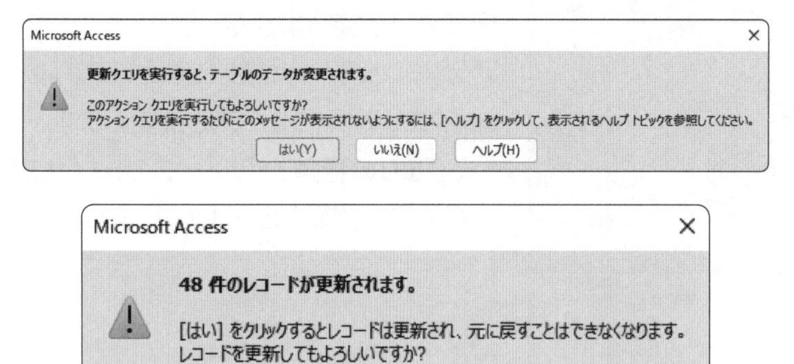

図のような確認のメッセージが表示されます。

②《**はい**》をクリックします。

図のような確認のメッセージが表示されます。

③《**はい**》をクリックします。

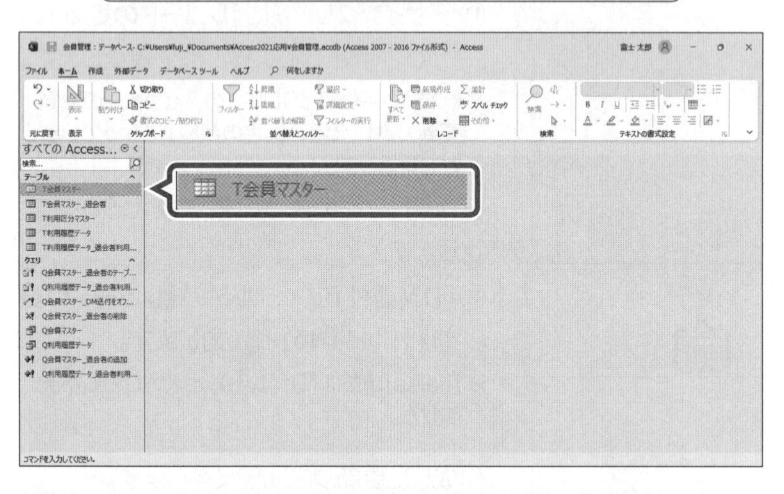

レコードが書き換えられます。

テーブル「**T会員マスター**」のレコードが書き換えられていることを確認します。

④ナビゲーションウィンドウのテーブル「**T会員マスター**」をダブルクリックします。

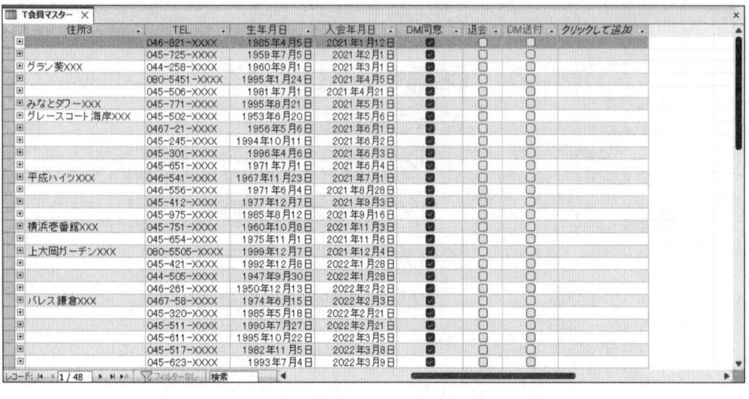

住所3	TEL	生年月日	入会年月日	DM同意	退会	DM送付	クリックして追加
	046-821-XXXX	1985年4月5日	2021年1月12日	☑	☐	☐	
	045-725-XXXX	1959年7月5日	2021年2月1日	☑	☐	☐	
グラン葵XXX	044-258-XXXX	1960年9月1日	2021年3月1日	☑	☐	☐	
	080-5451-XXXX	1995年1月24日	2021年4月5日	☑	☐	☐	
	045-506-XXXX	1981年7月1日	2021年4月21日	☑	☐	☐	
みなとタワーXXX	045-771-XXXX	1995年8月21日	2021年5月1日	☑	☐	☐	
グレースコート海岸XXX	045-502-XXXX	1953年6月20日	2021年5月6日	☑	☐	☐	
	0467-21-XXXX	1956年5月6日	2021年6月1日	☑	☐	☐	
	045-245-XXXX	1994年10月11日	2021年6月2日	☑	☐	☐	
	045-301-XXXX	1996年4月6日	2021年6月3日	☑	☐	☐	
	045-651-XXXX	1971年7月1日	2021年6月4日	☑	☐	☐	
平成ハイツXXX	046-541-XXXX	1967年11月23日	2021年7月1日	☑	☐	☐	
	046-556-XXXX	1971年6月4日	2021年8月28日	☑	☐	☐	
	045-412-XXXX	1977年12月7日	2021年9月3日	☑	☐	☐	
	045-975-XXXX	1985年8月12日	2021年9月16日	☑	☐	☐	
横浜壱番館XXX	045-751-XXXX	1960年10月8日	2021年11月3日	☑	☐	☐	
	045-654-XXXX	1975年11月1日	2021年11月6日	☑	☐	☐	
上大岡ガーデンXXX	080-5505-XXXX	1999年12月7日	2021年12月4日	☑	☐	☐	
	045-421-XXXX	1992年12月8日	2022年1月28日	☑	☐	☐	
	044-505-XXXX	1947年9月30日	2022年1月28日	☑	☐	☐	
	046-261-XXXX	1950年12月13日	2022年2月2日	☑	☐	☐	
パレス鎌倉XXX	0467-58-XXXX	1974年6月15日	2022年2月3日	☑	☐	☐	
	045-320-XXXX	1985年5月18日	2022年2月21日	☑	☐	☐	
	045-511-XXXX	1990年7月27日	2022年2月21日	☑	☐	☐	
	045-611-XXXX	1995年10月22日	2022年3月5日	☑	☐	☐	
	045-517-XXXX	1982年11月5日	2022年3月8日	☑	☐	☐	
	045-623-XXXX	1993年7月4日	2022年3月9日	☑	☐	☐	

レコード: 1 / 48

⑤すべての会員の「**DM送付**」が☐になっていることを確認します。

※テーブルを閉じておきましょう。

STEP UP その他の方法(更新クエリの実行)

◆更新クエリをデザインビューで表示→《クエリデザイン》タブ→《結果》グループの（実行）

STEP 6 更新クエリを作成する(2)

1 作成するクエリの確認

次のような更新クエリ「**Q会員マスター_DM送付をオンに更新**」を作成しましょう。
テーブル「**T会員マスター**」の10月生まれで、かつ「**DM同意**」が☑の会員の「**DM送付**」を☑に書き換えます。

T会員マスター

会員コード	名前	…	生年月日	…	DM同意	DM送付
⋮	⋮		⋮		⋮	⋮
1010	和田　光輝		1956年5月6日		☑	☐
1011	野中　敏也		1994年10月11日		☑	☐
1012	山城　まり		1996年4月6日		☑	☐
⋮	⋮		⋮		⋮	⋮
1017	星　龍太郎		1985年8月12日		☑	☐
1018	宍戸　真智子		1960年10月8日		☑	☐
1019	天野　真未		1975年11月1日		☑	☐
⋮	⋮		⋮		⋮	⋮

更新クエリ

条件
誕生月=10
DM同意 ☑
更新内容
DM送付 ☑

T会員マスター

会員コード	名前	…	生年月日	…	DM同意	DM送付
⋮	⋮		⋮		⋮	⋮
1010	和田　光輝		1956年5月6日		☑	☐
1011	野中　敏也		1994年10月11日		☑	☑
1012	山城　まり		1996年4月6日		☑	☐
⋮	⋮		⋮		⋮	⋮
1017	星　龍太郎		1985年8月12日		☑	☐
1018	宍戸　真智子		1960年10月8日		☑	☑
1019	天野　真未		1975年11月1日		☑	☐
⋮	⋮		⋮		⋮	⋮

2 更新クエリの作成

10月生まれで、かつ「**DM同意**」が☑の会員の「**DM送付**」を☑にするための更新クエリを作成しましょう。
「**誕生月**」フィールドが設定されているクエリ「**Q会員マスター**」をもとに作成します。

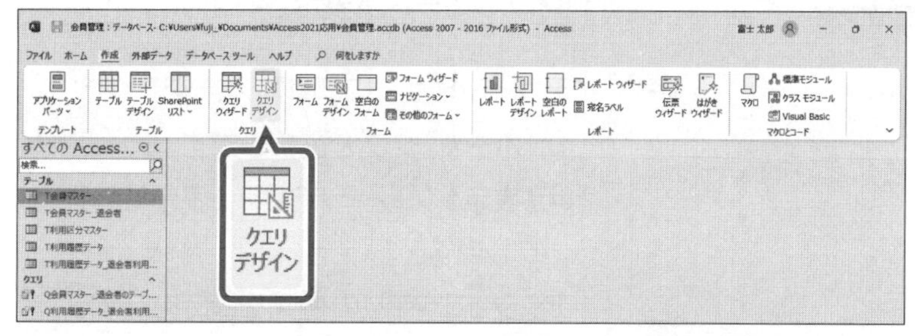

①《**作成**》タブを選択します。
②《**クエリ**》グループの（クエリデザイン）をクリックします。

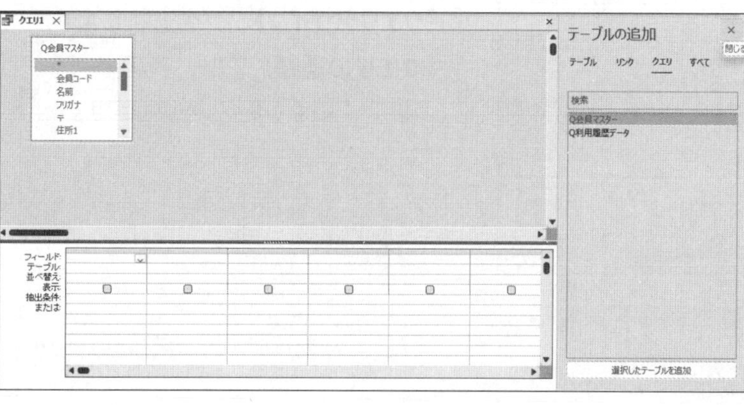

クエリウィンドウと《**テーブルの追加**》が表示されます。
③《**クエリ**》タブを選択します。
④一覧から「**Q会員マスター**」を選択します。
⑤《**選択したテーブルを追加**》をクリックします。
クエリウィンドウにクエリ「**Q会員マスター**」のフィールドリストが表示されます。
《**テーブルの追加**》を閉じます。
⑥《**テーブルの追加**》の ×（閉じる）クリックします。

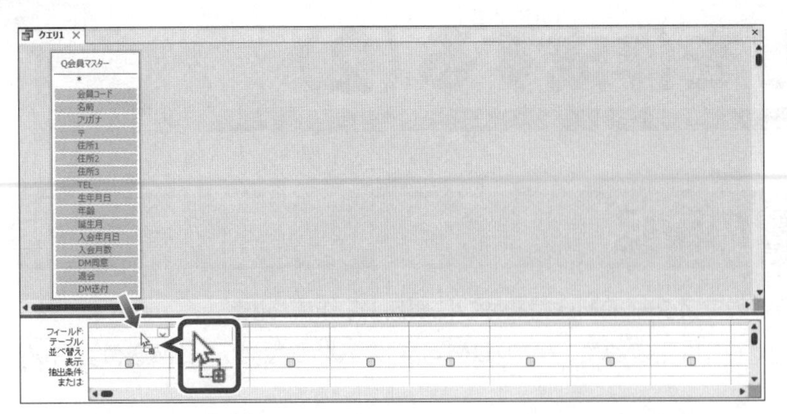

※図のように、フィールドリストのサイズとデザイングリッドの高さを調整しておきましょう。

すべてのフィールドをデザイングリッドに登録します。

⑦フィールドリストのタイトルバーをダブルクリックします。

⑧選択したフィールドを図のようにデザイングリッドまでドラッグします。

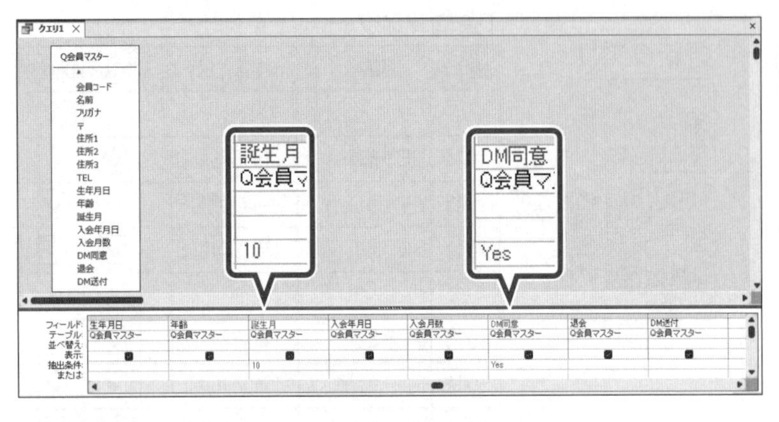

デザイングリッドにすべてのフィールドが登録されます。

抽出条件を設定します。

⑨**「誕生月」**フィールドの**《抽出条件》**セルに**「10」**と入力します。

⑩**「DM同意」**フィールドの**《抽出条件》**セルに**「Yes」**と入力します。

※「True」または「On」、「-1」と入力してもかまいません。

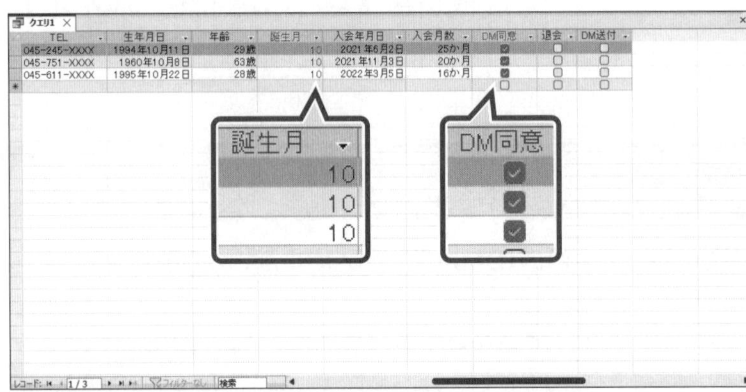

更新クエリを実行した場合に、**「DM送付」**フィールドが☑になるレコードを確認します。

データシートビューに切り替えます。

⑪**《クエリデザイン》**タブを選択します。

⑫**《結果》**グループの ▦ (表示) をクリックします。

「誕生月」が**「10」**で、かつ**「DM同意」**が☑のレコードが表示されます。

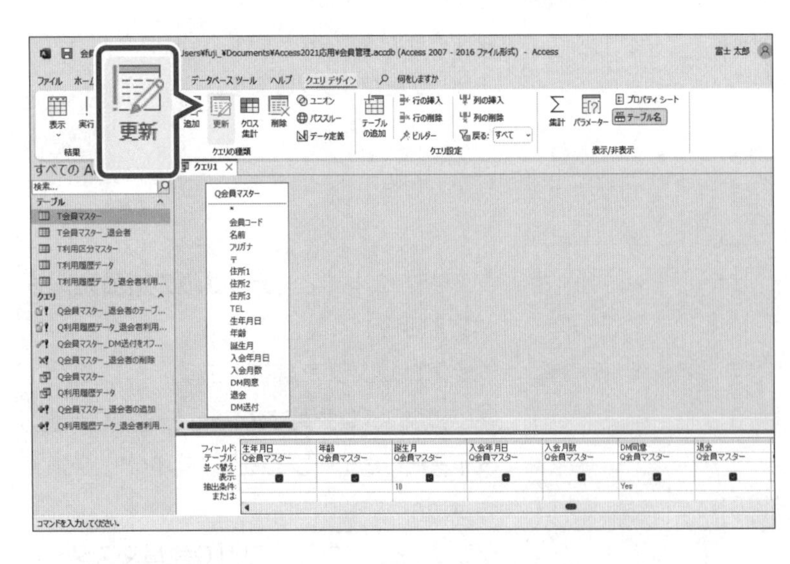

デザインビューに切り替えます。

⑬**《ホーム》**タブを選択します。

⑭**《表示》**グループの ▧ (表示) をクリックします。

アクションクエリの種類を指定します。

⑮**《クエリデザイン》**タブを選択します。

⑯**《クエリの種類》**グループの ▧ (クエリの種類：更新) をクリックします。

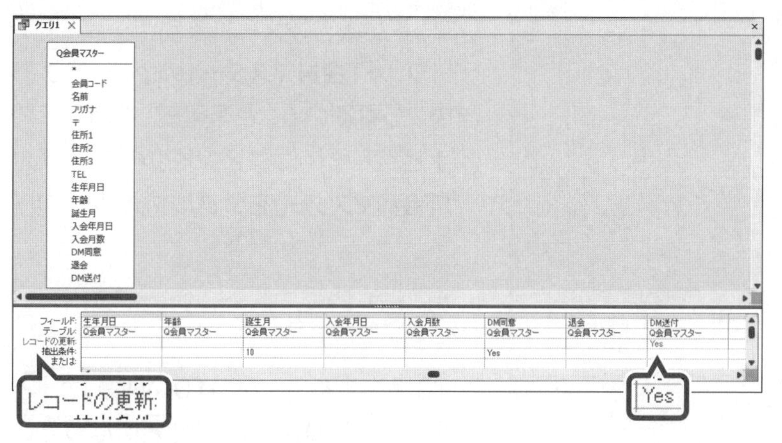

⑰デザイングリッドに《**レコードの更新**》の行が表示されていることを確認します。

※《クエリの種類》グループの（クエリの種類：更新）がオン（濃い灰色の状態）になっていることを確認しましょう。

レコードをどのように書き換えるかを設定します。

⑱**「DM送付」**フィールドの《**レコードの更新**》セルに**「Yes」**と入力します。

※「True」または「On」、「-1」と入力してもかまいません。

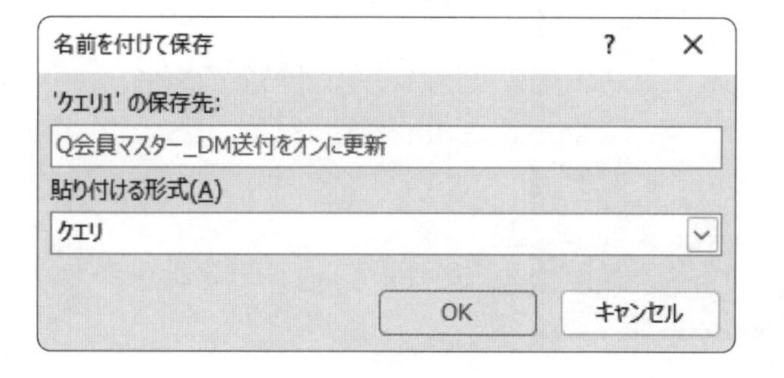

作成した更新クエリを保存します。

⑲ F12 を押します。

《**名前を付けて保存**》ダイアログボックスが表示されます。

⑳《**'クエリ1'の保存先**》に**「Q会員マスター_DM送付をオンに更新」**と入力します。

㉑《**OK**》をクリックします。

※クエリを閉じておきましょう。

3 更新クエリの実行

更新クエリを実行し、10月生まれで、かつ**「DM同意」**が☑の会員の**「DM送付」**を☑に書き換えましょう。

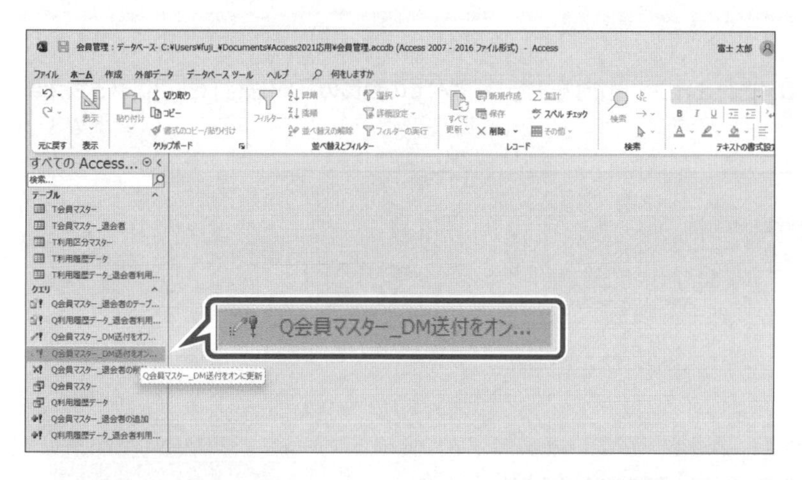

更新クエリを実行します。

①ナビゲーションウィンドウのクエリ**「Q会員マスター_DM送付をオンに更新」**をダブルクリックします。

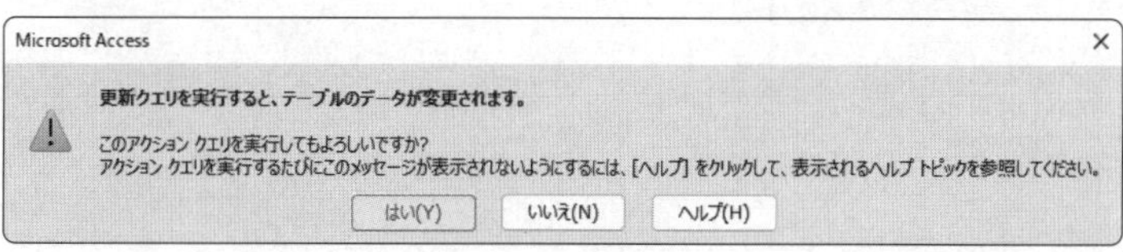

図のような確認のメッセージが表示されます。

②《**はい**》をクリックします。

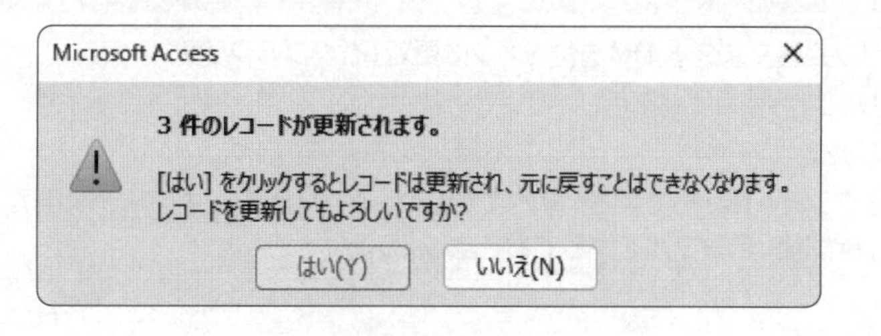

図のような確認のメッセージが表示されます。

③《**はい**》をクリックします。

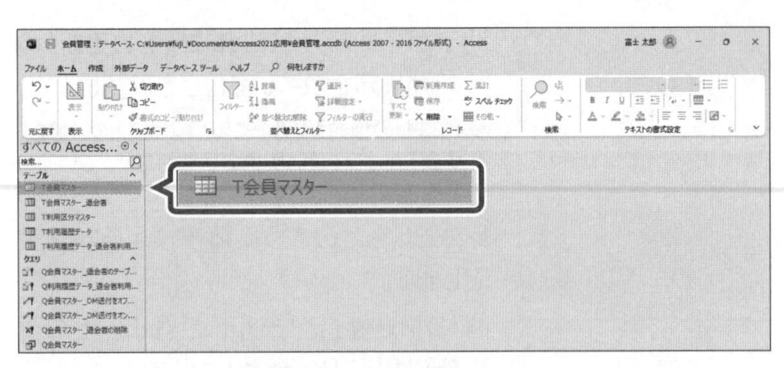

レコードが書き換えられます。

テーブル**「T会員マスター」**のレコードが書き換えられていることを確認します。

④ナビゲーションウィンドウのテーブル**「T会員マスター」**をダブルクリックします。

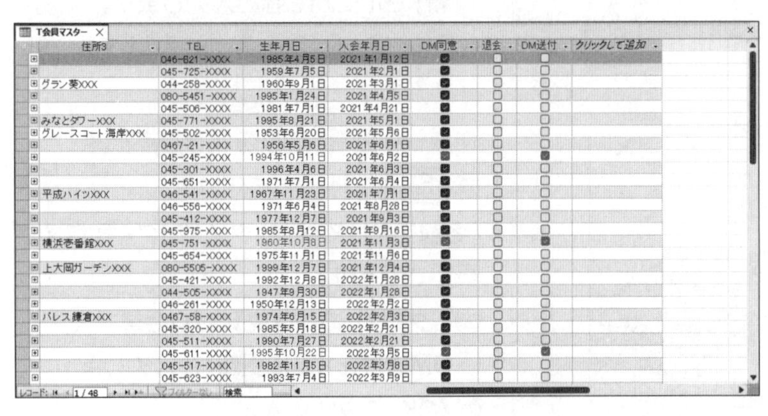

⑤10月生まれで、かつ**「DM同意」**が☑の会員の**「DM送付」**が☑になっていることを確認します。

※テーブルを閉じておきましょう。

STEP UP アクションクエリの表示と実行

通常のクエリ（選択クエリ）では、《結果》グループの［表示］（表示）と［実行］（実行）は同じ結果になります。
アクションクエリでは、［実行］（実行）をクリックするとクエリが実行され、テーブルのレコードが変更されます。
［表示］（表示）をクリックすると、変更の対象となるレコードがデータシートビューで表示されますが、レコードは変更されません。アクションクエリの対象となるレコードを確認する際には、［表示］（表示）を使います。

Let's Try ためしてみよう

更新クエリ「Q会員マスター_DM送付をオフに更新」を実行し、すべての会員の「DM送付」を☐に書き換えましょう。

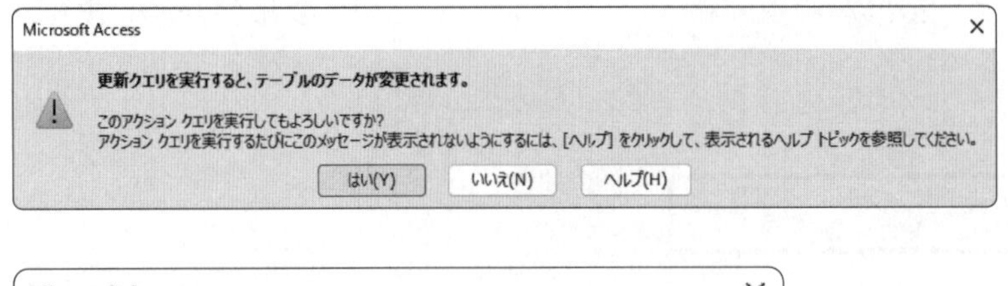

①ナビゲーションウィンドウのクエリ「Q会員マスター_DM送付をオフに更新」をダブルクリック

②メッセージを確認し、《はい》をクリック

③メッセージを確認し、《はい》をクリック

※テーブル「T会員マスター」をデータシートビューで開き、すべてのレコードの「DM送付」フィールドが☐になっていることを確認しましょう。確認後、テーブルを閉じておきましょう。

4 更新クエリの編集

更新クエリを実行するたびに、**「誕生月」**を指定できるように更新クエリを編集しましょう。

1 パラメーターの設定

更新クエリ**「Q会員マスター_DM送付をオンに更新」**をデザインビューで開き、**《抽出条件》**セルにパラメーターを設定しましょう。

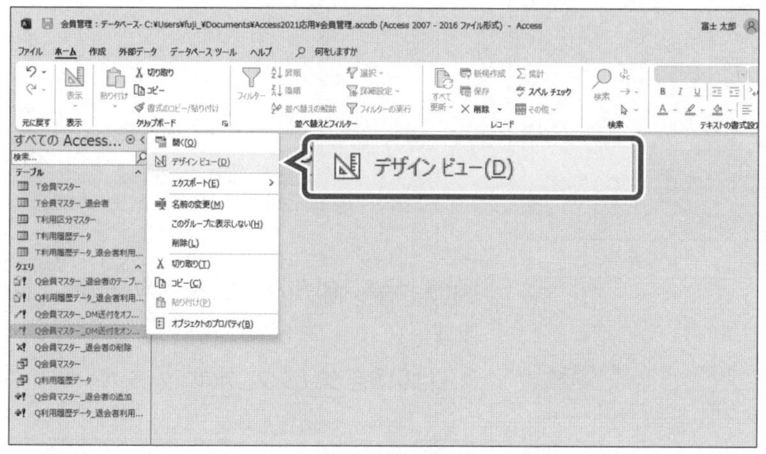

①ナビゲーションウィンドウのクエリ**「Q会員マスター_DM送付をオンに更新」**を右クリックします。

②**《デザインビュー》**をクリックします。

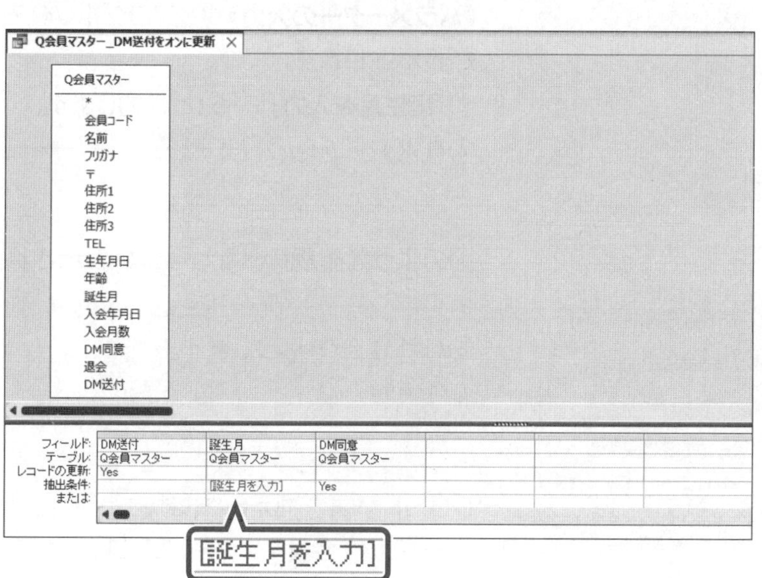

更新クエリがデザインビューで開かれます。

※更新クエリを保存し、再度デザインビューで開くと、条件を設定したフィールドと更新するフィールド以外は自動的に削除されます。

パラメーターを設定します。

③**「誕生月」**フィールドの**《抽出条件》**セルを次のように修正します。

[誕生月を入力]

※[ ]は半角で入力します。

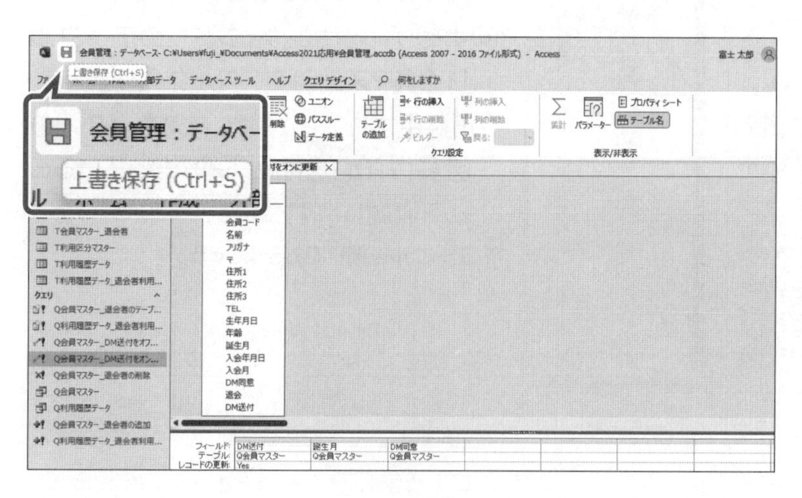

更新クエリを上書き保存します。

④クイックアクセスツールバーの（上書き保存）をクリックします。

※クエリを閉じておきましょう。

2 更新クエリの実行

更新クエリを実行し、5月生まれで、かつ**「DM同意」**が☑の会員の**「DM送付」**を☑に書き換えましょう。

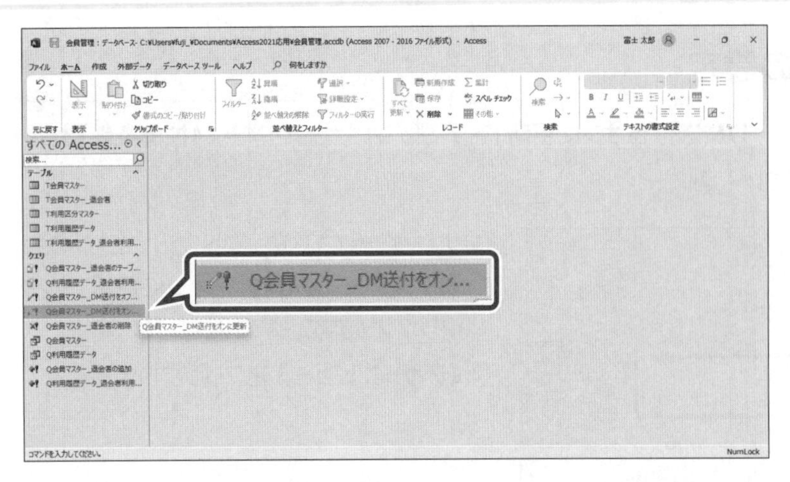

更新クエリを実行します。

①ナビゲーションウィンドウのクエリ**「Q会員マスター_DM送付をオンに更新」**をダブルクリックします。

図のような確認のメッセージが表示されます。

②**《はい》**をクリックします。

《パラメーターの入力》ダイアログボックスが表示されます。

③**「誕生月を入力」**に**「5」**と入力します。

④**《OK》**をクリックします。

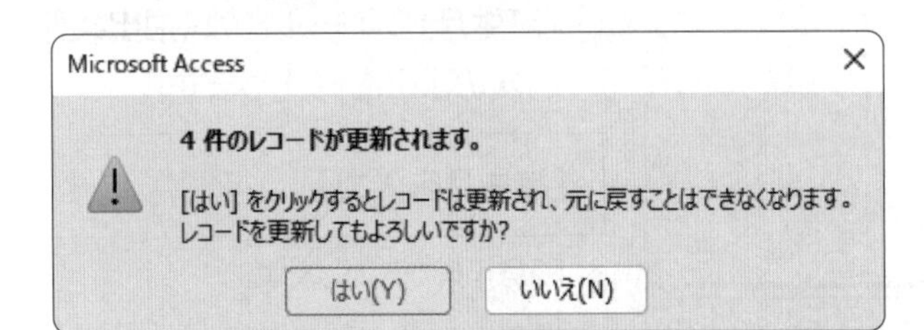

図のような確認のメッセージが表示されます。

⑤**《はい》**をクリックします。

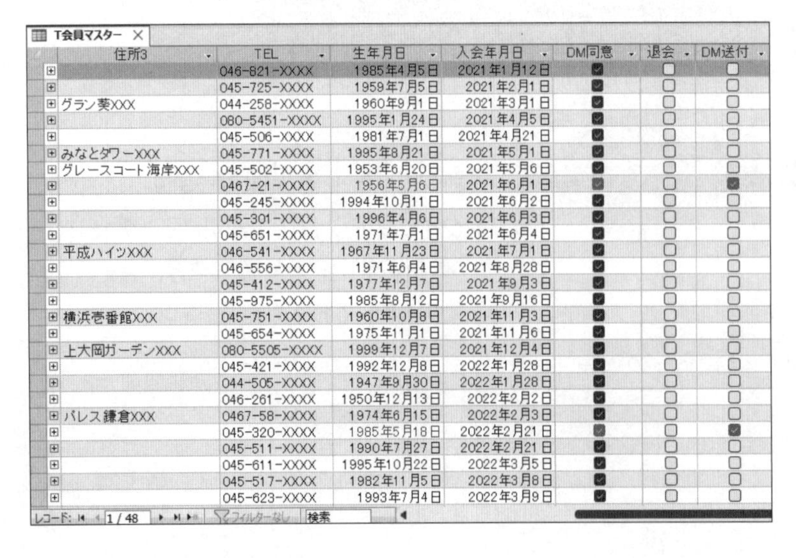

T会員マスター

住所3	TEL	生年月日	入会年月日	DM同意	退会	DM送付
	046-821-XXXX	1985年4月5日	2021年1月12日	☑	☐	☐
	045-725-XXXX	1959年7月5日	2021年2月1日	☑	☐	☐
グラン葵XXX	044-258-XXXX	1960年9月1日	2021年3月1日	☑	☐	☐
	080-5451-XXXX	1995年1月24日	2021年4月5日	☑	☐	☐
	045-506-XXXX	1981年7月1日	2021年4月21日	☑	☐	☐
みなとタワーXXX	045-771-XXXX	1995年8月21日	2021年5月1日	☑	☐	☐
グレースコート海岸XXX	045-502-XXXX	1953年6月20日	2021年5月6日	☑	☐	☐
	0467-21-XXXX	1956年5月6日	2021年6月1日	☑	☐	☑
	045-245-XXXX	1994年10月11日	2021年6月2日	☑	☐	☐
	045-301-XXXX	1996年4月6日	2021年6月3日	☑	☐	☐
	045-651-XXXX	1971年7月1日	2021年6月4日	☑	☐	☐
平成ハイツXXX	046-541-XXXX	1967年11月23日	2021年7月1日	☑	☐	☐
	046-556-XXXX	1971年6月4日	2021年8月28日	☑	☐	☐
	045-412-XXXX	1977年12月7日	2021年9月3日	☑	☐	☐
	045-975-XXXX	1985年8月12日	2021年9月16日	☑	☐	☐
横浜壱番館XXX	045-751-XXXX	1960年10月8日	2021年11月3日	☑	☐	☐
	045-654-XXXX	1975年11月1日	2021年11月6日	☑	☐	☐
上大岡ガーデンXXX	080-5505-XXXX	1999年12月7日	2021年12月4日	☑	☐	☐
	045-421-XXXX	1992年12月8日	2022年1月28日	☑	☐	☐
	044-505-XXXX	1947年9月30日	2022年1月28日	☑	☐	☐
	046-261-XXXX	1950年12月13日	2022年2月2日	☑	☐	☐
パレス鎌倉XXX	0467-58-XXXX	1974年6月15日	2022年2月3日	☑	☐	☐
	045-320-XXXX	1985年5月18日	2022年2月21日	☑	☐	☑
	045-511-XXXX	1990年7月27日	2022年2月21日	☑	☐	☐
	045-611-XXXX	1995年10月22日	2022年3月5日	☑	☐	☐
	045-517-XXXX	1982年11月5日	2022年3月8日	☑	☐	☐
	045-623-XXXX	1993年7月4日	2022年3月9日	☑	☐	☐

レコード: 1 / 48 フィルターなし 検索

レコードが書き換えられます。

テーブル**「T会員マスター」**のレコードが書き換えられていることを確認します。

⑥ナビゲーションウィンドウのテーブル**「T会員マスター」**をダブルクリックします。

⑦5月生まれで、かつ**「DM同意」**が☑の会員の**「DM送付」**が☑になっていることを確認します。

※テーブルを閉じておきましょう。

STEP 7 不一致クエリを作成する

1 不一致クエリ

「不一致クエリ」とは、2つのテーブルの共通のフィールドを比較して、一方のテーブルにしか存在しないデータを抽出するクエリのことです。
不一致クエリを使うと、サービスを利用していない会員を探したり、売上のない商品を探したりできます。

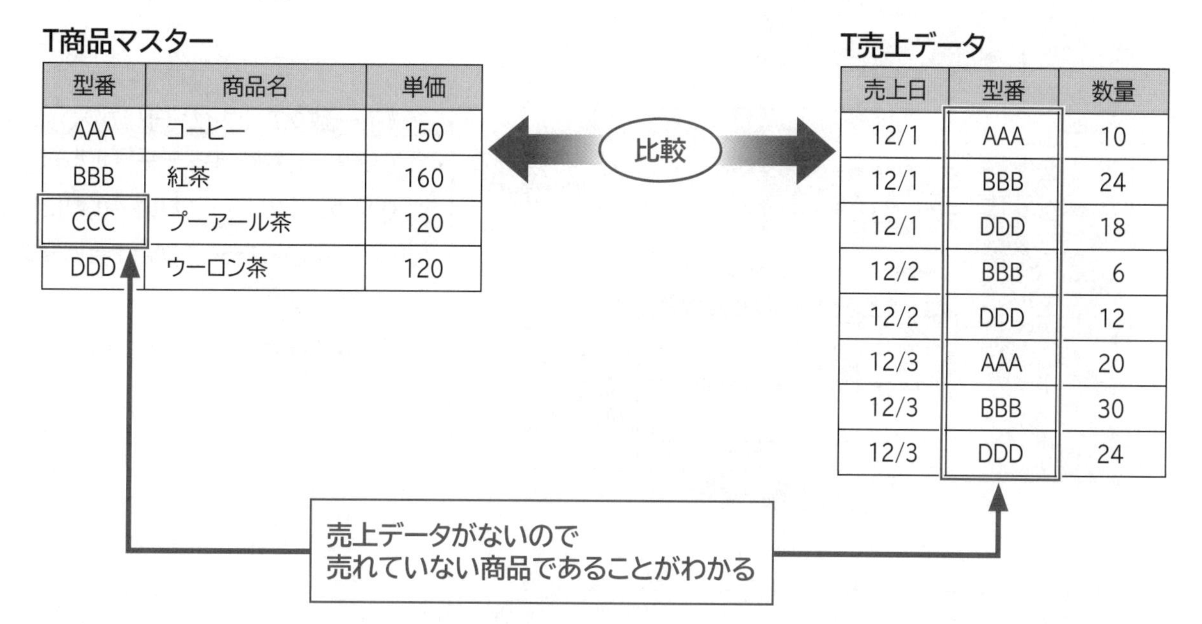

T商品マスター

型番	商品名	単価
AAA	コーヒー	150
BBB	紅茶	160
CCC	プーアール茶	120
DDD	ウーロン茶	120

T売上データ

売上日	型番	数量
12/1	AAA	10
12/1	BBB	24
12/1	DDD	18
12/2	BBB	6
12/2	DDD	12
12/3	AAA	20
12/3	BBB	30
12/3	DDD	24

2 不一致クエリの作成

スポーツクラブを利用していない会員を抽出しましょう。
会員の利用履歴は、テーブル**「T利用履歴データ」**に保存されています。
テーブル**「T会員マスター」**とテーブル**「T利用履歴データ」**の共通のフィールド**「会員コード」**を比較して、テーブル**「T利用履歴データ」**に存在しない会員を抽出します。
「不一致クエリウィザード」を使うと、対話形式で簡単に不一致クエリを作成できます。

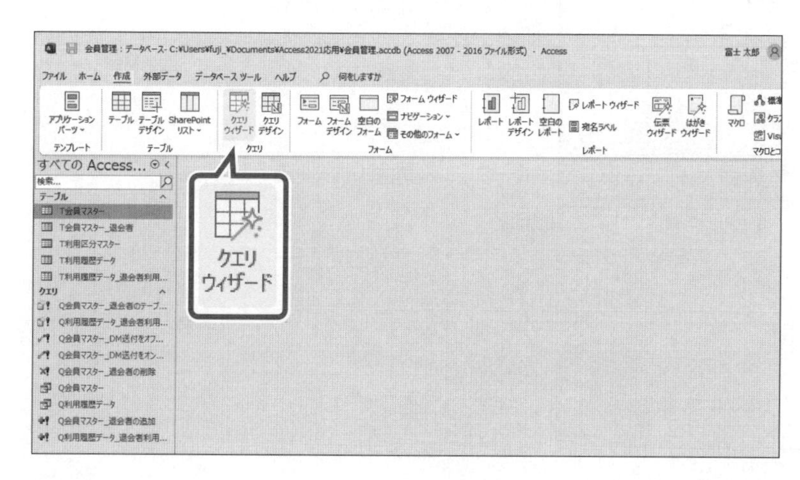

①**《作成》**タブを選択します。
②**《クエリ》**グループの（クエリウィザード）をクリックします。

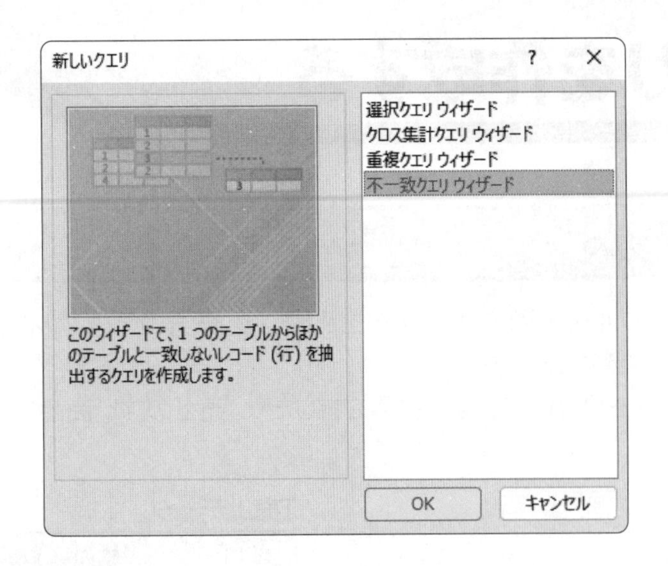

《新しいクエリ》ダイアログボックスが表示されます。

③一覧から**《不一致クエリウィザード》**を選択します。

④**《OK》**をクリックします。

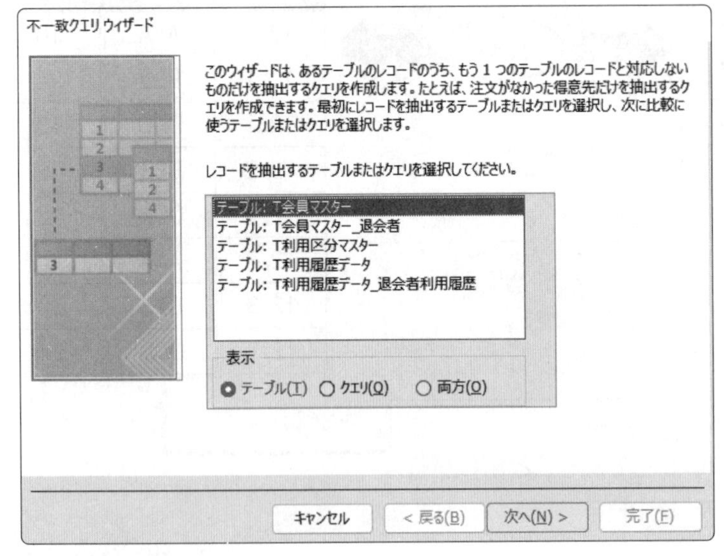

《不一致クエリウィザード》が表示されます。

レコードを抽出するテーブルを選択します。

⑤**《表示》**の**《テーブル》**を⦿にします。

⑥一覧から**「テーブル：T会員マスター」**を選択します。

⑦**《次へ》**をクリックします。

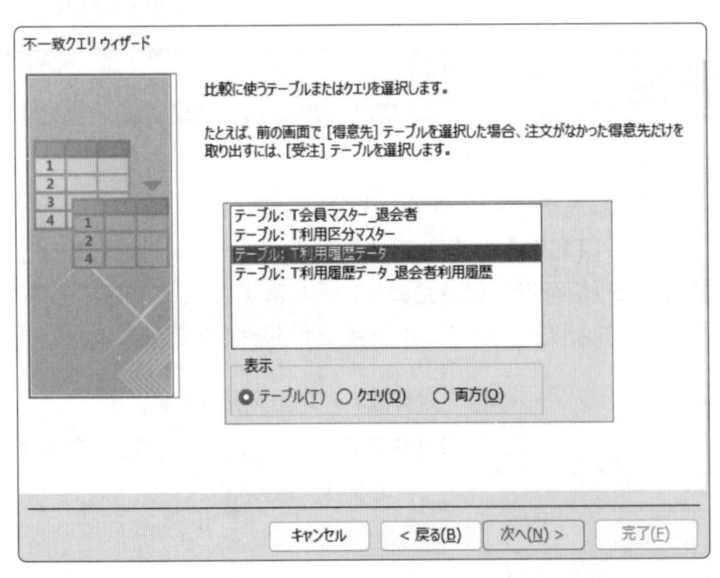

比較に使うテーブルを選択します。

⑧**《表示》**の**《テーブル》**を⦿にします。

⑨一覧から**「テーブル：T利用履歴データ」**を選択します。

⑩**《次へ》**をクリックします。

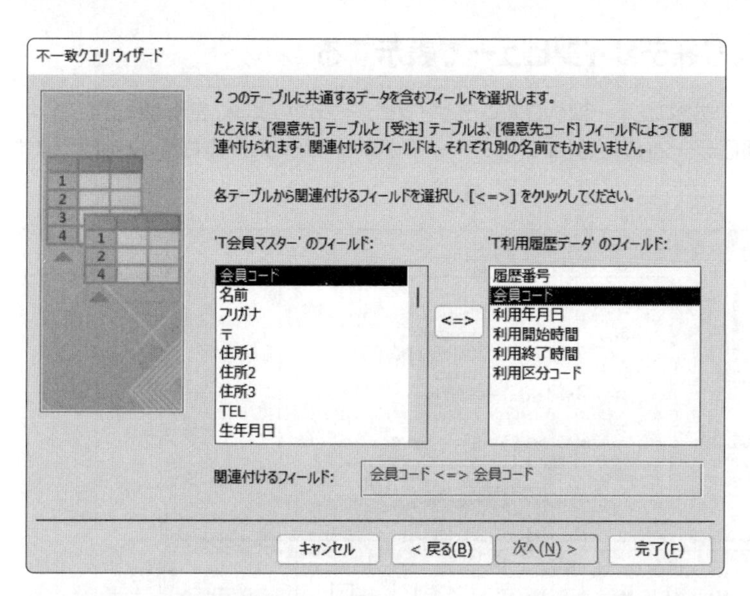

共通のフィールドを選択します。

⑪《関連付けるフィールド：》に《会員コード<=>会員コード》と表示されていることを確認します。

⑫《次へ》をクリックします。

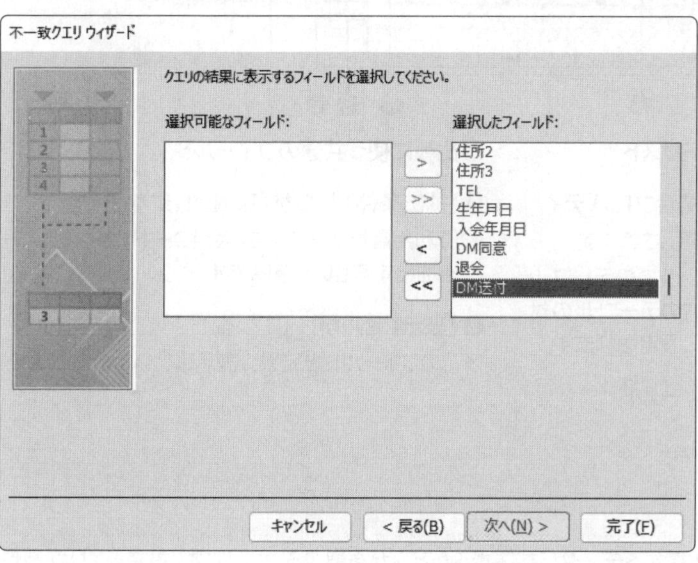

クエリの結果に表示するフィールドを選択します。

すべてのフィールドを選択します。

⑬ [>>] をクリックします。

⑭《次へ》をクリックします。

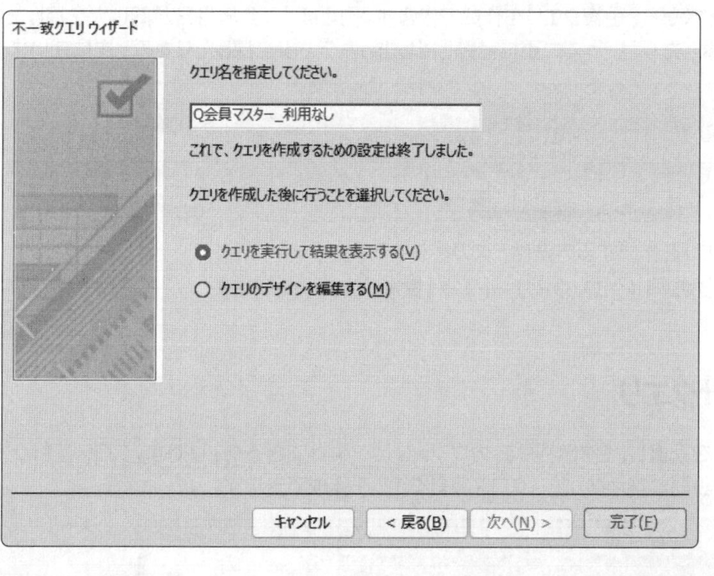

クエリ名を指定します。

⑮《クエリ名を指定してください。》に「Q会員マスター_利用なし」と入力します。

⑯《クエリを実行して結果を表示する》を◉にします。

⑰《完了》をクリックします。

Q会員マスター_利用なし

会員コード	名前	フリガナ	〒	住所1	住所2	住所3
1015	布施　友香	フセ トモカ	243-0033	神奈川県	厚木市温水2-X-X	
1028	渡辺　百合	ワタベ　ユリ	230-0045	神奈川県	横浜市鶴見区末広町3-X-X	
1051	竹下　香	タケシタ カオリ	230-0051	神奈川県	横浜市鶴見区鶴見中央1-X-X	
*						

レコード: 1 / 3　フィルターなし　検索

スポーツクラブを利用していない会員のレコードが表示されます。

※クエリを閉じ、データベースを閉じておきましょう。

STEP UP 不一致クエリをデザインビューで表示する

不一致クエリウィザードを使って作成された不一致クエリは、デザインビューで次のように表示されます。
※比較に使うテーブル「T利用履歴データ」の「会員コード」フィールドがデザイングリッドの右端に追加されます。

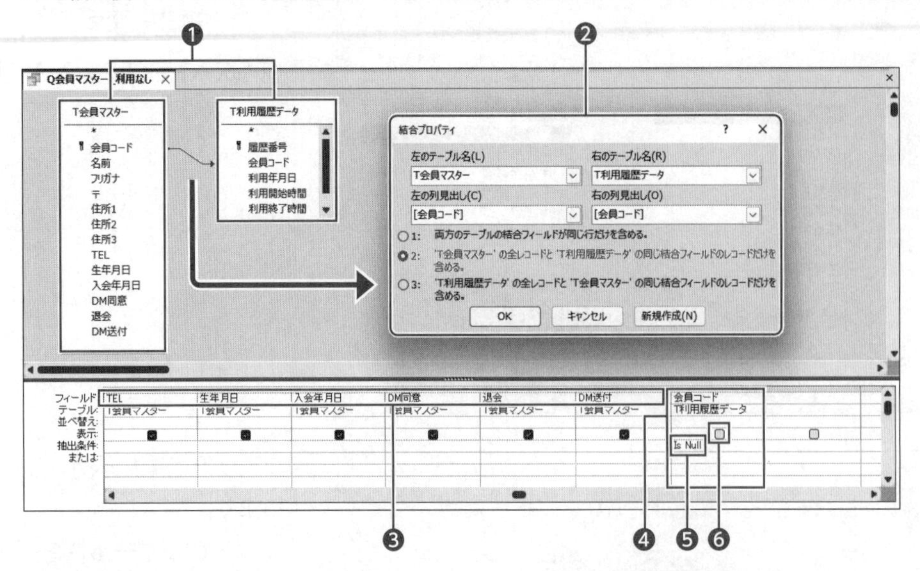

❶比較するテーブルのフィールドリスト

❷比較する共通のフィールドの結合プロパティ
※結合線をダブルクリックすると表示されます。
※不一致クエリウィザードによって、1つのテーブルのすべてのレコードと、もう一方のテーブルの対応するレコードを表示するように設定されます。

❸クエリの結果に表示されるフィールド

❹比較に使う共通のフィールド

❺《抽出条件》セルが「Is Null」になる
※「T利用履歴データ」に「会員コード」がないレコードを抽出するという意味です。

❻《表示》セルが□になる
※このフィールドを結果に表示しないという意味です。

STEP UP 重複クエリ

テーブルやクエリのフィールドに重複するデータが存在するかどうかを調べるクエリです。重複クエリウィザードを使うと、対話形式の設問に答えながら、重複クエリを作成できます。例えば、入会年月日が同じ人を探したり、複数の会社を担当している人を探したり、誤って二重に登録してしまったデータを探したりするときに使います。

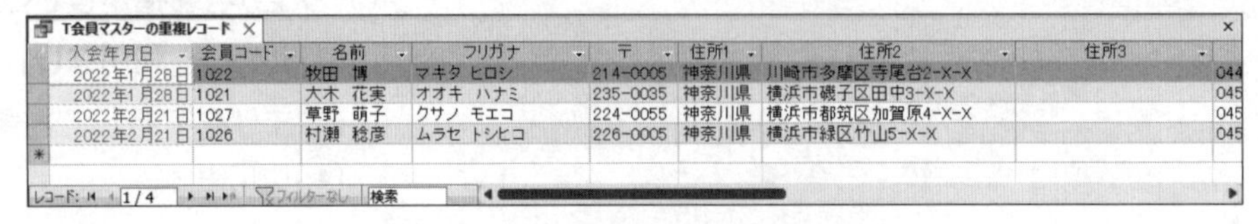

T会員マスターの重複レコード

入会年月日	会員コード	名前	フリガナ	〒	住所1	住所2	住所3	
2022年1月28日	1022	牧田 博	マキタ ヒロシ	214-0005	神奈川県	川崎市多摩区寺尾台2-X-X		044
2022年1月28日	1021	大木 花実	オオキ ハナミ	235-0035	神奈川県	横浜市磯子区田中3-X-X		045
2022年2月21日	1027	草野 萌子	クサノ モエコ	224-0055	神奈川県	横浜市都筑区加賀原4-X-X		045
2022年2月21日	1026	村瀬 稔彦	ムラセ トシヒコ	226-0005	神奈川県	横浜市緑区竹山5-X-X		045

レコード: 1/4 フィルターなし 検索

重複クエリウィザードを使ったクエリを作成する方法は、次のとおりです。
◆《作成》タブ→《クエリ》グループの (クエリウィザード)→《重複クエリウィザード》

STEP UP クロス集計クエリ

行見出しと列見出しにフィールドを配置し、合計や平均、カウントなどを集計できるクエリです。クロス集計クエリウィザードを使うと、対話形式の設問に答えながら、クロス集計クエリを作成できます。

Q利用履歴データのクロス集計

利用年月日	合計 会員コード	エアロビクス	ゴルフ	テニス	一般ジム	筋力ジム	水泳
2023/04/01	9		1	1	3	2	2
2023/04/02	2			1	1		
2023/04/03	8	1		1	4	1	1
2023/04/04	8	1		1	4	2	
2023/04/05	8			2	5	1	
2023/04/06	7	1		1	3	2	
2023/04/07	1	1					
2023/04/08	11	1			6	3	1
2023/04/09	6		1	1	2	1	1
2023/04/10	7	1		1	2	3	

レコード: 1/30 フィルターなし 検索

クロス集計クエリウィザードを使ったクエリを作成する方法は、次のとおりです。
◆《作成》タブ→《クエリ》グループの (クエリウィザード)→《クロス集計クエリウィザード》

第6章

販売管理データベースの概要

STEP 1 販売管理データベースの概要

1 データベースの概要

第7章～第10章では、データベース**「販売管理.accdb」**を使って、実用的なフォームやレポートの作成方法を学習します。
「販売管理.accdb」の目的とテーブルの設計は、次のとおりです。

●目的

ある酒類の卸業者を例に、次のようなデータを管理します。

- **商品のマスター情報（商品コード、商品名、価格など）**
- **得意先のマスター情報（会社名、住所、電話番号など）**
- **売上情報（どの商品がどの得意先に売れたかなど）**

●テーブルの設計

次の5つのテーブルに分類して、データを格納します。

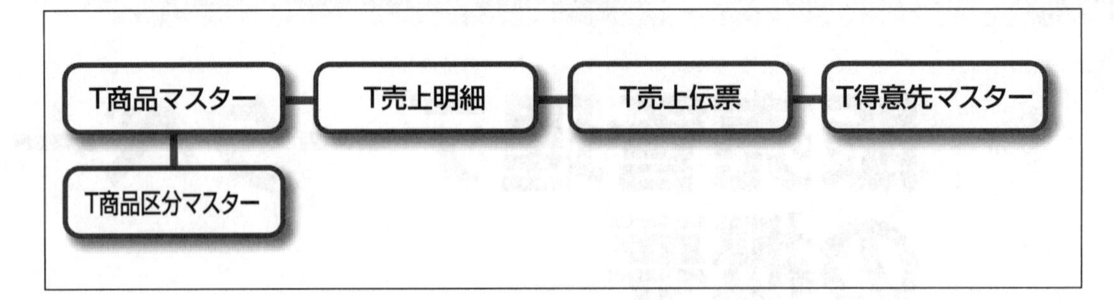

2 データベースの確認

フォルダー**「Access2021応用」**に保存されているデータベース**「販売管理.accdb」**を開き、それぞれのテーブルを確認しましょう。

» データベース「販売管理.accdb」を開いておきましょう。

※《セキュリティの警告》メッセージバーが表示された場合は、《コンテンツの有効化》をクリックしておきましょう。

1 テーブルの確認

あらかじめ作成されている各テーブルの内容を確認しましょう。

●T商品マスター

T商品マスター

商品コード	商品名	商品区分コード	単価	販売終息
1010	櫻金箔酒	A	¥4,500	☐
1020	櫻大吟醸酒	A	¥5,500	☐
1030	櫻吟醸酒	A	¥4,000	☐
1040	櫻焼酎	A	¥1,800	☐
1050	櫻にごり酒	A	¥2,500	☐
2010	SAKURA BEER	B	¥200	☐
2020	SAKURA レッドラベル	B	¥250	☐
2030	クラシック　さくら	B	¥300	☐
2040	SAKURA　ペールエール	B	¥200	☐
2050	SAKURA　ダークエール	B	¥300	☐
2060	SAKURA　オーガニック	B	¥200	☑
3010	マーガレットVSOP	Z	¥5,000	☐
3020	シングルモルト櫻	Z	¥3,500	☐
3030	SAKURAスパークリング	Z	¥4,000	☐
4010	すずらん(白)	C	¥3,500	☐
4020	カサブランカ(白)	C	¥3,000	☐
4030	スイトピー(赤)	C	¥3,000	☐
4040	スイトピー(ロゼ)	C	¥3,000	☐
4050	薔薇(赤)	C	¥2,800	☐
5010	AOYAMA梅酒	Z	¥1,800	☐
5020	AOYAMAあんず酒	Z	¥800	☐
5030	AOYAMAりんご酒	Z	¥600	☑
5040	AOYAMA桂花珍酒	Z	¥1,000	☐
5050	AOYAMA白酒	Z	¥500	☐
*			¥0	☐

レコード: 1 / 24　フィルターなし　検索

●T商品区分マスター

T商品区分マスター

商品区分コード	商品区分
A	日本酒
B	ビール
C	ワイン
Z	その他
*	

レコード: 1 / 4　フィル

●T得意先マスター

T得意先マスター

得意先コード	得意先名	フリガナ	〒	住所1	住所2
10010	スーパー浜富株式会社	スーパーハマトミカブシキガイシャ	606-0813	京都府	京都市左京区下鴨貴船町1-X-X
10020	株式会社フラワースーパー	カブシキガイシャフラワースーパー	606-8402	京都府	京都市左京区銀閣寺町2-X-X
10030	北白川プラザ株式会社	キタシラカワプラザカブシキガイシャ	606-8254	京都府	京都市左京区北白川東瀬ノ内町3-X-X
10040	スターマーケット株式会社	スターマーケットカブシキガイシャ	606-0065	京都府	京都市左京区上高野八幡町5-X-X
10050	株式会社海山商店	カブシキガイシャウミヤマショウテン	606-8021	京都府	京都市左京区修学院沖殿町4-X-X
20010	株式会社福原スーパー	カブシキガイシャフクハラスーパー	602-8033	京都府	京都市上京区上鍛冶町1-X-X
20020	株式会社さいとう商店	カブシキガイシャサイトウショウテン	602-0054	京都府	京都市上京区飛鳥井町8-1-X
20030	スーパーハッピー株式会社	スーパーハッピーカブシキガイシャ	602-0005	京都府	京都市上京区妙顕寺前町1-X-X
20040	株式会社京都デパート	カブシキガイシャキョウトデパート	602-0036	京都府	京都市上京区蒔鳥屋町2-X-X
20050	丸山マーケット株式会社	マルヤママーケットカブシキガイシャ	602-8141	京都府	京都市上京区上堀川町5-X-X
30010	株式会社スーパーエブリデイ	カブシキガイシャスーパーエブリデイ	604-8316	京都府	京都市中京区三坊大宮町3-X-X
30020	なかむらデパート株式会社	ナカムラデパートカブシキガイシャ	604-0024	京都府	京都市中京区下妙覚寺町2-X-X
30030	フレッシュマーケット株式会社	フレッシュマーケットカブシキガイシャ	604-8234	京都府	京都市中京区藤西町9-1-X
30040	株式会社鈴木商店	カブシキガイシャスズキショウテン	604-0081	京都府	京都市中京区田中町1-X-X
30050	高丸デパート株式会社	タカマルデパートカブシキガイシャ	604-0921	京都府	京都市中京区西生洲町3-X-X
*					

レコード: 1 / 15　フィルターなし　検索

●T売上伝票

T売上伝票

伝票番号	売上日	得意先コード
1001	2023/04/01	10030
1002	2023/04/01	20010
1003	2023/04/02	10040
1004	2023/04/02	30030
1005	2023/04/02	30020
1006	2023/04/02	10020
1007	2023/04/03	20030
1008	2023/04/03	30050
1009	2023/04/03	20020
1010	2023/04/04	10010
1011	2023/04/04	10050
1012	2023/04/04	20040
1013	2023/04/04	30040
1014	2023/04/04	20050
1015	2023/04/05	30010
1016	2023/04/05	10030
1017	2023/04/05	20010
1018	2023/04/05	10040
1019	2023/04/08	30030
1020	2023/04/08	30020
1021	2023/04/08	10020
1022	2023/04/08	20030
1023	2023/04/09	30050
1024	2023/04/09	20020
1025	2023/04/09	10010
1026	2023/04/09	10050
1027	2023/04/10	20040

レコード: 1 / 165 フィルターなし 検索

●T売上明細

T売上明細

明細番号	伝票番号	商品コード	数量
1	1001	2010	20
2	1001	3030	5
3	1001	4030	5
4	1002	1050	25
5	1002	2030	40
6	1003	1010	5
7	1003	3010	10
8	1004	1030	15
9	1004	4020	15
10	1004	1040	10
11	1004	2020	30
12	1004	2050	10
13	1005	1020	9
14	1005	4050	2
15	1006	3020	20
16	1006	2040	40
17	1006	5010	5
18	1007	2060	10
19	1007	4010	5
20	1008	4040	15
21	1009	2010	50
22	1009	3030	10
23	1010	4030	7
24	1010	5010	3
25	1011	2010	30
26	1011	1010	6
27	1012	3010	5

レコード: 1 / 343 フィルターなし 検索

※テーブル「T売上伝票」の「得意先コード」フィールドには、ルックアップフィールドが設定されています。
※実際の運用では、売上伝票、売上明細のデータはフォームで入力します。
　学習を進めやすくするため、あらかじめデータを用意しています。

2 リレーションシップの確認

各テーブル間のリレーションシップを確認しましょう。

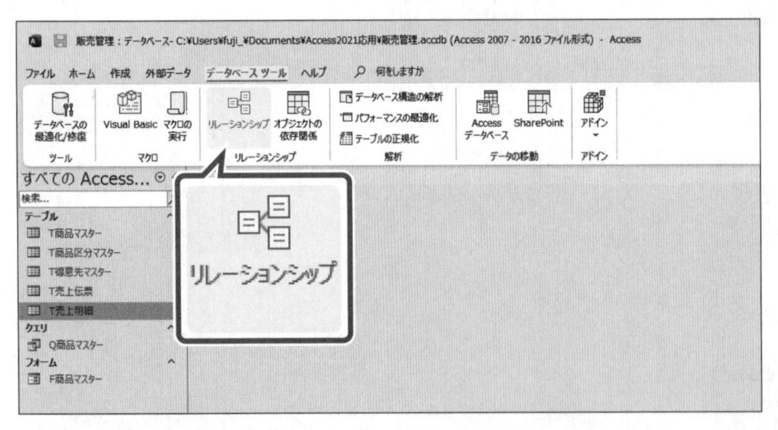

①《データベースツール》タブを選択します。
②《リレーションシップ》グループの（リレーションシップ）をクリックします。

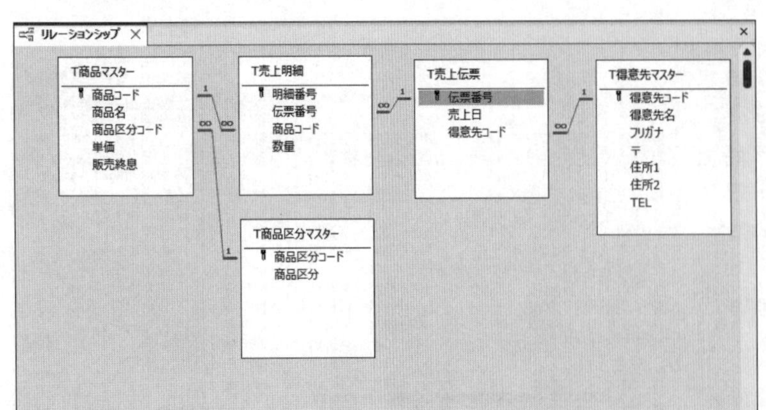

リレーションシップウィンドウが表示されます。
③各テーブル間のリレーションシップを確認します。
※リレーションシップウィンドウを閉じておきましょう。

第7章

フォームの活用

第7章 この章で学ぶこと

学習前に習得すべきポイントを理解しておき、
学習後には確実に習得できたかどうかを振り返りましょう。

学習内容	参照ページ	チェック
■フォームのコントロールについて説明できる。	→ P.114	☑☑☑
■フォームに、統一したデザイン（テーマ）を適用できる。	→ P.115	☑☑☑
■フォームに、任意の文字を自由に配置するラベルを作成できる。	→ P.118	☑☑☑
■フォームに、ドロップダウン形式の一覧から値を選択するコンボボックスを作成できる。	→ P.119	☑☑☑
■フォームに、常に表示されている一覧から値を選択するリストボックスを作成できる。	→ P.125	☑☑☑
■フォームに、複数の選択肢からひとつを選択するオプショングループとオプションボタンを作成できる。	→ P.128	☑☑☑
■カーソルがフォーム内のコントロールを移動する順番（タブオーダー）を設定できる。	→ P.133	☑☑☑

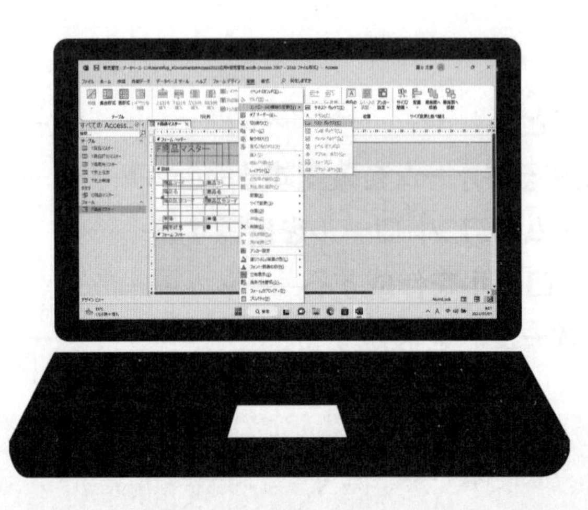

STEP 1 作成するフォームを確認する

1 作成するフォームの確認

次のように、フォーム「**F商品マスター**」を編集しましょう。

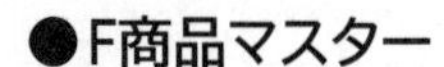

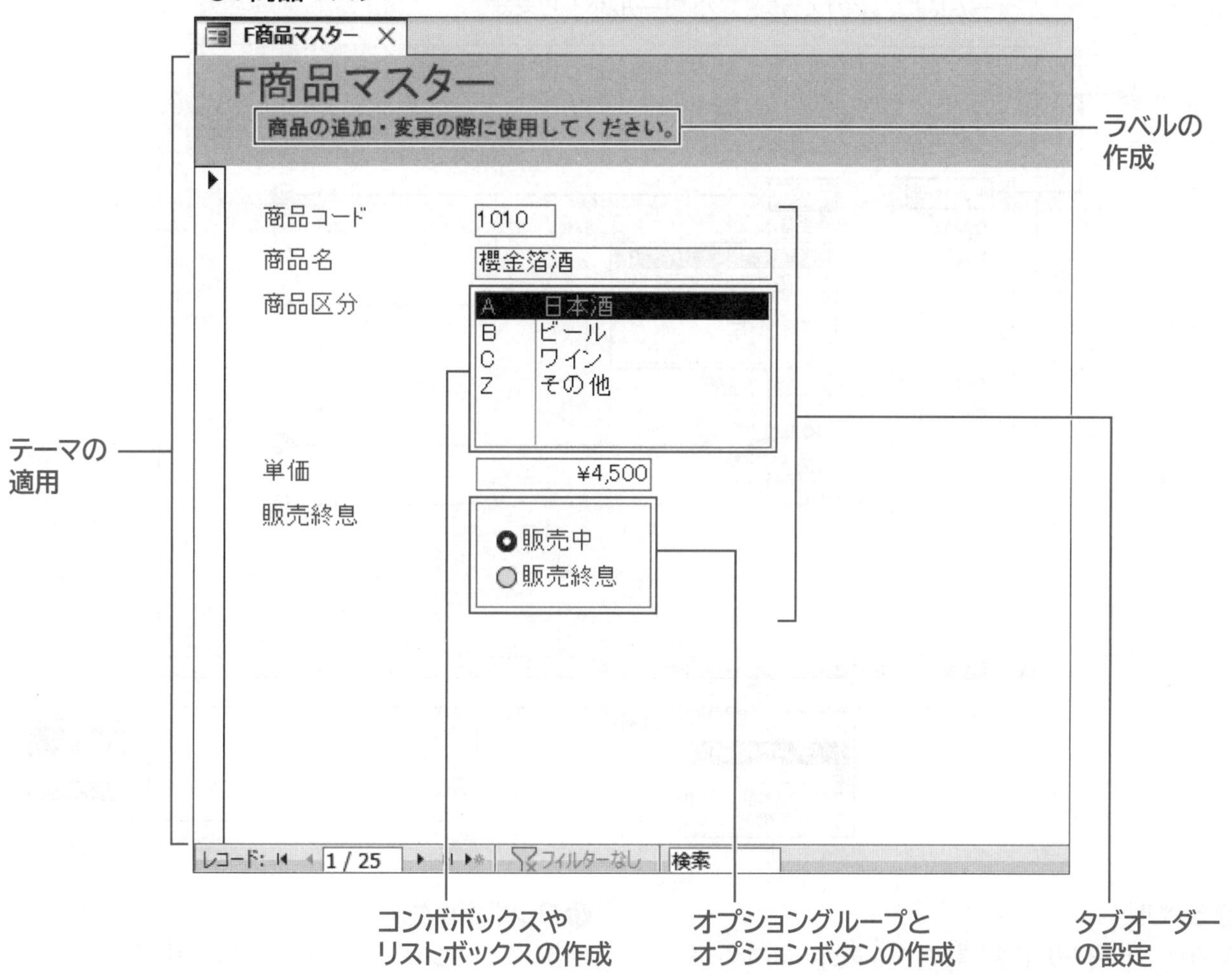

STEP 2 フォームのコントロールを確認する

1 フォームのコントロール

作成したフォームにコントロールを追加できます。最適なコントロールを配置すると、効率よくデータを入力できるようになります。
フォームには、次のようなコントロールがあります。

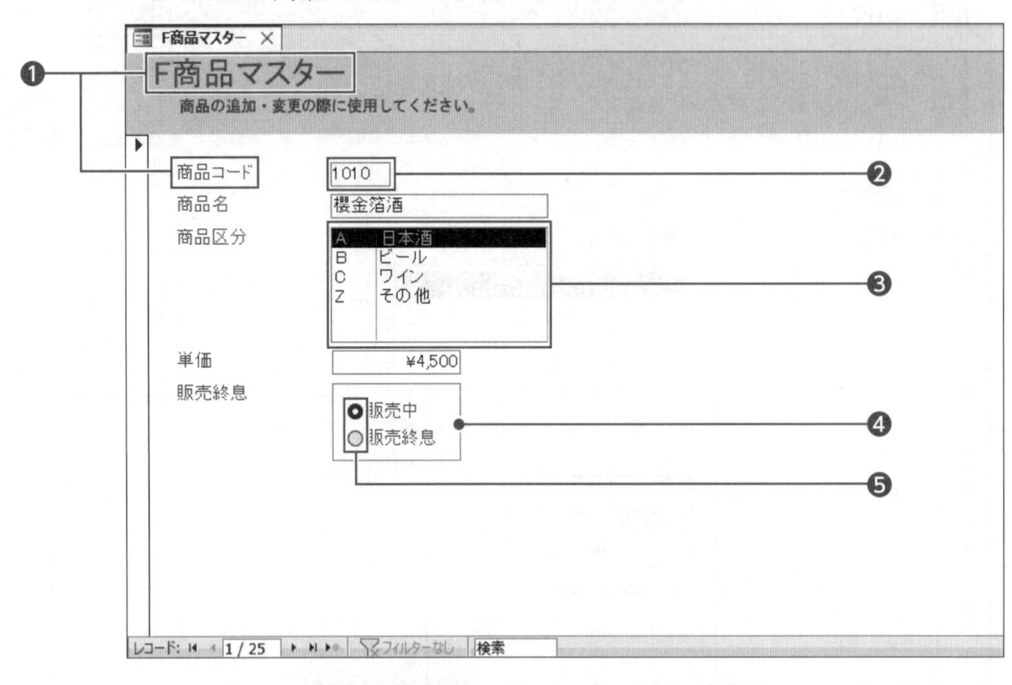

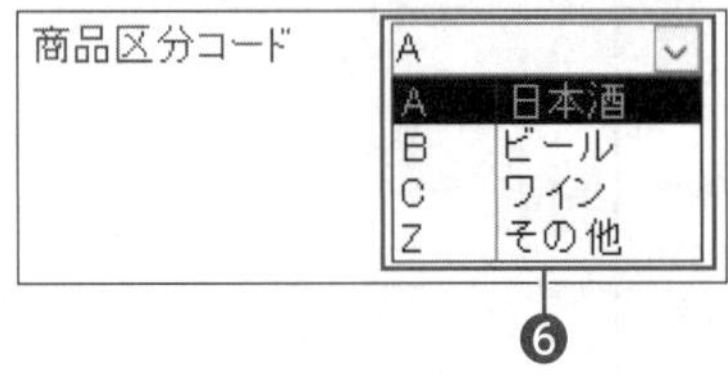

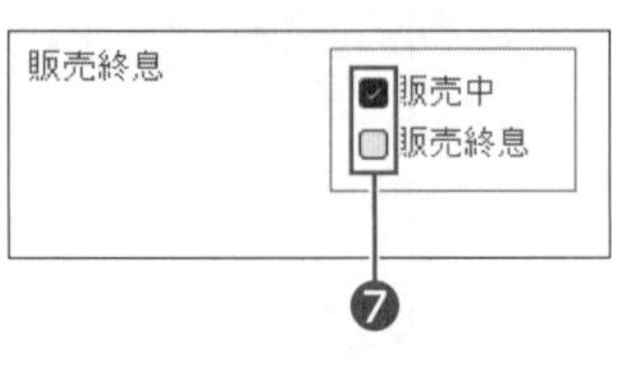

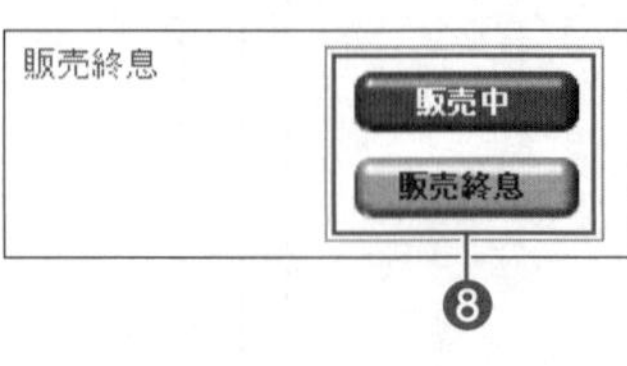

❶ラベル
タイトルやフィールド名、説明文を表示します。

❷テキストボックス
文字列や数値、式などの値を表示したり入力したりします。

❸リストボックス
常に表示される一覧から値を選択します。

❹オプショングループ
複数の選択肢をまとめて表示するためのグループです。複数の選択肢から値を選択します。

❺オプションボタン
選択されている状態
選択されていない状態

❻コンボボックス
ドロップダウン形式の一覧から値を選択します。

❼チェックボックス
選択されている状態
選択されていない状態

❽トグルボタン
販売中 選択されている状態
※ボタンの色は濃い色です。
販売終息 選択されていない状態
※ボタンの色は薄い色です。

POINT 連結コントロールと非連結コントロール

テーブルやクエリのデータがもとになっているコントロールを「連結コントロール」、もとになっていないコントロールを「非連結コントロール」といいます。

Step 3 コントロールを作成する

1 テーマの適用

「テーマ」を使うと、データベースのすべてのオブジェクトに対して、統一したデザインを適用できます。

フォーム**「F商品マスター」**にテーマ**「レトロスペクト」**を適用しましょう。

» フォーム「F商品マスター」をレイアウトビューで開いておきましょう。

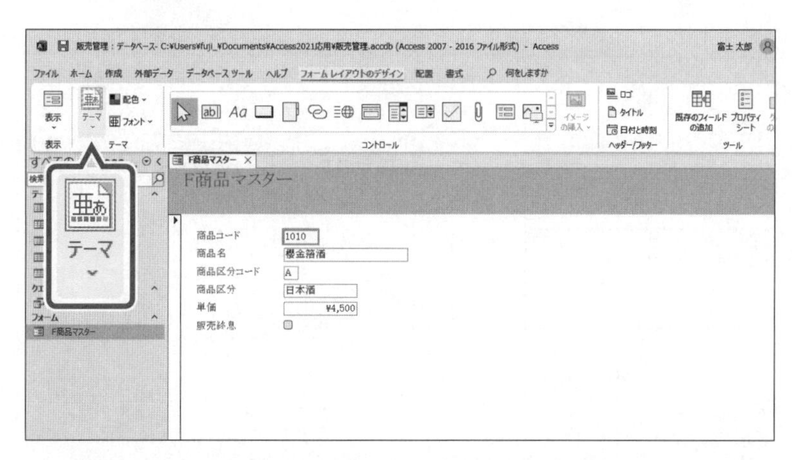

①**《フォームレイアウトのデザイン》**タブを選択します。

②**《テーマ》**グループの（テーマ）をクリックします。

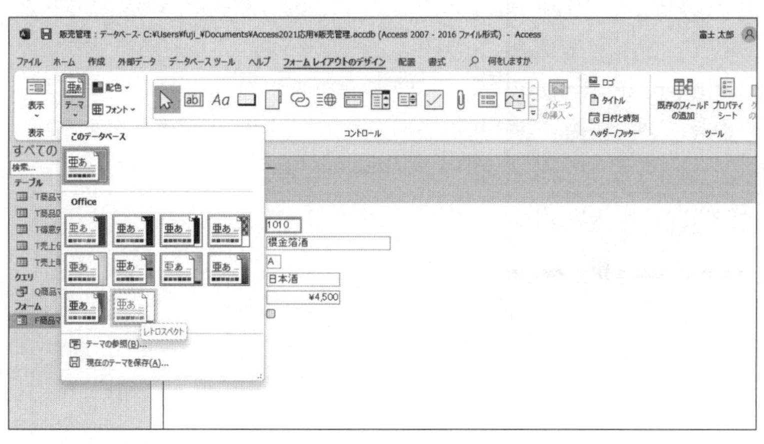

テーマの一覧が表示されます。

③**《レトロスペクト》**をクリックします。

F商品マスター

商品コード	1010
商品名	櫻金箔酒
商品区分コード	A
商品区分	日本酒
単価	¥4,500
販売終息	

テーマが適用されます。

2 ビューの切り替え

フォームの構造の詳細を定義するには、デザインビューを使います。
デザインビューに切り替えましょう。

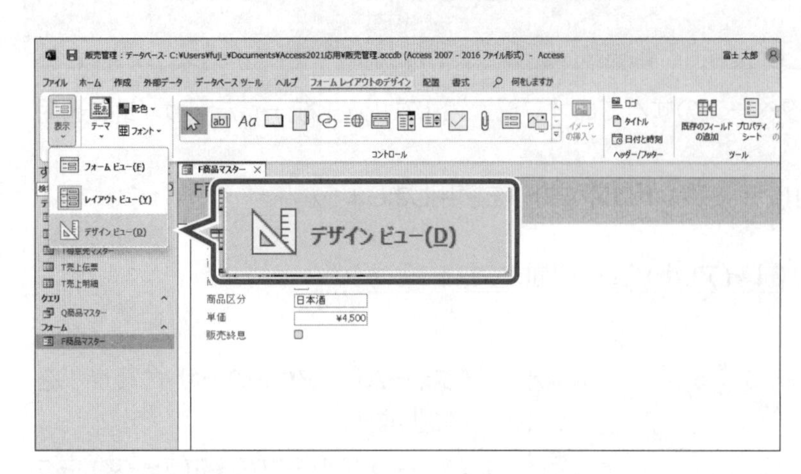

①《**フォームレイアウトのデザイン**》タブを選択します。

※《ホーム》タブでもかまいません。

②《**表示**》グループの（表示）のをクリックします。

③《**デザインビュー**》をクリックします。

フォームがデザインビューで開かれます。

3 デザインビューの画面構成

デザインビューの各部の名称と役割を確認しましょう。

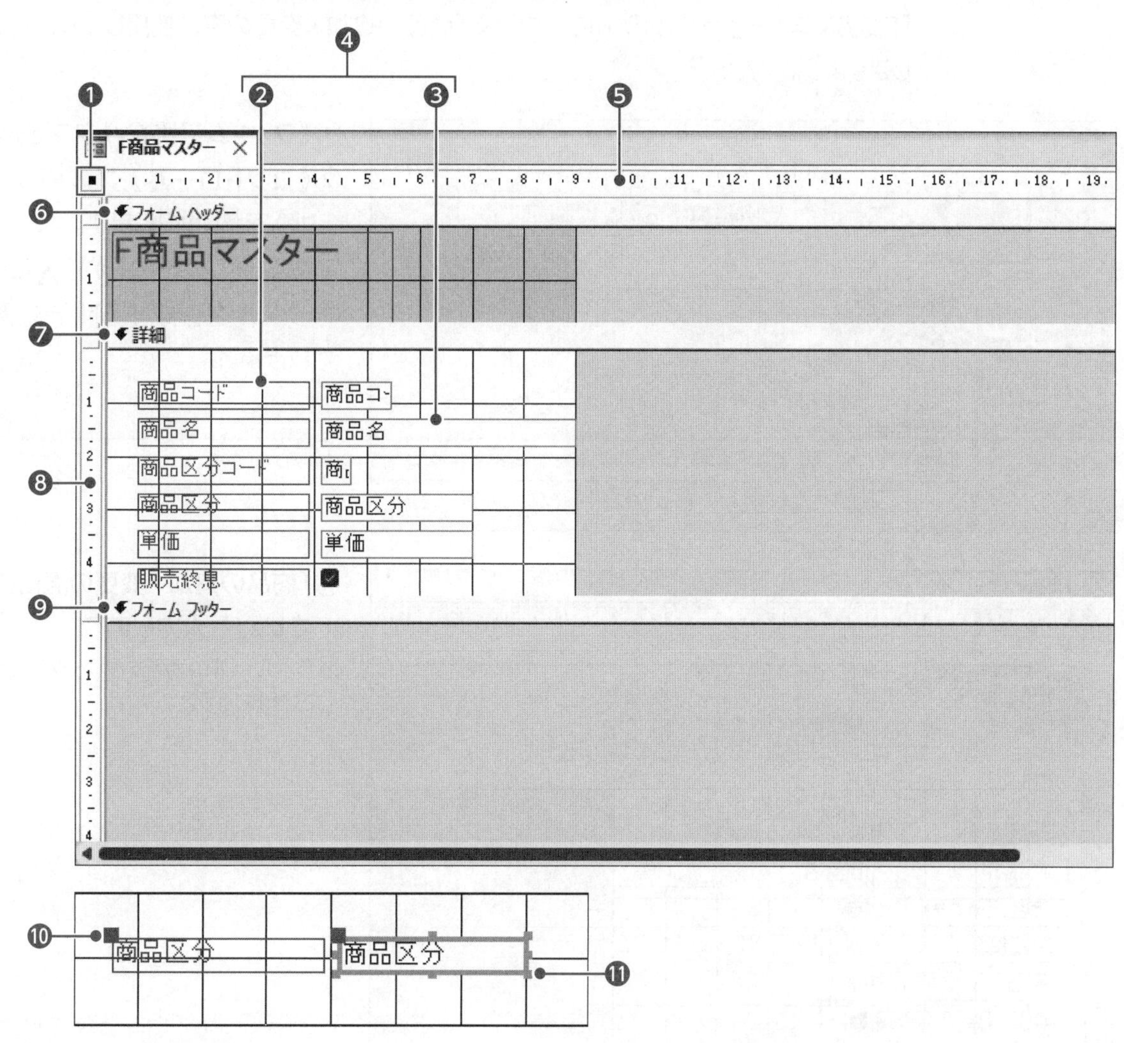

❶フォームセレクター
フォーム全体を選択するときに使います。

❷ラベル
タイトルやフィールド名を表示します。

❸テキストボックス
文字列や数値などのデータを表示します。

❹コントロール
ラベルやテキストボックスなどの各要素の総称です。

❺水平ルーラー
コントロールの配置や幅の目安にします。

❻《フォームヘッダー》セクション
フォームの上部に表示される領域です。

❼《詳細》セクション
各レコードが表示される領域です。

❽垂直ルーラー
コントロールの配置や高さの目安にします。

❾《フォームフッター》セクション
フォームの下部に表示される領域です。

❿移動ハンドル
コントロールを移動するときに使います。

⓫サイズハンドル
コントロールのサイズを変更するときに使います。

4 ラベルの追加

「ラベル」を使うと、フォーム上にタイトルや説明文などの任意の文字を自由に配置できます。
「F商品マスター」ラベルの下に、説明文**「商品の追加・変更の際に使用してください。」**を追加しましょう。

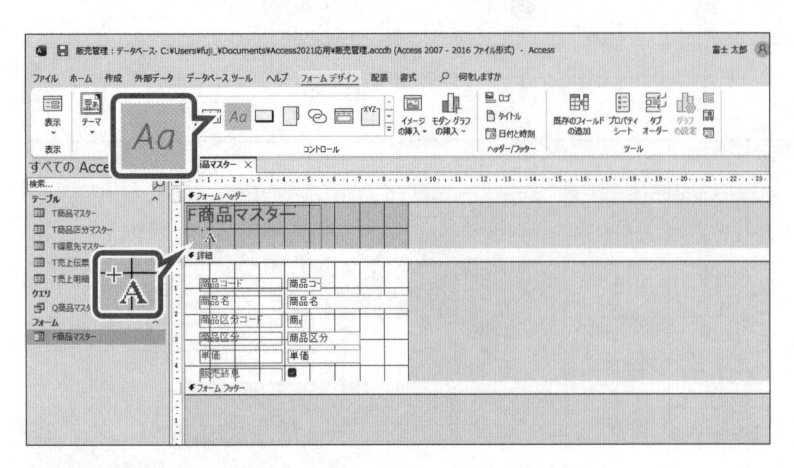

①**《フォームデザイン》**タブを選択します。
②**《コントロール》**グループの Aa (ラベル)をクリックします。
マウスポインターの形が +A に変わります。
③ラベルを作成する開始位置でクリックします。

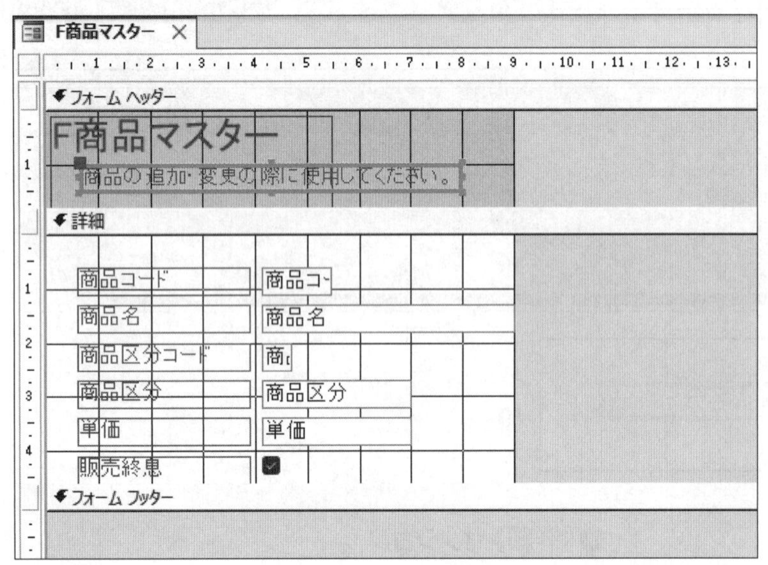

④**「商品の追加・変更の際に使用してください。」**と入力します。
※ラベル以外の場所をクリックし、選択を解除しておきましょう。

Let's Try ためしてみよう

ラベル「商品の追加・変更の際に使用してください。」に次の書式を設定しましょう。
※設定する項目名が一覧にない場合は、任意の項目を選択してください。

フォント	：HGSゴシックE
フォントサイズ	：10ポイント
フォントの色	：《テーマの色》の《オレンジ、アクセント1、黒+基本色25%》(左から5番目、上から5番目)

①ラベル「商品の追加・変更の際に使用してください。」を選択
②《書式》タブを選択
③《フォント》グループの MS Pゴシック (詳細) (フォント)の ▾ をクリックし、一覧から《HGSゴシックE》を選択
④《フォント》グループの 11 (フォントサイズ)の ▾ をクリックし、一覧から《10》を選択
⑤《フォント》グループの A (フォントの色)の ▾ をクリック
⑥《テーマの色》の《オレンジ、アクセント1、黒+基本色25%》(左から5番目、上から5番目)をクリック

5 コンボボックスの作成

「コンボボックス」を使うと、型番や商品名をドロップダウン形式の一覧で表示し、クリックして選択できます。また、コンボボックスに値を直接入力することもできます。

1 コンボボックスの作成

図のようなコンボボックスを作成しましょう。
「コンボボックスウィザード」を使うと、対話形式で簡単にコンボボックスを作成できます。

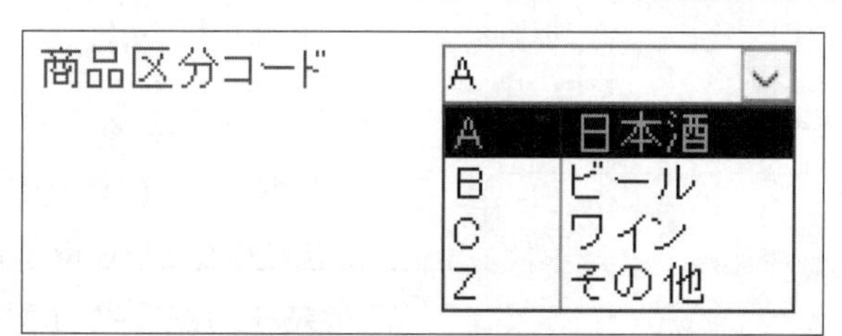

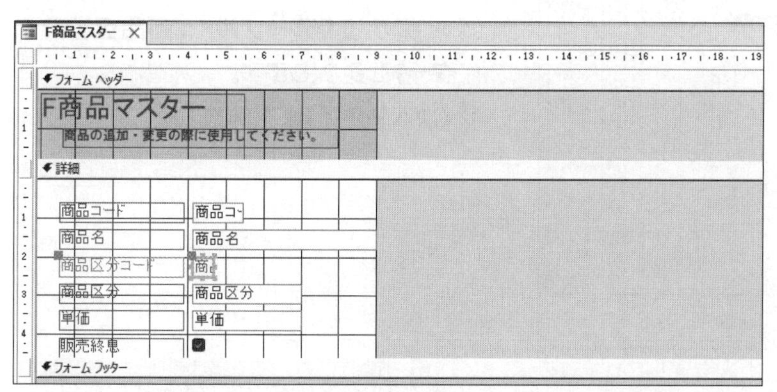

「商品区分コード」のラベルとテキストボックスを削除します。

①**「商品区分コード」**テキストボックスを選択します。

②【Delete】を押します。

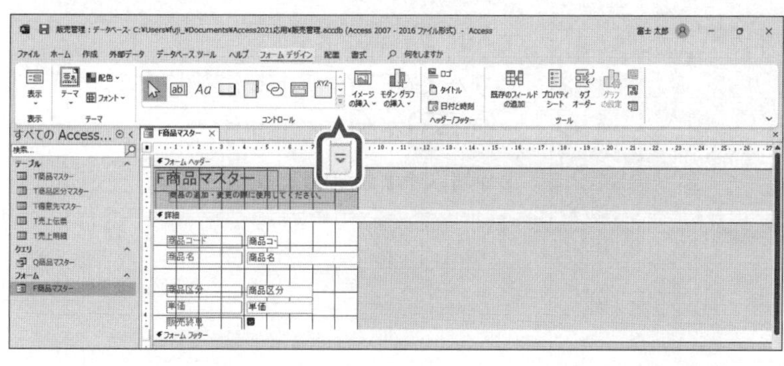

ラベルとテキストボックスが削除されます。

※テキストボックスを削除すると、ラベルも一緒に削除されます。

コンボボックスを追加します。

③**《フォームデザイン》**タブを選択します。

④**《コントロール》**グループの（その他）をクリックします。

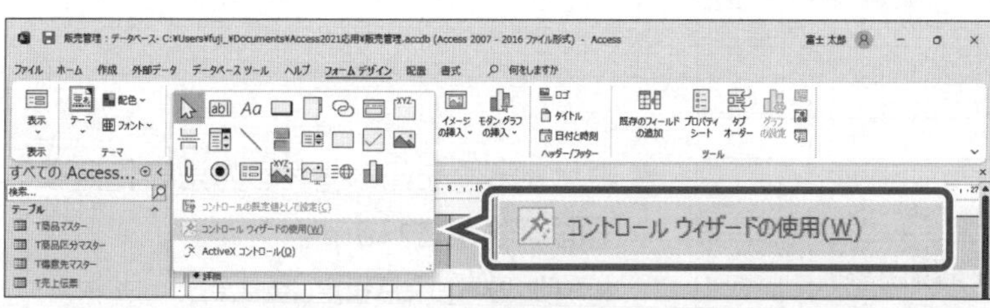

⑤**《コントロールウィザードの使用》**がオン（に枠が付いた状態）になっていることを確認します。

※お使いの環境によっては、濃い灰色の状態になる場合があります。

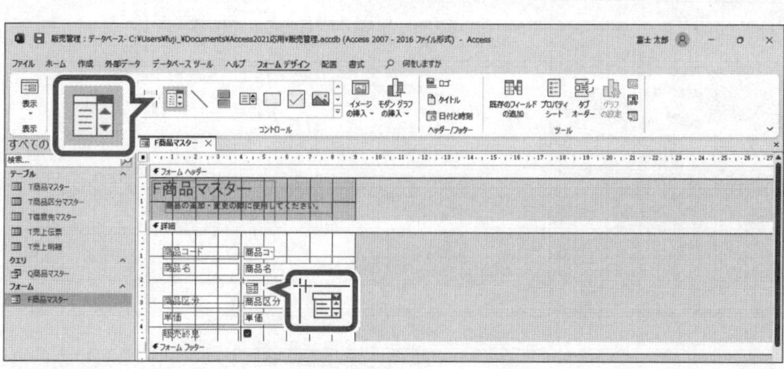

⑥（コンボボックス）をクリックします。

マウスポインターの形が に変わります。

⑦コンボボックスを作成する開始位置でクリックします。

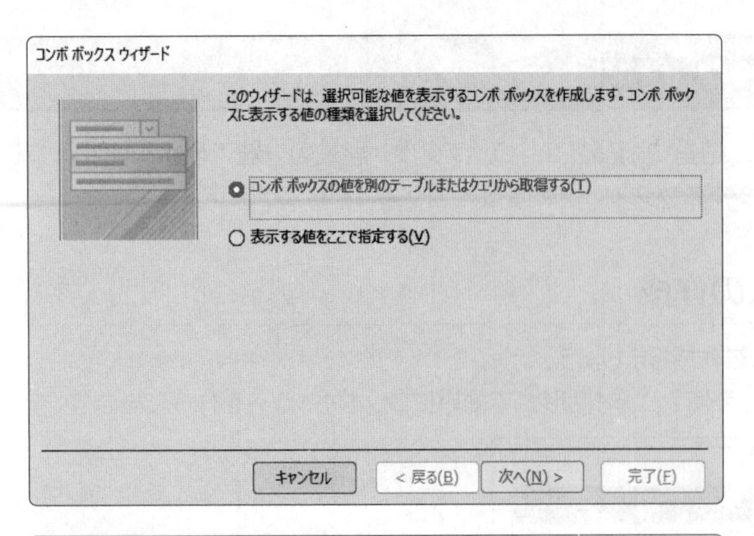

《コンボボックスウィザード》が表示されます。
コンボボックスに表示する値の種類を選択します。

⑧**《コンボボックスの値を別のテーブルまたはクエリから取得する》**を◉にします。
⑨**《次へ》**をクリックします。

コンボ ボックス ウィザード
コンボ ボックスの値の取得元となるテーブルまたはクエリを選択します。
テーブル: T商品マスター
テーブル: T商品区分マスター
テーブル: T得意先マスター
テーブル: T売上伝票
テーブル: T売上明細
表示
テーブル(T)　クエリ(Q)　両方(O)
キャンセル　< 戻る(B)　次へ(N) >　完了(F)

コンボボックスの値の取得元となるテーブルまたはクエリを選択します。

⑩**《表示》**の**《テーブル》**を◉にします。
⑪一覧から**《テーブル：T商品区分マスター》**を選択します。
⑫**《次へ》**をクリックします。

コンボ ボックス ウィザード
コンボ ボックスの値の取得元となるT商品区分マスターのフィールドを選択します。選択したフィールドは、コンボ ボックスの列として表示されます。
選択可能なフィールド:
選択したフィールド:
商品区分コード
商品区分
>　>>　<　<<
キャンセル　< 戻る(B)　次へ(N) >　完了(F)

コンボボックスの値の取得元となるフィールドを選択します。
すべてのフィールドを選択します。

⑬ [>>] をクリックします。
⑭**《次へ》**をクリックします。

コンボ ボックス ウィザード
リスト ボックスの項目の並べ替え順を指定してください。
並べ替えを行うフィールドを 4 つまで選択できます。それぞれのフィールドごとに昇順または降順を指定できます。
1　昇順
2　昇順
3　昇順
4　昇順
キャンセル　< 戻る(B)　次へ(N) >　完了(F)

表示する値を並べ替える方法を指定する画面が表示されます。
※今回、並べ替えは指定しません。

⑮**《次へ》**をクリックします。

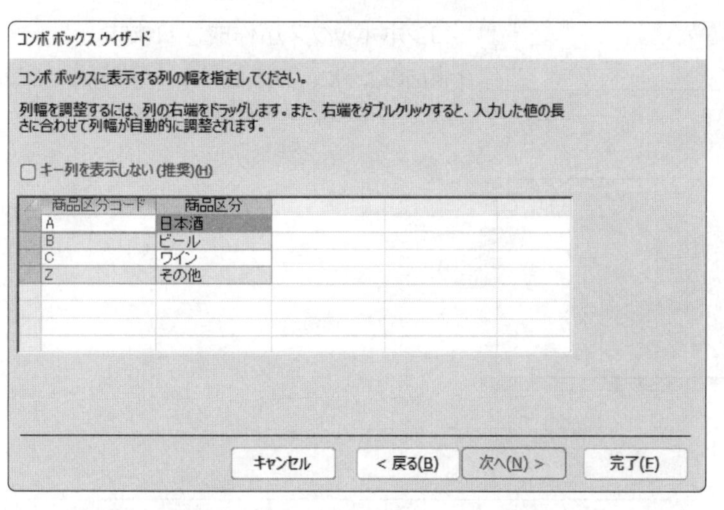

コンボボックスにキー列を表示するかどうかを指定します。

※「キー列」とは、主キーを設定したフィールドです。

⑯《**キー列を表示しない(推奨)**》を☐にします。

「**商品区分コード**」フィールドが表示されます。

⑰《**次へ**》をクリックします。

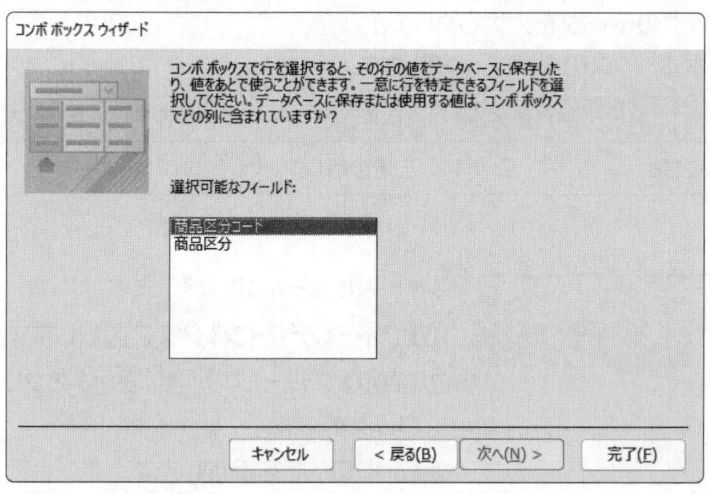

取得元のフィールドから保存の対象となるフィールドを選択します。

⑱一覧から「**商品区分コード**」を選択します。

⑲《**次へ**》をクリックします。

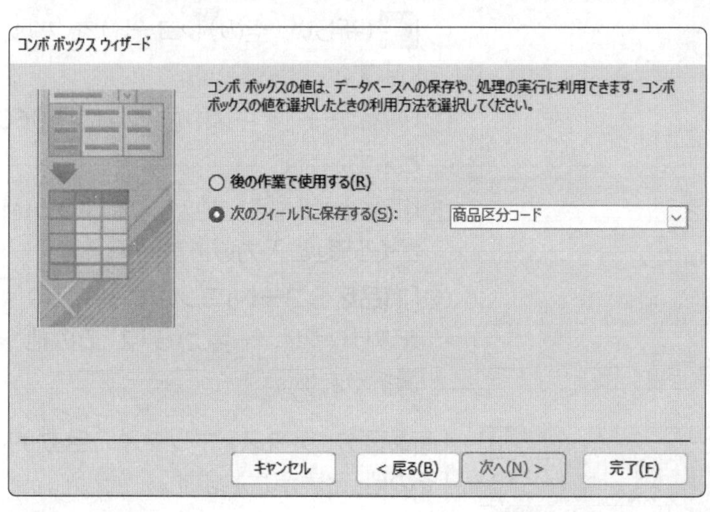

コンボボックスの一覧から選択したデータをどのフィールドに保存するかを指定します。

⑳《**次のフィールドに保存する**》を◉にします。

㉑ ⌄ をクリックし、一覧から「**商品区分コード**」を選択します。

㉒《**次へ**》をクリックします。

コンボ ボックス ウィザード

コンボ ボックスに付けるラベルを指定してください。

商品区分コード

これで、コンボ ボックスを作成するための設定は終了しました。

キャンセル　< 戻る(B)　次へ(N) >　完了(F)

コンボボックスに付けるラベルを指定します。

㉓「**商品区分コード**」と入力します。

㉔《**完了**》をクリックします。

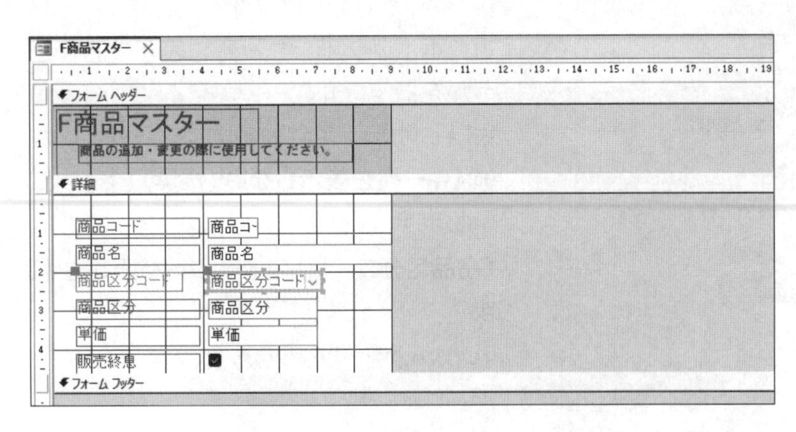

コンボボックスが作成されます。

※図のように、「商品区分コード」ラベルとコンボボックスの配置を調整しておきましょう。

2 データの入力

フォームビューに切り替えて、次のデータを入力しましょう。
データを入力しながら、コンボボックスの動作を確認します。

商品コード	商品名	商品区分コード	商品区分	単価	販売終息
5060	AOYAMAざくろ酒	Z	その他	700	□

※赤字のデータを入力します。

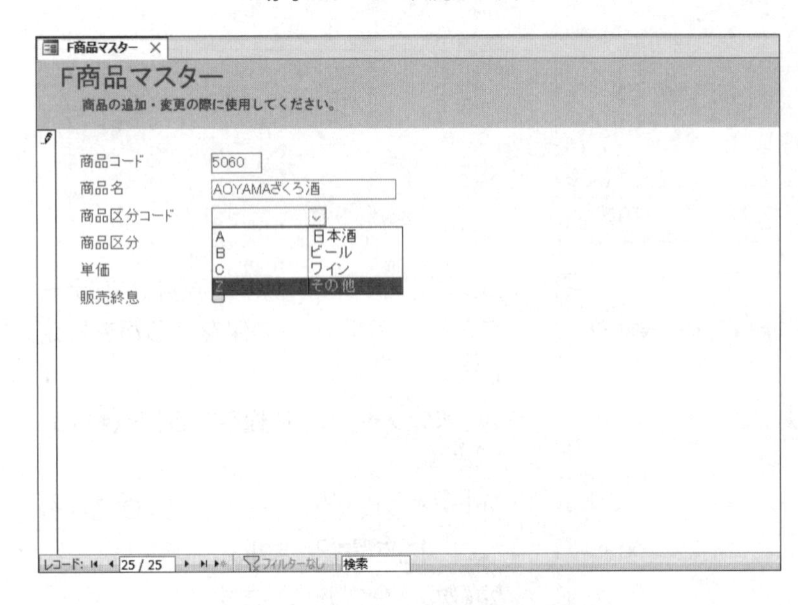

フォームビューに切り替えます。

①《フォームデザイン》タブを選択します。

②《表示》グループの(表示)をクリックします。

新しいレコードを追加します。

③(新しい(空の)レコード)をクリックします。

④「商品コード」テキストボックスに「5060」と入力します。

⑤「商品名」テキストボックスに「AOYAMAざくろ酒」と入力します。

⑥「商品区分コード」コンボボックスのをクリックし、一覧から「Z　その他」を選択します。

「商品区分」テキストボックスに自動的に「その他」と表示されます。

⑦「単価」テキストボックスに「700」と入力します。

⑧「販売終息」が□になっていることを確認します。

※デザインビューに切り替えておきましょう。

3 コンボボックスのプロパティの変更

コンボボックスウィザードを使ってコンボボックスを作成すると、コンボボックスのプロパティが自動的に設定されますが、設定したプロパティは、プロパティシートであとから変更することができます。
コンボボックスの名前を**「商品区分コード」**に変更し、一覧に表示されるフィールドの列幅の1列目を**「1cm」**、2列目を**「2cm」**に設定しましょう。

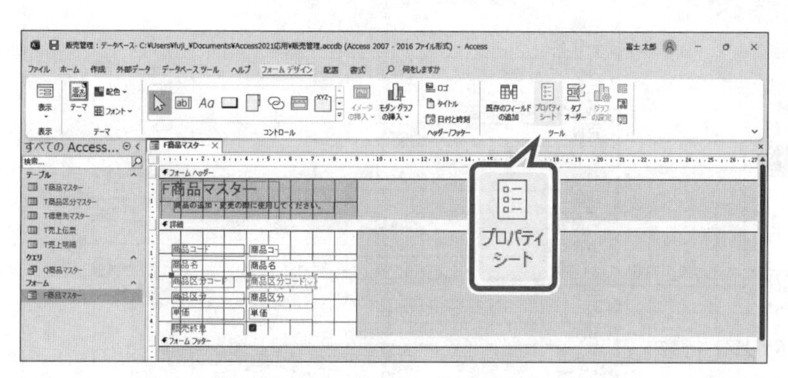

①**「商品区分コード」**コンボボックスを選択します。
②**《フォームデザイン》**タブを選択します。
③**《ツール》**グループの（プロパティシート）をクリックします。

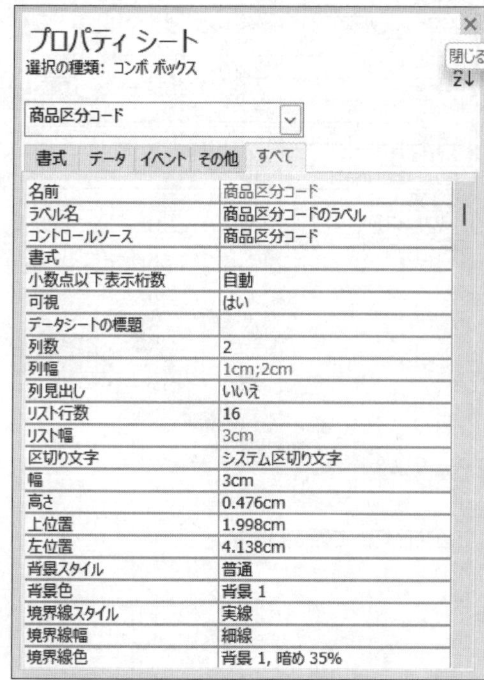

《プロパティシート》が表示されます。
④**《すべて》**タブを選択します。
⑤**《名前》**プロパティに**「商品区分コード」**と入力します。
⑥**《列幅》**プロパティに**「1;2」**と入力します。
※各列の幅を「;（セミコロン）」で区切ります。半角で入力します。
「1cm;2cm」と表示されます。
⑦**《リスト幅》**プロパティに**「3」**と入力します。
※各列の幅の合計を半角で入力します。
「3cm」と表示されます。
《プロパティシート》を閉じます。
⑧**《プロパティシート》**の（閉じる）をクリックします。

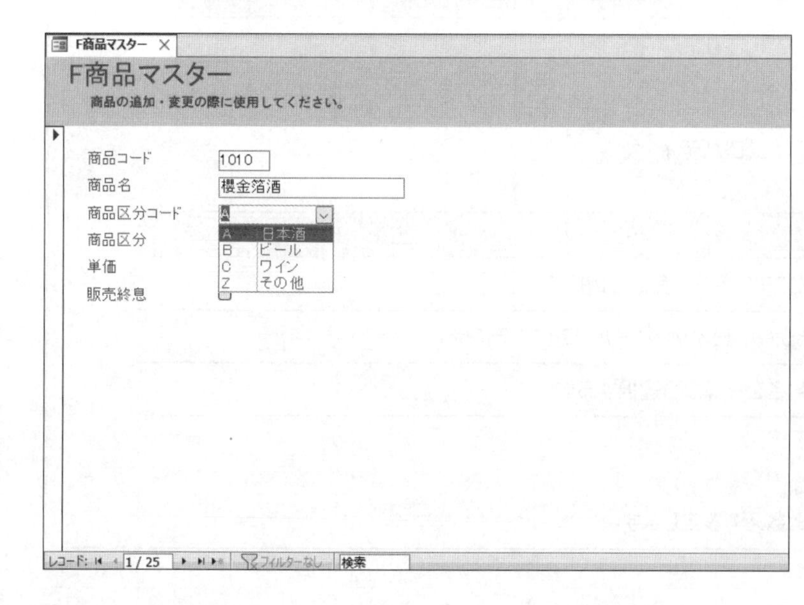

フォームビューに切り替えます。
⑨**《表示》**グループの（表示）をクリックします。
⑩**「商品区分コード」**コンボボックスのをクリックし、列幅が変更されていることを確認します。
※Escを押して、データ入力を中止しましょう。
※デザインビューに切り替えておきましょう。

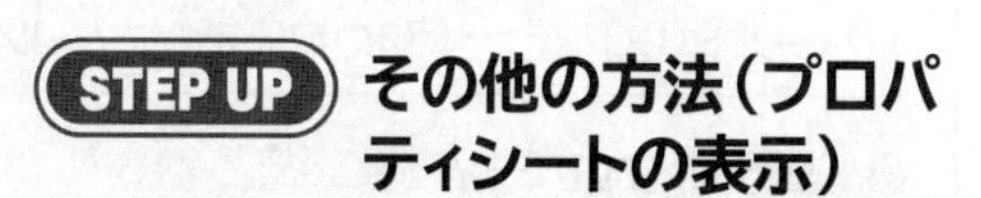

STEP UP その他の方法（プロパティシートの表示）

◆デザインビューまたはレイアウトビューで表示→コントロールを右クリック→《プロパティ》
◆F4

POINT コンボボックスのプロパティ

コンボボックスに関連するプロパティは、次のとおりです。

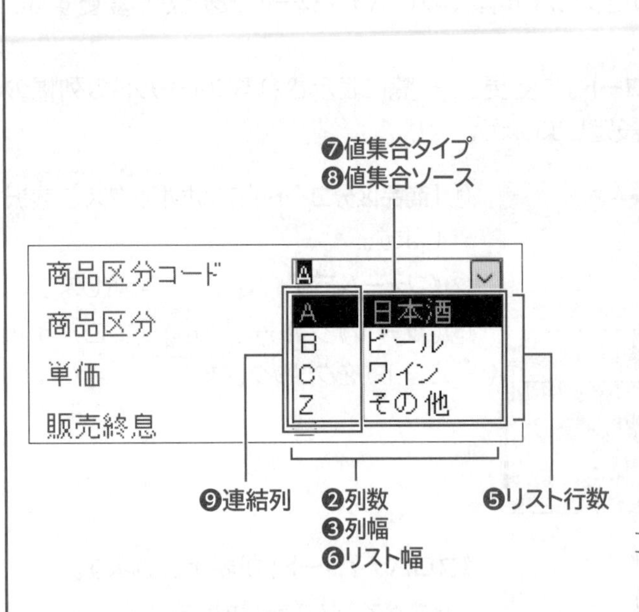

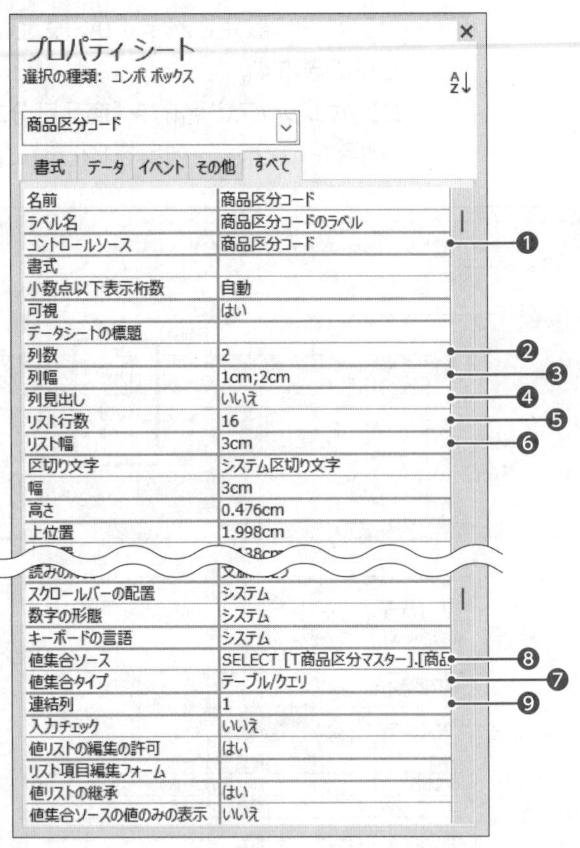

❶《コントロールソース》プロパティ
値の取得元のフィールド名を設定します。

❷《列数》プロパティ
表示する一覧の列数を設定します。

❸《列幅》プロパティ
表示する列幅を設定します。
《列数》プロパティで設定した列数が複数の場合、「;（セミコロン）」で値を区切って設定します。

❹《列見出し》プロパティ
表示する一覧の上にフィールド名を表示するかどうかを設定します。

❺《リスト行数》プロパティ
表示する一覧の行数を設定します。

❻《リスト幅》プロパティ
表示する一覧の幅を設定します。

❼《値集合タイプ》プロパティ、❽《値集合ソース》プロパティ
表示する値の種類を設定します。

値集合タイプ	値集合ソース
テーブル/クエリ	値の取得元のテーブル/クエリ名を一覧から選択する
値リスト	値の一覧を直接入力する（例：日本酒；ビール；ワイン；その他）
フィールドリスト	値の取得元のフィールド名を一覧から選択する

❾《連結列》プロパティ
データとしてテーブルに保存される列を設定します。
《列数》プロパティで設定した列を左から「1」「2」と数えて設定します。

6 リストボックスの作成

「リストボックス」は、コンボボックスと同様に一覧から値を選択するためのコントロールです。コンボボックスがドロップダウン形式の一覧からデータを選択するのに対して、リストボックスは常に表示されている一覧から値を選択します。
「商品区分コード」コンボボックスを図のようなリストボックスに変更しましょう。
コンボボックスとリストボックスは設定する内容が同じなので、簡単にコントロールの種類を変更できます。

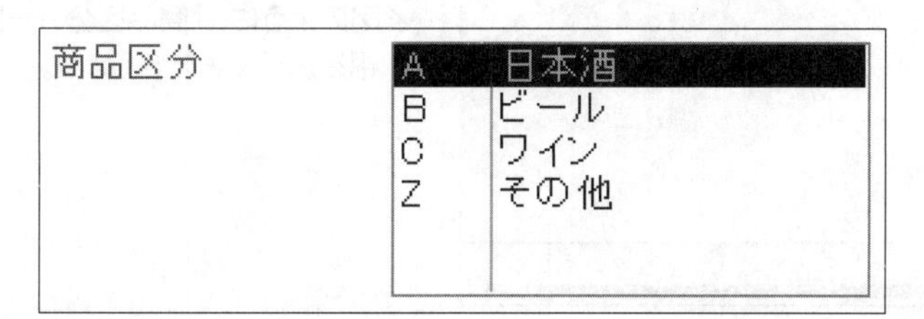

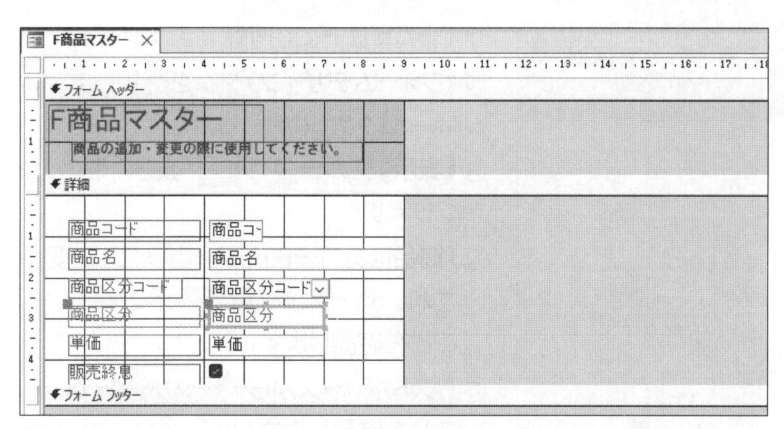

「商品区分」のラベルとテキストボックスを削除します。

①**「商品区分」**テキストボックスを選択します。
② Delete を押します。

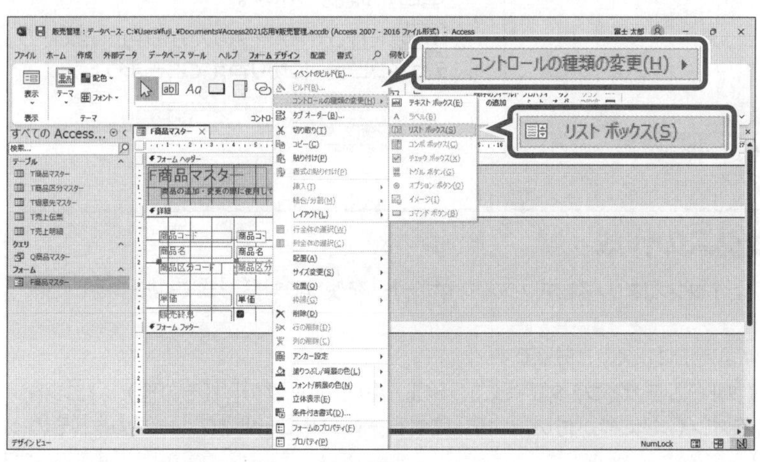

ラベルとテキストボックスが削除されます。
※テキストボックスを削除すると、ラベルも一緒に削除されます。

「商品区分コード」コンボボックスをリストボックスに変更します。

③**「商品区分コード」**コンボボックスを右クリックします。
④**《コントロールの種類の変更》**をポイントします。
⑤**《リストボックス》**をクリックします。

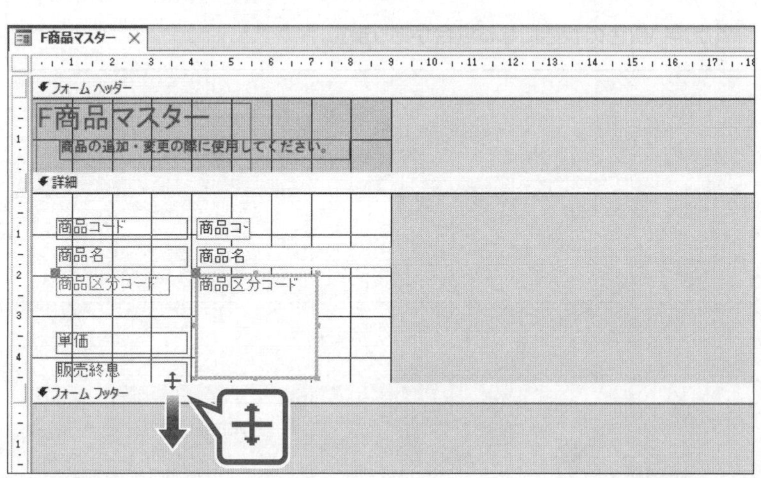

コンボボックスからリストボックスに変更されます。
「単価」のラベルとテキストボックス、**「販売終息」**のラベルとチェックボックスが、リストボックスと重ならないように移動します。
《詳細》セクションの領域を拡大します。

⑥**《詳細》**セクションと**《フォームフッター》**セクションの境界をポイントします。

マウスポインターの形が ╋ に変わります。

⑦下方向にドラッグします。(目安:8cm)

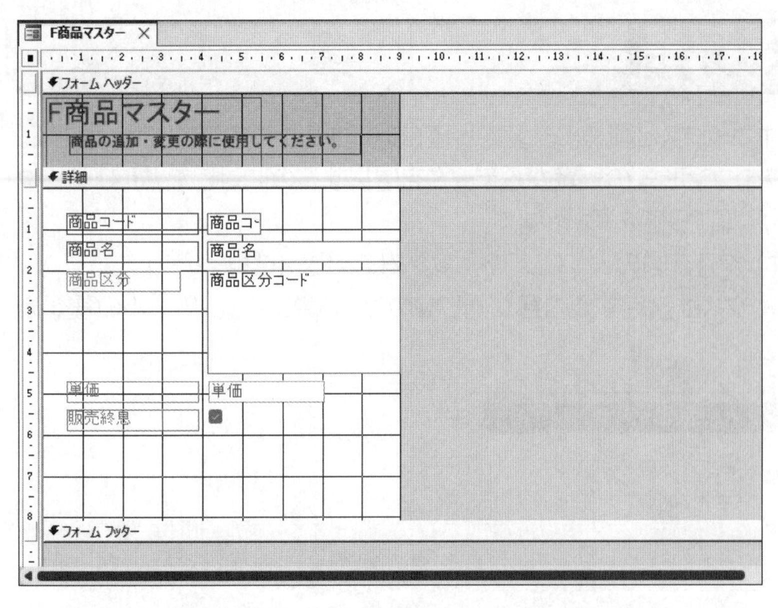

⑧図のように**「単価」**のラベルとテキストボックス、**「販売終息」**のラベルとチェックボックスを下に移動します。

※「単価」のラベルと「販売終息」のラベルを選択して移動すると、「単価」のテキストボックスと「販売終息」のチェックボックスも一緒に移動します。

⑨**「商品区分コード」**ラベルを**「商品区分」**に修正します。

※図のように、「商品区分コード」リストボックスの幅を広げておきましょう。

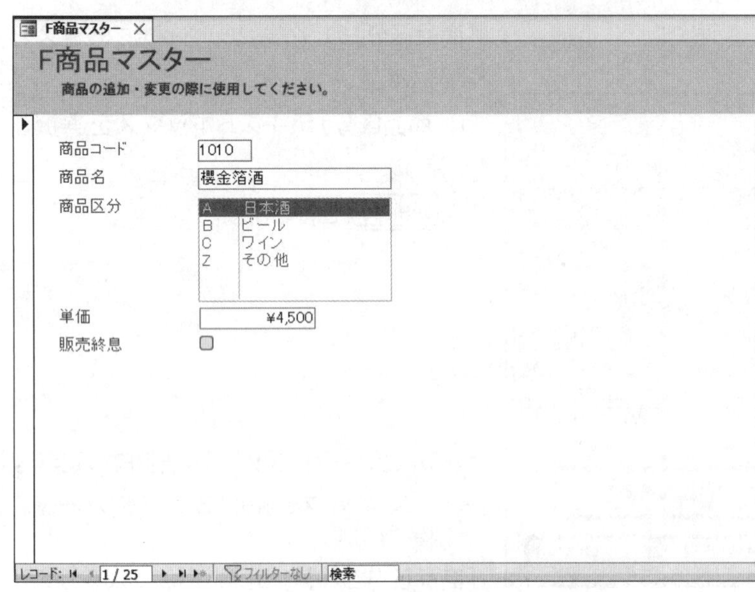

フォームビューに切り替えます。

⑩**《フォームデザイン》**タブを選択します。

※《ホーム》タブでもかまいません。

⑪**《表示》**グループの（表示）をクリックします。

⑫**「商品区分コード」**リストボックスに変更され、データが一覧で表示されていることを確認します。

⑬リストボックスからデータが選択できることを確認します。

※Escを押して、データの入力を中止しましょう。

※デザインビューに切り替えておきましょう。

POINT リストボックスの作成

コンボボックスと同様に、リストボックスは「リストボックスウィザード」を使って対話形式で作成することもできます。

新規にリストボックスを作成する方法は、次のとおりです。

◆デザインビューで表示→《フォームデザイン》タブ→《コントロール》グループの（その他）→《コントロールウィザードの使用》をオン（に枠が付いた状態）にする→《コントロール》グループの（その他）→（リストボックス）

※お使いの環境によっては、が濃い灰色の状態になる場合があります。

POINT リストボックスのプロパティ

リストボックスに関連するプロパティは、次のとおりです。

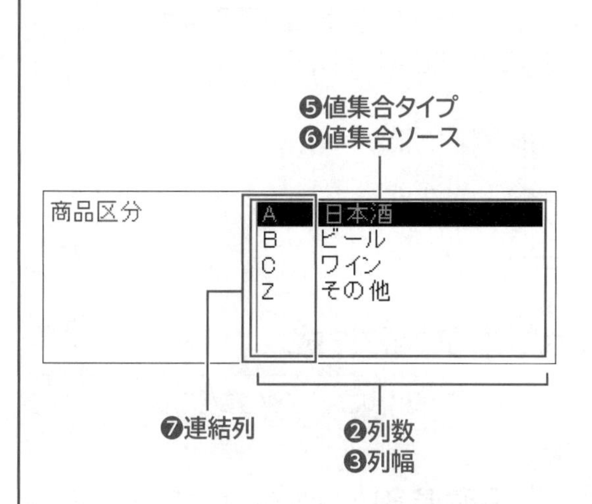

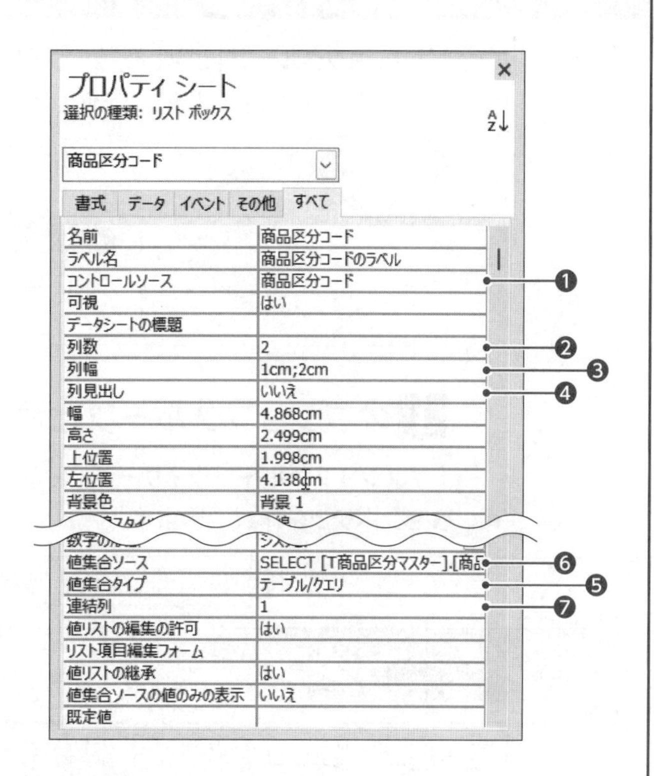

❶《コントロールソース》プロパティ
値の取得元のフィールド名を設定します。

❷《列数》プロパティ
表示する一覧の列数を設定します。

❸《列幅》プロパティ
表示する列幅を設定します。
《列数》プロパティで設定した列数が複数の場合、「;（セミコロン）」で値を区切って設定します。

❹《列見出し》プロパティ
表示する一覧の上にフィールド名を表示するかどうかを設定します。

❺《値集合タイプ》プロパティ、❻《値集合ソース》プロパティ
表示する値の種類を設定します。

値集合タイプ	値集合ソース
テーブル/クエリ	値の取得元のテーブル/クエリ名を一覧から選択する
値リスト	値の一覧を直接入力する（例：日本酒;ビール;ワイン;その他）
フィールドリスト	値の取得元のフィールド名を一覧から選択する

❼《連結列》プロパティ
データとしてテーブルに保存される列を設定します。
《列数》プロパティで設定した列を左から「1」「2」と数えて設定します。

※《リスト行数》プロパティと《リスト幅》プロパティは、リストボックスにはありません。

STEP UP コンボボックスとリストボックスの利点

それぞれの利点によって、コントロールを使い分けましょう。

●コンボボックス
ドロップダウン形式なので、スペースを節約できます。

●リストボックス
一覧がすべて表示されるので、すばやく選択できます。

7 オプショングループとオプションボタンの作成

「オプショングループ」とは、複数のボタンを入れておく“入れ物”の役割を持つコントロールのことです。**「オプションボタン」**を使うと、複数の選択肢からひとつを選択できます。
図のようなオプショングループとオプションボタンを作成しましょう。

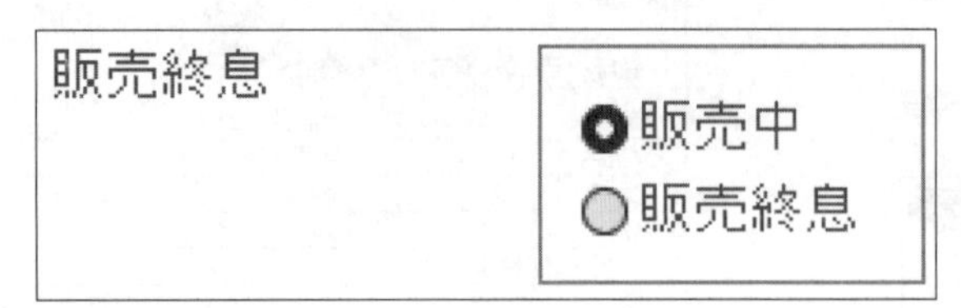

1 オプショングループとオプションボタンの作成

「オプショングループウィザード」を使うと、対話形式で簡単にオプショングループとオプションボタンを作成できます。

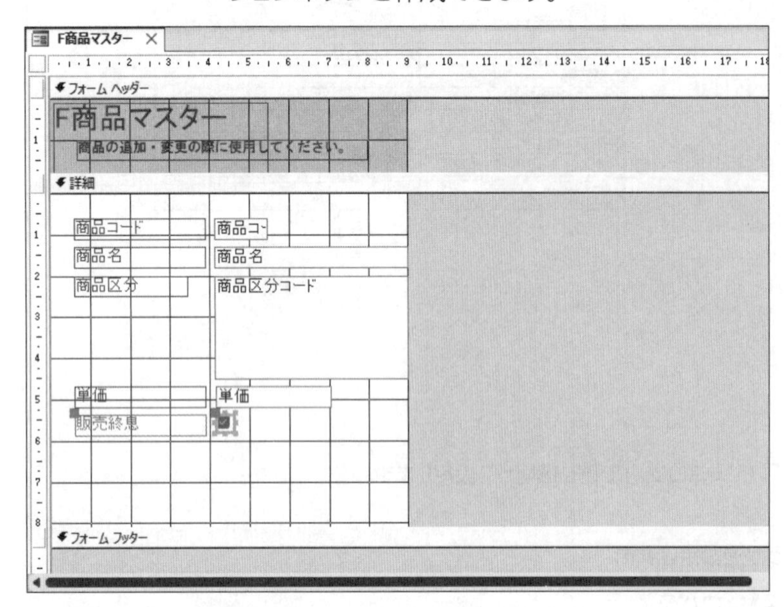

「販売終息」のラベルとチェックボックスを削除します。

①**「販売終息」**チェックボックスを選択します。

② Delete を押します。

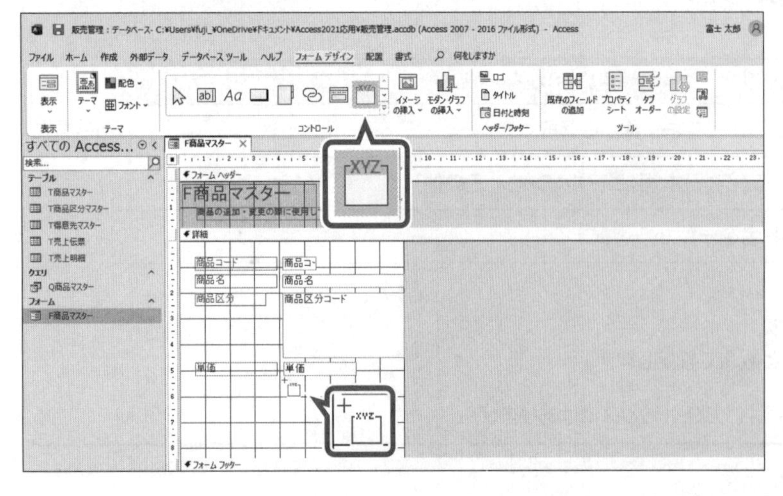

ラベルとチェックボックスが削除されます。

※チェックボックスを削除すると、ラベルも一緒に削除されます。

オプショングループを追加します。

③**《フォームデザイン》**タブを選択します。

④**《コントロール》**グループの ▽ (その他)をクリックします。

⑤**《コントロールウィザードの使用》**がオン(に枠が付いた状態)になっていることを確認します。

※お使いの環境によっては、濃い灰色の状態になる場合があります。

⑥ (オプショングループ)をクリックします。

マウスポインターの形が に変わります。

⑦オプショングループを作成する開始位置でクリックします。

《オプショングループウィザード》が表示されます。
オプションに付けるラベルを指定します。
⑧**《ラベル名》**の1行目に**「販売中」**と入力し、Tabを押します。
⑨**《ラベル名》**の2行目に**「販売終息」**と入力し、Tabを押します。
⑩**《次へ》**をクリックします。

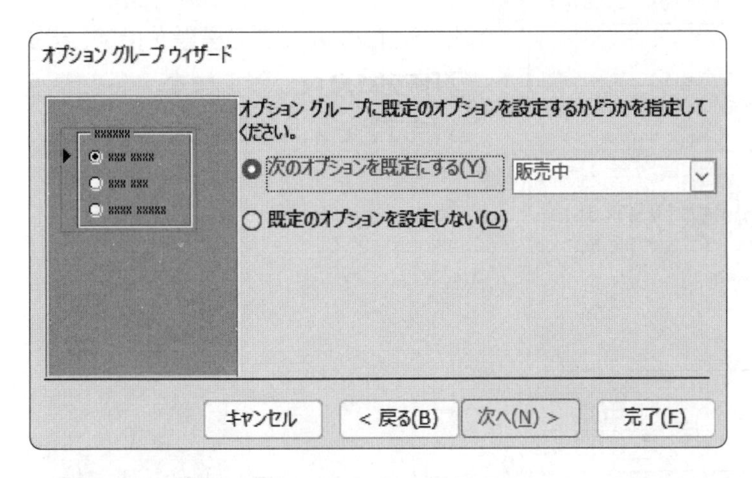

既定で選択されるオプションを設定します。
⑪**《次のオプションを既定にする》**を◉にし、**「販売中」**が選択されていることを確認します。
⑫**《次へ》**をクリックします。

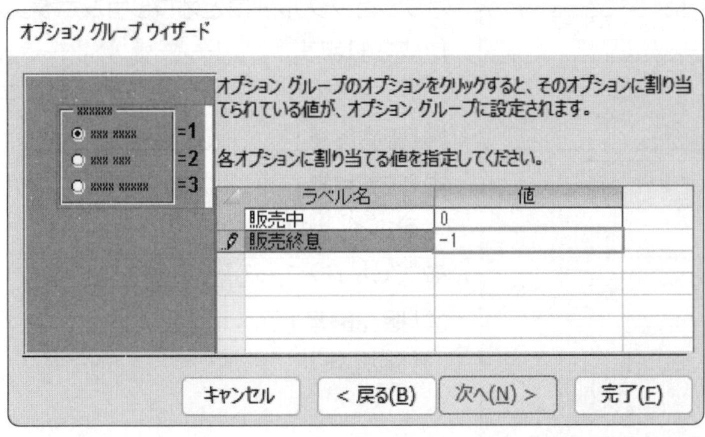

各オプションに割り当てる値を指定します。
⑬**《値》**の1行目に**「0」**と入力します。
※「販売中」が◉のとき、「販売終息」フィールドに「0」を入力するという意味です。「0」は、「No」「False」「Off」を意味します。
⑭**《値》**の2行目に**「-1」**と入力します。
※「販売終息」が◉のとき、「販売終息」フィールドに「-1」を入力するという意味です。「-1」は、「Yes」「True」「On」を意味します。
⑮**《次へ》**をクリックします。

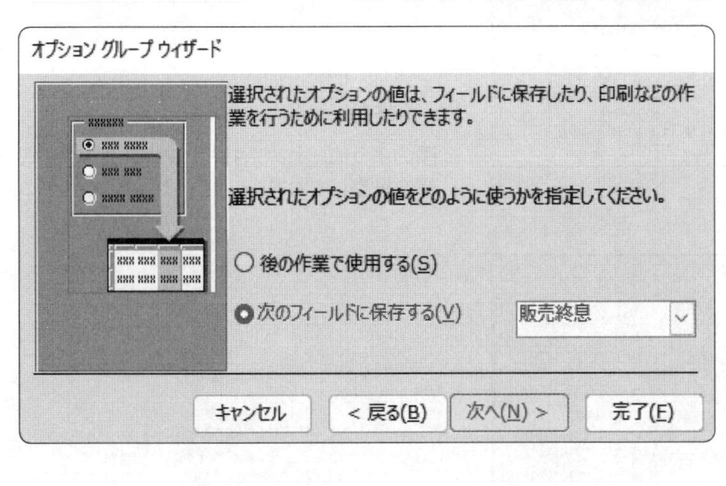

値を格納するフィールドを指定します。
⑯**《次のフィールドに保存する》**を◉にします。
⑰ ⌄ をクリックし、一覧から**「販売終息」**を選択します。
⑱**《次へ》**をクリックします。

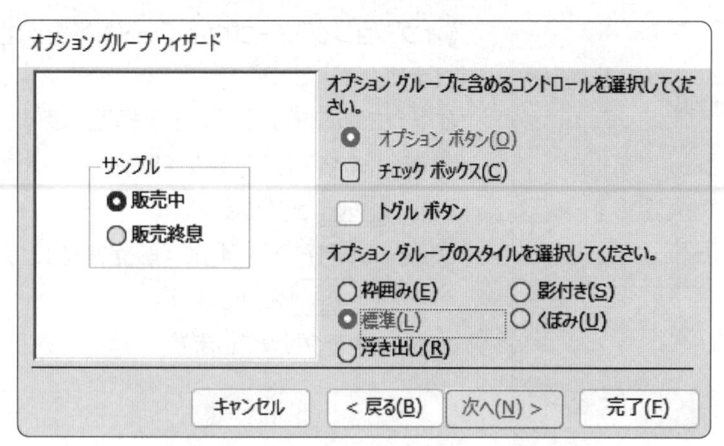

ボタンの種類を選択します。

⑲**《オプションボタン》**を◉にします。

オプショングループのスタイルを選択します。

⑳**《標準》**を◉にします。

㉑**《次へ》**をクリックします。

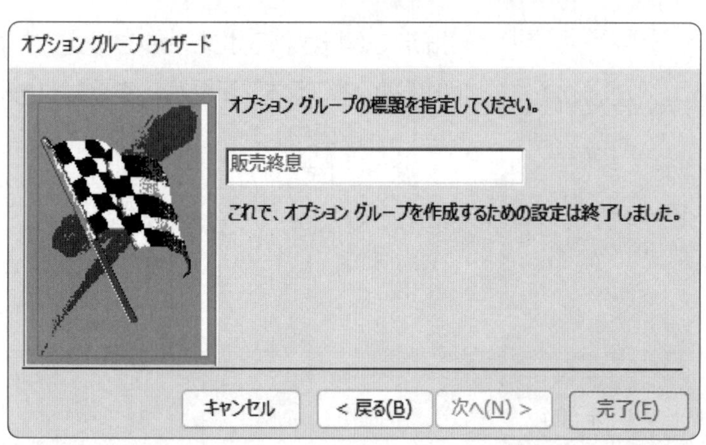

オプショングループの標題を指定します。

㉒**「販売終息」**と入力します。

㉓**《完了》**をクリックします。

オプショングループとオプションボタンが作成されます。

オプショングループのラベルを移動します。

㉔**「販売終息」**ラベルを選択します。

㉕**「販売終息」**ラベルの■（移動ハンドル）をポイントします。

マウスポインターの形が✥に変わります。

㉖**「販売終息」**ラベルを左にドラッグして移動します。

「販売終息」ラベルが移動します。

※図のように、オプショングループとラベルの配置を調整しておきましょう。

F商品マスター
商品の追加・変更の際に使用してください。
商品コード 1010
商品名 櫻金箔酒
商品区分 A 日本酒 / B ビール / C ワイン / Z その他
単価 ¥4,500
販売終息 ◉販売中 ○販売終息
レコード: 1 / 25 フィルターなし 検索

フォームビューに切り替えます。

㉗《**表示**》グループの ▤ (表示)をクリックします。

㉘オプショングループとオプションボタンが作成されていることを確認します。

㉙オプションボタンをクリックして、データが選択できることを確認します。

※ Esc を押して、データの入力を中止しましょう。

※デザインビューに切り替えておきましょう。

2 オプショングループのプロパティの変更

作成したオプショングループのプロパティを変更しましょう。

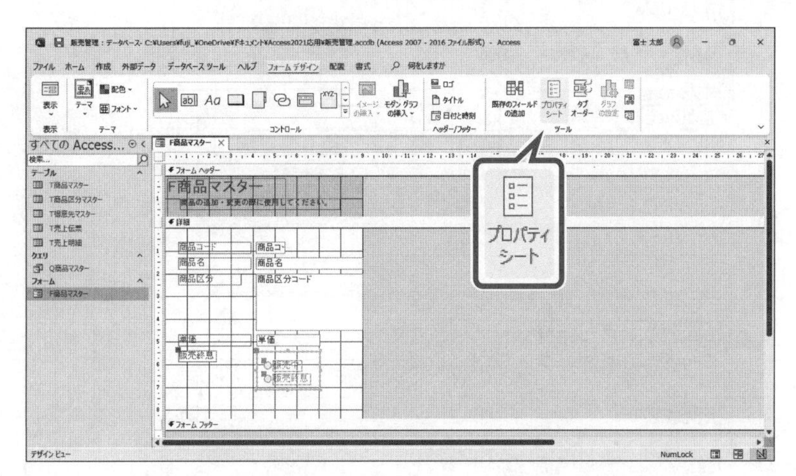

オプショングループを選択します。

①オプショングループの枠線をクリックします。

②《**フォームデザイン**》タブを選択します。

③《**ツール**》グループの ▤ (プロパティシート)をクリックします。

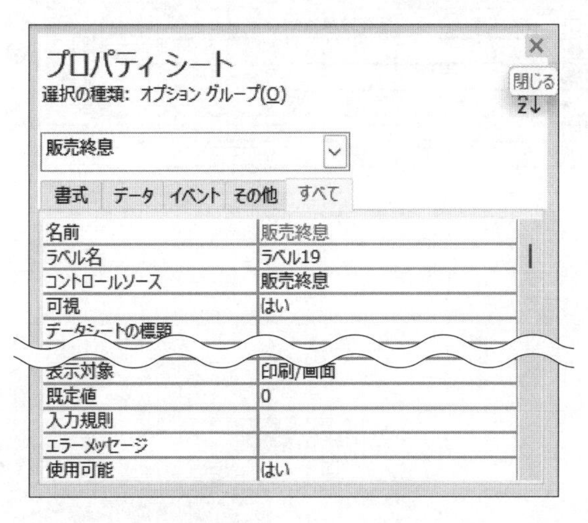

《プロパティシート》が表示されます。

④《**すべて**》タブを選択します。

⑤《**名前**》プロパティに「**販売終息**」と入力します。

《プロパティシート》を閉じます。

⑥《**プロパティシート**》の ✕ (閉じる)をクリックします。

POINT オプショングループの《既定値》プロパティ

オプショングループウィザードの《次のオプションを既定にする》で、新しいレコードを入力するときに自動的に入力される値を設定できます。
「販売終息」オプショングループは、既定のオプションを「販売中」に、「販売中」が◉のときに入力する値を「0」に設定しているので、既定値に「0」が設定されています。

POINT オプショングループとオプションボタンのプロパティ

オプショングループとオプションボタンに関連するプロパティは、次のとおりです。

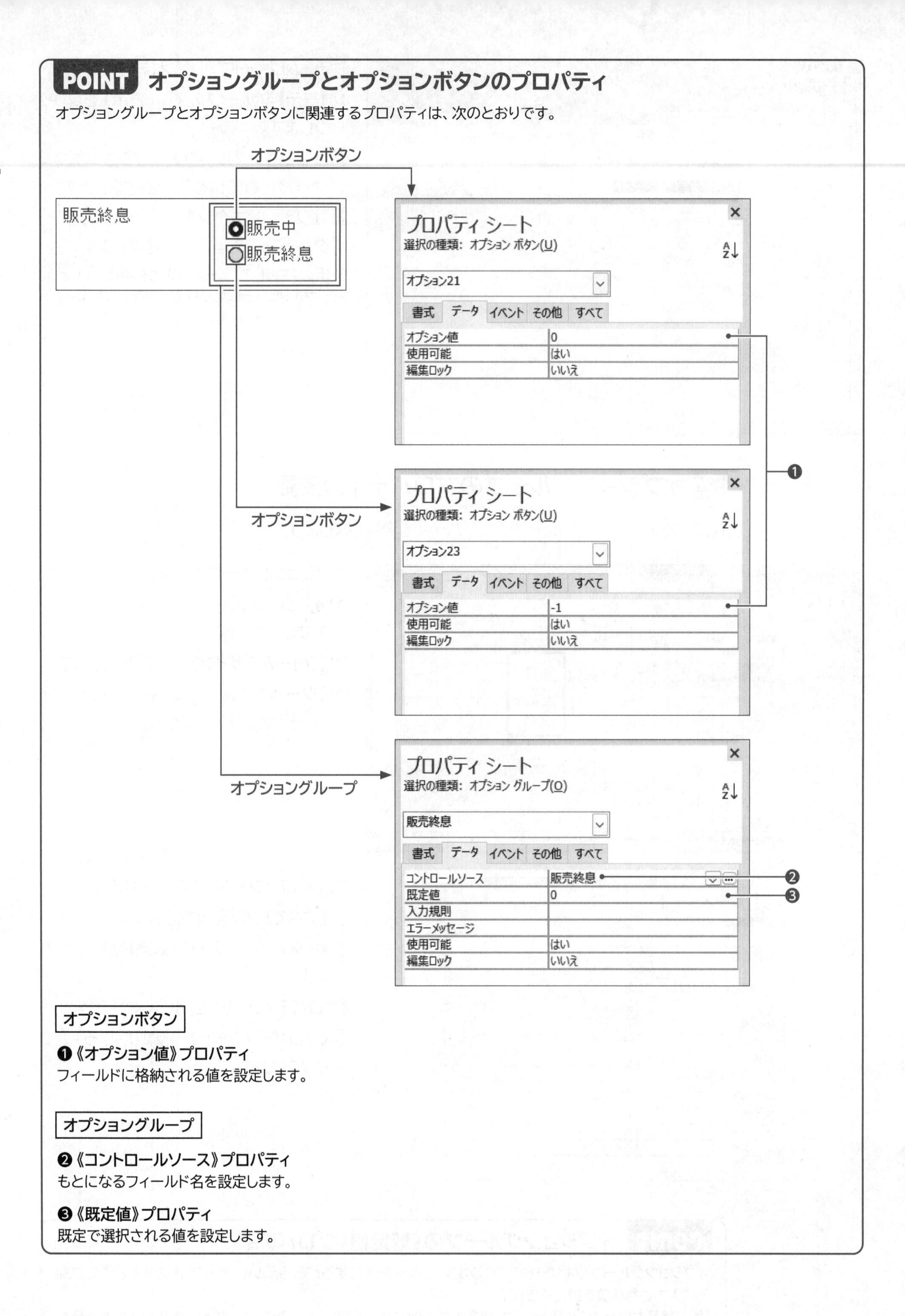

オプションボタン

❶《オプション値》プロパティ
フィールドに格納される値を設定します。

オプショングループ

❷《コントロールソース》プロパティ
もとになるフィールド名を設定します。

❸《既定値》プロパティ
既定で選択される値を設定します。

Step 4 タブオーダーを設定する

1 タブオーダーの設定

「タブオーダー」とは、Tab や Enter を押したときにカーソルがフォーム内のコントロールを移動する順番のことです。
タブオーダーはコントロールを配置した順番になるので、コントロールの配置を変更したり、あとから追加したりすると、カーソルが移動する順番が変わります。タブオーダーの設定をすると、カーソルが移動する順番を自由に変更できます。
コントロールの並びどおりに、カーソルが移動するように、タブオーダーを設定しましょう。
※フォームビューに切り替え、Tab を何度か押して現在のタブオーダーを確認しておきましょう。
※デザインビューに切り替えておきましょう。

●現在のタブオーダー

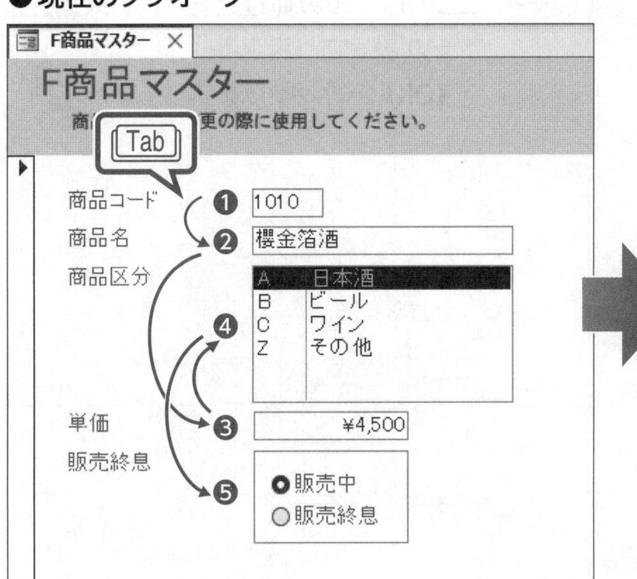

●設定後のタブオーダー

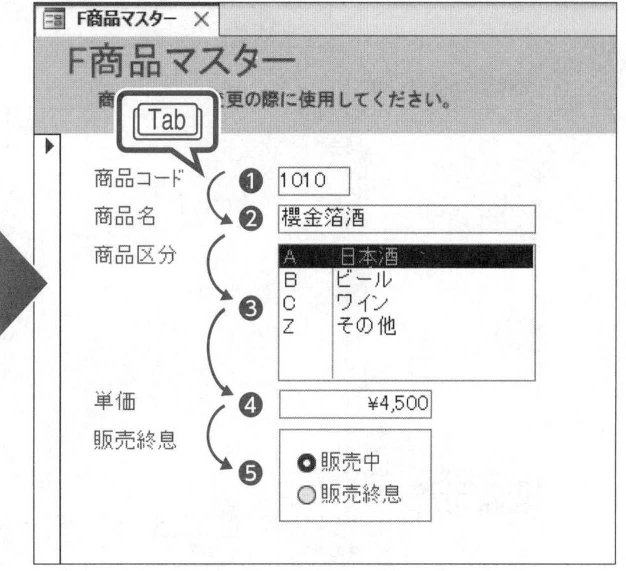

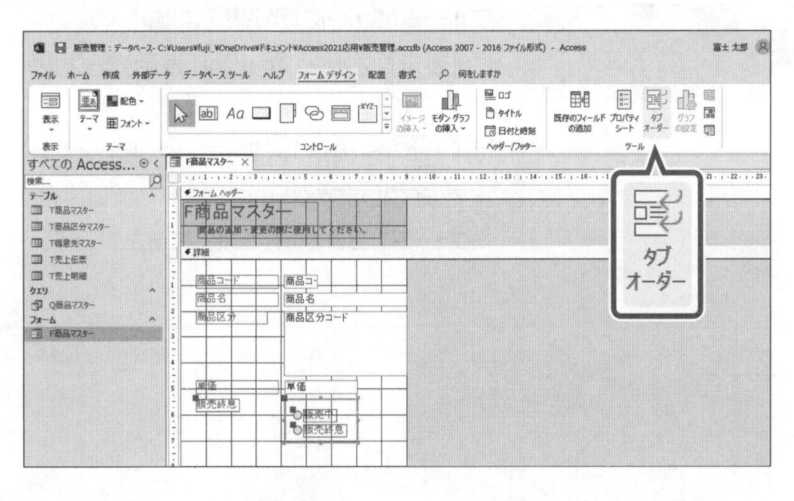

①《フォームデザイン》タブを選択します。
②《ツール》グループの (タブオーダー)をクリックします。

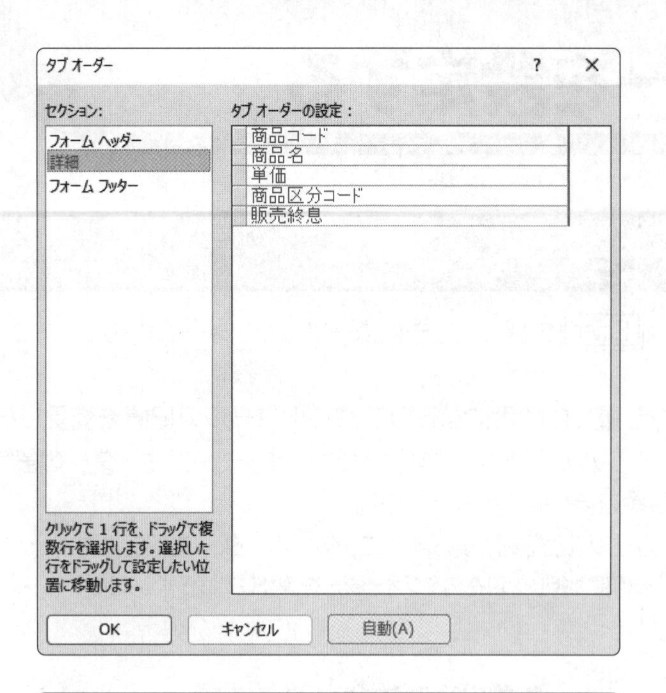

《タブオーダー》ダイアログボックスが表示されます。

③《セクション》の《詳細》をクリックします。

④《タブオーダーの設定》に現在のタブオーダーが表示されていることを確認します。

⑤《自動》をクリックします。

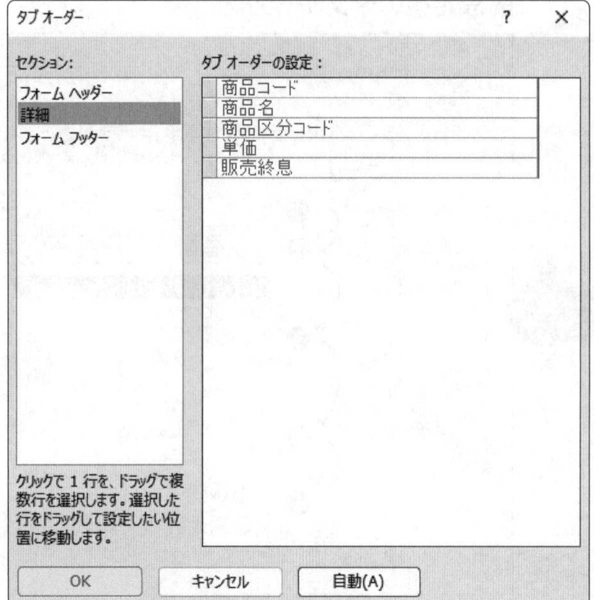

コントロールの並びどおりに、タブオーダーが設定されます。

⑥《OK》をクリックします。

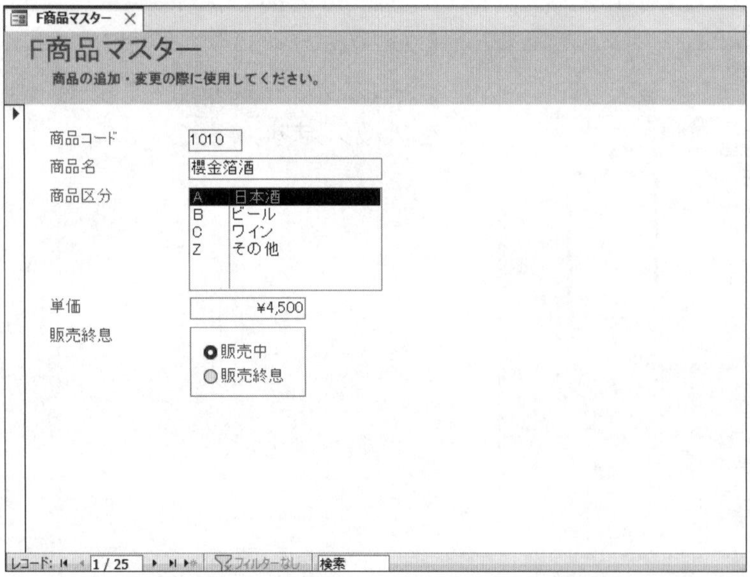

フォームビューに切り替えます。

⑦《表示》グループの（表示）をクリックします。

⑧ Tab を何度か押して、タブオーダーを確認します。

※フォームを上書き保存し、閉じておきましょう。

メイン・サブフォームの作成

第8章 この章で学ぶこと

学習前に習得すべきポイントを理解しておき、
学習後には確実に習得できたかどうかを振り返りましょう。

- メイン・サブフォームとは何かを説明できる。 →P.138 ☑☑☑
- メイン・サブフォームの主となるメインフォームを作成できる。 →P.140 ☑☑☑
- メインフォームに組み込まれるサブフォームを作成できる。 →P.145 ☑☑☑
- メインフォームにサブフォームを組み込んで、メイン・サブフォームを作成できる。 →P.149 ☑☑☑
- 指定したフィールドの合計を返すSum関数を使って、演算テキストボックスを作成できる。 →P.156 ☑☑☑
- 指定した日付に、指定した日付の単位の時間間隔を加算した日付を返すDateAdd関数を使って、演算テキストボックスを作成できる。 →P.160 ☑☑☑
- 指定した年、月、日に対応する日付を返すDateSerial関数を使って、演算テキストボックスを作成できる。 →P.162 ☑☑☑
- 異なるフォームのコントロールの値を参照する識別子を使って、演算テキストボックスを作成できる。 →P.164 ☑☑☑

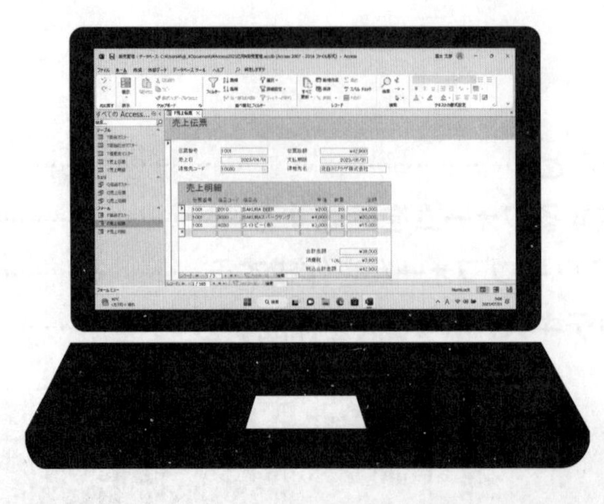

STEP 1 作成するフォームを確認する

1 作成するフォームの確認

次のようなフォーム「**F売上伝票**」を編集しましょう。

●F売上伝票

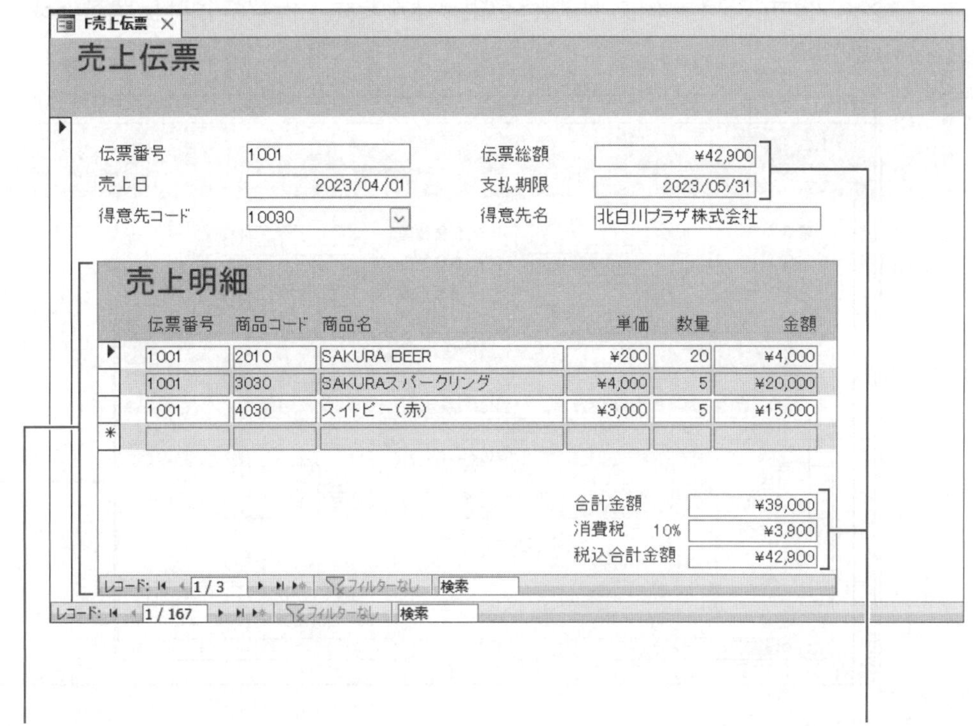

STEP 2 メイン・サブフォームを作成する

1 メイン・サブフォーム

「メイン・サブフォーム」とは、メインフォームとサブフォームから構成されるフォームのことです。主となるフォームを**「メインフォーム」**、メインフォームの中に組み込まれるフォームを**「サブフォーム」**といいます。
メイン・サブフォームは、明細行を組み込んだ売上伝票や会計伝票を作成する場合などに使います。

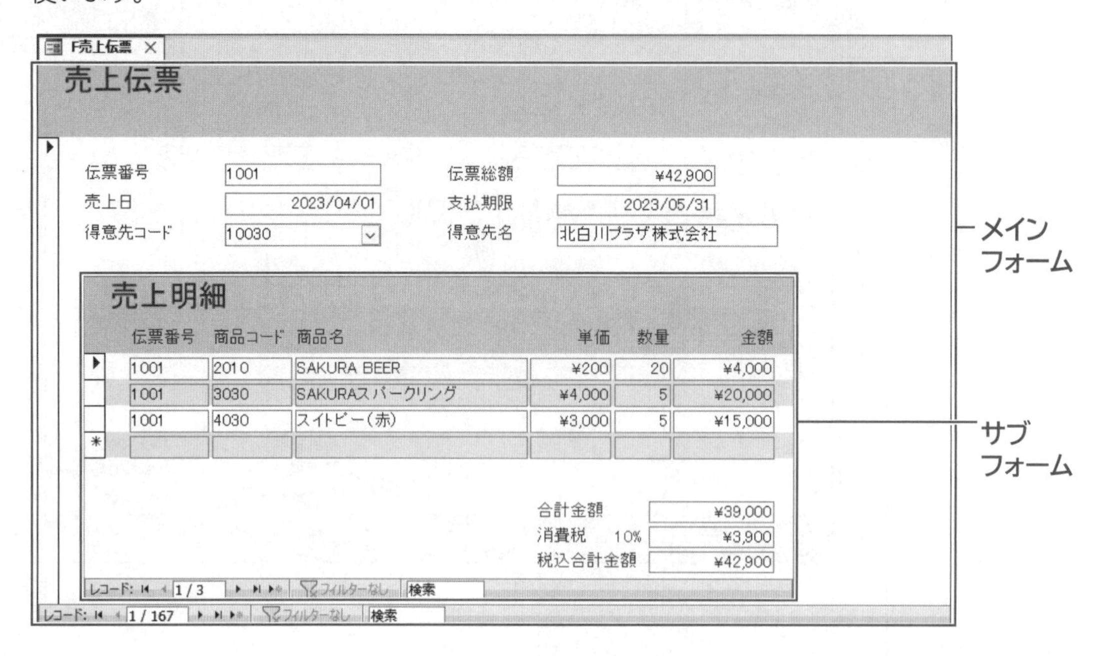

2 メイン・サブフォームの作成手順

メイン・サブフォームの基本的な作成手順は、次のとおりです。

1 メインフォームを作成する

もとになるテーブルとフィールドを確認する。
もとになるクエリを作成する。
フォームを単票形式で作成する。

2 サブフォームを作成する

もとになるテーブルとフィールドを確認する。
もとになるクエリを作成する。
フォームを表形式またはデータシート形式で作成する。

3 メインフォームにサブフォームを組み込む

メインフォームのコントロールのひとつとして、サブフォームを組み込む。

POINT メイン・サブフォームと単票形式のフォーム

メイン・サブフォームと単票形式のフォームでは、テーブルの設計方法が異なります。

■メイン・サブフォーム

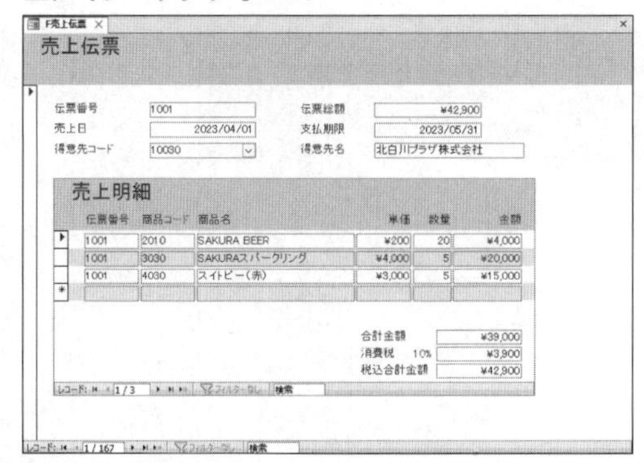

●テーブルの設計

メインフォームのもとになるテーブル

T売上伝票

伝票番号	売上日	得意先コード
1001	2023/04/01	10030
1002	2023/04/01	20010
1003	2023/04/02	10040
1004	2023/04/02	30030
1005	2023/04/02	30020
1006	2023/04/02	10020
1007	2023/04/03	20030
1008	2023/04/03	30050
1009	2023/04/03	20020
1010	2023/04/04	10010
1011	2023/04/04	10050
1012	2023/04/04	20040
1013	2023/04/04	30040
1014	2023/04/04	20050
1015	2023/04/05	30010
1016	2023/04/05	10030
1017	2023/04/05	20010
1018	2023/04/05	10040
1019	2023/04/08	30030
1020	2023/04/08	30020
1021	2023/04/08	10020
1022	2023/04/08	20030
1023	2023/04/09	30050
1024	2023/04/09	20020
1025	2023/04/09	10010
1026	2023/04/09	10050
1027	2023/04/10	20040
1028	2023/04/10	30040
1029	2023/04/10	20050
1030	2023/04/11	30010
1031	2023/04/11	10030
1032	2023/04/12	20010
1033	2023/04/12	10040

レコード: 1 / 167 フィルターなし 検索

サブフォームのもとになるテーブル

T売上明細

明細番号	伝票番号	商品コード	数量
1	1001	2010	20
2	1001	3030	5
3	1001	4030	5
4	1002	1050	25
5	1002	2030	40
6	1003	1010	5
7	1003	3010	10
8	1004	1030	15
9	1004	4020	15
10	1004	1040	10
11	1004	2020	30
12	1004	2050	10
13	1005	1020	9
14	1005	4050	2
15	1006	3020	20
16	1006	2040	40
17	1006	5010	5
18	1007	2060	10
19	1007	4010	5
20	1008	4040	15
21	1009	2010	50
22	1009	3030	10
23	1010	4030	7
24	1010	5010	3
25	1011	2010	30
26	1011	1010	6
27	1012	3010	5
28	1012	1030	5
29	1013	4020	4
30	1013	1040	10
31	1014	2020	40
32	1015	2050	10
33	1015	1020	3

レコード: 1 / 348 フィルターなし 検索

●利点

伝票を書くイメージで入力できます。
特定のフィールドを基準に明細を一覧で表示できます。

■単票形成のフォーム

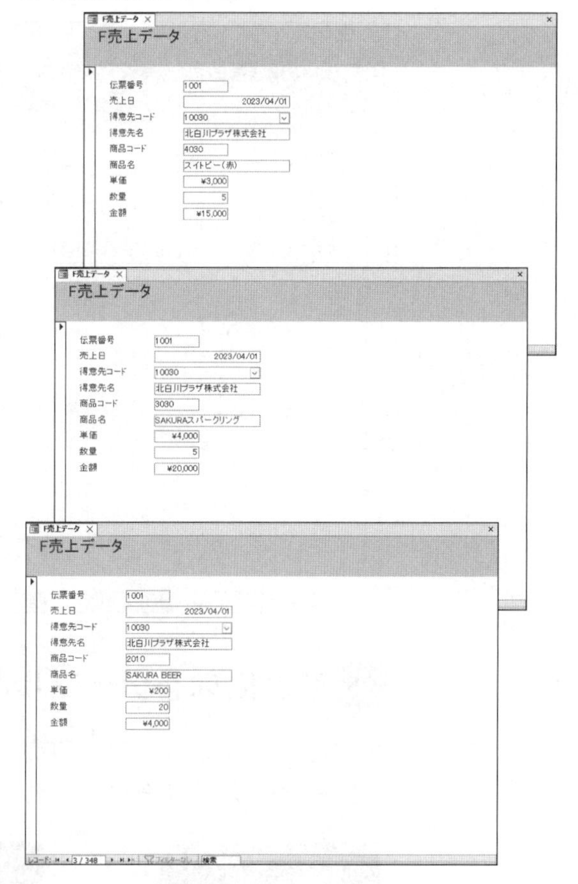

●テーブルの設計

もとになるテーブル

T売上データ

明細番号	伝票番号	売上日	得意先コード	商品コード	数量
1	1001	2023/04/01	10030	2010	20
2	1001	2023/04/01	10030	3030	5
3	1001	2023/04/01	10030	4030	5
4	1002	2023/04/01	20010	1050	25
5	1002	2023/04/01	20010	2030	40
6	1003	2023/04/02	10040	1010	5
7	1003	2023/04/02	10040	3010	10
8	1004	2023/04/02	30030	1030	15
9	1004	2023/04/02	30030	4020	15
10	1004	2023/04/02	30030	1040	10
11	1004	2023/04/02	30030	2020	30
12	1004	2023/04/02	30030	2050	10
13	1005	2023/04/02	30020	1020	9
14	1005	2023/04/02	30020	4050	2
15	1006	2023/04/02	10020	3020	20
16	1006	2023/04/02	10020	2040	40
17	1006	2023/04/02	10020	5010	5
18	1007	2023/04/03	20030	2060	10
19	1007	2023/04/03	20030	4010	5
20	1008	2023/04/03	30050	4040	15
21	1009	2023/04/03	20020	2010	50
22	1009	2023/04/03	20020	3030	10
23	1010	2023/04/04	10010	4030	7
24	1010	2023/04/04	10010	5010	3
25	1011	2023/04/04	10050	2010	30
26	1011	2023/04/04	10050	1010	6
27	1012	2023/04/04	20040	3010	5

レコード: 1 / 348 フィルターなし 検索

●利点

1件1画面のため、テーブルの設計が容易です。

3 メインフォームの作成

次のようなメインフォーム**「F売上伝票」**を作成しましょう。

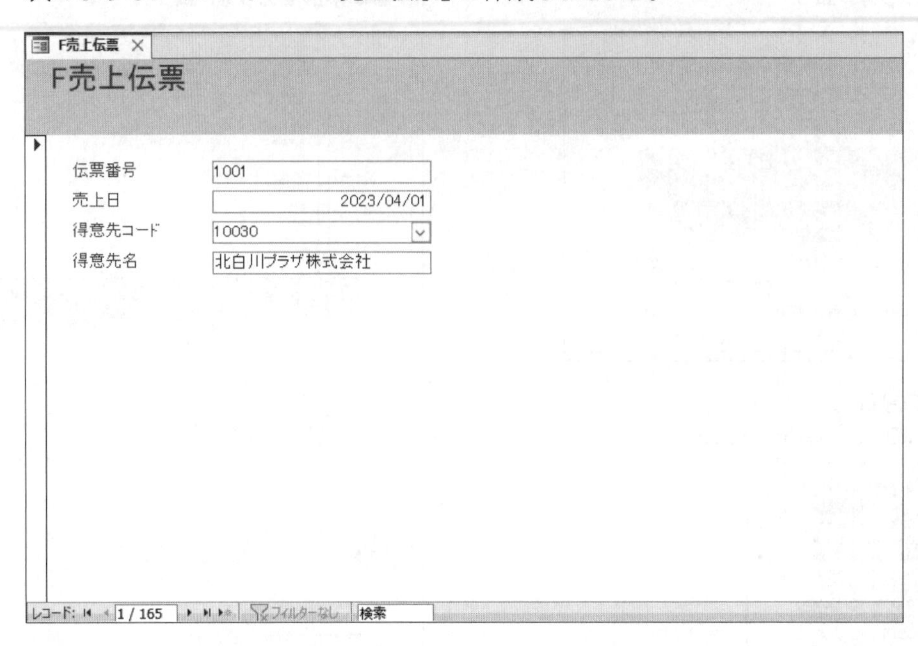

1 もとになるテーブルとフィールドの確認

メインフォームは、テーブル**「T売上伝票」**をもとに、必要なフィールドをテーブル**「T得意先マスター」**から選択して作成します。

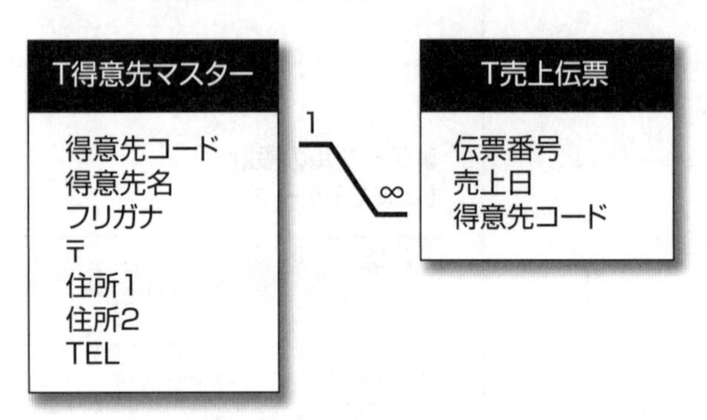

2 もとになるクエリの作成

メインフォームのもとになるクエリ**「Q売上伝票」**を作成しましょう。

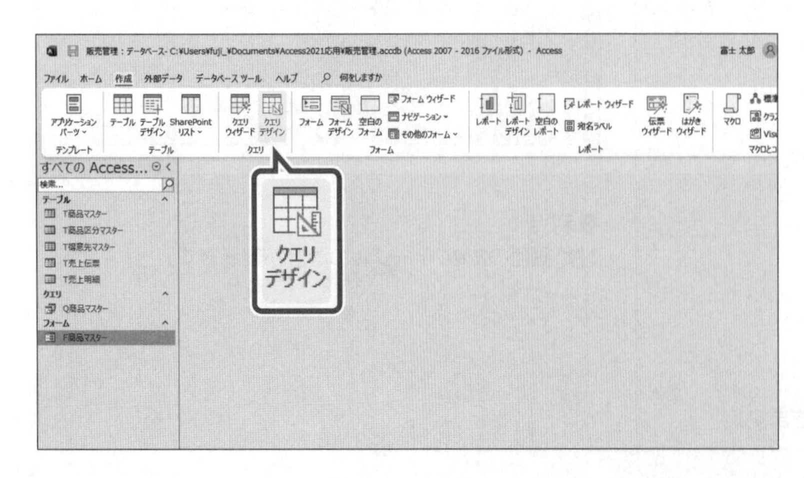

①**《作成》**タブを選択します。

②**《クエリ》**グループの（クエリデザイン）をクリックします。

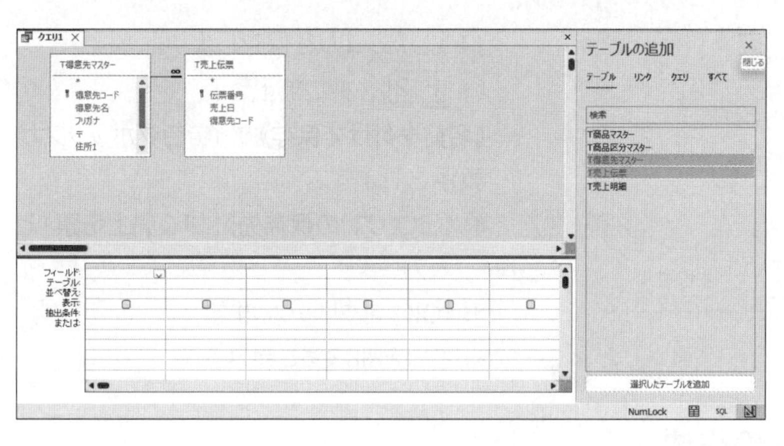

クエリウィンドウと**《テーブルの追加》**が表示されます。

③**《テーブル》**タブを選択します。

④一覧から**「T得意先マスター」**を選択します。

⑤ Shift を押しながら、**「T売上伝票」**を選択します。

⑥**《選択したテーブルを追加》**をクリックします。

クエリウィンドウに2つのテーブルのフィールドリストが表示されます。

《テーブルの追加》を閉じます。

⑦**《テーブルの追加》**の × (閉じる)をクリックします。

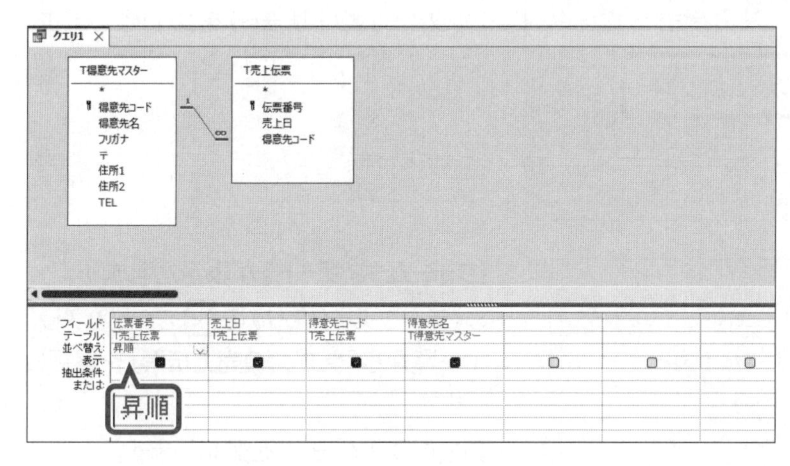

⑧テーブル間にリレーションシップの結合線が表示されていることを確認します。

※図のように、フィールドリストのサイズを調整しておきましょう。

⑨次の順番でフィールドをデザイングリッドに登録します。

テーブル	フィールド
T売上伝票	伝票番号
〃	売上日
〃	得意先コード
T得意先マスター	得意先名

⑩**「伝票番号」**フィールドの**《並べ替え》**セルを**《昇順》**に設定します。

クエリ1

伝票番号	売上日	得意先コード	得意先名
1001	2023/04/01	10030	北白川プラザ株式会社
1002	2023/04/01	20010	株式会社福原スーパー
1003	2023/04/02	10040	スターマーケット株式会社
1004	2023/04/02	30030	フレッシュマーケット株式会社
1005	2023/04/02	30020	なかむらデパート株式会社
1006	2023/04/02	10020	株式会社フラワースーパー
1007	2023/04/03	20030	スーパーハッピー株式会社
1008	2023/04/03	30050	高丸デパート株式会社
1009	2023/04/03	20020	株式会社さいとう商店
1010	2023/04/04	10010	スーパー浜富株式会社
1011	2023/04/04	10050	株式会社海山商店
1012	2023/04/04	20040	株式会社京都デパート
1013	2023/04/04	30040	株式会社鈴木商店
1014	2023/04/04	20050	丸山マーケット株式会社
1015	2023/04/05	30010	株式会社スーパーエブリデイ
1016	2023/04/05	10030	北白川プラザ株式会社
1017	2023/04/05	20010	株式会社福原スーパー
1018	2023/04/05	10040	スターマーケット株式会社
1019	2023/04/08	30030	フレッシュマーケット株式会社
1020	2023/04/08	30020	なかむらデパート株式会社
1021	2023/04/08	10020	株式会社フラワースーパー
1022	2023/04/08	20030	スーパーハッピー株式会社
1023	2023/04/09	30050	高丸デパート株式会社
1024	2023/04/09	20020	株式会社さいとう商店
1025	2023/04/09	10010	スーパー浜富株式会社
1026	2023/04/09	10050	株式会社海山商店
1027	2023/04/10	20040	株式会社京都デパート

レコード: 1 / 165　フィルターなし　検索

データシートビューに切り替えて、結果を確認します。

⑪**《クエリデザイン》**タブを選択します。

⑫**《結果》**グループの (表示)をクリックします。

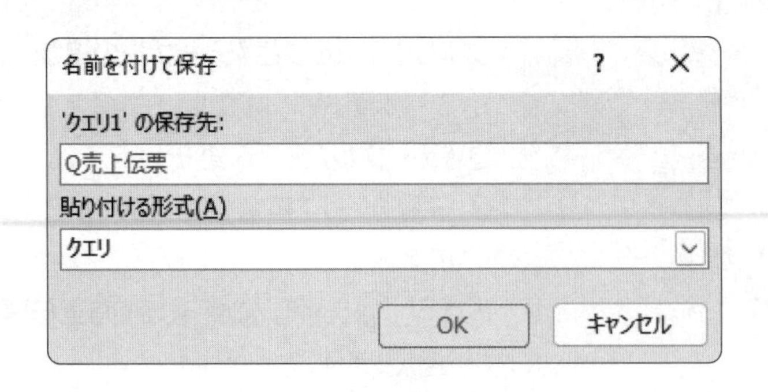

作成したクエリを保存します。

⑬ F12 を押します。

《名前を付けて保存》ダイアログボックスが表示されます。

⑭**《'クエリ1'の保存先》**に**「Q売上伝票」**と入力します。

⑮**《OK》**をクリックします。

※クエリを閉じておきましょう。

3 メインフォームの作成

クエリ**「Q売上伝票」**をもとに、メインフォーム**「F売上伝票」**を作成しましょう。

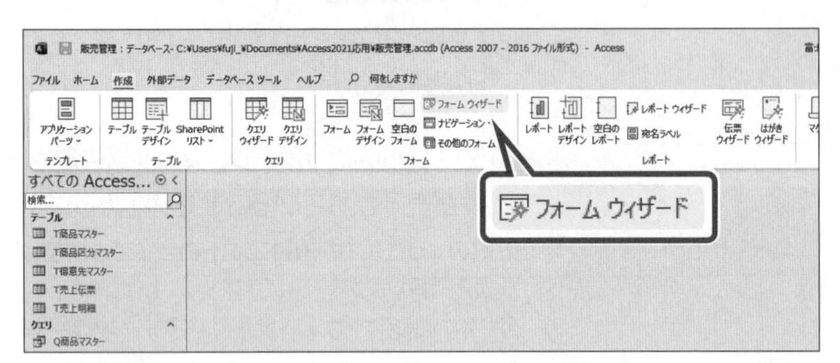

①**《作成》**タブを選択します。

②**《フォーム》**グループの フォーム ウィザード （フォームウィザード）をクリックします。

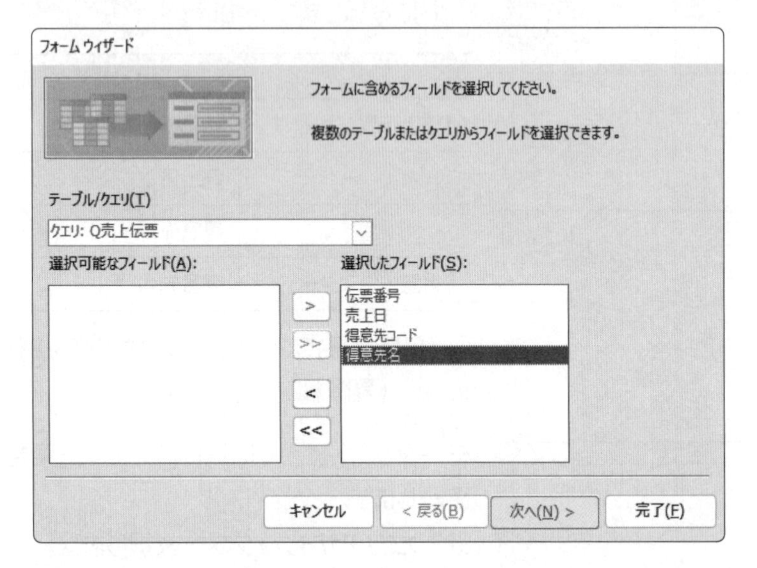

《フォームウィザード》が表示されます。

③**《テーブル/クエリ》**の をクリックし、一覧から**「クエリ：Q売上伝票」**を選択します。

すべてのフィールドを選択します。

④ >> をクリックします。

⑤**《次へ》**をクリックします。

データの表示形式を指定します。

⑥**「byT売上伝票」**が選択されていることを確認します。

⑦**《次へ》**をクリックします。

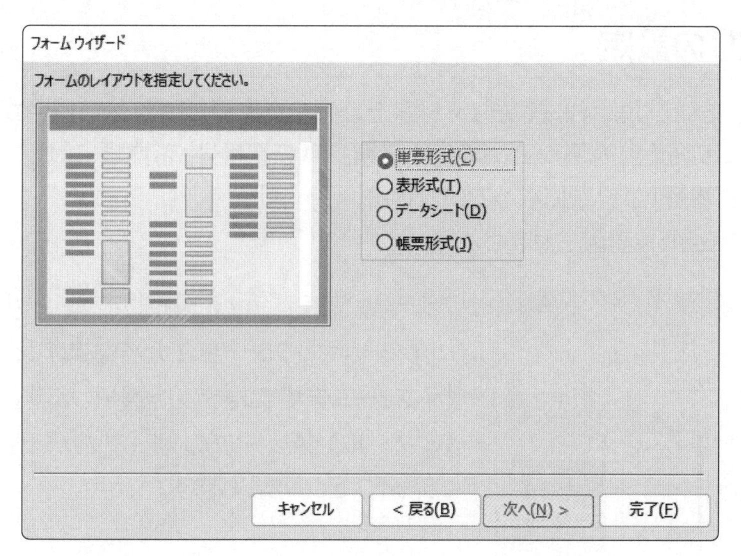

フォームのレイアウトを指定します。

⑧**《単票形式》**を◉にします。

⑨**《次へ》**をクリックします。

フォーム ウィザード
フォーム名を指定してください。
F売上伝票
これで、フォームを作成するための設定は終了しました。
フォームを作成した後に行うことを選択してください。
フォームを開いてデータを入力する(O)
フォームのデザインを編集する(M)
キャンセル　< 戻る(B)　次へ(N) >　完了(F)

フォーム名を入力します。

⑩**《フォーム名を指定してください。》**に**「F売上伝票」**と入力します。

⑪**《フォームを開いてデータを入力する》**を◉にします。

⑫**《完了》**をクリックします。

F売上伝票
伝票番号 1010
売上日 2023/04/04
得意先コード 10010
得意先名 スーパー浜富株式会社
レコード: 1 / 165　フィルターなし　検索

作成したフォームがフォームビューで表示されます。

⑬レイアウトビューに切り替えて、図のようにコントロールのサイズを調整します。

※《フィールドリスト》が表示された場合は、✕（閉じる）をクリックして閉じておきましょう。

※テーブル「T売上伝票」の「得意先コード」フィールドにルックアップフィールドが設定されているため、「得意先コード」はコンボボックスになっています。

※レコード移動ボタンを使って、レコードの並び順を確認しておきましょう。

※デザインビューに切り替えておきましょう。

4 もとになるクエリの設定

フォームウィザードで指定したクエリは、作成したフォーム上で完全には認識されない場合があります。ここでは、フォームのもとになるクエリ**「Q売上伝票」**で**「伝票番号」**を昇順に設定しましたが、フォームでは**「伝票番号」**が昇順になっていません。
フォームのもとになるクエリを正しく認識させましょう。

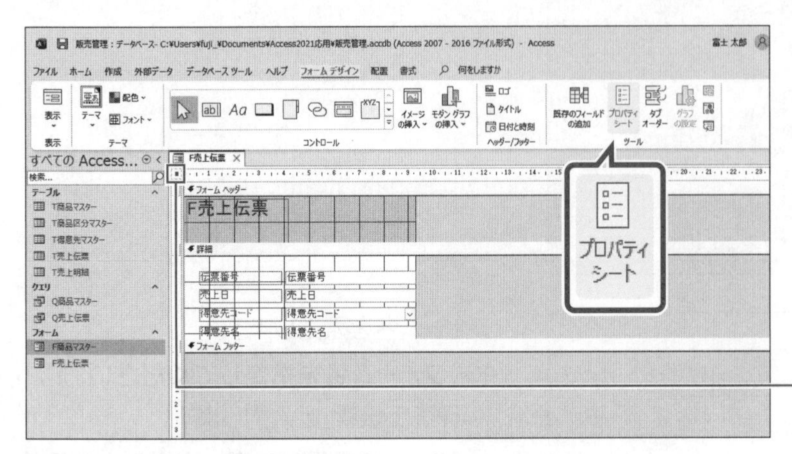

フォームのプロパティを設定します。

①フォームセレクターをクリックします。

②**《フォームデザイン》**タブを選択します。

③**《ツール》**グループの（プロパティシート）をクリックします。

プロパティ シート
選択の種類: フォーム

フォーム

書式　データ　イベント　その他　すべて

レコードソース	Q売上伝票
レコードセット	ダイナセット
既定値を取得	はい
フィルター	
読み込み時にフィルターを適用	いいえ
並べ替え	
読み込み時に並べ替えを適用	はい
後処理まで待機する	いいえ
データ入力用	いいえ
追加の許可	はい
削除の許可	はい
更新の許可	はい
フィルターの使用	はい
レコードロック	しない

《プロパティシート》が表示されます。

④**《選択の種類》**が**《フォーム》**になっていることを確認します。

⑤**《データ》**タブを選択します。

⑥**《レコードソース》**プロパティの をクリックし、一覧から**「Q売上伝票」**を選択します。

《プロパティシート》を閉じます。

⑦**《プロパティシート》**の（閉じる）をクリックします。

F売上伝票

伝票番号 1001
売上日 2023/04/01
得意先コード 10030
得意先名 北白川プラザ株式会社

1 / 165

フォームビューに切り替えます。

⑧**《表示》**グループの（表示）をクリックします。

※「得意先コード」には、コンボボックスが設定されています。

⑨レコード移動ボタンを使って、**「伝票番号」**順にレコードが表示されていることを確認します。

※フォームを上書き保存し、閉じておきましょう。

4 サブフォームの作成

次のようなサブフォーム**「F売上明細」**を作成しましょう。

F売上明細

伝票番号	商品コード	商品名	単価	数量	金額
1001	2010	SAKURA BEER	¥200	20	¥4,000
1001	3030	SAKURAスパークリング	¥4,000	5	¥20,000
1001	4030	スイトピー(赤)	¥3,000	5	¥15,000
1002	1050	櫻にごり酒	¥2,500	25	¥62,500
1002	2030	クラシック さくら	¥300	40	¥12,000
1003	1010	櫻金箔酒	¥4,500	5	¥22,500
1003	3010	マーガレットVSOP	¥5,000	10	¥50,000
1004	1030	櫻吟醸酒	¥4,000	15	¥60,000
1004	4020	カサブランカ(白)	¥3,000	15	¥45,000
1004	1040	櫻焼酎	¥1,800	10	¥18,000
1004	2020	SAKURA レッドラベル	¥250	30	¥7,500
1004	2050	SAKURA ダークエール	¥300	10	¥3,000
1005	1020	櫻大吟醸酒	¥5,500	9	¥49,500
1005	4050	薔薇(赤)	¥2,800	2	¥5,600
1006	3020	シングルモルト櫻	¥3,500	20	¥70,000
1006	2040	SAKURA ペールエール	¥200	40	¥8,000
1006	5010	AOYAMA梅酒	¥1,800	5	¥9,000
1007	2060	SAKURA オーガニック	¥200	10	¥2,000

レコード: 1 / 343 フィルターなし 検索

1 もとになるテーブルとフィールドの確認

サブフォームは、テーブル**「T売上明細」**をもとに、必要なフィールドを**「T商品マスター」**から選択して作成します。

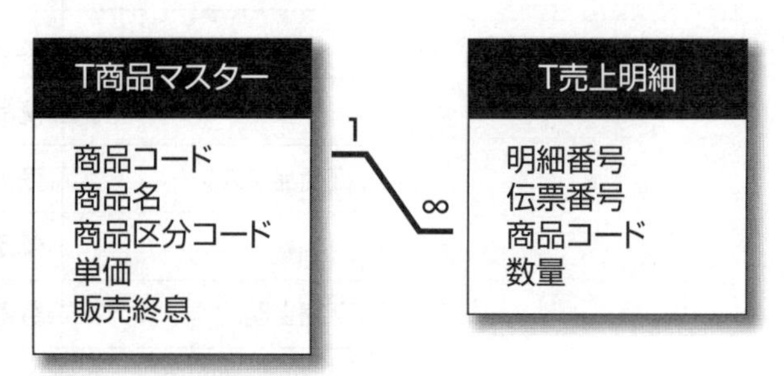

2 もとになるクエリの作成

サブフォームのもとになるクエリ**「Q売上明細」**を作成しましょう。

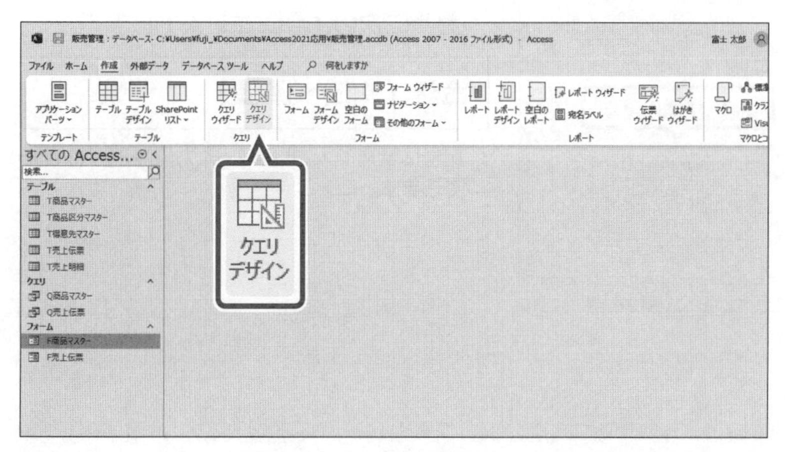

①**《作成》**タブを選択します。

②**《クエリ》**グループの(クエリデザイン)をクリックします。

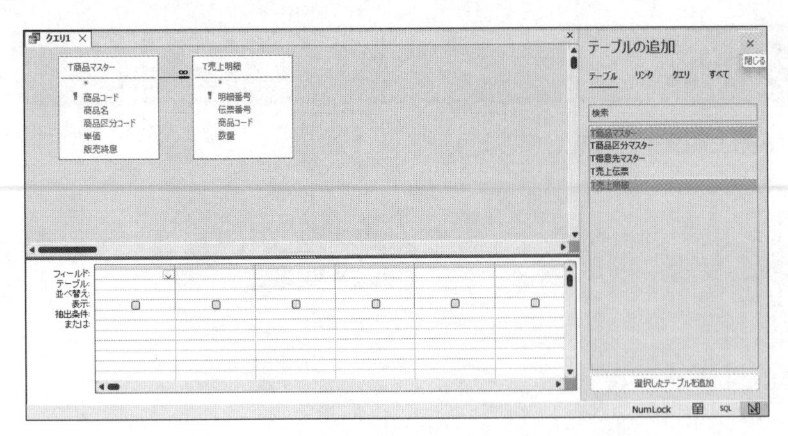

クエリウィンドウと**《テーブルの追加》**が表示されます。

③**《テーブル》**タブを選択します。

④一覧から**「T商品マスター」**を選択します。

⑤ Ctrl を押しながら、**「T売上明細」**を選択します。

⑥**《選択したテーブルを追加》**をクリックします。

クエリウィンドウに2つのテーブルのフィールドリストが表示されます。

《テーブルの追加》を閉じます。

⑦**《テーブルの追加》**の ×（閉じる）をクリックします。

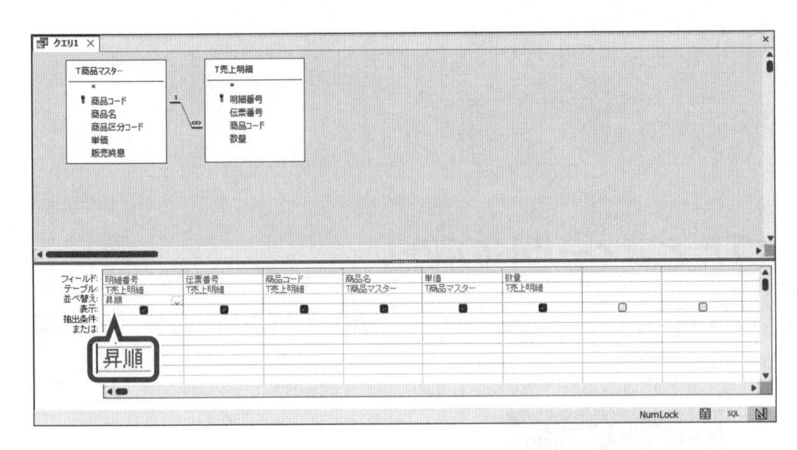

⑧テーブル間にリレーションシップの結合線が表示されていることを確認します。

※図のように、フィールドリストのサイズを調整しておきましょう。

⑨次の順番でフィールドをデザイングリッドに登録します。

テーブル	フィールド
T売上明細	明細番号
〃	伝票番号
〃	商品コード
T商品マスター	商品名
〃	単価
T売上明細	数量

⑩**「明細番号」**フィールドの**《並べ替え》**セルを**《昇順》**に設定します。

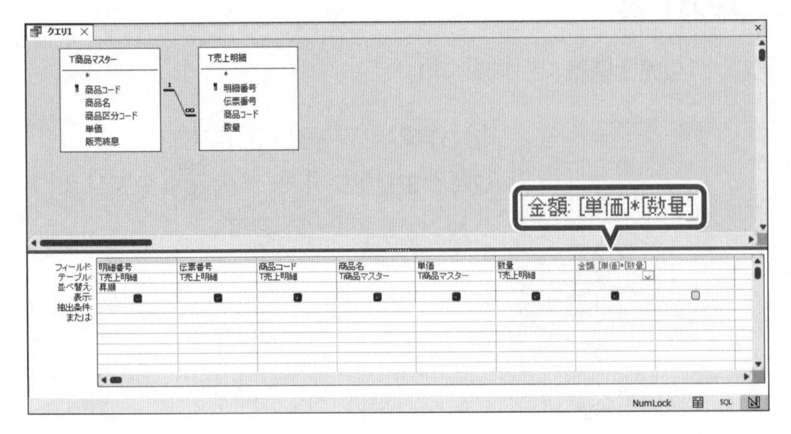

「金額」フィールドを作成します。

⑪**「数量」**フィールドの右の**《フィールド》**セルに次のように式を入力します。

金額：[単価]＊[数量]

※記号は半角で入力します。入力の際、[ ]は省略できます。

明細番号	伝票番号	商品コード	商品名	単価	数量	金額
1	1001	2010	SAKURA BEER	¥200	20	¥4,000
2	1001	3030	SAKURAスパークリン	¥4,000	5	¥20,000
3	1001	4030	スイトピー(赤)	¥3,000	5	¥15,000
4	1002	1050	櫻にごり酒	¥2,500	25	¥62,500
5	1002	2030	クラシック　さくら	¥300	40	¥12,000
6	1003	1010	櫻金箔酒	¥4,500	5	¥22,500
7	1003	3010	マーガレットVSOP	¥5,000	10	¥50,000
8	1004	1030	櫻吟醸酒	¥4,000	15	¥60,000
9	1004	4020	カサブランカ(白)	¥3,000	15	¥45,000
10	1004	1040	櫻焼酎	¥1,800	10	¥18,000
11	1004	2020	SAKURA レッドラベル	¥250	30	¥7,500
12	1004	2050	SAKURA　ダークエー	¥300	10	¥3,000
13	1005	1020	櫻大吟醸酒	¥5,500	9	¥49,500
14	1005	4050	薔薇(赤)	¥2,800	2	¥5,600
15	1006	3020	シングルモルト櫻	¥3,500	20	¥70,000
16	1006	2040	SAKURA　ペールエー	¥200	40	¥8,000
17	1006	5010	AOYAMA梅酒	¥1,800	5	¥9,000
18	1007	2060	SAKURA　オーガニック	¥200	10	¥2,000
19	1007	4010	すずらん(白)	¥3,500	5	¥17,500
20	1008	4040	スイトピー(ロゼ)	¥3,000	15	¥45,000
21	1009	2010	SAKURA BEER	¥200	50	¥10,000
22	1009	3030	SAKURAスパークリン	¥4,000	10	¥40,000
23	1010	4030	スイトピー(赤)	¥3,000	7	¥21,000
24	1010	5010	AOYAMA梅酒	¥1,800	3	¥5,400
25	1011	2010	SAKURA BEER	¥200	30	¥6,000
26	1011	1010	櫻金箔酒	¥4,500	6	¥27,000
27	1012	3010	マーガレットVSOP	¥5,000	5	¥25,000

データシートビューに切り替えて、結果を確認します。

⑫**《クエリデザイン》**タブを選択します。

⑬**《結果》**グループの（表示）をクリックします。

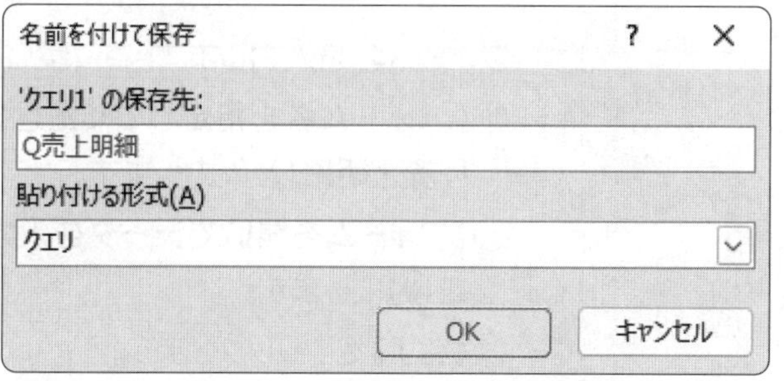

作成したクエリを保存します。

⑭ F12 を押します。

《名前を付けて保存》ダイアログボックスが表示されます。

⑮**《'クエリ1'の保存先》**に**「Q売上明細」**と入力します。

⑯**《OK》**をクリックします。

※クエリを閉じておきましょう。

3 サブフォームの作成

クエリ**「Q売上明細」**をもとに、サブフォーム**「F売上明細」**を作成しましょう。

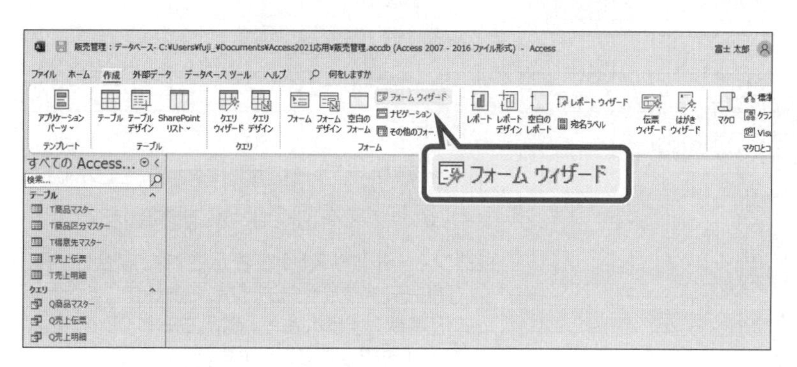

①**《作成》**タブを選択します。

②**《フォーム》**グループの フォーム ウィザード（フォームウィザード）をクリックします。

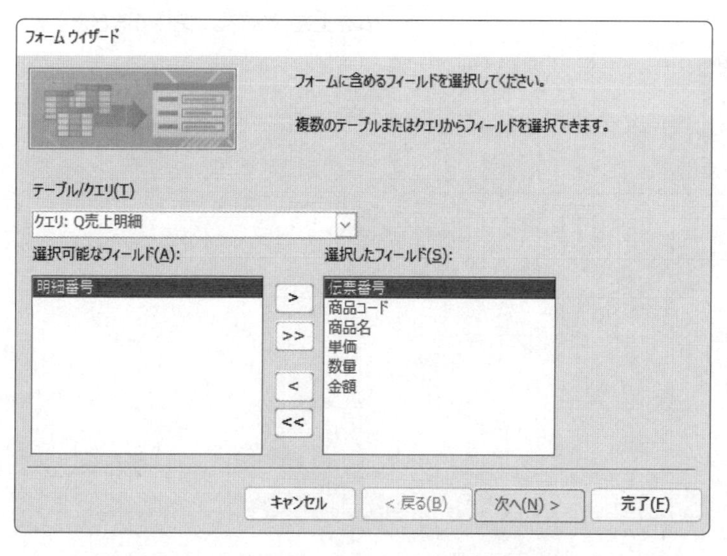

《フォームウィザード》が表示されます。

③**《テーブル/クエリ》**の をクリックし、一覧から**「クエリ：Q売上明細」**を選択します。

「明細番号」以外のフィールドを選択します。

④ >> をクリックします。

⑤**《選択したフィールド》**の一覧から**「明細番号」**を選択します。

⑥ < をクリックします。

⑦**《次へ》**をクリックします。

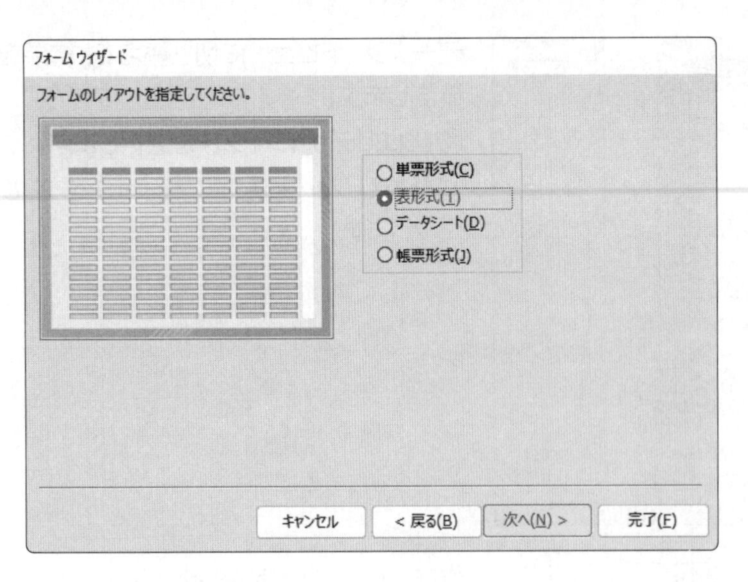

フォームのレイアウトを指定します。

⑧**《表形式》**を◉にします。

⑨**《次へ》**をクリックします。

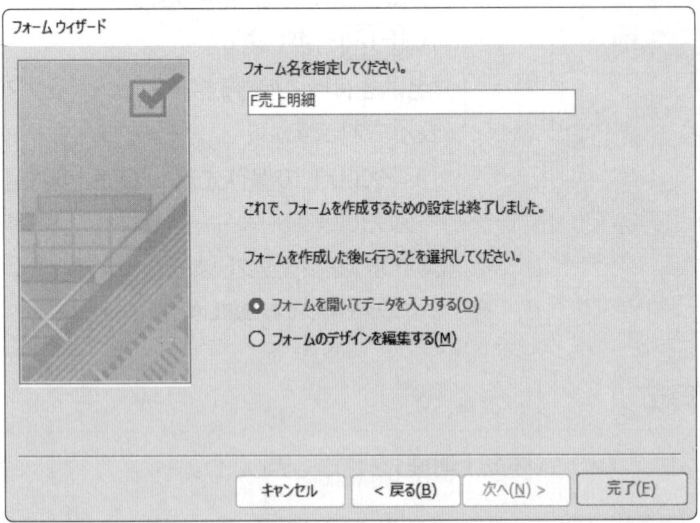

フォーム名を入力します。

⑩**《フォーム名を指定してください。》**に**「F売上明細」**と入力します。

⑪**《フォームを開いてデータを入力する》**を◉にします。

⑫**《完了》**をクリックします。

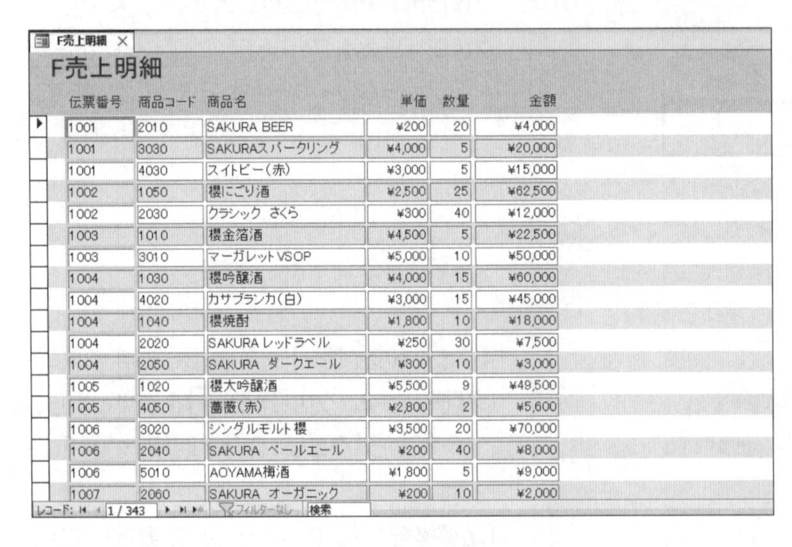

F売上明細

伝票番号	商品コード	商品名	単価	数量	金額
1001	2010	SAKURA BEER	¥200	20	¥4,000
1001	3030	SAKURAスパークリング	¥4,000	5	¥20,000
1001	4030	スイトピー(赤)	¥3,000	5	¥15,000
1002	1050	櫻にごり酒	¥2,500	25	¥62,500
1002	2030	クラシック　さくら	¥300	40	¥12,000
1003	1010	櫻金箔酒	¥4,500	5	¥22,500
1003	3010	マーガレットVSOP	¥5,000	10	¥50,000
1004	1030	櫻吟醸酒	¥4,000	15	¥60,000
1004	4020	カサブランカ(白)	¥3,000	15	¥45,000
1004	1040	櫻焼酎	¥1,800	10	¥18,000
1004	2020	SAKURA レッドラベル	¥250	30	¥7,500
1004	2050	SAKURA　ダークエール	¥300	10	¥3,000
1005	1020	櫻大吟醸酒	¥5,500	9	¥49,500
1005	4050	薔薇(赤)	¥2,800	2	¥5,600
1006	3020	シングルモルト櫻	¥3,500	20	¥70,000
1006	2040	SAKURA　ペールエール	¥200	40	¥8,000
1006	5010	AOYAMA梅酒	¥1,800	5	¥9,000
1007	2060	SAKURA　オーガニック	¥200	10	¥2,000

レコード: 1 / 343　フィルターなし　検索

作成したフォームがフォームビューで表示されます。

⑬レイアウトビューに切り替えて、コントロールのサイズを図のように調整します。

※《フィールドリスト》が表示された場合は、☒(閉じる)をクリックして閉じておきましょう。

※「伝票番号」ラベルと「商品コード」ラベルは、Tab を使って選択します。

※フォームを上書き保存し、閉じておきましょう。

5 メインフォームへのサブフォームの組み込み

メインフォーム**「F売上伝票」**にサブフォーム**「F売上明細」**を組み込みましょう。
メインフォームのひとつのコントロールとしてサブフォームを組み込むことによって、メイン・サブフォームを作成できます。

1 リレーションシップの確認

メインフォームのもとになるテーブルとサブフォームのもとになるテーブルには、リレーションシップが設定されている必要があります。
リレーションシップを確認しましょう。

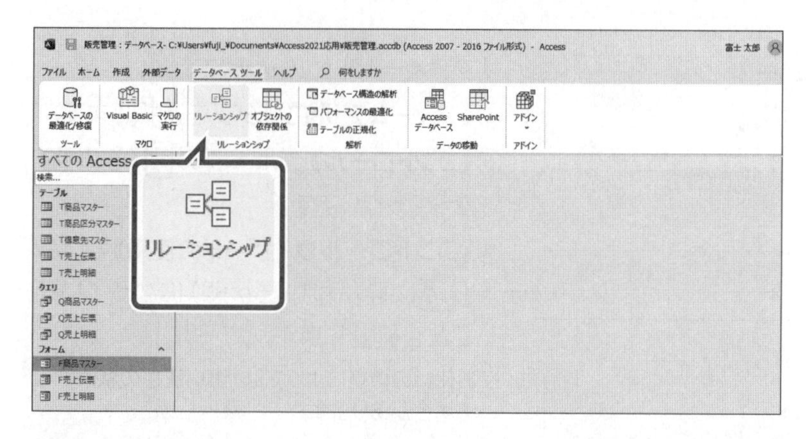

①**《データベースツール》**タブを選択します。
②**《リレーションシップ》**グループの（リレーションシップ）をクリックします。

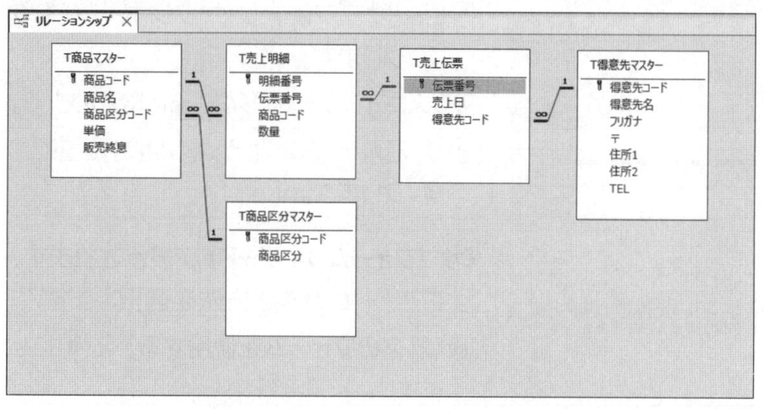

リレーションシップウィンドウが表示されます。
③テーブル**「T売上伝票」**の**「伝票番号」**フィールドとテーブル**「T売上明細」**の**「伝票番号」**フィールドが結合されていることを確認します。
※リレーションシップウィンドウを閉じておきましょう。

2 サブフォームの組み込み

「サブフォームウィザード」を使って、メインフォームにサブフォームを組み込みましょう。

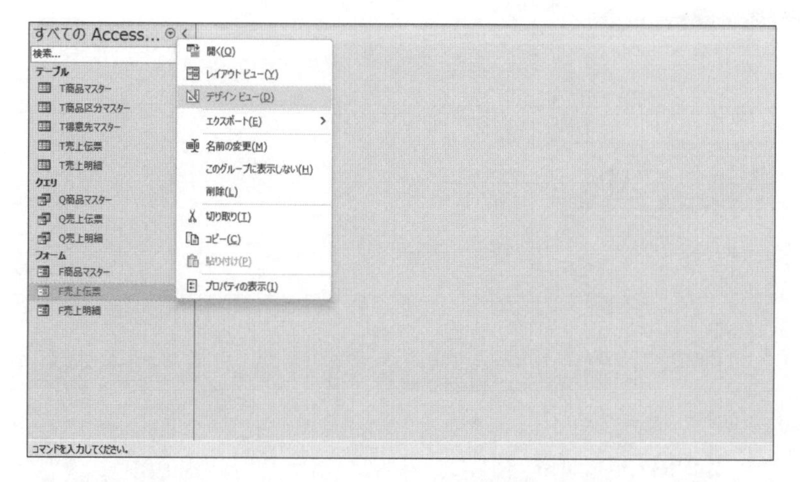

メインフォームをデザインビューで開きます。
①ナビゲーションウィンドウのフォーム**「F売上伝票」**を右クリックします。
②**《デザインビュー》**をクリックします。

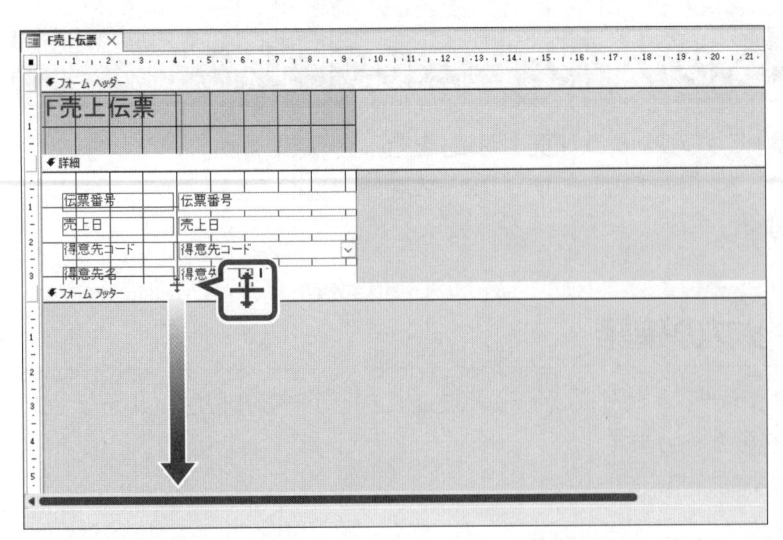

《**詳細**》セクションの領域を拡大します。

③《**詳細**》セクションと《**フォームフッター**》セクションの境界をポイントします。

マウスポインターの形が┿に変わります。

④下方向にドラッグします。（目安：8.5cm）

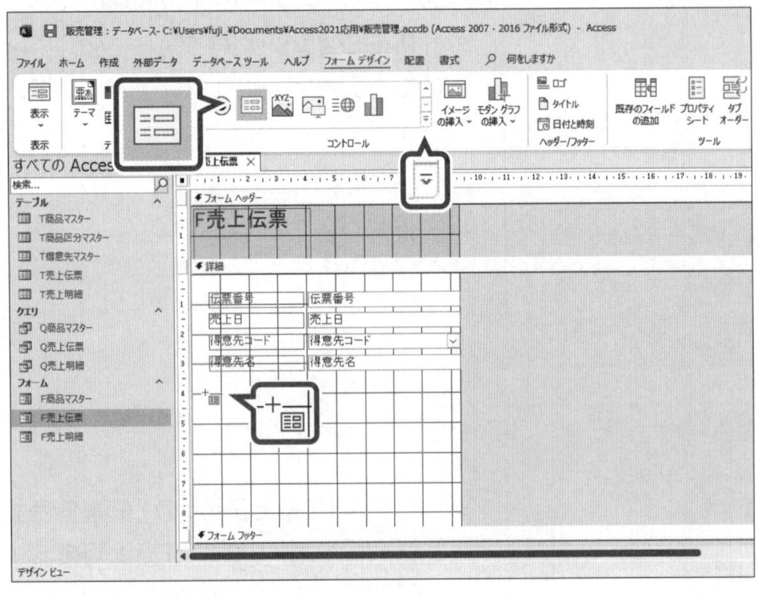

サブフォームを組み込みます。

⑤《**フォームデザイン**》タブを選択します。

⑥《**コントロール**》グループの　（その他）をクリックします。

⑦《**コントロールウィザードの使用**》がオン（　に枠が付いた状態）になっていることを確認します。

※お使いの環境によっては、濃い灰色の状態になる場合があります。

⑧　（サブフォーム/サブレポート）をクリックします。

マウスポインターの形が＋に変わります。

⑨サブフォームを組み込む開始位置でクリックします。

サブフォーム ウィザード

サブフォームは既存のフォームから作成できます。サブレポートは既存のフォーム
ートから作成できます。また、これらをテーブルやクエリを使って作成することもで

サブフォームまたはサブレポートの作成方法を選択してください。

○ 既存のテーブルまたはクエリを使用する(T)

◉ 既存のフォームを使用する(E)

F商品マスター
F売上明細

キャンセル　＜戻る(B)　次へ(N)＞　完了(F)

《**サブフォームウィザード**》が表示されます。

サブフォームの作成方法を選択します。

⑩《**既存のフォームを使用する**》を◉にします。

⑪一覧から「**F売上明細**」を選択します。

⑫《**次へ**》をクリックします。

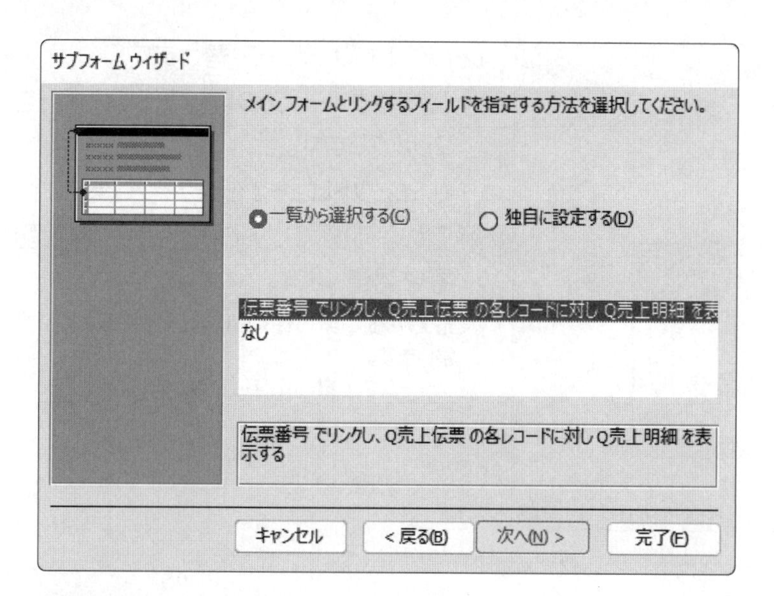

リンクするフィールドを指定します。

⑬**《一覧から選択する》**を◉にします。

⑭一覧の**《伝票番号でリンクし、Q売上伝票の各レコードに対しQ売上明細を…》**が選択されていることを確認します。

⑮**《次へ》**をクリックします。

サブフォーム ウィザード
サブフォームまたはサブレポートの名前を指定してください。
F売上明細
これで、サブフォームまたはサブレポートを作成するための設定は終了しました。
キャンセル　< 戻る(B)　次へ(N) >　完了(F)

サブフォームの名前を入力します。

⑯**《サブフォームまたはサブレポートの名前を指定してください。》**に「**F売上明細**」と入力します。

⑰**《完了》**をクリックします。

F売上伝票
フォーム ヘッダー
F売上伝票
詳細
伝票番号　伝票番号
売上日　売上日
得意先コード　得意先コード
得意先名　得意先名
F売上明細
フォーム ヘッダー
F売上明細
伝票番号　商品コード　商品名　単価　数量　金額
フォーム フッター

メインフォームにサブフォームが組み込まれます。

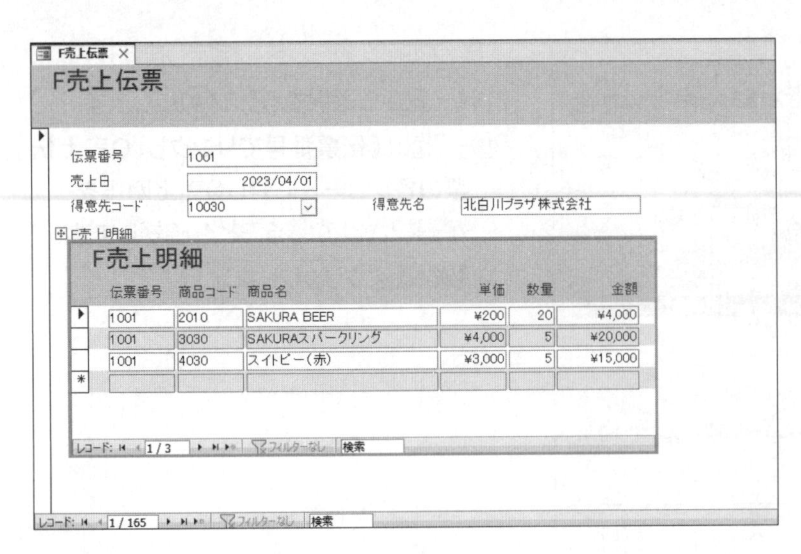

レイアウトビューに切り替えます。

⑱**《表示》**グループの（表示）のをクリックします。

⑲**《レイアウトビュー》**をクリックします。

⑳図のように、コントロールのサイズと配置を調整します。

※売上明細には、5件くらい表示されるように調整します。

※フォームを上書き保存しておきましょう。

Let's Try ためしてみよう

①メインフォームのタイトルを「売上伝票」に変更しましょう。

②メインフォームの「F売上明細」ラベルを削除しましょう。

③サブフォームのタイトルを「売上明細」に変更しましょう。

※フォームを上書き保存しておきましょう。

※フォームビューに切り替えておきましょう。

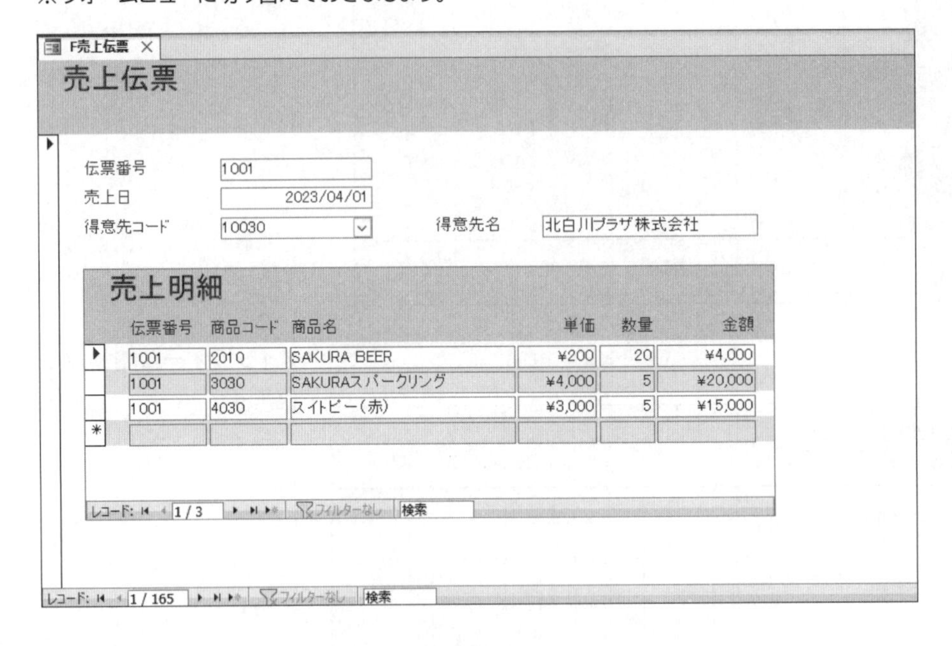

①

①メインフォームのタイトル「F売上伝票」を「売上伝票」に修正

②

①メインフォームの「F売上明細」ラベルを選択

②【Delete】を押す

③

①サブフォームのタイトル「F売上明細」を「売上明細」に修正

POINT サブフォームのプロパティ

サブフォームの詳細は、プロパティシートの《データ》タブに設定されます。《データ》タブでは、サブフォームのもとになるフォームや、メインフォームとサブフォームを結合するフィールド名を設定できます。
サブフォームのプロパティシートを表示する方法は、次のとおりです。

◆デザインビューでサブフォームを選択→《フォームデザイン》タブ→《ツール》グループの（プロパティシート）

◆レイアウトビューでサブフォームを選択→《フォームレイアウトのデザイン》タブ→《ツール》グループの（プロパティシート）

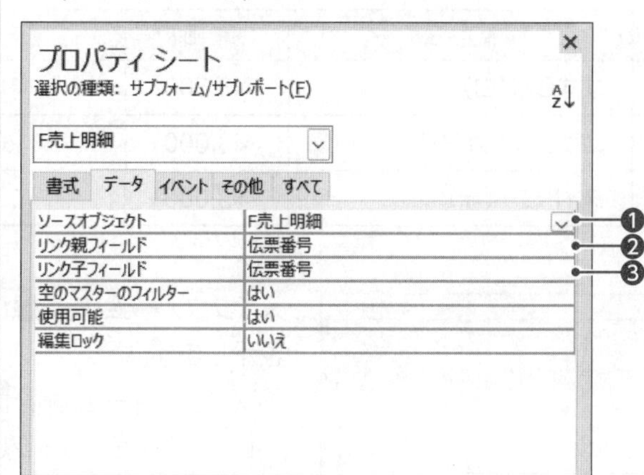

❶《ソースオブジェクト》プロパティ
サブフォームにするフォームを設定します。

❷《リンク親フィールド》プロパティ
メインフォーム側の共通のフィールドを設定します。

❸《リンク子フィールド》プロパティ
サブフォーム側の共通のフィールドを設定します。

POINT フォームウィザードによるメイン・サブフォームの作成

クエリ「Q売上伝票」とクエリ「Q売上明細」をもとに、フォームウィザードでフォームを作成すると、ウィザードの中でメイン・サブフォームを作成できます。フォームウィザードでメイン・サブフォームを作成する場合、もとになるテーブルまたはクエリにリレーションシップが作成されている必要があります。

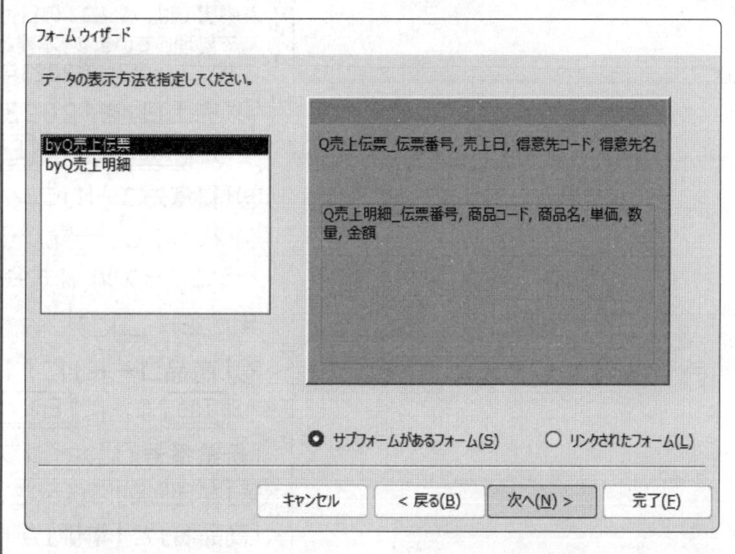

フォームウィザードによるメイン・サブフォームを作成する方法は、次のとおりです。

◆《作成》タブ→《フォーム》グループの フォーム ウィザード（フォームウィザード）→《テーブル/クエリ》の→一覧から「クエリ：Q売上伝票」を選択→必要なフィールドを選択→《テーブル/クエリ》の→一覧から「クエリ：Q売上明細」を選択→必要なフィールドを選択→《次へ》→「byQ売上伝票」が選択されていることを確認→《◉サブフォームがあるフォーム》

6 データの入力

メイン・サブフォームにデータを入力しましょう。メインフォームに次のデータを入力します。

伝票番号	売上日	得意先コード	得意先名
1166	2023/07/01	30030	フレッシュマーケット株式会社

サブフォームに次のデータを入力します。

伝票番号	商品コード	商品名	単価	数量	金額
1166	4010	すずらん(白)	¥3,500	10	¥35,000
1166	4020	カサブランカ(白)	¥3,000	20	¥60,000
1166	4030	スイトピー(赤)	¥3,000	15	¥45,000

※赤字のデータを入力します。

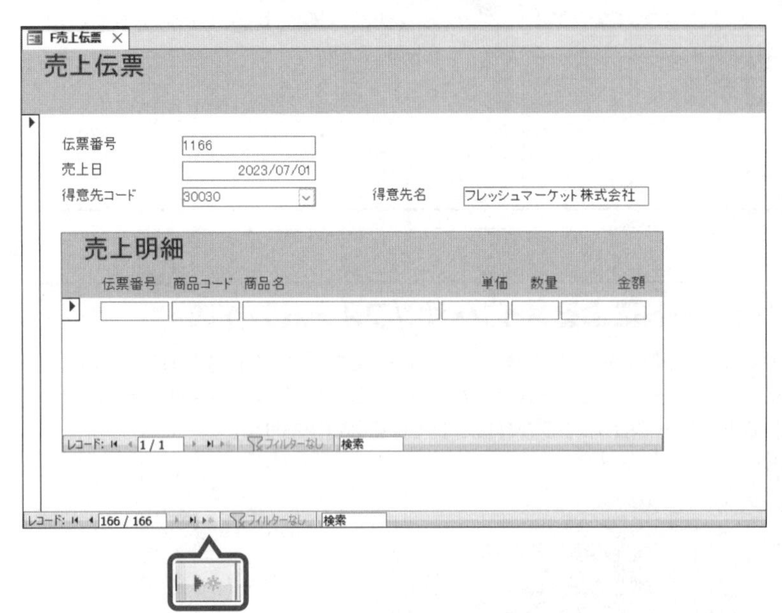

メインフォームの新規の伝票入力画面を表示します。

①メインフォーム側の ▶* (新しい(空の)レコード)をクリックします。

②**「伝票番号」**に**「1166」**と入力し、Tab または Enter を押します。

③**「売上日」**に、本日の日付が自動的に表示されることを確認します。

※テーブル「T売上伝票」の「売上日」フィールドの既定値に「=Date()」が設定されているため、本日の日付が表示されます。

※本書では、パソコンの日付を2023年7月1日として処理しています。本書と同じ結果を得るには、パソコンの日付を2023年7月1日に変更します。

④**「売上日」**を**「2023/07/01」**に修正し、Tab または Enter を押します。

⑤**「得意先コード」**コンボボックスの ∨ をクリックし、一覧から**「30030　フレッシュマーケット株式会社」**を選択します。

サブフォームにデータを入力します。

⑥**「商品コード」**に**「4010」**と入力し、Tab または Enter を押します。

「伝票番号」にメインフォームの**「伝票番号」**が自動的に表示されます。

「商品名」と**「単価」**が自動的に参照されます。

⑦**「数量」**に**「10」**と入力し、Tab または Enter を押します。

「金額」が自動的に表示されます。

⑧同様に、次のデータを入力します。

伝票番号	商品コード	商品名	単価	数量	金額
1166	4020	カサブランカ(白)	¥3,000	20	¥60,000
1166	4030	スイトピー(赤)	¥3,000	15	¥45,000

※「伝票番号」「商品名」「単価」「金額」が自動的に参照されることを確認しましょう。

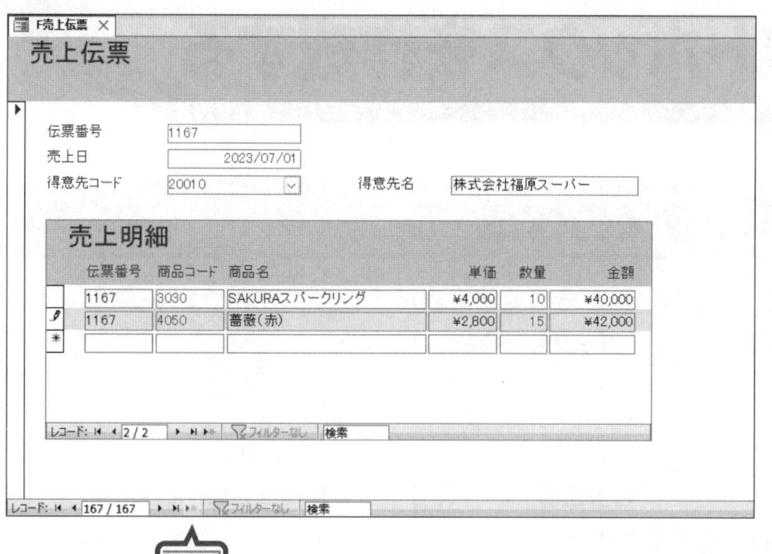

メインフォームの次の伝票入力画面を表示します。

⑨メインフォーム側の ▶＊ (新しい(空の)レコード)をクリックします。

⑩同様に、次のデータを入力します。

メインフォーム

伝票番号	売上日	得意先コード	得意先名
1167	2023/07/01	20010	株式会社福原スーパー

サブフォーム

伝票番号	商品コード	商品名	単価	数量	金額
1167	3030	SAKURA スパークリング	¥4,000	10	¥40,000
1167	4050	薔薇(赤)	¥2,800	15	¥42,000

POINT メイン・サブフォームのデータ入力

メイン・サブフォームにデータを入力する場合、メインフォームを開いてメインフォーム側から入力します。サブフォームを先に入力したり、サブフォームだけを開いてデータを入力したりすると、メインフォームのデータとサブフォームのデータが、正しい関連を持たない状態になります。

STEP UP サブフォームの「伝票番号」テキストボックス

メインフォームとサブフォームは、共通のフィールドである「伝票番号」でつながっています。
サブフォームに「伝票番号」テキストボックスを表示しなくても同じように動作します。

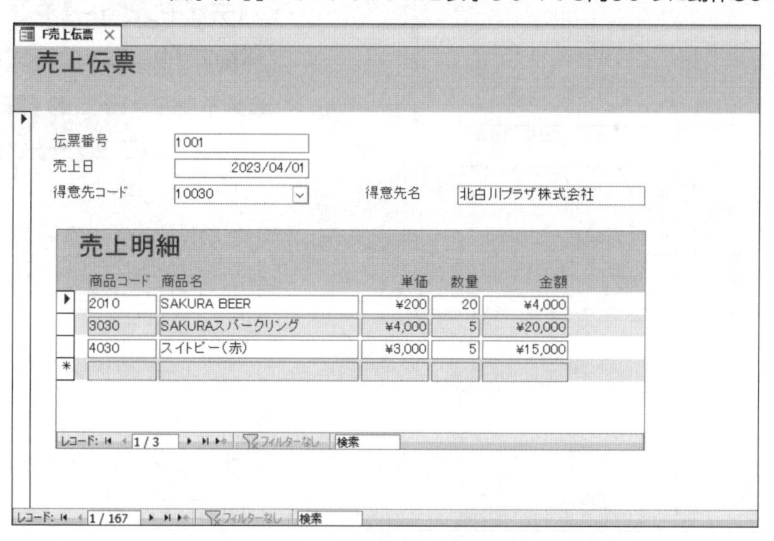

1 2 3 4 5 6 7 8 9 10 11 総合問題 索引

STEP 3 演算テキストボックスを作成する

1 演算テキストボックスの作成

「演算テキストボックス」とは、式を設定し、その結果を表示するテキストボックスのことです。
メイン・サブフォームに、演算テキストボックスを作成しましょう。

1 Sum関数

サブフォームのフォームフッターに、**「合計金額」**テキストボックスを作成しましょう。
Sum関数を使って、**「金額」**の合計を求めます。

> **●Sum関数**
>
> 指定したフィールドの値の合計値を返します。
>
> **Sum([フィールド名])**
>
> 例：「金額」フィールドの合計を求める場合
> 　Sum([金額])

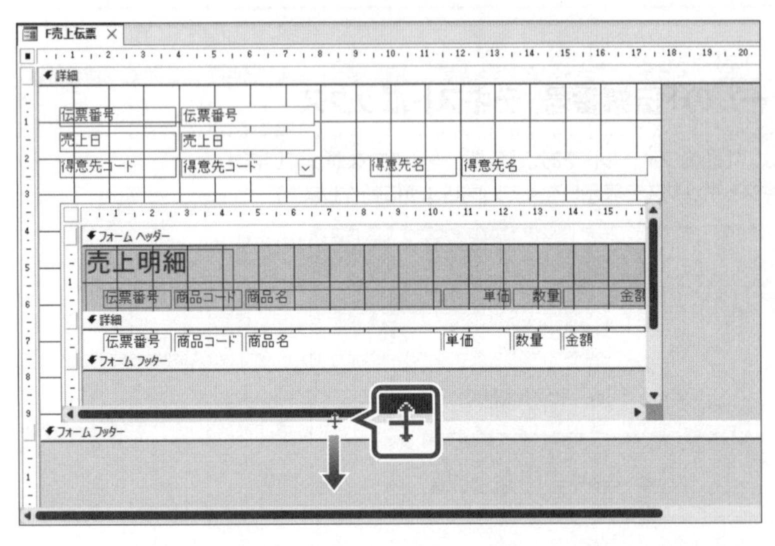

デザインビューに切り替えます。

①**《ホーム》**タブを選択します。

②**《表示》**グループの（表示）のをクリックします。

③**《デザインビュー》**をクリックします。

《詳細》セクションの領域を拡大します。

④メインフォームの**《詳細》**セクションと**《フォームフッター》**セクションの境界をポイントします。

マウスポインターの形が✚に変わります。

⑤下方向にドラッグします。（目安：10.5cm）

サブフォームのサイズを拡大します。

⑥サブフォームを選択します。

⑦サブフォームのサイズハンドルをポイントします。

※サイズハンドルは、サブフォームの下側の中央にあります。

マウスポインターの形が↕に変わります。

⑧下方向にドラッグします。

サイズが拡大されます。

サブフォームのフォームフッターに、演算テキストボックスを作成します。

⑨《フォームデザイン》タブを選択します。

⑩《コントロール》グループの［▽］(その他)をクリックします。

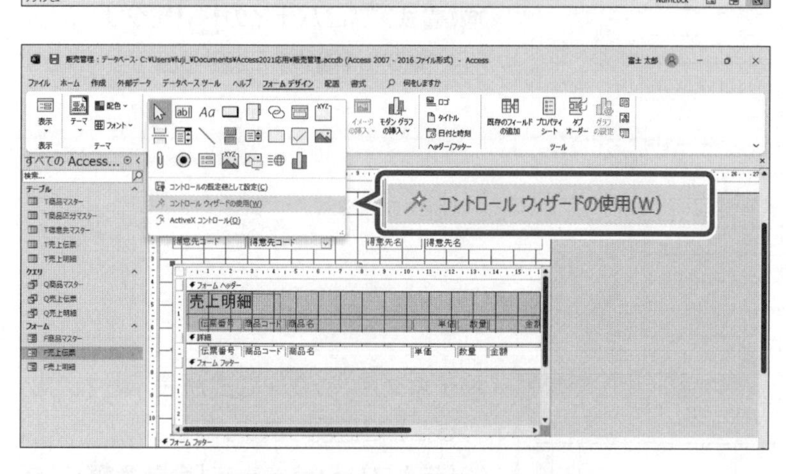

⑪《コントロールウィザードの使用》をオフ(［ウィザード］に枠が付いていない状態)にします。

※お使いの環境によっては、標準の色の状態になる場合があります。

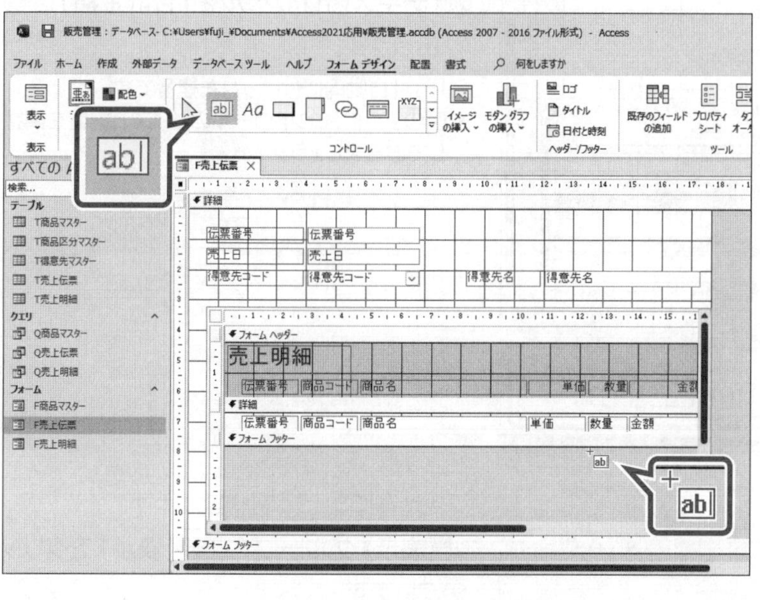

⑫《コントロール》グループの［ab|］(テキストボックス)をクリックします。

マウスポインターの形が［+ab|］に変わります。

⑬テキストボックスを作成する開始位置でクリックします。

※サブフォーム側の《フォームフッター》セクションに作成します。メインフォーム側に作成しないように注意しましょう。

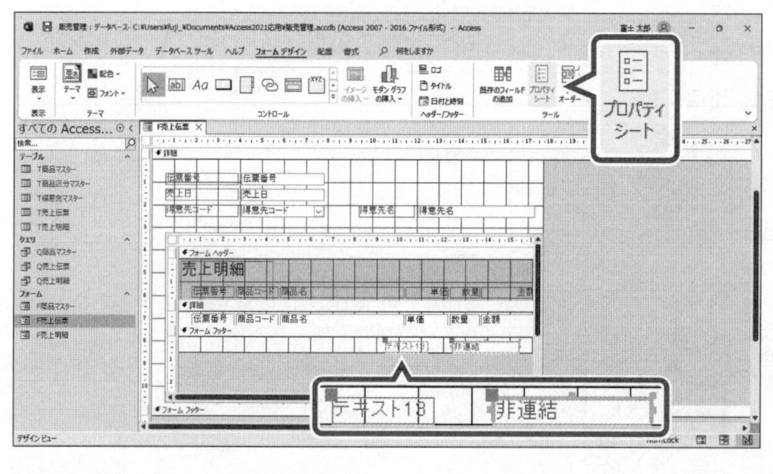

テキストボックスが作成されます。

「金額」フィールドの値を合計する式を設定します。

⑭《ツール》グループの［プロパティシート］(プロパティシート)をクリックします。

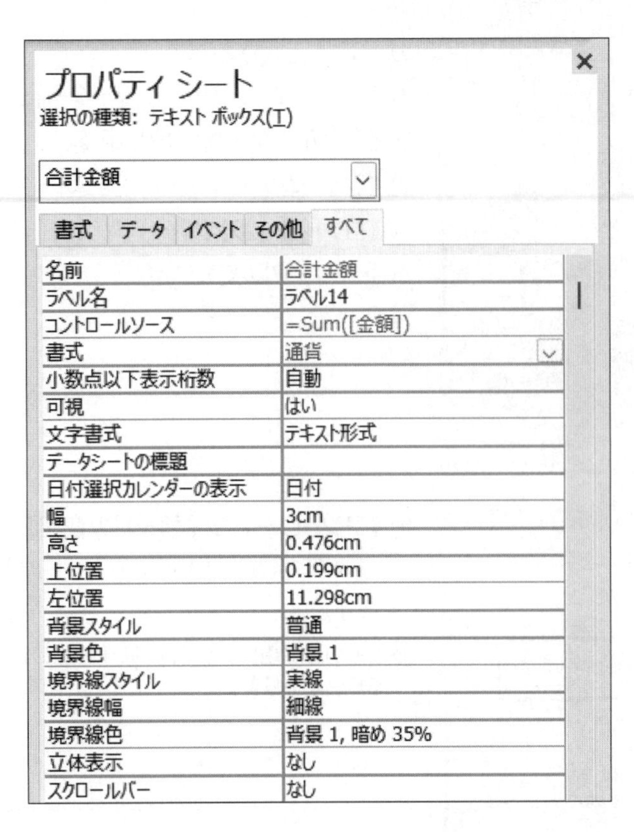

《プロパティシート》が表示されます。

⑮**《すべて》**タブを選択します。

⑯**《名前》**プロパティに**「合計金額」**と入力します。

⑰**《コントロールソース》**プロパティに、次のように入力します。

=Sum（[金額]）

※英字と記号は半角で入力します。入力の際、[ ]は省略できます。

⑱**《書式》**プロパティの ⌄ をクリックし、一覧から**《通貨》**を選択します。

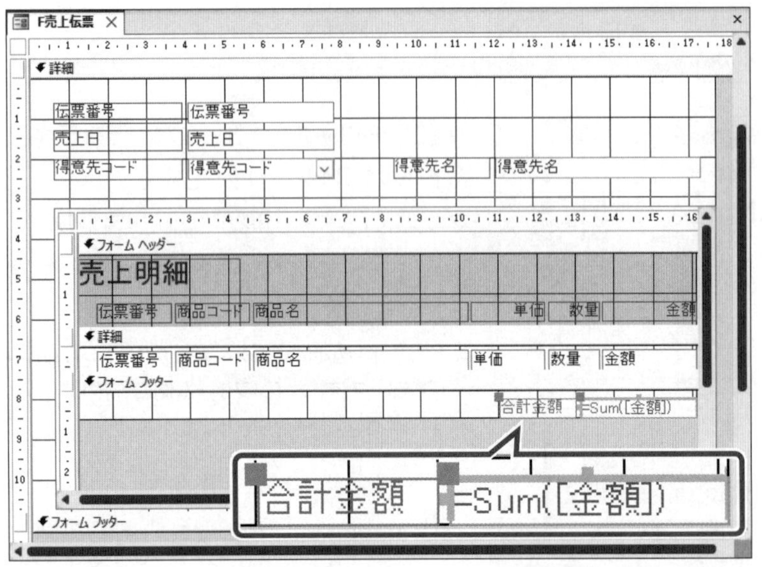

⑲テキストボックスに式が表示されていることを確認します。

⑳**「テキストn」**ラベルを**「合計金額」**に修正します。

※「n」は自動的に付けられた連番です。

※図のように、コントロールのサイズと配置を調整しておきましょう。

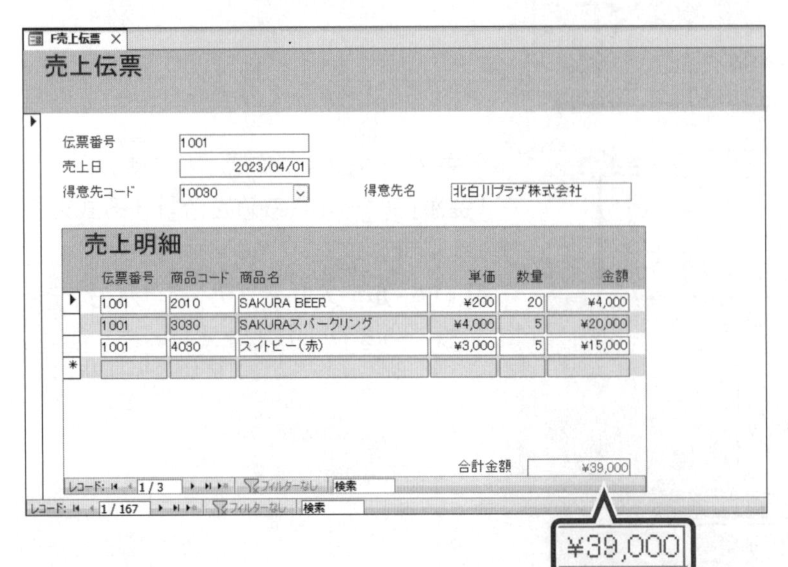

フォームビューに切り替えます。

㉑**《表示》**グループの ▤（表示）をクリックします。

㉒テキストボックスに式の結果が表示されていることを確認します。

同様に、消費税や税込合計金額を求める演算テキストボックスを作成します。
デザインビューに切り替えます。

㉓《ホーム》タブを選択します。

㉔《表示》グループの（表示）の をクリックします。

㉕《デザインビュー》をクリックします。

㉖次のテキストボックスを作成します。

名前	コントロールソース	書式
消費税率	=0.1	パーセント
消費税	=Int([合計金額]*[消費税率])	通貨
税込合計金額	=[合計金額]+[消費税]	通貨

※英字と記号は半角で入力します。入力の際、[ ]は省略できます。

㉗「消費税率」の「テキストn」ラベルを削除します。

㉘「テキストn」ラベルをそれぞれ「消費税」と「税込合計金額」に修正します。

※図のように、コントロールのサイズと配置を調整しておきましょう。

「消費税率」テキストボックスのフォントの色とプロパティを設定します。

㉙「消費税率」テキストボックスを選択します。

㉚《書式》タブを選択します。

㉛《フォント》グループの（フォントの色）の をクリックします。

㉜《テーマの色》の《黒、テキスト1、白+基本色50%》（左から2番目、上から2番目）をクリックします。

フォントの色が変更されます。

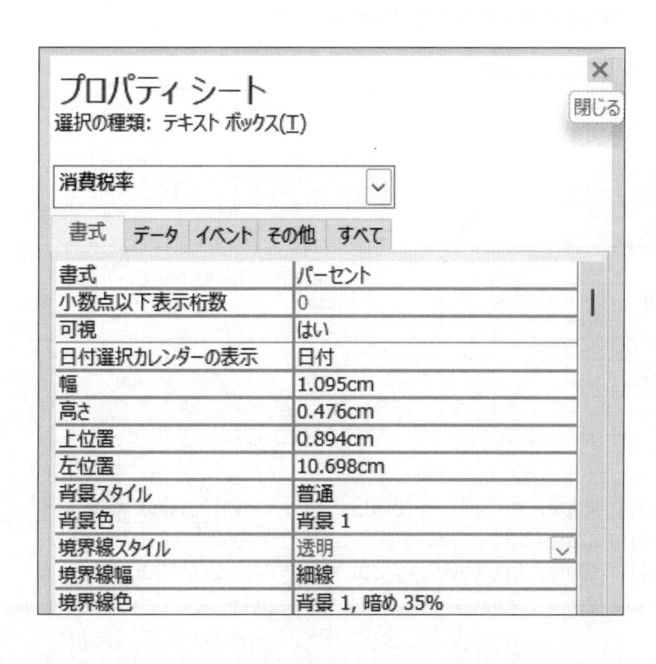

㉝《プロパティシート》の《書式》タブを選択します。

㉞《小数点以下表示桁数》プロパティの をクリックし、一覧から《0》を選択します。

㉟《境界線スタイル》プロパティの をクリックし、一覧から《透明》を選択します。

《プロパティシート》を閉じます。

㊱《プロパティシート》の（閉じる）をクリックします。

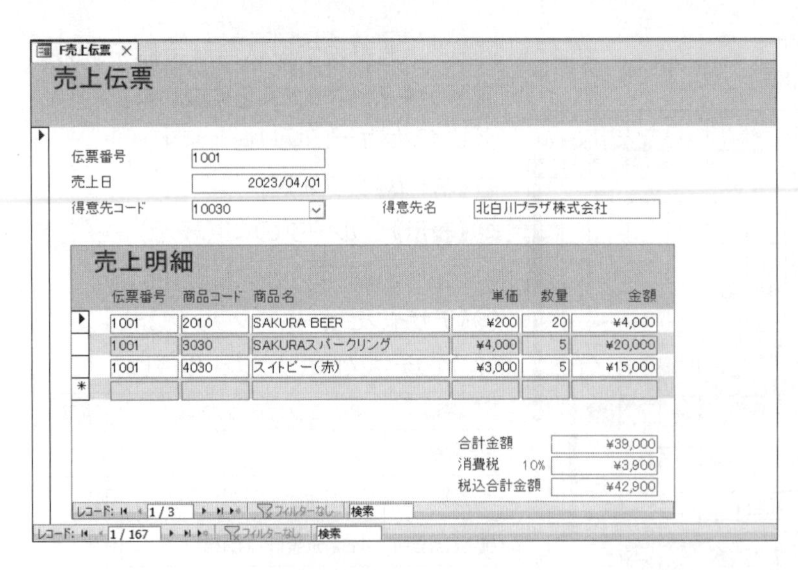

フォームビューに切り替えます。

㊲**《フォームデザイン》**タブを選択します。

㊳**《表示》**グループの（表示）をクリックします。

㊴テキストボックスに式の結果が表示されていることを確認します。

※デザインビューに切り替えておきましょう。

POINT　消費税率変更時の対応

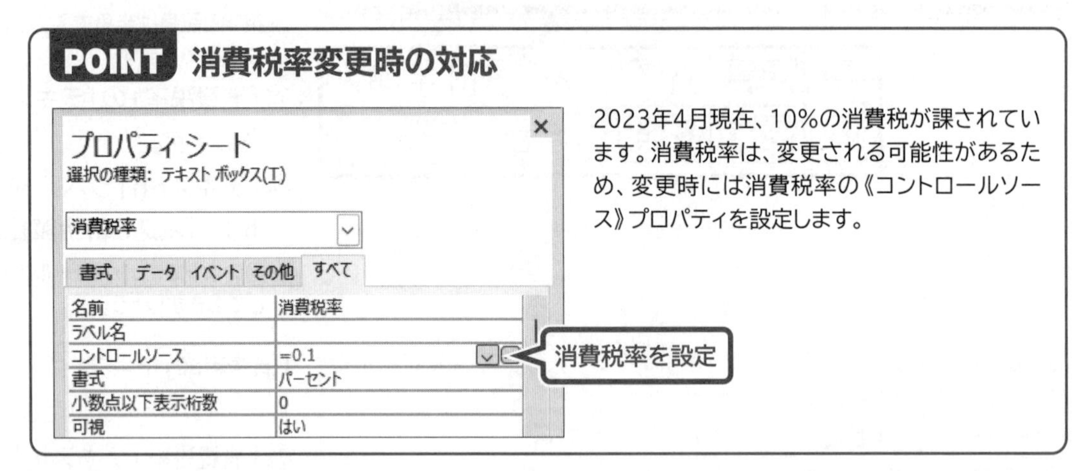

2023年4月現在、10%の消費税が課されています。消費税率は、変更される可能性があるため、変更時には消費税率の《コントロールソース》プロパティを設定します。

2 DateAdd関数

メインフォームに**「支払期限」**テキストボックスを作成しましょう。

「支払期限」は、**「売上日」**の**「2か月後」**に設定しましょう。DateAdd関数を使って、**「売上日」**から**「2か月後」**の日付を求めます。

●DateAdd関数

指定した日付に、指定した日付の単位の時間間隔を加算した日付を返します。

DateAdd（日付の単位,時間間隔,日付）

日付の単位には、次のようなものがあります。

単位	意味
"yyyy"	年
"m"	月
"ww"	週
"d"	日
"h"	時
"n"	分
"s"	秒

例：2023年5月1日から14日後の日付　DateAdd（"d",14,"2023/5/1"）→ 2023/05/15
　　2023年5月1日から6か月後の日付　DateAdd（"m",6,"2023/5/1"）→ 2023/11/01
　　2023年5月1日から1年後の日付　DateAdd（"yyyy",1,"2023/5/1"）→ 2024/05/01

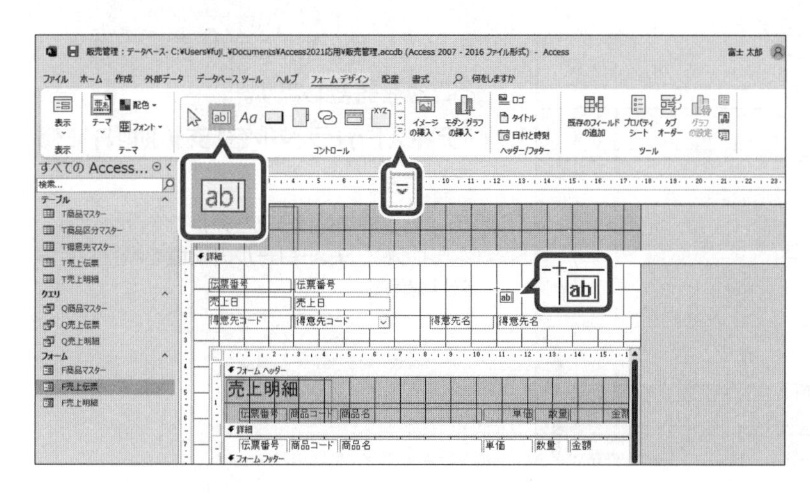

①《**フォームデザイン**》タブを選択します。

②《**コントロール**》グループの（その他）をクリックします。

③《**コントロールウィザードの使用**》をオフ（に枠が付いていない状態）にします。

※お使いの環境によっては、標準の色の状態になる場合があります。

④《**コントロール**》グループの（テキストボックス）をクリックします。

マウスポインターの形がに変わります。

⑤テキストボックスを作成する開始位置でクリックします。

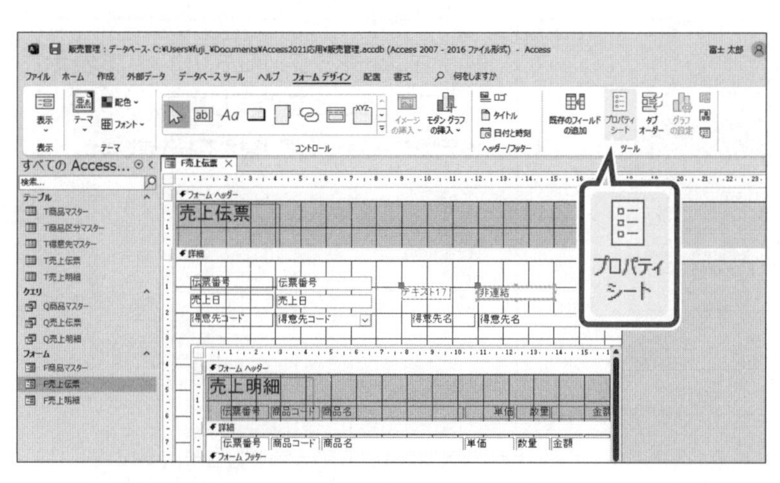

テキストボックスが作成されます。

「支払期限」を求める式を設定します。

⑥《**ツール**》グループの（プロパティシート）をクリックします。

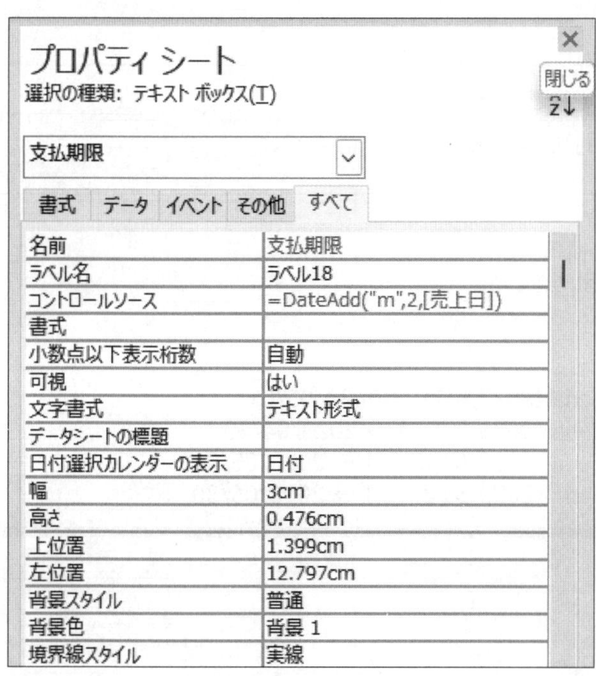

《**プロパティシート**》が表示されます。

⑦《**すべて**》タブを選択します。

⑧《**名前**》プロパティに**「支払期限」**と入力します。

⑨《**コントロールソース**》プロパティに、次のように入力します。

```
=DateAdd("m",2,[売上日])
```

※英数字と記号は半角で入力します。入力の際、[ ]は省略できます。

《**プロパティシート**》を閉じます。

⑩《**プロパティシート**》の（閉じる）をクリックします。

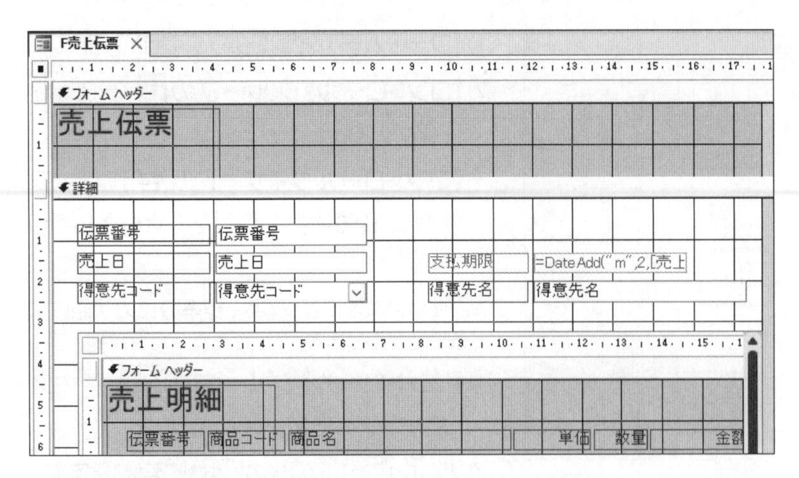

⑪テキストボックスに式が表示されていることを確認します。

⑫**「テキストn」**ラベルを**「支払期限」**に修正します。

※「n」は自動的に付けられた連番です。
※図のように、コントロールの配置を調整しておきましょう。

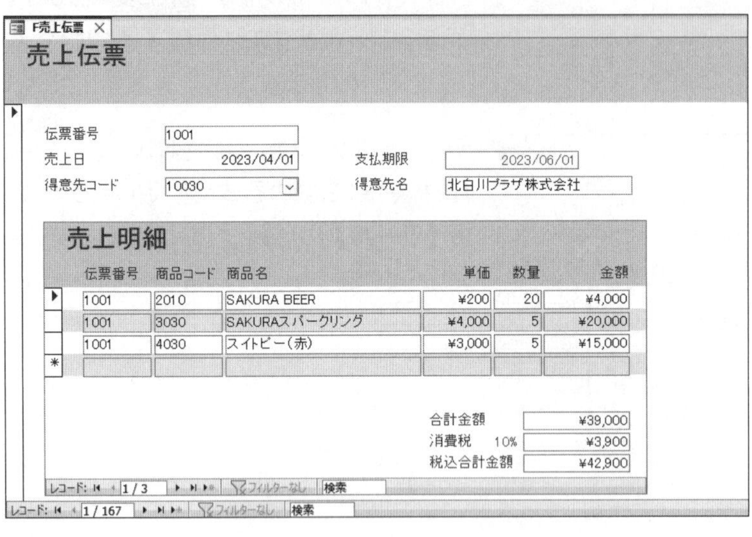

フォームビューに切り替えます。

⑬**《表示》**グループの（表示）をクリックします。

⑭テキストボックスに式の結果が表示されていることを確認します。

※デザインビューに切り替えておきましょう。

3 DateSerial関数

「支払期限」を**「売上日」**の翌月の月末に修正しましょう。
DateSerial関数を使って、**「売上日」**の翌月の月末を求めます。

●DateSerial関数

指定した年、月、日に対応する日付を返します。

DateSerial（年，月，日）

例:	
2023年5月1日	DateSerial（2023，5，1） → 2023/05/01
2023年5月1日の前日	DateSerial（2023，5，1）-1 → 2023/04/30
2023年5月末日	DateSerial（2023，5+1，1）-1 → 2023/05/31
2023年5月の翌月の月末	DateSerial（2023，5+2，1）-1 → 2023/06/30

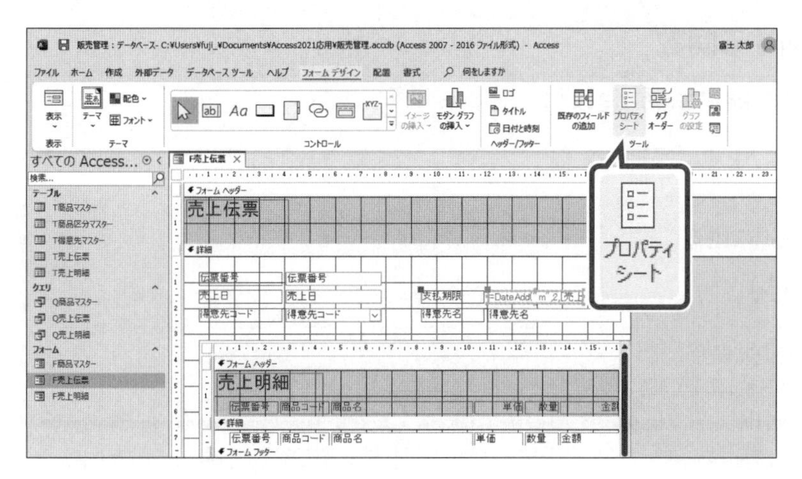

①「**支払期限**」テキストボックスを選択します。

②《**フォームデザイン**》タブを選択します。

③《**ツール**》グループの（プロパティシート）をクリックします。

プロパティ シート

選択の種類: テキスト ボックス(T)

支払期限

書式 データ イベント その他 すべて

名前	支払期限
ラベル名	ラベル18
コントロールソース	=DateSerial(Year([売上日]),Month([売上日])+2,1)-1
書式	
小数点以下表示桁数	自動
可視	はい
文字書式	テキスト形式
データシートの標題	
日付選択カレンダーの表示	日付
幅	3.571cm
高さ	0.476cm
上位置	1.399cm
左位置	12.804cm
背景スタイル	普通
背景色	背景 1
境界線スタイル	実線
境界線幅	細線
境界線色	背景 1, 暗め 35%
立体表示	なし
スクロールバー	なし
フォント名	ＭＳ Ｐゴシック (詳細)

《**プロパティシート**》が表示されます。

④《**すべて**》タブを選択します。

⑤《**コントロールソース**》プロパティを次のように修正します。

=DateSerial(Year([売上日]),Month([売上日])+2,1)−1

※英数字と記号は半角で入力します。入力の際、[ ]は省略できます。

《**プロパティシート**》を閉じます。

⑥《**プロパティシート**》の（閉じる）をクリックします。

F売上伝票

売上伝票

伝票番号	1001		
売上日	2023/04/01	支払期限	2023/05/31
得意先コード	10030	得意先名	北白川プラザ株式会社

売上明細

伝票番号	商品コード	商品名	単価	数量	金額
1001	2010	SAKURA BEER	¥200	20	¥4,000
1001	3030	SAKURAスパークリング	¥4,000	5	¥20,000
1001	4030	スイトピー（赤）	¥3,000	5	¥15,000

合計金額		¥39,000
消費税	10%	¥3,900
税込合計金額		¥42,900

レコード: 1 / 3 フィルターなし 検索

レコード: 1 / 167 フィルターなし 検索

フォームビューに切り替えます。

⑦《**表示**》グループの（表示）をクリックします。

⑧テキストボックスに式の結果が表示されていることを確認します。

※フォームを上書き保存しておきましょう。

※デザインビューに切り替えておきましょう。

STEP UP 時刻に関する関数

TimeSerial関数を使うと、時刻を求めることができます。

●TimeSerial関数

指定した時、分、秒に対応する時刻を返します。

TimeSerial(時,分,秒)

例：10時15分12秒を時刻で返す場合
TimeSerial(10,15,12) → 10:15:12

4 識別子

メインフォームに、サブフォームの**「税込合計金額」**テキストボックスの値を参照する**「伝票総額」**テキストボックスを作成しましょう。
異なるフォームのコントロールの値を参照するには、**「識別子」**を使用します。ここでは、式ビルダーを使って式を設定しましょう。

●識別子

識別子には、次の2種類があります。

識別子	意味	利用例
!（エクスクラメーションマーク）	ユーザー定義のオブジェクトやコントロールに付ける	**Forms![F商品マスター]![単価]** ※フォーム「F商品マスター」の「単価」テキストボックスという意味です。
.（ピリオド）	Access定義のプロパティに付ける	**Forms![F商品マスター]![単価].FontSize** ※フォーム「F商品マスター」の「単価」テキストボックスの《フォントサイズ》プロパティという意味です。 **[F売上明細].Form![税込合計金額]** ※サブフォーム「F売上明細」の「税込合計金額」テキストボックスという意味です。

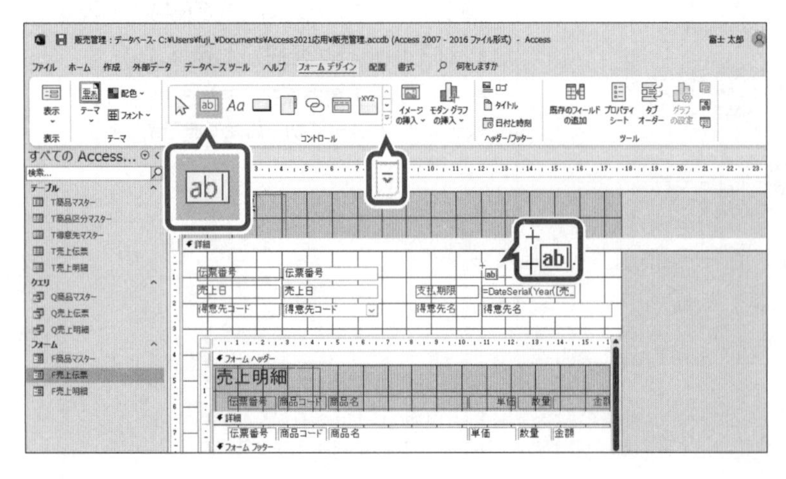

作成したコントロールの値を参照する式を設定します。

①**《フォームデザイン》**タブを選択します。

②**《コントロール》**グループの（その他）をクリックします。

③**《コントロールウィザードの使用》**をオフ（に枠が付いていない状態）にします。

※お使いの環境によっては、標準の色の状態になる場合があります。

④**《コントロール》**グループの（テキストボックス）をクリックします。

マウスポインターの形がに変わります。

⑤テキストボックスを作成する開始位置でクリックします。

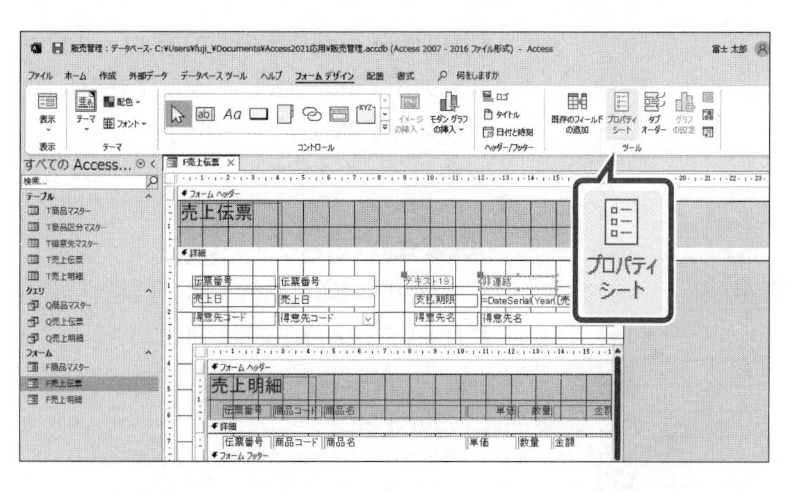

テキストボックスが作成されます。
式ビルダーを使って、**「税込合計金額」**テキストボックスの値を参照する式を設定します。

⑥**《ツール》**グループの（プロパティシート）をクリックします。

プロパティ シート
選択の種類: テキスト ボックス(T)

伝票総額

書式 | データ | イベント | その他 | すべて

名前	伝票総額
ラベル名	ラベル20
コントロールソース	
書式	
小数点以下表示桁数	自動
可視	はい
文字書式	テキスト形式
データシートの標題	
日付選択カレンダーの表示	日付
幅	3cm
高さ	0.476cm
上位置	0.688cm
左位置	12.894cm

《プロパティシート》が表示されます。

⑦**《すべて》**タブを選択します。

⑧**《名前》**プロパティに**「伝票総額」**と入力します。

式ビルダーを使って、式を設定します。

⑨**《コントロールソース》**プロパティの[...]をクリックします。

式ビルダー
演算コントロールを作成するための式を入力してください(E):
(式の例: [フィールド 1] + [フィールド 2]、[フィールド 1] < 5)

[F売上明細].Form![税込合計金額]

OK / キャンセル / ヘルプ(H) / << オプション(L)

式の要素(X): F売上伝票 / F売上明細 / 関数 / 販売管理.accdb / 定数 / 演算子 / 汎用

式のカテゴリ(C): 商品コード_ラベル / 商品名 / 商品名_ラベル / 数量 / 数量_ラベル / 消費税 / 消費税率 / 税込合計金額 / 詳細 / 金額 / 金額_ラベル

式の値(V): <値> / AfterUpdate / AfterUpdateEmMacro / AggregateType / AllowAutoCorrect / AsianLineBreak / AutoTab / BackColor / BackShade / BackStyle / BackThemeColorIndex

《式ビルダー》ダイアログボックスが表示されます。

⑩**《式の要素》**の一覧から**「F売上伝票」**をダブルクリックします。

⑪**「F売上明細」**をクリックします。

⑫**《式のカテゴリ》**の一覧から**「税込合計金額」**を選択します。

※一覧に表示されていない場合は、スクロールして調整します。

⑬**《式の値》**の一覧から**《〈値〉》**をダブルクリックします。

式ボックスに「**[F売上明細].Form![税込合計金額]**」と表示されます。

⑭**《OK》**をクリックします。

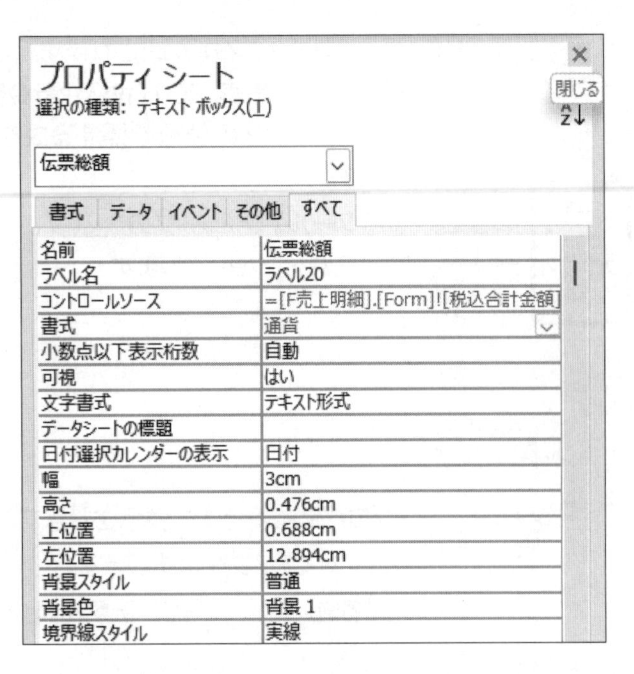

《プロパティシート》の《コントロールソース》プロパティに式ビルダーで設定した式が表示されます。

※式ビルダーを使わずに、式を直接入力してもかまいません。

⑮《書式》プロパティの［∨］をクリックし、一覧から《通貨》を選択します。

《プロパティシート》を閉じます。

⑯《プロパティシート》の［×］(閉じる)をクリックします。

⑰テキストボックスに式が表示されていることを確認します。

⑱「テキストn」ラベルを「伝票総額」に修正します。

※「n」は自動的に付けられた連番です。

※図のように、コントロールの配置を調整しておきましょう。

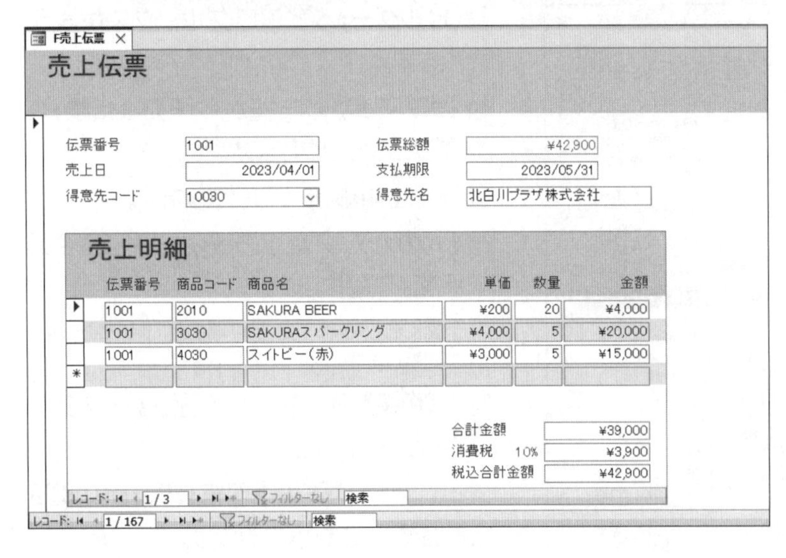

フォームビューに切り替えます。

⑲《表示》グループの［表示］(表示)をクリックします。

⑳テキストボックスに式の結果が表示されていることを確認します。

※フォームを上書き保存し、閉じておきましょう。

POINT 式ビルダー

[...]をクリックすると、《式ビルダー》ダイアログボックスが表示されます。
式ビルダーを使うと、式の値を選択して式を入力できます。

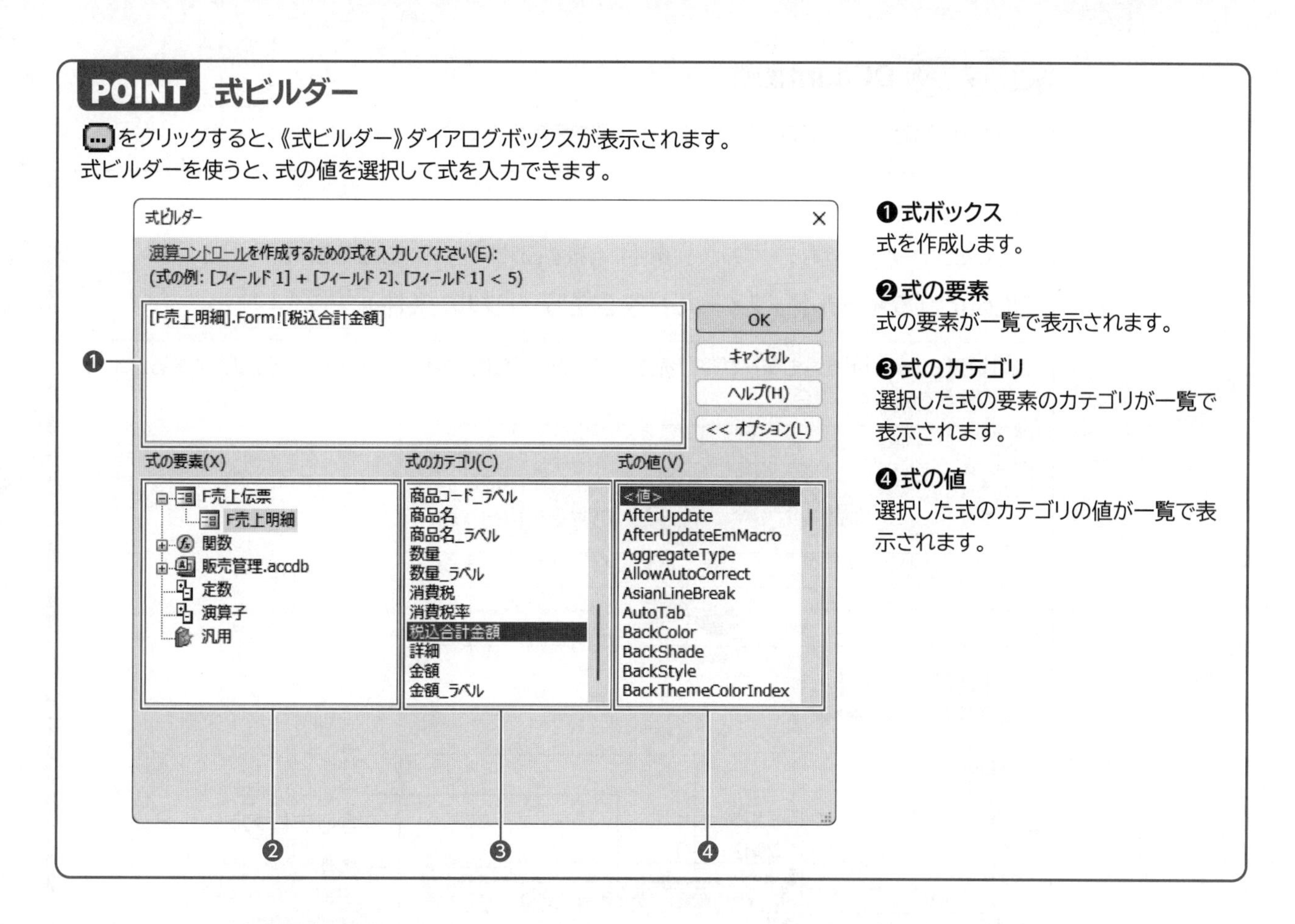

❶式ボックス
式を作成します。

❷式の要素
式の要素が一覧で表示されます。

❸式のカテゴリ
選択した式の要素のカテゴリが一覧で表示されます。

❹式の値
選択した式のカテゴリの値が一覧で表示されます。

STEP UP サブフォームを別のウィンドウで開く

メインフォームをデザインビューで開いているときに、その中のサブフォームを別のウィンドウで開いて作業できます。サブフォームの表示領域を拡大して、コントロールのサイズや配置を調整できます。

◆サブフォームを右クリック→《新しいウィンドウでサブフォームを開く》

STEP UP メイン・サブフォームを変更して保存せずに閉じた場合

メインフォームとサブフォームの両方のレイアウトを変更して保存せずに閉じると、次のようなメッセージが表示されます。

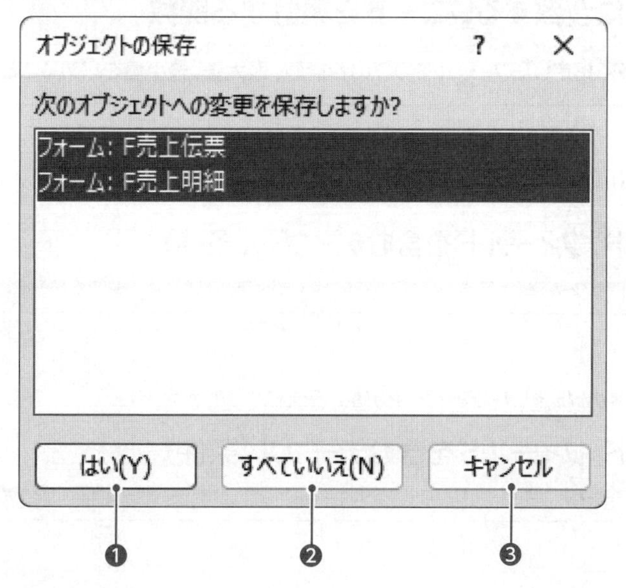

❶はい
一覧から選択したフォームを上書き保存し、閉じます。

❷すべていいえ
フォームを両方とも保存せずに閉じます。

❸キャンセル
フォームを保存せずに、フォームウィンドウに戻ります。

STEP UP DCount関数

DCount関数を使うと、条件に合致するレコードの件数を求めることができます。

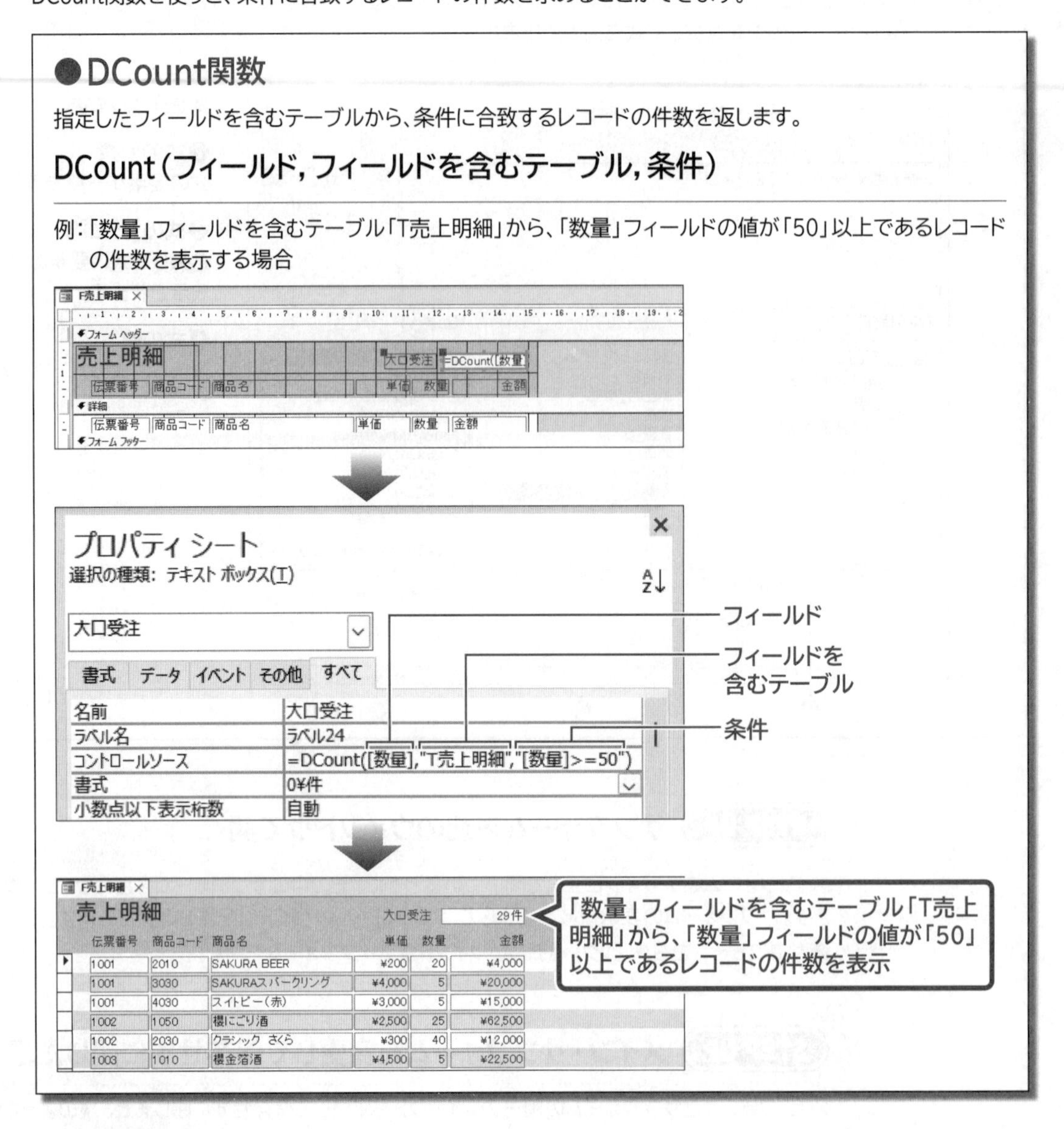

STEP UP 条件に合致するレコードを集計する関数

条件に合致するレコードの、指定したフィールドの値の合計値、最大値、最小値を求めることができます。

●DSum関数

条件に合致するレコードの、指定したフィールドの値の合計値を返します。

DSum（フィールド,フィールドを含むテーブル,条件）

●DMax関数

条件に合致するレコードの、指定したフィールドの値の最大値を返します。

DMax（フィールド,フィールドを含むテーブル,条件）

●DMin関数

条件に合致するレコードの、指定したフィールドの値の最小値を返します。

DMin（フィールド,フィールドを含むテーブル,条件）

第9章 メイン・サブレポートの作成

第9章 この章で学ぶこと

学習前に習得すべきポイントを理解しておき、
学習後には確実に習得できたかどうかを振り返りましょう。

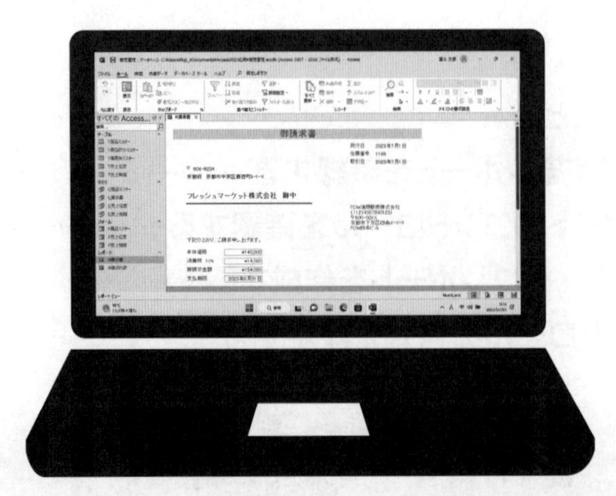

STEP 1 作成するレポートを確認する

1 作成するレポートの確認

売上伝票と売上明細のデータをもとに、請求書を作成します。請求書は、伝票ごとに取引の当日に発行します。次のようなレポート**「R請求書」**を作成しましょう。

●R請求書

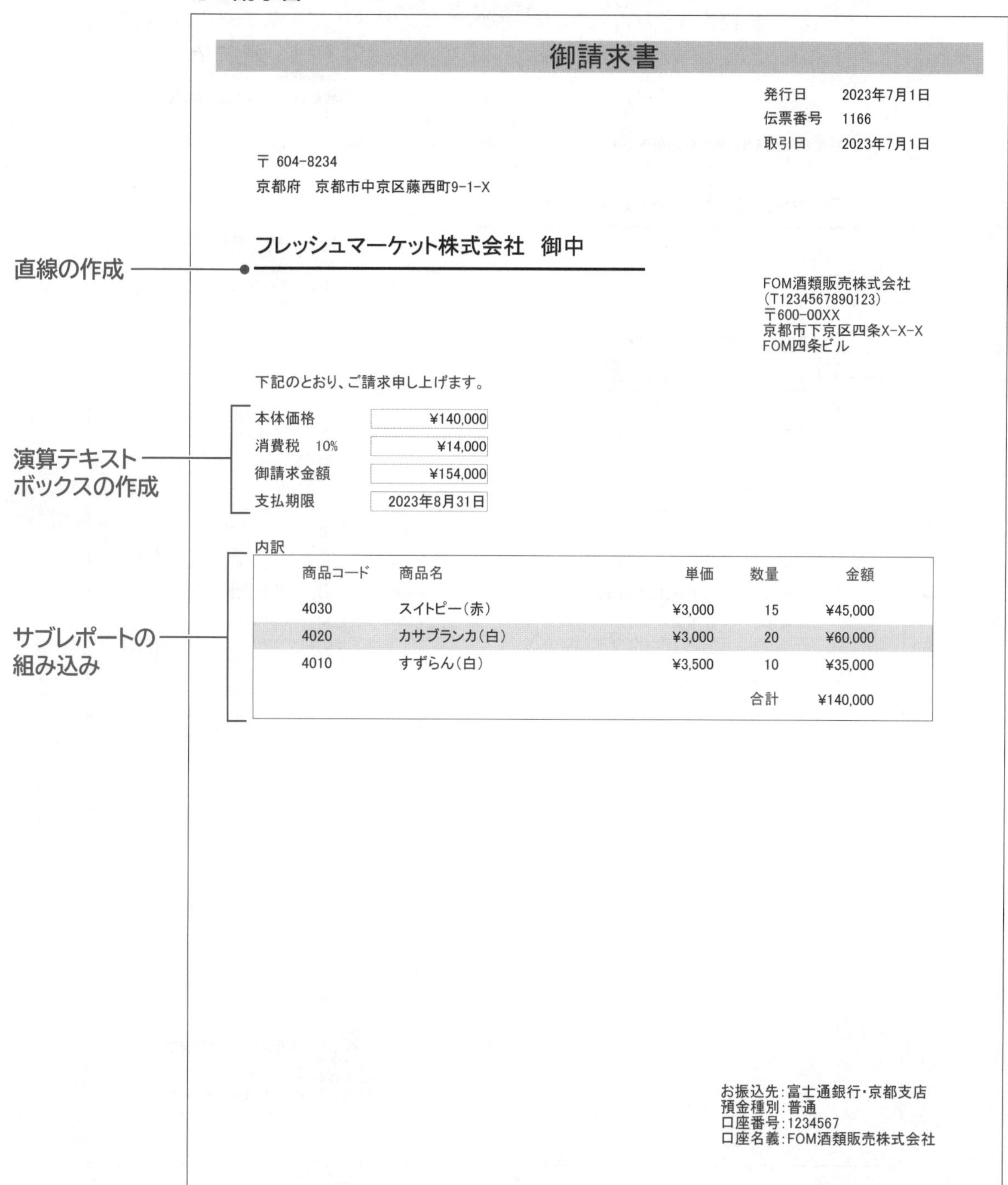

御請求書

発行日 2023年7月1日
伝票番号 1166
取引日 2023年7月1日

〒 604-8234
京都府 京都市中京区藤西町9-1-X

フレッシュマーケット株式会社 御中

FOM酒類販売株式会社
(T1234567890123)
〒600-00XX
京都市下京区四条X-X-X
FOM四条ビル

下記のとおり、ご請求申し上げます。

本体価格	¥140,000
消費税 10%	¥14,000
御請求金額	¥154,000
支払期限	2023年8月31日

内訳

商品コード	商品名	単価	数量	金額
4030	スイトピー(赤)	¥3,000	15	¥45,000
4020	カサブランカ(白)	¥3,000	20	¥60,000
4010	すずらん(白)	¥3,500	10	¥35,000
			合計	¥140,000

お振込先:富士通銀行・京都支店
預金種別:普通
口座番号:1234567
口座名義:FOM酒類販売株式会社

STEP 2 レポートのコントロールを確認する

1 レポートのコントロール

作成したレポートにコントロールを追加できます。
レポートには、次のようなコントロールがあります。

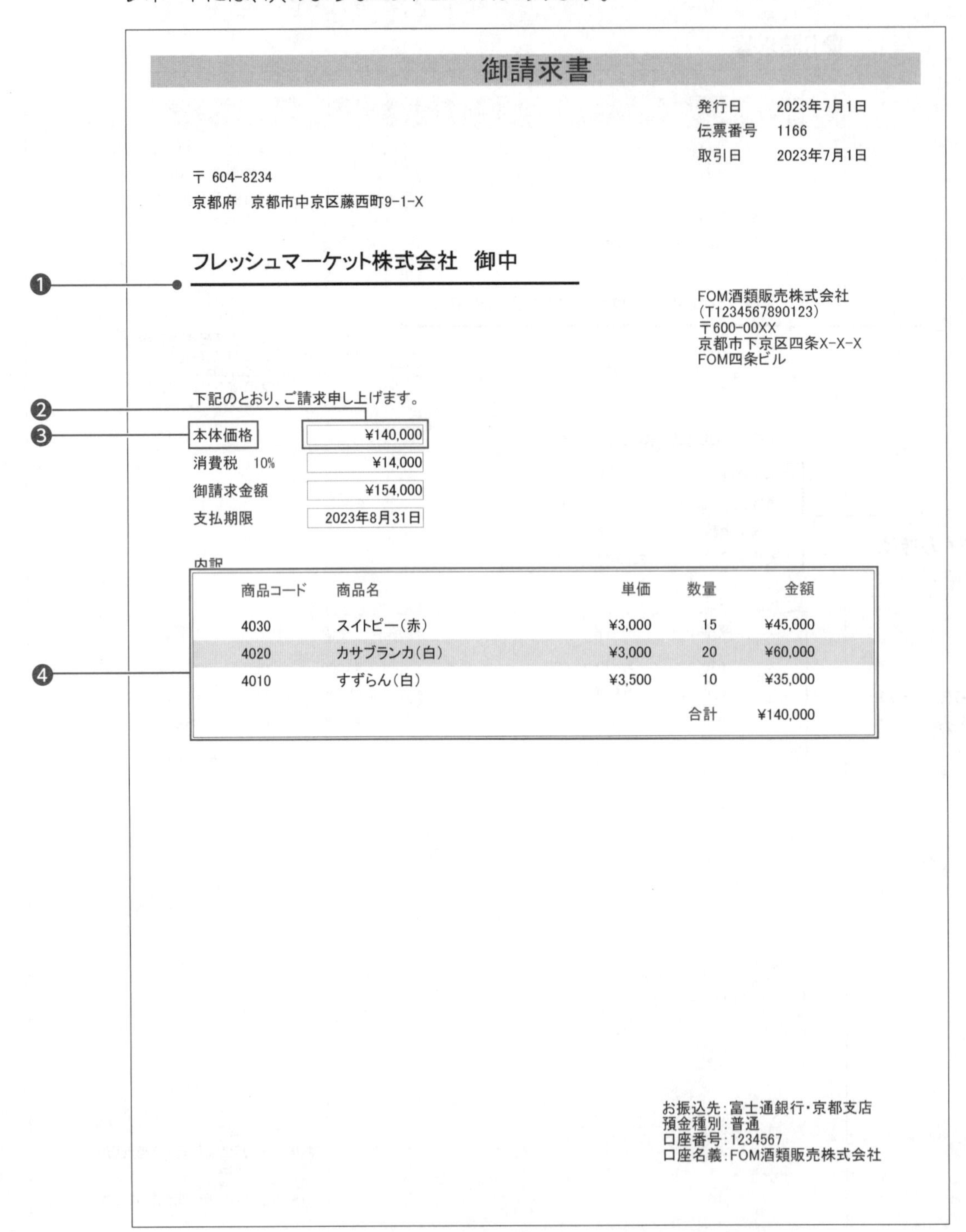

御請求書

発行日 2023年7月1日
伝票番号 1166
取引日 2023年7月1日

〒 604-8234
京都府 京都市中京区藤西町9-1-X

フレッシュマーケット株式会社 御中

FOM酒類販売株式会社
(T1234567890123)
〒600-00XX
京都市下京区四条X-X-X
FOM四条ビル

下記のとおり、ご請求申し上げます。

本体価格	¥140,000
消費税 10%	¥14,000
御請求金額	¥154,000
支払期限	2023年8月31日

内訳

商品コード	商品名	単価	数量	金額
4030	スイトピー(赤)	¥3,000	15	¥45,000
4020	カサブランカ(白)	¥3,000	20	¥60,000
4010	すずらん(白)	¥3,500	10	¥35,000
			合計	¥140,000

お振込先:富士通銀行・京都支店
預金種別:普通
口座番号:1234567
口座名義:FOM酒類販売株式会社

❶直線
装飾用の罫線です。

❷テキストボックス
文字列や数値、式などの値を表示します。

❸ラベル
タイトルやフィールド名、説明文などを表示します。

❹サブレポート
レポートに組み込まれるレポートです。

STEP 3 メイン・サブレポートを作成する

1 メイン・サブレポート

「メイン・サブレポート」とは、メインレポートとサブレポートから構成されるレポートのことです。主となるレポートを**「メインレポート」**、メインレポートの中に組み込まれるレポートを**「サブレポート」**といいます。
メイン・サブレポートは、明細行を組み込んだ請求書や納品書をレポートで作成する場合などに使います。

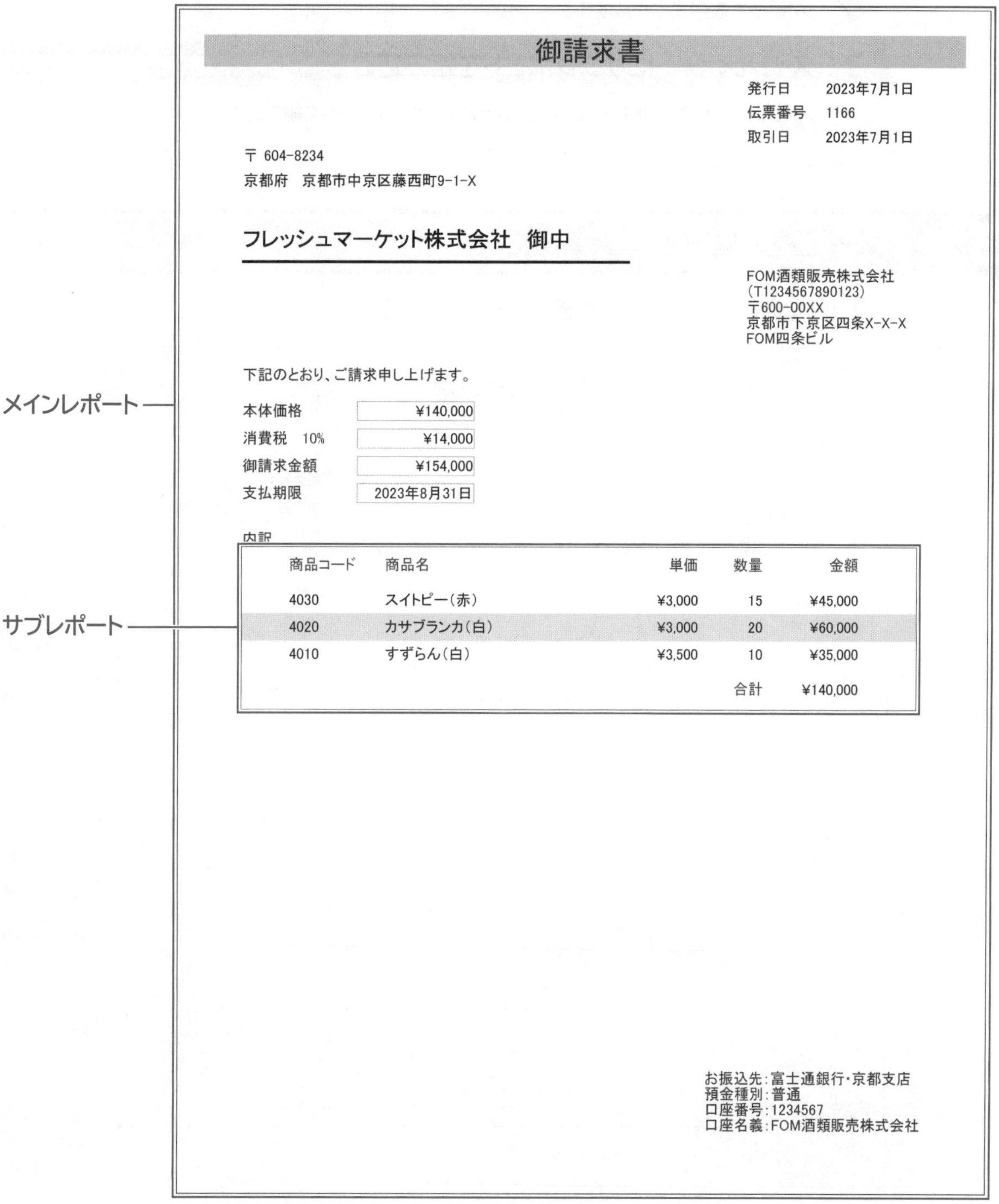

御請求書

発行日 2023年7月1日
伝票番号 1166
取引日 2023年7月1日

〒 604-8234
京都府 京都市中京区藤西町9-1-X

フレッシュマーケット株式会社 御中

FOM酒類販売株式会社
(T1234567890123)
〒600-00XX
京都市下京区四条X-X-X
FOM四条ビル

下記のとおり、ご請求申し上げます。

本体価格	¥140,000
消費税 10%	¥14,000
御請求金額	¥154,000
支払期限	2023年8月31日

内訳

商品コード	商品名	単価	数量	金額
4030	スイトピー(赤)	¥3,000	15	¥45,000
4020	カサブランカ(白)	¥3,000	20	¥60,000
4010	すずらん(白)	¥3,500	10	¥35,000
			合計	¥140,000

お振込先:富士通銀行・京都支店
預金種別:普通
口座番号:1234567
口座名義:FOM酒類販売株式会社

メインレポート
サブレポート

2 メイン・サブレポートの作成手順

メイン・サブレポートの基本的な作成手順は、次のとおりです。

1 メインレポートを作成する

もとになるテーブルとフィールドを確認する。
もとになるクエリを作成する。
レポートを単票形式で作成する。

2 サブレポートを作成する

もとになるテーブルとフィールドを確認する。
もとになるクエリを作成する。
レポートを表形式で作成する。

3 メインレポートにサブレポートを組み込む

メインレポートのコントロールのひとつとして、サブレポートを組み込む。

3 メインレポートの作成

次のようなメインレポート**「R請求書」**を作成しましょう。

御請求書

伝票番号　1004
取引日　2023/04/02

〒 604-8234
京都府　京都市中京区藤西町9-1-X

フレッシュマーケット株式会社

1 もとになるテーブルとフィールドの確認

メインレポートは、テーブル「**T売上伝票**」をもとに、必要なフィールドを「**T得意先マスター**」から選択して作成します。

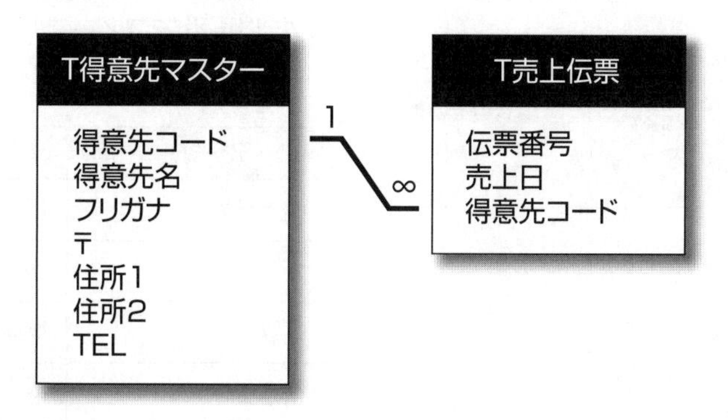

2 もとになるクエリの作成

メインレポートのもとになるクエリ「**Q請求書**」を作成しましょう。

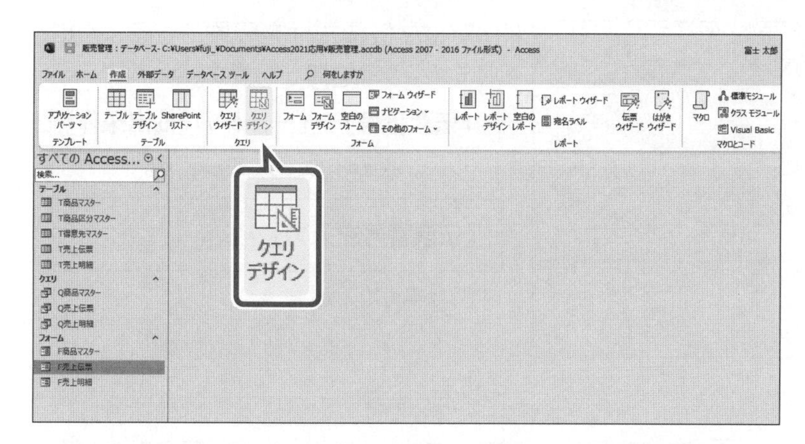

①《**作成**》タブを選択します。

②《**クエリ**》グループの（クエリデザイン）をクリックします。

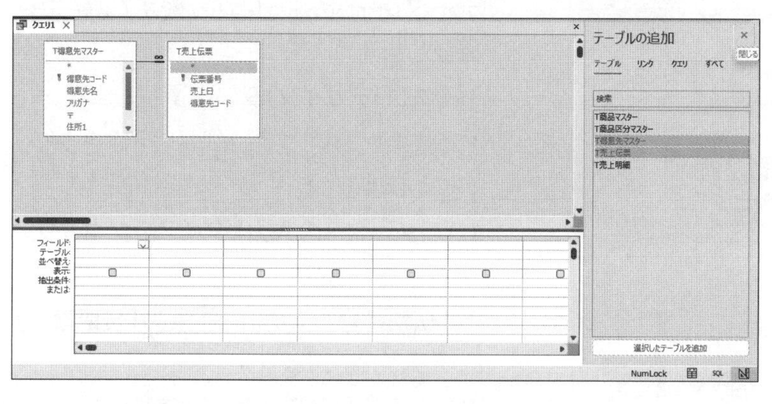

クエリウィンドウと《**テーブルの追加**》が表示されます。

③《**テーブル**》タブを選択します。

④一覧から「**T得意先マスター**」を選択します。

⑤ Shift を押しながら、「**T売上伝票**」を選択します。

⑥《**選択したテーブルを追加**》をクリックします。

クエリウィンドウに2つのテーブルのフィールドリストが表示されます。

《**テーブルの追加**》を閉じます。

⑦《**テーブルの追加**》の ×（閉じる）をクリックします。

1
2
3
4
5
6
7
8
9
10
11
総合問題
索引

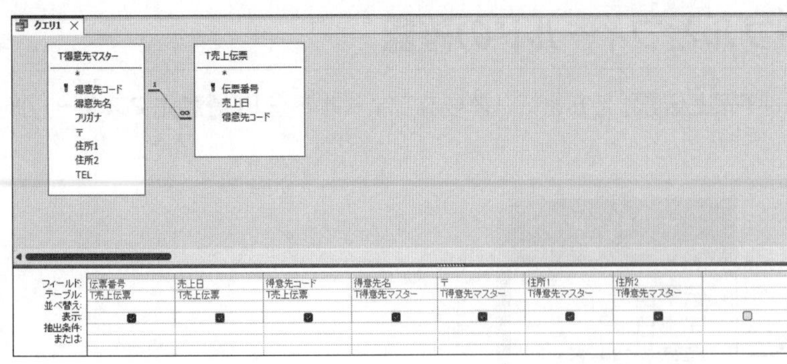

⑧テーブル間にリレーションシップの結合線が表示されていることを確認します。

※図のように、フィールドリストのサイズを調整しておきましょう。

⑨次の順番でフィールドをデザイングリッドに登録します。

テーブル	フィールド
T売上伝票	伝票番号
〃	売上日
〃	得意先コード
T得意先マスター	得意先名
〃	〒
〃	住所1
〃	住所2

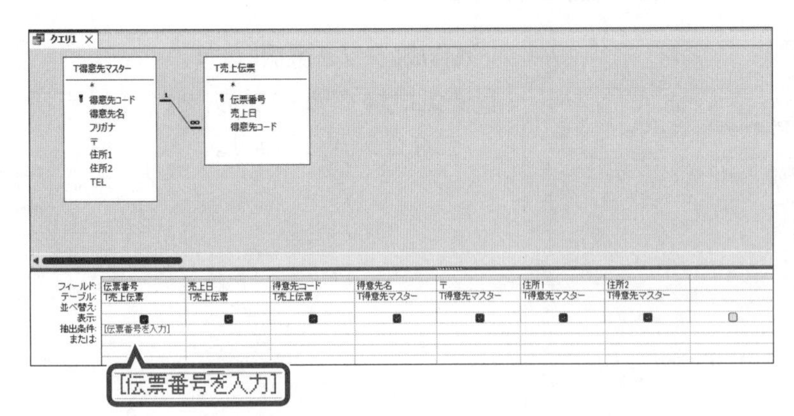

指定した伝票だけを印刷できるように、パラメーターを設定します。

⑩**「伝票番号」**フィールドの**《抽出条件》**セルに、次のように入力します。

[伝票番号を入力]

※[ ]は半角で入力します。

パラメーターの入力
伝票番号を入力
1004
OK　キャンセル

データシートビューに切り替えて、結果を確認します。

⑪**《クエリデザイン》**タブを選択します。

⑫**《結果》**グループの（表示）をクリックします。

《パラメーターの入力》ダイアログボックスが表示されます。

⑬**「伝票番号を入力」**に任意の**「伝票番号」**を入力します。

※「1001」～「1167」のデータがあります。

⑭**《OK》**をクリックします。

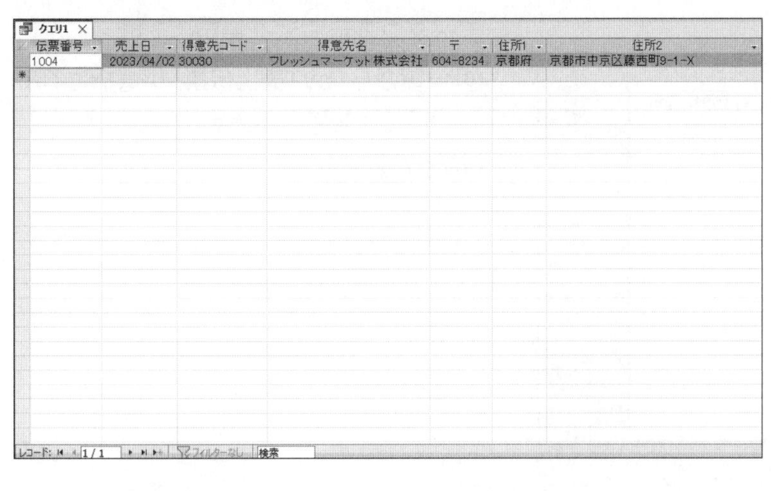

指定した**「伝票番号」**のデータが抽出されます。

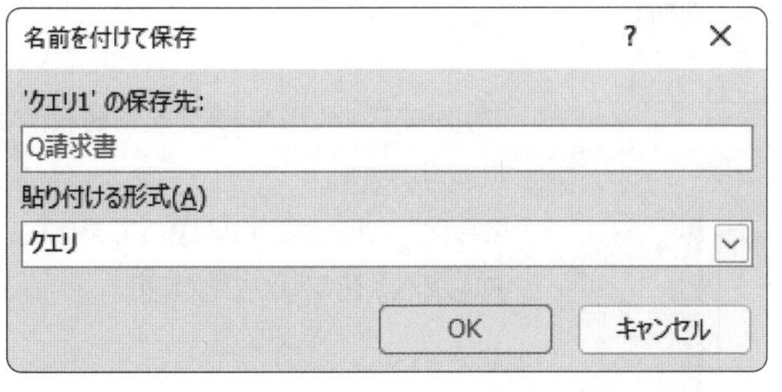

作成したクエリを保存します。

⑮ F12 を押します。

《名前を付けて保存》ダイアログボックスが表示されます。

⑯**《'クエリ1'の保存先》**に**「Q請求書」**と入力します。

⑰**《OK》**をクリックします。

※クエリを閉じておきましょう。

3 メインレポートの作成

クエリ**「Q請求書」**をもとに、メインレポート**「R請求書」**を作成しましょう。

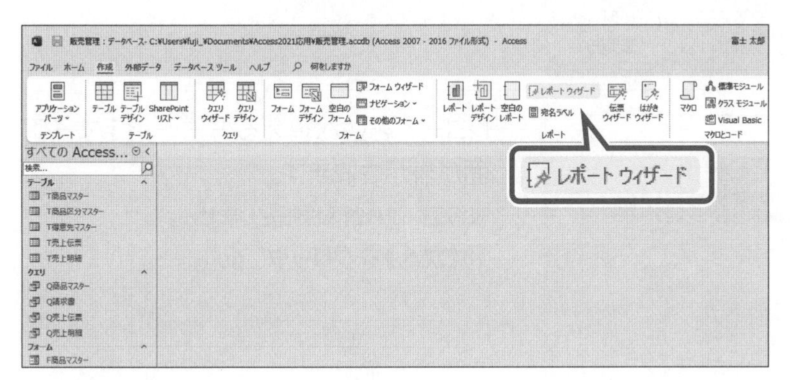

①**《作成》**タブを選択します。

②**《レポート》**グループの レポート ウィザード（レポートウィザード）をクリックします。

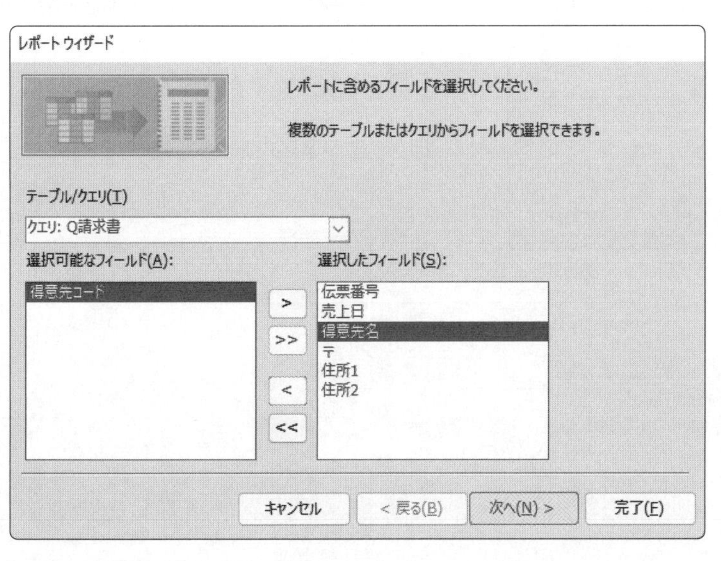

《レポートウィザード》が表示されます。

③**《テーブル/クエリ》**の ⌄ をクリックし、一覧から**「クエリ：Q請求書」**を選択します。

「得意先コード」以外のフィールドを選択します。

④ >> をクリックします。

⑤**《選択したフィールド》**の一覧から**「得意先コード」**を選択します。

⑥ < をクリックします。

⑦**《次へ》**をクリックします。

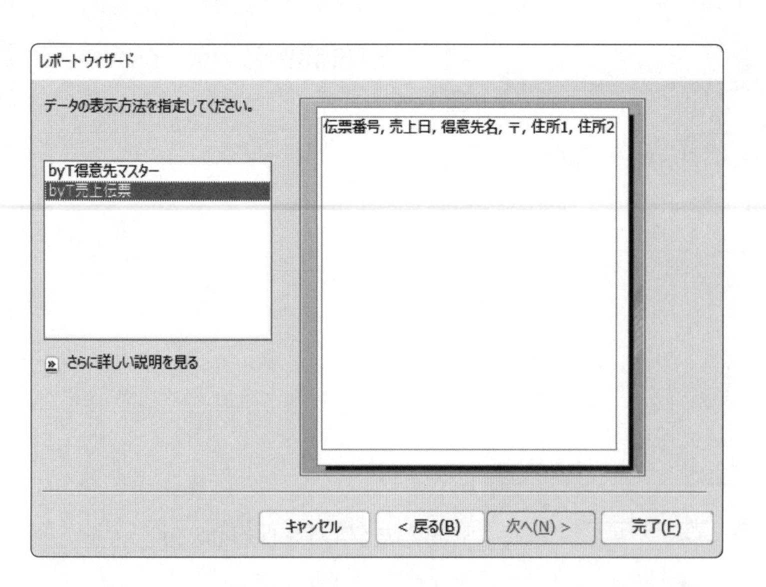

データの表示方法を指定します。

⑧一覧から**「byT売上伝票」**が選択されていることを確認します。

⑨**《次へ》**をクリックします。

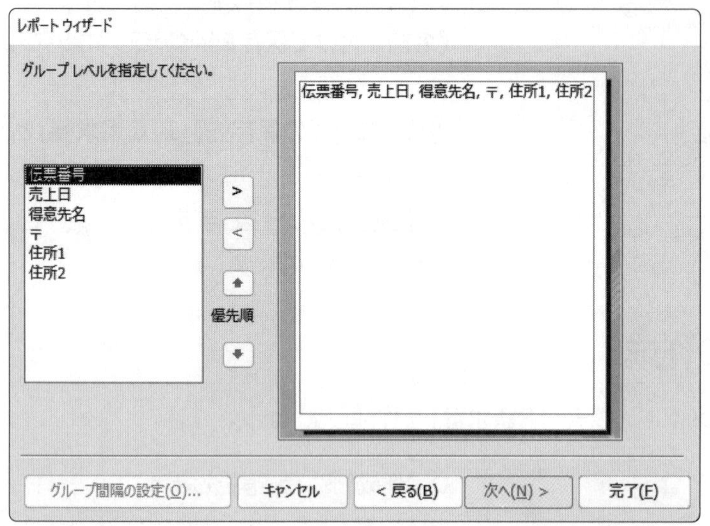

グループレベルを指定する画面が表示されます。

※今回、グループレベルは指定しません。

⑩**《次へ》**をクリックします。

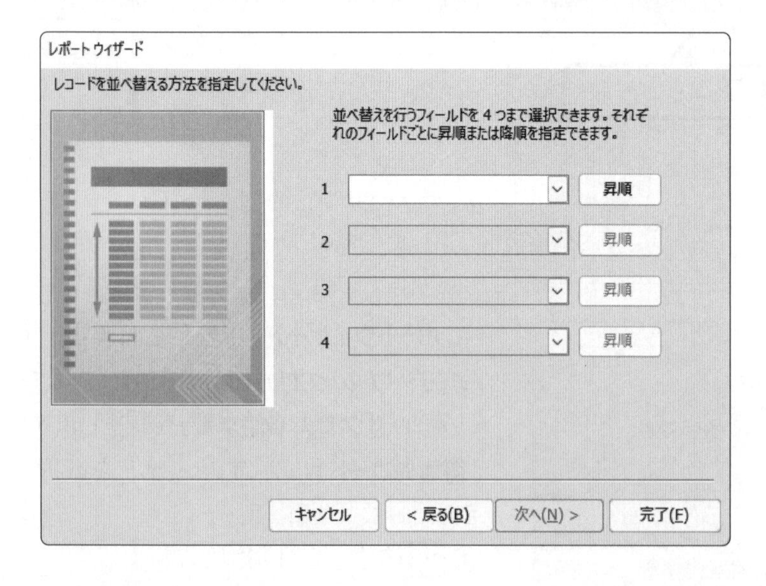

レコードを並べ替える方法を指定する画面が表示されます。

※今回、並べ替えは指定しません。

⑪**《次へ》**をクリックします。

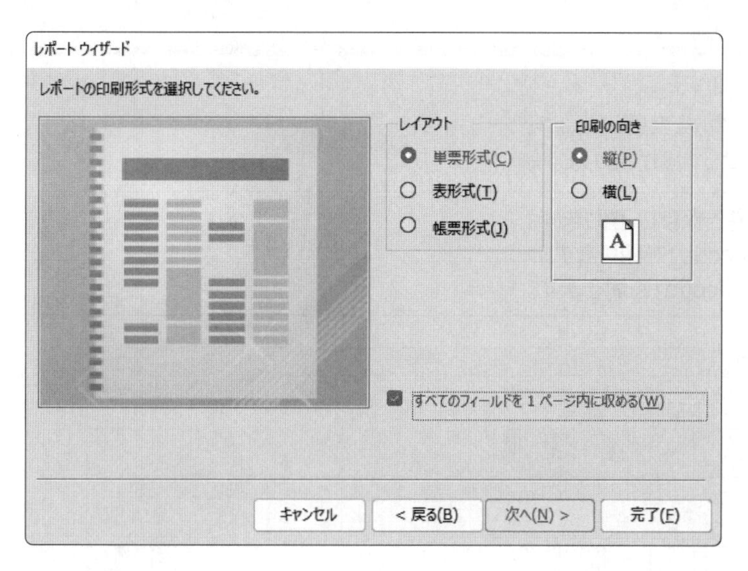

レポートの印刷形式を選択します。

⑫《**レイアウト**》の《**単票形式**》を◉にします。

⑬《**印刷の向き**》の《**縦**》を◉にします。

⑭《**すべてのフィールドを1ページ内に収める**》を☑にします。

⑮《**次へ**》をクリックします。

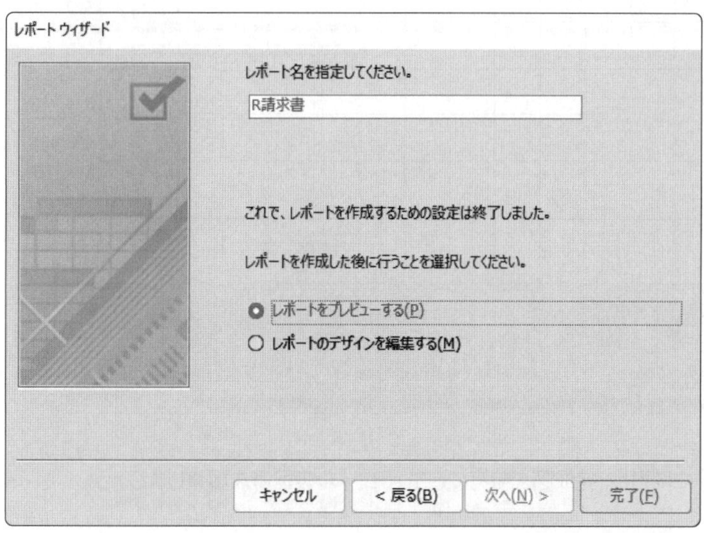

レポート名を入力します。

⑯《**レポート名を指定してください。**》に「**R請求書**」と入力します。

⑰《**レポートをプレビューする**》を◉にします。

⑱《**完了**》をクリックします。

パラメーターの入力　?　×

伝票番号を入力

1004

OK　キャンセル

《**パラメーターの入力**》ダイアログボックスが表示されます。

⑲「**伝票番号を入力**」に任意の「**伝票番号**」を入力します。

※「1001」～「1167」のデータがあります。

⑳《**OK**》をクリックします。

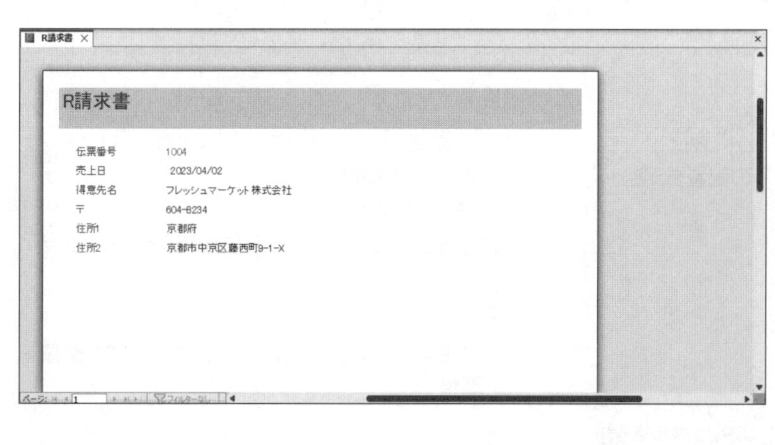

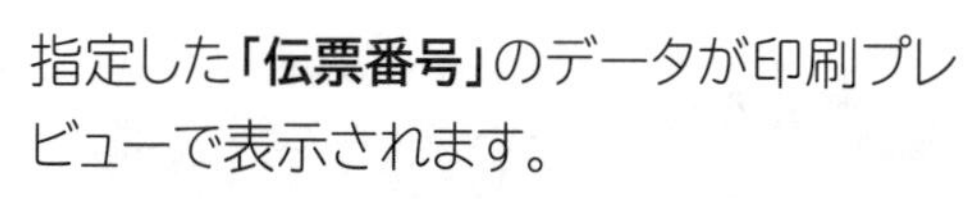

指定した「**伝票番号**」のデータが印刷プレビューで表示されます。

※印刷プレビューを閉じ、デザインビューに切り替えておきましょう。

※《フィールドリスト》が表示された場合は、☒（閉じる）をクリックして閉じておきましょう。

ためしてみよう

次のようにメインレポートのレイアウトを変更しましょう。
※省略する場合は、次の手順に従って操作しましょう。

> ①レポート「R請求書」を上書き保存し、閉じます。
> ②データベース「販売管理.accdb」を閉じます。
> ③データベース「販売管理1.accdb」を開きます。

● 《レポートヘッダー》セクション
①「R請求書」ラベルを「御請求書」に変更し、完成図を参考に、コントロールの配置を調整しましょう。

● 《詳細》セクション
②「売上日」ラベルを「取引日」に修正しましょう。
③「得意先名」「住所1」「住所2」の各ラベルを削除しましょう。
④「伝票番号」「売上日」テキストボックスの内容を左揃えにしましょう。
⑤完成図を参考に、コントロールのサイズと配置を調整しましょう。

● 《ページフッター》セクション
⑥すべてのコントロールを削除しましょう。
※印刷プレビューに切り替えて、結果を確認しましょう。
※レポートを上書き保存し、閉じておきましょう。

①

①「R請求書」ラベルを「御請求書」に修正
②完成図を参考に、コントロールの配置を調整

②

①「売上日」のラベルを選択
②「売上日」を「取引日」に修正

③

①「得意先名」「住所1」「住所2」の各ラベルを選択
②【Delete】を押す

④

①「伝票番号」テキストボックス、「売上日」テキストボックスを選択
②《書式》タブを選択
③《フォント》グループの［≡］(左揃え)をクリック

⑤

①完成図を参考に、コントロールのサイズと配置を調整

⑥

①《ページフッター》セクション内のすべてのコントロールを選択
②【Delete】を押す

STEP UP 複数のコントロールの配置

《配置》タブの《サイズ変更と並べ替え》グループのコマンドを使うと、複数のコントロールのサイズや間隔、配置を調整することができます。

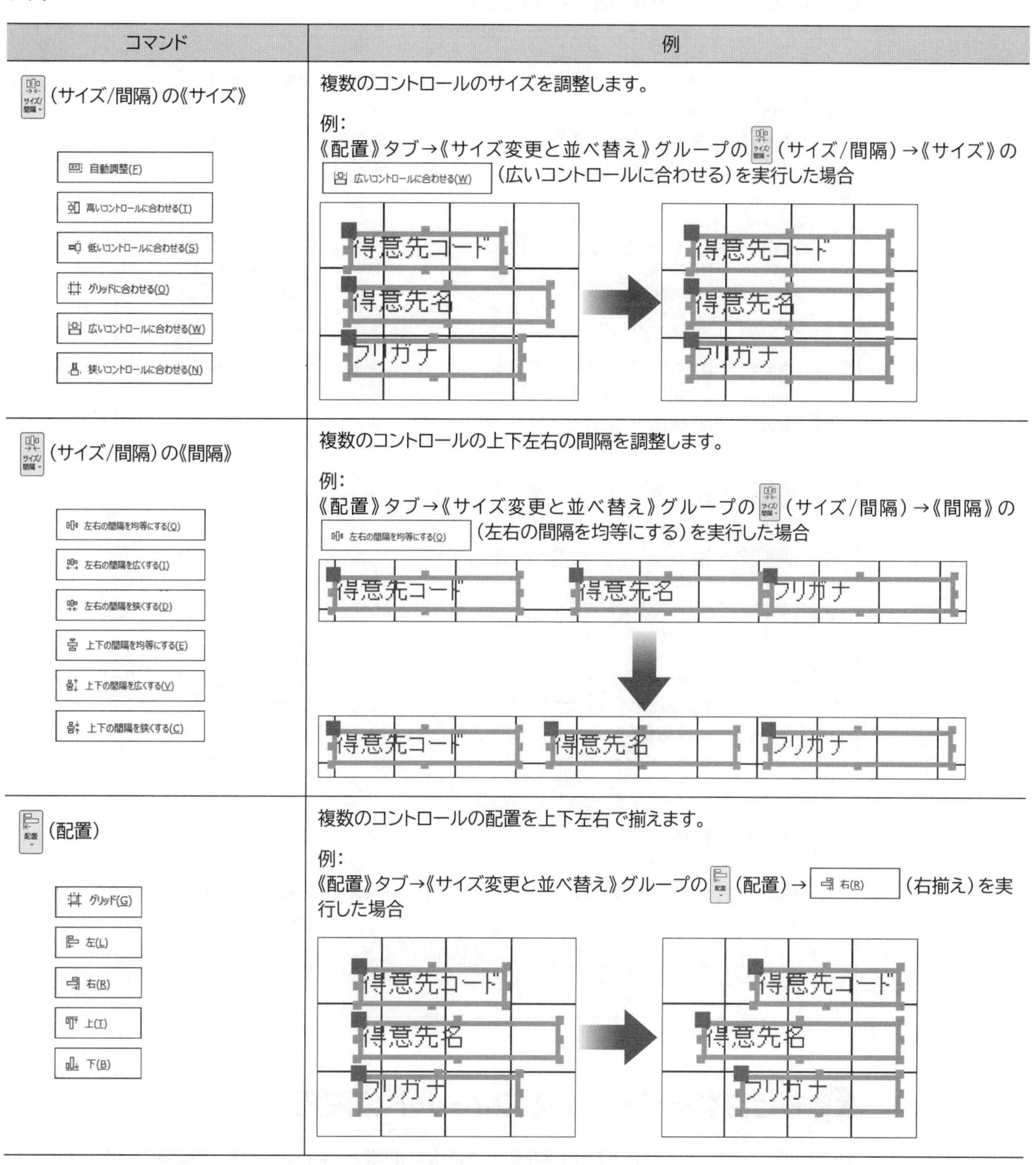

コマンド	例
(サイズ/間隔)の《サイズ》 自動調整(F) 高いコントロールに合わせる(T) 低いコントロールに合わせる(S) グリッドに合わせる(O) 広いコントロールに合わせる(W) 狭いコントロールに合わせる(N)	複数のコントロールのサイズを調整します。 例： 《配置》タブ→《サイズ変更と並べ替え》グループの(サイズ/間隔)→《サイズ》の 広いコントロールに合わせる(W) (広いコントロールに合わせる)を実行した場合 得意先コード 得意先名 フリガナ → 得意先コード 得意先名 フリガナ
(サイズ/間隔)の《間隔》 左右の間隔を均等にする(Q) 左右の間隔を広くする(I) 左右の間隔を狭くする(D) 上下の間隔を均等にする(E) 上下の間隔を広くする(V) 上下の間隔を狭くする(C)	複数のコントロールの上下左右の間隔を調整します。 例： 《配置》タブ→《サイズ変更と並べ替え》グループの(サイズ/間隔)→《間隔》の 左右の間隔を均等にする(Q) (左右の間隔を均等にする)を実行した場合 得意先コード 得意先名 フリガナ → 得意先コード 得意先名 フリガナ
(配置) グリッド(G) 左(L) 右(R) 上(T) 下(B)	複数のコントロールの配置を上下左右で揃えます。 例： 《配置》タブ→《サイズ変更と並べ替え》グループの(配置)→ 右(R) (右揃え)を実行した場合 得意先コード 得意先名 フリガナ → 得意先コード 得意先名 フリガナ

4 サブレポートの作成

次のようなサブレポート「**R請求内訳**」を作成しましょう。

商品コード	商品名	単価	数量	金額
2010	SAKURA BEER	¥200	20	¥4,000
3030	SAKURAスパークリング	¥4,000	5	¥20,000
4030	スイトピー(赤)	¥3,000	5	¥15,000
			合計	¥39,000

商品コード	商品名	単価	数量	金額
1050	櫻にごり酒	¥2,500	25	¥62,500
2030	クラシック さくら	¥300	40	¥12,000
			合計	¥74,500

商品コード	商品名	単価	数量	金額
3010	マーガレットVSOP	¥5,000	10	¥50,000
1010	櫻金箔酒	¥4,500	5	¥22,500
			合計	¥72,500

商品コード	商品名	単価	数量	金額
2050	SAKURA ダークエール	¥300	10	¥3,000
1040	櫻焼酎	¥1,800	10	¥18,000
1030	櫻吟醸酒	¥4,000	15	¥60,000
4020	カサブランカ(白)	¥3,000	15	¥45,000
2020	SAKURA レッドラベル	¥250	30	¥7,500
			合計	¥133,500

商品コード	商品名	単価	数量	金額
2040	SAKURA ペールエール	¥200	40	¥8,000
5010	AOYAMA梅酒	¥1,800	5	¥9,000
3020	シングルモルト櫻	¥3,500	20	¥70,000
			合計	¥87,000

商品コード	商品名	単価	数量	金額
4010	すずらん(白)	¥3,500	5	¥17,500
2060	SAKURA オーガニック	¥200	10	¥2,000
			合計	¥19,500

商品コード	商品名	単価	数量	金額

1 もとになるテーブルとフィールドの確認

サブレポートは、テーブル「**T売上明細**」をもとに、必要なフィールドを「**T商品マスター**」から選択して作成します。

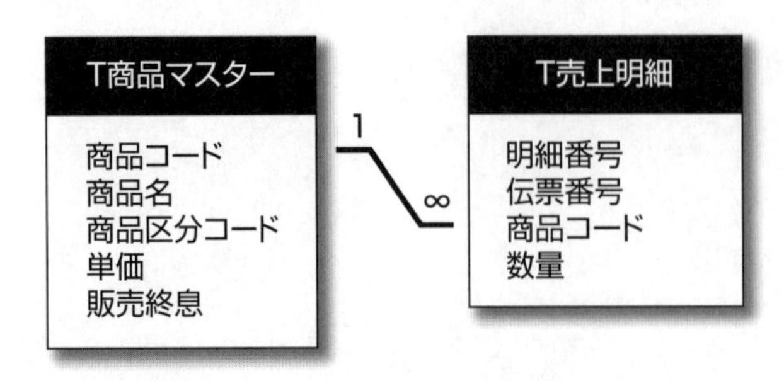

2 もとになるクエリの確認

サブレポートのもとになるクエリは、メイン・サブフォームで作成したクエリ**「Q売上明細」**と同じです。

※クエリ「Q売上明細」をデザインビューで開き、フィールドを確認しておきましょう。

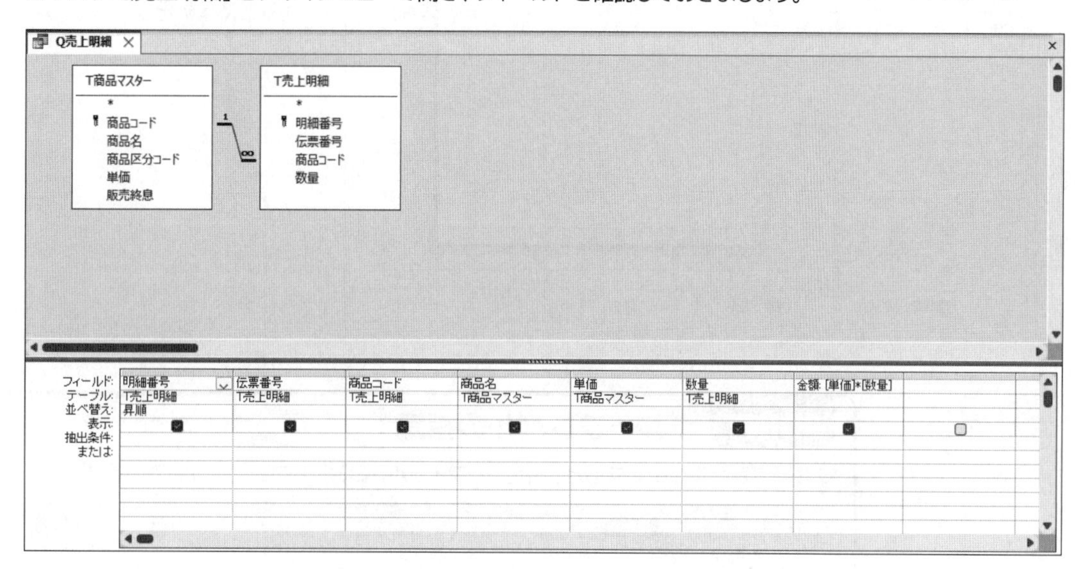

3 サブレポートの作成

クエリ**「Q売上明細」**をもとに、伝票番号ごとにグループ化して集計するサブレポート**「R請求内訳」**を作成しましょう。

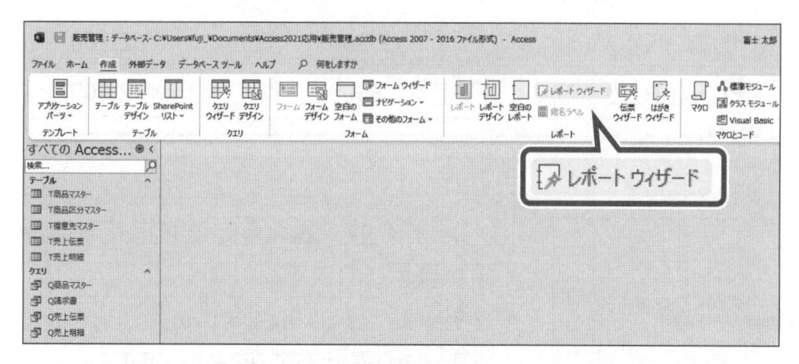

①**《作成》**タブを選択します。

②**《レポート》**グループの［レポート ウィザード］（レポートウィザード）をクリックします。

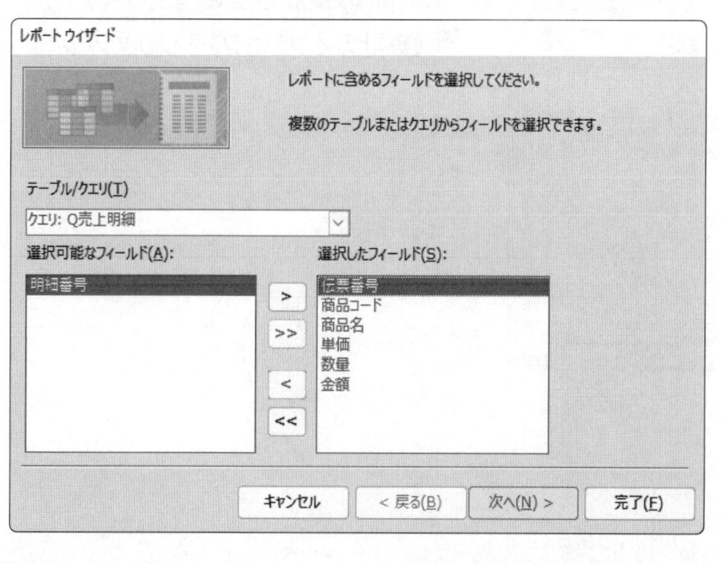

《レポートウィザード》が表示されます。

③**《テーブル/クエリ》**の［∨］をクリックし、一覧から**「クエリ：Q売上明細」**を選択します。

「明細番号」以外のフィールドを選択します。

④［>>］をクリックします。

⑤**《選択したフィールド》**の一覧から**「明細番号」**を選択します。

⑥［<］をクリックします。

⑦**《次へ》**をクリックします。

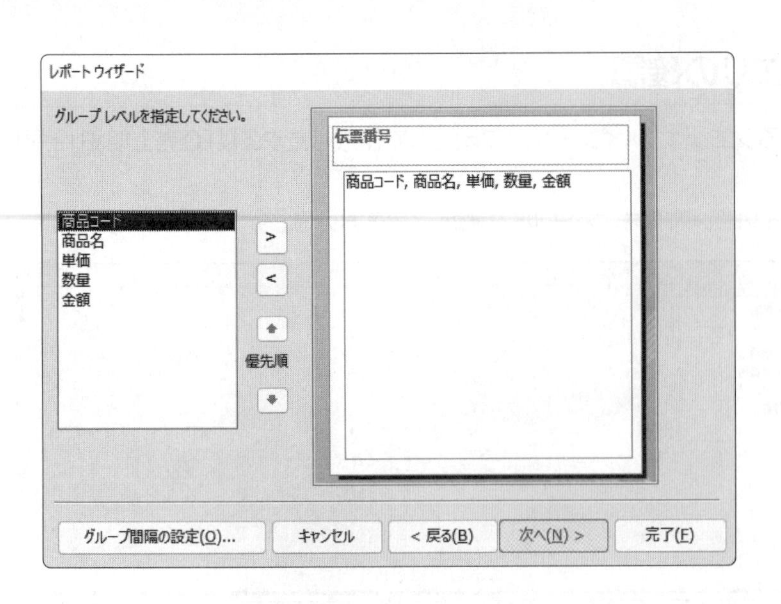

グループレベルを指定します。

⑧**「伝票番号」**が選択されていることを確認します。

※「伝票番号」ごとに分類するという意味です。

⑨**《次へ》**をクリックします。

POINT グループレベルの指定

グループレベルを指定すると、指定したフィールドごとにレコードを分類できます。

伝票番号	商品コード	商品名	単価	数量	金額
1001					
	2010	SAKURA BEER	¥200	20	¥4,000
	3030	SAKURAスパークリング	¥4,000	5	¥20,000
	4030	スイトピー（赤）	¥3,000	5	¥15,000
1002					
	1050	櫻にごり酒	¥2,500	25	¥62,500
	2030	クラシック　さくら	¥300	40	¥12,000

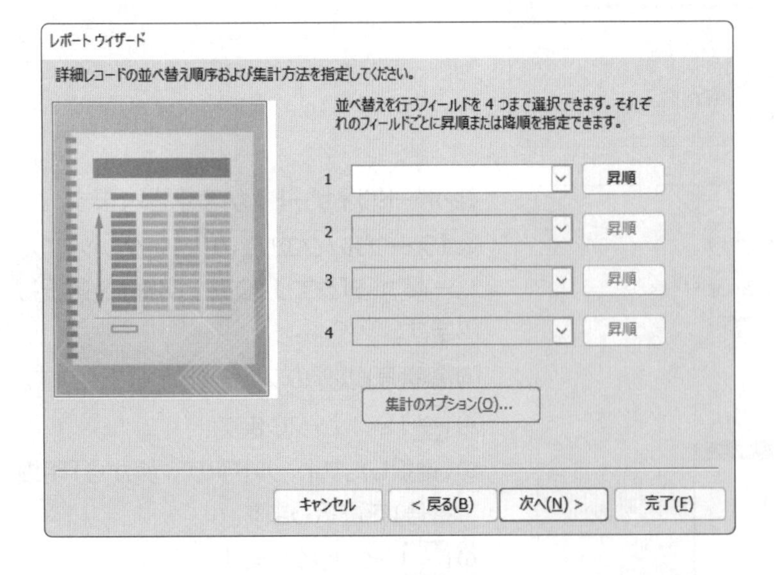

レコードを並べ替える方法を指定する画面が表示されます。

※今回、並べ替えは指定しません。

レコードの集計方法を指定します。

⑩**《集計のオプション》**をクリックします。

集計のオプション

フィールドに対して行う演算を選択してください。

フィールド	合計	平均	最小	最大
単価	☐	☐	☐	☐
数量	☐	☐	☐	☐
金額	☑	☐	☐	☐

OK
キャンセル
表示するデータ
◉ 詳細および集計値(D)
○ 集計値のみ(S)
☐ パーセンテージを計算する(P)

《集計のオプション》ダイアログボックスが表示されます。
フィールドに対して行う演算を選択します。

⑪**「金額」**の**《合計》**を☑にします。

⑫**《表示するデータ》**の**《詳細および集計値》**を◉にします。

⑬**《OK》**をクリックします。

POINT 集計行の追加

集計のオプションを指定すると、金額の合計などの集計行を追加することができます。
集計行を追加すると、グループ化したレコードごとに合計や平均を求めることができます。

伝票番号	商品コード	商品名	単価	数量	金額
1001					
	2010	SAKURA BEER	¥200	20	¥4,000
	3030	SAKURAスパークリング	¥4,000	5	¥20,000
	4030	スイトピー（赤）	¥3,000	5	¥15,000
				合計	¥39,000
1002					
	1050	櫻にごり酒	¥2,500	25	¥62,500
	2030	クラシック　さくら	¥300	40	¥12,000
				合計	¥74,500

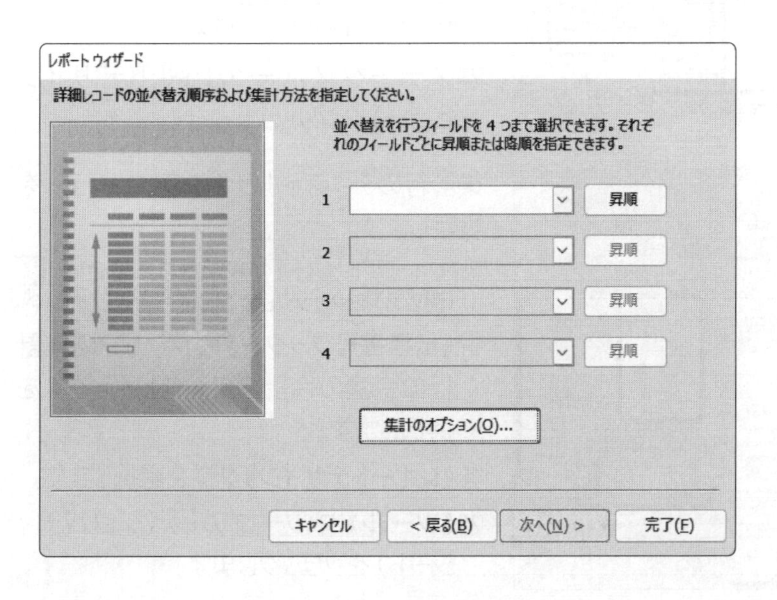

《レポートウィザード》に戻ります。

⑭**《次へ》**をクリックします。

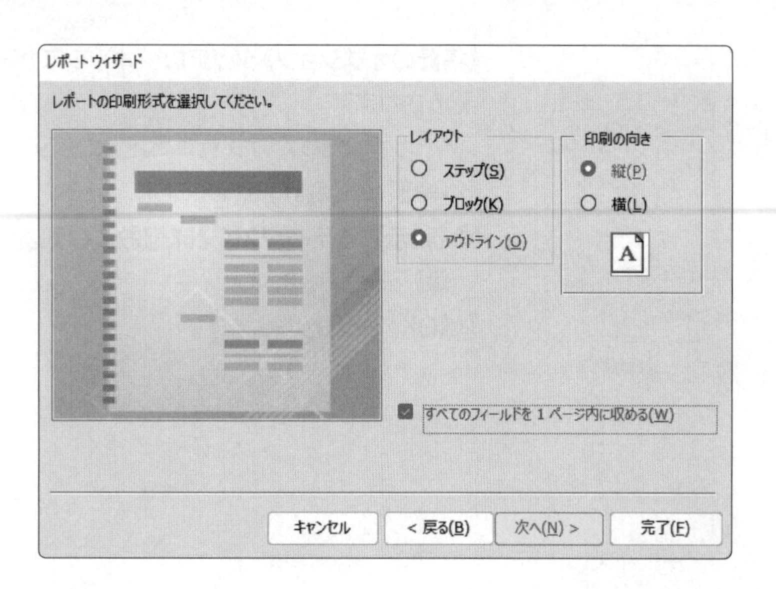

レポートの印刷形式を選択します。

⑮《レイアウト》の《アウトライン》を◉にします。

⑯《印刷の向き》の《縦》を◉にします。

⑰《すべてのフィールドを1ページ内に収める》を☑にします。

⑱《次へ》をクリックします。

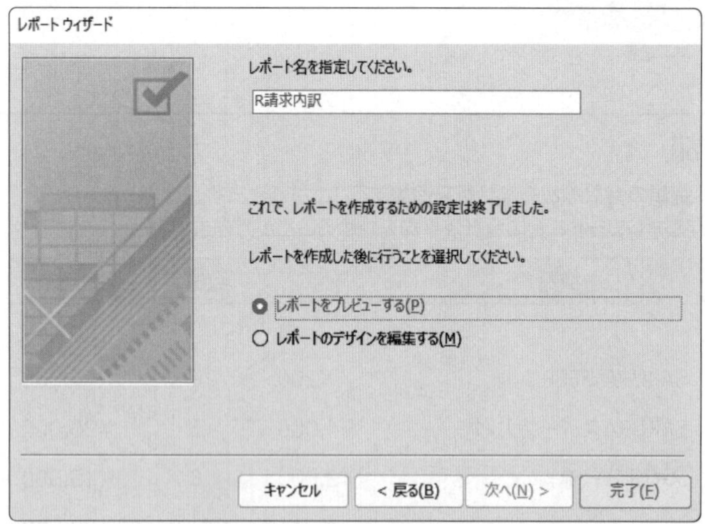

レポート名を入力します。

⑲《レポート名を指定してください。》に「R請求内訳」と入力します。

⑳《レポートをプレビューする》を◉にします。

㉑《完了》をクリックします。

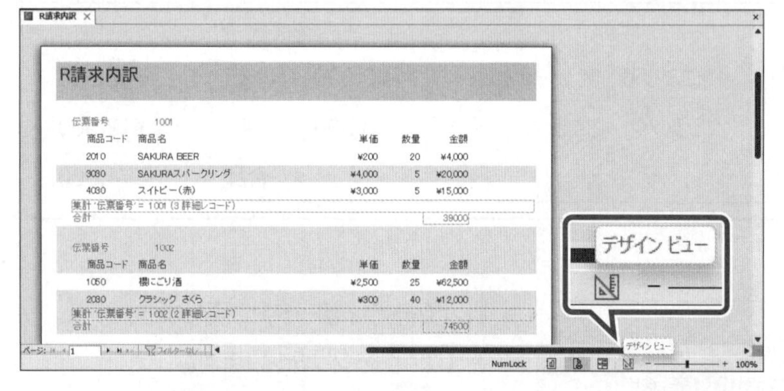

作成したレポートが印刷プレビューで表示されます。

㉒データが「伝票番号」ごとに分類され、集計行が追加され、伝票番号ごとのレコード数や金額の合計が表示されていることを確認します。

デザインビューに切り替えます。

㉓ステータスバーの（デザインビュー）をクリックします。

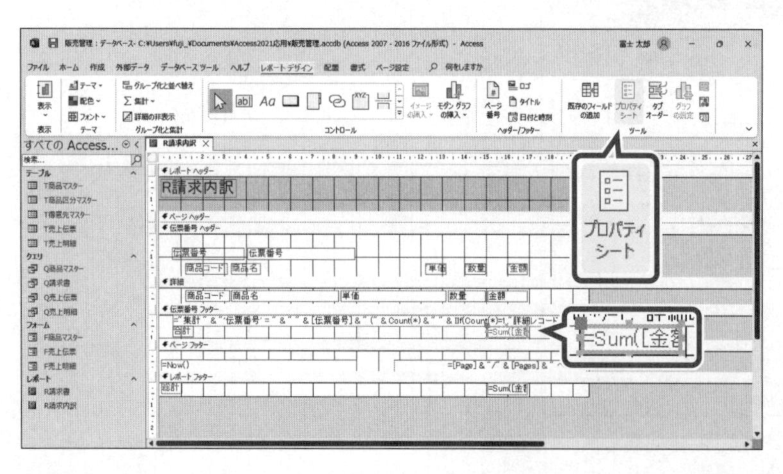

集計行のテキストボックスのプロパティを設定します。

※《フィールドリスト》が表示された場合は、（閉じる）をクリックして閉じておきましょう。

㉔《伝票番号フッター》セクションの集計行の金額の合計のテキストボックスを選択します。

㉕《レポートデザイン》タブを選択します。

㉖《ツール》グループの（プロパティシート）をクリックします。

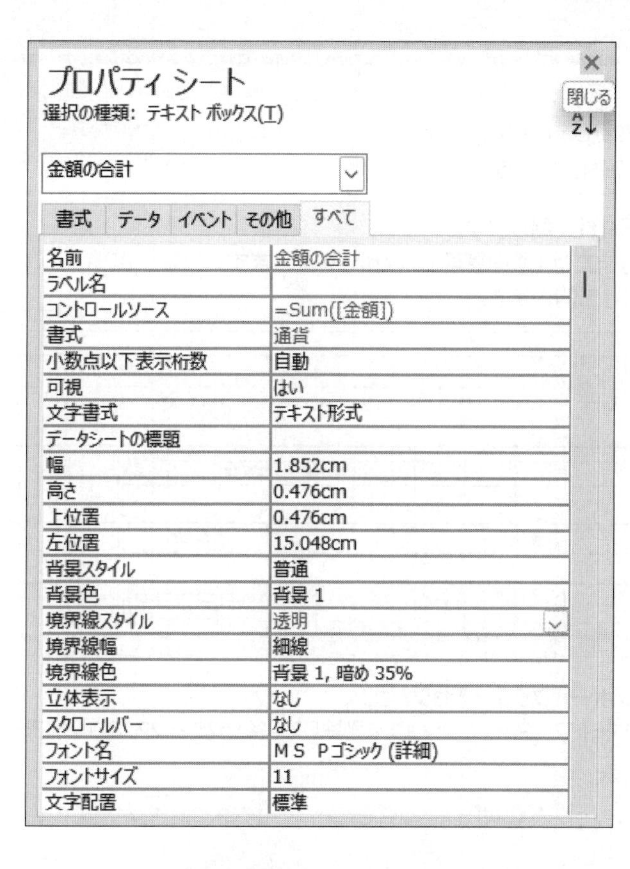

《プロパティシート》が表示されます。

㉗**《すべて》**タブを選択します。

㉘**《名前》**プロパティが**「金額の合計」**になっていることを確認します。

㉙**《コントロールソース》**プロパティが**「=Sum([金額])」**になっていることを確認します。

㉚**《書式》**プロパティの をクリックし、一覧から**《通貨》**を選択します。

㉛**《境界線スタイル》**プロパティの をクリックし、一覧から**《透明》**を選択します。

《プロパティシート》を閉じます。

㉜**《プロパティシート》**の (閉じる)をクリックします。

※印刷プレビューに切り替えて、結果を確認しましょう。

※デザインビューに切り替えておきましょう。

POINT グループヘッダー／フッター

グループレベルを指定すると、指定したフィールドのグループヘッダー／フッターが用意され、ラベルや集計用のテキストボックスなどを配置することができます。

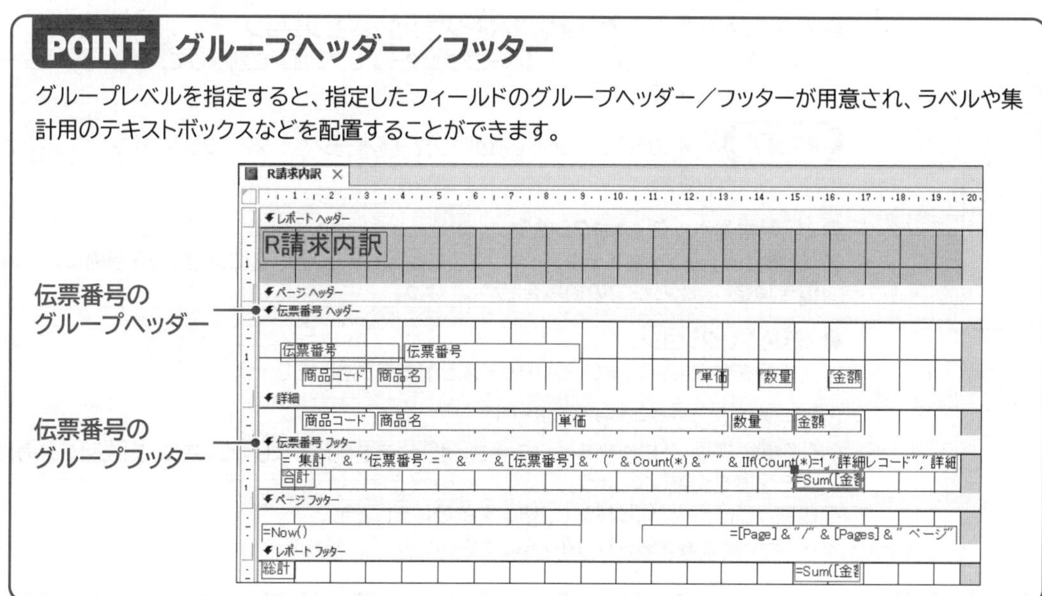

STEP UP ヘッダー／フッターセクションの削除

レポートのヘッダーセクションとフッターセクション、またはページのヘッダーセクションとフッターセクションを削除することができます。
ヘッダー／フッターを削除する方法は、次のとおりです。

レポートヘッダー／フッターセクションの削除

◆デザインビューで表示→任意のセクション内で右クリック→《レポートヘッダー/フッター》をオフ(が標準の色の状態)

ページヘッダー／フッターセクションの削除

◆デザインビューで表示→任意のセクション内で右クリック→《ページヘッダー/フッター》をオフ(が標準の色の状態)

ためしてみよう

次のようにサブレポートのレイアウトを変更しましょう。
※省略する場合は、次の手順に従って操作しましょう。

①レポート「R請求内訳」を上書き保存し、閉じます。
②データベース「販売管理.accdb」または「販売管理1.accdb」を閉じます。
③データベース「販売管理2.accdb」を開きます。

R請求内訳
伝票番号 ヘッダー
商品コード 商品名 単価 数量 金額
詳細
商品コード 商品名 単価 数量 金額
伝票番号 フッター
合計 =Sum([金額

●《レポートヘッダー》セクション、《レポートフッター》セクション

①《レポートヘッダー》セクションと《レポートフッター》セクションを削除して、各セクション内のコントロールを削除しましょう。

HINT 任意のセクション内で右クリック→《レポートヘッダー/フッター》をオフ（▣が標準の色の状態）にします。

●《ページヘッダー》セクション、《ページフッター》セクション

②《ページヘッダー》セクションと《ページフッター》セクションを削除して、《ページフッター》セクション内のコントロールを削除しましょう。

HINT 任意のセクション内で右クリック→《ページヘッダー/フッター》をオフ（□が標準の色の状態）にします。

●《伝票番号ヘッダー》セクション

③「伝票番号」のラベルとテキストボックスを削除しましょう。次に、完成図を参考に、コントロールのサイズと配置を調整し、セクションの領域を詰めましょう。

●《詳細》セクション

④完成図を参考に、コントロールのサイズと配置を調整しましょう。

●《伝票番号フッター》セクション

⑤「="集計 " & "'伝票番号'…」テキストボックスを削除しましょう。次に、完成図を参考に、コントロールのサイズと配置を調整しましょう。
※印刷プレビューに切り替えて、結果を確認しましょう。
※レポートを上書き保存し、閉じておきましょう。

Let's Try Answer

①

①任意のセクション内で右クリック
②《レポートヘッダー/フッター》をクリック
③メッセージを確認し、《はい》をクリック

②

①任意のセクション内で右クリック
②《ページヘッダー/フッター》をクリック
③メッセージを確認し、《はい》をクリック

③

①「伝票番号」テキストボックスを選択
②Deleteを押す
※テキストボックスを削除すると、ラベルも一緒に削除されます。
③完成図を参考に、コントロールのサイズと配置を調整
④《伝票番号ヘッダー》セクションと《詳細》セクションの境界をポイントし、上方向にドラッグ

④

①完成図を参考に、コントロールのサイズと配置を調整

⑤

①「="集計 " & "'伝票番号'…」テキストボックスを選択
②Deleteを押す
③完成図を参考に、コントロールのサイズと配置を調整

5 メインレポートへのサブレポートの組み込み

メインレポート**「R請求書」**にサブレポート**「R請求内訳」**を組み込みましょう。
メインレポートのひとつのコントロールとしてサブレポートを組み込むことによって、メイン・サブレポートを作成できます。

1 リレーションシップの確認

メインレポートのもとになるテーブルとサブレポートのもとになるテーブルには、リレーションシップが設定されている必要があります。
※リレーションシップを確認しておきましょう。

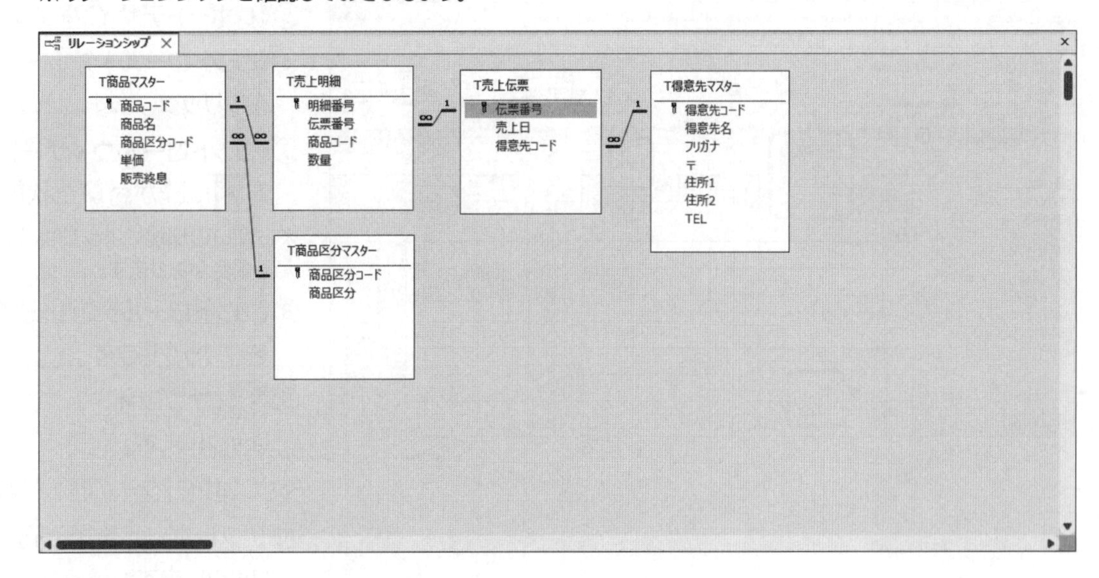

2 サブレポートの組み込み

「サブレポートウィザード」を使って、メインレポートにサブレポートを組み込みましょう。

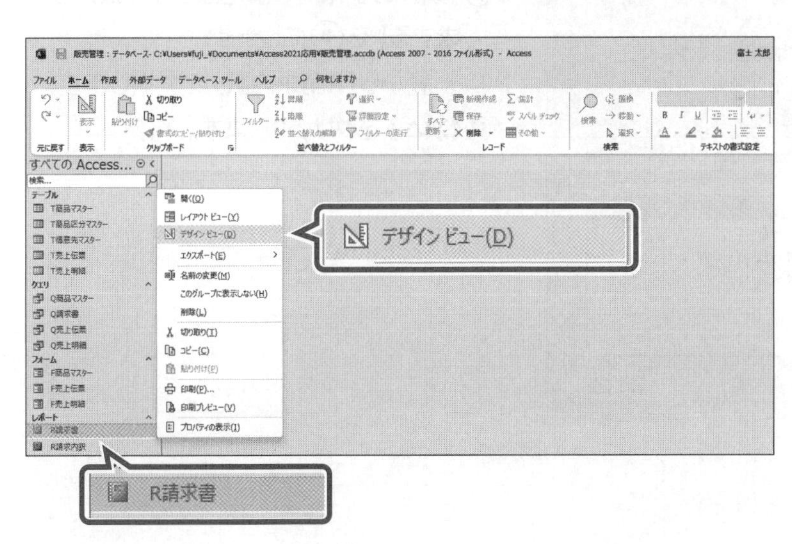

メインレポートをデザインビューで開きます。

①ナビゲーションウィンドウのレポート**「R請求書」**を右クリックします。

②**《デザインビュー》**をクリックします。

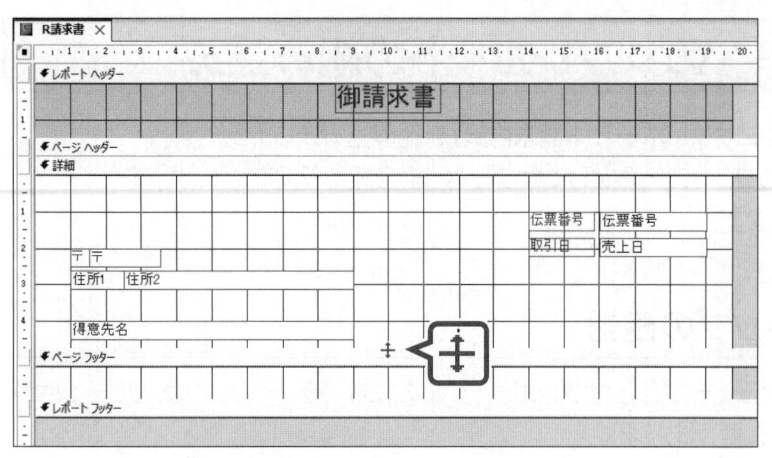
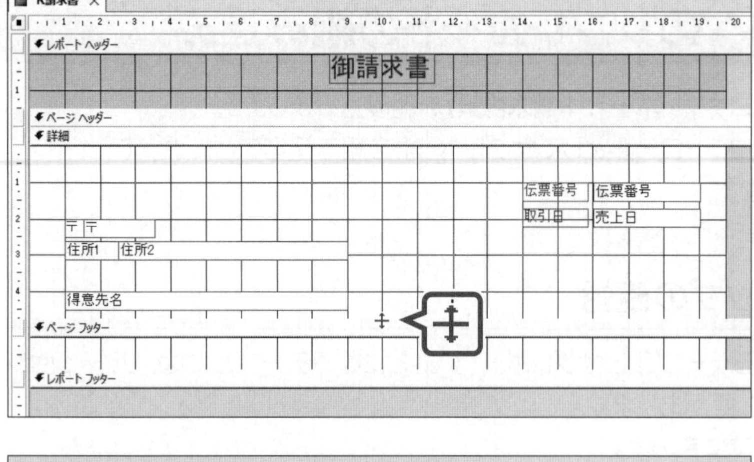

《詳細》セクションの領域を拡大します。

③《**詳細**》セクションと《**ページフッター**》セクションの境界をポイントします。

マウスポインターの形が┿に変わります。

④下方向にドラッグします。（目安：8.5cm）

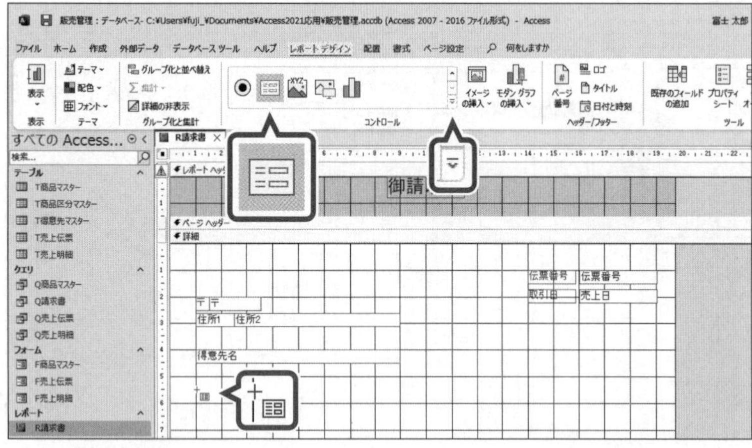

⑤《**レポートデザイン**》タブを選択します。

⑥《**コントロール**》グループの［▼］（その他）をクリックします。

⑦《**コントロールウィザードの使用**》をオン（［ウィザード］に枠が付いた状態）にします。

※お使いの環境によっては、濃い灰色の状態になる場合があります。

⑧《**コントロール**》グループの［▼］（その他）をクリックします。

⑨［サブフォーム］（サブフォーム/サブレポート）をクリックします。

マウスポインターの形が＋［サブフォーム］に変わります。

⑩サブレポートを組み込む開始位置でクリックします。

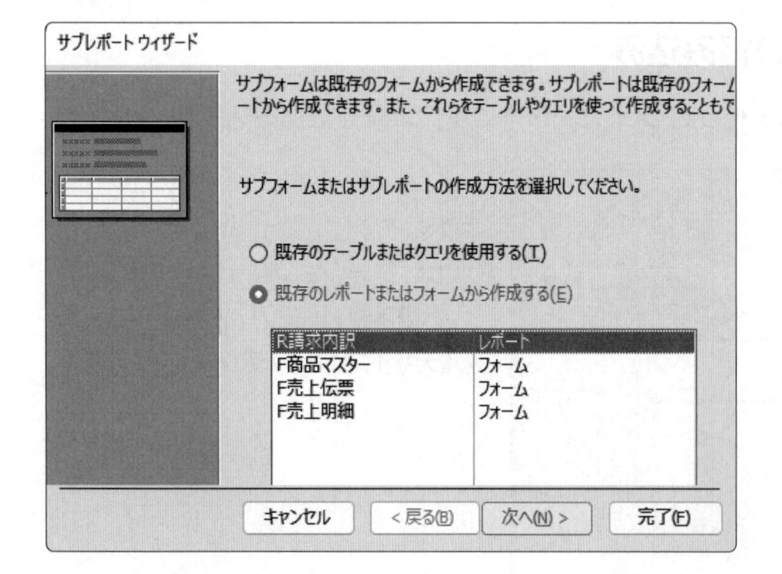

《**サブレポートウィザード**》が表示されます。

サブレポートの作成方法を選択します。

⑪《**既存のレポートまたはフォームから作成する**》を◉にします。

⑫一覧から「**R請求内訳**」を選択します。

⑬《**次へ**》をクリックします。

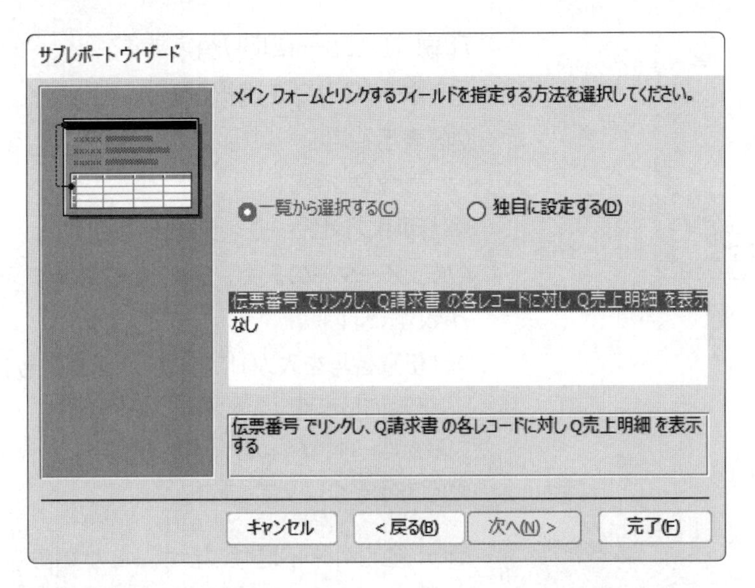

リンクするフィールドを指定します。

⑭**《一覧から選択する》**を◉にします。

⑮一覧から**《伝票番号でリンクし、Q請求書の各レコードに対しQ売上明細を表示…》**が選択されていることを確認します。

⑯**《次へ》**をクリックします。

サブレポートの名前を入力します。

⑰**《サブフォームまたはサブレポートの名前を指定してください。》**に**「内訳」**と入力します。

⑱**《完了》**をクリックします。

メインレポートにサブレポートが組み込まれます。

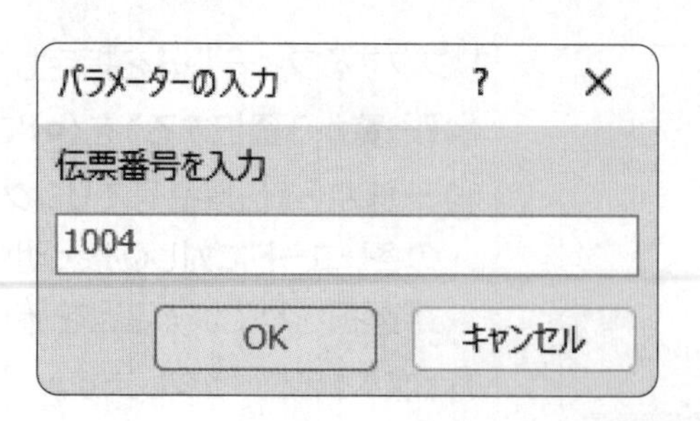

印刷プレビューに切り替えます。

⑲《**ホーム**》タブを選択します。

⑳《**表示**》グループの（表示）の をクリックします。

㉑《**印刷プレビュー**》をクリックします。

《**パラメーターの入力**》ダイアログボックスが表示されます。

㉒「**伝票番号を入力**」に任意の「**伝票番号**」を入力します。

※「1001」～「1167」のデータがあります。

㉓《**OK**》をクリックします。

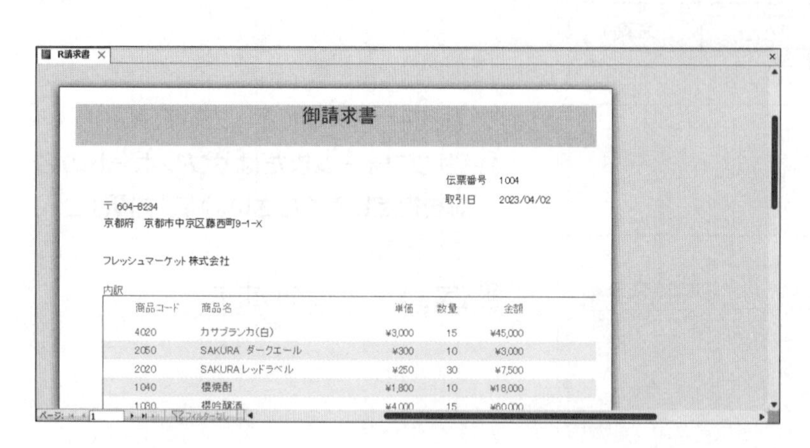

㉔メインレポートにサブレポートが組み込まれていることを確認します。

POINT サブレポートのプロパティ

サブレポートの詳細は、プロパティシートの《データ》タブに設定されます。《データ》タブでは、サブレポートのもとになるレポートや、メインレポートとサブレポートを結合するフィールド名を設定できます。

サブレポートのプロパティを表示する方法は、次のとおりです。

◆デザインビューでサブレポートを選択→《レポートデザイン》タブ→《ツール》グループの（プロパティシート）

◆レイアウトビューでサブレポートを選択→《レポートレイアウトのデザイン》タブ→《ツール》グループの（プロパティシート）

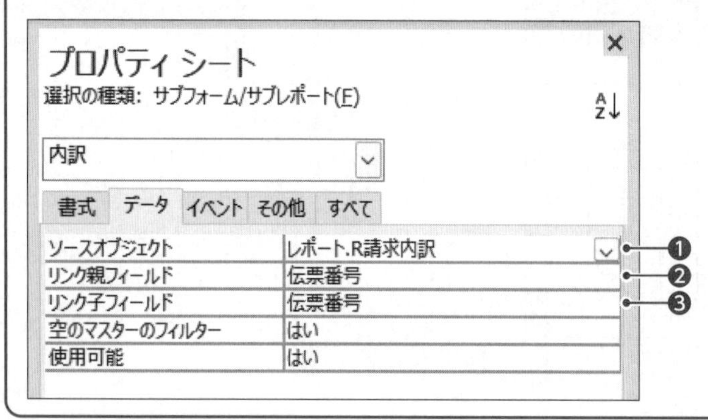

❶《**ソースオブジェクト**》**プロパティ**
サブレポートにするレポートを設定します。

❷《**リンク親フィールド**》**プロパティ**
メインレポート側の共通のフィールドを設定します。

❸《**リンク子フィールド**》**プロパティ**
サブレポート側の共通のフィールドを設定します。

3 コントロールのサイズ調整

コントロールが用紙のページからはみ出して配置されている場合、はみ出した部分は次ページに印刷されてしまいます。
ページ内にすべてのコントロールを収めたいときは、レイアウトビューを使って配置を調整します。レイアウトビューでは印刷範囲が点線で表示されるので、点線の範囲内にコントロールを配置します。

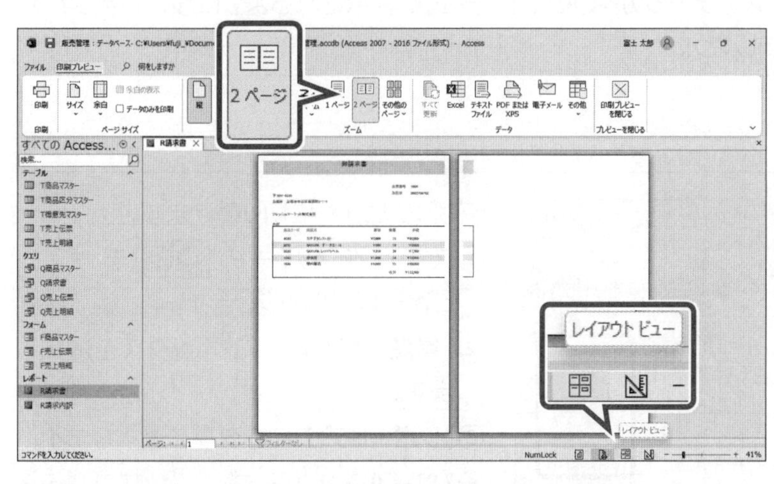

①**《印刷プレビュー》**タブを選択します。
②**《ズーム》**グループの［2ページ］（2ページ）をクリックします。
印刷結果が表示されます。
はみ出してしまった部分（タイトル部分や**「内訳」**サブレポートの枠）が2ページ目に表示されます。
レイアウトビューに切り替えます。
③ステータスバーの［レイアウトビュー］（レイアウトビュー）をクリックします。

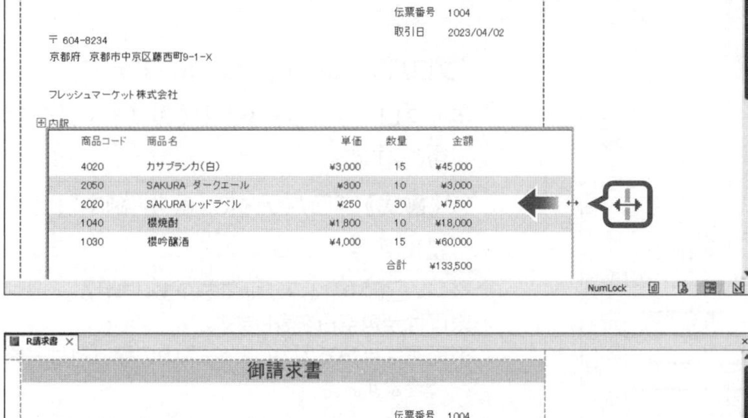

印刷範囲に点線が表示されます。
④**「内訳」**サブレポートを選択します。
⑤枠線の右側をポイントします。
※表示されていない場合は、スクロールして調整、またはナビゲーションウィンドウを最小化します。
マウスポインターの形が↔に変わります。
⑥点線内に収まるように枠線を左方向にドラッグします。

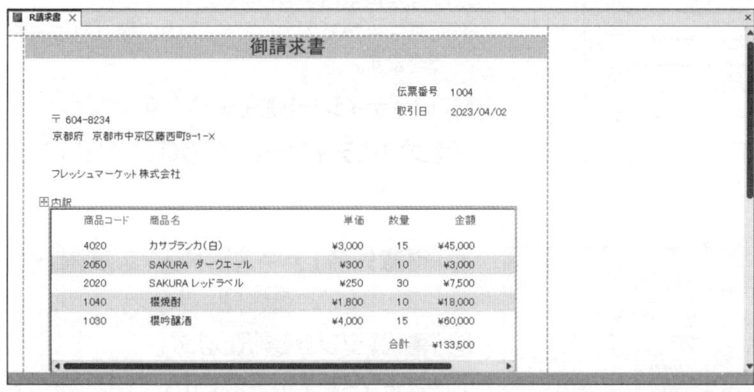

はみ出した部分が調整されます。
※タイトル部分の《レポートヘッダー》セクションの高さが自動的に調整されます。
※印刷プレビューで1ページ内に収まっていることを確認しましょう。
※レポートを上書き保存しておきましょう。

STEP UP セクションの高さの自動調整

レイアウトビューでコントロールのサイズを調整すると、《レポートヘッダー》セクションの高さが自動的に調整されることがあります。セクションの高さを自動的に変更したくない場合は、次のように設定します。
◆デザインビューで表示→セクションのバーを選択→《レポートデザイン》タブ→《ツール》グループの［プロパティシート］（プロパティシート）→《書式》タブ→《高さの自動調整》プロパティを《いいえ》

STEP 4 コントロールの書式を設定する

1 コントロールの書式設定

「得意先名」テキストボックスのデータが**「○御中」**の形式で表示されるように設定しましょう。
また、次の書式を設定しましょう。

フォントサイズ　：16
太字

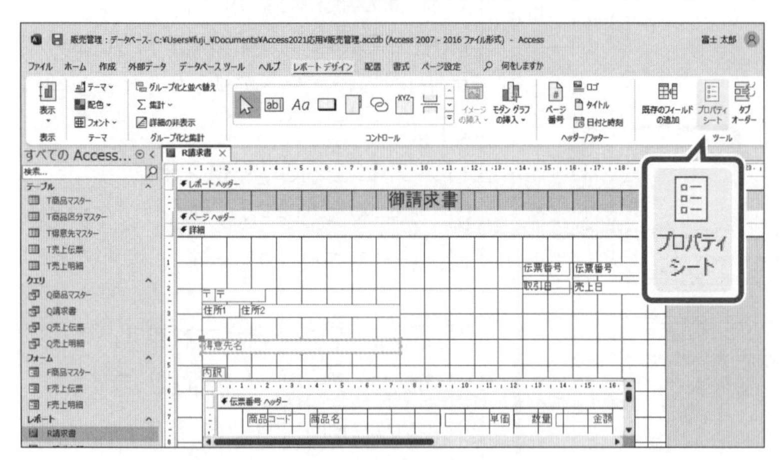

デザインビューに切り替えます。

①ステータスバーの（デザインビュー）をクリックします。
②**「得意先名」**テキストボックスを選択します。
③**《レポートデザイン》**タブを選択します。
④**《ツール》**グループの（プロパティシート）をクリックします。

プロパティ シート
選択の種類: テキスト ボックス(T)

得意先名

書式 | データ | イベント | その他 | すべて

書式	@"　御中"
小数点以下表示桁数	自動
可視	はい
幅	7.989cm
高さ	0.503cm
上位置	3.998cm
左位置	0.998cm
背景スタイル	普通
背景色	背景 1
境界線スタイル	透明
境界線幅	細線

《プロパティシート》が表示されます。

⑤**《プロパティシート》**の**《書式》**タブを選択します。
⑥**《書式》**プロパティに**「@"□御中"」**と入力します。

※「&"□御中"」と入力してもかまいません。
※□は全角空白を表します。
※記号は半角で入力します。入力の際、「"」は省略できます。

《プロパティシート》を閉じます。

⑦**《プロパティシート》**の（閉じる）をクリックします。

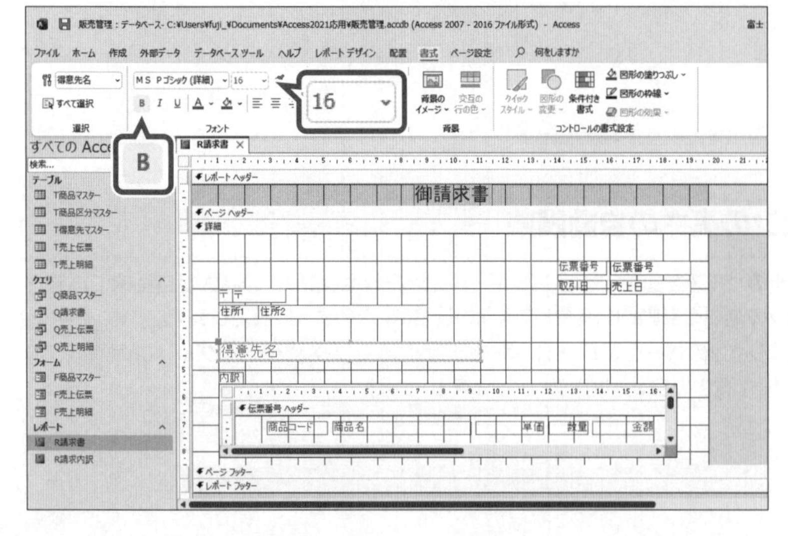

⑧**「得意先名」**テキストボックスが選択されていることを確認します。
⑨**《書式》**タブを選択します。
⑩**《フォント》**グループの（フォントサイズ）のをクリックし、一覧から**《16》**を選択します。
⑪**《フォント》**グループの（太字）をクリックします。

書式が設定されます。

※図のように、コントロールのサイズと配置を調整しておきましょう。
※印刷プレビューに切り替えて、結果を確認しましょう。
※デザインビューに切り替えておきましょう。

ためしてみよう

次のようにメイン・サブレポートのレイアウトを変更しましょう。

※省略する場合は、次の手順に従って操作しましょう。

①レポート「R請求書」を上書き保存し、閉じます。
②データベース「販売管理.accdb」または「販売管理1.accdb」「販売管理2.accdb」を閉じます。
③データベース「販売管理3.accdb」を開きます。
④レポート「R請求書」をデザインビューで開きます。

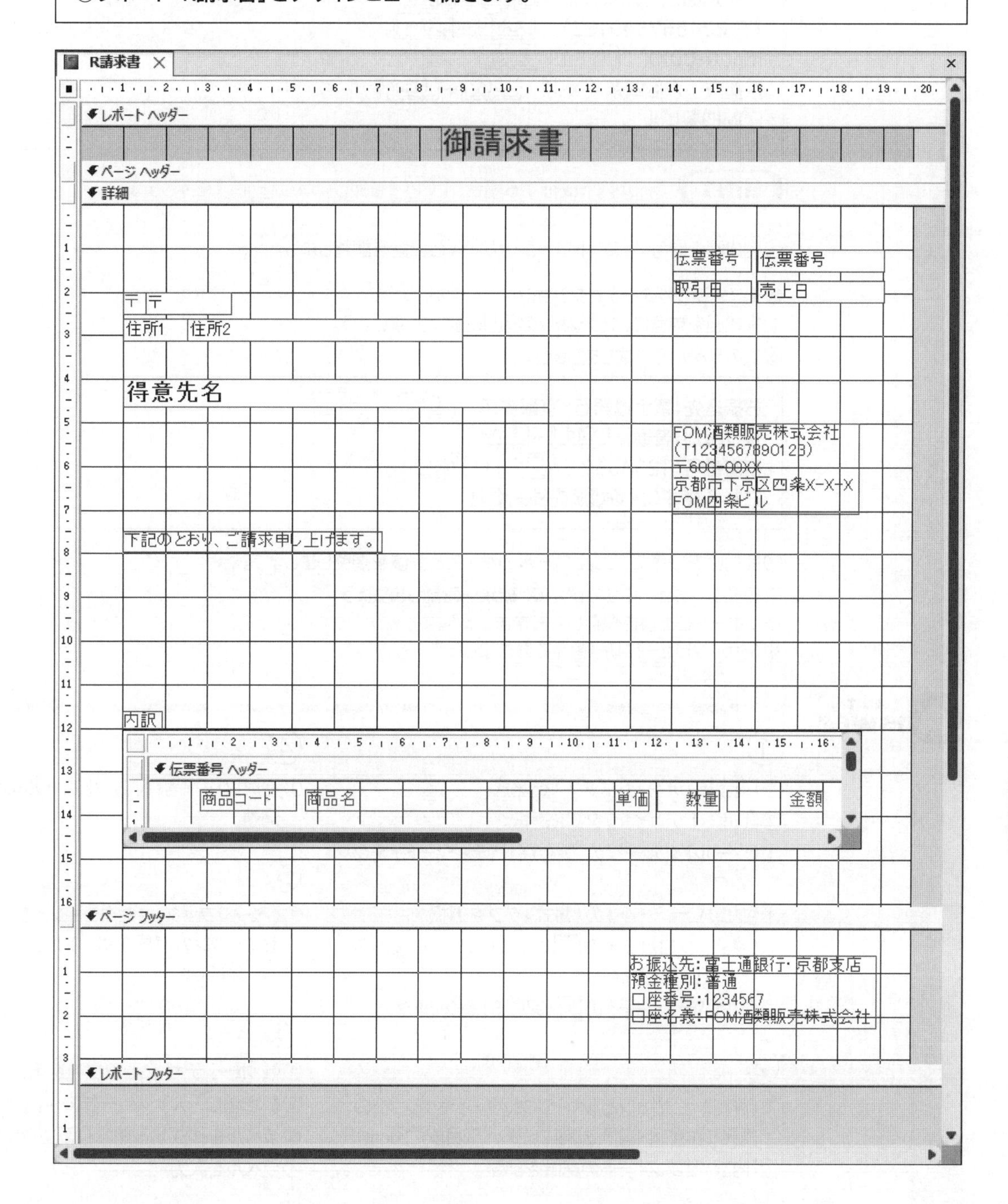

●《詳細》セクション

①「売上日」テキストボックスのデータが「〇〇〇〇年〇月〇日」の形式で表示されるように、「日付（L）」の書式を設定しましょう。

②完成図を参考に、セクションの領域を拡大し、「内訳」サブレポートの配置を調整しましょう。

③次のラベルを作成しましょう。

下記のとおり、ご請求申し上げます。

FOM酒類販売株式会社 Ctrl + Enter （T1234567890123） Ctrl + Enter 〒600-00XX Ctrl + Enter 京都市下京区四条X-X-X Ctrl + Enter FOM四条ビル

HINT ラベル内で改行する場合、Ctrl を押しながら Enter を押します。

④完成図を参考に、コントロールのサイズと配置を調整しましょう。

●《ページフッター》セクション

⑤完成図を参考に、セクションの領域を拡大しましょう。

⑥次のラベルを作成しましょう。

お振込先：富士通銀行・京都支店 Ctrl + Enter 預金種別：普通 Ctrl + Enter 口座番号：1234567 Ctrl + Enter 口座名義：FOM酒類販売株式会社

⑦完成図を参考に、コントロールのサイズと配置を調整しましょう。

※印刷プレビューに切り替えて、結果を確認しましょう。

※レポートを上書き保存しておきましょう。

※デザインビューに切り替えておきましょう。

①

①「売上日」テキストボックスを選択

②《レポートデザイン》タブを選択

③《ツール》グループの（プロパティシート）をクリック

④《プロパティシート》の《書式》タブを選択

⑤《書式》プロパティの をクリックし、一覧から《日付（L）》を選択

⑥《プロパティシート》の（閉じる）をクリック

②

①《詳細》セクションと《ページフッター》セクションの境界をポイントし、下方向にドラッグ（目安：16cm）

②「内訳」サブレポートの配置を調整

③

①《レポートデザイン》タブを選択

②《コントロール》グループの（ラベル）をクリック

③1つ目のラベルを作成する開始位置でクリック

④「下記のとおり、ご請求申し上げます。」と入力

⑤同様に、2つ目のラベルを作成

④

①完成図を参考に、コントロールのサイズと配置を調整

⑤

①《ページフッター》セクションと《レポートフッター》セクションの境界をポイントし、下方向にドラッグ（目安：3cm）

⑥

①《レポートデザイン》タブを選択

②《コントロール》グループの（ラベル）をクリック

③ラベルを作成する開始位置でクリック

④ラベルを入力

⑦

①完成図を参考に、コントロールのサイズと配置を調整

2 演算テキストボックスの作成

サブレポートの集計行には、**「金額の合計」**テキストボックスが作成されています。
メインレポート側に**「金額の合計」**テキストボックスの値を参照する**「本体価格」**テキストボックスを作成しましょう。

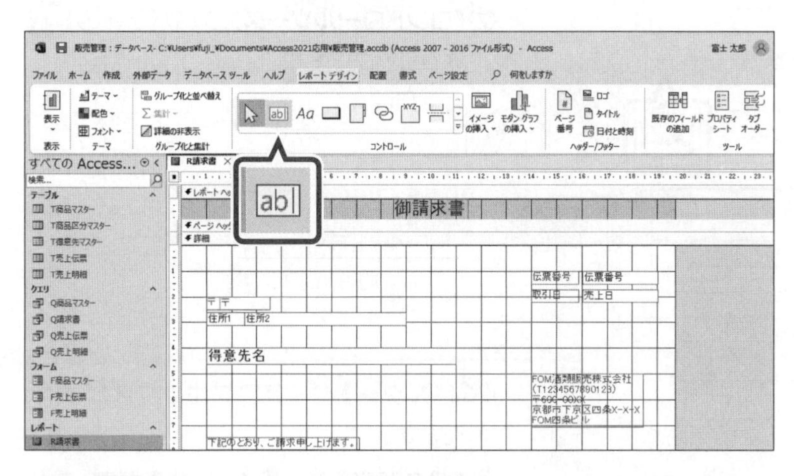

①**《レポートデザイン》**タブを選択します。
②**《コントロール》**グループの（テキストボックス）をクリックします。
※《コントロールウィザードの使用》は、オンでもオフでもかまいません。

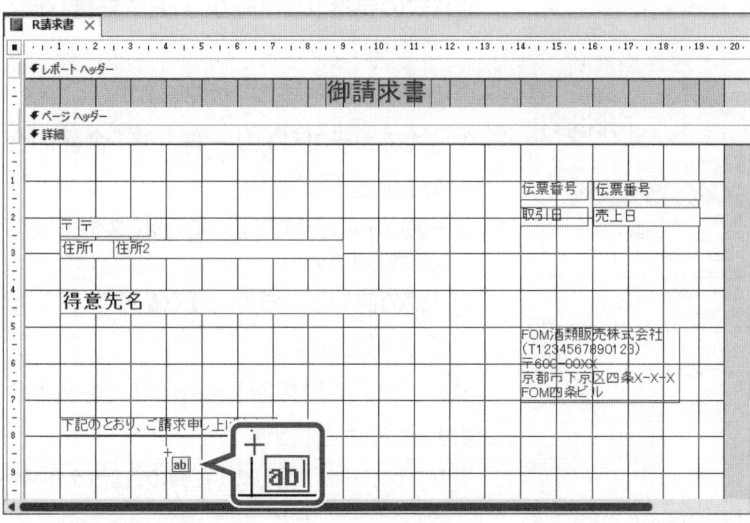

マウスポインターの形が に変わります。
③テキストボックスを作成する開始位置でクリックします。

テキストボックスが作成されます。
④**《ツール》**グループの（プロパティシート）をクリックします。

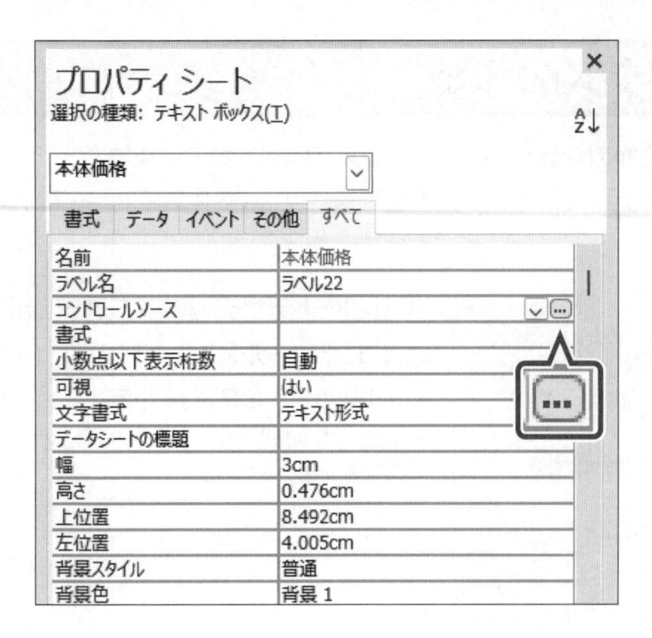

《プロパティシート》が表示されます。

⑤**《すべて》**タブを選択します。

⑥**《名前》**プロパティに**「本体価格」**と入力します。

式ビルダーを使って、式を設定します。

⑦**《コントロールソース》**プロパティの[…]をクリックします。

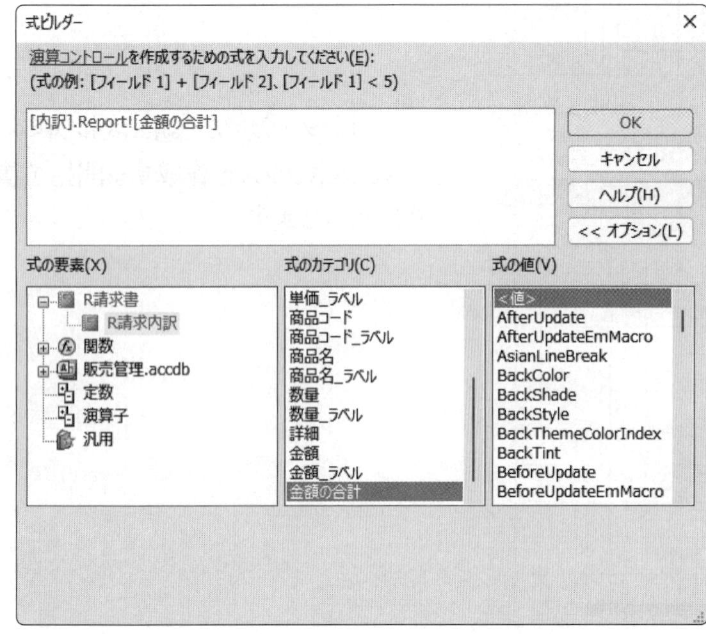

《式ビルダー》ダイアログボックスが表示されます。

⑧**《式の要素》**の一覧から**「R請求書」**をダブルクリックします。

⑨**「R請求内訳」**をクリックします。

⑩**《式のカテゴリ》**の一覧から**「金額の合計」**を選択します。

※一覧に表示されていない場合は、スクロールして調整します。

⑪**《式の値》**の一覧から**《〈値〉》**をダブルクリックします。

式ボックスに**「[内訳].Report![金額の合計]」**と表示されます。

※サブレポート「内訳」の「金額の合計」テキストボックスという意味です。

⑫**《OK》**をクリックします。

《プロパティシート》の**《コントロールソース》**プロパティに式ビルダーで設定した式が表示されます。

※式ビルダーを使わずに、式を直接入力してもかまいません。

⑬**《書式》**プロパティの[∨]をクリックし、一覧から**《通貨》**を選択します。

《プロパティシート》を閉じます。

⑭**《プロパティシート》**の[×](閉じる)をクリックします。

⑮**「テキストn」**ラベルを**「本体価格」**に修正します。

※「n」は自動的に付けられた連番です。
※図のように、コントロールのサイズと配置を調整しておきましょう。

印刷プレビューに切り替えます。

⑯**《表示》**グループの (表示)の を クリックします。

⑰**《印刷プレビュー》**をクリックします。

《パラメーターの入力》ダイアログボックスが表示されます。

⑱**「伝票番号を入力」**に任意の**「伝票番号」**を入力します。

※「1001」～「1167」のデータがあります。

⑲**《OK》**をクリックします。

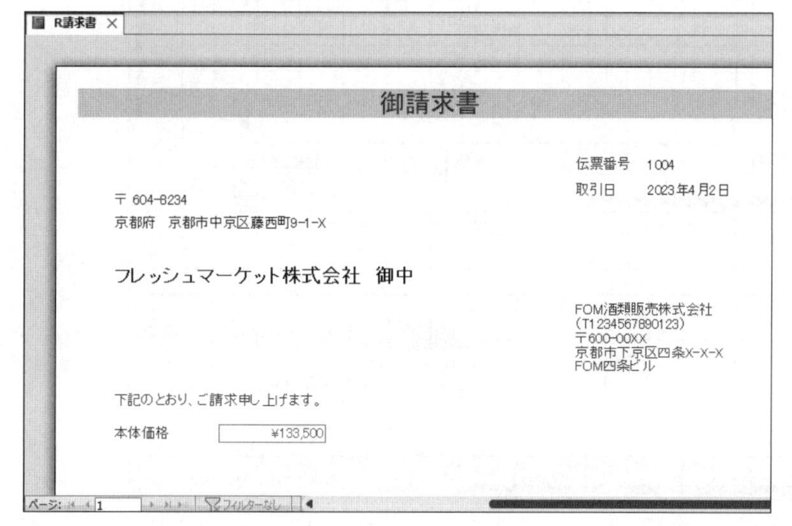

⑳テキストボックスに式の結果が表示されていることを確認します。

※デザインビューに切り替えておきましょう。

Let's Try ためしてみよう

次のようにメイン・サブレポートのレイアウトを変更しましょう。
※省略する場合は、次の手順に従って操作しましょう。

①レポート「R請求書」を上書き保存し、閉じます。
②データベース「販売管理.accdb」または「販売管理1.accdb」「販売管理2.accdb」「販売管理3.accdb」を閉じます。
③データベース「販売管理4.accdb」を開きます。
④レポート「R請求書」をデザインビューで開きます。

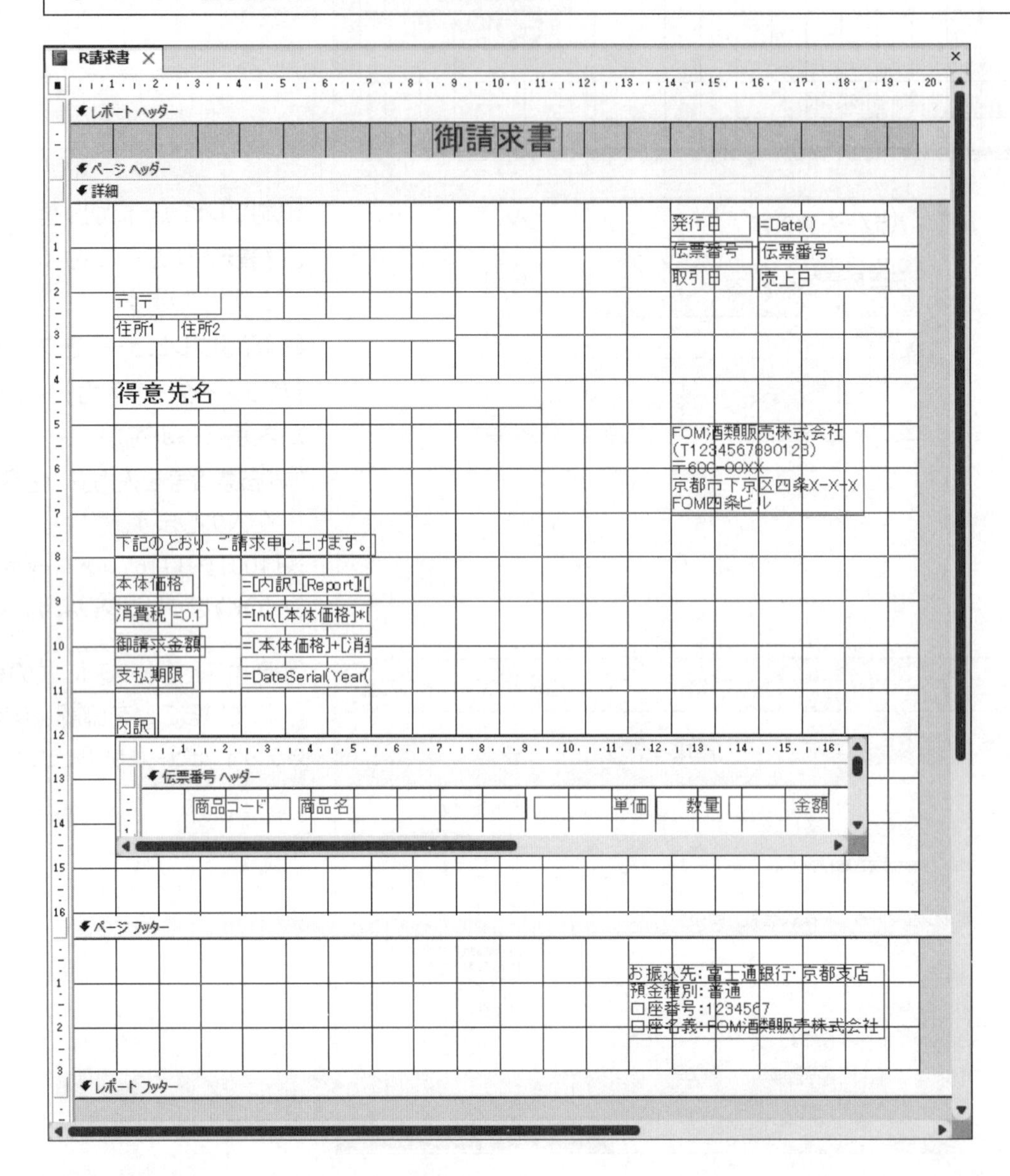

●《詳細》セクション

①次の演算テキストボックスを作成しましょう。

名前	コントロールソース	書式
消費税率	=0.1	パーセント
消費税	=Int([本体価格]*[消費税率])	通貨
御請求金額	=[本体価格]+[消費税]	通貨
支払期限	=DateSerial(Year([売上日]),Month([売上日])+2,1)−1	日付(L)
発行日	=Date()	日付(L)

※本書では、パソコンの日付を2023年7月1日として処理しています。

HINT 《プロパティシート》を表示したまま、続けて作成できます。

②「消費税率」の「テキストn」ラベルを削除しましょう。次に、「消費税率」テキストボックスの小数点以下表示桁数を「0」にし、境界線を透明にします。また、フォントの色を《テーマの色》の《黒、テキスト1、白+基本色50%》にしましょう。
③「発行日」テキストボックスの内容を左揃えにし、境界線を透明にしましょう。
④「テキストn」ラベルをそれぞれ「消費税」「御請求金額」「支払期限」「発行日」に修正しましょう。
⑤完成図を参考に、コントロールのサイズと配置を調整しましょう。
※印刷プレビューに切り替えて、結果を確認しましょう。
※レポートを上書き保存しておきましょう。
※デザインビューに切り替えておきましょう。

Let's Try Answer

①

①《レポートデザイン》タブを選択
②《コントロール》グループの(テキストボックス)をクリック
③テキストボックスを作成する開始位置でクリック
④《ツール》グループの(プロパティシート)をクリック
⑤《すべて》タブを選択
⑥《名前》プロパティに「消費税率」と入力
⑦《コントロールソース》プロパティに「=0.1」と入力
※半角で入力します。
⑧《書式》プロパティのをクリックし、一覧から《パーセント》を選択
⑨《コントロール》グループの(テキストボックス)をクリック
⑩テキストボックスを作成する開始位置でクリック
⑪《すべて》タブを選択
⑫《名前》プロパティに「消費税」と入力
⑬《コントロールソース》プロパティに「=Int([本体価格]*[消費税率])」と入力
※英字と記号は半角で入力します。入力の際、[ ]は省略できます。
⑭《書式》プロパティのをクリックし、一覧から《通貨》を選択
⑮同様に、「御請求金額」テキストボックスと「支払期限」テキストボックスと「発行日」テキストボックスを作成
⑯《プロパティシート》の(閉じる)をクリック

②

①「消費税率」の「テキストn」ラベルを選択
※「n」は自動的に付けられた連番です。
②【Delete】を押す
③「消費税率」テキストボックスを選択
④《レポートデザイン》タブを選択
⑤《ツール》グループの(プロパティシート)をクリック
⑥《プロパティシート》の《書式》タブを選択
⑦《小数点以下表示桁数》プロパティのをクリックし、一覧から《0》を選択
⑧《境界線スタイル》プロパティのをクリックし、一覧から《透明》を選択
⑨《プロパティシート》の(閉じる)をクリック
⑩《書式》タブを選択
⑪《フォント》グループの(フォントの色)のをクリック
⑫《テーマの色》の《黒、テキスト1、白+基本色50%》(左から2番目、上から2番目)をクリック

③

①「発行日」のテキストボックスを選択
②《書式》タブを選択
③《フォント》グループの(左揃え)をクリック
④《レポートデザイン》タブを選択
⑤《ツール》グループの(プロパティシート)をクリック
⑥《プロパティシート》の《書式》タブを選択
⑦《境界線スタイル》プロパティのをクリックし、一覧から《透明》を選択
⑧《プロパティシート》の(閉じる)をクリック

④

①「消費税」テキストボックスの左の「テキストn」ラベルを「消費税」に修正
②「御請求金額」テキストボックスの左の「テキストn」ラベルを「御請求金額」に修正
③「支払期限」テキストボックスの左の「テキストn」ラベルを「支払期限」に修正
④「発行日」テキストボックスの左の「テキストn」ラベルを「発行日」に修正
※「n」は自動的に付けられた連番です。

⑤

①完成図を参考に、コントロールのサイズと配置を調整

3 直線の作成

得意先名の下側に直線を作成しましょう。

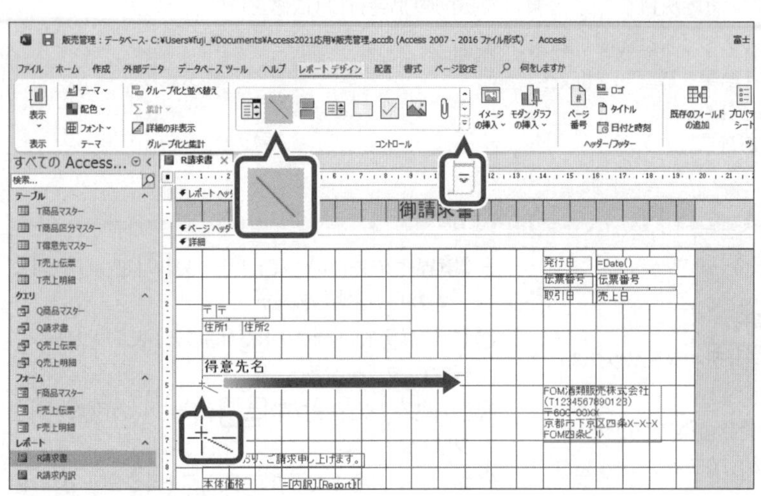

①《**レポートデザイン**》タブを選択します。

②《**コントロール**》グループの（その他）をクリックします。

※《コントロールウィザードの使用》は、オンでもオフでもかまいません。

③（線）をクリックします。

マウスポインターの形が＋に変わります。

④ Shift を押しながら、図のようにドラッグします。

※ Shift を先に押しながらドラッグします。

※ Shift を押しながらドラッグすると、水平線・垂直線を作成できます。

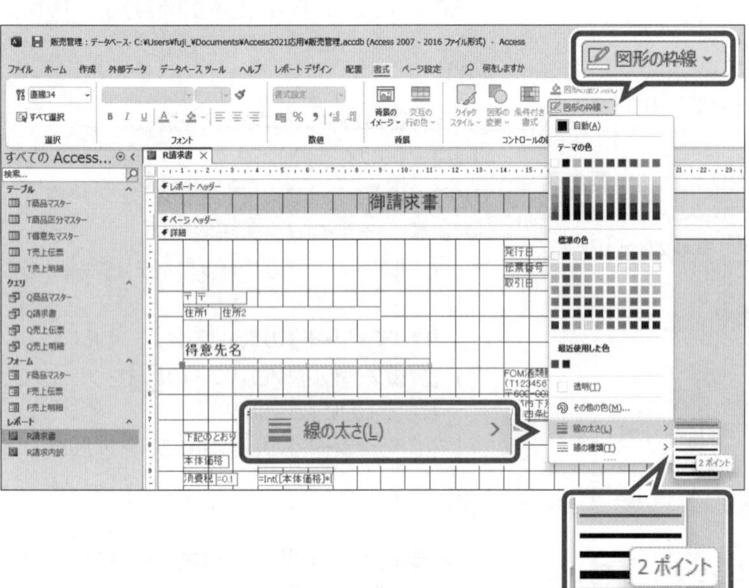

直線が作成されます。

直線を太くします。

⑤《**書式**》タブを選択します。

⑥《**コントロールの書式設定**》グループの 図形の枠線（図形の枠線）をクリックします。

⑦《**線の太さ**》をポイントし、一覧から《**2ポイント**》を選択します。

直線が太くなります。

※直線以外の場所をクリックし、選択を解除しておきましょう。

※印刷プレビューに切り替えて、結果を確認しましょう。

※レポートを上書き保存し、閉じておきましょう。

第10章

レポートの活用

第10章 この章で学ぶこと

学習前に習得すべきポイントを理解しておき、
学習後には確実に習得できたかどうかを振り返りましょう。

■ 集計行のあるレポートを作成できる。 →P.206 ☑☑☑

■ レポートを作成したあとに、並べ替えやグループ化を設定できる。 →P.215 ☑☑☑

■《重複データ非表示》プロパティを設定して、重複するデータを非表示にできる。 →P.218 ☑☑☑

■《集計実行》プロパティを設定して、累計を求めることができる。 →P.221 ☑☑☑

■《改ページ》プロパティを設定して、レポートに表紙を作成できる。 →P.225 ☑☑☑

■ パラメーターを設定して、レポートに取り込むことができる。 →P.230 ☑☑☑

■《印刷時拡張》プロパティと《印刷時縮小》プロパティを設定して、パラメーターで入力した文字の長さに合わせて、自動的に調整して印刷できる。 →P.235 ☑☑☑

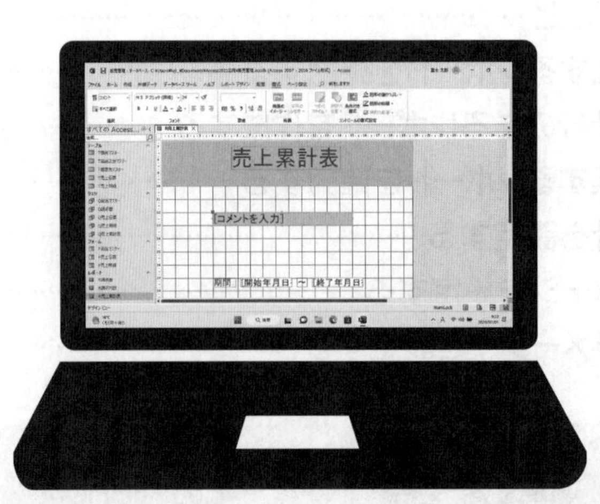

1 作成するレポートの確認

次のようなレポート「**R売上累計表**」を作成しましょう。

●R売上累計表

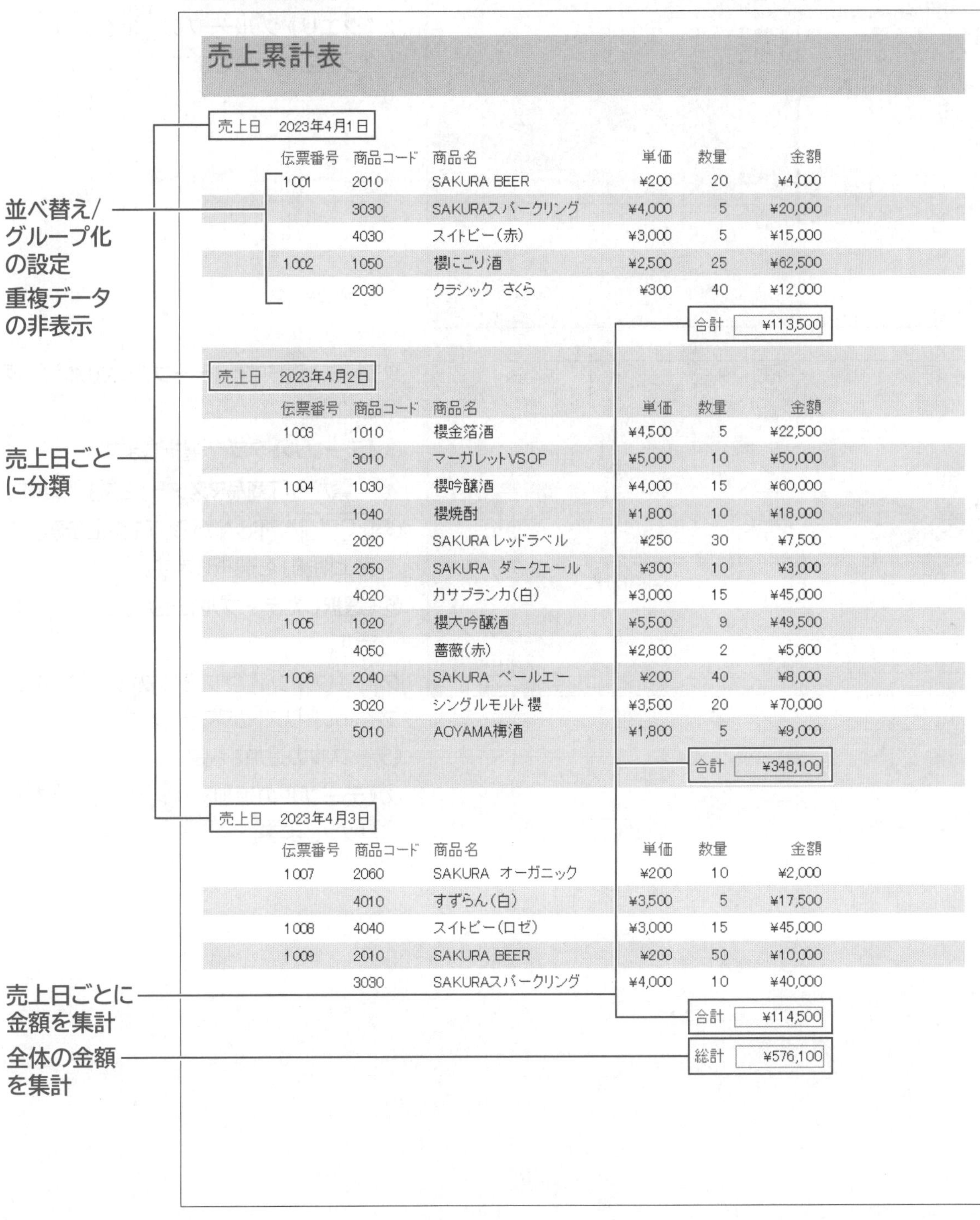

売上累計表

売上日　2023年4月1日

伝票番号	商品コード	商品名	単価	数量	金額
1001	2010	SAKURA BEER	¥200	20	¥4,000
	3030	SAKURAスパークリング	¥4,000	5	¥20,000
	4030	スイトピー(赤)	¥3,000	5	¥15,000
1002	1050	櫻にごり酒	¥2,500	25	¥62,500
	2030	クラシック　さくら	¥300	40	¥12,000
				合計	¥113,500

売上日　2023年4月2日

伝票番号	商品コード	商品名	単価	数量	金額
1003	1010	櫻金箔酒	¥4,500	5	¥22,500
	3010	マーガレットVSOP	¥5,000	10	¥50,000
1004	1030	櫻吟醸酒	¥4,000	15	¥60,000
	1040	櫻焼酎	¥1,800	10	¥18,000
	2020	SAKURA レッドラベル	¥250	30	¥7,500
	2050	SAKURA　ダークエール	¥300	10	¥3,000
	4020	カサブランカ(白)	¥3,000	15	¥45,000
1005	1020	櫻大吟醸酒	¥5,500	9	¥49,500
	4050	薔薇(赤)	¥2,800	2	¥5,600
1006	2040	SAKURA　ペールエー	¥200	40	¥8,000
	3020	シングルモルト櫻	¥3,500	20	¥70,000
	5010	AOYAMA梅酒	¥1,800	5	¥9,000
				合計	¥348,100

売上日　2023年4月3日

伝票番号	商品コード	商品名	単価	数量	金額
1007	2060	SAKURA　オーガニック	¥200	10	¥2,000
	4010	すずらん(白)	¥3,500	5	¥17,500
1008	4040	スイトピー(ロゼ)	¥3,000	15	¥45,000
1009	2010	SAKURA BEER	¥200	50	¥10,000
	3030	SAKURAスパークリング	¥4,000	10	¥40,000
				合計	¥114,500
				総計	¥576,100

STEP 2 集計行のあるレポートを作成する

1 もとになるクエリの作成

レポート**「R売上累計表」**のもとになるクエリ**「Q売上累計表」**を作成しましょう。

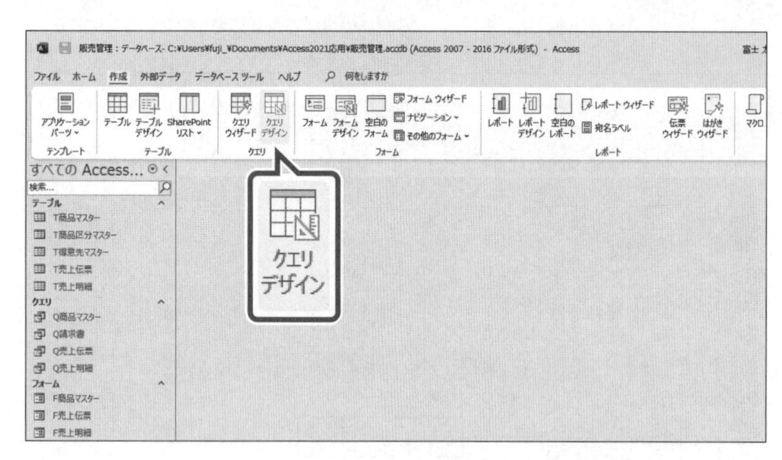

①**《作成》**タブを選択します。

②**《クエリ》**グループの（クエリデザイン）をクリックします。

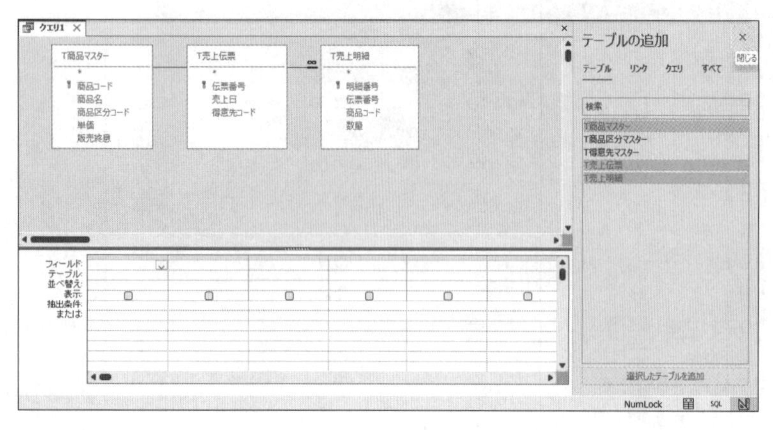

クエリウィンドウと**《テーブルの追加》**が表示されます。

③**《テーブル》**タブを選択します。

④一覧から**「T商品マスター」**を選択します。

⑤ Ctrl を押しながら、**「T売上伝票」「T売上明細」**を選択します。

⑥**《選択したテーブルを追加》**をクリックします。

クエリウィンドウに3つのテーブルのフィールドリストが表示されます。

《テーブルの追加》を閉じます。

⑦**《テーブルの追加》**の ×（閉じる）をクリックします。

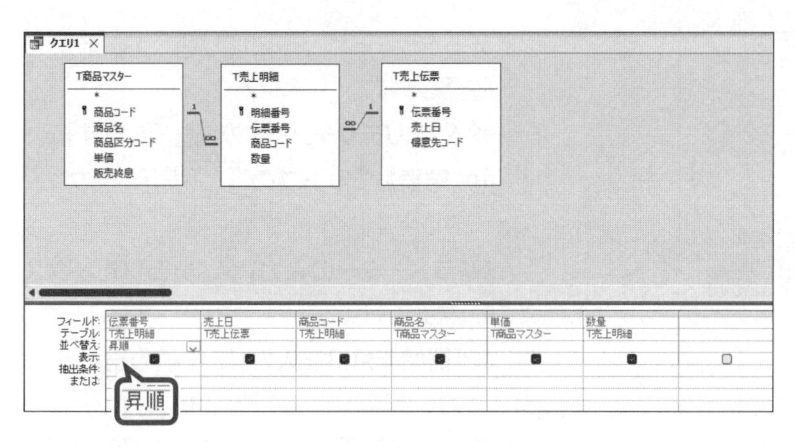

⑧テーブル間にリレーションシップの結合線が表示されていることを確認します。

※図のように、フィールドリストの配置を調整しておきましょう。

⑨次の順番でフィールドをデザイングリッドに登録します。

テーブル	フィールド
T売上明細	伝票番号
T売上伝票	売上日
T売上明細	商品コード
T商品マスター	商品名
〃	単価
T売上明細	数量

⑩**「伝票番号」**フィールドの**《並べ替え》**セルを**《昇順》**に設定します。

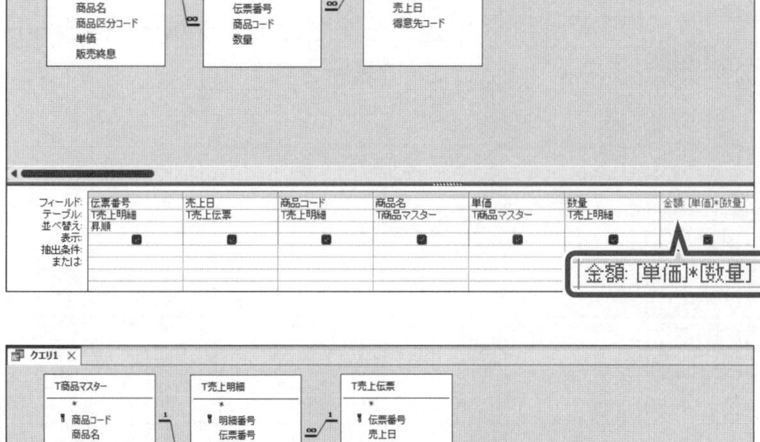

「金額」フィールドを作成します。

⑪**「数量」**フィールドの右の**《フィールド》**セルに、次のように入力します。

金額:[単価]*[数量]

※記号は半角で入力します。入力の際、[ ]は省略できます。

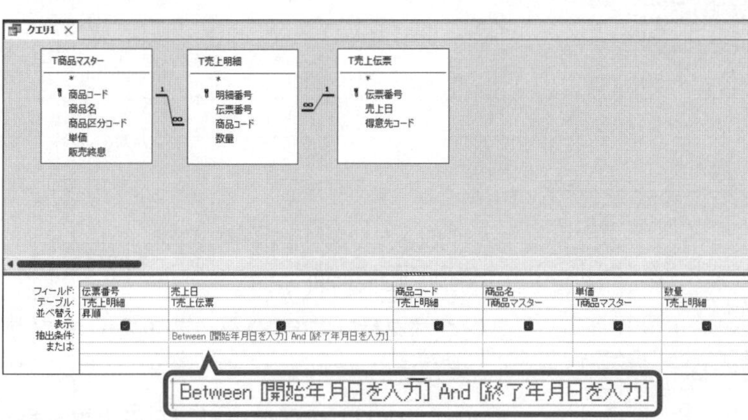

指定した期間の売上明細だけを印刷できるように、パラメーターを設定します。

⑫**「売上日」**フィールドの**《抽出条件》**セルに、次のように入力します。

Between␣[開始年月日を入力]␣And␣[終了年月日を入力]

※英字と記号は半角で入力します。
※␣は半角空白を表します。
※列幅を調整して、条件を確認しましょう。

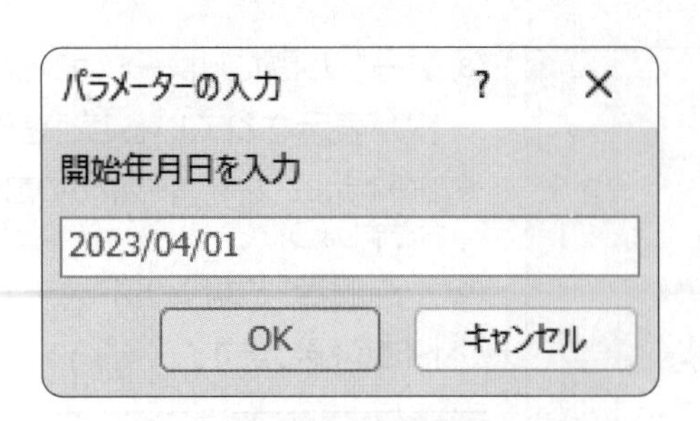

データシートビューに切り替えて、結果を確認します。

⑬《**クエリデザイン**》タブを選択します。

⑭《**結果**》グループの (表示)をクリックします。

《**パラメーターの入力**》ダイアログボックスが表示されます。

⑮「**開始年月日を入力**」に任意の日付を入力します。

※「2023/04/01」～「2023/07/01」のデータがあります。

⑯《**OK**》をクリックします。

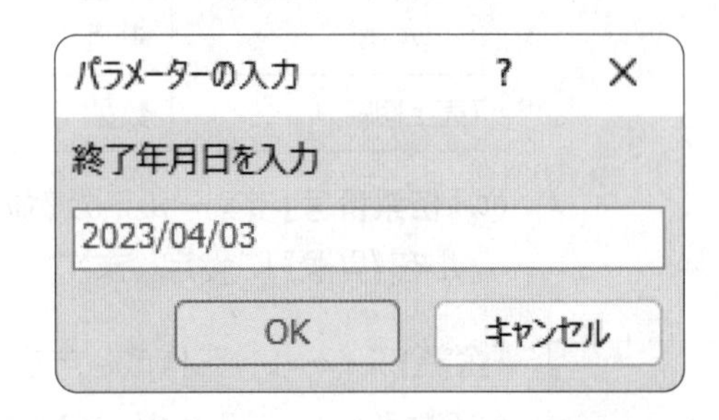

《**パラメーターの入力**》ダイアログボックスが表示されます。

⑰「**終了年月日を入力**」に任意の日付を入力します。

※「2023/04/01」～「2023/07/01」のデータがあります。

⑱《**OK**》をクリックします。

クエリ1

伝票番号	売上日	商品コード	商品名	単価	数量	金額
1001	2023/04/01	3030	SAKURAスパークリン	¥4,000	5	¥20,000
1001	2023/04/01	4030	スイトピー(赤)	¥3,000	5	¥15,000
1001	2023/04/01	2010	SAKURA BEER	¥200	20	¥4,000
1002	2023/04/01	1050	櫻にごり酒	¥2,500	25	¥62,500
1002	2023/04/01	2030	クラシック さくら	¥300	40	¥12,000
1003	2023/04/02	1010	櫻金箔酒	¥4,500	5	¥22,500
1003	2023/04/02	3010	マーガレットVSOP	¥5,000	10	¥50,000
1004	2023/04/02	2050	SAKURA ダークエー	¥300	10	¥3,000
1004	2023/04/02	1030	櫻吟醸酒	¥4,000	15	¥60,000
1004	2023/04/02	4020	カサブランカ(白)	¥3,000	15	¥45,000
1004	2023/04/02	2020	SAKURA レッドラベル	¥250	30	¥7,500
1004	2023/04/02	1040	櫻焼酎	¥1,800	10	¥18,000
1005	2023/04/02	1020	櫻大吟醸酒	¥5,500	9	¥49,500
1005	2023/04/02	4050	薔薇(赤)	¥2,800	2	¥5,600
1006	2023/04/02	3020	シングルモルト櫻	¥3,500	20	¥70,000
1006	2023/04/02	2040	SAKURA ペールエー	¥200	40	¥8,000
1006	2023/04/02	5010	AOYAMA梅酒	¥1,800	5	¥9,000
1007	2023/04/03	2060	SAKURA オーガニック	¥200	10	¥2,000
1007	2023/04/03	4010	すずらん(白)	¥3,500	5	¥17,500
1008	2023/04/03	4040	スイトピー(ロゼ)	¥3,000	15	¥45,000
1009	2023/04/03	3030	SAKURAスパークリン	¥4,000	10	¥40,000
1009	2023/04/03	2010	SAKURA BEER	¥200	50	¥10,000

レコード: 1 / 22 フィルターなし 検索

指定した期間のデータがデータシートビューで表示されます。

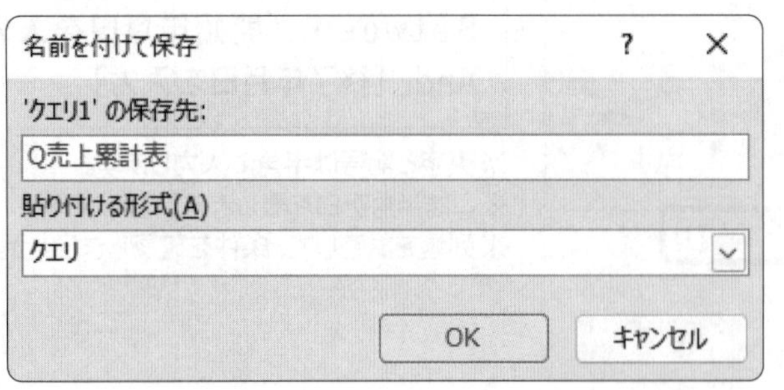

作成したクエリを保存します。

⑲ F12 を押します。

《**名前を付けて保存**》ダイアログボックスが表示されます。

⑳《**'クエリ1'の保存先**》に「**Q売上累計表**」と入力します。

㉑《**OK**》をクリックします。

※クエリを閉じておきましょう。

2 レポートの作成

クエリ「**Q売上累計表**」をもとに、売上日ごとにグループ化して集計するレポート「**R売上累計表**」を作成しましょう。

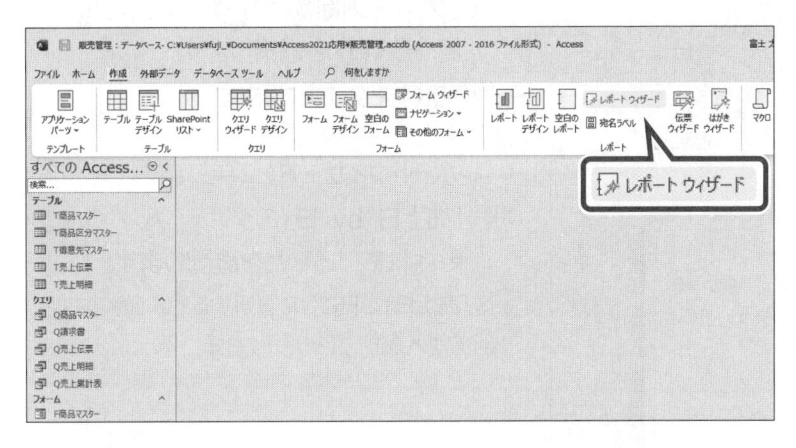

①《**作成**》タブを選択します。

②《**レポート**》グループの [レポート ウィザード] (レポートウィザード)をクリックします。

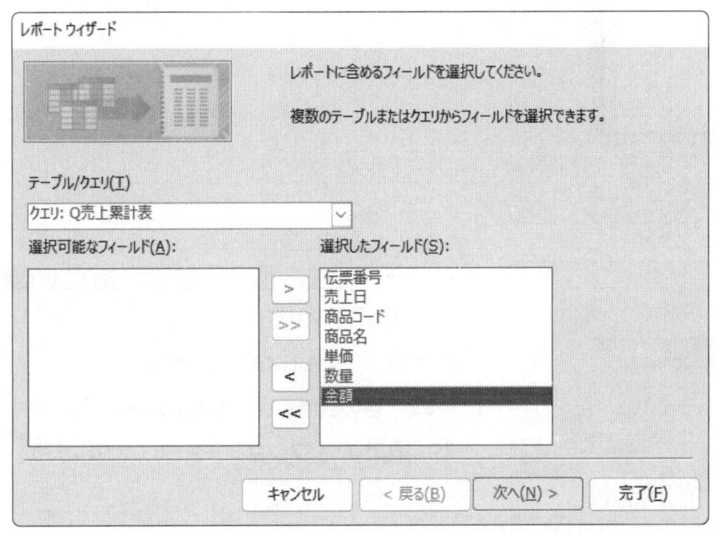

《**レポートウィザード**》が表示されます。

③《**テーブル/クエリ**》の [v] をクリックし、一覧から「**クエリ:Q売上累計表**」を選択します。

すべてのフィールドを選択します。

④ [>>] をクリックします。

⑤《**次へ**》をクリックします。

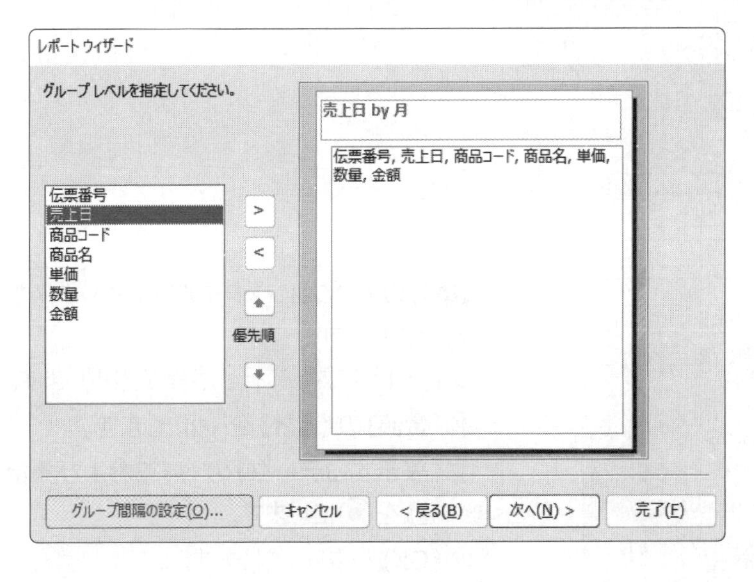

グループレベルを指定します。

自動的に「**伝票番号**」が指定されているので、解除します。

⑥ [<] をクリックします。

⑦一覧から「**売上日**」を選択します。

⑧ [>] をクリックします。

「**売上日 by 月**」のグループレベルが設定されます。

※「売上日」を月ごとに分類するという意味です。

グループ間隔を設定します。

⑨《**グループ間隔の設定**》をクリックします。

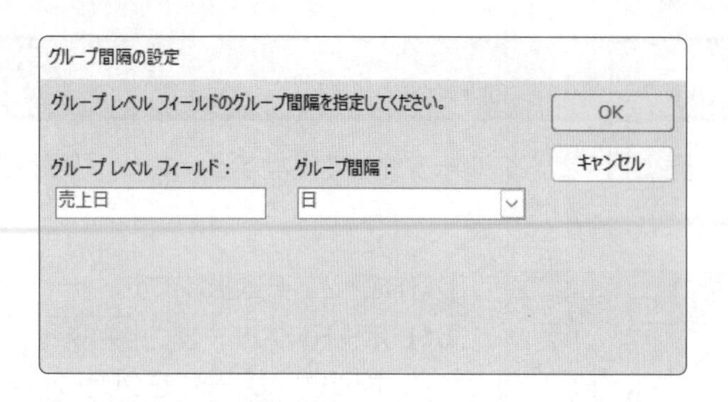

《グループ間隔の設定》ダイアログボックスが表示されます。

⑩《グループレベルフィールド》が**「売上日」**になっていることを確認します。

⑪**《グループ間隔》**の ⌄ をクリックし、一覧から**《日》**を選択します。

⑫**《OK》**をクリックします。

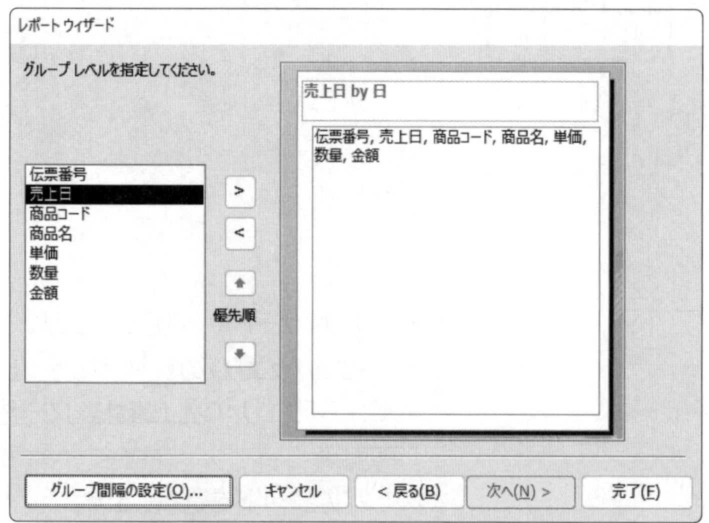

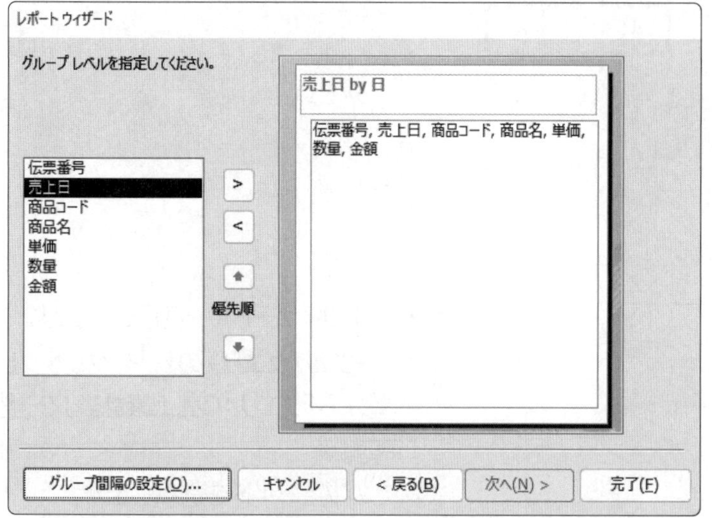

《レポートウィザード》に戻ります。

⑬**「売上日 by 日」**のグループレベルに変更されていることを確認します。

※「売上日」を日ごとに分類するという意味です。

⑭**《次へ》**をクリックします。

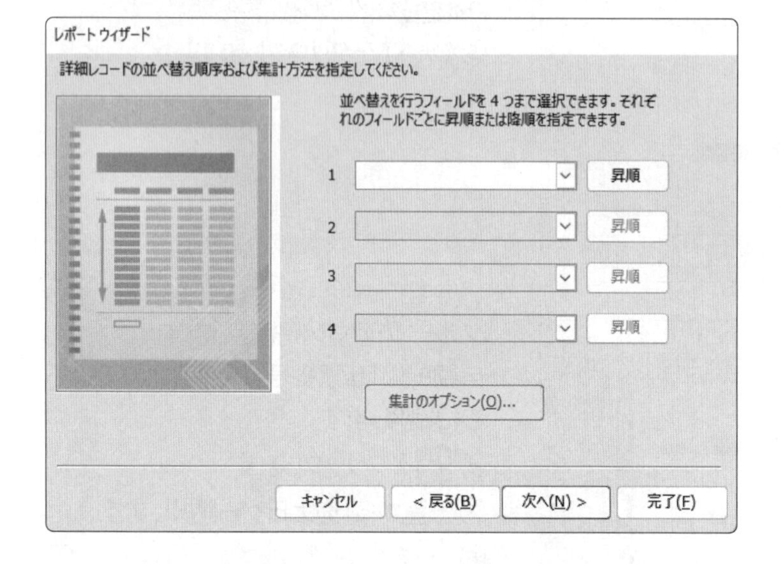

レコードを並べ替える方法を指定する画面が表示されます。

※今回、並べ替えは指定しません。

レコードの集計方法を指定します。

⑮**《集計のオプション》**をクリックします。

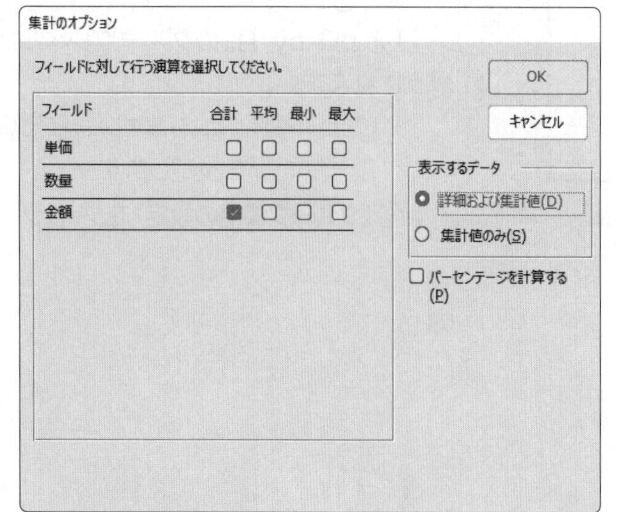

《集計のオプション》ダイアログボックスが表示されます。

フィールドに対して行う演算を選択します。

⑯**「金額」**の**《合計》**を ☑ にします。

⑰**《表示するデータ》**の**《詳細および集計値》**を ◉ にします。

⑱**《OK》**をクリックします。

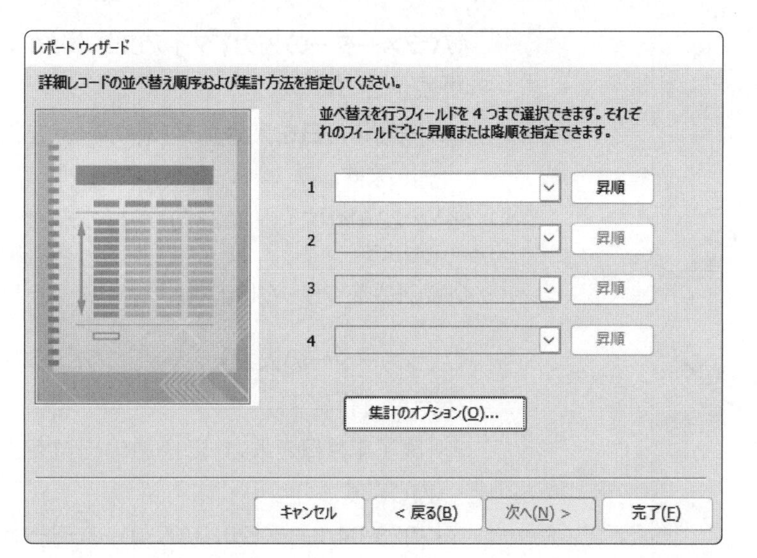

《レポートウィザード》に戻ります。

⑲《次へ》をクリックします。

レポートの印刷形式を選択します。

⑳《レイアウト》の《アウトライン》を◉にします。

㉑《印刷の向き》の《縦》を◉にします。

㉒《すべてのフィールドを1ページ内に収める》を☑にします。

㉓《次へ》をクリックします。

レポート名を入力します。

㉔《レポート名を指定してください。》に「R売上累計表」と入力します。

㉕《レポートをプレビューする》を◉にします。

㉖《完了》をクリックします。

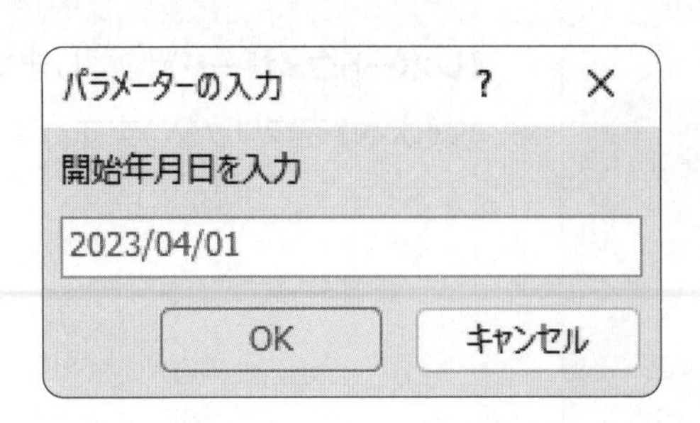

《**パラメーターの入力**》ダイアログボックスが表示されます。

㉗**「開始年月日を入力」**に任意の日付を入力します。

※「2023/04/01」～「2023/07/01」のデータがあります。

㉘《**OK**》をクリックします。

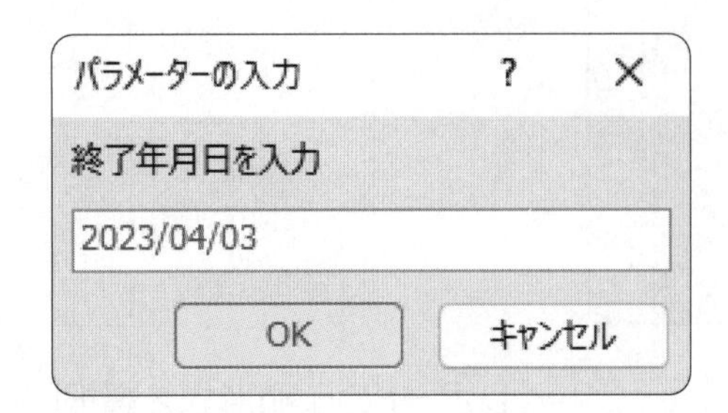

《**パラメーターの入力**》ダイアログボックスが表示されます。

㉙**「終了年月日を入力」**に任意の日付を入力します。

※「2023/04/01」～「2023/07/01」のデータがあります。

㉚《**OK**》をクリックします。

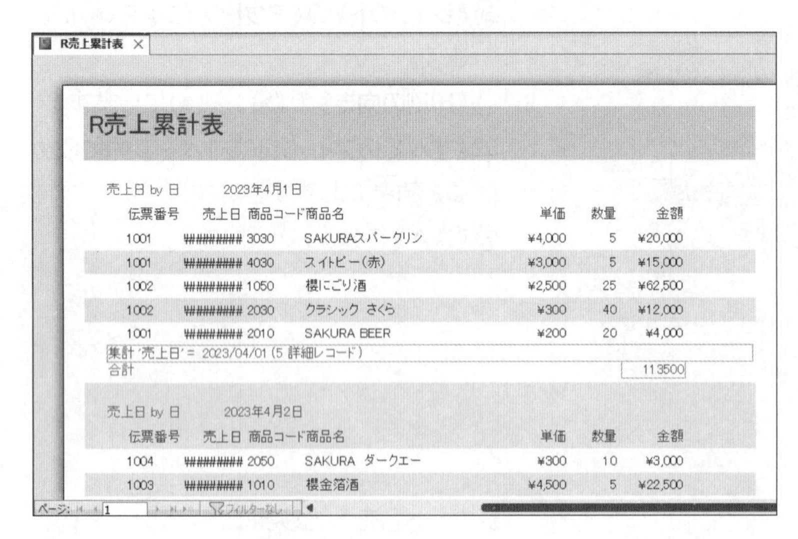

指定した期間のデータが印刷プレビューで表示されます。

㉛データが**「売上日」**ごとに分類され、集計行が追加されていることを確認します。

※印刷プレビューを閉じ、デザインビューに切り替えておきましょう。

※《フィールドリスト》が表示された場合は、[×](閉じる)をクリックして閉じておきましょう。

STEP UP 交互の行の色

レポートに、レコードを1行おきに背景色を変えて縞模様に表示する「交互の行の色」が設定されています。交互の行の色は、《詳細》セクションやグループのヘッダー／フッターセクションに設定することができます。

交互の行の色を設定する方法は、次のとおりです。

◆デザインビューまたはレイアウトビューで表示→セクションを選択→《書式》タブ→《背景》グループの[交互の行の色](交互の行の色)の[交互の行の色]→《色なし》または任意の色に設定

Let's Try ためしてみよう

次のようにレイアウトを変更しましょう。

※省略する場合は、次の手順に従って操作しましょう。

①レポート「R売上累計表」を上書き保存し、閉じます。
②データベース「販売管理.accdb」または「販売管理1.accdb」「販売管理2.accdb」「販売管理3.accdb」「販売管理4.accdb」を閉じます。
③データベース「販売管理5.accdb」を開きます。
④レポート「R売上累計表」を印刷プレビューで開きます。

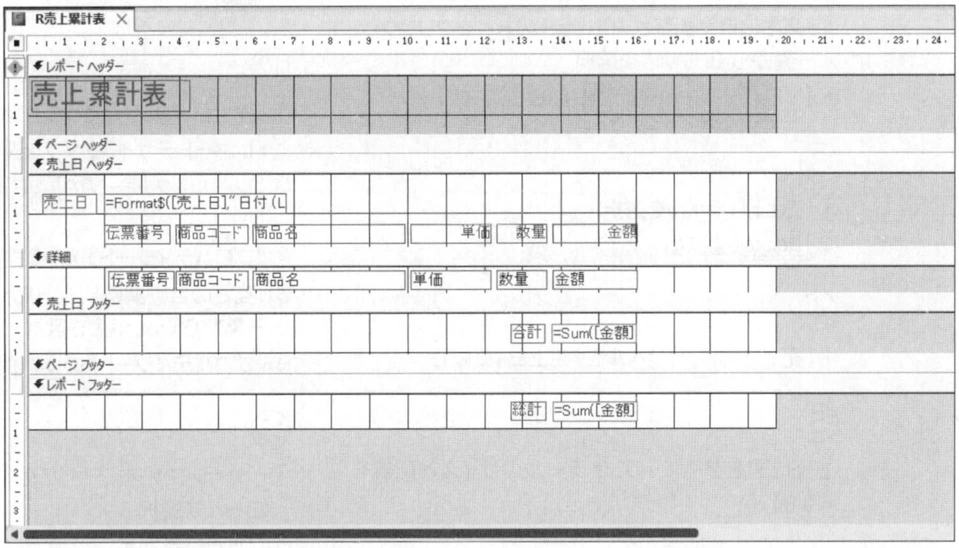

●《レポートヘッダー》セクション

①「R売上累計表」ラベルを「売上累計表」に変更しましょう。

②高さが自動的に調整されないようにしましょう。

HINT セクションの高さの自動調整は、《高さの自動調整》プロパティで設定します。

●《売上日ヘッダー》セクション

③「売上日」ラベルを削除しましょう。

④「売上日 by 日」ラベルを「売上日」に変更しましょう。

⑤完成図を参考に、コントロールのサイズと配置を調整しましょう。

●《詳細》セクション

⑥「売上日」テキストボックスを削除しましょう。

⑦完成図を参考に、コントロールのサイズと配置を調整しましょう。

⑧高さが自動的に調整されないようにしましょう。

●《売上日フッター》セクション

⑨「="集計 " & "'売上日'…」テキストボックスを削除しましょう。

⑩「金額の合計」テキストボックスに通貨の書式を設定しましょう。

⑪完成図を参考に、コントロールのサイズと配置を調整しましょう。

⑫高さが自動的に調整されないようにしましょう。

●《ページフッター》セクション

⑬すべてのコントロールを削除し、セクションの領域を詰めましょう。

●《レポートフッター》セクション

⑭「金額総計合計」テキストボックスに通貨の書式を設定しましょう。

⑮完成図を参考に、セクションの領域を拡大しましょう。

⑯完成図を参考に、コントロールのサイズと配置を調整しましょう。

※印刷プレビューに切り替えて、結果を確認しましょう。

※レポートを上書き保存しておきましょう。

①
①「R売上累計表」ラベルを「売上累計表」に修正

②
①《レポートヘッダー》セクションのバーを選択
②《レポートデザイン》タブを選択
③《ツール》グループの（プロパティシート）をクリック
④《プロパティシート》の《書式》タブを選択
⑤《高さの自動調整》プロパティの をクリックし、一覧から《いいえ》を選択
⑥《プロパティシート》の（閉じる）をクリック

③
①「売上日」ラベルを選択
② Delete を押す

④
①「売上日 by 日」ラベルを「売上日」に修正

⑤
①完成図を参考に、コントロールのサイズと配置を調整

⑥
①「売上日」テキストボックスを選択
② Delete を押す

⑦
①完成図を参考に、コントロールのサイズと配置を調整

⑧
①《詳細》セクションのバーを選択
②《レポートデザイン》タブを選択
③《ツール》グループの（プロパティシート）をクリック
④《プロパティシート》の《書式》タブを選択
⑤《高さの自動調整》プロパティの をクリックし、一覧から《いいえ》を選択
⑥《プロパティシート》の（閉じる）をクリック

⑨
①「="集計 " & "'売上日'…」テキストボックスを選択
② Delete を押す

⑩
①「金額の合計」テキストボックスを選択
②《レポートデザイン》タブを選択
③《ツール》グループの（プロパティシート）をクリック
④《プロパティシート》の《書式》タブを選択
⑤《書式》プロパティの をクリックし、一覧から《通貨》を選択
⑥《プロパティシート》の（閉じる）をクリック

⑪
①完成図を参考に、コントロールのサイズと配置を調整

⑫
①《売上日フッター》セクションのバーを選択
②《レポートデザイン》タブを選択
③《ツール》グループの（プロパティシート）をクリック
④《プロパティシート》の《書式》タブを選択
⑤《高さの自動調整》プロパティの をクリックし、一覧から《いいえ》を選択
⑥《プロパティシート》の（閉じる）をクリック

⑬
①《ページフッター》セクション内のすべてのコントロールを選択
② Delete を押す
③《ページフッター》セクションと《レポートフッター》セクションの境界をポイントし、上方向にドラッグ

⑭
①「金額総計合計」テキストボックスを選択
※《レポートフッター》セクションのSum関数が表示されているテキストボックスを選択します。
②《レポートデザイン》タブを選択
③《ツール》グループの（プロパティシート）をクリック
④《プロパティシート》の《書式》タブを選択
⑤《書式》プロパティの をクリックし、一覧から《通貨》を選択
⑥《プロパティシート》の（閉じる）をクリック

⑮
①《レポートフッター》セクションの下の境界をポイントし、下方向にドラッグ

⑯
①完成図を参考に、コントロールのサイズと配置を調整

3 並べ替え／グループ化の設定

レポートを作成したあとから、並べ替えやグループレベルを指定することもできます。
「売上日」ごとに分類したデータを、さらに**「伝票番号」**を基準に並べ替えましょう。

●並べ替え前

売上日　2023年4月1日

伝票番号	商品コード	商品名	単価	数量	金額
1001	3030	SAKURAスパークリング	¥4,000	5	¥20,000
1001	4030	スイトピー（赤）	¥3,000	5	¥15,000
1002	1050	櫻にごり酒	¥2,500	25	¥62,500
1002	2030	クラシック　さくら	¥300	40	¥12,000
1001	2010	SAKURA BEER	¥200	20	¥4,000
				合計	¥113,500

●並べ替え後

売上日　2023年4月1日

伝票番号	商品コード	商品名	単価	数量	金額
1001	3030	SAKURAスパークリング	¥4,000	5	¥20,000
1001	4030	スイトピー（赤）	¥3,000	5	¥15,000
1001	2010	SAKURA BEER	¥200	20	¥4,000
1002	1050	櫻にごり酒	¥2,500	25	¥62,500
1002	2030	クラシック　さくら	¥300	40	¥12,000
				合計	¥113,500

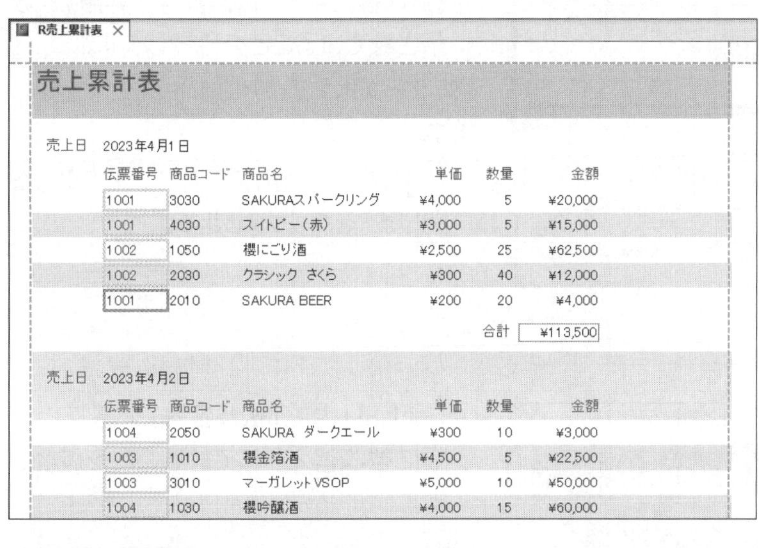

レイアウトビューに切り替えます。

①ステータスバーの（レイアウトビュー）をクリックします。

②**「売上日」**内で**「伝票番号」**が昇順になっていないことを確認します。

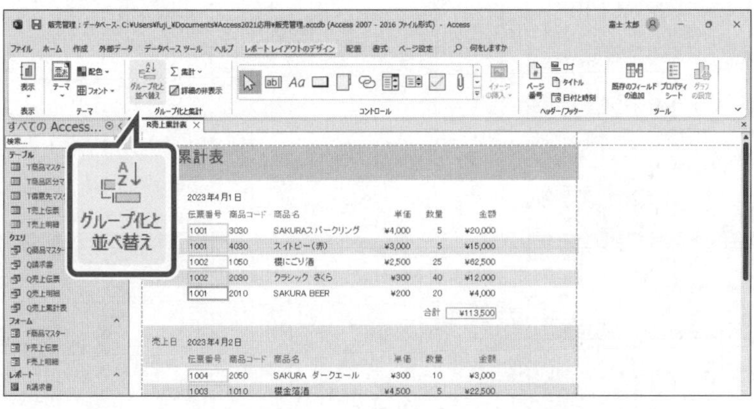

③**《レポートレイアウトのデザイン》**タブを選択します。

④**《グループ化と集計》**グループの（グループ化と並べ替え）をクリックします。

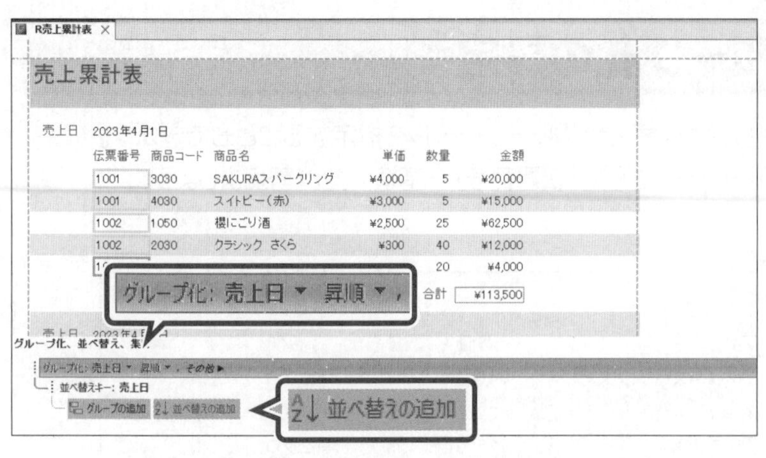

《グループ化》ダイアログボックスが表示されます。

⑤《グループ化：売上日　昇順》と表示されていることを確認します。

⑥《並べ替えの追加》をクリックします。

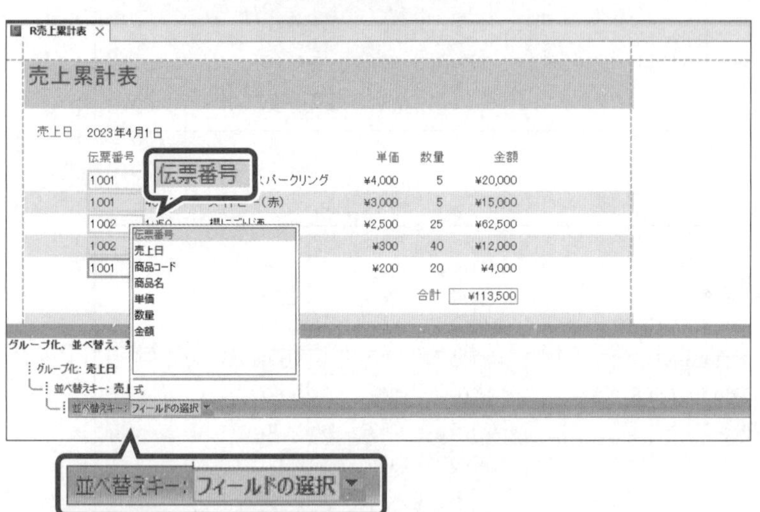

《並べ替えキー：フィールドの選択》が表示されます。

⑦《フィールドの選択》の一覧から「伝票番号」を選択します。

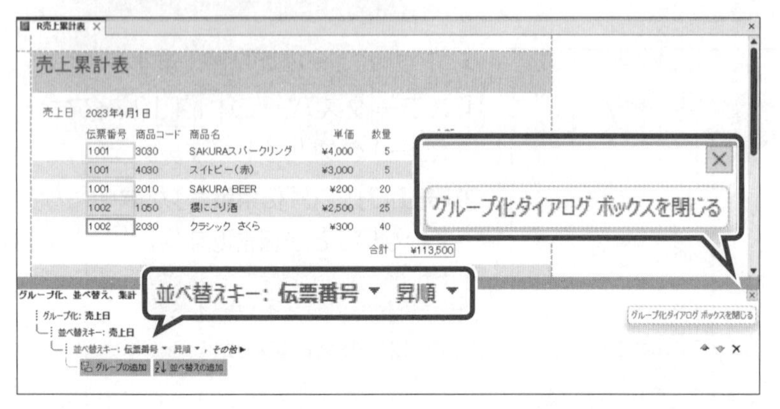

⑧《並べ替えキー：伝票番号　昇順》と表示されていることを確認します。

《グループ化》ダイアログボックスを閉じます。

⑨ ×（グループ化ダイアログボックスを閉じる）をクリックします。

R売上累計表

売上累計表

売上日　2023年4月1日

伝票番号	商品コード	商品名	単価	数量	金額
1001	3030	SAKURAスパークリング	¥4,000	5	¥20,000
1001	4030	スイトビー（赤）	¥3,000	5	¥15,000
1001	2010	SAKURA BEER	¥200	20	¥4,000
1002	1050	櫻にごり酒	¥2,500	25	¥62,500
1002	2030	クラシック　さくら	¥300	40	¥12,000
				合計	¥113,500

売上日　2023年4月2日

伝票番号	商品コード	商品名	単価	数量	金額
1003	1010	櫻金箔酒	¥4,500	5	¥22,500
1003	3010	マーガレットVSOP	¥5,000	10	¥50,000
1004	2050	SAKURA　ダークエール	¥300	10	¥3,000
1004	1030	櫻吟醸酒	¥4,000	15	¥60,000

⑩「売上日」内で「伝票番号」を基準に昇順に並べ替えられていることを確認します。

STEP UP その他の方法（並べ替え/グループ化の設定）

◆デザインビューで表示→《レポートデザイン》タブ→《グループ化と集計》グループの［グループ化と並べ替え］（グループ化と並べ替え）

◆デザインビューで表示→レポートウィンドウ内を右クリック→《並べ替え/グループ化の設定》

Let's Try ためしてみよう

「売上日」内で「伝票番号」順になっているデータをさらに「商品コード」を基準に昇順に並べ替えましょう。

●並べ替え前

売上日　2023年4月1日

伝票番号	商品コード	商品名	単価	数量	金額
1001	3030	SAKURAスパークリング	¥4,000	5	¥20,000
1001	4030	スイトピー（赤）	¥3,000	5	¥15,000
1001	2010	SAKURA BEER	¥200	20	¥4,000
1002	1050	櫻にごり酒	¥2,500	25	¥62,500
1002	2030	クラシック　さくら	¥300	40	¥12,000
				合計	¥113,500

●並べ替え後

売上日　2023年4月1日

伝票番号	商品コード	商品名	単価	数量	金額
1001	2010	SAKURA BEER	¥200	20	¥4,000
1001	3030	SAKURAスパークリング	¥4,000	5	¥20,000
1001	4030	スイトピー（赤）	¥3,000	5	¥15,000
1002	1050	櫻にごり酒	¥2,500	25	¥62,500
1002	2030	クラシック　さくら	¥300	40	¥12,000
				合計	¥113,500

①《レポートレイアウトのデザイン》タブを選択
②《グループ化と集計》グループの［グループ化と並べ替え］（グループ化と並べ替え）をクリック
③《並べ替えの追加》をクリック
④《フィールドの選択》の一覧から「商品コード」を選択
⑤《並べ替えキー：商品コード　昇順》と表示されていることを確認
⑥［×］（グループ化ダイアログボックスを閉じる）をクリック

4 重複データの非表示

《重複データ非表示》プロパティを設定すると、重複するデータを非表示にするかどうかを指定できます。コントロールの値が直前のデータと同じ場合に2行目以降を非表示にできます。
「伝票番号」の重複するデータを非表示にするように設定しましょう。

●設定前

売上日　2023年4月1日

伝票番号	商品コード	商品名	単価	数量	金額
1001	2010	SAKURA BEER	¥200	20	¥4,000
1001	3030	SAKURAスパークリング	¥4,000	5	¥20,000
1001	4030	スイトピー（赤）	¥3,000	5	¥15,000
1002	1050	櫻にごり酒	¥2,500	25	¥62,500
1002	2030	クラシック　さくら	¥300	40	¥12,000
				合計	¥113,500

●設定後

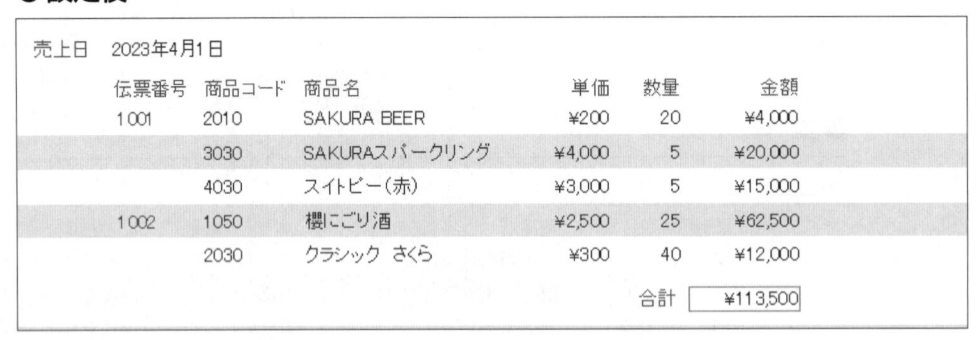

売上日　2023年4月1日

伝票番号	商品コード	商品名	単価	数量	金額
1001	2010	SAKURA BEER	¥200	20	¥4,000
	3030	SAKURAスパークリング	¥4,000	5	¥20,000
	4030	スイトピー（赤）	¥3,000	5	¥15,000
1002	1050	櫻にごり酒	¥2,500	25	¥62,500
	2030	クラシック　さくら	¥300	40	¥12,000
				合計	¥113,500

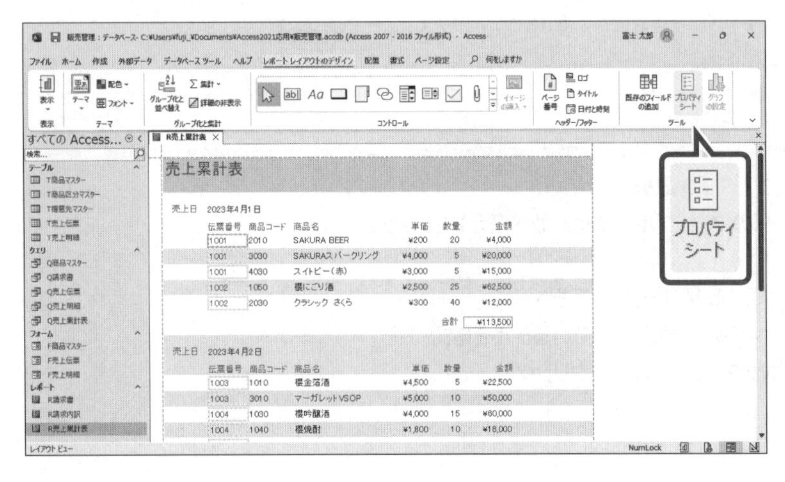

①**「伝票番号」**テキストボックスを選択します。

※「伝票番号」テキストボックスであれば、どれでもかまいません。

②**《レポートレイアウトのデザイン》**タブを選択します。

③**《ツール》**グループの（プロパティシート）をクリックします。

プロパティ シート	
選択の種類: テキスト ボックス(T)	
伝票番号	
書式 データ イベント その他 すべて	
上枠線のスタイル	透明
下枠線のスタイル	透明
左枠線のスタイル	透明
右枠線のスタイル	透明
上枠線の幅	1 ポイント
下枠線の幅	1 ポイント
左枠線の幅	1 ポイント
右枠線の幅	1 ポイント
上余白	0cm
下余白	0cm
左余白	0cm
右余白	0cm
上スペース	0.053cm
下スペース	0.053cm
左スペース	0.053cm
右スペース	0.053cm
重複データ非表示	はい
印刷時拡張	いいえ
印刷時縮小	いいえ

《プロパティシート》が表示されます。

④《プロパティシート》の**《書式》**タブを選択します。

⑤**《重複データ非表示》**プロパティの[v]をクリックし、一覧から**《はい》**を選択します。

※一覧に表示されていない場合は、スクロールして調整します。

《プロパティシート》を閉じます。

⑥《プロパティシート》の[×]（閉じる）をクリックします。

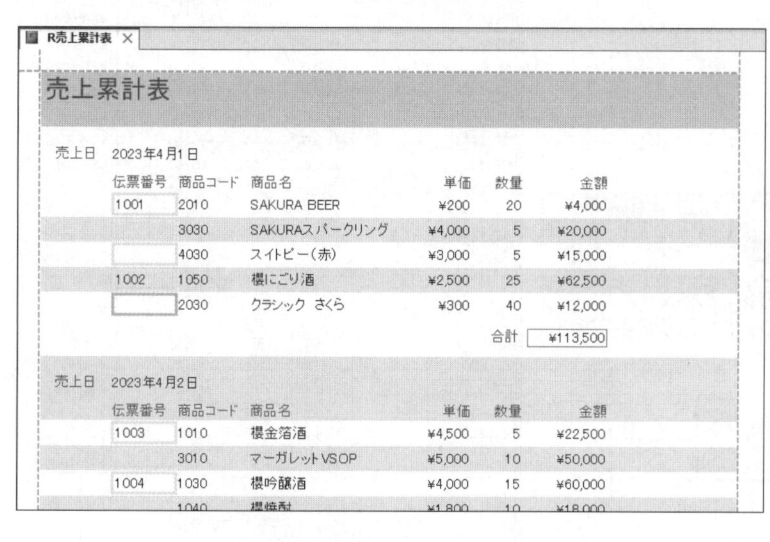

⑦**「伝票番号」**の重複するデータが非表示になっていることを確認します。

※レポートを上書き保存しておきましょう。

STEP UP プロパティの並べ替え

《プロパティシート》の[A↓Z]（プロパティを昇順で並べ替え）を使うと、プロパティを昇順に並べ替えることができます。プロパティの数が多い場合に、目的のプロパティを効率的に探すことができます。[A↓Z]（プロパティを昇順で並べ替え）を再度クリックすると、既定の設定に戻ります。

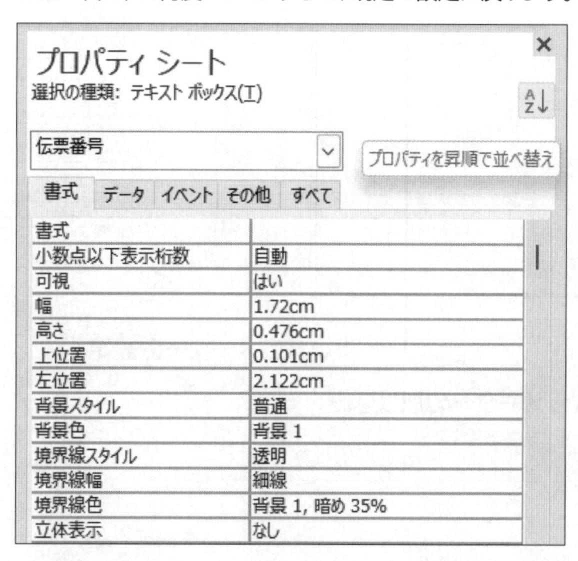

STEP 3 編集するレポートを確認する

1 編集するレポートの確認

次のように、レポート「R売上累計表」を編集しましょう。

Step 4 累計を設定する

1 累計の設定

「売上累計」ラベルと**「売上累計」**テキストボックスを作成しましょう。
「売上累計」テキストボックスに**「金額」**の値を累計します。累計を求めるには、**《コントロールソース》**プロパティを**「金額」**にして、**《集計実行》**プロパティを設定します。

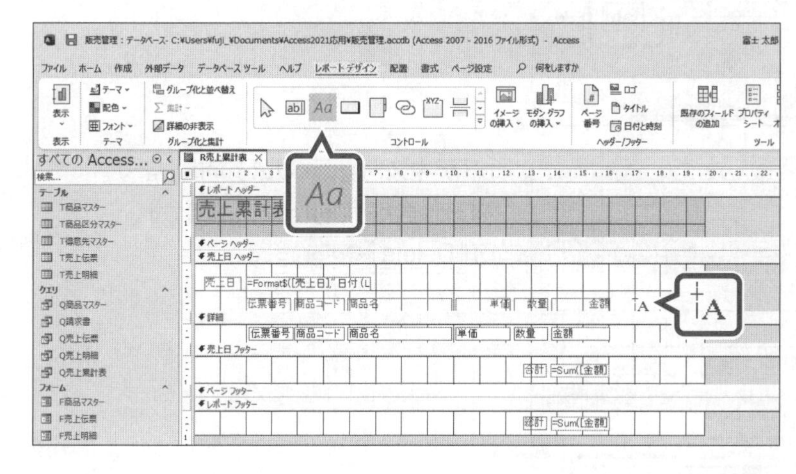

デザインビューに切り替えます。

①**《レポートレイアウトのデザイン》**タブを選択します。

※《ホーム》タブでもかまいません。

②**《表示》**グループの（表示）のをクリックします。

③**《デザインビュー》**をクリックします。

「売上累計」ラベルを作成します。

④**《レポートデザイン》**タブを選択します。

⑤**《コントロール》**グループの Aa （ラベル）をクリックします。

※《コントロールウィザードの使用》は、オンでもオフでもかまいません。

マウスポインターの形が$^{+}$Aに変わります。

⑥ラベルを作成する開始位置でクリックします。

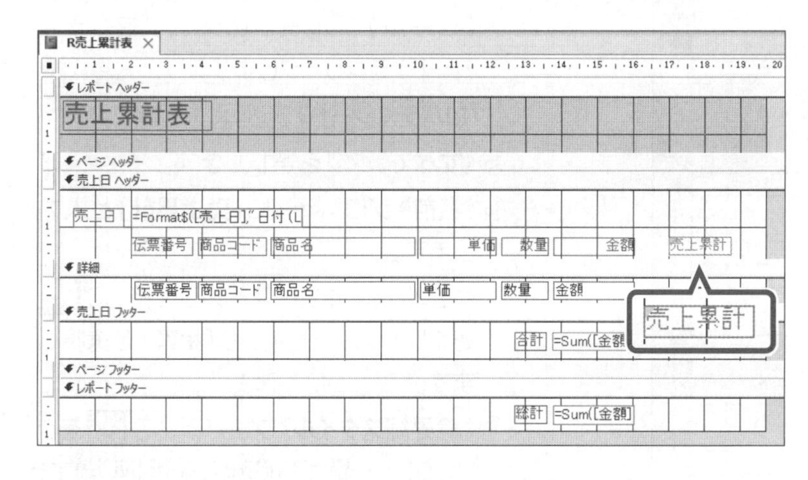

⑦**「売上累計」**と入力します。

⑧ラベル以外の場所をクリックします。

ラベルが作成されます。

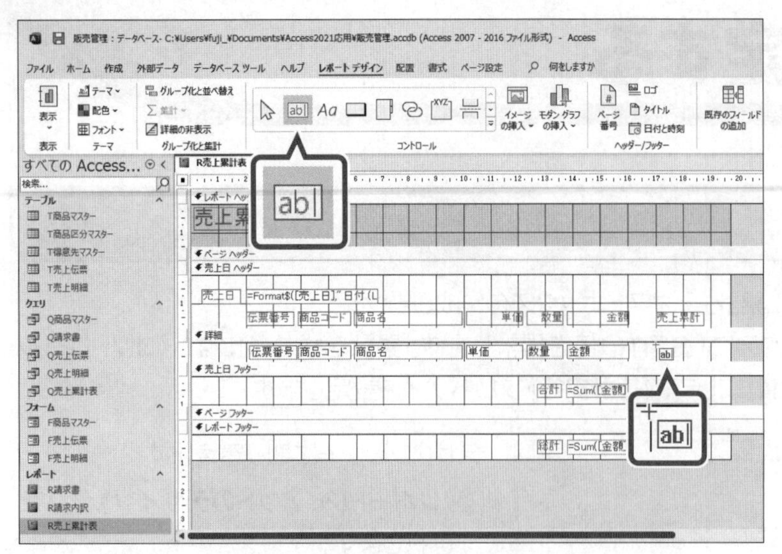

「**売上累計**」テキストボックスを作成します。

⑨《**コントロール**》グループの ab| （テキストボックス）をクリックします。

※《コントロールウィザードの使用》は、オンでもオフでもかまいません。

マウスポインターの形が ⁺ab| に変わります。

⑩テキストボックスを作成する開始位置でクリックします。

⑪「**テキストn**」ラベルを選択します。

※「n」は自動的に付けられた連番です。

⑫ Delete を押します。

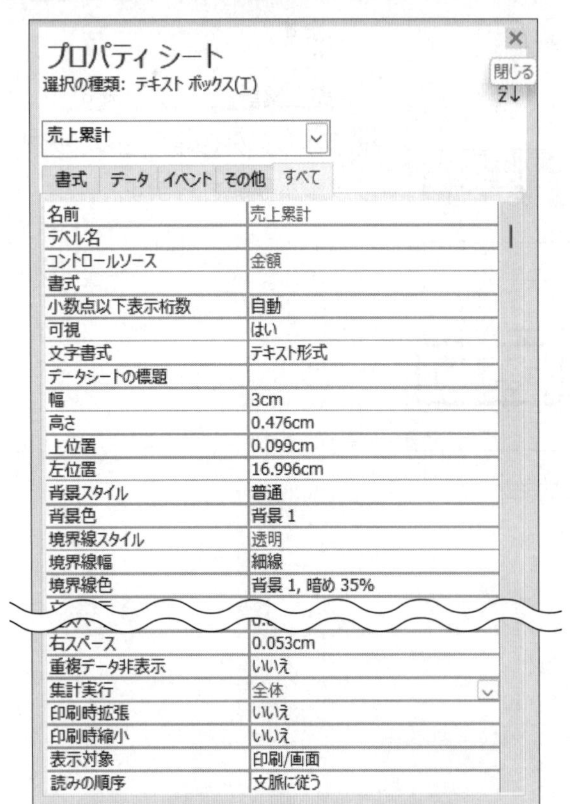

⑬作成したテキストボックスを選択します。

⑭《**ツール**》グループの （プロパティシート）をクリックします。

《**プロパティシート**》が表示されます。

⑮《**すべて**》タブを選択します。

⑯《**名前**》プロパティに「**売上累計**」と入力します。

⑰《**コントロールソース**》プロパティの ∨ をクリックし、一覧から「**金額**」を選択します。

⑱《**境界線スタイル**》プロパティの ∨ をクリックし、一覧から《**透明**》を選択します。

⑲《**集計実行**》プロパティの ∨ をクリックし、一覧から《**全体**》を選択します。

※一覧に表示されていない場合は、スクロールして調整します。

《**プロパティシート**》を閉じます。

⑳《**プロパティシート**》の ✕ （閉じる）をクリックします。

パラメーターの入力　?　×

開始年月日を入力

2023/04/01

OK　キャンセル

レイアウトビューに切り替えます。

㉑《表示》グループの（表示）のをクリックします。

㉒《レイアウトビュー》をクリックします。

《パラメーターの入力》ダイアログボックスが表示されます。

㉓「開始年月日を入力」に任意の日付を入力します。

※「2023/04/01」～「2023/07/01」のデータがあります。

㉔《OK》をクリックします。

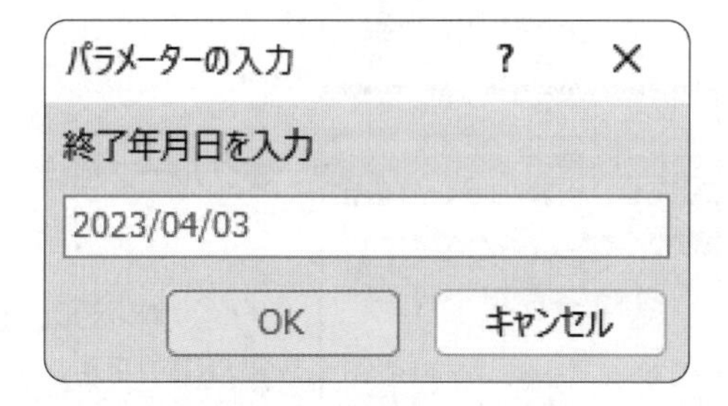

《パラメーターの入力》ダイアログボックスが表示されます。

㉕「終了年月日を入力」に任意の日付を入力します。

※「2023/04/01」～「2023/07/01」のデータがあります。

㉖《OK》をクリックします。

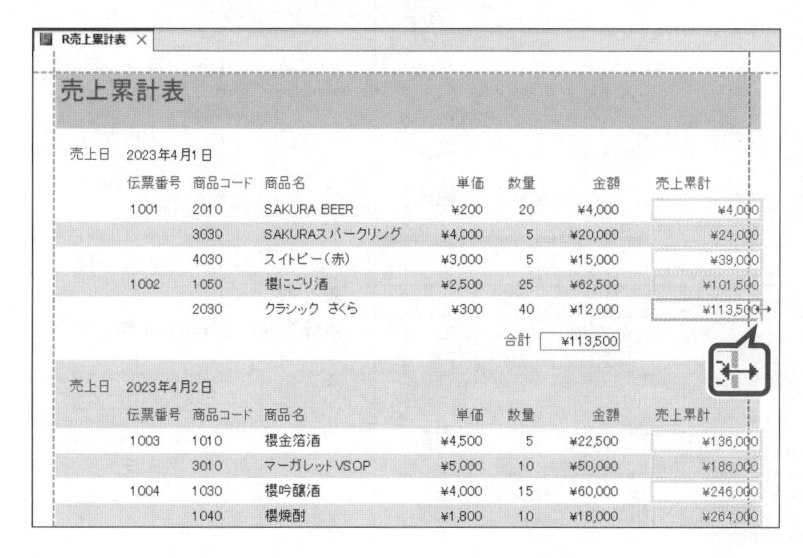

売上日　2023年4月1日

伝票番号	商品コード	商品名	単価	数量	金額	売上累計
1001	2010	SAKURA BEER	¥200	20	¥4,000	¥4,000
	3030	SAKURAスパークリング	¥4,000	5	¥20,000	¥24,000
	4030	スイトピー（赤）	¥3,000	5	¥15,000	¥39,000
1002	1050	櫻にごり酒	¥2,500	25	¥62,500	¥101,500
	2030	クラシック さくら	¥300	40	¥12,000	¥113,500
				合計	¥113,500	

売上日　2023年4月2日

伝票番号	商品コード	商品名	単価	数量	金額	売上累計
1003	1010	櫻金箔酒	¥4,500	5	¥22,500	¥136,000
	3010	マーガレットVSOP	¥5,000	10	¥50,000	¥186,000
1004	1030	櫻吟醸酒	¥4,000	15	¥60,000	¥246,000
	1040	櫻焼酎	¥1,800	10	¥18,000	¥264,000

指定した期間のデータがレイアウトビューで表示されます。

㉗「金額」の累計が表示されていることを確認します。

ページ内に収まらない領域を調整します。

※テキストボックスを作成する位置によっては、ページ内に収まらない場合があります。

㉘「売上累計」テキストボックスを選択します。

※「売上累計」テキストボックスであれば、どれでもかまいません。

㉙枠線の右側をポイントします。

マウスポインターの形が↔に変わります。

㉚点線内に収まるように枠線を左方向にドラッグします。

R売上累計表

売上累計表

売上日　2023年4月1日

伝票番号	商品コード	商品名	単価	数量	金額	売上累計
1001	2010	SAKURA BEER	¥200	20	¥4,000	¥4,000
	3030	SAKURAスパークリング	¥4,000	5	¥20,000	¥24,000
	4030	スイトピー（赤）	¥3,000	5	¥15,000	¥39,000
1002	1050	櫻にごり酒	¥2,500	25	¥62,500	¥101,500
	2030	クラシック さくら	¥300	40	¥12,000	¥113,500
				合計	¥113,500	

売上日　2023年4月2日

伝票番号	商品コード	商品名	単価	数量	金額	売上累計
1003	1010	櫻金箔酒	¥4,500	5	¥22,500	¥136,000
	3010	マーガレットVSOP	¥5,000	10	¥50,000	¥186,000
1004	1030	櫻吟醸酒	¥4,000	15	¥60,000	¥246,000
	1040	櫻焼酎	¥1,800	10	¥18,000	¥264,000

はみ出した領域が調整されます。

※図のように、コントロールのサイズと配置を調整しておきましょう。

※印刷プレビューに切り替えて、結果を確認しましょう。

※レポートを上書き保存しておきましょう。

POINT 《集計実行》プロパティ

《集計実行》プロパティの設定値は、次のとおりです。

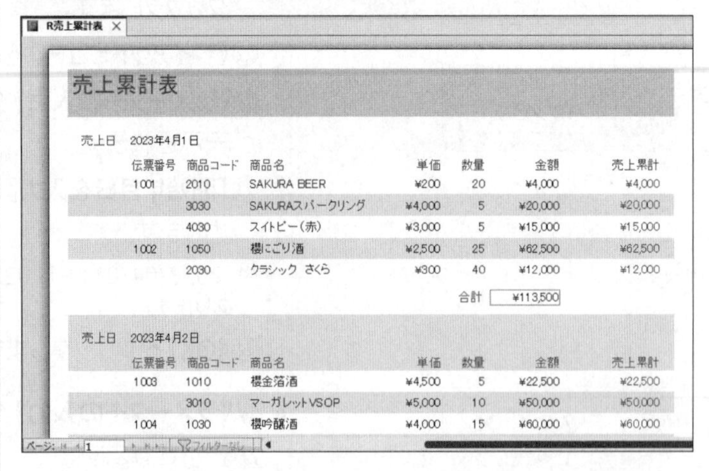

R売上累計表

売上累計表

売上日 2023年4月1日

伝票番号	商品コード	商品名	単価	数量	金額	売上累計
1001	2010	SAKURA BEER	¥200	20	¥4,000	¥4,000
	3030	SAKURAスパークリング	¥4,000	5	¥20,000	¥20,000
	4030	スイトピー(赤)	¥3,000	5	¥15,000	¥15,000
1002	1050	櫻にごり酒	¥2,500	25	¥62,500	¥62,500
	2030	クラシック さくら	¥300	40	¥12,000	¥12,000
				合計	¥113,500	

売上日 2023年4月2日

伝票番号	商品コード	商品名	単価	数量	金額	売上累計
1003	1010	櫻金箔酒	¥4,500	5	¥22,500	¥22,500
	3010	マーガレットVSOP	¥5,000	10	¥50,000	¥50,000
1004	1030	櫻吟醸酒	¥4,000	15	¥60,000	¥60,000

●しない

集計しません。

《集計実行》プロパティの初期値です。

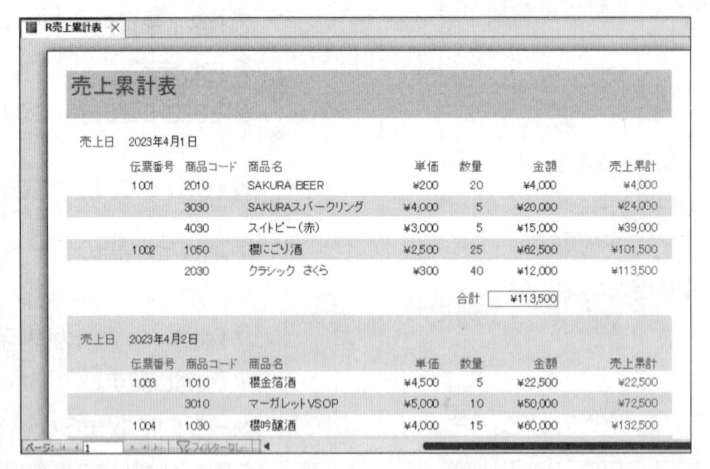

R売上累計表

売上累計表

売上日 2023年4月1日

伝票番号	商品コード	商品名	単価	数量	金額	売上累計
1001	2010	SAKURA BEER	¥200	20	¥4,000	¥4,000
	3030	SAKURAスパークリング	¥4,000	5	¥20,000	¥24,000
	4030	スイトピー(赤)	¥3,000	5	¥15,000	¥39,000
1002	1050	櫻にごり酒	¥2,500	25	¥62,500	¥101,500
	2030	クラシック さくら	¥300	40	¥12,000	¥113,500
				合計	¥113,500	

売上日 2023年4月2日

伝票番号	商品コード	商品名	単価	数量	金額	売上累計
1003	1010	櫻金箔酒	¥4,500	5	¥22,500	¥22,500
	3010	マーガレットVSOP	¥5,000	10	¥50,000	¥72,500
1004	1030	櫻吟醸酒	¥4,000	15	¥60,000	¥132,500

●グループ全体

グループレベルごとに集計します。

グループレベルごとに累計がクリアされます。

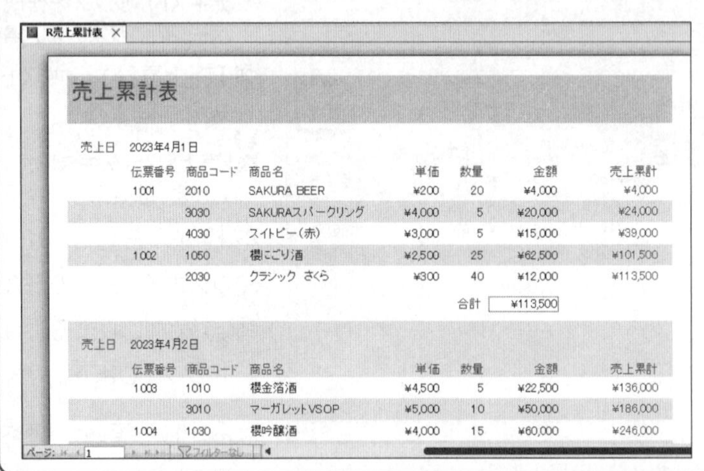

R売上累計表

売上累計表

売上日 2023年4月1日

伝票番号	商品コード	商品名	単価	数量	金額	売上累計
1001	2010	SAKURA BEER	¥200	20	¥4,000	¥4,000
	3030	SAKURAスパークリング	¥4,000	5	¥20,000	¥24,000
	4030	スイトピー(赤)	¥3,000	5	¥15,000	¥39,000
1002	1050	櫻にごり酒	¥2,500	25	¥62,500	¥101,500
	2030	クラシック さくら	¥300	40	¥12,000	¥113,500
				合計	¥113,500	

売上日 2023年4月2日

伝票番号	商品コード	商品名	単価	数量	金額	売上累計
1003	1010	櫻金箔酒	¥4,500	5	¥22,500	¥136,000
	3010	マーガレットVSOP	¥5,000	10	¥50,000	¥186,000
1004	1030	櫻吟醸酒	¥4,000	15	¥60,000	¥246,000

●全体

全体を通して集計します。

STEP 5 改ページを設定する

1 改ページの設定

《改ページ》プロパティを設定すると、レポートを任意の位置で改ページできます。
レポートヘッダーに改ページを設定して、レポートの表紙を作成しましょう。

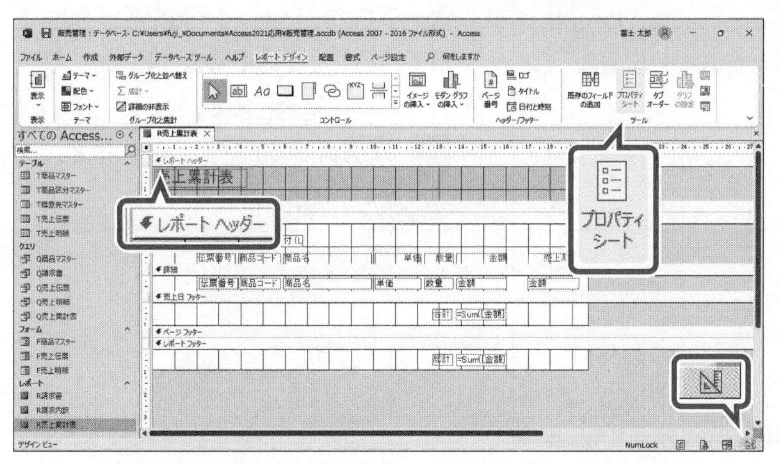

デザインビューに切り替えます。

①ステータスバーの［デザインビュー］(デザインビュー)をクリックします。

②**《レポートヘッダー》**セクションのバーをクリックします。

③**《レポートデザイン》**タブを選択します。

④**《ツール》**グループの［プロパティシート］(プロパティシート)をクリックします。

プロパティ シート
選択の種類: セクション

レポートヘッダー

書式　データ　イベント　その他　すべて

可視	はい
高さ	1.497cm
背景色	テキスト 2, 明るめ 80%
立体表示	なし
高さの自動調整	いいえ
印刷時拡張	いいえ
印刷時縮小	いいえ
表示対象	印刷/画面
同一ページ印刷	はい
改ページ	カレント セクションの後
改段	しない

《プロパティシート》が表示されます。

⑤**《プロパティシート》**の**《書式》**タブを選択します。

⑥**《改ページ》**プロパティの［∨］をクリックし、一覧から**《カレントセクションの後》**を選択します。

※《改ページ》プロパティの設定値が表示されていない場合は、《プロパティシート》の左側の境界線をポイントし、マウスポインターの形が⇔に変わったら左方向にドラッグします。

《プロパティシート》を閉じます。

⑦**《プロパティシート》**の［×］(閉じる)をクリックします。

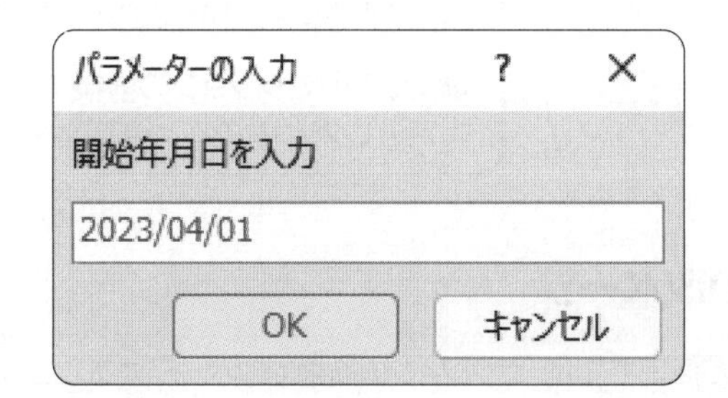

印刷プレビューに切り替えます。

⑧**《表示》**グループの［表示］(表示)の［表示▼］をクリックします。

⑨**《印刷プレビュー》**をクリックします。

《パラメーターの入力》ダイアログボックスが表示されます。

⑩**「開始年月日を入力」**に任意の日付を入力します。

※「2023/04/01」～「2023/07/01」のデータがあります。

⑪**《OK》**をクリックします。

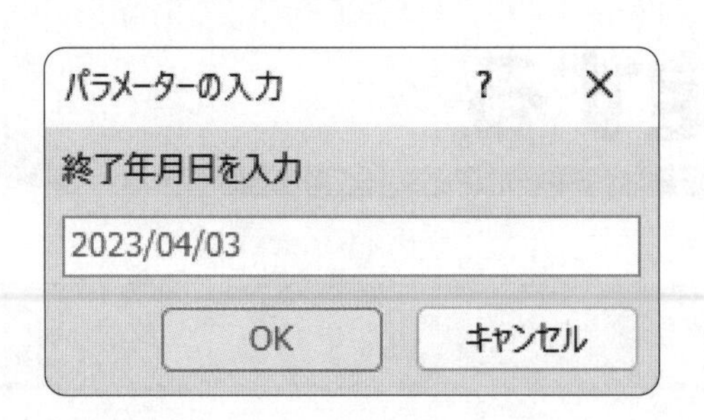

《パラメーターの入力》ダイアログボックスが表示されます。

⑫**「終了年月日を入力」**に任意の日付を入力します。

※「2023/04/01」～「2023/07/01」のデータがあります。

⑬**《OK》**をクリックします。

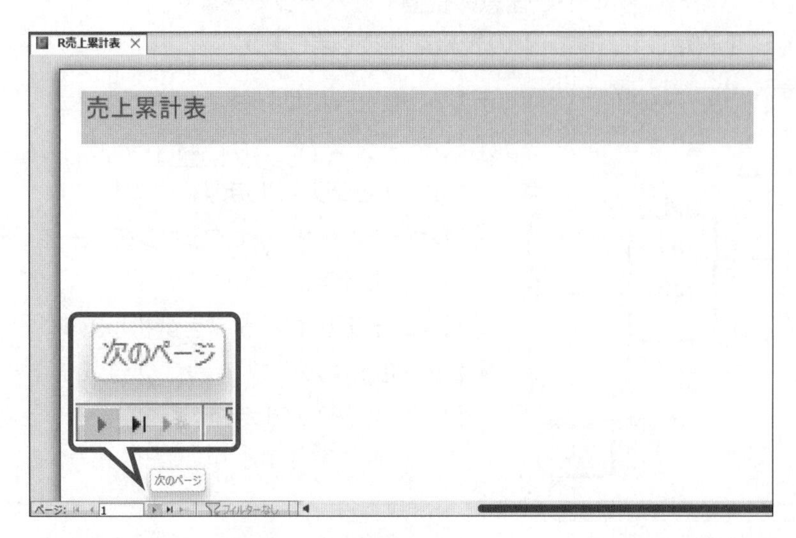

⑭**《レポートヘッダー》**セクションの後で改ページされ、レポートの表紙が作成されていることを確認します。

次のページを確認します。

⑮ ▶（次のページ）をクリックします。

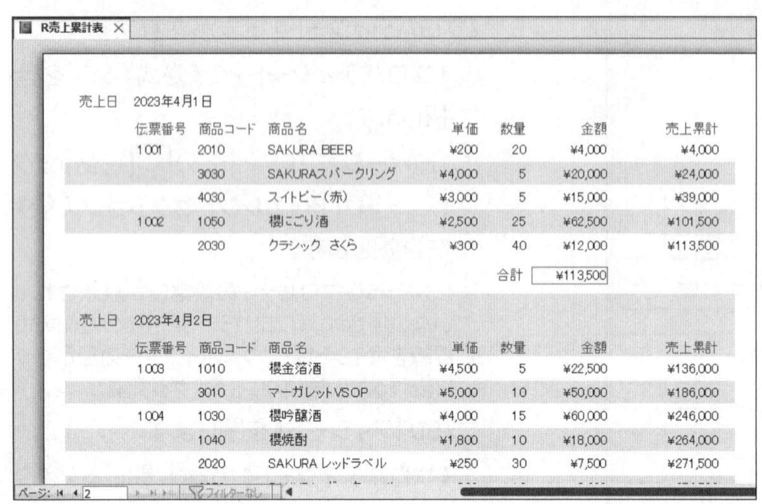

R売上累計表

売上日 2023年4月1日

伝票番号	商品コード	商品名	単価	数量	金額	売上累計
1001	2010	SAKURA BEER	¥200	20	¥4,000	¥4,000
	3030	SAKURAスパークリング	¥4,000	5	¥20,000	¥24,000
	4030	スイトピー（赤）	¥3,000	5	¥15,000	¥39,000
1002	1050	櫻にごり酒	¥2,500	25	¥62,500	¥101,500
	2030	クラシック さくら	¥300	40	¥12,000	¥113,500
				合計	¥113,500	

売上日 2023年4月2日

伝票番号	商品コード	商品名	単価	数量	金額	売上累計
1003	1010	櫻金箔酒	¥4,500	5	¥22,500	¥136,000
	3010	マーガレットVSOP	¥5,000	10	¥50,000	¥186,000
1004	1030	櫻吟醸酒	¥4,000	15	¥60,000	¥246,000
	1040	櫻焼酎	¥1,800	10	¥18,000	¥264,000
	2020	SAKURA レッドラベル	¥250	30	¥7,500	¥271,500

ページ: 2 フィルターなし

《ページヘッダー》セクション以下のデータが表示されます。

※デザインビューに切り替えておきましょう。

POINT 《改ページ》プロパティ

《改ページ》プロパティの設定値は、次のとおりです。

●しない
改ページしません。《改ページ》プロパティの初期値です。

●カレントセクションの前
指定のセクションの前で改ページします。

●カレントセクションの後
指定のセクションの後で改ページします。

●カレントセクションの前後
指定のセクションの前と後で改ページします。

STEP UP セクションの途中の改ページ

改ページは各セクションの前後に設定するのが原則ですが、セクションの途中で改ページすることもできます。
セクションの途中で改ページする方法は、次のとおりです。

◆デザインビューで表示→《レポートデザイン》タブ→《コントロール》グループの ▽（その他）→ ▤（改ページの挿入）

2 表紙の編集

《レポートヘッダー》セクションの領域を拡大し、レポートの表紙を作成しましょう。

❶タイトル フォントサイズ：48ポイント

❷表紙の背景 背景色：**《テーマの色》**の**《白、背景1》**

❸タイトルの背景 四角形
背景色：**《テーマの色》**の**《オレンジ、アクセント1、白+基本色60%》**

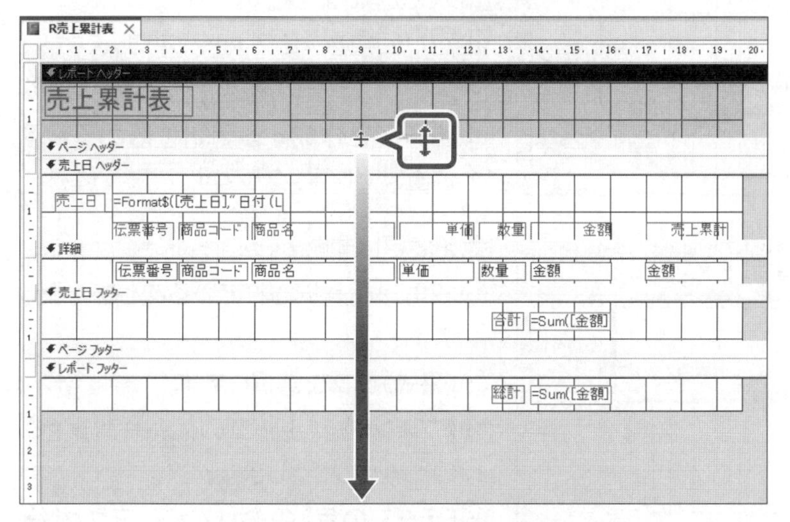

《レポートヘッダー》セクションの領域を拡大します。

①**《レポートヘッダー》**セクションと**《ページヘッダー》**セクションの境界をポイントし、下方向にドラッグします。

※垂直ルーラーの19cmを目安にドラッグします。

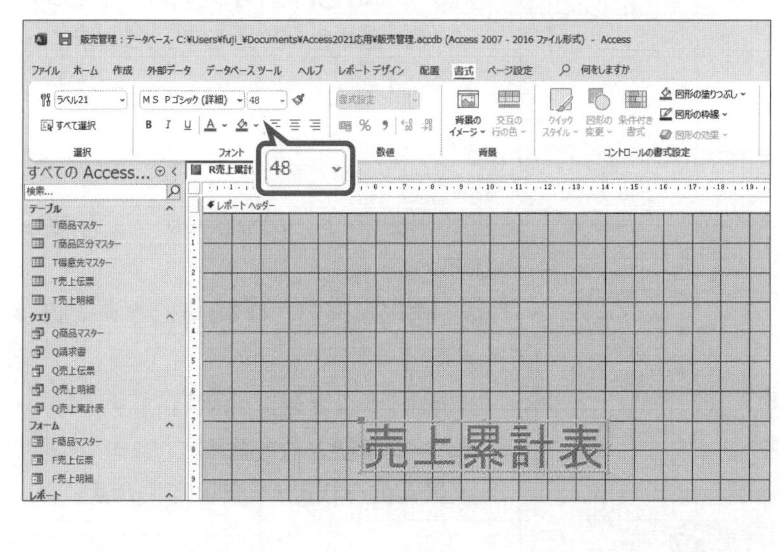

タイトルのフォントサイズを変更します。

②**「売上累計表」**ラベルを選択します。

③**《書式》**タブを選択します。

④**《フォント》**グループの［20］（フォントサイズ）の［▼］をクリックし、一覧から**《48》**を選択します。

⑤図のように、ラベルのサイズと配置を調整します。

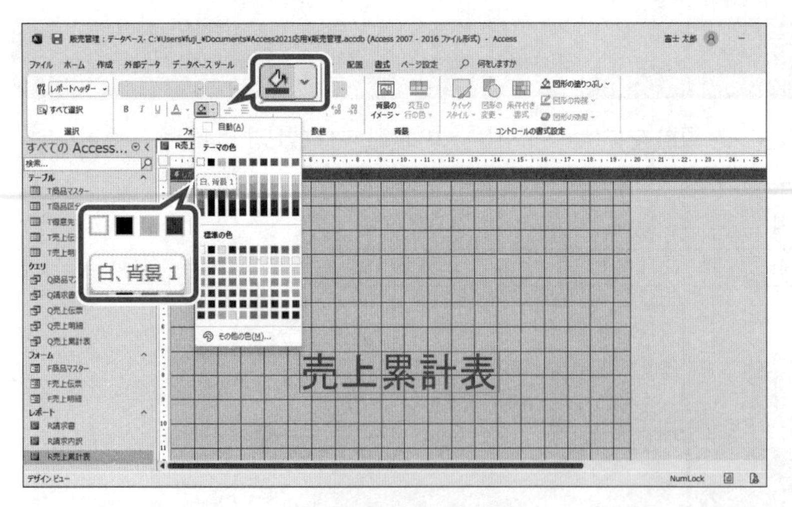

表紙の背景色を変更します。

⑥《レポートヘッダー》セクションのバーをクリックします。

⑦《フォント》グループの（背景色）のをクリックします。

⑧《テーマの色》の《白、背景1》をクリックします。

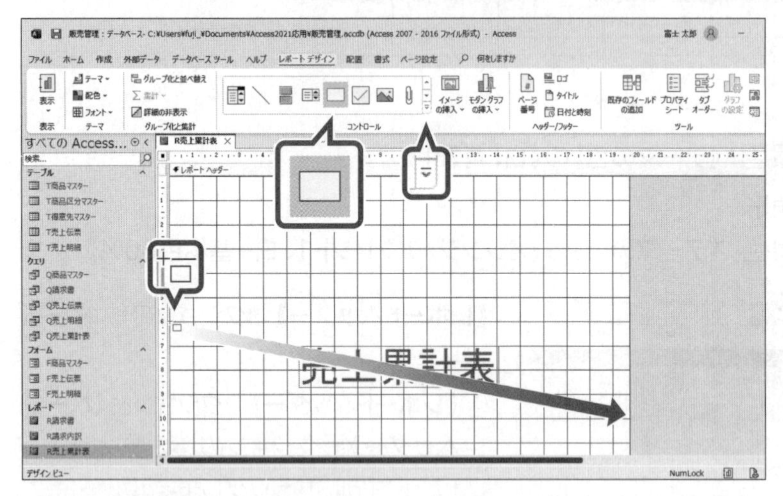

タイトルのラベルの周りに四角形を作成します。

⑨《レポートデザイン》タブを選択します。

⑩《コントロール》グループの（その他）をクリックします。

※《コントロールウィザードの使用》は、オンでもオフでもかまいません。

⑪（四角形）をクリックします。

マウスポインターの形がに変わります。

⑫四角形を作成する開始位置から終了位置までドラッグします。

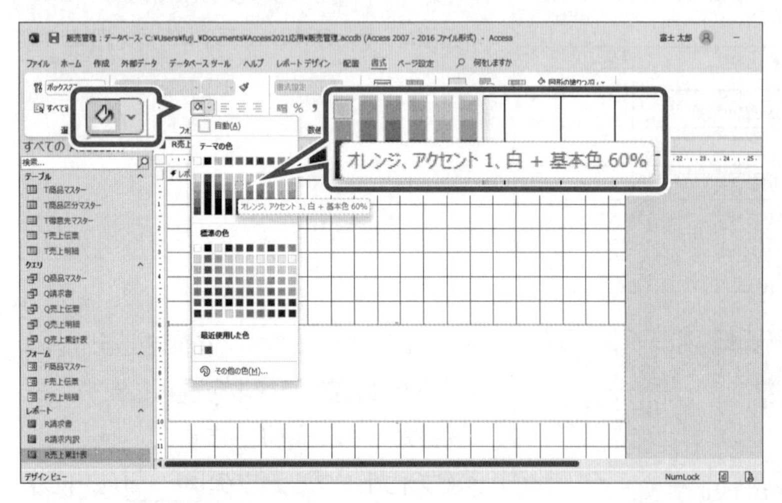

色を変更します。

⑬四角形が選択されていることを確認します。

⑭《書式》タブを選択します。

⑮《フォント》グループの（背景色）のをクリックします。

⑯《テーマの色》の《オレンジ、アクセント1、白+基本色60%》をクリックします。

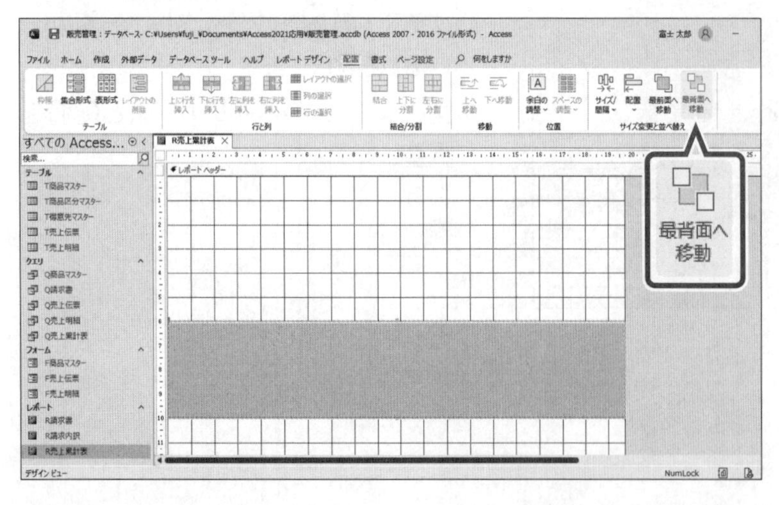

四角形をタイトルのラベルの下に配置します。

⑰四角形が選択されていることを確認します。

⑱《配置》タブを選択します。

⑲《サイズ変更と並べ替え》グループの（最背面へ移動）をクリックします。

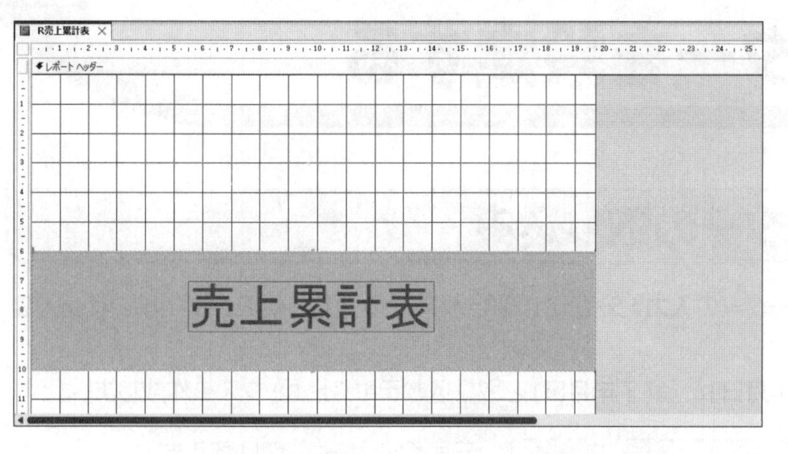

四角形がタイトルのラベルの下に配置されます。

※図のように、コントロールのサイズと配置を調整しましょう。

パラメーターの入力
開始年月日を入力
2023/04/01
OK
キャンセル

印刷プレビューに切り替えます。

⑳**《レポートデザイン》**タブを選択します。

※《ホーム》タブでもかまいません。

㉑**《表示》**グループの（表示）のをクリックします。

㉒**《印刷プレビュー》**をクリックします。

《パラメーターの入力》ダイアログボックスが表示されます。

㉓**「開始年月日を入力」**に任意の日付を入力します。

※「2023/04/01」～「2023/07/01」のデータがあります。

㉔**《OK》**をクリックします。

パラメーターの入力
終了年月日を入力
2023/04/03
OK
キャンセル

《パラメーターの入力》ダイアログボックスが表示されます。

㉕**「終了年月日を入力」**に任意の日付を入力します。

※「2023/04/01」～「2023/07/01」のデータがあります。

㉖**《OK》**をクリックします。

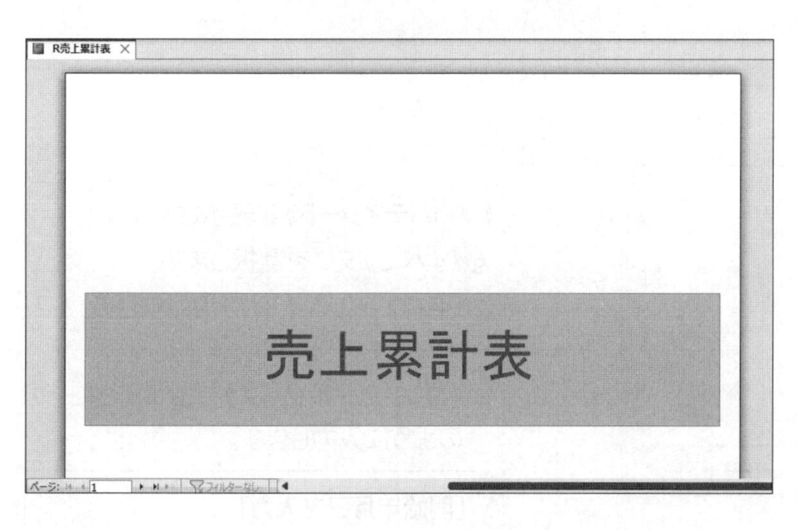

表紙のタイトルや背景色が変更されます。

※レポートを上書き保存しておきましょう。

STEP 6 パラメーターを設定する

1 既存パラメーターの取り込み

印刷実行時に、《パラメーターの入力》ダイアログボックスで入力する値をレポートに取り込むことができます。
レポートの表紙に**「開始年月日」**と**「終了年月日」**を取り込むテキストボックスを作成しましょう。

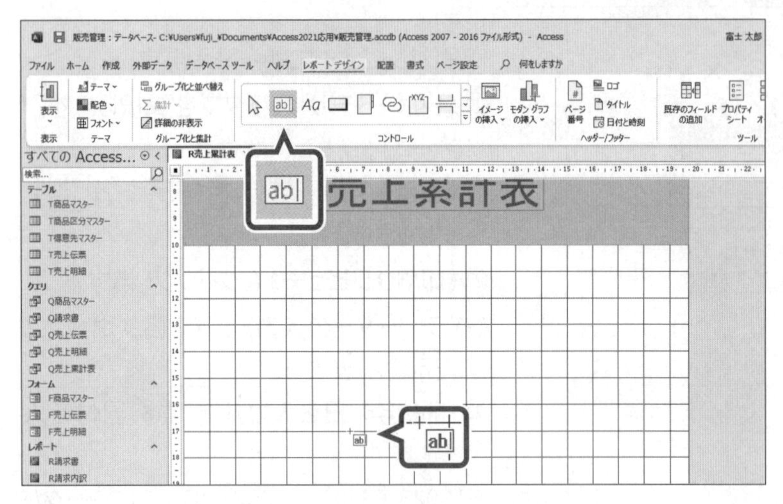

デザインビューに切り替えます。

①ステータスバーの（デザインビュー）をクリックします。

「開始年月日」を取り込むテキストボックスを作成します。

②**《レポートデザイン》**タブを選択します。

③**《コントロール》**グループの（テキストボックス）をクリックします。

※《コントロールウィザードの使用》は、オンでもオフでもかまいません。

マウスポインターの形が に変わります。

④テキストボックスを作成する開始位置でクリックします。

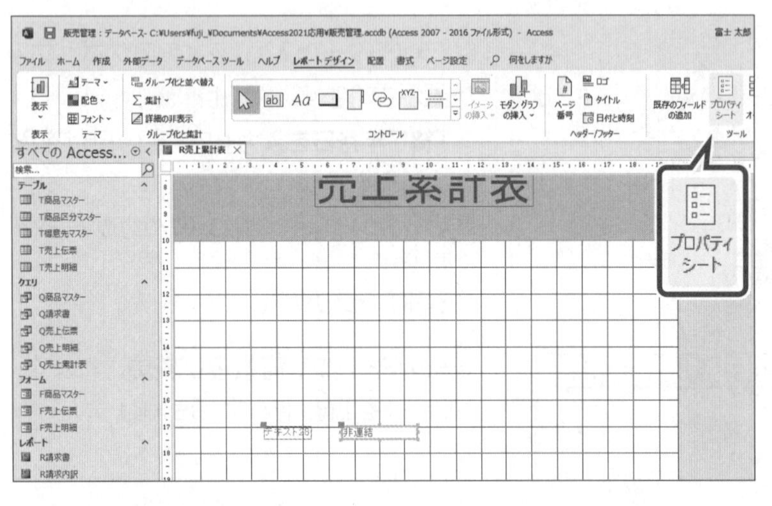

テキストボックスが作成されます。

⑤**《ツール》**グループの（プロパティシート）をクリックします。

プロパティ シート
選択の種類: テキスト ボックス(T)

開始年月日

書式 データ イベント その他 すべて

名前	開始年月日
ラベル名	ラベル29
コントロールソース	[開始年月日を入力]
書式	
小数点以下表示桁数	自動
可視	はい
文字書式	テキスト形式
データシートの標題	
幅	3cm
高さ	0.476cm
上位置	16.996cm

《プロパティシート》が表示されます。

⑥**《すべて》**タブを選択します。

⑦**《名前》**プロパティに**「開始年月日」**と入力します。

⑧**《コントロールソース》**プロパティに、次のように入力します。

[開始年月日を入力]

※レポートのもとになっているクエリ「Q売上累計表」と同じパラメーターを設定します。
※[ ]は半角で入力します。

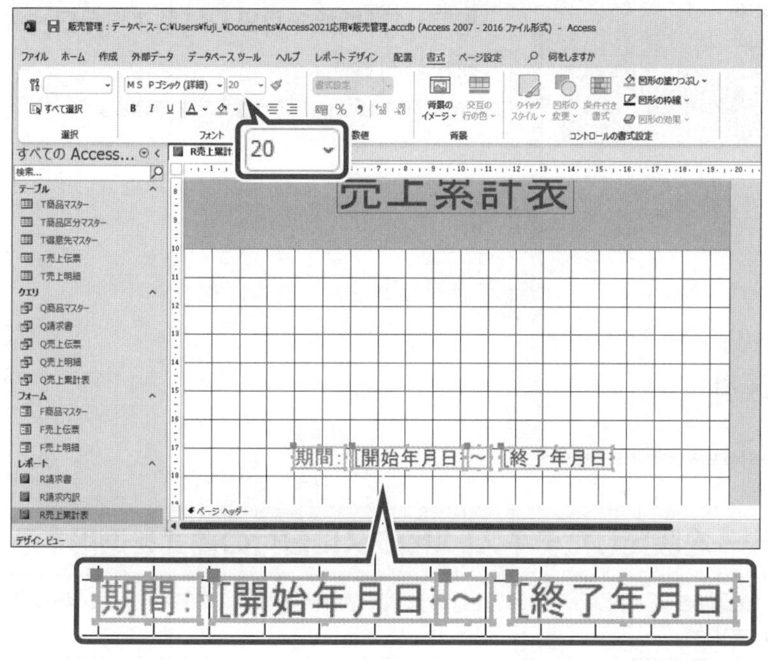

⑨同様に、**「終了年月日」**を取り込むテキストボックスを作成します。

名前	コントロールソース
終了年月日	[終了年月日を入力]

《プロパティシート》を閉じます。

⑩**《プロパティシート》**の ×（閉じる）をクリックします。

⑪図のように、**「テキストn」**ラベルをそれぞれ**「期間：」**と**「～」**に修正します。

※「n」は自動的に付けられた連番です。

⑫**「期間：」**ラベルと**「開始年月日」**テキストボックス、**「～」**ラベルと**「終了年月日」**テキストボックスを選択します。

⑬**《書式》**タブを選択します。

⑭**《フォント》**グループの 11（フォントサイズ）の ⌄ をクリックし、一覧から**《20》**を選択します。

※図のように、コントロールのサイズと配置を調整しておきましょう。

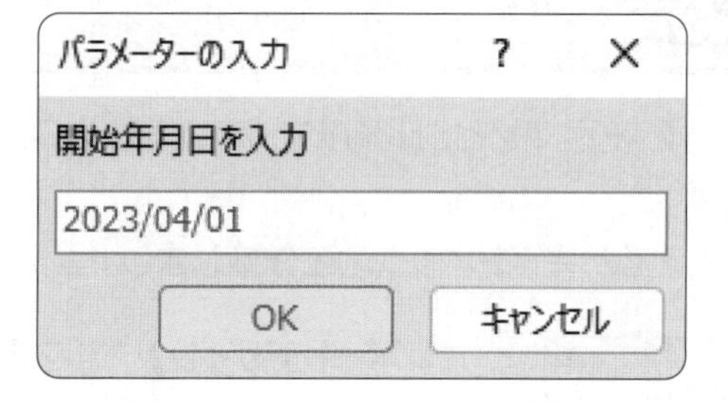

印刷プレビューに切り替えます。

⑮**《レポートデザイン》**タブを選択します。

※《ホーム》タブでもかまいません。

⑯**《表示》**グループの（表示）の 表示 をクリックします。

⑰**《印刷プレビュー》**をクリックします。

《パラメーターの入力》ダイアログボックスが表示されます。

⑱**「開始年月日を入力」**に任意の日付を入力します。

※「2023/04/01」～「2023/07/01」のデータがあります。

⑲**《OK》**をクリックします。

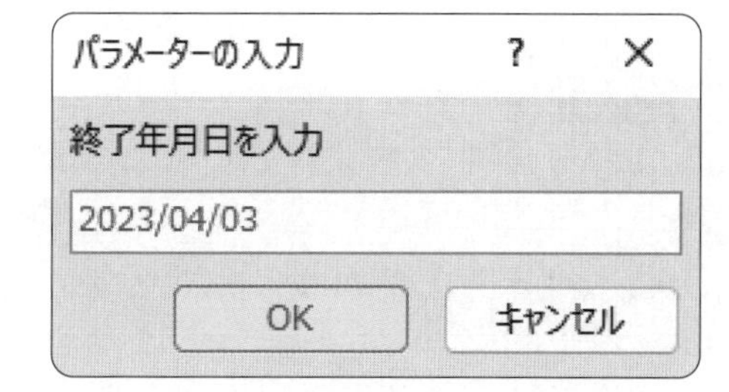

《パラメーターの入力》ダイアログボックスが表示されます。

⑳**「終了年月日を入力」**に任意の日付を入力します。

※「2023/04/01」～「2023/07/01」のデータがあります。

㉑**《OK》**をクリックします。

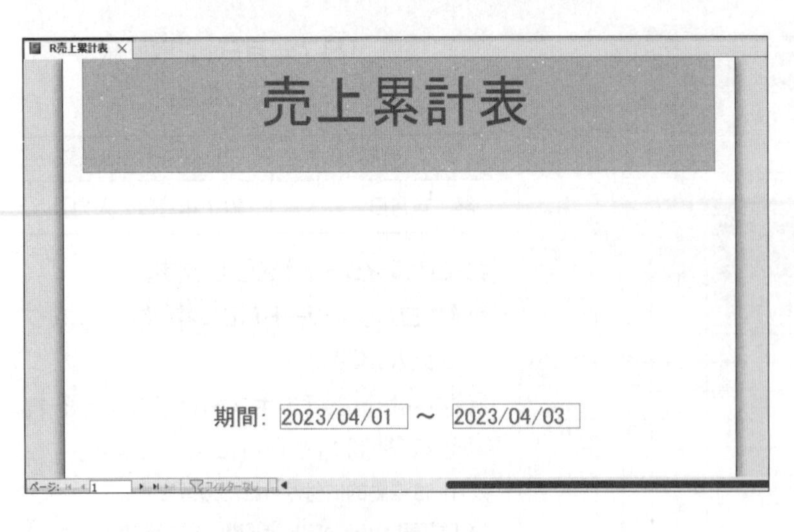

指定した「**開始年月日**」と「**終了年月日**」が表示されます。

※デザインビューに切り替えておきましょう。

STEP UP パラメーターを設定したテキストボックスに日付の書式を適用する

「開始年月日」テキストボックスの日付を「○○○○年○月○日」の形式で表示するには、《コントロールソース》プロパティに、次のように入力します。

```
=Format([開始年月日を入力],"yyyy¥年m¥月d¥日")
```

※英字と記号は半角で入力します。

2 新規パラメーターの設定

テキストボックスに新規のパラメーターを設定すると、印刷実行時に任意のコメントを挿入できます。
レポートの表紙に任意のコメントを挿入するテキストボックスを作成しましょう。

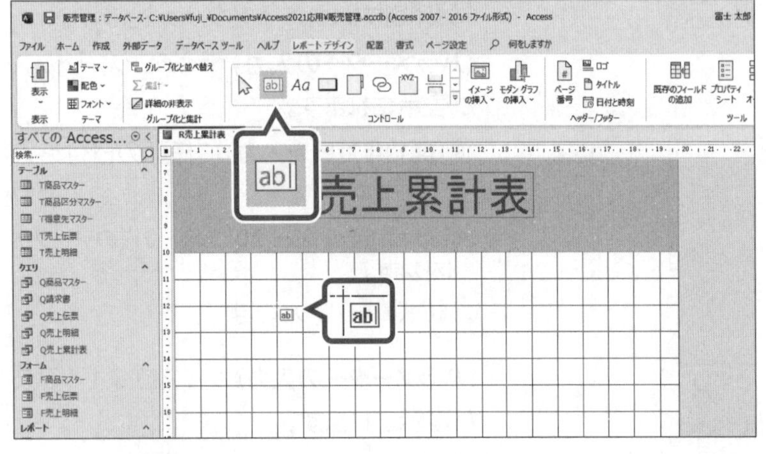

①《**レポートデザイン**》タブを選択します。

②《**コントロール**》グループの ab| (テキストボックス)をクリックします。

※《コントロールウィザードの使用》は、オンでもオフでもかまいません。

マウスポインターの形が+ab|に変わります。

③テキストボックスを作成する開始位置でクリックします。

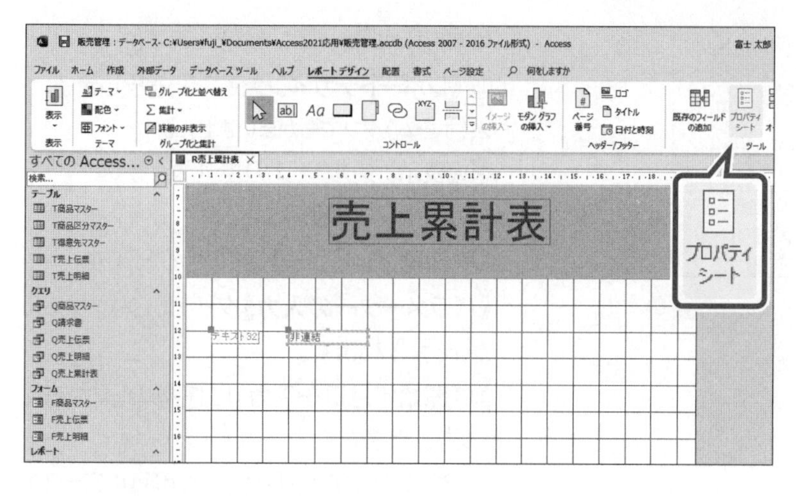

テキストボックスが作成されます。

④《**ツール**》グループの（プロパティシート）をクリックします。

プロパティ シート

選択の種類: テキスト ボックス(T)

コメント

書式　データ　イベント　その他　すべて

名前	コメント
ラベル名	ラベル33
コントロールソース	[コメントを入力]
書式	
小数点以下表示桁数	自動
可視	はい
文字書式	テキスト形式
データシートの標題	
幅	3cm
高さ	0.476cm
上位置	11.998cm
左位置	3.998cm
背景スタイル	普通
背景色	背景 1
境界線スタイル	実線

《プロパティシート》が表示されます。

⑤《**すべて**》タブを選択します。

⑥《**名前**》プロパティに「**コメント**」と入力します。

⑦《**コントロールソース**》プロパティに、次のように入力します。

[コメントを入力]

※[ ]は半角で入力します。

《プロパティシート》を閉じます。

⑧《**プロパティシート**》の（閉じる）をクリックします。

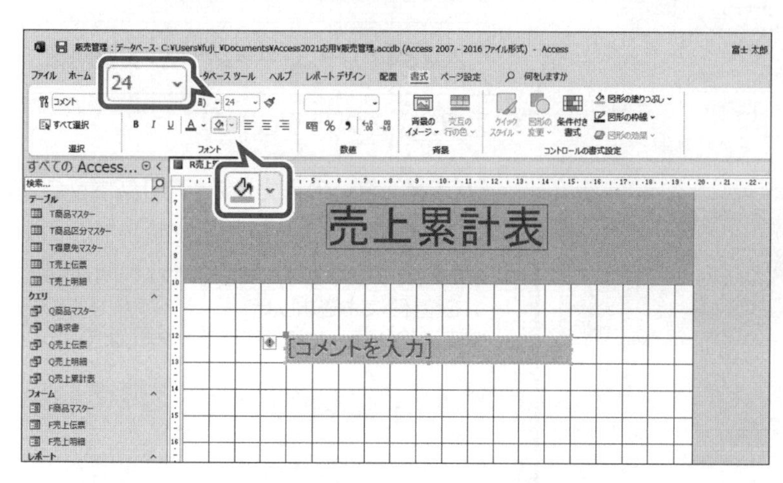

⑨《**書式**》タブを選択します。

⑩《**フォント**》グループの 11 （フォントサイズ）の をクリックし、一覧から《**24**》を選択します。

⑪《**フォント**》グループの（背景色）の をクリックします。

⑫《**テーマの色**》の《**白、背景1、黒+基本色15%**》（左から1番目、上から3番目）をクリックします。

⑬「**テキストn**」ラベルを選択します。

※「n」は自動的に付けられた連番です。

⑭ Delete を押します。

※図のように、コントロールのサイズと配置を調整しておきましょう。

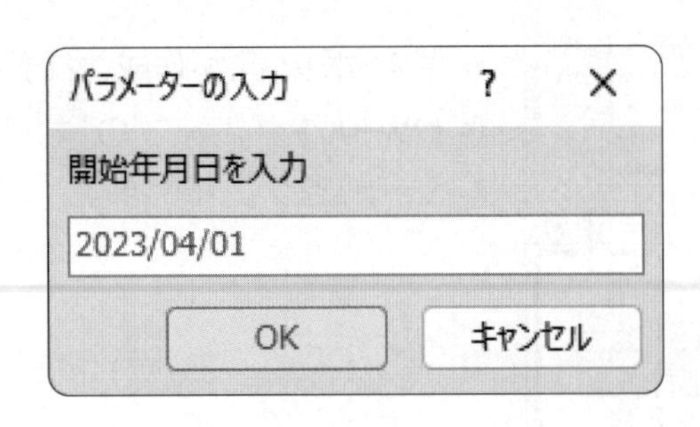

印刷プレビューに切り替えます。

⑮《**レポートデザイン**》タブを選択します。

※《ホーム》タブでもかまいません。

⑯《**表示**》グループの (表示) の をクリックします。

⑰《**印刷プレビュー**》をクリックします。

《**パラメーターの入力**》ダイアログボックスが表示されます。

⑱「**開始年月日を入力**」に任意の日付を入力します。

※「2023/04/01」～「2023/07/01」のデータがあります。

⑲《**OK**》をクリックします。

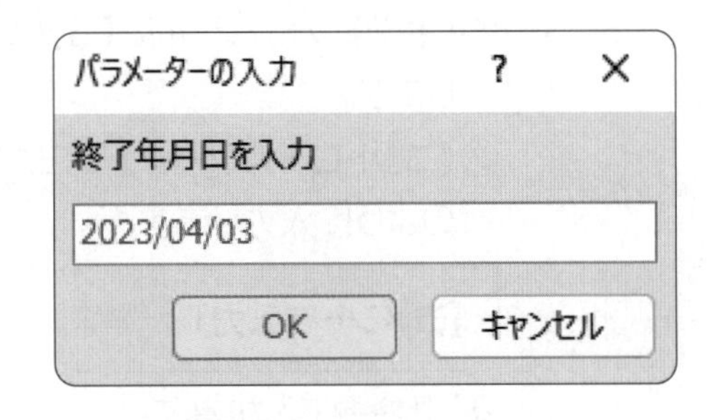

《**パラメーターの入力**》ダイアログボックスが表示されます。

⑳「**終了年月日を入力**」に任意の日付を入力します。

※「2023/04/01」～「2023/07/01」のデータがあります。

㉑《**OK**》をクリックします。

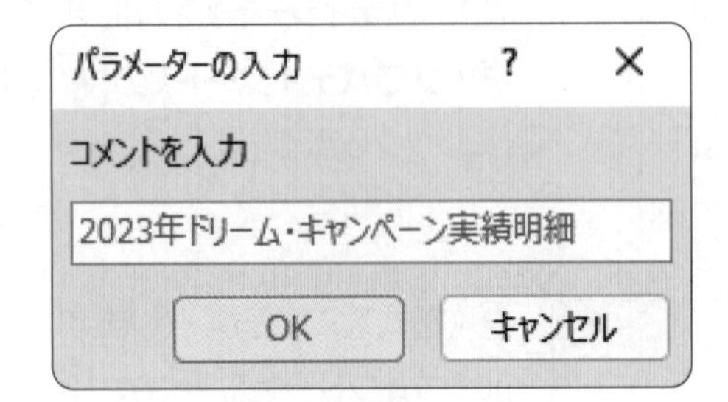

《**パラメーターの入力**》ダイアログボックスが表示されます。

㉒「**コメントを入力**」に、次のように入力します。

2023年ドリーム・キャンペーン実績明細

㉓《**OK**》をクリックします。

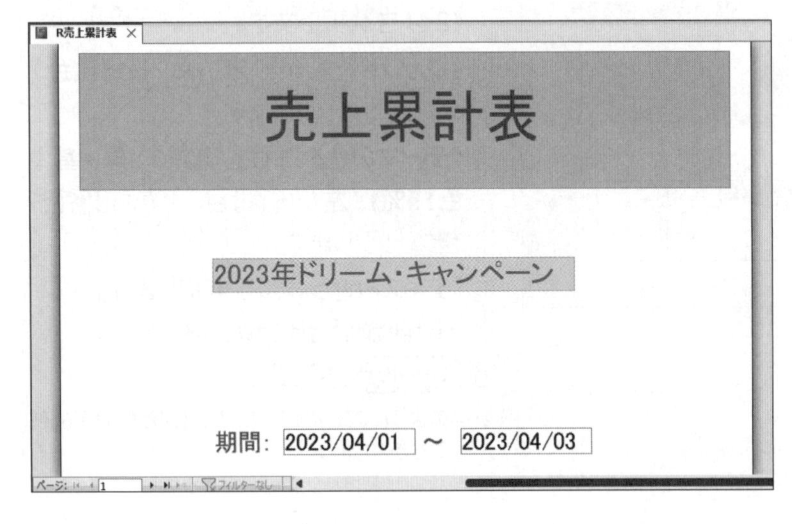

《**パラメーターの入力**》ダイアログボックスで入力したコメントが表示されます。

※コメントの文字がすべて表示されていないことを確認しておきましょう。

※デザインビューに切り替えておきましょう。

3 印刷時のサイズ調整

《印刷時拡張》プロパティと**《印刷時縮小》**プロパティを設定すると、入力した文字の長さに合わせて、コントロールの高さを自動的に調整して印刷できます。
コメントの長さに合わせて、**「コメント」**テキストボックスのサイズを変えて印刷できるように設定しましょう。

①**「コメント」**テキストボックスを選択します。
②**《レポートデザイン》**タブを選択します。
③**《ツール》**グループの（プロパティシート）をクリックします。

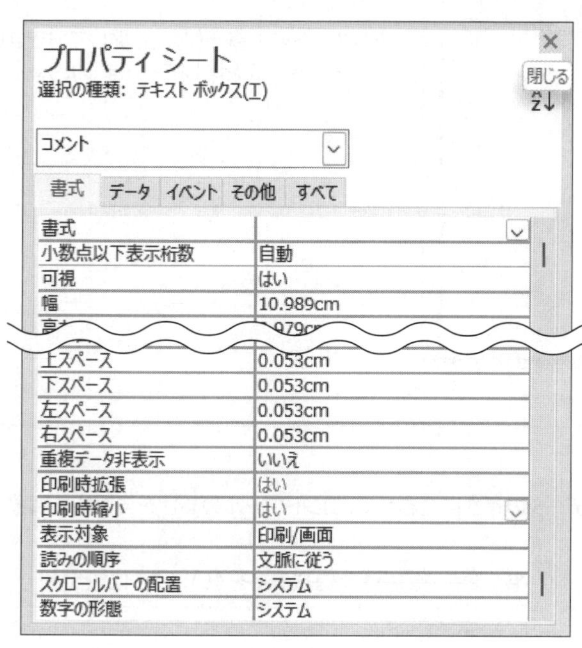

《プロパティシート》が表示されます。
④**《プロパティシート》**の**《書式》**タブを選択します。
⑤**《印刷時拡張》**プロパティの をクリックし、一覧から**《はい》**を選択します。
※一覧に表示されていない場合は、スクロールして調整します。
⑥**《印刷時縮小》**プロパティの をクリックし、一覧から**《はい》**を選択します。
《プロパティシート》を閉じます。
⑦**《プロパティシート》**の（閉じる）をクリックします。

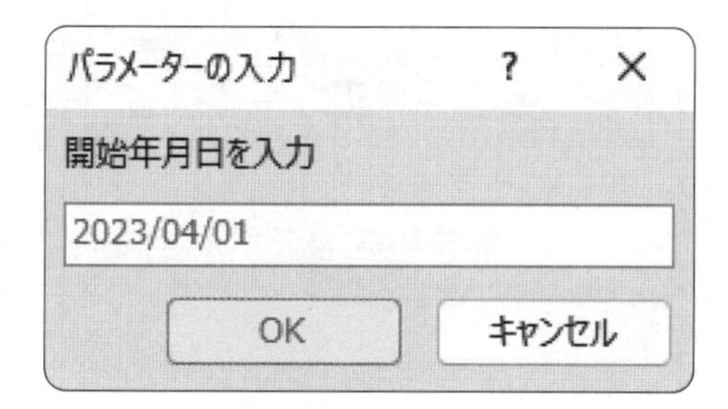

印刷プレビューに切り替えます。
⑧**《表示》**グループの（表示）の をクリックします。
⑨**《印刷プレビュー》**をクリックします。
《パラメーターの入力》ダイアログボックスが表示されます。
⑩**「開始年月日を入力」**に任意の日付を入力します。
※「2023/04/01」～「2023/07/01」のデータがあります。
⑪**《OK》**をクリックします。

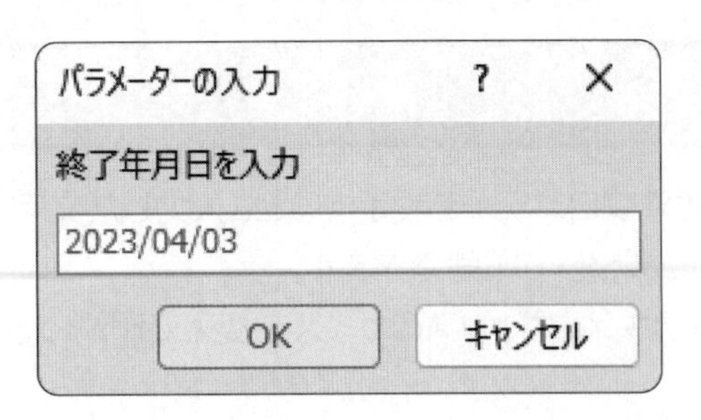

《パラメーターの入力》ダイアログボックスが表示されます。

⑫「**終了年月日を入力**」に任意の日付を入力します。

※「2023/04/01」～「2023/07/01」のデータがあります。

⑬《**OK**》をクリックします。

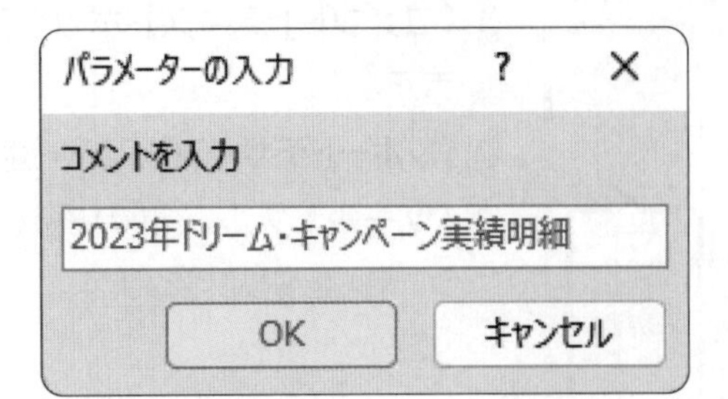

《パラメーターの入力》ダイアログボックスが表示されます。

⑭「**コメントを入力**」に、次のように入力します。

2023年ドリーム・キャンペーン実績明細

⑮《**OK**》をクリックします。

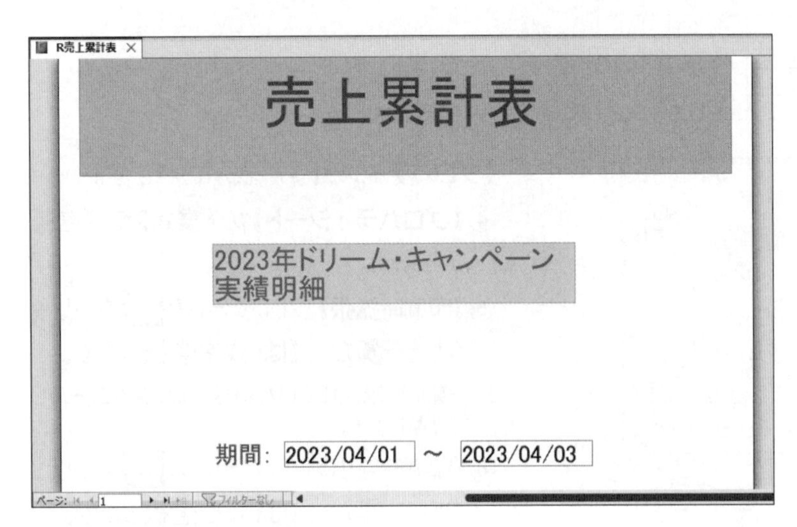

《パラメーターの入力》ダイアログボックスで入力したコメントの文字がすべて表示されます。

※レポートを上書き保存し、閉じておきましょう。
※データベースを閉じておきましょう。

POINT 《印刷時縮小》プロパティ

《印刷時縮小》プロパティを《はい》に設定すると、表示するデータの長さに合わせて、コントロールの高さを自動的に調整して印刷できます。

●《印刷時縮小》プロパティを《はい》に設定

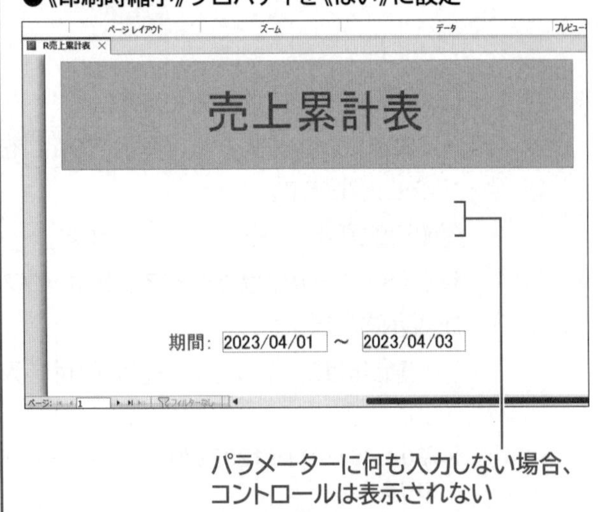

パラメーターに何も入力しない場合、コントロールは表示されない

●《印刷時縮小》プロパティを《いいえ》に設定

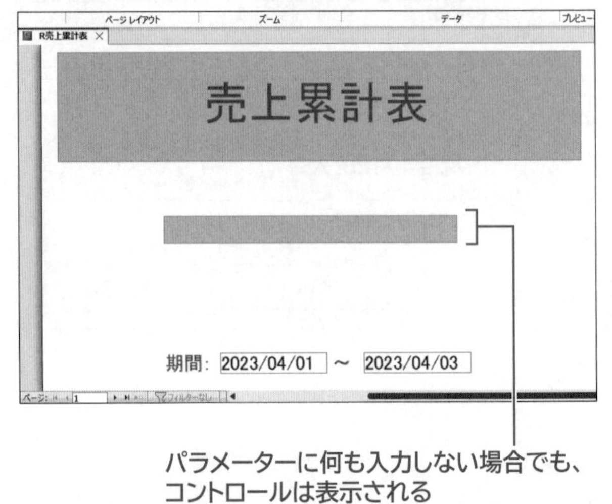

パラメーターに何も入力しない場合でも、コントロールは表示される

第11章

便利な機能

第11章 この章で学ぶこと

学習前に習得すべきポイントを理解しておき、
学習後には確実に習得できたかどうかを振り返りましょう。

■ フィールドに、別の場所にある関連情報を結び付けるハイパーリンクを設定できる。 →P.240 ☑☑☑

■ フォームやレポートのコントロールに、条件付き書式を設定できる。 →P.243 ☑☑☑

■ テーブルのデータを、Excelにエクスポートできる。 →P.250 ☑☑☑

■ テーブルのデータを、Wordにエクスポートできる。 →P.253 ☑☑☑

■ データベースを最適化／修復できる。 →P.256 ☑☑☑

■ データベースにパスワードを設定できる。 →P.258 ☑☑☑

■ データベースを開くときに、特定のフォームを開いたり、メニューやリボンなどを非表示にしたりできる。 →P.262 ☑☑☑

■ フォームやレポートを作成／変更できないようにするACCDEファイルを作成できる。 →P.266 ☑☑☑

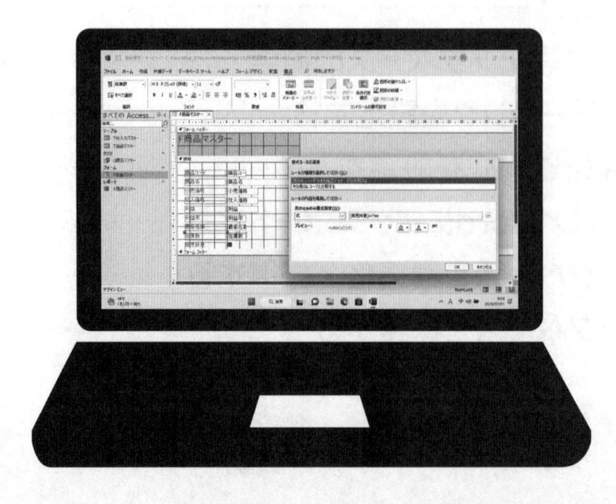

STEP 1 商品管理データベースの概要

1 データベースの概要

第11章では、データベース**「商品管理.accdb」**を使って、Accessの便利な機能を学習します。
「商品管理.accdb」の概要は、次のとおりです。

●目的

ある健康食品メーカーを例に、取り扱っている商品の次のデータを管理します。

- **商品のマスター情報(型番、商品名、価格、在庫数など)**
- **仕入先のマスター情報(会社名、住所、電話番号など)**

●テーブルの設計

次の2つのテーブルに分類して、データを格納します。

T商品マスター　**T仕入先マスター**

2 データベースの確認

フォルダー**「Access2021応用」**に保存されているデータベース**「商品管理.accdb」**を開き、それぞれのテーブルを確認しましょう。

» データベース「商品管理.accdb」を開いておきましょう。

※《セキュリティの警告》メッセージバーが表示された場合は、《コンテンツの有効化》をクリックしておきましょう。

●T仕入先マスター

仕入先コード	仕入先名	〒	住所1	住所2	TEL	FAX	クリックして追加
110	ヘルシーフード光株式会社	103-0011	東京都	中央区日本橋大伝馬町1-X-X	03-3256-XXXX	03-3256-YYYY	
120	株式会社横浜ビタミン	230-0041	神奈川県	横浜市鶴見区潮田町2-X-X	045-552-XXXX	045-552-YYYY	
130	ファイトマン飲料株式会社	450-0002	愛知県	名古屋市中村区名駅3-X-X	052-622-XXXX	052-622-YYYY	
140	なにわ商事株式会社	540-0001	大阪府	大阪市中央区城見1-X-X	06-6521-XXXX	06-6521-YYYY	
150	広島健康食品製造有限会社	730-0001	広島県	広島市中区白島北町3-X-X	082-441-XXXX	082-441-YYYY	
*							

レコード: 1 / 5　フィルターなし　検索

●T商品マスター

商品コード	商品名	小売価格	仕入価格	最低在庫	在庫数	販売終息
10010	ローヤルゼリー(L)	¥12,000	¥6,870	0	55	☑
10011	ローヤルゼリー(M)	¥7,000	¥3,280	30	45	☐
10020	ビタミンAアルファ	¥150	¥68	100	97	☐
10030	ビタミンCアルファ	¥150	¥68	100	120	☐
10040	スポーツマンZ	¥320	¥180	0	72	☑
10050	スーパーファイバー(L)	¥2,000	¥1,400	50	52	☐
10051	スーパーファイバー(M)	¥1,200	¥580	50	37	☐
10060	中国漢方スープ	¥1,500	¥1,050	50	120	☐
10070	ダイエット烏龍茶	¥1,000	¥680	50	85	☐
10080	ダイエットプーアール茶	¥1,200	¥870	50	45	☐
10090	ヘルシー・ビタミンB(L)	¥1,800	¥980	50	120	☐
10091	ヘルシー・ビタミンB(M)	¥1,000	¥480	50	65	☐
10100	ヘルシー・ビタミンC(L)	¥1,600	¥1,280	50	85	☐
10101	ヘルシー・ビタミンC(M)	¥900	¥680	100	75	☐
10110	エキストラ・ローヤルゼリー(L)	¥11,000	¥7,800	30	25	☐
10111	エキストラ・ローヤルゼリー(M)	¥6,000	¥4,800	30	42	☐
10112	エキストラ・ローヤルゼリー(S)	¥2,000	¥1,480	50	56	☐
*				0	0	☐

レコード: 1 / 17　フィルターなし　検索

STEP 2 ハイパーリンクを設定する

1 ハイパーリンク

「ハイパーリンク」を使うと、別の場所にある関連情報を結び付ける（リンクする）ことができます。
ハイパーリンクを設定するには、フィールドのデータ型を**「ハイパーリンク型」**にします。
ハイパーリンク型のフィールドにWebページのアドレスやファイルの場所を入力すると、クリックするだけでWebページや別のファイルを表示できます。
ハイパーリンクには、次のようなものがあります。

- **Webページを表示する**
- **メールのメッセージ作成画面を表示する**
- **Accessの別のデータベースやほかのアプリケーションで作成したファイルを開く**

2 ハイパーリンクの設定

テーブル**「T仕入先マスター」**にハイパーリンク型のフィールドを追加しましょう。

» テーブル「T仕入先マスター」をデータシートビューで開いておきましょう。

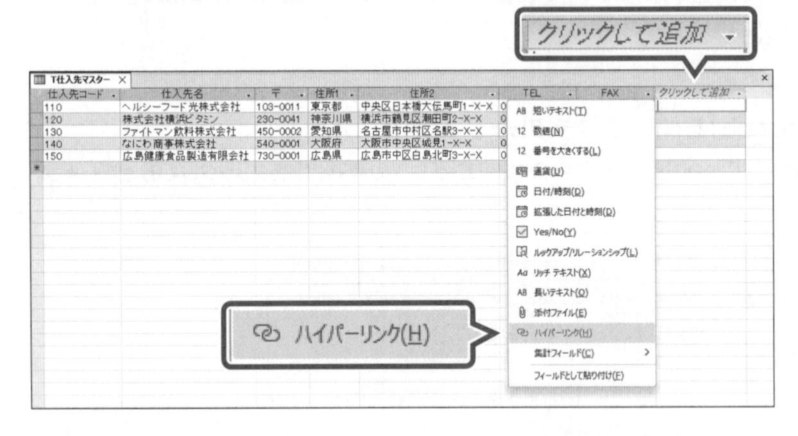

データ型を設定します。
①**《クリックして追加》**をクリックします。
②**《ハイパーリンク》**をクリックします。

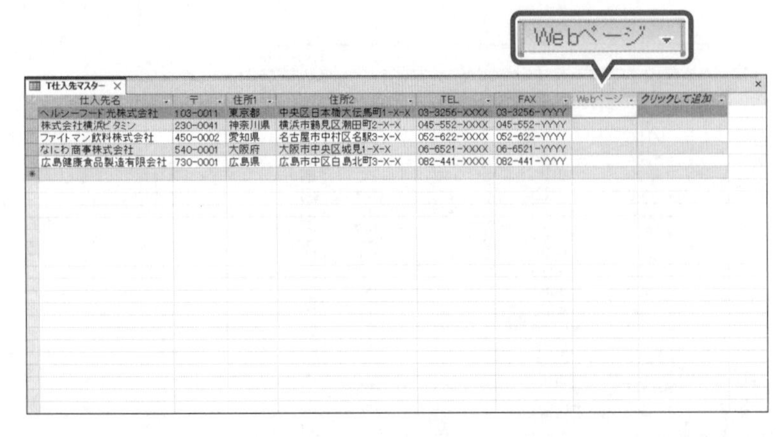

フィールド名を入力します。
③フィールド名が**「フィールド1」**になっていることを確認します。
④**「Webページ」**と入力します。

3 ハイパーリンクの確認

追加したフィールドにWebページのアドレスを入力し、ハイパーリンクの設定を確認しましょう。

※インターネットに接続できる環境が必要です。

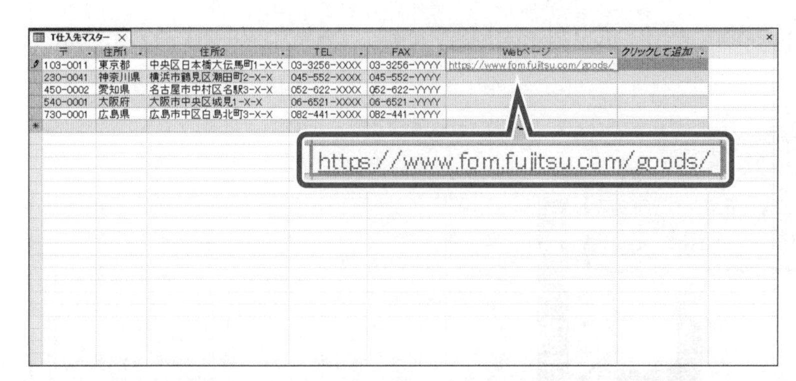

①1行目の**「Webページ」**のフィールドに次のように入力します。

https://www.fom.fujitsu.com/goods/

※半角で入力します。

Webページのアドレスに下線が付き、青色で表示されます。

※列幅を調整しておきましょう。

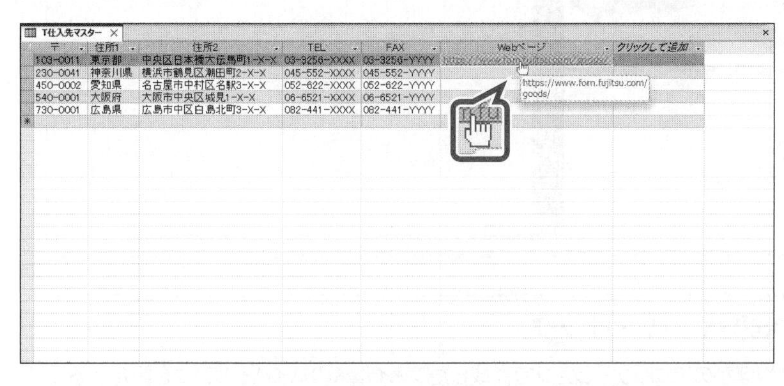

ハイパーリンクの設定を確認します。

②入力したWebページのアドレスをポイントします。

マウスポインターの形が👆に変わります。

③クリックします。

ブラウザーが自動的に起動し、Webページが表示されます。

※アプリを選択する画面が表示された場合は、《Microsoft Edge》を選択します。

※ブラウザーを終了しておきましょう。

※テーブルを上書き保存し、閉じておきましょう。

STEP UP ハイパーリンクの削除

ハイパーリンクを削除する方法は、次のとおりです。

◆データを選択→[Delete]

◆データを右クリック→《ハイパーリンク》→《ハイパーリンクの削除》

STEP UP ハイパーリンクの編集

ハイパーリンクを編集する方法は、次のとおりです。

◆データを選択→[F2]→修正

◆データを右クリック→《ハイパーリンク》→《ハイパーリンクの編集》

POINT メールソフトへのハイパーリンク

メールソフトへのハイパーリンクを設定するには、メールアドレスを次のように入力します。

mailto:メールアドレス

※「mailto:」は省略できます。

入力したメールアドレスをクリックすると、メールソフトが自動的に起動し、《宛先》にメールアドレスが表示されます。

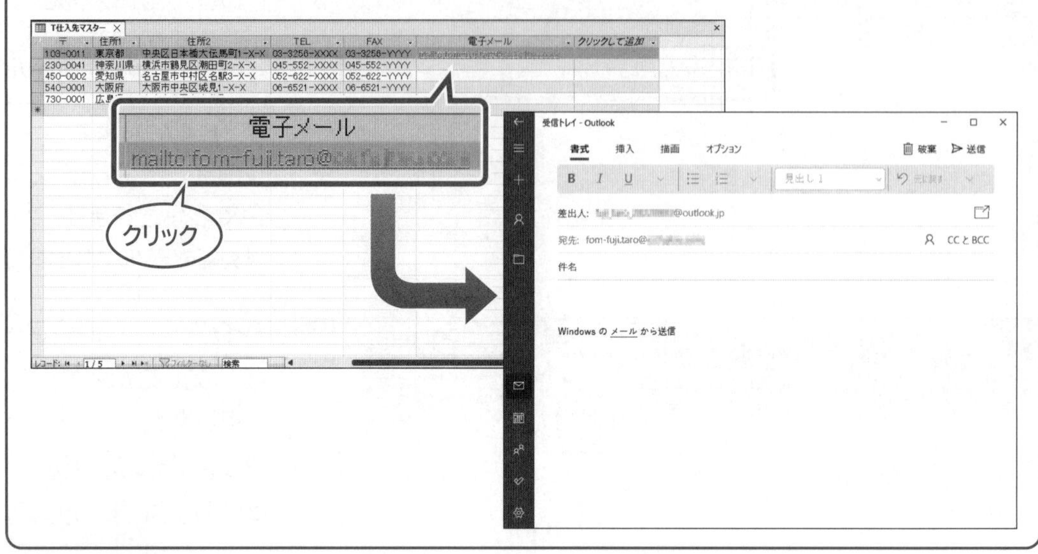

POINT ファイルへのハイパーリンク

Accessの別のデータベースやほかのアプリケーションで作成したファイルへのハイパーリンクを設定するには、ファイルの場所とファイル名を次のように入力します。

C:¥Users¥（ユーザー名）¥Documents¥Access2021応用¥本社移転のお知らせ.pdf

ファイルの場所　ファイル名

入力したファイル名をクリックすると、対応するアプリケーションが自動的に起動し、ファイルが開かれます。

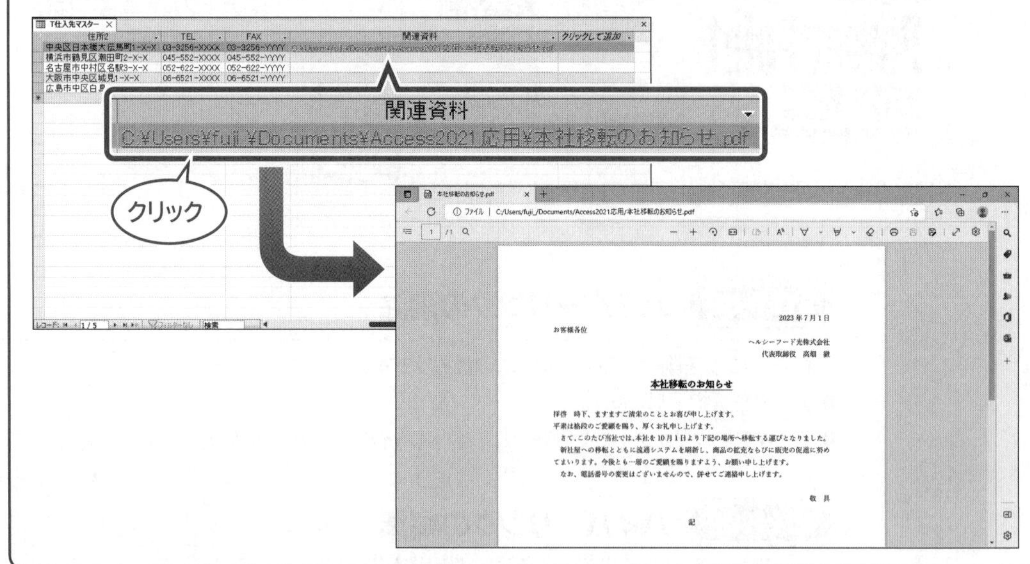

STEP 3 条件付き書式を設定する

1 条件付き書式

フォームやレポートのコントロールに**「条件付き書式」**を設定すると、条件に合致するときだけ、そのコントロールの書式を自動的に変更できます。
販売価格が原価を下回る場合や商品名にあるキーワードが含まれる場合などに、データを目立たせることができます。
条件付き書式は、**《新しい書式ルール》**ダイアログボックスで、条件と条件に合致する場合の書式を設定します。

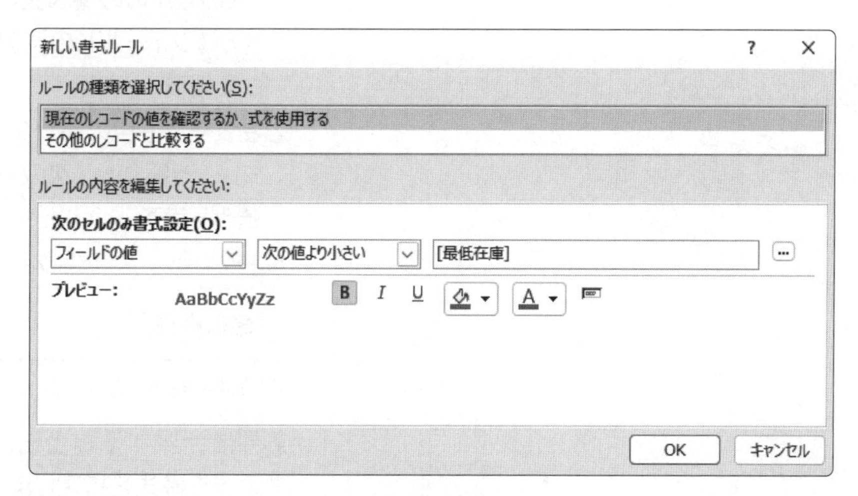

2 条件付き書式の設定

フォームのコントロールに条件付き書式を設定しましょう。

» フォーム「F商品マスター」をデザインビューで開いておきましょう。

1 基本的な条件の設定

「在庫数」が**「最低在庫」**を下回る場合に、**「在庫数」**を赤色の太字で表示しましょう。

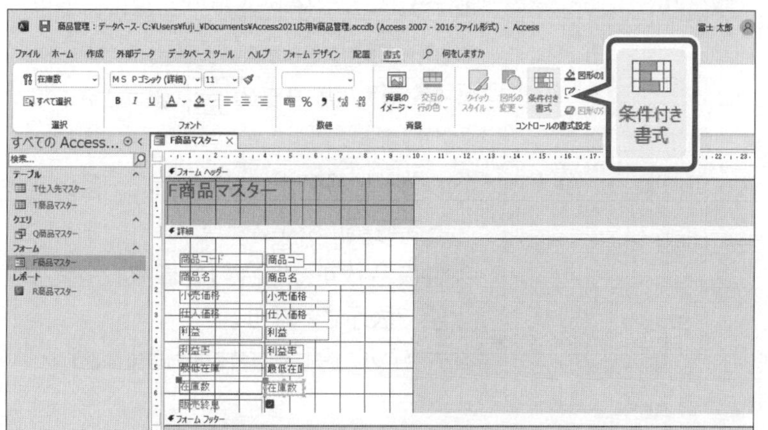

条件付き書式を設定するコントロールを選択します。

①**「在庫数」**テキストボックスを選択します。

②**《書式》**タブを選択します。

③**《コントロールの書式設定》**グループの（条件付き書式）をクリックします。

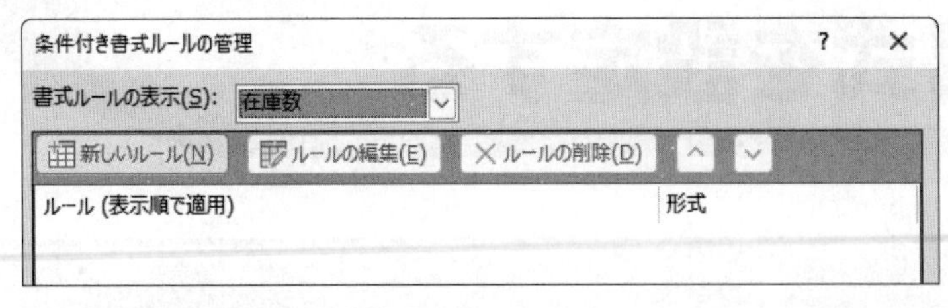

《**条件付き書式ルールの管理**》ダイアログボックスが表示されます。

条件を設定します。

④ 新しいルール(N)（新しいルール）をクリックします。

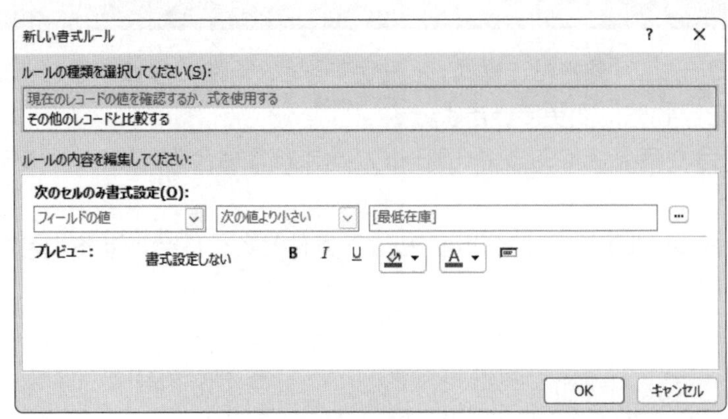

《**新しい書式ルール**》ダイアログボックスが表示されます。

⑤《**ルールの種類を選択してください**》が《**現在のレコードの値を確認するか、式を使用する**》になっていることを確認します。

⑥《**次のセルのみ書式設定**》の左のボックスが《**フィールドの値**》になっていることを確認します。

⑦左から2番目のボックスの をクリックし、一覧から《**次の値より小さい**》を選択します。

⑧右のボックスに次のように入力します。

[最低在庫]

※[ ]は半角で入力します。

条件に合致する場合に、コントロールに設定する書式を指定します。

⑨ **B**（太字）をクリックします。

⑩ A（フォントの色）の をクリックします。

⑪《**標準の色**》の《**赤**》をクリックします。

⑫《**OK**》をクリックします。

⑬《**OK**》をクリックします。

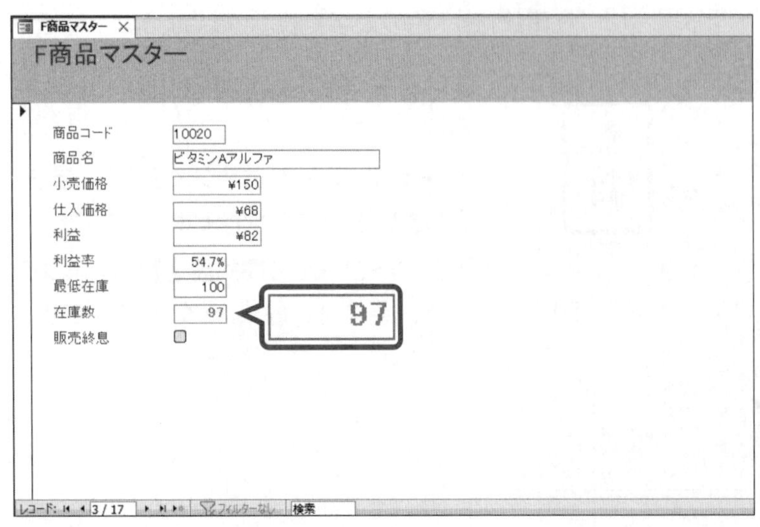

フォームビューに切り替えます。

⑭《**フォームデザイン**》タブを選択します。

※《ホーム》タブでもかまいません。

⑮《**表示**》グループの （表示）をクリックします。

⑯レコード移動ボタンを使って、各レコードを確認します。

条件に合致する場合、「**在庫数**」が赤色の太字で表示されます。

※デザインビューに切り替えておきましょう。

STEP UP その他の方法(条件付き書式の設定)

◆デザインビューで表示→テキストボックスを右クリック→《条件付き書式》

2 条件の削除

設定した条件を削除しましょう。

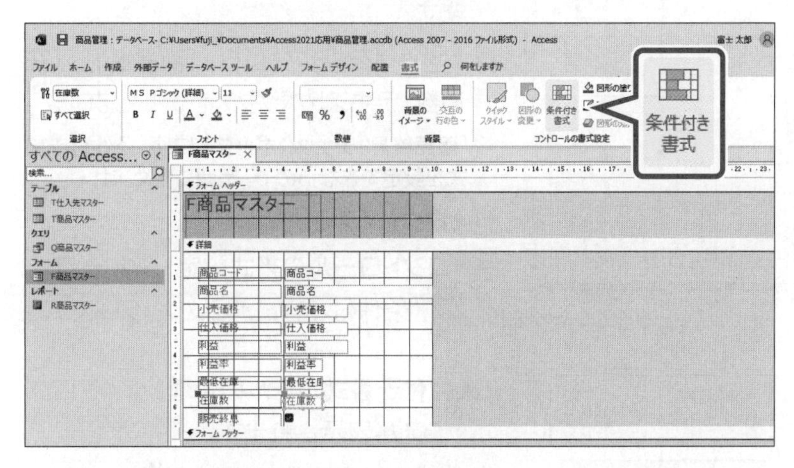

①「在庫数」テキストボックスを選択します。
②《書式》タブを選択します。
③《コントロールの書式設定》グループの (条件付き書式)をクリックします。

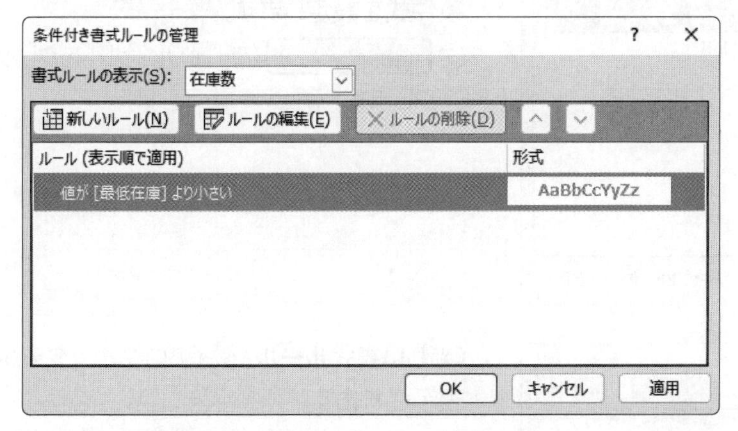

《条件付き書式ルールの管理》ダイアログボックスが表示されます。
条件を削除します。
④《ルール》の《値が[最低在庫]より小さい》をクリックします。
⑤ ×ルールの削除(D) (ルールの削除)をクリックします。

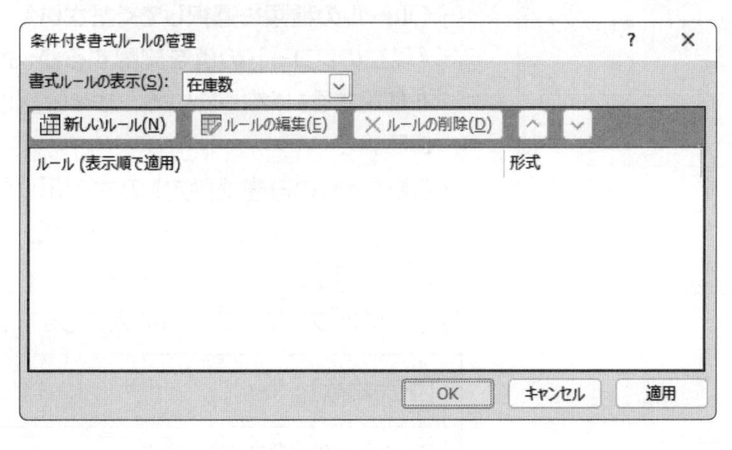

⑥《OK》をクリックします。
※フォームビューに切り替えて、条件が削除されていることを確認しましょう。
※デザインビューに切り替えておきましょう。

3 条件式の設定

販売が終息している商品は、その商品のデータを灰色で表示しましょう。

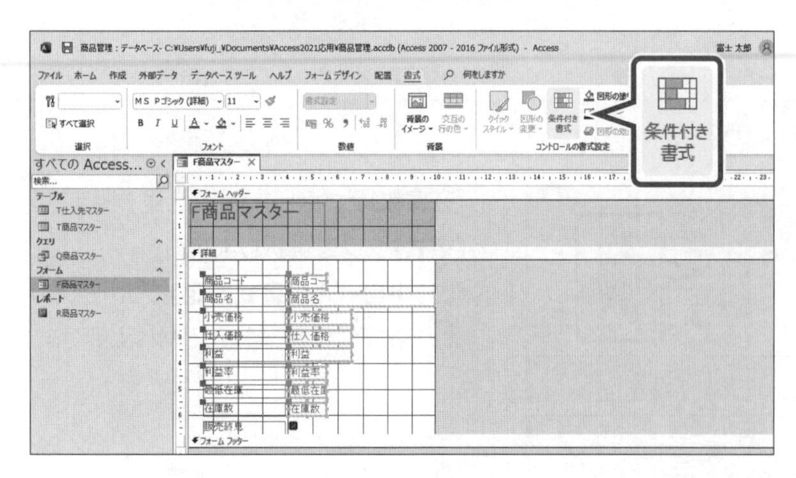

条件付き書式を設定するコントロールを選択します。

①**「商品コード」**テキストボックスを選択します。

② Shift を押しながら、**「商品名」**～**「在庫数」**テキストボックスを選択します。

※「販売終息」チェックボックスには、条件付き書式を設定できないので、範囲に含めません。

③**《書式》**タブを選択します。

④**《コントロールの書式設定》**グループの（条件付き書式）をクリックします。

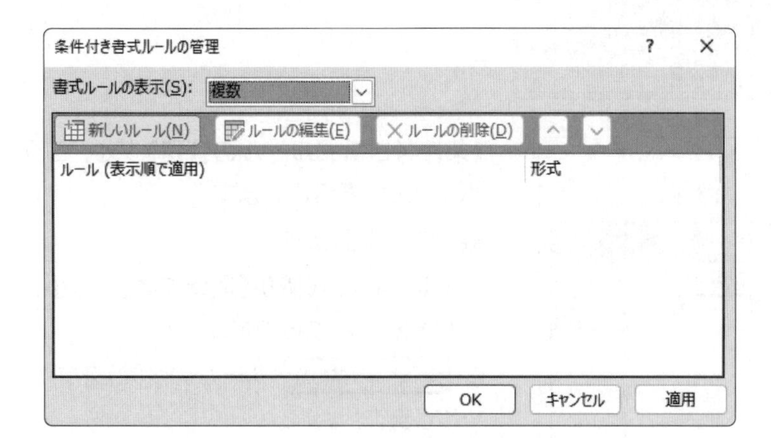

《条件付き書式ルールの管理》ダイアログボックスが表示されます。

条件式を設定します。

⑤ 新しいルール(N)（新しいルール）をクリックします。

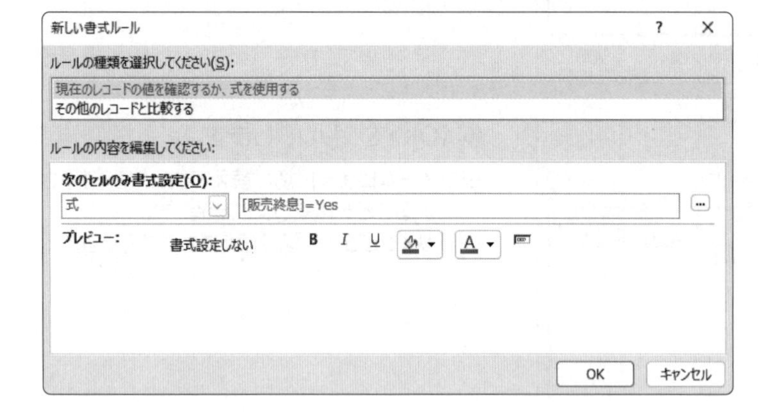

《新しい書式ルール》ダイアログボックスが表示されます。

⑥**《ルールの種類を選択してください》**が**《現在のレコードの値を確認するか、式を使用する》**になっていることを確認します。

⑦**《次のセルのみ書式設定》**の左のボックスの をクリックし、一覧から**《式》**を選択します。

⑧右のボックスに次のように入力します。

[販売終息]=Yes

※英字と記号は半角で入力します。

※「Yes」の代わりに、「True」「On」「-1」と入力してもかまいません。

条件に合致する場合に、コントロールに設定する書式を指定します。

⑨ A▾（フォントの色）の▾をクリックします。

⑩**《標準の色》**の**《薄い灰色5》**をクリックします。

⑪**《OK》**をクリックします。

⑫**《OK》**をクリックします。

フォームビューに切り替えます。

⑬**《フォームデザイン》**タブを選択します。

※《ホーム》タブでもかまいません。

⑭**《表示》**グループの ▤（表示）をクリックします。

⑮レコード移動ボタンを使って、各レコードを確認します。

条件に合致する場合、その商品のデータが灰色で表示されます。

※フォームを上書き保存し、閉じておきましょう。

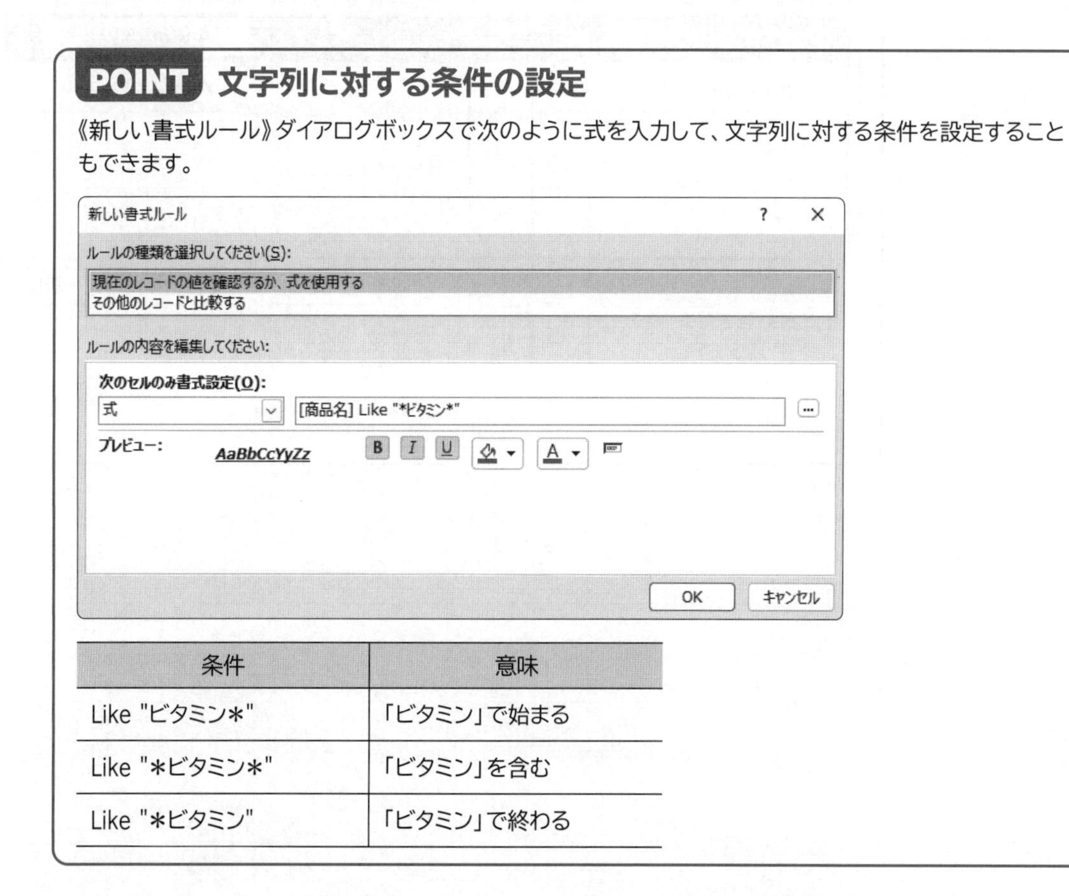

POINT 文字列に対する条件の設定

《新しい書式ルール》ダイアログボックスで次のように式を入力して、文字列に対する条件を設定することもできます。

条件	意味
Like "ビタミン＊"	「ビタミン」で始まる
Like "＊ビタミン＊"	「ビタミン」を含む
Like "＊ビタミン"	「ビタミン」で終わる

POINT 複数の条件の設定

複数の条件を設定する場合は、AND条件やOR条件を指定します。

●AND条件

「利益」が「¥1,000以上」かつ「利益率」が「50%以上」というAND条件は、次のように設定します。

●OR条件

「利益」が「¥1,000以上」または「利益率」が「50%以上」というOR条件は、次のように設定します。

STEP UP データバーを表示する条件の設定

レコードの値を比較して、その結果をデータバーとして表示できます。データバーを表示する場合は、フォームおよびレポートのコントロールに対して条件を設定します。
データバーを表示する条件の設定方法は、次のとおりです。

◆デザインビューまたはレイアウトビューで表示→コントロールを選択→《書式》タブ→《コントロールの書式設定》グループの (条件付き書式)→ 新しいルール(N) (新しいルール)→《ルールの種類を選択してください》の《その他のレコードと比較する》

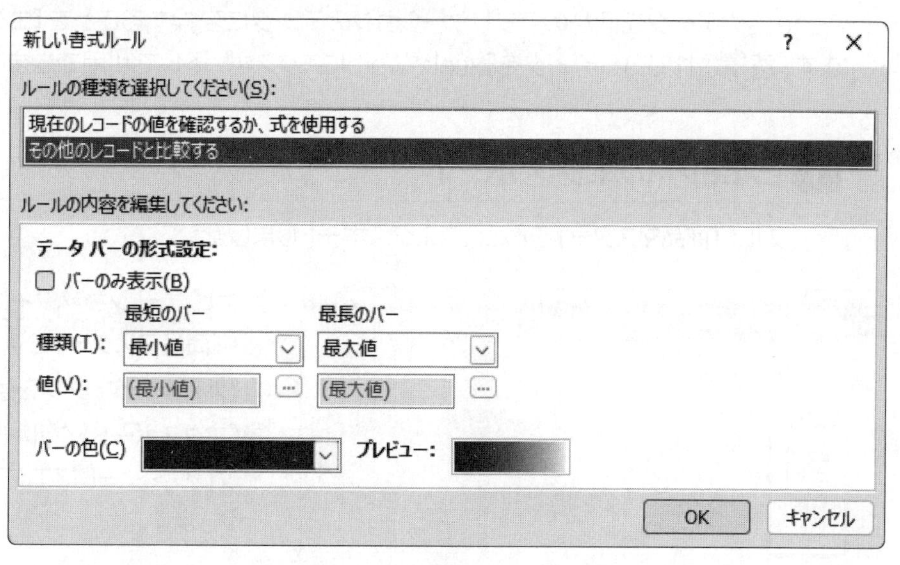

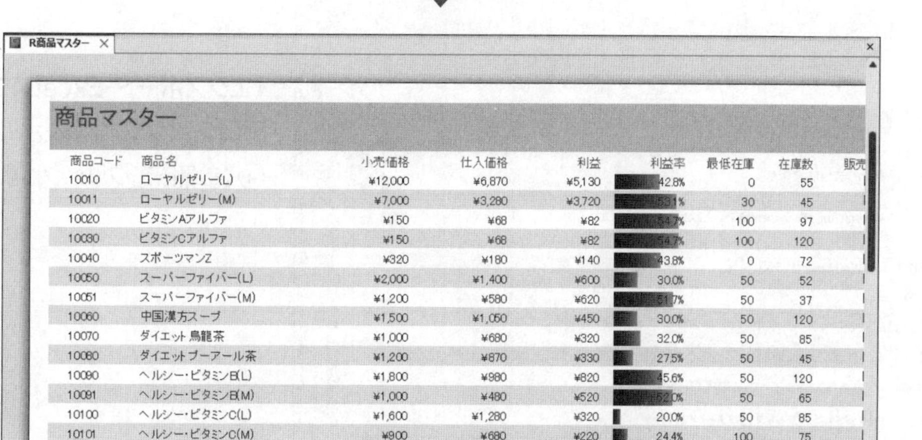
R商品マスター

商品マスター

商品コード	商品名	小売価格	仕入価格	利益	利益率	最低在庫	在庫数	販売
10010	ローヤルゼリー(L)	¥12,000	¥6,870	¥5,130	42.8%	0	55	
10011	ローヤルゼリー(M)	¥7,000	¥3,280	¥3,720	53.1%	30	45	
10020	ビタミンAアルファ	¥150	¥68	¥82	54.7%	100	97	
10030	ビタミンCアルファ	¥150	¥68	¥82	54.7%	100	120	
10040	スポーツマンZ	¥320	¥180	¥140	43.8%	0	72	
10050	スーパーファイバー(L)	¥2,000	¥1,400	¥600	30.0%	50	52	
10051	スーパーファイバー(M)	¥1,200	¥580	¥620	51.7%	50	37	
10060	中国漢方スープ	¥1,500	¥1,050	¥450	30.0%	50	120	
10070	ダイエット烏龍茶	¥1,000	¥680	¥320	32.0%	50	85	
10080	ダイエットプーアール茶	¥1,200	¥870	¥330	27.5%	50	45	
10090	ヘルシー・ビタミンB(L)	¥1,800	¥980	¥820	45.6%	50	120	
10091	ヘルシー・ビタミンB(M)	¥1,000	¥480	¥520	52.0%	50	65	
10100	ヘルシー・ビタミンC(L)	¥1,600	¥1,280	¥320	20.0%	50	85	
10101	ヘルシー・ビタミンC(M)	¥900	¥680	¥220	24.4%	100	75	
10110	エキストラ・ローヤルゼリー(L)	¥11,000	¥7,800	¥3,200	29.1%	30	25	

Step 4 Excel/Wordにエクスポートする

1 データのエクスポート

Accessのデータをほかのアプリケーションのデータに変換することを**「エクスポート」**といいます。蓄積されているデータをExcelやWordにエクスポートして利用できます。

1 Excelへのエクスポート

テーブル**「T商品マスター」**をExcelにエクスポートしましょう。

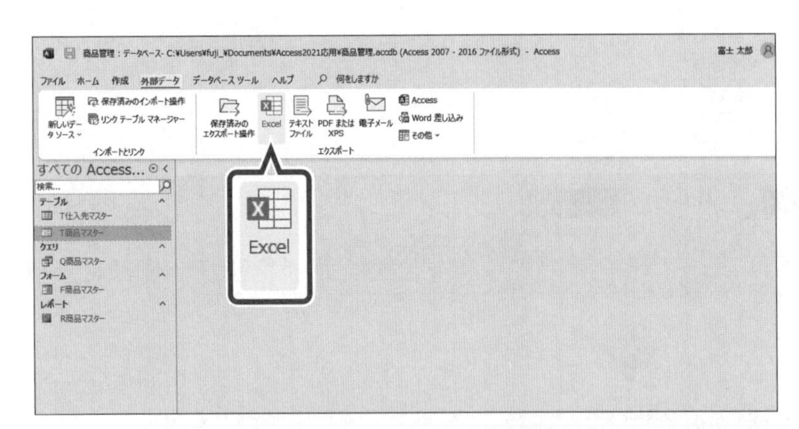

①ナビゲーションウィンドウのテーブル**「T商品マスター」**を選択します。

②**《外部データ》**タブを選択します。

③**《エクスポート》**グループの（Excelスプレッドシートにエクスポート）をクリックします。

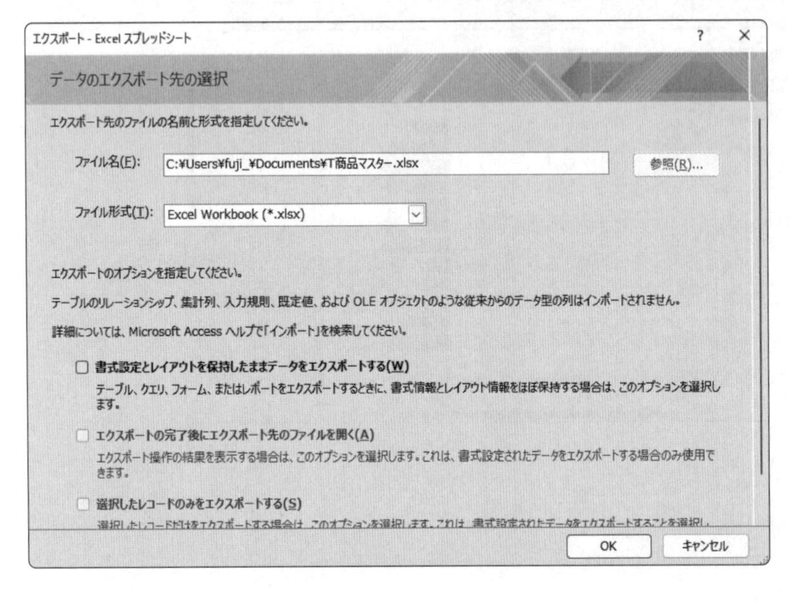

《エクスポート-Excelスプレッドシート》ダイアログボックスが表示されます。

④**《参照》**をクリックします。

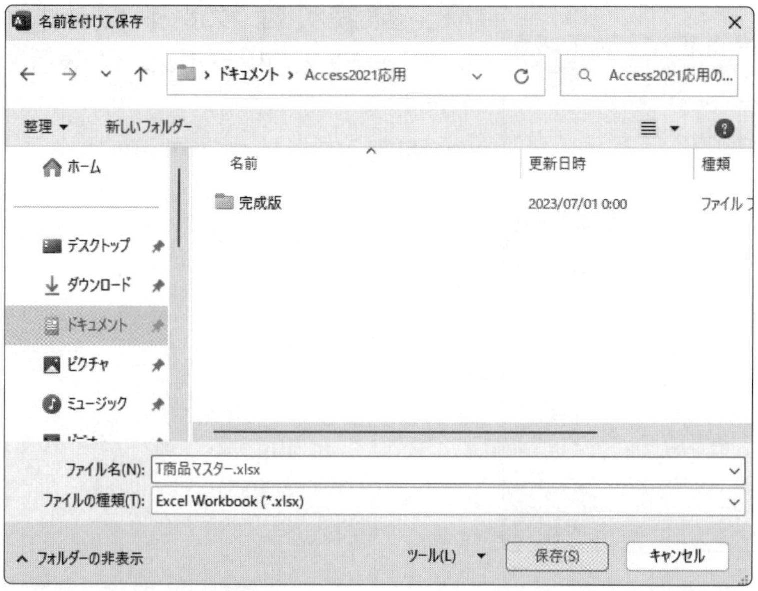

名前を付けて保存

← → ⌄ ↑ › ドキュメント › Access2021応用 ⌄ C Access2021応用の...

整理 ▾ 新しいフォルダー

ホーム
デスクトップ
ダウンロード
ドキュメント
ピクチャ
ミュージック

名前	更新日時	種類
完成版	2023/07/01 0:00	ファイル フ

ファイル名(N): T商品マスター.xlsx

ファイルの種類(T): Excel Workbook (*.xlsx)

^ フォルダーの非表示　ツール(L) ▾　保存(S)　キャンセル

《名前を付けて保存》ダイアログボックスが表示されます。

⑤《ドキュメント》を選択します。

⑥一覧から「Access2021応用」を選択します。

⑦《開く》をクリックします。

⑧《ファイル名》が「T商品マスター.xlsx」になっていることを確認します。

⑨《保存》をクリックします。

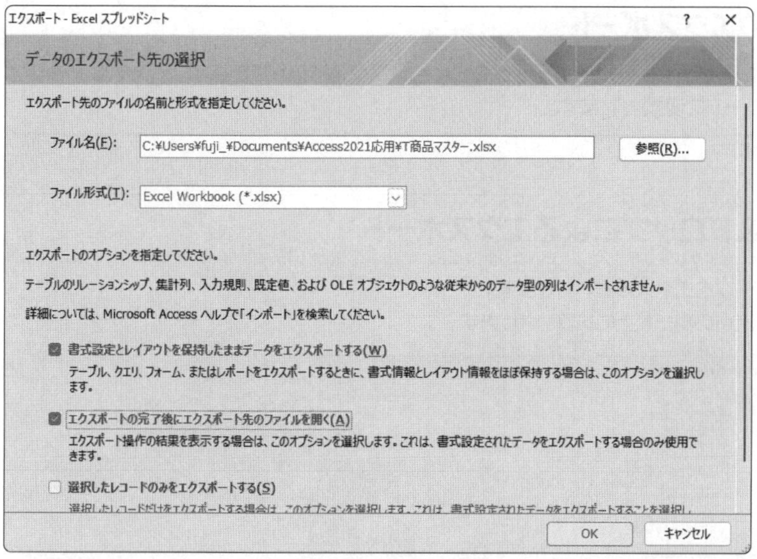

エクスポート - Excel スプレッドシート

データのエクスポート先の選択

エクスポート先のファイルの名前と形式を指定してください。

ファイル名(F): C:¥Users¥fuji_¥Documents¥Access2021応用¥T商品マスター.xlsx　参照(R)...

ファイル形式(T): Excel Workbook (*.xlsx)

エクスポートのオプションを指定してください。

テーブルのリレーションシップ、集計列、入力規則、既定値、および OLE オブジェクトのような従来からのデータ型の列はインポートされません。

詳細については、Microsoft Access ヘルプで「インポート」を検索してください。

☑ 書式設定とレイアウトを保持したままデータをエクスポートする(W)

テーブル、クエリ、フォーム、またはレポートをエクスポートするときに、書式情報とレイアウト情報をほぼ保持する場合は、このオプションを選択します。

☑ エクスポートの完了後にエクスポート先のファイルを開く(A)

エクスポート操作の結果を表示する場合は、このオプションを選択します。これは、書式設定されたデータをエクスポートする場合のみ使用できます。

☐ 選択したレコードのみをエクスポートする(S)

OK　キャンセル

《エクスポート-Excelスプレッドシート》ダイアログボックスに戻ります。

⑩《ファイル形式》の☐をクリックし、一覧から《Excel Workbook》を選択します。

※お使いの環境によっては、《Excel Workbook》が《Excelブック》と表示される場合があります。

⑪《書式設定とレイアウトを保持したままデータをエクスポートする》を☑にします。

⑫《エクスポートの完了後にエクスポート先のファイルを開く》を☑にします。

⑬《OK》をクリックします。

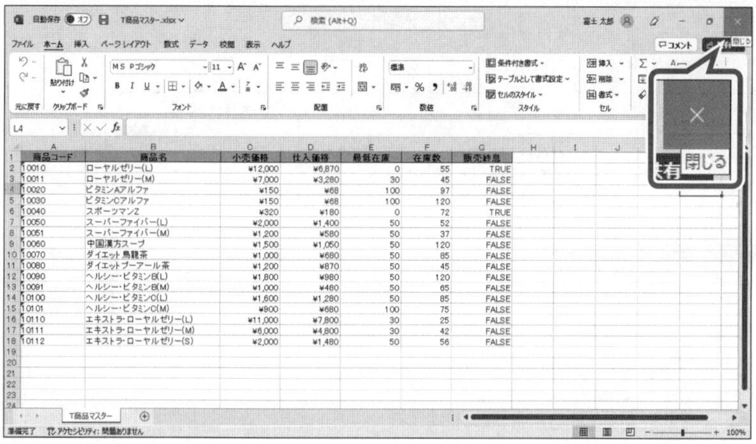

自動保存 オフ　T商品マスター.xlsx　検索 (Alt+Q)　富士 太郎

ファイル ホーム 挿入 ページレイアウト 数式 データ 校閲 表示 ヘルプ

L4

商品コード	商品名	小売価格	仕入価格	最低在庫	在庫数	販売終息
10010	ローヤルゼリー(L)	¥12,000	¥6,870	0	55	TRUE
10011	ローヤルゼリー(M)	¥7,000	¥3,280	30	45	FALSE
10020	ビタミンAアルファ	¥150	¥68	100	97	FALSE
10030	ビタミンCアルファ	¥150	¥68	100	120	FALSE
10040	スポーツマンZ	¥320	¥180	0	72	TRUE
10050	スーパーファイバー(L)	¥2,000	¥1,400	50	52	FALSE
10051	スーパーファイバー(M)	¥1,200	¥580	50	37	FALSE
10060	中国漢方スープ	¥1,500	¥1,050	50	120	FALSE
10070	ダイエット烏龍茶	¥1,000	¥680	50	85	FALSE
10080	ダイエットプーアール茶	¥1,200	¥870	50	45	FALSE
10090	ヘルシー・ビタミンB(L)	¥1,800	¥980	50	120	FALSE
10091	ヘルシー・ビタミンB(M)	¥1,000	¥480	50	65	FALSE
10100	ヘルシー・ビタミンC(L)	¥1,600	¥1,280	50	85	FALSE
10101	ヘルシー・ビタミンC(M)	¥900	¥680	100	75	FALSE
10110	エキストラ・ローヤルゼリー(L)	¥11,000	¥7,800	30	25	FALSE
10111	エキストラ・ローヤルゼリー(M)	¥6,000	¥4,800	30	42	FALSE
10112	エキストラ・ローヤルゼリー(S)	¥2,000	¥1,480	50	56	FALSE

T商品マスター

準備完了　アクセシビリティ: 問題ありません

閉じる

Excelが起動し、Excelブック「T商品マスター.xlsx」が表示されます。

Excelを終了します。

⑭ ☒ (閉じる)をクリックします。

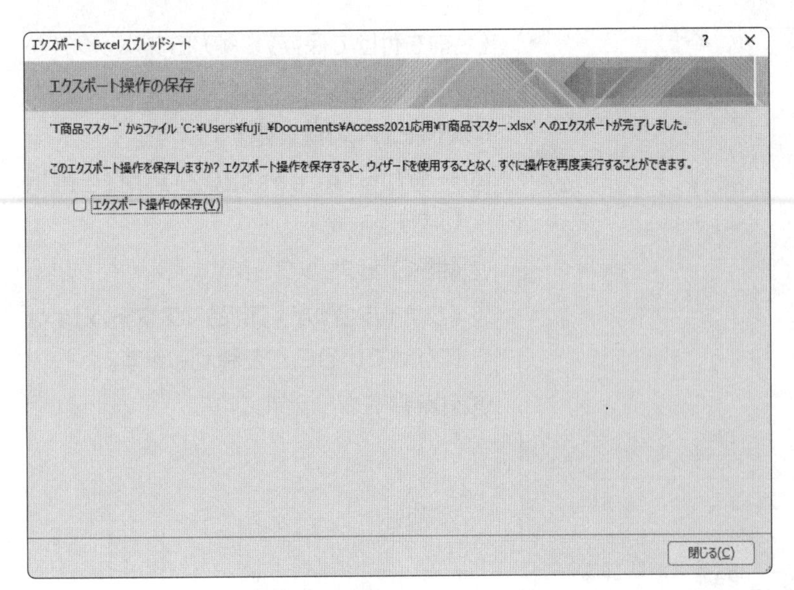

Accessに戻り、**《エクスポート-Excelスプレッドシート》**ダイアログボックスが表示されます。

⑮**《閉じる》**をクリックします。

POINT Excelへのエクスポート

テーブルだけでなく、クエリやフォーム、レポートのデータもExcelにエクスポートできます。データはすべてデータシート形式でExcelのシートに変換されます。

STEP UP ドラッグ&ドロップによるエクスポート

ドラッグ&ドロップでExcelにデータをエクスポートできます。
テーブルやクエリを選択して、Excelのシート上にドラッグします。

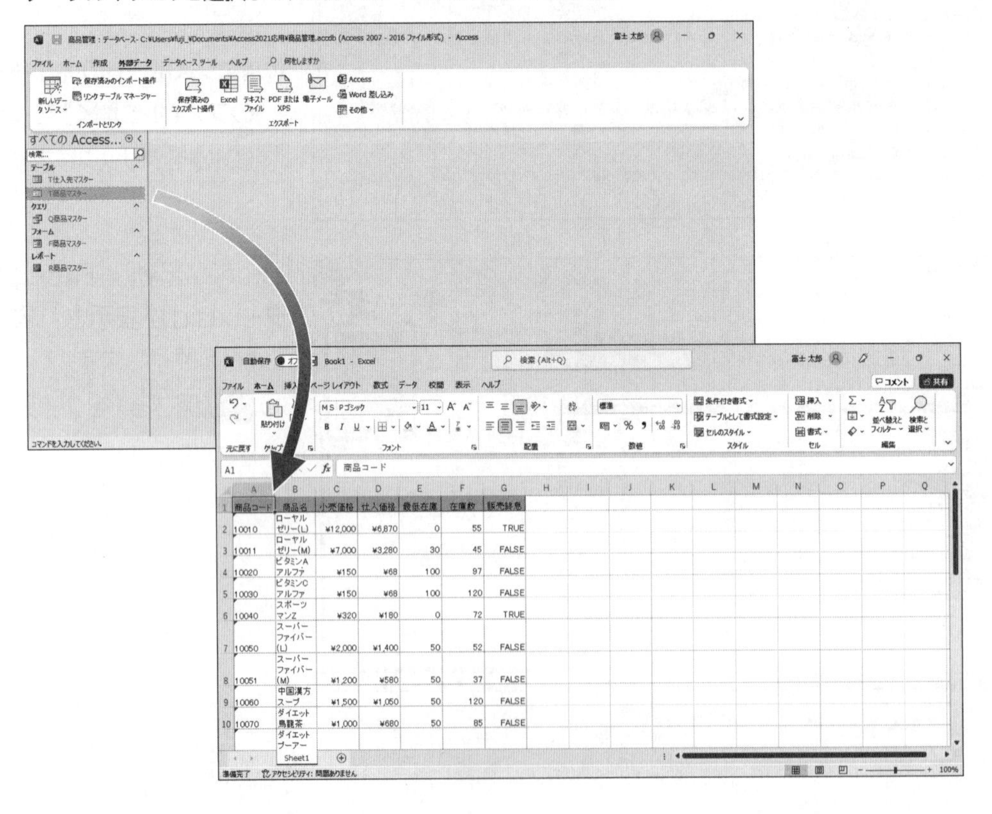

2 Wordへのエクスポート

AccessのデータをWordにエクスポートすると、差し込みデータや表として利用できます。
テーブル**「T仕入先マスター」**の**「仕入先名」**フィールドをWord文書**「事務所移転レポート.docx」**の宛先部分に1件ずつ差し込みましょう。

●事務所移転レポート.docx

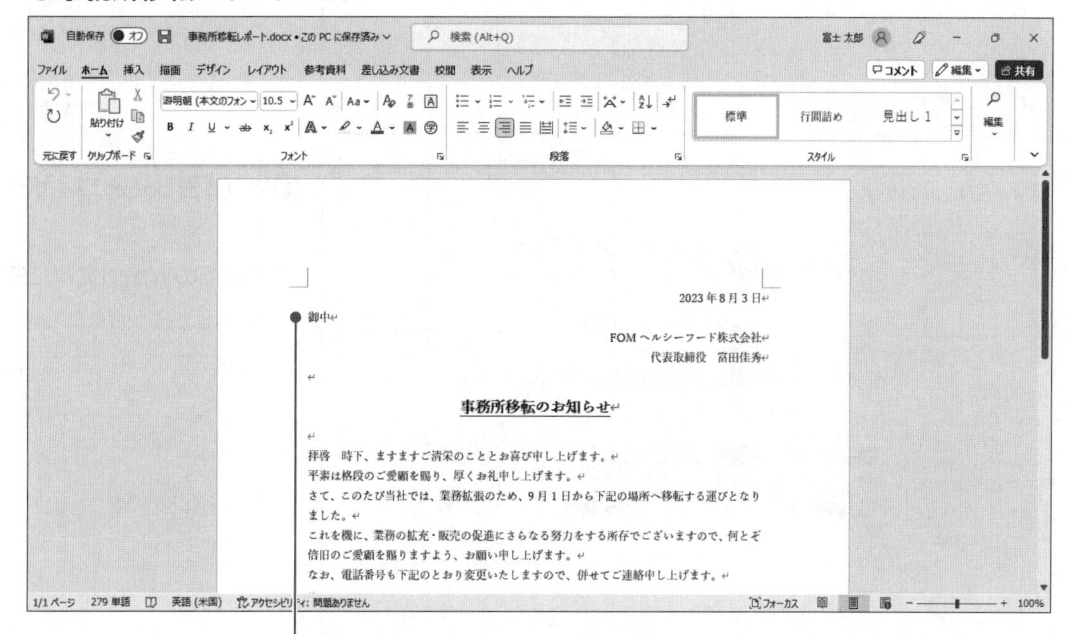
2023年8月3日

御中

FOMヘルシーフード株式会社
代表取締役　富田佳秀

事務所移転のお知らせ

拝啓　時下、ますますご清栄のこととお喜び申し上げます。
平素は格段のご愛顧を賜り、厚くお礼申し上げます。
さて、このたび当社では、業務拡張のため、9月1日から下記の場所へ移転する運びとなりました。
これを機に、業務の拡充・販売の促進にさらなる努力をする所存でございますので、何とぞ倍旧のご愛顧を賜りますよう、お願い申し上げます。
なお、電話番号も下記のとおり変更いたしますので、併せてご連絡申し上げます。

「T仕入先マスター」の「仕入先名」フィールドを差し込む

●T仕入先マスター

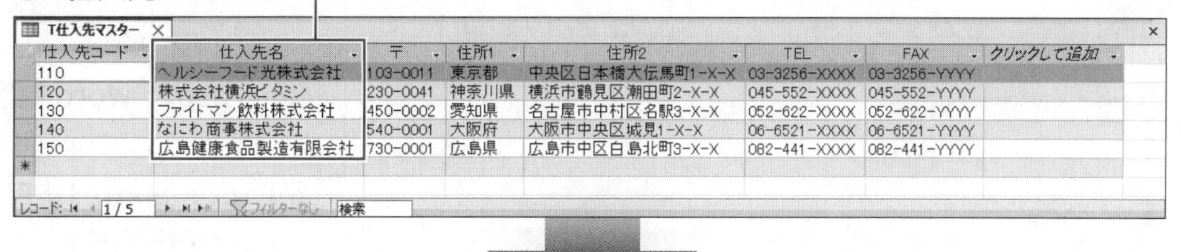

仕入先コード	仕入先名	〒	住所1	住所2	TEL	FAX	クリックして追加
110	ヘルシーフード光株式会社	103-0011	東京都	中央区日本橋大伝馬町1-X-X	03-3256-XXXX	03-3256-YYYY	
120	株式会社横浜ビタミン	230-0041	神奈川県	横浜市鶴見区潮田町2-X-X	045-552-XXXX	045-552-YYYY	
130	ファイトマン飲料株式会社	450-0002	愛知県	名古屋市中村区名駅3-X-X	052-622-XXXX	052-622-YYYY	
140	なにわ商事株式会社	540-0001	大阪府	大阪市中央区城見1-X-X	06-6521-XXXX	06-6521-YYYY	
150	広島健康食品製造有限会社	730-0001	広島県	広島市中区白島北町3-X-X	082-441-XXXX	082-441-YYYY	

「T仕入先マスター」の「仕入先名」が1件ずつ差し込まれる

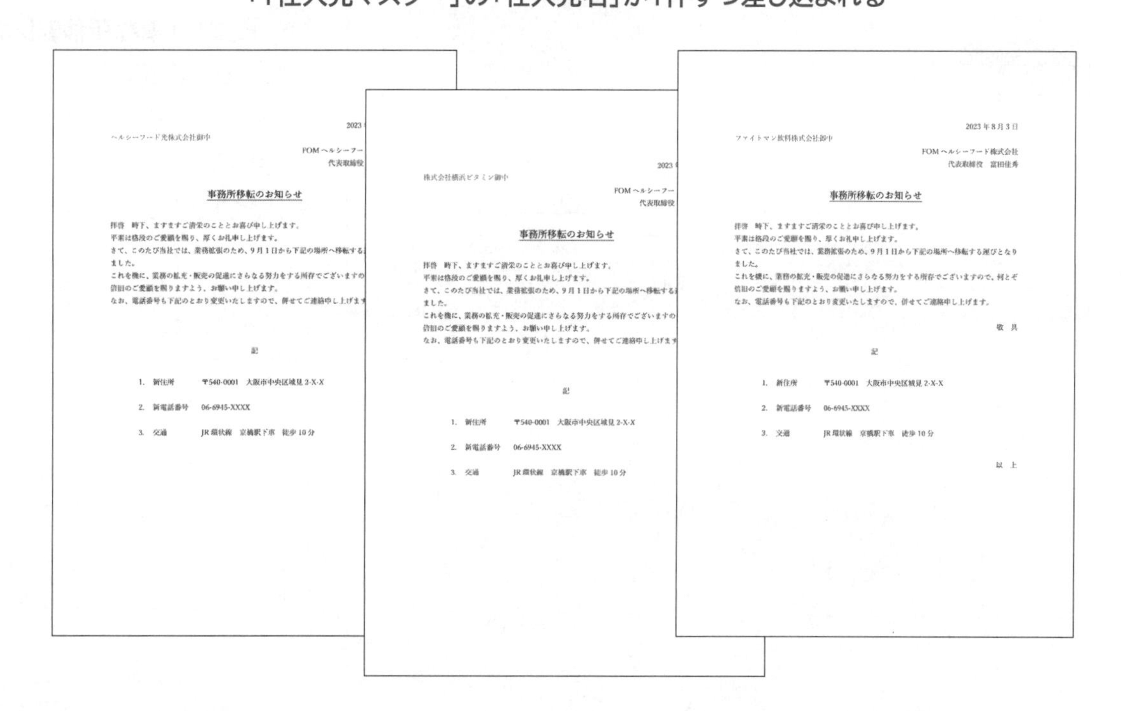

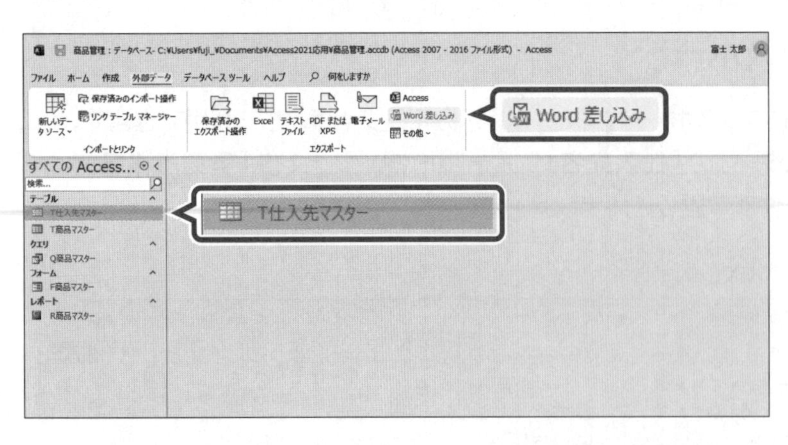

①ナビゲーションウィンドウのテーブル**「T仕入先マスター」**を選択します。

②**《外部データ》**タブを選択します。

③**《エクスポート》**グループの Word 差し込み (Office Links)をクリックします。

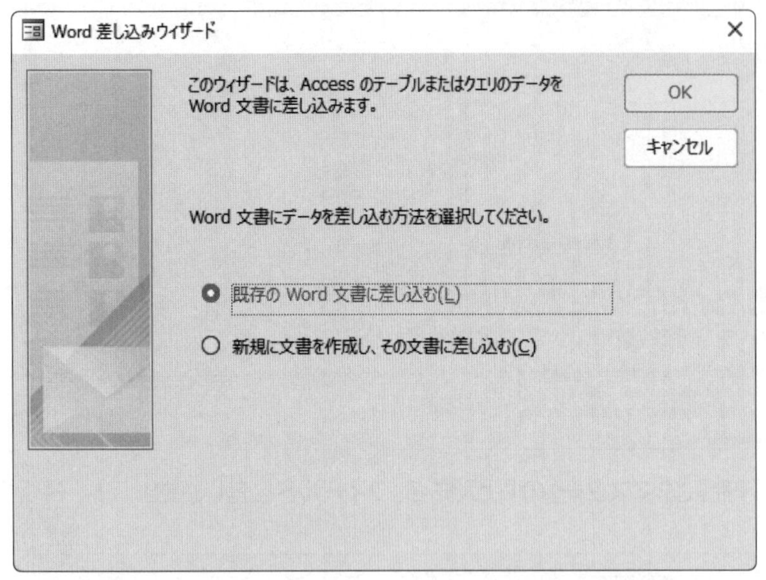

《Word差し込みウィザード》が表示されます。

④**《既存のWord文書に差し込む》**を◉にします。

⑤**《OK》**をクリックします。

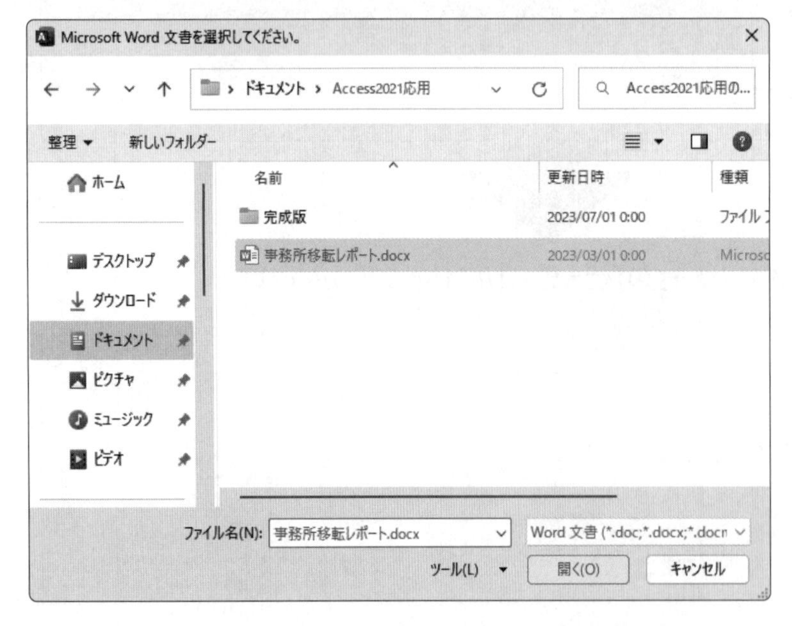

《Microsoft Word文書を選択してください。》ダイアログボックスが表示されます。

⑥**「Access2021応用」**が開かれていることを確認します。

※「Access2021応用」が開かれていない場合は、《ドキュメント》→「Access2021応用」を選択します。

⑦一覧から**「事務所移転レポート.docx」**を選択します。

⑧**《Word文書》**になっていることを確認します。

⑨**《開く》**をクリックします。

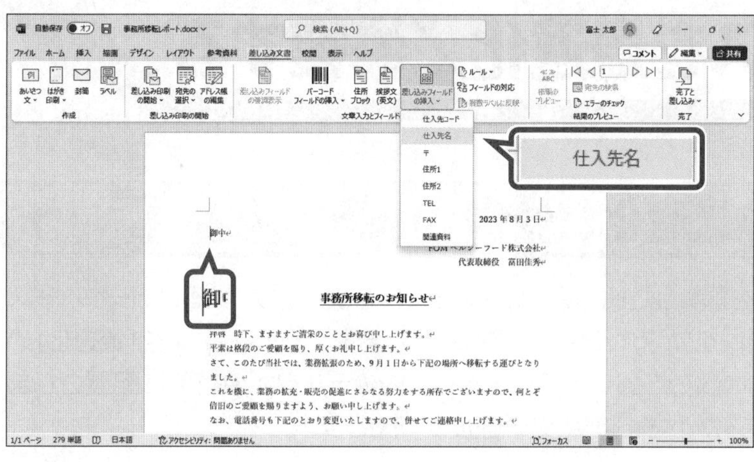

Wordが自動的に起動し、**「事務所移転レポート.docx」**が表示されます。

⑩タスクバーの［Wordのアイコン］をクリックします。

※［Wordのアイコン］をポイントすると、「事務所移転レポート.docx」のサムネイルが表示されます。

※《差し込み印刷》作業ウィンドウの［×］（閉じる）をクリックして、作業ウィンドウを非表示にしておきましょう。

※Wordを最大化しておきましょう。

「仕入先名」フィールドを差し込む位置を指定します。

⑪**「御中」**の前にカーソルを移動します。

⑫**《差し込み文書》**タブを選択します。

⑬**《文章入力とフィールドの挿入》**グループの［差し込みフィールドの挿入］（差し込みフィールドの挿入）の［差し込みフィールドの挿入］をクリックします。

⑭**「仕入先名」**をクリックします。

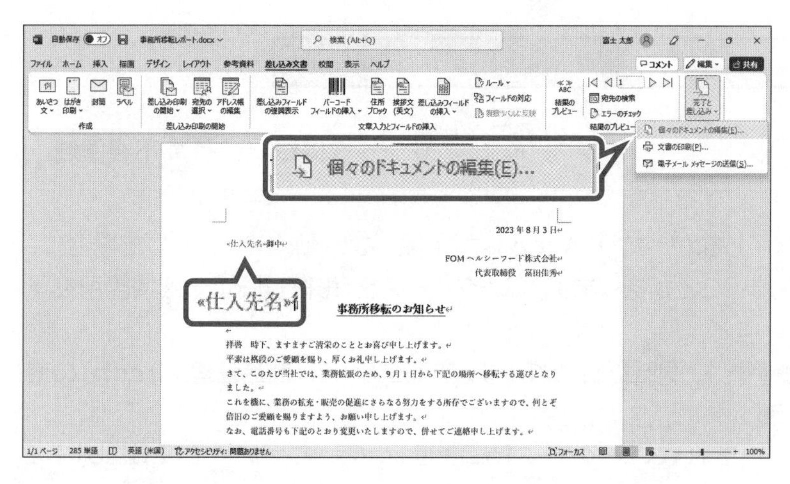

データを差し込むフィールドが配置されます。

※このフィールドを「差し込みフィールド」といいます。

差し込みフィールドにデータを差し込みます。

⑮**《完了》**グループの［完了と差し込み］（完了と差し込み）をクリックします。

⑯**《個々のドキュメントの編集》**をクリックします。

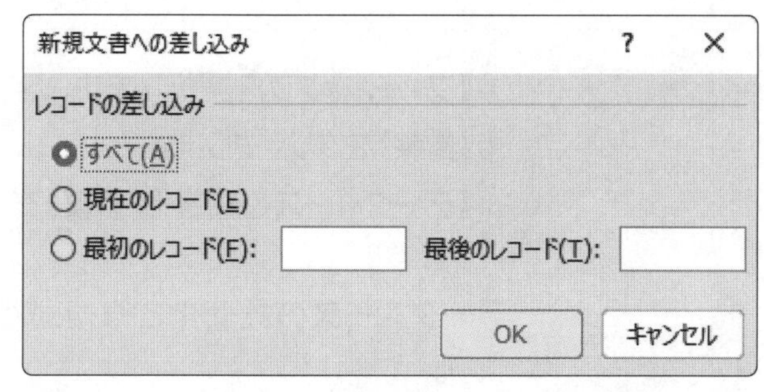

《新規文書への差し込み》ダイアログボックスが表示されます。

⑰**《すべて》**を◉にします。

⑱**《OK》**をクリックします。

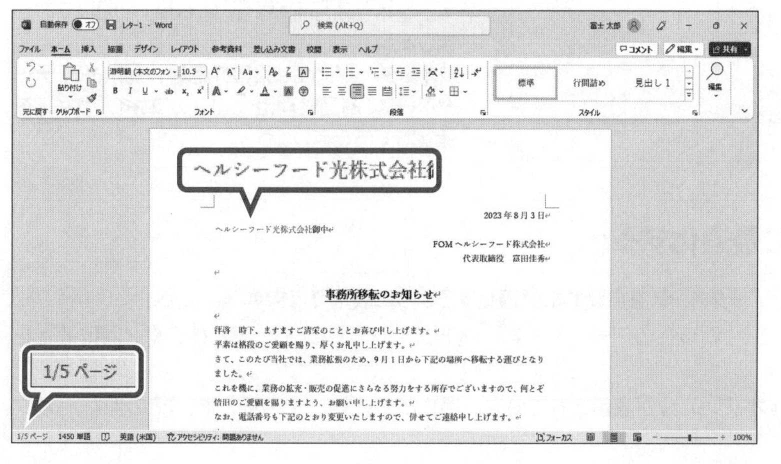

差し込みフィールドに**「仕入先名」**フィールドのデータが1件ずつ差し込まれます。

⑲差し込みフィールドに仕入先名が表示され、レコード数と同じページ数の文書が作成されていることを確認します。

※すべての文書を保存せずに閉じておきましょう。

※Wordを終了しておきましょう。

STEP 5 データベースを最適化／修復する

1 データベースの最適化と修復

Accessでは、オブジェクトを編集したり削除したりする操作を繰り返しているとデータベースが断片化され、ディスク領域を効率よく使用できなくなります。データベースを**「最適化」**すると、ディスク領域の無駄な部分を省いてデータベース内のデータが連続的に配置されます。その結果、ファイルサイズが小さくなり、処理速度が向上します。

●最適化のイメージ

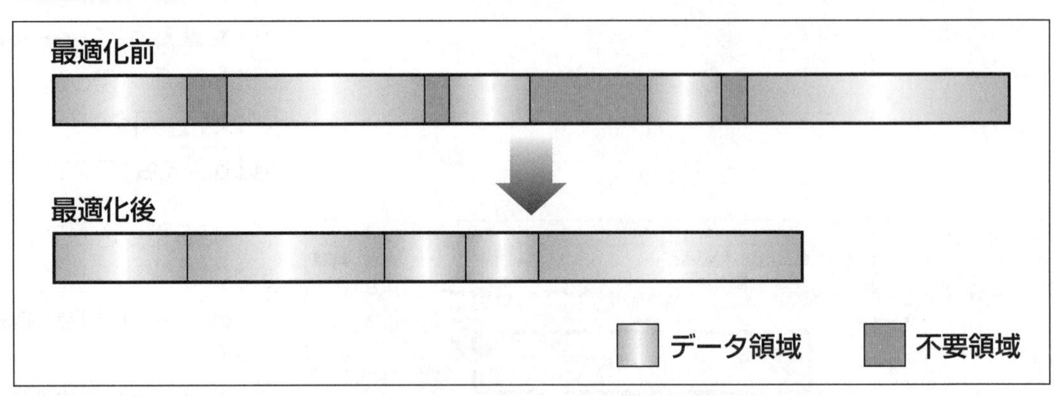

また、Accessが正しく終了しなかったり、Accessが予期しない動作をしたりした場合に、データベースが破損してしまうことがあります。データベースを**「修復」**すると、破損箇所を可能な限り修復できます。

データベースの最適化と修復は、同時に行われます。データベース**「商品管理.accdb」**の最適化と修復を行いましょう。

※フォルダー「Access2021応用」を開いて、データベース「商品管理.accdb」のファイルサイズを確認しておきましょう。

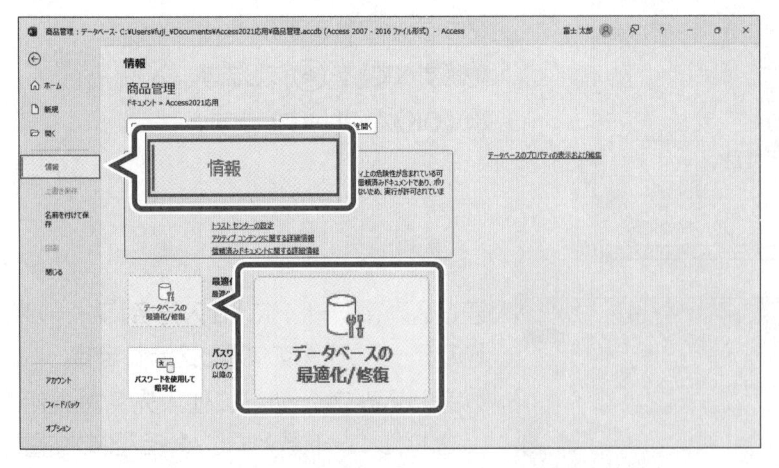

①**《ファイル》**タブを選択します。

②**《情報》**をクリックします。

③**《データベースの最適化/修復》**をクリックします。

データベースの最適化と修復が行われます。

※データベース「商品管理.accdb」を閉じておきましょう。

※フォルダー「Access2021応用」を開いて、データベース「商品管理.accdb」のファイルサイズを確認しておきましょう。

STEP UP 自動的に最適化する

データベースを閉じるときに、データベースを自動的に最適化するように設定できます。

◆《ファイル》タブ→《オプション》→《現在のデータベース》→《アプリケーションオプション》の《☑閉じるときに最適化する》

※お使いの環境によっては、《オプション》が表示されていない場合があります。その場合は、《その他》→《オプション》をクリックします。

POINT データベースのバックアップ

データベースを修復してもデータベースが元に戻らない場合や、誤ってデータベースを削除したり、パソコンのトラブルによってデータベースが扱えなくなったりする場合に備えて、データベースのバックアップを作成しておきましょう。
データベースをバックアップする方法は、次のとおりです。

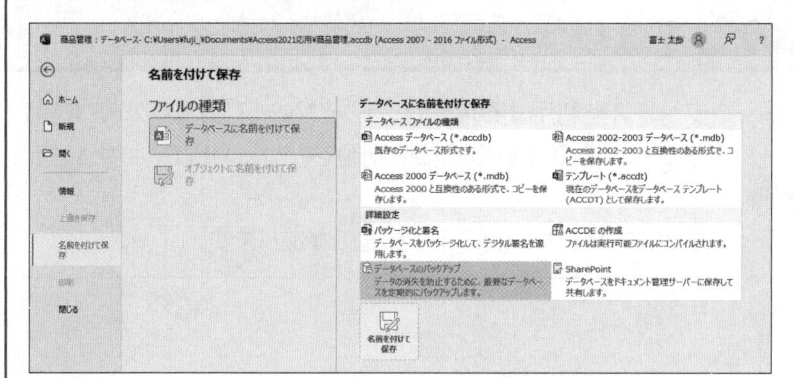

①バックアップするデータベースを開きます。
②《ファイル》タブを選択します。
③《名前を付けて保存》をクリックします。
④《ファイルの種類》の《データベースに名前を付けて保存》をクリックします。
⑤《データベースに名前を付けて保存》の《詳細設定》の《データベースのバックアップ》をクリックします。
⑥《名前を付けて保存》をクリックします。

《名前を付けて保存》ダイアログボックスが表示されます。
⑦保存先を指定します。
⑧《ファイル名》を指定します。
⑨《保存》をクリックします。

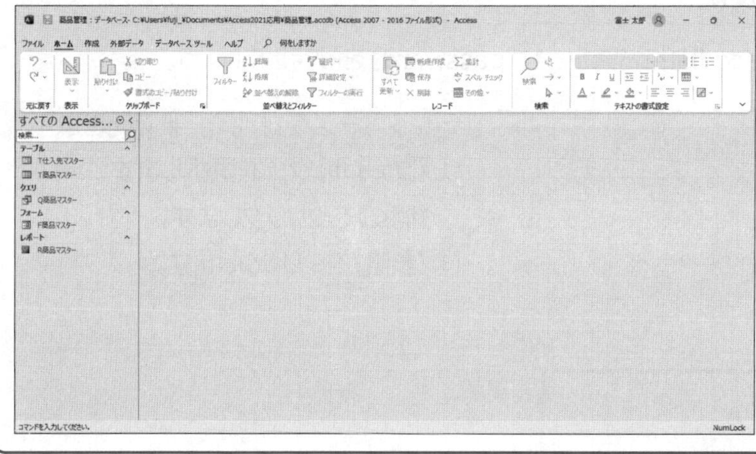

バックアップファイルが保存され、データベースウィンドウに戻ります。
※バックアップ後、データベースウィンドウに表示されているのは、元のデータベースです。

STEP 6 データベースを保護する

1 データベースのセキュリティ

不特定多数のユーザーがデータベースを利用する場合は、データベースにパスワードを設定してユーザーを限定したり、データベースの機能の一部に制限をかけたりして、セキュリティを高めるようにしましょう。
データベースのセキュリティを高める方法には、次のようなものがあります。

- **パスワードの設定**
- **起動時の設定**
- **ACCDEファイルの作成**

2 パスワードの設定

データベースにパスワードを設定すると、データベースが暗号化され、データベースを開く際にパスワードの入力が要求されます。正しいパスワードを入力しなければ、データベースを開くことができません。
パスワードを設定するには、データベースを排他モードで開きます。
「排他モード」とは、ひとりのユーザーがデータベースを開いている間は、ほかのユーザーがそのデータベースを利用できない状態のことです。
データベースにパスワードを設定しましょう。

1 パスワードの設定

データベース**「商品管理.accdb」**にパスワード**「password」**を設定しましょう。

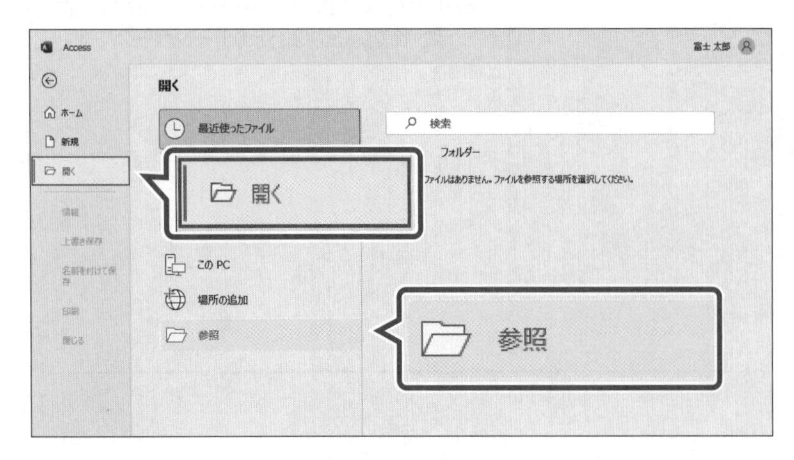

データベースを排他モードで開きます。
①**《ファイル》**タブを選択します。
②**《開く》**をクリックします。
③**《参照》**をクリックします。

《ファイルを開く》ダイアログボックスが表示されます。

④**「Access2021応用」**が開かれていることを確認します。

※「Access2021応用」が開かれていない場合は、《ドキュメント》→「Access2021応用」を選択します。

⑤一覧から**「商品管理.accdb」**を選択します。

⑥**《開く》**の▼をクリックし、一覧から**《排他モードで開く》**を選択します。

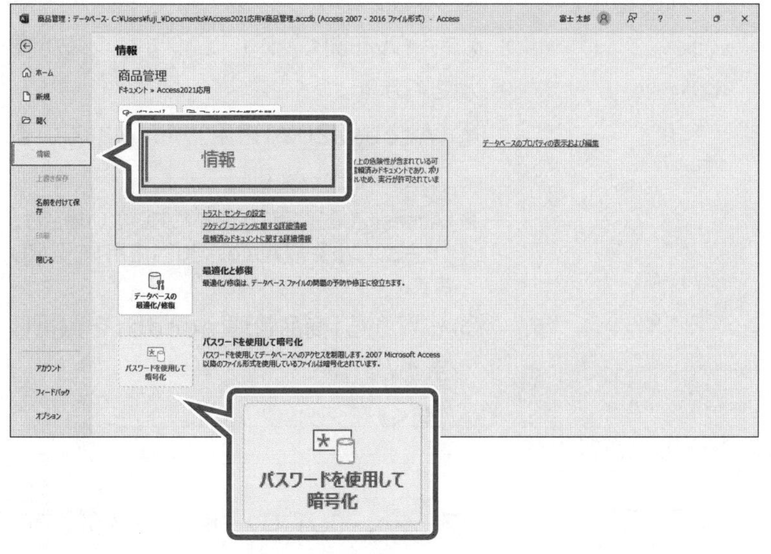

データベースが排他モードで開かれます。

パスワードを設定します。

⑦**《ファイル》**タブを選択します。

⑧**《情報》**をクリックします。

⑨**《パスワードを使用して暗号化》**をクリックします。

データベース パスワードの設定

パスワード(P):

****

確認(V):

****

OK　キャンセル

《データベースパスワードの設定》ダイアログボックスが表示されます。

⑩**《パスワード》**に**「password」**と入力します。

※パスワードを入力すると、1文字ごとに「*(アスタリスク)」が表示されます。

※大文字と小文字が区別されます。注意して入力しましょう。

⑪**《確認》**に**「password」**と入力します。

⑫**《OK》**をクリックします。

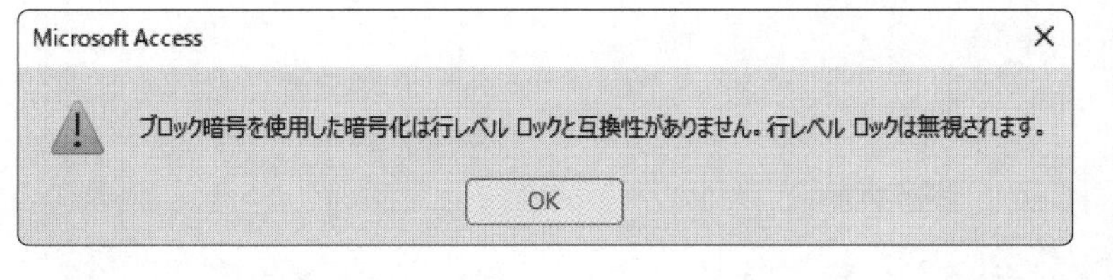

図のような確認のメッセージが表示されます。

⑬**《OK》**をクリックします。

※Accessでは、行レベルのロックを設定できますが、データベースにパスワードを設定した場合、その設定が無視されます。

※データベースを閉じておきましょう。

STEP UP パスワード

設定するパスワードは推測されにくいものにしましょう。次のようなパスワードは推測されやすいので、避けた方がよいでしょう。

- ●本人の誕生日
- ●従業員番号や会員番号
- ●すべて同じ数字
- ●意味のある英単語　　など

※本書では、操作をわかりやすくするため、意味のある英単語をパスワードにしています。

2 パスワードの設定の確認

データベースにパスワードが設定されていることを確認しましょう。

①**《ファイル》**タブを選択します。

②**《開く》**をクリックします。

③**《参照》**をクリックします。

《ファイルを開く》ダイアログボックスが表示されます。

④**「Access2021応用」**が開かれていることを確認します。

※「Access2021応用」が開かれていない場合は、《ドキュメント》→「Access2021応用」を選択します。

⑤一覧から**「商品管理.accdb」**を選択します。

⑥**《開く》**をクリックします。

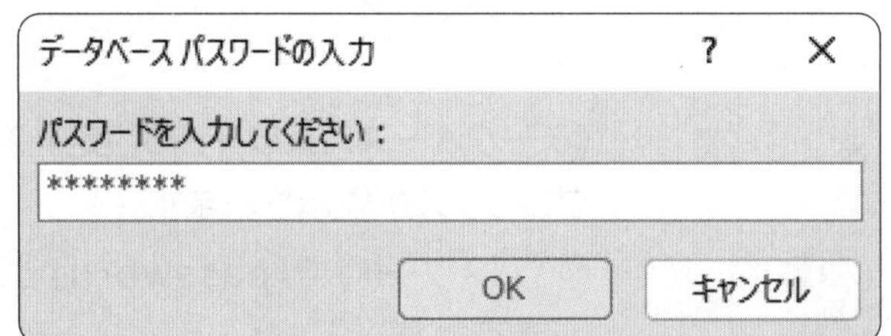

《データベースパスワードの入力》ダイアログボックスが表示されます。

⑦**《パスワードを入力してください》**に**「password」**と入力します。

※入力したパスワードは「*」で表示されます。

⑧**《OK》**をクリックします。

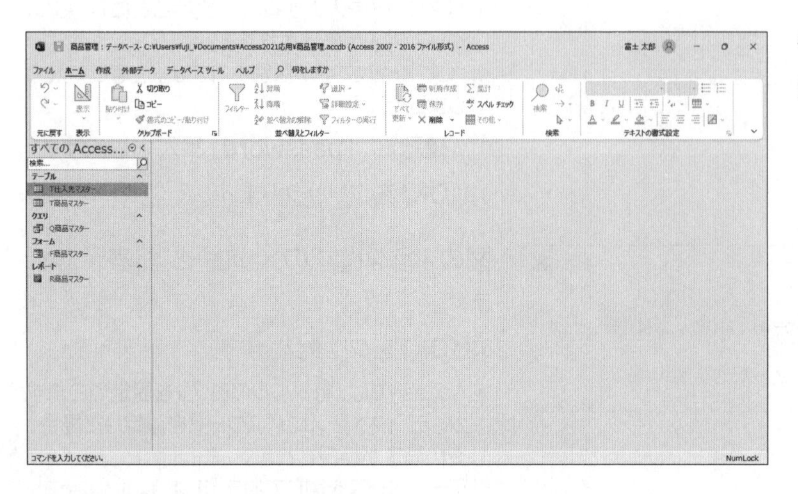

データベースが開かれます。

※データベースを閉じておきましょう。

3 パスワードの解除

データベースに設定したパスワードを解除しましょう。
パスワードを解除するには、データベースを排他モードで開きます。

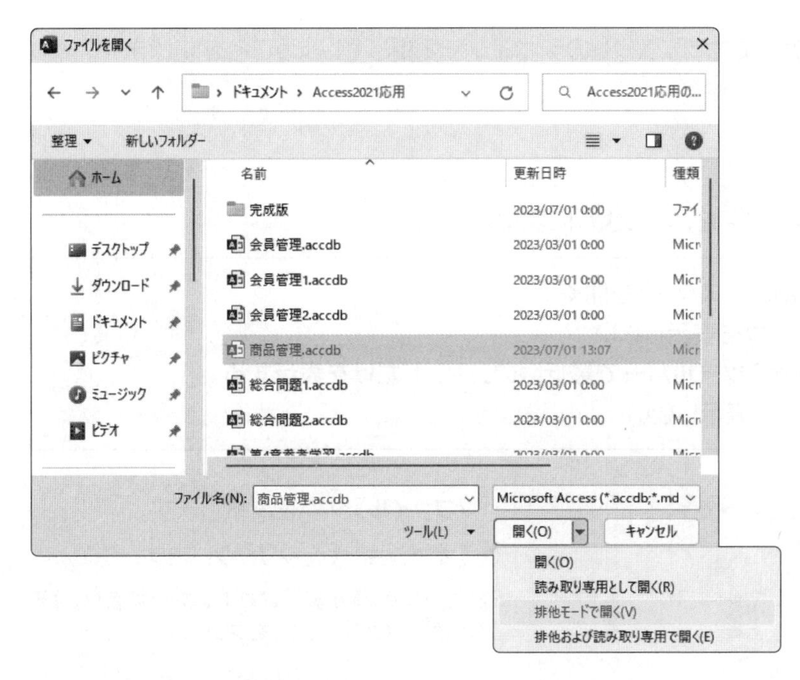

①**《ファイル》**タブを選択します。

②**《開く》**をクリックします。

③**《参照》**をクリックします。

《ファイルを開く》ダイアログボックスが表示されます。

④**「Access2021応用」**が開かれていることを確認します。

※「Access2021応用」が開かれていない場合は、《ドキュメント》→「Access2021応用」を選択します。

⑤一覧から**「商品管理.accdb」**を選択します。

⑥**《開く》**の▼をクリックし、一覧から**《排他モードで開く》**を選択します。

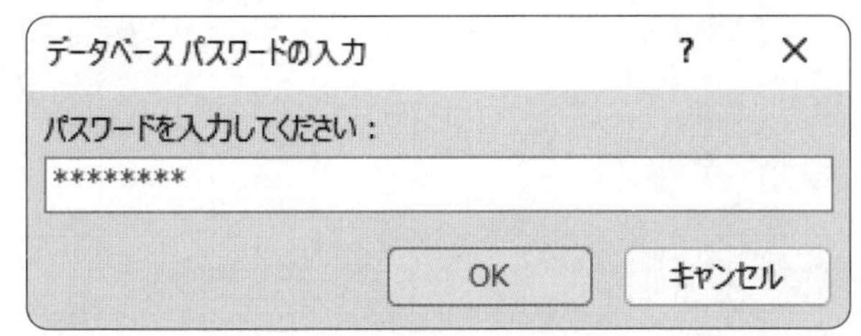

《データベースパスワードの入力》ダイアログボックスが表示されます。

⑦**《パスワードを入力してください》**に**「password」**と入力します。

※入力したパスワードは「*」で表示されます。

⑧**《OK》**をクリックします。

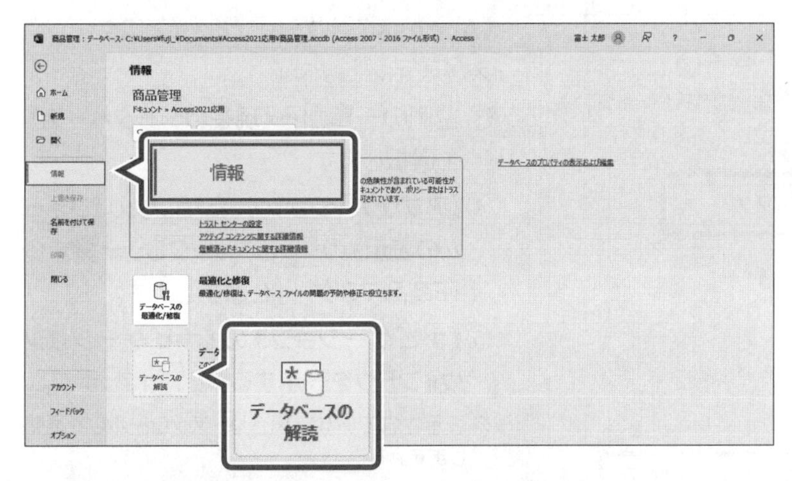

データベースが排他モードで開かれます。
パスワードを解除します。

⑨**《ファイル》**タブを選択します。

⑩**《情報》**をクリックします。

⑪**《データベースの解読》**をクリックします。

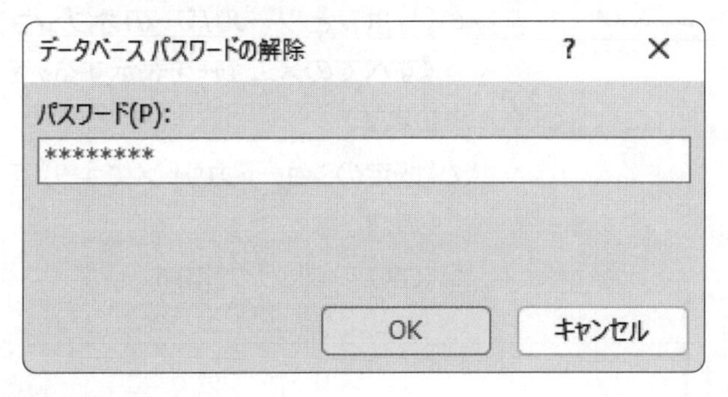

《データベースパスワードの解除》ダイアログボックスが表示されます。

⑫**《パスワード》**に**「password」**と入力します。

※入力したパスワードは「*」で表示されます。

⑬**《OK》**をクリックします。

※データベースを閉じておきましょう。

※データベースを開いて、パスワードが解除されていることを確認しましょう。

3 起動時の設定

データベースを開くときに、特定のフォームを開いたり、メニューやリボンなどを非表示にしたりできます。
これにより、ユーザーが誤ってオブジェクトのデザインを変更してしまうことを防げます。

1 起動時の設定

データベースを開くときの設定を、次のように変更しましょう。

●自動的にフォーム「F商品マスター」を開く
●ナビゲーションウィンドウを表示しない
●リボンやクイックアクセスツールバーで最低限のコマンドだけを表示する
●ショートカットメニューを表示しない

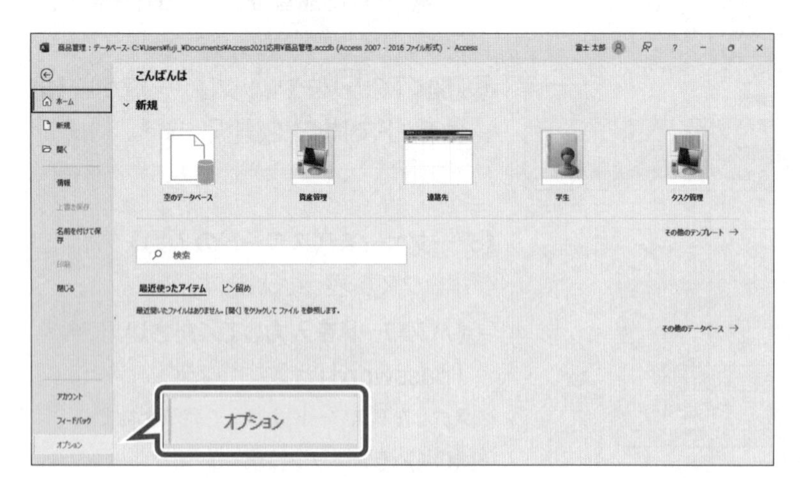

①**《ファイル》**タブを選択します。
②**《オプション》**をクリックします。
※《オプション》が表示されていない場合は、《その他》→《オプション》をクリックします。

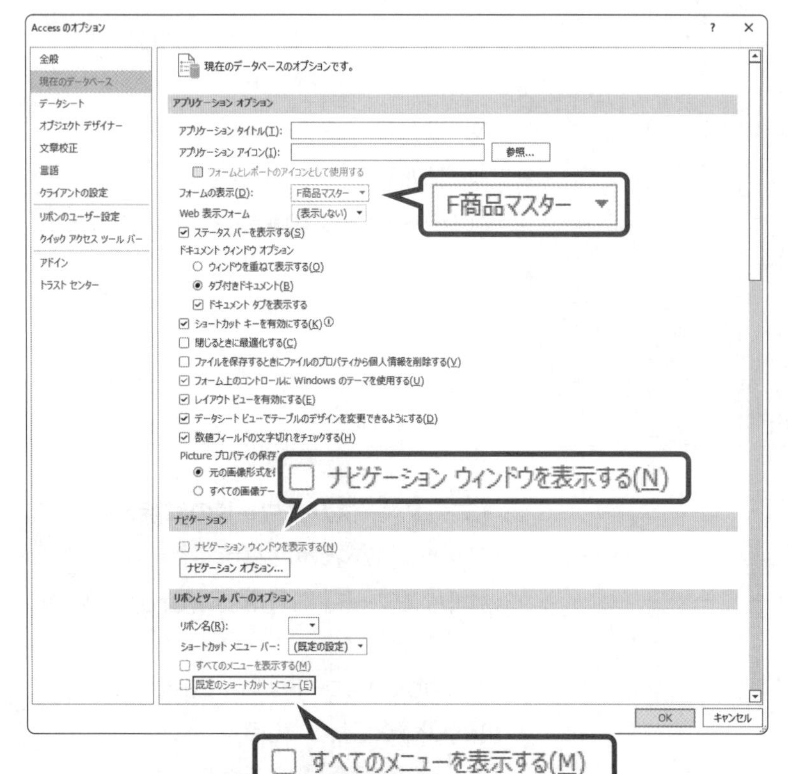

《Accessのオプション》ダイアログボックスが表示されます。
③左側の一覧から**《現在のデータベース》**を選択します。
④**《アプリケーションオプション》**の**《フォームの表示》**の▼をクリックし、一覧から**「F商品マスター」**を選択します。
⑤**《ナビゲーション》**の**《ナビゲーションウィンドウを表示する》**を☐にします。
※表示されていない場合は、スクロールして調整します。
⑥**《リボンとツールバーのオプション》**の**《すべてのメニューを表示する》**を☐にします。
⑦**《既定のショートカットメニュー》**を☐にします。
⑧**《OK》**をクリックします。

Microsoft Access
指定したオプションを有効にするには、現在のデータベースを閉じて再度開く必要があります。
OK

図のような確認のメッセージが表示されます。

⑨《**OK**》をクリックします。

※データベースを閉じておきましょう。

2 起動時の設定の確認

データベースを開き、起動時の設定がされていることを確認しましょう。

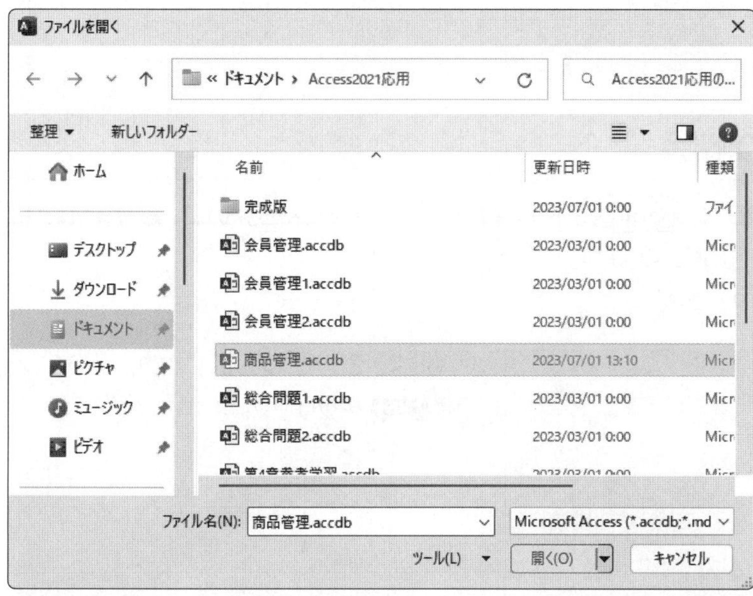

①《**ファイル**》タブを選択します。

②《**開く**》をクリックします。

③《**参照**》をクリックします。

《**ファイルを開く**》ダイアログボックスが表示されます。

④《**ドキュメント**》を選択します。

⑤一覧から「**Access2021応用**」を選択します。

⑥《**開く**》をクリックします。

⑦一覧から「**商品管理.accdb**」を選択します。

⑧《**開く**》をクリックします。

データベースが開かれます。

⑨フォーム「**F商品マスター**」が開かれていることを確認します。

⑩ナビゲーションウィンドウが非表示になっていることを確認します。

⑪リボンやクイックアクセスツールバーに最低限のコマンドだけが表示されていることを確認します。

※《ホーム》タブの《表示》グループが非表示になり、一部のコマンドだけが有効になっています。また、《作成》タブや《外部データ》タブなどが非表示になっています。

⑫フォーム内を右クリックし、ショートカットメニューが表示されないことを確認します。

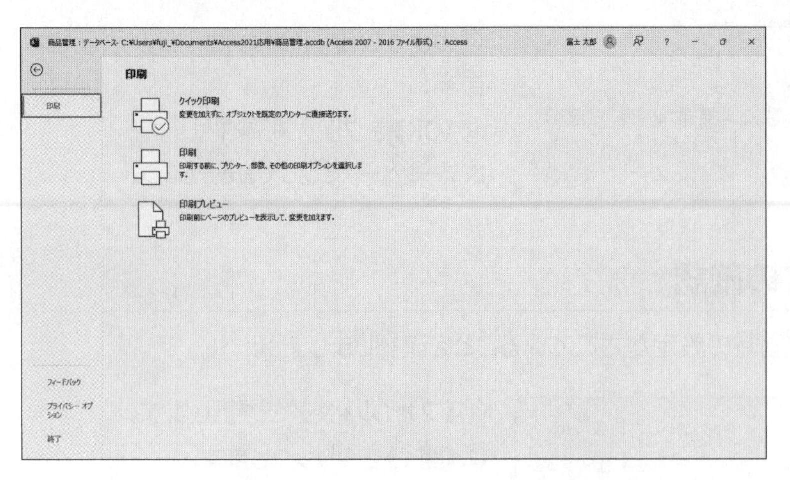

⑬《ファイル》タブを選択します。

⑭最低限のメニューだけが表示されていることを確認します。

※Accessを終了しておきましょう。

3 起動時の設定の解除

起動時の設定を解除するには、Shift を押しながらデータベースを開いて、設定をもとに戻します。起動時の設定を解除しましょう。

※Accessを起動しておきましょう。

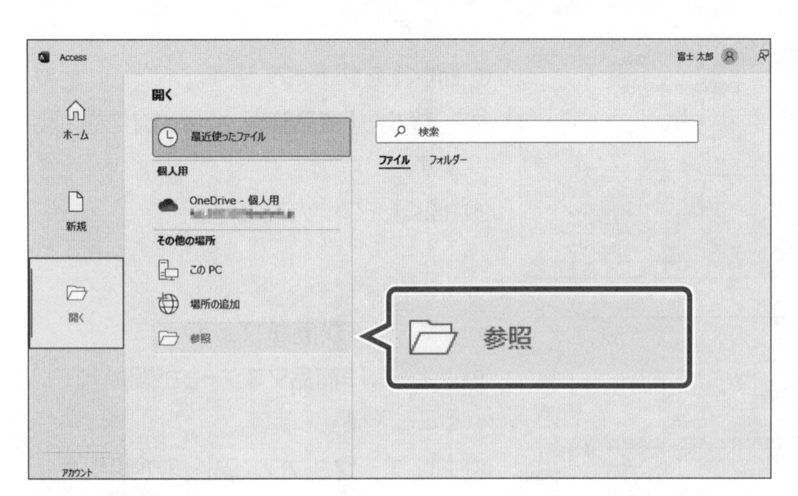

①《開く》をクリックします。

②《参照》をクリックします。

《ファイルを開く》ダイアログボックスが表示されます。

③《ドキュメント》を選択します。

④一覧から「Access2021応用」を選択します。

⑤《開く》をクリックします。

⑥一覧から「商品管理.accdb」を選択します。

⑦ Shift を押しながら、《開く》をクリックします。

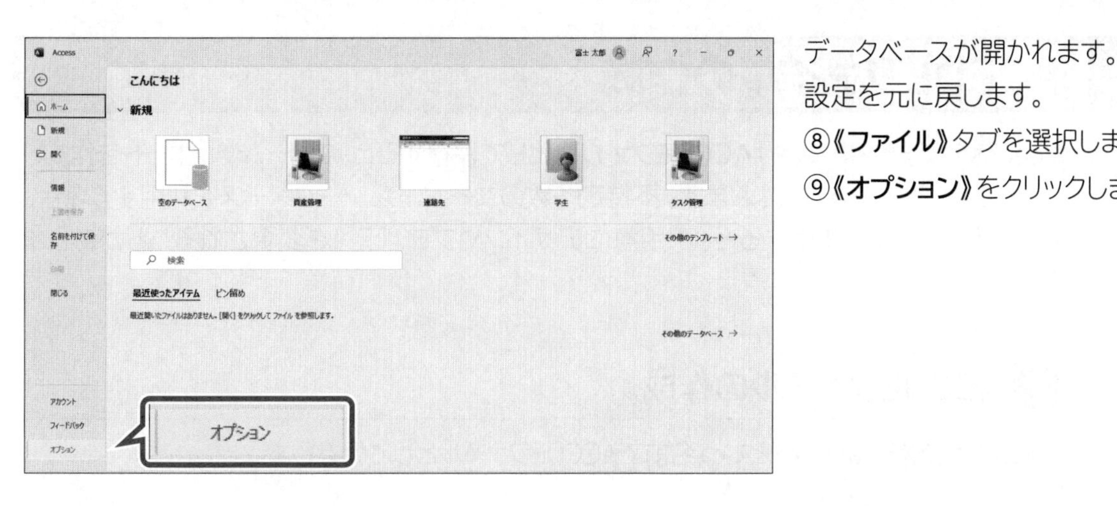

データベースが開かれます。

設定を元に戻します。

⑧**《ファイル》**タブを選択します。

⑨**《オプション》**をクリックします。

《Accessのオプション》ダイアログボックスが表示されます。

⑩左側の一覧から**《現在のデータベース》**を選択します。

⑪**《アプリケーションオプション》**の**《フォームの表示》**の をクリックし、一覧から**《(表示しない)》**を選択します。

⑫**《ナビゲーション》**の**《ナビゲーションウィンドウを表示する》**を☑にします。

※表示されていない場合は、スクロールして調整します。

⑬**《リボンとツールバーのオプション》**の**《すべてのメニューを表示する》**を☑にします。

⑭**《既定のショートカットメニュー》**を☑にします。

⑮**《OK》**をクリックします。

図のような確認のメッセージが表示されます。

⑯**《OK》**をクリックします。

※データベースを閉じ、再度開いて起動時の設定が解除されていることを確認しましょう。

4 ACCDEファイルの作成

Accessのデータベースを**「ACCDEファイル」**として保存すると、フォームやレポートを作成したり、変更したりできなくなります。不特定多数のユーザーがデータベースを利用する場合、ACCDEファイルで運用すると、不用意にデザインやプロパティを変更されることがありません。

1 ACCDEファイルの作成

「商品管理（実行）.accde」という名前でACCDEファイルとして保存しましょう。

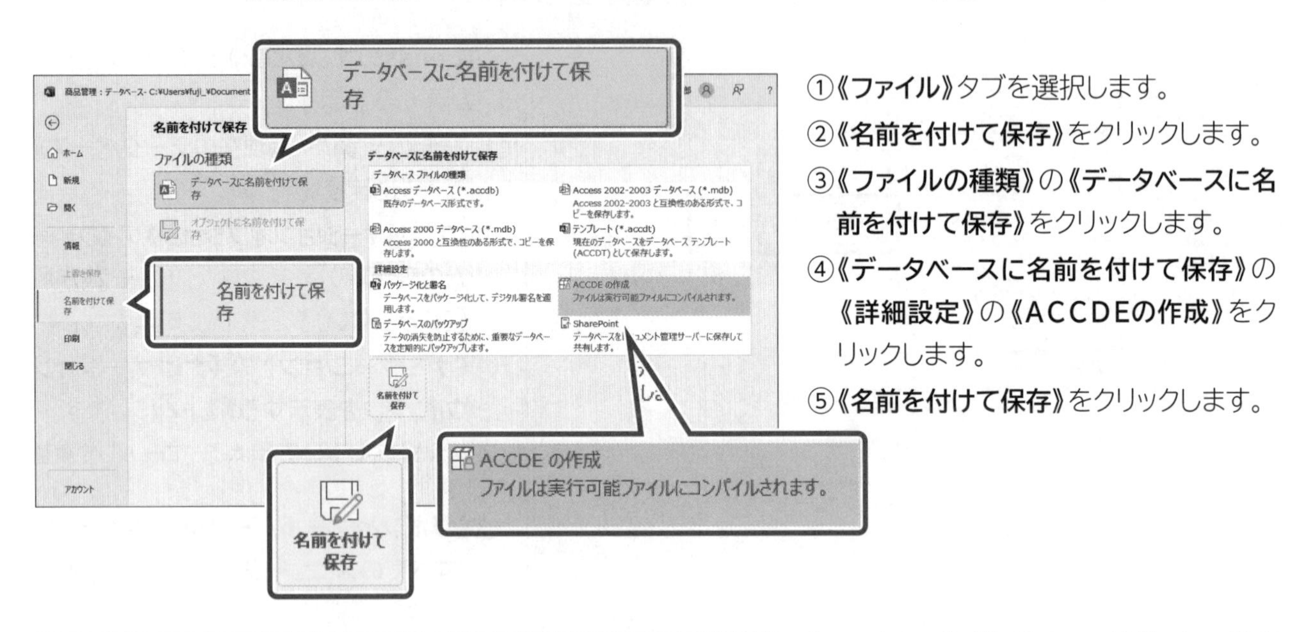

①**《ファイル》**タブを選択します。
②**《名前を付けて保存》**をクリックします。
③**《ファイルの種類》**の**《データベースに名前を付けて保存》**をクリックします。
④**《データベースに名前を付けて保存》**の**《詳細設定》**の**《ACCDEの作成》**をクリックします。
⑤**《名前を付けて保存》**をクリックします。

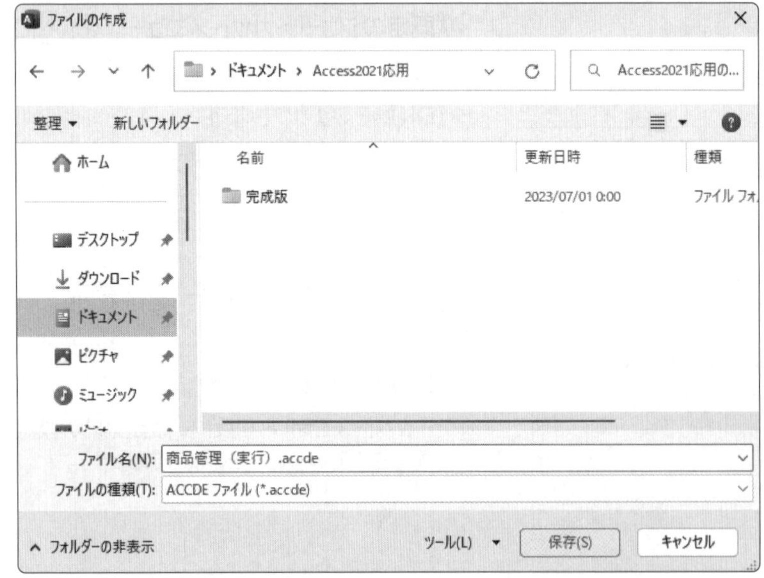

《ファイルの作成》ダイアログボックスが表示されます。
⑥**「Access2021応用」**が開かれていることを確認します。
※「Access2021応用」が開かれていない場合は、《ドキュメント》→「Access2021応用」を選択します。
⑦**《ファイル名》**に**「商品管理（実行）.accde」**と入力します。
※「.accde」は省略できます。
⑧**《ファイルの種類》**が**《ACCDEファイル（*.accde）》**になっていることを確認します。
⑨**《保存》**をクリックします。

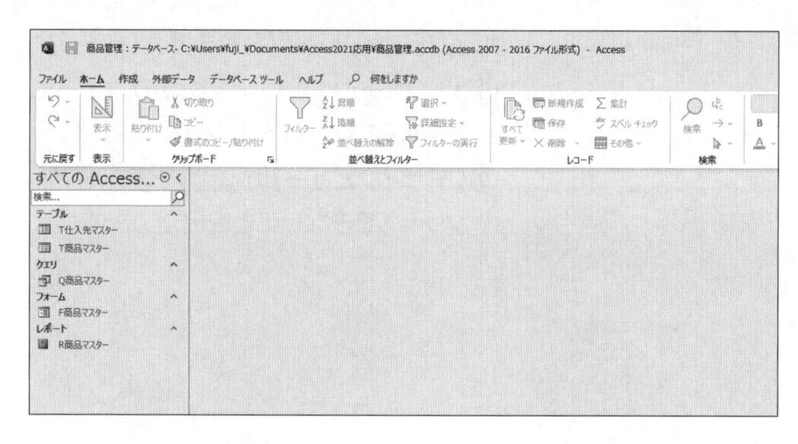

ACCDEファイルが作成され、データベースウィンドウに戻ります。

※データベースウィンドウに表示されているのは、元のデータベース「商品管理.accdb」です。
※データベースを閉じておきましょう。

2 ACCDEファイルの確認

作成したACCDEファイル**「商品管理(実行).accde」**を開き、確認しましょう。

①**《ファイル》**タブを選択します。
②**《開く》**をクリックします。
③**《参照》**をクリックします。

《ファイルを開く》ダイアログボックスが表示されます。

④**「Access2021応用」**が開かれていることを確認します。

※「Access2021応用」が開かれていない場合は、《ドキュメント》→「Access2021応用」を選択します。

⑤一覧から**「商品管理(実行).accde」**を選択します。
⑥**《開く》**をクリックします。

Microsoft Access のセキュリティに関する通知

セキュリティに影響を及ぼす可能性のある問題点が検知されました。

警告: このコンテンツの発行元が信頼できるかどうかを確認することはできません。このコンテンツが重要な機能を備えており、発行元が信頼できる場合を除き、このコンテンツは無効のままにしてください。

ファイルのパス: C:¥Users¥fuji_¥Documents¥Access2021応用¥商品管理（実行）.accde

このファイルには、お使いのコンピューターに損害を与える危険なコンテンツが含まれている可能性があります。このファイルを開きますか、それとも操作を取り消しますか?

詳細情報

開く　キャンセル

《Microsoft Accessのセキュリティに関する通知》ダイアログボックスが表示されます。

※《Microsoft Accessのセキュリティに関する通知》ダイアログボックスが表示されない場合は、操作手順⑧に進みます。

⑦**《開く》**をクリックします。

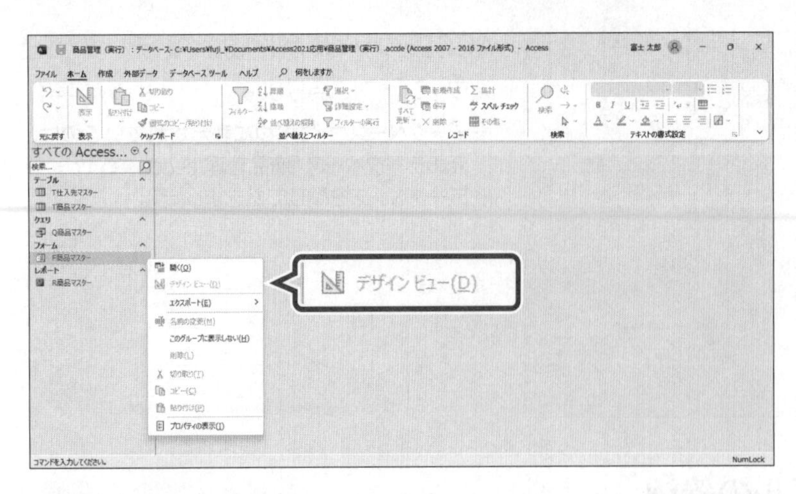

ACCDEファイルが開かれます。

⑧ナビゲーションウィンドウのフォーム**「F商品マスター」**を右クリックします。

⑨**《デザインビュー》**が淡色で表示され、クリックできないことを確認します。

⑩**《作成》**タブを選択します。

⑪フォームやレポートの新規作成のボタンが淡色で表示され、クリックできないことを確認します。

※データベースを閉じておきましょう。

POINT アイコンの違い

通常のAccessファイルとACCDEファイルでは、アイコンが次のように異なります。

通常のAccessファイル（拡張子「.accdb」）

ACCDEファイル（拡張子「.accde」）

総合問題

Exercise

総合問題1 宿泊予約管理データベースの作成

PDF 標準解答 ▶ P.1

あなたは、コテージの管理者として、コテージの宿泊予約を管理することになりました。
宿泊日、希望地区、宿泊人数を入力するだけで、予約の空き状況が一覧で表示されるようにします。
次のようなコテージの宿泊予約管理データベースを作成しましょう。

●目的

ある宿泊施設を例に、次のデータを管理します。

- ・コテージに関するデータ（棟コード、地区、タイプ、ベッド数、基本料金など）
- ・予約受付状況に関するデータ（受付日、棟コード、宿泊日、人数、予約名など）

●テーブルの設計

次の3つのテーブルに分類して、データを格納します。

» データベース「総合問題1.accdb」を開いておきましょう。

※《セキュリティの警告》メッセージバーが表示された場合は、《コンテンツの有効化》をクリックしておきましょう。

1 テーブルの活用

●Tコテージマスター

テーブル「**Tコテージマスター**」の「**地区**」と「**タイプ**」をルックアップフィールドにして、一覧から選択できるようにしましょう。

Tコテージマスター

棟コード	地区	タイプ	クリックして追加
IZ101	伊豆高原	A	
IZ102	伊豆高原	A	
IZ103	清里	A	
IZ104	勝浦	C	
IZ105	軽井沢	D	
IZ201	修善寺	K	
KS101	清里	A	
KS102	清里	A	
KS103	清里	C	
KS104	清里	C	
KS105	清里	D	
KS201	清里	I	
KS202	清里	H	
KS203	清里	F	
KS301	清里	K	
KS302	清里	K	
KS303	清里	L	
KU101	勝浦	E	
KU102	勝浦	D	
KU103	勝浦	D	
KU201	勝浦	I	
KU202	勝浦	I	
KU203	勝浦	J	
KZ101	軽井沢	C	
KZ102	軽井沢	C	
KZ201	軽井沢	F	
KZ202	軽井沢	H	

レコード: 1 / 38 フィルターなし 検索

Tコテージマスター

棟コード	地区	タイプ	クリックして追加
IZ101	伊豆高原	A	
IZ102	伊豆高原	A	
IZ103	伊豆高原	B	
IZ104	伊豆高原	C	
IZ105	伊豆高原	D	
IZ201	伊豆高原	E	
KS101	清里	F	
KS102	清里	G	
KS103	清里	H	
KS104	清里	I	
KS105	清里	J	
KS201	清里	K	
KS202	清里	L	
KS203	清里	M	
		N	
KS301	清里	K	
KS302	清里	K	
KS303	清里	L	
KU101	勝浦	E	
KU102	勝浦	D	
KU103	勝浦	D	
KU201	勝浦	I	
KU202	勝浦	I	
KU203	勝浦	J	
KZ101	軽井沢	C	
KZ102	軽井沢	C	
KZ201	軽井沢	F	
KZ202	軽井沢	H	

レコード: 1 / 38 フィルターなし 検索

① テーブル**「Tコテージマスター」**をデザインビューで開き、**「地区」**フィールドをルックアップフィールドにしましょう。次のように表示する値を設定し、それ以外は既定のままとします。

Col1(1 行目):伊豆高原
Col1(2 行目):清里
Col1(3 行目):勝浦
Col1(4 行目):軽井沢
Col1(5 行目):修善寺
ラベル　　　:地区

HINT ルックアップウィザードを使用し、《表示する値をここで指定する》を◉にして値を設定します。

② **「タイプ」**フィールドをルックアップフィールドにしましょう。次のように設定し、それ以外は既定のままとします。

テーブルの値を表示する
データ入力時に参照するテーブル　:Tタイプマスター
データ入力時に表示するフィールド:タイプ
ラベル　　　　　　　　　　　　　:タイプ

※データシートビューに切り替えて、結果を確認し列幅を調整しておきましょう。
※テーブルを上書き保存し、閉じておきましょう。

●リレーションシップウィンドウ

リレーションシップを作成して、テーブル**「Tタイプマスター」**、**「Tコテージマスター」**、**「T受付データ」**を関連付けましょう。

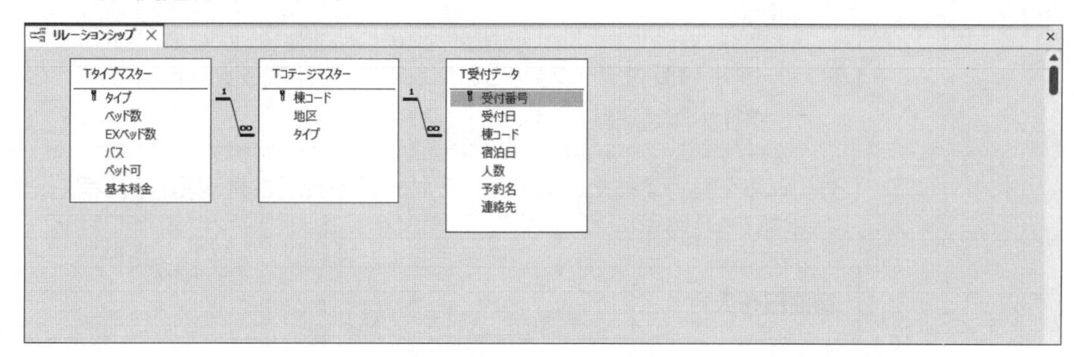

③ 次のようにリレーションシップを設定しましょう。

主テーブル	関連テーブル	共通フィールド	参照整合性
Tタイプマスター	Tコテージマスター	タイプ	あり
Tコテージマスター	T受付データ	棟コード	あり

HINT ②の操作により、テーブル「Tタイプマスター」とテーブル「Tコテージマスター」の間には自動的にリレーションシップが設定されています。すでに設定されたリレーションシップを変更する場合は、結合線をダブルクリックします。

HINT リレーションシップウィンドウにフィールドリストを追加する場合は、(テーブルの追加)を使います。

※リレーションシップウィンドウのレイアウトを上書き保存し、閉じておきましょう。

2 クエリの活用 

●Q宿泊日

クエリを作成し、宿泊日を入力すると受付データが表示されるようにしましょう。

Q宿泊日

受付番号	受付日	棟コード	宿泊日	人数	予約名	連絡先
90	2023/05/17	KS101	2023/09/20	2	川辺 さとみ	055-229-XXXX
94	2023/05/20	KU103	2023/09/20	3	小野寺 洋二	044-936-XXXX
95	2023/05/20	KS202	2023/09/20	4	岡本 博史	090-2399-XXXX
100	2023/05/23	IZ105	2023/09/20	3	内村 哲郎	0542-25-XXXX
103	2023/05/26	SZ202	2023/09/20	4	一之瀬 みどり	090-6428-XXXX
109	2023/05/29	KZ202	2023/09/20	3	早野 諒子	03-2356-XXXX
110	2023/05/30	KS301	2023/09/20	5	秋野 博信	0425-37-XXXX
111	2023/05/31	KU102	2023/09/20	3	川村 匡子	03-5819-XXXX
112	2023/05/31	SZ102	2023/09/20	2	古川 宣博	045-829-XXXX
115	2023/06/02	SZ101	2023/09/20	2	田村 正枝	03-3318-XXXX
116	2023/06/02	KS103	2023/09/20	3	武田 英一	042-851-XXXX
118	2023/06/03	KU201	2023/09/20	4	木村 幸隆	090-5821-XXXX
120	2023/06/04	SZ302	2023/09/20	6	村沢 響子	047-309-XXXX
123	2023/06/05	KS303	2023/09/20	4	光本 久枝	0468-38-XXXX
133	2023/06/22	KU202	2023/09/20	4	小崎 正樹	03-2567-XXXX
* (新規)				0		

レコード: 1 / 15 フィルターなし 検索

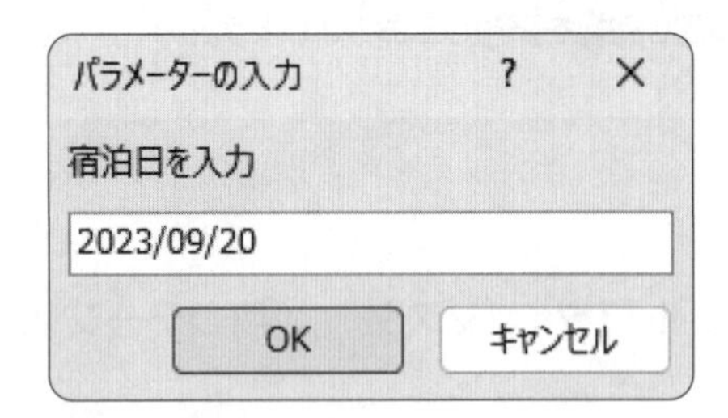

④ テーブル**「T受付データ」**をもとに、クエリを作成しましょう。すべてのフィールドをデザイングリッドに登録します。

⑤ クエリを実行するたびに次のメッセージを表示させ、指定した宿泊日のレコードを抽出するように設定しましょう。

宿泊日を入力

※データシートビューに切り替えて、結果を確認しましょう。任意の宿泊日を指定します。「2023/07/01」～「2023/10/30」のデータがあります。テーブル「T受付データ」に入力されていない宿泊日のレコードは抽出されません。

⑥ 作成したクエリに**「Q宿泊日」**と名前を付けて保存しましょう。

※クエリを閉じておきましょう。

●Q希望地区・宿泊人数

クエリを作成し、希望地区と宿泊人数を入力すると指定した条件のレコードが表示されるようにしましょう。

Q希望地区・宿泊人数

棟コード	地区	ベッド数	EXベッド数	収容人数	バス	ペット可	基本料金
KS101	清里	2	2	4名	あり	☐	¥11,000
KS102	清里	2	2	4名	あり	☐	¥11,000
KS103	清里	2	2	4名	サウナ付き	☐	¥15,000
KS104	清里	2	2	4名	サウナ付き	☐	¥15,000
KS203	清里	4	2	6名	あり	☐	¥31,500
KS202	清里	4	2	6名	サウナ付き	☐	¥28,000
KS201	清里	4	1	5名	あり	☑	¥25,800
KS301	清里	7	0	7名	あり	☑	¥38,000
KS302	清里	7	0	7名	あり	☑	¥38,000
KS303	清里	7	0	7名	サウナ付き	☐	¥42,800
*							

レコード: 1 / 10　フィルターなし　検索

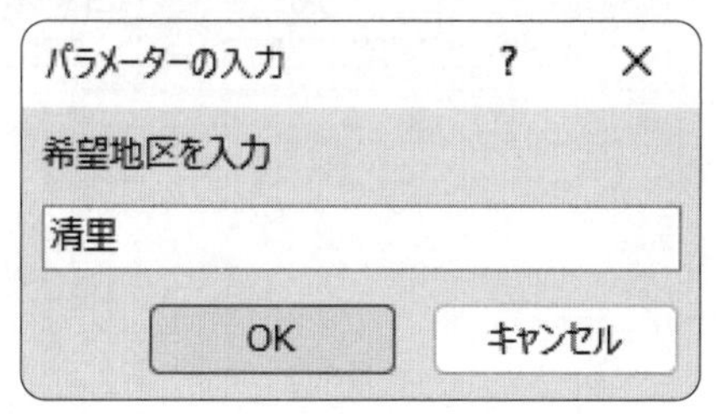

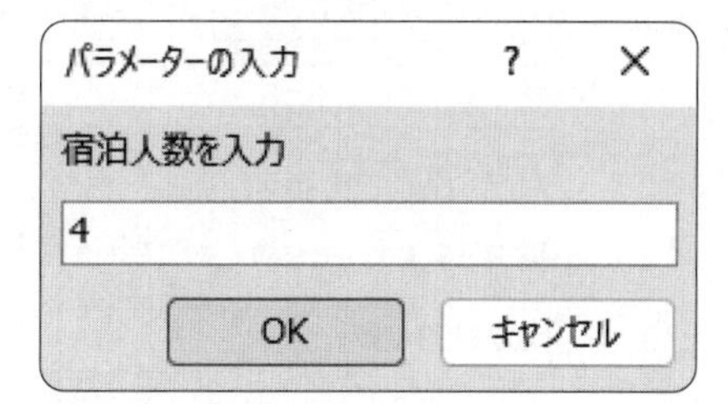

⑦ テーブル**「Tコテージマスター」**とテーブル**「Tタイプマスター」**をもとに、クエリを作成しましょう。次の順番でフィールドをデザイングリッドに登録します。

テーブル	フィールド
Tコテージマスター	棟コード
〃	地区
Tタイプマスター	ベッド数
〃	EXベッド数
〃	バス
〃	ペット可
〃	基本料金

⑧ クエリを実行するたびに次のメッセージを表示させ、指定した地区のレコードを抽出するように設定しましょう。

希望地区を入力

⑨ **「EXベッド数」**フィールドの右に**「収容人数」**フィールドを作成しましょう。**「ベッド数」**と**「EXベッド数」**の合計を求め、**「○名」**の形式で表示するように設定します。

⑩ クエリを実行するたびに次のメッセージを表示させ、指定した人数以上の収容が可能なレコードを抽出するように設定しましょう。

宿泊人数を入力

HINT パラメーターと比較演算子を組み合わせて抽出条件を入力します。

※データシートビューに切り替えて、結果を確認しましょう。任意の希望地区と宿泊人数を指定しましょう。宿泊人数は、「7」名までのデータがあります。

⑪ 作成したクエリに**「Q希望地区・宿泊人数」**と名前を付けて保存しましょう。

※クエリを閉じておきましょう。

●Q空き状況一覧

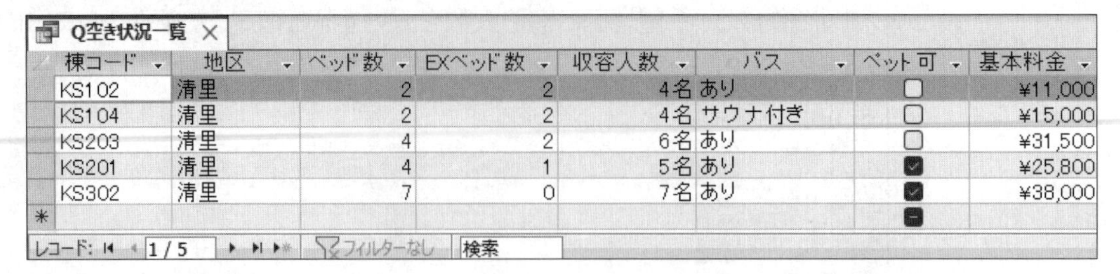

Q空き状況一覧

棟コード	地区	ベッド数	EXベッド数	収容人数	バス	ペット可	基本料金
KS102	清里	2	2	4名	あり	☐	¥11,000
KS104	清里	2	2	4名	サウナ付き	☐	¥15,000
KS203	清里	4	2	6名	あり	☐	¥31,500
KS201	清里	4	1	5名	あり	☑	¥25,800
KS302	清里	7	0	7名	あり	☑	¥38,000
*							

レコード: 1 / 5　フィルターなし　検索

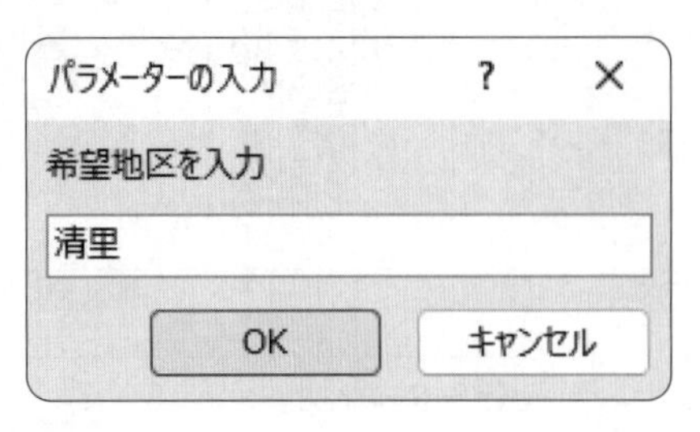

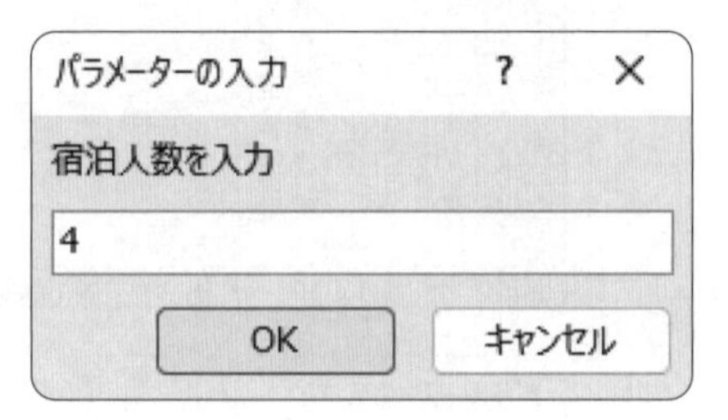

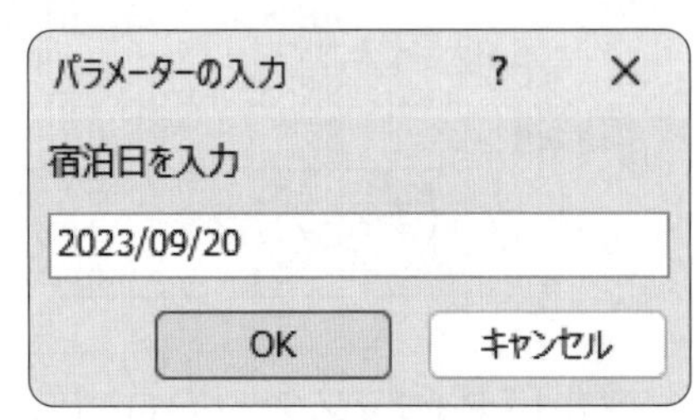

⑫ 不一致クエリを作成しましょう。希望地区および宿泊人数の条件に合致し、かつ指定された日に予約が入っていないレコードを抽出します。次のように設定し、それ以外は既定のままとします。

レコードを抽出するクエリ	**：Q希望地区・宿泊人数**
比較に使うクエリ	**：Q宿泊日**
共通するフィールド	**：棟コード**
クエリの結果に表示するフィールド	**：すべてのフィールド**
クエリ名	**：Q空き状況一覧**

※作成後、クエリが実行されます。任意の希望地区、宿泊人数、宿泊日を指定しましょう。宿泊人数は「7」名までのデータがあります。
※クエリを閉じておきましょう。

●R空き状況一覧

希望地区、宿泊人数、宿泊日を入力すると空き状況が表示されるレポートを作成しましょう。

空き状況一覧　宿泊日：2023/09/20　件数：5件

棟コード	地区	ベッド数	収容人数	バス	ペット可	基本料金
KS102	清里	2	4名	あり	☐	¥11,000
KS104	清里	2	4名	サウナ付き	☐	¥15,000
KS201	清里	4	5名	あり	☑	¥25,800
KS203	清里	4	6名	あり	☐	¥31,500
KS302	清里	7	7名	あり	☑	¥38,000

2023年7月1日　1/1 ページ

⑬ レポートウィザードを使って、レポートを作成しましょう。次のように設定し、それ以外は既定のままとします。

もとになるクエリ　：Q空き状況一覧
選択するフィールド：「EXベッド数」以外のフィールド
データの表示方法　：byTコテージマスター
レイアウト　　　　：表形式
印刷の向き　　　　：縦
レポート名　　　　：R空き状況一覧

※作成後、クエリが実行されます。任意の希望地区、宿泊人数、宿泊日を指定しましょう。宿泊人数は「7」名までのデータがあります。
※レイアウトビューに切り替えておきましょう。

⑭ タイトルの**「R空き状況一覧」**を**「空き状況一覧」**に変更しましょう。

※デザインビューに切り替えておきましょう。

⑮ **「基本料金」**を基準に昇順に並べ替えるように設定しましょう。

⑯ **《レポートヘッダー》**セクションに、テキストボックスを作成しましょう。次のメッセージを表示させ、指定した宿泊日を表示するように設定します。また、ラベルを**「宿泊日：」**に変更します。

宿泊日を入力

⑰ **《レポートヘッダー》**セクションに、テキストボックスを作成しましょう。抽出したレコードの件数を**「〇件」**の形式で表示するように設定します。また、ラベルを**「件数：」**に変更します。

HINT Count関数を使います。

1 2 3 4 5 6 7 8 9 10 11 総合問題 索引

⑱《**レポートヘッダー**》セクションの「**[宿泊日を入力]**」テキストボックスと「**=Count([棟コード])**」テキストボックスに、「**宿泊日:**」ラベルの書式をコピーしましょう。

HINT 書式を続けてコピーする場合は、(書式のコピー/貼り付け)をダブルクリックします。

※レイアウトビューに切り替えておきましょう。任意の希望地区、宿泊人数、宿泊日を指定しましょう。宿泊人数は「7」名までのデータがあります。

⑲ 完成図を参考に、コントロールのサイズと配置を調整しましょう。

※印刷プレビューに切り替えて、結果を確認しましょう。
※レポートを上書き保存し、閉じておきましょう。

4 メイン・サブフォームの作成

●Q予約登録

棟コードごとに宿泊予約に関する情報を抽出するクエリを作成しましょう。

Q予約登録

棟コード	地区	ベッド数	EXベッド数	収容人数	バス	ペット可	基本料金
IZ101	伊豆高原	2台	2台	4名	あり	☐	¥11,000
IZ102	伊豆高原	2台	2台	4名	あり	☐	¥11,000
IZ103	伊豆高原	2台	2台	4名	あり	☐	¥11,000
IZ104	伊豆高原	2台	2台	4名	サウナ付き	☐	¥15,000
IZ105	伊豆高原	2台	1台	3名	あり	☑	¥12,500
IZ201	伊豆高原	7台	0台	7名	あり	☑	¥38,000
KS101	清里	2台	2台	4名	あり	☐	¥11,000
KS102	清里	2台	2台	4名	あり	☐	¥11,000
KS103	清里	2台	2台	4名	サウナ付き	☐	¥15,000
KS104	清里	2台	2台	4名	サウナ付き	☐	¥15,000
KS105	清里	2台	1台	3名	あり	☑	¥12,500
KS201	清里	4台	1台	5名	あり	☑	¥25,800
KS202	清里	4台	2台	6名	サウナ付き	☐	¥28,000
KS203	清里	4台	2台	6名	あり	☐	¥31,500
KS301	清里	7台	0台	7名	あり	☑	¥38,000
KS302	清里	7台	0台	7名	あり	☑	¥38,000
KS303	清里	7台	0台	7名	サウナ付き	☐	¥42,800
KU101	勝浦	2台	1台	3名	シャワーのみ	☐	¥7,800
KU102	勝浦	2台	1台	3名	あり	☑	¥12,500
KU103	勝浦	2台	1台	3名	あり	☑	¥12,500
KU201	勝浦	4台	1台	5名	あり	☑	¥25,800
KU202	勝浦	4台	1台	5名	あり	☑	¥25,800
KU203	勝浦	4台	1台	5名	シャワーのみ	☑	¥22,000
KZ101	軽井沢	2台	2台	4名	サウナ付き	☐	¥15,000
KZ102	軽井沢	2台	2台	4名	サウナ付き	☐	¥15,000
KZ201	軽井沢	4台	2台	6名	あり	☐	¥31,500
KZ202	軽井沢	4台	2台	6名	サウナ付き	☐	¥28,000

レコード: 1 / 38 フィルターなし 検索

⑳ テーブル「**Tコテージマスター**」とテーブル「**Tタイプマスター**」をもとに、クエリを作成しましょう。次の順番でフィールドをデザイングリッドに登録し、「**棟コード**」を基準に昇順に並べ替えるように設定します。

テーブル	フィールド
Tコテージマスター	棟コード
〃	地区
Tタイプマスター	ベッド数
〃	EXベッド数
〃	バス
〃	ペット可
〃	基本料金

㉑ **「EXベッド数」**フィールドの右に**「収容人数」**フィールドを作成しましょう。**「ベッド数」**と**「EXベッド数」**の合計を求め、**「○名」**の形式で表示するように設定します。
また、**「ベッド数」**と**「EXベッド数」**を**「○台」**の形式で表示するように設定しましょう。

※データシートビューに切り替えて、結果を確認しましょう。

㉒ 作成したクエリに**「Q予約登録」**と名前を付けて保存しましょう。

※クエリを閉じておきましょう。

●F予約登録(メインフォーム)

棟コードごとに宿泊予約を確認するためのフォームを作成しましょう。

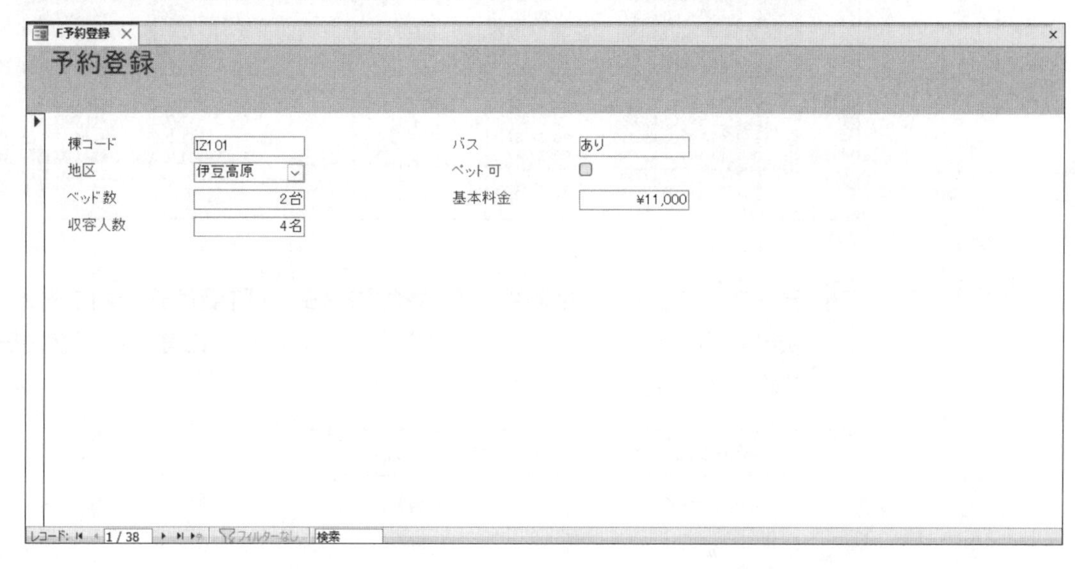

㉓ フォームウィザードを使って、フォームを作成しましょう。次のように設定し、それ以外は既定のままとします。

もとになるクエリ	**:Q予約登録**
選択するフィールド	**:「EXベッド数」以外のフィールド**
レイアウト	**:単票形式**
フォーム名	**:F予約登録**

※デザインビューに切り替えておきましょう。

㉔ タイトルを**「予約登録」**に変更しましょう。

㉕ 完成図を参考に、コントロールのサイズと配置を調整しましょう。

※フォームビューに切り替えて、結果を確認しましょう。
※フォームを上書き保存し、閉じておきましょう。

●Q予約登録サブ

宿泊予約の状況を宿泊日順に並べるクエリを作成しましょう。

Q予約登録サブ

受付番号	受付日	棟コード	宿泊日	人数	ベッド数	追加ベッド数	基本料金	料金	予約名	連絡先
8	2023/03/19	IZ101	2023/07/01	2	2	0	¥11,000	¥11,000	坂崎　亮平	047-237-XXXX
5	2023/03/11	IZ201	2023/07/04	6	7	0	¥38,000	¥38,000	久保島　隆	048-228-XXXX
6	2023/03/14	KS105	2023/07/04	2	2	0	¥12,500	¥12,500	高村　久美子	03-2673-XXXX
7	2023/03/14	KU202	2023/07/05	4	4	0	¥25,800	¥25,800	沢村　みずほ	048-223-XXXX
2	2023/03/02	KZ301	2023/07/05	7	7	0	¥43,000	¥43,000	堂島　悟	03-3839-XXXX
29	2023/04/11	KS303	2023/07/05	6	7	0	¥42,800	¥42,800	国吉　ゆかり	03-3390-XXXX
30	2023/04/11	KS303	2023/07/06	6	7	0	¥42,800	¥42,800	国吉　ゆかり	03-3390-XXXX
23	2023/04/09	IZ105	2023/07/07	2	2	0	¥12,500	¥12,500	松本　恭子	047-2337-XXXX
3	2023/03/07	IZ103	2023/07/12	2	2	0	¥11,000	¥11,000	大森　芳昭	044-262-XXXX
1	2023/03/01	IZ101	2023/07/12	3	2	1	¥11,000	¥14,000	吉田　佳代子	045-426-XXXX
14	2023/04/04	KZ102	2023/07/12	2	2	0	¥15,000	¥15,000	町田　洋子	03-6288-XXXX
24	2023/04/09	KS105	2023/07/13	2	2	0	¥12,500	¥12,500	坪内　美砂	090-6239-XXXX
4	2023/03/09	KS102	2023/07/19	4	2	2	¥11,000	¥17,000	石山　秀子	055-238-XXXX
16	2023/04/06	KZ301	2023/07/19	6	7	0	¥43,000	¥43,000	山田　荘平	0267-28-XXXX
22	2023/04/09	KZ102	2023/07/25	3	2	1	¥15,000	¥18,000	中村　哲也	045-426-XXXX
47	2023/04/18	KS101	2023/07/25	2	2	0	¥11,000	¥11,000	渡辺　遼次	090-3821-XXXX
60	2023/04/28	KZ303	2023/07/25	5	7	0	¥42,800	¥42,800	堀内　光彦	047-235-XXXX
36	2023/04/13	SZ201	2023/07/25	4	4	0	¥32,000	¥32,000	小林　健志	090-3719-XXXX
53	2023/04/21	KZ202	2023/07/25	4	4	0	¥28,000	¥28,000	坂上　正英	090-1158-XXXX
48	2023/04/19	SZ101	2023/07/25	2	2	0	¥13,800	¥13,800	佐藤　香苗	03-3668-XXXX
17	2023/04/06	KS203	2023/08/01	4	4	0	¥31,500	¥31,500	若山　美津枝	090-6290-XXXX
10	2023/03/28	IZ201	2023/08/01	6	7	0	¥38,000	¥38,000	横山　聡子	090-2283-XXXX
18	2023/04/07	IZ102	2023/08/01	2	2	0	¥11,000	¥11,000	沢村　幸一	090-5139-XXXX
19	2023/04/08	IZ103	2023/08/01	3	2	1	¥11,000	¥14,000	市田　真奈美	090-1519-XXXX
20	2023/04/08	KS101	2023/08/02	3	2	1	¥11,000	¥14,000	西野　聡	042-828-XXXX
76	2023/05/07	KZ301	2023/08/02	5	7	0	¥43,000	¥43,000	竹内　千晶	090-2356-XXXX
77	2023/05/07	SZ302	2023/08/02	6	7	0	¥43,000	¥43,000	清水　康祐	0467-31-XXXX

レコード: 1 / 147　フィルターなし　検索

㉖ テーブル**「Tコテージマスター」「Tタイプマスター」「T受付データ」**をもとに、クエリを作成しましょう。次の順番でフィールドをデザイングリッドに登録し、**「宿泊日」**を基準に昇順に並べ替えるように設定します。

テーブル	フィールド
T受付データ	受付番号
〃	受付日
〃	棟コード
〃	宿泊日
〃	人数
Tタイプマスター	ベッド数
〃	基本料金
T受付データ	予約名
〃	連絡先

㉗ **「ベッド数」**フィールドの右に**「追加ベッド数」**フィールドを作成しましょう。ベッド数が人数よりも多い場合は**「0」**を、そうでなければ人数からベッド数を引いた値を表示するように設定します。

HINT IIf関数を使います。

㉘ **「基本料金」**フィールドの右に**「料金」**フィールドを作成しましょう。追加ベッド1台につき3,000円を基本料金に追加した値を表示するように設定します。

※データシートビューに切り替えて、結果を確認しましょう。列幅を調整しておきましょう。

㉙ 作成したクエリに**「Q予約登録サブ」**と名前を付けて保存しましょう。

※クエリを閉じておきましょう。

●F予約登録サブ（サブフォーム）

宿泊予約の情報を確認するためのサブフォームを作成しましょう。

F予約登録サブ

受付番号	受付日	宿泊日	人数	追加ベッド数	料金	予約名	連絡先
8	2023/03/19	2023/07/01	2	0	¥11,000	坂崎　亮平	047-237-XXXX
5	2023/03/11	2023/07/04	6	0	¥38,000	久保島　隆	048-228-XXXX
6	2023/03/14	2023/07/04	2	0	¥12,500	高村　久美子	03-2673-XXXX
7	2023/03/14	2023/07/05	4	0	¥25,800	沢村　みずほ	048-223-XXXX
2	2023/03/02	2023/07/05	7	0	¥43,000	堂島　悟	03-3839-XXXX
29	2023/04/11	2023/07/05	6	0	¥42,800	国吉　ゆかり	03-3390-XXXX
30	2023/04/11	2023/07/06	6	0	¥42,800	国吉　ゆかり	03-3390-XXXX
23	2023/04/09	2023/07/07	2	0	¥12,500	松本　恭子	047-2337-XXXX
3	2023/03/07	2023/07/12	2	0	¥11,000	大森　芳昭	044-262-XXXX
1	2023/03/01	2023/07/12	3	1	¥14,000	吉田　佳代子	045-426-XXXX
14	2023/04/04	2023/07/12	2	0	¥15,000	町田　洋子	03-6288-XXXX
24	2023/04/09	2023/07/13	2	0	¥12,500	坪内　美砂	090-6239-XXXX
4	2023/03/09	2023/07/19	4	2	¥17,000	石山　秀子	055-238-XXXX
16	2023/04/06	2023/07/19	6	0	¥43,000	山田　荘平	0267-28-XXXX
22	2023/04/09	2023/07/25	3	1	¥18,000	中村　哲也	045-426-XXXX
47	2023/04/18	2023/07/25	2	0	¥11,000	渡辺　遼次	090-3821-XXXX
60	2023/04/28	2023/07/25	5	0	¥42,800	堀内　光彦	047-235-XXXX
36	2023/04/13	2023/07/25	4	0	¥32,000	小林　健志	090-3719-XXXX

レコード: 1 / 147　フィルターなし　検索

㉚ フォームウィザードを使って、フォームを作成しましょう。次のように設定し、それ以外は既定のままとします。

もとになるクエリ	**：Q予約登録サブ**
選択するフィールド	**：「棟コード」「ベッド数」「基本料金」以外のフィールド**
レイアウト	**：表形式**
フォーム名	**：F予約登録サブ**

※レイアウトビューに切り替えておきましょう。

㉛ タイトル**「F予約登録サブ」**を削除しましょう。

㉜ 完成図を参考に、コントロールのサイズと配置を調整しましょう。

※フォームビューに切り替えて、結果を確認しましょう。
※フォームを上書き保存し、閉じておきましょう。

●**F予約登録（メイン・サブフォーム）**

メインフォームにサブフォームを組み込み、棟コードごとに宿泊予約の情報が確認できるようにしましょう。

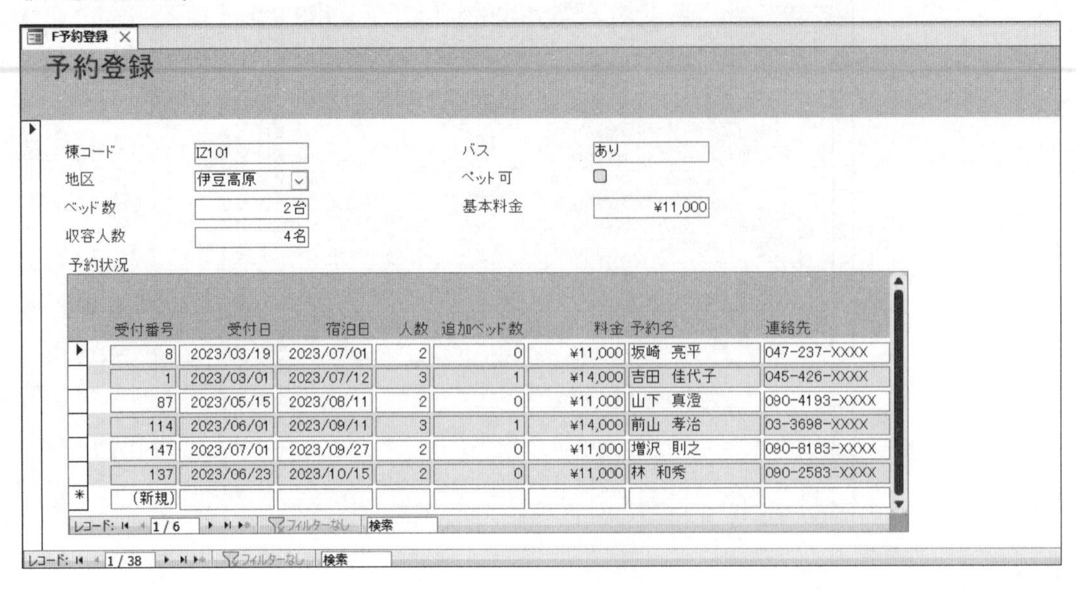

㉝ サブフォームウィザードを使って、サブフォームを組み込みましょう。次のように設定し、それ以外は既定のままとします。

メインフォーム　　　　：F予約登録
サブフォーム　　　　　：F予約登録サブ
リンクするフィールド：一覧から選択する（棟コード）
サブフォームの名前　：予約状況

※フォームビューに切り替えて、結果を確認しましょう。
※レイアウトビューに切り替えておきましょう。

㉞ 完成図を参考に、コントロールのサイズと配置を調整しましょう。

㉟ サブフォームの**「受付番号」「追加ベッド数」「料金」**の各テキストボックスを次のように設定しましょう。

使用可能　：いいえ
編集ロック：はい

HINT 「使用可能」は、コントロールにカーソルを移動させるかどうかを指定するプロパティです。
「編集ロック」は、コントロールのデータを編集可能な状態にするかどうかを指定するプロパティです。

※フォームビューに切り替えて、結果を確認しましょう。
※フォームを上書き保存して閉じ、データベース「総合問題1.accdb」を閉じておきましょう。

総合問題2 アルバイト勤怠管理データベースの作成

PDF 標準解答 ▶ P.7

あなたは、飲食店の管理者として、アルバイトの勤怠状況などを管理することになりました。
アルバイトに関するデータの追加、削除を簡単に行えるようにします。
また、勤務状況に関するデータを入力するだけで、アルバイトの勤怠状況の一覧や賃金の累計表が表示されるようにします。
次のようなアルバイトの勤怠管理データベースを作成しましょう。

●目的

ある店舗を例に、次のデータを管理します。

- **アルバイトに関するデータ（個人コード、氏名、登録日、職種コード、時間単価など）**
- **職種に関するデータ（職種コード、職種区分）**
- **勤務状況に関するデータ（勤務日、個人コード、出勤時刻、退勤時刻など）**

●テーブルの設計

次の3つのテーブルに分類して、データを格納します。

» データベース「総合問題2.accdb」を開いておきましょう。

※《セキュリティの警告》メッセージバーが表示された場合は、《コンテンツの有効化》をクリックしておきましょう。

1 テーブルの活用

●Tアルバイトマスター

テーブル**「Tアルバイトマスター」**の氏名から、ふりがなが自動的に表示されるように設定しましょう。
また、〒から都道府県、住所、建物名が自動的に表示されるように設定しましょう。

Tアルバイトマスター

個人コード	氏名	フリガナ	登録日	職種コード	時間単価	〒	住所1	住所2	住所3	生年月日
1001	斉藤 優子	サイトウ ユウコ	2020年3月3日	A	¥1,170	121-0011	東京都	足立区中央本町3-X-X		1994年5月14日
1002	小幡 哲也	オバタ テツヤ	2020年4月20日	A	¥1,170	167-0031	東京都	杉並区本天沼1-X-X		1995年3月5日
1003	河野 有美	コウノ ユミ	2020年9月29日	A	¥1,170	273-0001	千葉県	船橋市市場2-X-X		1994年10月30日
1004	里中 尚子	サトナカ ナオコ	2021年4月23日	A	¥1,120	330-0003	埼玉県	さいたま市見沼区深作4-X-X		1998年4月27日
1005	西田 まゆみ	ニシダ マユミ	2021年5月7日	B	¥1,150	359-0001	埼玉県	所沢市下富3-X-X		1999年10月5日
1006	立川 春香	タチカワ ハルカ	2021年6月1日	A	¥1,180	270-0035	千葉県	松戸市新松戸南2-X-X	サンライトパストラル南XXX	1999年6月15日
1007	加藤 幸彦	カトウ ユキヒコ	2021年7月20日	A	¥1,160	221-0056	神奈川県	横浜市神奈川区金港町1-X-X	北山コーポラスXXX	2001年12月9日
1008	荻原 悟	オギワラ サトル	2021年9月10日	A	¥1,140	110-0012	東京都	台東区竜泉2-X-X		1999年9月29日
1009	三枝 美智子	サエグサ ミチコ	2021年9月10日	B	¥1,140	130-0005	東京都	墨田区東駒形2-X-X		1999年6月5日
1010	秋田 嘉子	アキタ ヨシコ	2021年10月5日	A	¥1,140	111-0033	東京都	台東区花川戸3-X-X		1996年2月7日
1011	高原 昇	タカハラ ノボル	2021年11月30日	A	¥1,110	121-0012	東京都	足立区青井4-X-X		1995年10月1日
1012	石井 久	イシイ ヒサシ	2022年2月1日	C	¥1,090	180-0003	東京都	武蔵野市吉祥寺南町2-X-X	吉祥寺セントラルハイツXXX	1999年6月18日
1013	園田 ひとみ	ソノダ ヒトミ	2022年2月18日	A	¥1,110	211-0003	神奈川県	川崎市中原区上丸子3-X-X	上丸子ハイツXXX	1997年2月21日
1014	古川 咲子	フルカワ サキコ	2022年2月28日	A	¥1,090	112-0005	東京都	文京区水道2-X-X	白水タワーXXX	1999年10月10日
1015	坂本 順	サカモト ジュン	2022年3月18日	A	¥1,090	131-0033	東京都	墨田区向島3-X-X		2001年5月15日
1016	高杉 真輔	タカスギ シンスケ	2022年4月1日	B	¥1,130	124-0005	東京都	葛飾区宝町4-X-X	宝町マンションXXX	1993年10月16日
1017	武智 平助	タケチ ヘイスケ	2022年4月15日	A	¥1,110	124-0011	東京都	葛飾区四つ木2-X-X		1997年3月28日
1018	松田 容子	マツダ ヨウコ	2022年5月2日	A	¥1,110	110-0004	東京都	台東区下谷4-X-X	パレスみやこXXX	1997年4月3日
1019	三条 ゆかり	サンジョウ ユカリ	2022年6月10日	A	¥1,180	221-0031	神奈川県	横浜市神奈川区新浦島町4-X-X		1997年12月21日
1020	阪田 有紀	サカタ ユキ	2022年6月13日	B	¥1,200	130-0005	東京都	墨田区東駒形4-X-X		1996年2月20日
1021	藤堂 カナ	トウドウ カナ	2022年7月15日	A	¥1,190	262-0005	千葉県	千葉市花見川区こてはし台2-X-X	花見川団地B-XXX	1998年1月9日
1022	近藤 勲	コンドウ イサオ	2022年8月1日	C	¥1,130	164-0002	東京都	中野区上高田2-X-X	上高田第2マンションXXX	1994年2月8日
1023	高橋 沙織	タカハシ サオリ	2022年10月20日	A	¥1,160	233-0005	神奈川県	横浜市港南区東芹が谷4-X-X		2001年8月4日
1024	溝口 健一	ミゾグチ ケンイチ	2022年10月31日	A	¥1,180	182-0006	東京都	調布市西つつじケ丘2-X-X	つつじサンライズXX	1994年7月1日
1025	斎藤 義則	サイトウ ヨシノリ	2022年10月31日	C	¥1,150	273-0005	千葉県	船橋市本町1-X-X		1995年1月27日
1026	伊藤 はるか	イトウ ハルカ	2022年12月19日	A	¥1,180	351-0005	埼玉県	朝霞市根岸台2-X-X		1994年6月24日
1027	宮田 菊	ミヤタ キク	2023年1月30日	A	¥1,180	192-0005	東京都	八王子市宮下町3-X-X	サンコーポラス宮下XXX	1996年10月12日
1028	渋川 雄二	シブカワ ユウジ	2023年2月10日	A	¥1,160	112-0001	東京都	文京区白山2-X-X		1999年11月13日
1029	高橋 一	タカハシ ハジメ	2023年2月27日	A	¥1,160	130-0005	東京都	墨田区東駒形3-X-X		1997年4月15日
1030	小林 隆一	コバヤシ リュウイチ	2023年2月27日	C	¥1,080	120-0033	東京都	足立区千住寿町2-X-X		1996年6月4日
1031	水沢 健司	ミズサワ ケンジ	2023年3月9日	A	¥1,160	241-0003	神奈川県	横浜市旭区白根町1-X-X	横山ハウスB棟XXX	1998年5月21日
1032	谷 利朗	タニ トシロウ	2023年3月13日	A	¥1,080	261-0003	千葉県	千葉市美浜区高浜4-X-X	シーサイドパストラル高浜XXX	2000年3月3日
1033	原田 保	ハラダ タモツ	2023年3月13日	A	¥1,080	330-0002	埼玉県	さいたま市見沼区春野3-X-X		1999年11月8日
*					¥0					

レコード: 1 / 33 フィルターなし 検索

① テーブル**「Tアルバイトマスター」**をデザインビューで開き、**「氏名」**のふりがなが、自動的に**「フリガナ」**フィールドに全角カタカナで表示されるように設定しましょう。

② **「〒」**に対応する住所が、自動的に表示されるように設定しましょう。次のように設定し、それ以外は既定のままとします。

住所を入力するフィールド ：都道府県（住所1）
：住所（住所2）
：建物名（住所3）

※テーブルを閉じておきましょう。

●リレーションシップウィンドウ

リレーションシップを作成して、テーブル**「Tアルバイトマスター」**、**「T勤務状況」**、**「T職種マスター」**を関連付けましょう。

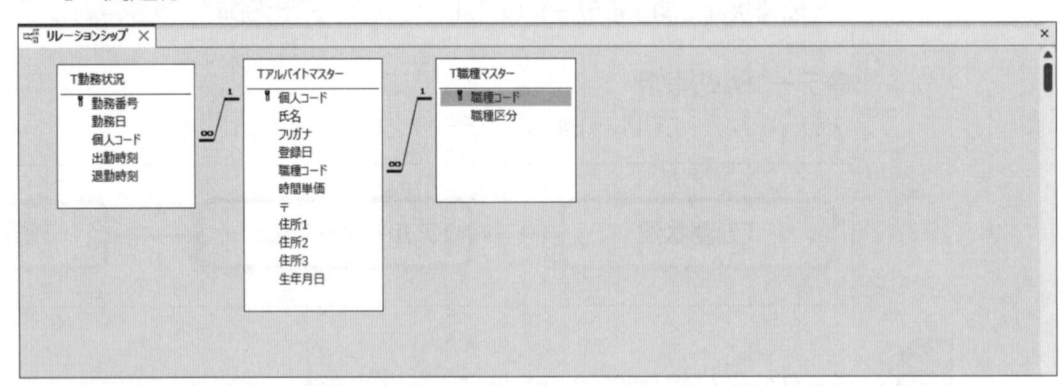

③ 次のようにリレーションシップを設定しましょう。

主テーブル	関連テーブル	共通のフィールド	参照整合性
Tアルバイトマスター	T勤務状況	個人コード	あり
T職種マスター	Tアルバイトマスター	職種コード	あり

④ テーブル**「Tアルバイトマスター」**とテーブル**「T勤務状況」**のリレーションシップに、連鎖削除を設定しましょう。

HINT すでに設定されたリレーションシップを変更する場合は、結合線をダブルクリックします。

※リレーションシップウィンドウのレイアウトを上書き保存し、閉じておきましょう。

2 クエリの活用

●Q職種別登録アルバイト一覧

職種別にアルバイトの一覧を表示するクエリを作成しましょう。

Q職種別登録アルバイト一覧

職種コード	職種区分	個人コード	氏名	年齢	登録日	時間単価
A	ホール係	1018	松田　容子	26歳	2022年5月2日	¥1,110
A	ホール係	1002	小幡　哲也	28歳	2020年4月20日	¥1,170
A	ホール係	1003	河野　有美	29歳	2020年9月29日	¥1,170
A	ホール係	1004	里中　尚子	25歳	2021年4月23日	¥1,120
A	ホール係	1006	立川　春香	24歳	2021年6月1日	¥1,180
A	ホール係	1007	加藤　幸彦	22歳	2021年7月20日	¥1,160
A	ホール係	1008	荻原　悟	24歳	2021年9月10日	¥1,140
A	ホール係	1010	秋田　嘉子	27歳	2021年10月5日	¥1,140
A	ホール係	1011	高原　昇	28歳	2021年11月30日	¥1,110
A	ホール係	1013	園田　ひとみ	26歳	2022年2月18日	¥1,110
A	ホール係	1014	古川　咲子	24歳	2022年2月28日	¥1,090
A	ホール係	1015	坂本　順	22歳	2022年3月18日	¥1,090
A	ホール係	1001	斉藤　優子	29歳	2020年3月3日	¥1,170
A	ホール係	1017	武智　平助	26歳	2022年4月15日	¥1,110
A	ホール係	1033	原田　保	24歳	2023年3月13日	¥1,080
A	ホール係	1026	伊藤　はるか	29歳	2022年12月19日	¥1,180
A	ホール係	1032	谷　利朗	23歳	2023年3月13日	¥1,080
A	ホール係	1031	水沢　健司	25歳	2023年3月9日	¥1,160
A	ホール係	1029	高橋　一	26歳	2023年2月27日	¥1,160
A	ホール係	1028	渋川　雄二	24歳	2023年2月10日	¥1,160
A	ホール係	1027	宮田　菊	27歳	2023年1月30日	¥1,180
A	ホール係	1019	三条　ゆかり	26歳	2022年6月10日	¥1,180
A	ホール係	1024	溝口　健一	29歳	2022年10月31日	¥1,180
A	ホール係	1023	高橋　沙織	22歳	2022年10月20日	¥1,160
A	ホール係	1021	藤堂　カナ	25歳	2022年7月15日	¥1,190
B	レジ係	1016	高杉　真輔	30歳	2022年4月1日	¥1,130
B	レジ係	1005	西田　まゆみ	24歳	2021年5月7日	¥1,150
B	レジ係	1020	阪田　有紀	27歳	2022年6月13日	¥1,200
B	レジ係	1009	三枝　美智子	24歳	2021年9月10日	¥1,140
C	洗い場	1025	斎藤　義則	28歳	2022年10月31日	¥1,150
C	洗い場	1012	石井　久	24歳	2022年2月1日	¥1,090
C	洗い場	1022	近藤　勲	29歳	2022年8月1日	¥1,130
C	洗い場	1030	小林　隆一	27歳	2023年2月27日	¥1,080
*						

レコード: 1 / 33　フィルターなし　検索

※実行する日付によって「年齢」フィールドの値は異なります。ここでは、2023年7月1日の日付で実行しています。

⑤ テーブル**「Tアルバイトマスター」**とテーブル**「T職種マスター」**をもとに、クエリを作成しましょう。次の順番でフィールドをデザイングリッドに登録し、**「職種コード」**フィールドを基準に昇順に並べ替えるように設定します。

テーブル	フィールド
Tアルバイトマスター	職種コード
T職種マスター	職種区分
Tアルバイトマスター	個人コード
〃	氏名
〃	登録日
〃	時間単価

⑥ **「氏名」**フィールドの右に**「年齢」**フィールドを作成しましょう。**「生年月日」**をもとに、今年何歳になるかを**「○歳」**の形式で表示するように設定します。

※データシートビューに切り替えて、結果を確認しましょう。

⑦ 作成したクエリに**「Q職種別登録アルバイト一覧」**と名前を付けて保存しましょう。

※クエリを閉じておきましょう。

3 アクションクエリの作成

●Q勤務状況作成_2022年度

2022年度の勤務状況をまとめたテーブル**「T勤務状況_2022年度」**を作成するクエリを作成しましょう。

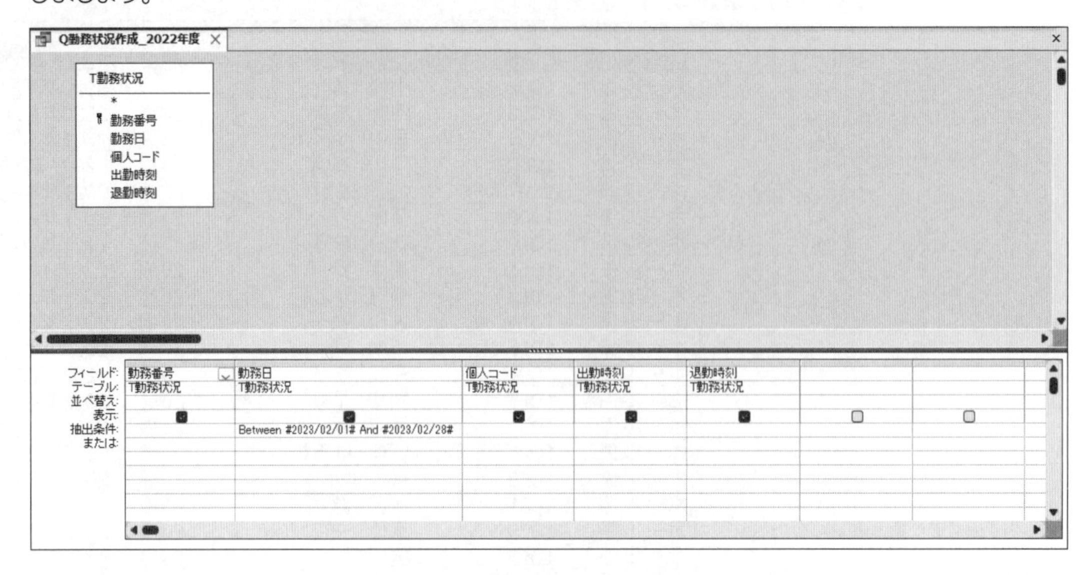

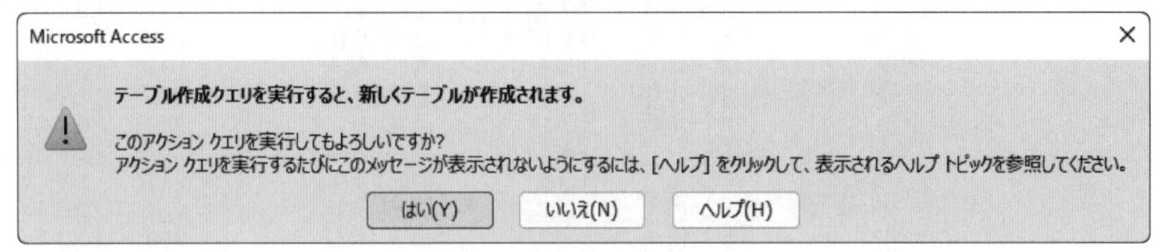

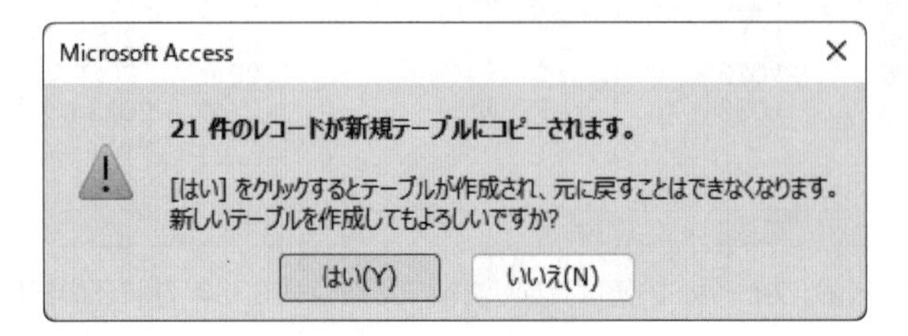

⑧ テーブル**「T勤務状況」**の2月のレコードをもとに、テーブル作成クエリを作成しましょう。すべてのフィールドをデザイングリッドに追加し、**「2023/02/01」**から**「2023/02/28」**のデータを新規テーブル**「T勤務状況_2022年度」**にコピーするように設定します。

※データシートビューに切り替えて、結果を確認しましょう。

⑨ 作成したクエリに**「Q勤務状況作成_2022年度」**と名前を付けて保存しましょう。

※クエリを閉じておきましょう。

⑩ クエリ**「Q勤務状況作成_2022年度」**を実行しましょう。

※テーブル「T勤務状況_2022年度」を開いて、結果を確認しましょう。
※テーブルを閉じておきましょう。

●Q勤務状況追加_2022年度

テーブル**「T勤務状況_2022年度」**に3月の勤務状況を追加するクエリを作成しましょう。

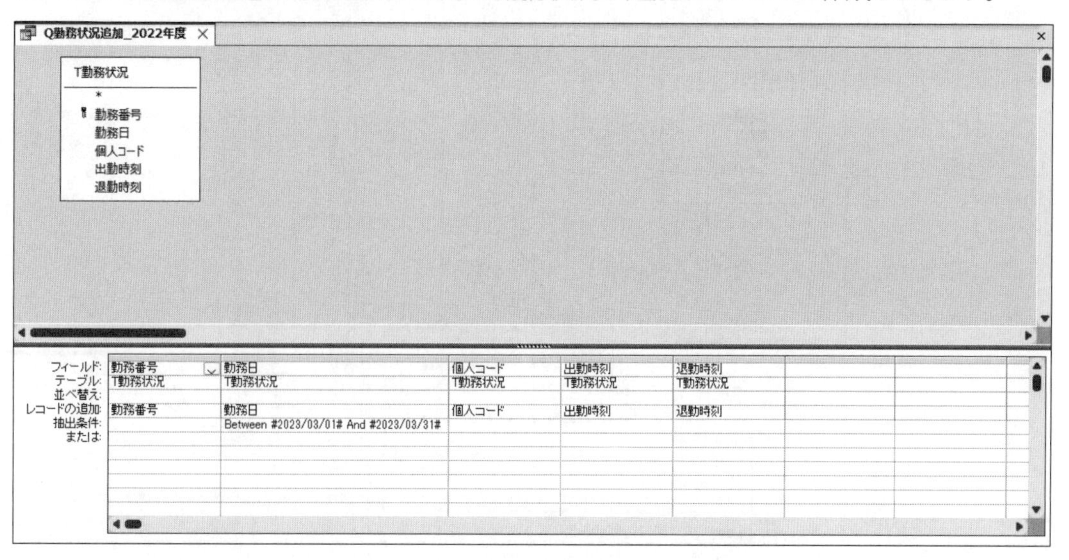

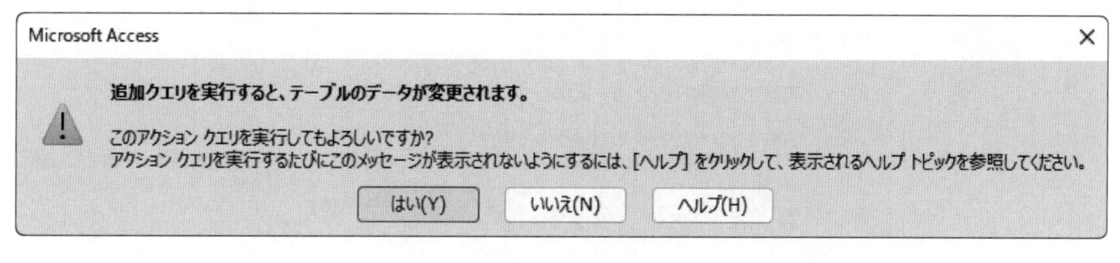

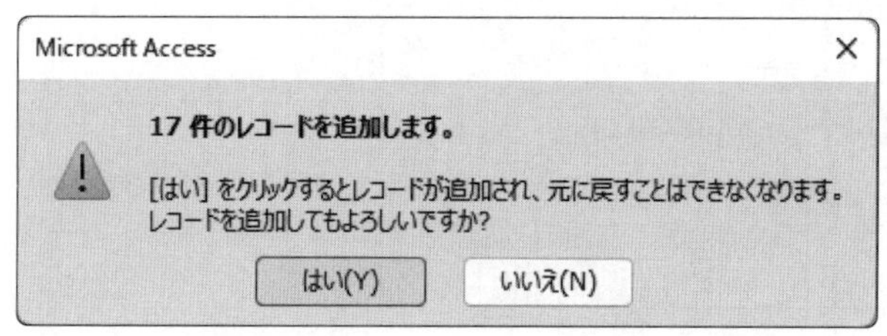

⑪ クエリ**「Q勤務状況作成_2022年度」**をデザインビューで開き、追加クエリに変更しましょう。**「2023/03/01」**から**「2023/03/31」**のデータをテーブル**「T勤務状況_2022年度」**にコピーするように設定します。

※データシートビューに切り替えて、結果を確認しましょう。

⑫ 変更したクエリに**「Q勤務状況追加_2022年度」**と名前を付けて保存しましょう。

※クエリを閉じておきましょう。

⑬ クエリ**「Q勤務状況追加_2022年度」**を実行しましょう。

※テーブル「T勤務状況_2022年度」を開いて、結果を確認しましょう。
※テーブルを閉じておきましょう。

●Q勤務状況削除（2022年度）

テーブル**「T勤務状況」**から2022年度の勤務状況を削除するクエリを作成しましょう。

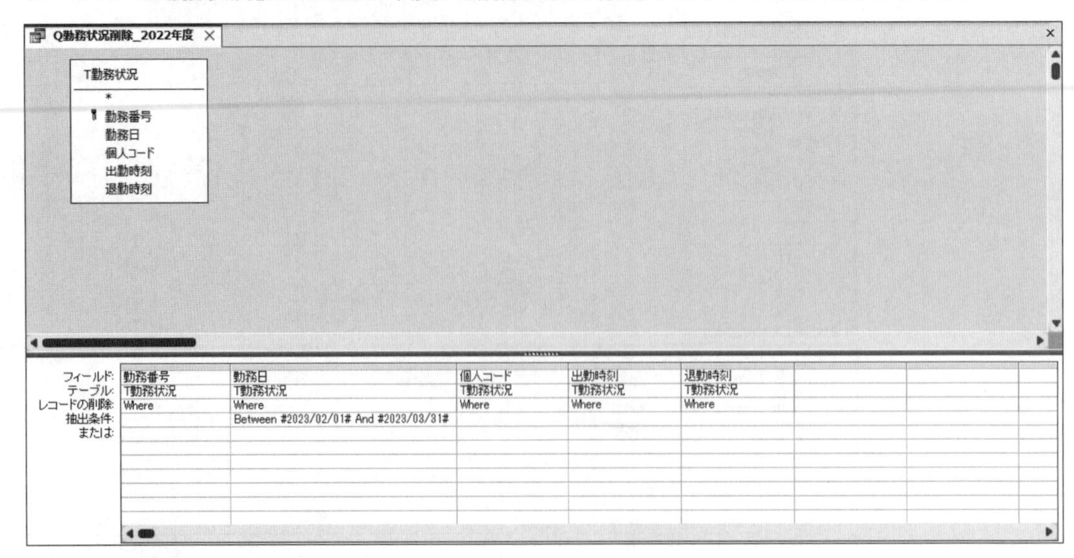

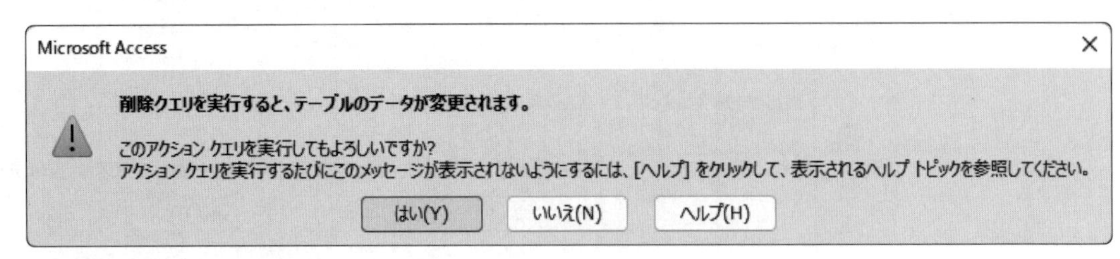

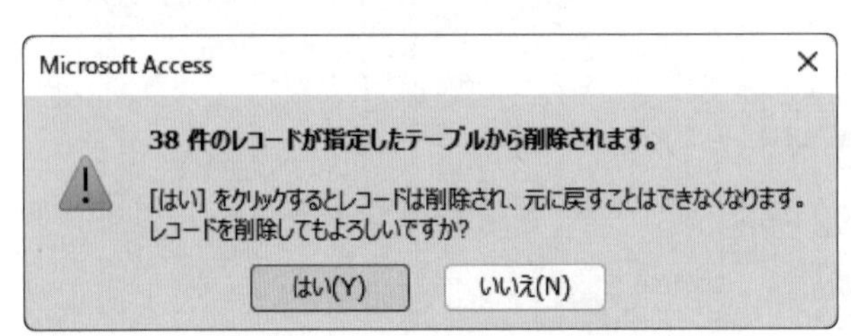

⑭ クエリ**「Q勤務状況作成_2022年度」**をデザインビューで開き、削除クエリに変更しましょう。**「2023/02/01」**から**「2023/03/31」**のデータをテーブル**「T勤務状況」**から削除するように設定します。

※データシートビューに切り替えて、結果を確認しましょう。

⑮ 変更したクエリに**「Q勤務状況削除_2022年度」**と名前を付けて保存しましょう。

※クエリを閉じておきましょう。

⑯ クエリ**「Q勤務状況削除_2022年度」**を実行しましょう。

※テーブル「T勤務状況」を開いて、結果を確認しましょう。
※テーブルを閉じておきましょう。

●Fアルバイトマスター

アルバイトの情報を入力、編集するためのフォームを作成しましょう。

Fアルバイトマスター

個人コード 1001
氏名 斉藤　優子
フリガナ サイトウ　ユウコ
登録日 2020年3月3日
職種コード A
A ホール係
B レジ係
C 洗い場
時間単価 ¥1,170
〒
住所1 東京都
住所2 足立区中央本町3-X-X
住所3
生年月日 1994年5月14日

レコード: 1 / 33 フィルターなし 検索

⑰ フォーム**「Fアルバイトマスター」**をデザインビューで開き、**「職種コード」**のテキストボックスとラベルを削除して、次のようにコンボボックスを作成しましょう。

表示するフィールド	**：テーブル「T職種マスター」の「職種コード」と「職種区分」**
保存する値	**：職種コード**
値を保存するフィールド	**：職種コード**
ラベル	**：職種コード**

⑱ 作成したコンボボックスの名前を**「職種コード」**に変更し、次のように列幅を変更しましょう。

1列目：1cm
2列目：1.6cm

⑲ 完成図を参考に、コントロールのサイズと配置を調整しましょう。

※フォームビューに切り替えて、結果を確認しましょう。
※デザインビューに切り替えておきましょう。

⑳ コントロールの並びどおりにカーソルが移動するように、タブオーダーを設定しましょう。

※フォームビューに切り替えて、結果を確認しましょう。
※フォームを上書き保存し、閉じておきましょう。

5 レポートの活用

●Q日給一覧

日付順に日給を一覧で表示するクエリを作成しましょう。

Q日給一覧

勤務日	個人コード	氏名	職種区分	時間単価	出勤時刻	退勤時刻	勤務時間	賃金
2023/04/01	1018	松田　容子	ホール係	¥1,110	8:00	15:00	7.0時間	¥7,770
2023/04/01	1012	石井　久	洗い場	¥1,090	17:00	22:00	5.0時間	¥5,450
2023/04/02	1013	園田　ひとみ	ホール係	¥1,110	7:00	14:00	7.0時間	¥7,770
2023/04/02	1022	近藤　勲	洗い場	¥1,130	6:30	13:30	7.0時間	¥7,910
2023/04/02	1019	三条　ゆかり	ホール係	¥1,180	16:30	22:00	5.5時間	¥6,490
2023/04/08	1015	坂本　順	ホール係	¥1,090	18:00	22:00	4.0時間	¥4,360
2023/04/08	1012	石井　久	洗い場	¥1,090	17:00	22:00	5.0時間	¥5,450
2023/04/09	1023	高橋　沙織	ホール係	¥1,160	10:30	15:00	4.5時間	¥5,220
2023/04/09	1015	坂本　順	ホール係	¥1,090	6:30	14:00	7.5時間	¥8,175
2023/04/12	1011	高原　昇	ホール係	¥1,110	11:00	19:00	8.0時間	¥8,880
2023/04/12	1021	藤堂　カナ	ホール係	¥1,190	11:00	16:30	5.5時間	¥6,545
2023/04/12	1024	溝口　健一	ホール係	¥1,180	15:00	21:00	6.0時間	¥7,080
2023/04/13	1025	斎藤　義則	洗い場	¥1,150	15:30	22:00	6.5時間	¥7,475
2023/04/13	1015	坂本　順	ホール係	¥1,090	15:00	22:30	7.5時間	¥8,175
2023/04/13	1023	高橋　沙織	ホール係	¥1,160	10:00	17:30	7.5時間	¥8,700
2023/04/16	1012	石井　久	洗い場	¥1,090	6:00	13:30	7.5時間	¥8,175
2023/04/16	1025	斎藤　義則	洗い場	¥1,150	6:00	13:30	7.5時間	¥8,625
2023/04/16	1015	坂本　順	ホール係	¥1,090	16:00	22:00	6.0時間	¥6,540
2023/04/19	1015	坂本　順	ホール係	¥1,090	15:30	21:00	5.5時間	¥5,995
2023/04/19	1018	松田　容子	ホール係	¥1,110	11:00	18:30	7.5時間	¥8,325
2023/04/19	1016	高杉　真輔	レジ係	¥1,130	16:00	20:00	4.0時間	¥4,520
2023/04/19	1028	渋川　雄二	ホール係	¥1,160	11:00	18:00	7.0時間	¥8,120
2023/04/24	1019	三条　ゆかり	ホール係	¥1,180	15:00	20:00	5.0時間	¥5,900
2023/04/24	1020	阪田　有紀	レジ係	¥1,200	16:00	21:00	5.0時間	¥6,000
2023/04/24	1010	秋田　嘉子	ホール係	¥1,140	12:00	19:30	7.5時間	¥8,550
2023/04/25	1023	高橋　沙織	ホール係	¥1,160	6:00	14:00	8.0時間	¥9,280
2023/04/25	1012	石井　久	洗い場	¥1,090	11:00	18:00	7.0時間	¥7,630

レコード: 1 / 178　フィルターなし　検索

㉑ テーブル**「Tアルバイトマスター」「T勤務状況」「T職種マスター」**をもとに、クエリを作成しましょう。次の順番でフィールドをデザイングリッドに登録し、**「勤務日」**フィールドを基準に昇順に並べ替えるように設定します。

テーブル	フィールド
T勤務状況	勤務日
〃	個人コード
Tアルバイトマスター	氏名
T職種マスター	職種区分
Tアルバイトマスター	時間単価
T勤務状況	出勤時刻
〃	退勤時刻

㉒ **「退勤時刻」**フィールドの右に**「勤務時間」**フィールドを作成しましょう。**「出勤時刻」**と**「退勤時刻」**をもとに、分単位の勤務時間を表示するように設定します。

※データシートビューに切り替えて、結果を確認しましょう。
※デザインビューに切り替えておきましょう。

㉓ **「勤務時間」**フィールドを時間単位の値に変更し、**「○.○時間」**の形式で表示するように設定しましょう。

HINT DateDiff関数の時間間隔を「"h"」に指定すると、小数点以下を求めることができません。分単位で求めた値を「60」で割ると、小数点以下まで求められます。

※データシートビューに切り替えて、結果を確認しましょう。
※デザインビューに切り替えておきましょう。

㉔ **「勤務時間」**フィールドの右に**「賃金」**フィールドを作成しましょう。**「時間単価」**と**「勤務時間」**をもとに賃金を求め、**「¥○,○○○」**の形式で表示するように設定します。

※データシートビューに切り替えて、結果を確認しましょう。

㉕ 作成したクエリに**「Q日給一覧」**と名前を付けて保存しましょう。

※クエリを閉じておきましょう。

●Q日給一覧_期間指定

クエリ**「Q日給一覧」**をもとに、指定した期間の日給を一覧で表示するクエリを作成しましょう。

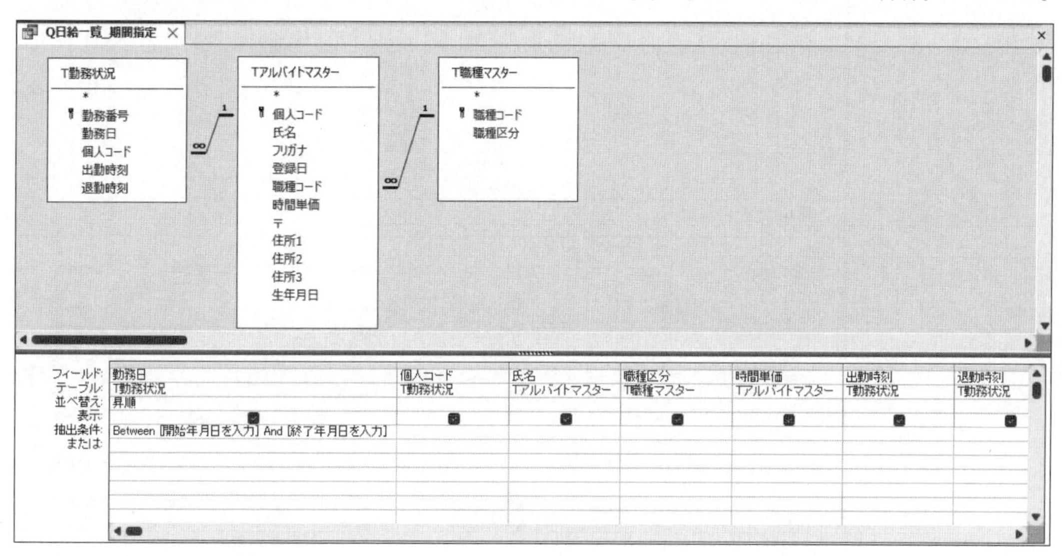

㉖ 指定した期間の勤務日のレコードだけを表示するようにしましょう。クエリを実行するたびに、次のメッセージを表示させ、指定した期間のレコードを抽出するように設定します。

開始年月日を入力

終了年月日を入力

㉗ 作成したクエリに**「Q日給一覧_期間指定」**と名前を付けて保存しましょう。

※クエリを閉じておきましょう。

●R賃金累計表

指定した期間の賃金の累計を勤務日順に表示するレポートを作成しましょう。

賃金累計表

印刷日　2023年7月1日
印刷担当者　富士　太郎

勤務日	個人コード	氏名	職種区分	時間単価	勤務時間	賃金	累計
2023年4月1日							
	1018	松田　容子	ホール係	¥1,110	7.0時間	¥7,770	¥7,770
	1012	石井　久	洗い場	¥1,090	5.0時間	¥5,450	¥13,220
合計					12.0時間	¥13,220	
2023年4月2日							
	1013	園田　ひとみ	ホール係	¥1,110	7.0時間	¥7,770	¥20,990
	1019	三条　ゆかり		¥1,180	5.5時間	¥6,490	¥27,480
	1022	近藤　勲	洗い場	¥1,130	7.0時間	¥7,910	¥35,390
合計					19.5時間	¥22,170	
2023年4月8日							
	1015	坂本　順	ホール係	¥1,090	4.0時間	¥4,360	¥39,750
	1012	石井　久	洗い場	¥1,090	5.0時間	¥5,450	¥45,200
合計					9.0時間	¥9,810	
2023年4月9日							
	1023	高橋　沙織	ホール係	¥1,160	4.5時間	¥5,220	¥50,420
	1015	坂本　順		¥1,090	7.5時間	¥8,175	¥58,595
合計					12.0時間	¥13,395	
2023年4月12日							
	1021	藤堂　カナ	ホール係	¥1,190	5.5時間	¥6,545	¥65,140
	1024	溝口　健一		¥1,180	6.0時間	¥7,080	¥72,220
	1011	高原　昇		¥1,110	8.0時間	¥8,880	¥81,100
合計					19.5時間	¥22,505	
2023年4月13日							
	1023	高橋　沙織	ホール係	¥1,160	7.5時間	¥8,700	¥89,800
	1015	坂本　順		¥1,090	7.5時間	¥8,175	¥97,975
	1025	斎藤　義則	洗い場	¥1,150	6.5時間	¥7,475	¥105,450
合計					21.5時間	¥24,350	
2023年4月16日							
	1015	坂本　順	ホール係	¥1,090	6.0時間	¥6,540	¥111,990
	1025	斎藤　義則	洗い場	¥1,150	7.5時間	¥8,625	¥120,615
	1012	石井　久		¥1,090	7.5時間	¥8,175	¥128,790

㉘ レポートウィザードを使って、レポートを作成しましょう。次のように設定し、それ以外は既定のままとします。

もとになるクエリ	**：Q日給一覧_期間指定**
選択するフィールド	**：「出勤時刻」「退勤時刻」以外のフィールド**
グループレベル	**：勤務日 by 日**

※グループレベルとして、あらかじめ「個人コード」が指定されている場合は、[<]をクリックして解除しましょう。

集計のオプション	**：勤務時間（合計）　賃金（合計）**
レイアウト	**：ステップ**
印刷の向き	**：横**
レポート名	**：R賃金累計表**

※作成後、クエリが実行されます。任意の期間の勤務日を指定しましょう。勤務日は「2023/04/01」～「2023/06/30」のデータがあります。テーブル「T勤務状況」に入力されていない勤務日のレコードは抽出されません。
※デザインビューに切り替えておきましょう。

㉙ 次のようにレポートを編集しましょう。

《レポートヘッダー》セクション	**：「R賃金累計表」ラベルを「賃金累計表」に変更** **「賃金累計表」ラベルのフォントサイズを48ポイントに変更** **領域を拡大し、「賃金累計表」ラベルのサイズを調整**
《ページヘッダー》セクション	**：「勤務日」ラベルを削除** **「勤務日 by 日」ラベルを「勤務日」に変更** **「賃金」ラベルの右に「累計」ラベルを作成**
《詳細》セクション	**：「勤務日」テキストボックスを削除**
《勤務日フッター》セクション	**：「="集計 " & "'勤務日'…」テキストボックスを削除**
《ページフッター》セクション	**：すべてのコントロールを削除** **領域を詰める**

㉚ **「勤務日」**ごとに分類したデータを、さらに**「職種区分」**を基準に昇順に並べ替えるように設定しましょう。

㉛ **「職種区分」**が直前の値と同じであれば非表示にするように設定しましょう。

㉜ **「賃金」**テキストボックスの右に、演算テキストボックスを作成しましょう。**「賃金」**の値を参照し、全体の累計を**「¥0,000」**の形式で表示するように設定します。
また、作成したテキストボックスの名前を**「累計」**に変更し、ラベルを削除しましょう。

㉝ **《レポートヘッダー》**セクションの後で改ページするように設定しましょう。

㉞ レポートの表紙に**「印刷日」**を取り込むテキストボックスを作成しましょう。本日の日付を**「0000年0月0日」**の形式で表示するように設定します。
また、作成したテキストボックスの名前とラベルを**「印刷日」**に変更しましょう。

㉟ レポートの表紙の**「印刷日」**テキストボックスの下に**「印刷担当者」**を取り込むテキストボックスを作成しましょう。印刷実行時に**「印刷担当者を入力」**とメッセージを表示させ、入力した担当者名を表示するように設定します。
また、作成したテキストボックスの名前とラベルを**「印刷担当者」**に変更しましょう。

㊱ **「印刷日」**テキストボックスの内容を左揃え、フォントサイズを20ポイント、太字に変更しましょう。
また、**「印刷日」**テキストボックスの書式を、**「印刷日」**ラベルと**「印刷担当者」**ラベルと**「印刷担当者」**テキストボックスにそれぞれコピーしましょう。

㊲ 完成図を参考に、コントロールのサイズと配置を調整しましょう。

※印刷プレビューに切り替えて、結果を確認しましょう。
※レポートを上書き保存し、閉じておきましょう。

6 メイン・サブレポートの作成

●R勤務表（メインレポート）

アルバイトの個人コードごとに勤務実績をまとめたレポートを作成しましょう。

勤務表

個人コード　1001　　時間単価　¥1,170
氏名　斉藤 優子　　職種コード　A
年齢　29歳　　職種区分　ホール係
登録日　2020年3月3日

個人コード　1002　　時間単価　¥1,170
氏名　小幡 哲也　　職種コード　A
年齢　28歳　　職種区分　ホール係
登録日　2020年4月20日

個人コード　1003　　時間単価　¥1,170
氏名　河野 有美　　職種コード　A
年齢　29歳　　職種区分　ホール係
登録日　2020年9月29日

個人コード　1006　　時間単価
氏名　立川 春香　　職種コード　A
年齢　24歳　　職種区分　ホール係
登録日　2021年6月1日

個人コード　1007　　時間単価　¥1,160
氏名　加藤 幸彦　　職種コード　A
年齢　22歳　　職種区分　ホール係
登録日　2021年7月20日

2023年7月1日　　1/5 ページ

㊳ レポートウィザードを使って、レポートを作成しましょう。次のように設定し、それ以外は既定のままとします。

もとになるクエリ	**：Q職種別登録アルバイト一覧**
選択するフィールド	**：「個人コード」「氏名」「年齢」「登録日」「時間単価」「職種コード」「職種区分」**
並べ替え	**：「個人コード」フィールドの昇順**
レイアウト	**：単票形式**
印刷の向き	**：縦**
レポート名	**：R勤務表**

※レイアウトビューに切り替えておきましょう。

㊴ タイトルの**「R勤務表」**を**「勤務表」**に変更しましょう。

㊵ 完成図を参考に、コントロールのサイズと配置を調整しましょう。

※印刷プレビューに切り替えて、結果を確認しましょう。
※レポートを上書き保存し、閉じておきましょう。

●R勤務実績（サブレポート）

勤務日順に勤務実績をまとめたサブレポートを作成しましょう。

勤務日	出勤時刻	退勤時刻	勤務時間	賃金
2023/04/28	16:30	21:00	4.5時間	¥5,265
2023/06/21	11:00	15:00	4.0時間	¥4,680
2023/06/22	7:00	14:00	7.0時間	¥8,190
2023/06/26	11:00	19:00	8.0時間	¥9,360
2023/06/29	16:30	21:00	4.5時間	¥5,265
2023/06/30	17:00	22:00	5.0時間	¥5,850
合計				¥38,610
平均			5.5時間	

勤務日	出勤時刻	退勤時刻	勤務時間	賃金
2023/05/18	17:00	20:30	3.5時間	¥4,095
2023/05/21	16:00	21:30	5.5時間	¥6,435
2023/06/02	6:00	14:00	8.0時間	¥9,360

勤務日	出勤時刻	退勤時刻	勤務時間	賃金
2023/05/21	11:00	19:00	8.0時間	¥8,960
合計				¥8,960
平均			8.0時間	

勤務日	出勤時刻	退勤時刻	勤務時間	賃金
2023/05/22	16:00	21:00	5.0時間	¥5,750
2023/05/25	15:30	22:00	6.5時間	¥7,475
2023/06/14	15:30	19:00	3.5時間	¥4,025
2023/06/24	16:30	21:00	4.5時間	¥5,175

㊶ レポートウィザードを使って、レポートを作成しましょう。次のように設定し、それ以外は既定のままとします。

もとになるクエリ	：Q日給一覧
選択するフィールド	：「勤務日」「個人コード」「出勤時刻」「退勤時刻」「勤務時間」「賃金」
グループレベル	：個人コード
並べ替え	：「勤務日」フィールドの昇順
集計のオプション	：勤務時間（平均）　賃金（合計）
レイアウト	：アウトライン
印刷の向き	：縦
レポート名	：R勤務実績

※デザインビューに切り替えておきましょう。

㊷ 次のようにレポートを編集しましょう。

《レポートヘッダー》セクションと《レポートフッター》セクションを削除
《ページヘッダー》セクションと《ページフッター》セクションを削除
《個人コードヘッダー》セクション ：「個人コード」ラベルと「個人コード」テキストボックスを削除
《個人コードフッター》セクション ：「="集計 " & "'個人コード'…」テキストボックスを削除

HINT 任意のセクション内で右クリック→《レポートヘッダー/フッター》をオフ（ が標準の色の状態）にします。

HINT 任意のセクション内で右クリック→《ページヘッダー/フッター》をオフ（ が標準の色の状態）にします。

㊸ 完成図を参考に、コントロールのサイズと配置を調整しましょう。

※印刷プレビューに切り替えて、結果を確認しましょう。
※レポートを上書き保存し、閉じておきましょう。

●R勤務表（メイン・サブレポート）

メインレポートにサブレポートを組み込み、アルバイトの個人コードごとの勤務実績が確認できるようにしましょう。

勤務表

個人コード　1001
氏名　斉藤　優子
年齢　29歳
登録日　2020年3月3日

時間単価　¥1,170
職種コード　A
職種区分　ホール係

勤務実績

勤務日	出勤時刻	退勤時刻	勤務時間	賃金
2023/04/28	16:30	21:00	4.5時間	¥5,265
2023/06/21	11:00	15:00	4.0時間	¥4,680
2023/06/22	7:00	14:00	7.0時間	¥8,190
2023/06/26	11:00	19:00	8.0時間	¥9,360
2023/06/29	16:30	21:00	4.5時間	¥5,265
2023/06/30	17:00	22:00	5.0時間	¥5,850
合計				¥38,610
平均			5.5時間	

個人コード　1002
氏名　小幡　哲也
年齢　28歳
登録日　2020年4月20日

時間単価　¥1,170
職種コード　A
職種区分　ホール係

勤務実績

勤務日	出勤時刻	退勤時刻	勤務時間	賃金
2023/05/18	17:00	20:30	3.5時間	¥4,095
2023/05/21	16:00	21:30	5.5時間	¥6,435
2023/06/02	6:00	14:00	8.0時間	¥9,360
2023/06/15	6:30	14:00	7.5時間	¥8,775
2023/06/27	6:00	12:30	6.5時間	¥7,605
合計				¥36,270
平均			6.2時間	

2023年7月1日　　1/20 ページ

㊹ サブレポートウィザードを使って、サブレポートを組み込みましょう。次のように設定し、それ以外は既定のままとします。

メインレポート	**：R勤務表**
サブレポート	**：R勤務実績**
リンクするフィールド	**：一覧から選択する（個人コード）**
サブレポートの名前	**：勤務実績**

※レイアウトビューに切り替えておきましょう。

㊺ 完成図を参考に、コントロールのサイズと配置を調整しましょう。

※印刷プレビューに切り替えて、結果を確認しましょう。
※レポートを上書き保存して閉じ、データベース「総合問題2.accdb」を閉じておきましょう。
※Accessを終了しておきましょう。

索 引

Index

索引

記号

英字

あ

い

え

お

か

き

く

こ

さ

し

す

せ

そ

た

ち

つ

て

と

な

に

は

ひ

ふ

へ

ほ

ま

め

も

よ

ら

り

る

れ

おわりに

最後まで学習を進めていただき、ありがとうございました。本書では、Accessを使ってデータを効率よく入力する方法、データを一括で更新するアクションクエリの作成方法、明細行を組み込んだメイン・サブフォームやメイン・サブレポートの作成方法など、日々の業務で使用するデータベースを使いこなす様々な機能をご紹介しました。ぜひ実務で使ってみてください。

また、「よくわかる」シリーズでは、次の書籍をご用意しています。ビジネス文書やマニュアルやレポートなどの長文、パンフレット作成などを習得できるWord、関数やグラフ、データ分析などを習得できるExcel、プレゼンテーションの作成や実施について習得できるPowerPointも、ぜひ、チャレンジしてみてください。

FOM出版

よくわかる
Microsoft® Access® 2021 応用
Office 2021／Microsoft® 365 対応
(FPT2218)

2023年 2 月22日　初版発行

著作／制作：株式会社富士通ラーニングメディア

発行者：青山　昌裕

発行所：FOM(エフオーエム)出版（株式会社富士通ラーニングメディア）
〒212-0014 神奈川県川崎市幸区大宮町１番地５ JR川崎タワー
https://www.fom.fujitsu.com/goods/

印刷／製本：株式会社サンヨー

●本書に関するご質問は、ホームページまたはメールにてお寄せください。
<ホームページ>
上記ホームページ内の「FOM出版」から「QAサポート」にアクセスし、「QAフォームのご案内」からQAフォームを選択して、必要事項をご記入の上、送信してください。
<メール>
FOM-shuppan-QA@cs.jp.fujitsu.com
なお、次の点に関しては、あらかじめご了承ください。
・ご質問の内容によっては、回答に日数を要する場合があります。
・本書の範囲を超えるご質問にはお答えできません。　・電話やFAXによるご質問には一切応じておりません。

ISBN978-4-86775-029-2